普通高等教育土建学科专业"十一五"规划教材
全国高职高专教育土建类专业教学指导委员会规划推荐教材

建筑施工技术管理实训

（土建类专业适用）

本教材编审委员会组织编写
姚谨英　主编
赵兴仁　主审

中国建筑工业出版社

图书在版编目(CIP)数据

建筑施工技术管理实训/本教材编审委员会组织编写. 姚谨英主编. —北京：中国建筑工业出版社，2006
普通高等教育土建学科专业"十一五"规划教材. 全国高职高专教育土建类专业教学指导委员会规划推荐教材. 土建类专业适用
ISBN 978-7-112-06746-6

Ⅰ. 建… Ⅱ. ①本…②姚… Ⅲ. 建筑工程-工程施工-技术管理-高等学校：技术学校-教材 Ⅳ. TU74

中国版本图书馆 CIP 数据核字（2006）第 134883 号

普通高等教育土建学科专业"十一五"规划教材
全国高职高专教育土建类专业教学指导委员会规划推荐教材
建筑施工技术管理实训
（土建类专业适用）
本教材编审委员会组织编写
姚谨英　主编
赵兴仁　主审
*
中国建筑工业出版社出版、发行(北京西郊百万庄)
各地新华书店、建筑书店经销
北京天成排版公司制版
北京市兴顺印刷厂印刷
*
开本：787×1092 毫米　1/16　印张：29　字数：704 千字
2007 年 1 月第一版　2011 年 5 月第五次印刷
定价：**39.00** 元
ISBN 978-7-112-06746-6
(12700)

（邮政编码　100037）
本社网址：http：//www. cabp. com. cn
网上书店：http：//www. china-building. com. cn

本教材是与中国建筑工业出版社出版的《建筑施工技术》配套使用的教材，编著中突出了实践课程教学的工程性、应用性和实效性。教材的内容紧密围绕学生在毕业实践期间可能从事的技术及管理岗位的工作展开，把解决实际的具体问题作为本教材内容的核心。

本教材根据实践岗位要求，共划分了11个项目，包括施工技术准备、现场材料管理与试验、测量放线、土方及基础工程施工、砌体结构施工、钢筋工程施工、模板配板及设计、混凝土工程施工、防水工程施工、装饰工程施工、钢结构施工等，并着重于对34个训练内容进行了指导。

本教材既可作为高职高专土建类专业学生完成校内理论学习后的工程实践指导用书，也可作为建筑施工企业建造师助理、技术员、试验员、测量放线工的参考学习用书。

* * *

责任编辑：朱首明　李　明
责任设计：董建平
责任校对：张树梅

本教材编审委员会名单

主　任：杜国城

副主任：杨力彬　赵　研

委　员：（按姓氏笔画排序）

王春宁　白　峰　危道军　李　光　张若美　张瑞生

季　翔　赵兴仁　姚谨英

序

2004年12月，在“原高等学校土建学科教学指导委员会高等职业教育专业委员会”（以下简称“原土建学科高职委”）的基础上重新组建了全国统一名称的“高职高专教育土建类专业教学指导委员会”（以下简称“土建类专业教指委”），继续承担在教育部、建设部的领导下对全国土建类高等职业教育进行“研究、咨询、指导、服务”的责任。组织全国的优秀编者编写土建类高职高专教材推荐给全国各院校使用是教学指导委员会的一项重要工作。2003年“原土建学科高职委”精心组织编写的“建筑工程技术”专业12门主干课程教材《建筑识图与构造》、《建筑力学》、《建筑结构》（第二版）、《地基与基础》、《建筑材料》、《建筑施工技术》（第二版）、《建筑施工组织》、《建筑工程计量与计价》、《建筑工程测量》、《高层建筑施工》、《工程项目招投标与合同管理》、《建筑法规概论》，较好地体现了土建类高等职业教育的特色，以其权威性、先进性、实用性受到全国同行的普遍赞誉，于2006年全部被教育部和建设部评为国家级和部级“十一五”规划教材。总结这套教材使用中发现的一些不尽如人意的地方，考虑近年来出现的新材料、新设备、新工艺、新技术、新规范急需编入教材，土建类专业教指委土建施工类专业指导分委员会于2006年5月在南昌召开专门会议，对这套教材的修订进行了认真充分的研讨，形成了共识后才正式着手教材的修订。修订版教材将于2007年由中国建筑工业出版社陆续出版、发行。

现行的“建筑工程技术”专业的指导性培养方案是由“原土建学科高职委”于2002年组织编制的，该方案贯彻了培养“施工型”、“能力型”、“成品型”人才的指导思想，实践教学明显加强，实践时数占总教学时数的50%，但大量实践教学的内容还停留在由实践教学大纲和实习指导书来规定的水平，由实践教学承担的培养岗位职业能力的内容、方法、手段缺乏科学性和系统性，这种粗放、单薄的关于实践教学内容的规定，与以能力为本位的培养目标存在很大的差距。土建类专业教指委的专家们敏感地意识到了这个差距，于2004年开始在西宁召开会议正式启动了实践教学内容体系建设工作，通过全国各院校专家的共同努力，很快取得了共识，以毕业生必备的岗位职业能力为总目标，以培养目标能力分解的各项综合能力为子目标，把相近的子目标整合为一门门实训课程，以这一门门实训课程为主，以理论教学中的一项项实践性环节为辅，构建一个与理论教学内容体系相对独立、相互渗透、互相支撑的实践教学内容新体系。为了编好实训教材，2005年间土建类专业教指委土建施工类专业指导分委员会多次召开会议，研讨有关问题，最终确定编写《建筑工程识图实训》、《建筑施工技术管理实训》、《建筑施工组织与造价管理实训》、《建筑工程质量与安全管理实训》、《建筑工程资料管理实训》5本实训教材，并聘请工程经历丰富的10位专家担任主编和主审，对各位主编提出的编写大纲也进行了认真研讨，随后编写工作才正式展开。实训教材计划 2007 年由中国建筑工业出版社陆续出版、发行，届时土建类专业就会有 12 门主干课程教材和 5 本与其配套的实训教材供各院校使用。编写实训教材是一项原创性的工作，困难多，难度大，在此向参与 5 门实训教材编审工作的专家们表示深深的谢意。

教学改革是一项在艰苦探索中不断深化的过程，我们又向前艰难地迈出了一大步，我们坚信方向是正确的，我们还要一如既往地走下去。相信这 5 本实训教材的面世和使用，一定会使土建类高等职业教育走进“以就业为导向、以能力为本位”的新境界。

高职高专教育土建类专业教学指导委员会
2006 年 11 月

前　言

《建筑施工技术管理实训》教材是高职高专土建类专业教学指导委员会土建施工类专业指导分委员会组织编著的5门实训教材之一；教材的编写是为了适应构建与理论教学体系相适应的，具有明确目的性和可操作性的实践教学体系，改变目前理论课程体系“强”、实践课程体系“弱”的局面。本教材主要用于高职高专建筑工程技术专业学生在完成校内学习，进入工程实践阶段用以指导实践操作，它以建筑施工企业项目建造师助理、技术员、实验员、测量放线工为培训目标，指导学生进行实践训练。同时，也可作为建筑施工企业在职建造师助理、技术员、试验员、测量放线工的参考用书，指导其工作。在编写内容的安排上注意对应岗位的职业要求，满足建筑施工企业的用人需求。

本实训教材是整个专业教学文件的重要组成部分，编写中充分体现与理论课程教材的衔接和连通。《建筑施工技术管理实训》教材是《建筑施工技术》的补充，并与前套(11本)教材有联系但又不重复。编写中突出了实践课程教材的工程性、应用性和实效性。教材的内容符合现行标准和规范，侧重新技术、新材料、新构造的介绍，紧密围绕学生在毕业实践期间可能从事的技术及管理岗位的工作展开，把解决工程中的具体问题作为教材内容的核心。

本教材由姚谨英主编，冯光灿任副主编。项目1由四川建筑职业技术学院骆忠伟编写，项目2由四川成都航空职业技术学院冯光灿编写，项目3、4、5、8由姚谨英编写，项目6由杜雪春、姚谨英编写，项目7、9由深圳职业技术学院张伟、徐淳编写，项目10由泰洲职业技术学院刘如兵编写，项目11由黑龙江建筑职业技术学院杨庆丰编写。

南京工业大学赵兴仁教授担任本书的主审，他对本书作了认真细致的审阅，沈阳建筑大学杨丽君教授也参加了审稿工作，并提出了一些建设性意见，在此，表示衷心地感谢。

四川绵阳水利电力学校姚晓霞在本书的编著中负责录入、整理、校对等工作，在此一并表示感谢。

由于编者水平有限，书中难免尚有不足之处，恳切希望读者批评指正。

目　录

项目1 施工技术准备

1.1 图纸会审

1.1.1 图纸会审的目的

图纸会审时，首先应了解设计意图，明确质量要求，图纸上存在的问题和错误、专业之间的矛盾等，尽最大可能在工程开工之前解决。

1.1.2 图纸会审人员

参加图纸会审的人员有：建设单位的现场代表，监理单位的总监理工程师、监理员，施工单位项目经理、项目技术负责人、专业技术人员、内业技术人员、质检员及其他相关人员，设计单位相关人员。

1.1.3 图纸会审时间

图纸会审的时间一般应在工程项目开工前，特殊情况时也可边开工边组织会审(如图纸不能及时供应时)。

1.1.4 图纸会审内容

图纸会审的主要内容有：

(1) 审查施工图设计是否符合国家有关技术、经济政策和有关规定。

(2) 审查施工图的基础工程设计与地基处理有无问题，是否符合现场实际地质情况。

(3) 审查建设项目坐标、标高与总平面图中标注是否一致，与相关建设项目之间的几何尺寸关系、轴线关系和方向等有无矛盾和差错。

(4) 审查图纸及说明是否齐全和清楚明确，核对建筑、结构、给水排水、暖通、电气、设备安装等图纸是否相符，相互间的关系尺寸、标高是否一致。

(5) 审查建筑平、立、剖面图之间的关系是否矛盾或标注是否遗漏，建筑图平面尺寸是否有差错，各种标高是否符合要求，与结构图的平面尺寸及标高是否一致。

(6) 审查建设项目与地下构筑物、管线等之间有无矛盾。

(7) 审查结构图本身是否有差错及矛盾，结构图中是否有钢筋明细表，若无钢筋明细表，钢筋构造方面的要求在图中是否说明清楚，如钢筋锚固长度与抗震要求等。

(8) 审查施工图中有哪些施工特别困难的部位，采用哪些特殊材料、构件与配件，确定货源如何组织。

(9) 对设计采用的新技术、新结构、新材料、新工艺和新设备的可行性及应采取的必要措施进行商讨。

(10) 设计中采用的新技术、新结构限于施工条件和施工机械设备能力以及安全施工等因素不能实现，要求设计单位予以变更的，审查时必须提出，共同研讨、确定合理的解决方案。

1.1.5 图纸会审程序

图纸会审由建设单位组织，并由建设单位分别通知设计、监理、分包协作施工单位(施工单位分包的由施工单位通知)参加。按图纸自审——图纸会审——图纸会签程序进行。

1. 图纸自审

图纸自审工作主要在施工现场的工程项目经理部内部进行，由项目技术负责人统筹安排。工程项目技术负责人应组织有关技术人员对图纸进行分工审阅和消化。

从总体来说，施工单位应着重于图纸自身的问题并结合实际需要进行审阅，建设单位则应对使用功能提出合理的要求。从施工单位内部来说，检查图纸与设计和施工规范等规定是否相符，研究图纸与施工质量、安全、工期、工艺、材料供应、效益等之间的关系以及地质与环境对施工的影响。自审由技术负责人统一负责(必要时由公司总工程师负责)，施工图纸自身的问题应按其工种和工作职责进行划分。一般情况下，土建技术人员负责建筑施工图和结构施工图部分，安装技术人员负责水、电、空调、暖通、电梯等部分图纸。土建部分由主工长负责建筑施工图和结构施工图部分的模板图，钢筋部分由钢筋工长负责，内业技术员重点应对建筑施工图和总平面图的尺寸和标高进行检查，质量员则应对结构施工图和建筑施工图图纸进行核对。

由项目技术负责人对自审中发现的图纸问题进行汇总，并召集有关人员进行一次内部初审，对初审后的问题分门别类进行整理，确立会审会议上需要解决的问题，并指定发言人员。

2. 图纸会审

图纸会审时首先由设计单位进行图纸设计的意图、各工种图纸的特点及有关事项交底。通过交底，使与会者了解有关设计的依据、功能、过程和目的，对会审图纸提供一个良好的基础和必要的信息。

设计单位交底后，各单位按相关工种分类分组进行会审，由施工单位为主提出问题，相关人员进行补充，设计单位进行答疑，建设单位、监理单位和有关政府部门发表意见，对图纸存在的问题逐一进行会审讨论。

3. 图纸会签

图纸会审后，由施工单位对会审中的问题进行归纳整理，建设、设计、施工及其他参加会审的单位进行会签，形成正式会审纪要，作为施工文件的组成部分。

图纸会审纪要应有：会议时间与地点；参加会议的单位和人员；建设单位、施工单位及有关单位对设计上提出的要求及需修改的内容；为便于施工，施工单位要求修改的施工图纸的商讨结果与解决办法；在会审中尚未解决或需进一步商讨的问题；其他需要在纪要中说明的问题等。

1.1.6 图纸会审应重点解决的问题

(1) 找出图纸自身的缺陷和错误。审阅图纸设计是否符合国家有关政策和规定(建筑设计、结构设计和施工规范等);图纸与说明是否清楚,引用标准是否确切;施工图纸标准有无错漏;总平面图与建筑施工图尺寸、平面位置、标高等是否一致,平、立、剖面图之间的关系是否一致;各专业、工种设计是否协调和吻合。

(2) 施工的可行性。结合图纸的特点,研究图纸在施工过程中,在质量上、安全上、工期上、工艺上、材料供应上,乃至于经济效益上施工能否满足图纸的要求,必要时建议设计单位适当地修改。

(3) 地质资料是否齐全,能否满足图纸的要求;周边的建筑物或环境是否影响本建筑物的施工;施工图纸的功能设计是否满足建设单位的要求等,都是图纸会审的主要内容。

1.2 工地例会及各种专项技术工作会议

1.2.1 工地例会的目的及任务

工地例会是由监理工程师主持,与业主、施工单位项目经理协商一致、定期召开的工地工作例会。参加人员有总监理工程师(或总监代表)和监理工程师、承包商项目经理(或副经理)和各专业技术负责人,邀请业主代表参加,必要时还可邀请其他人员出席。分包商代表是否参加由承包商决定。工地监理会议的目的有二,一是协调:协调施工组织,解决施工问题,发布施工指令;二是沟通:通过建设各方的相互沟通,达到相互理解、配合和相互支持。

会议的任务是:对建设项目实施"三控三管一协调"(质量、进度、费用三控制,安全、合同、信息三管理,协调组织、解决问题),确保工程目标的实现。其主要工作内容包括:

(1) 审核工程进度、质量情况,分析影响进度、质量的主要问题及所要采取的具体措施;

(2) 对工程进度进行预测,讨论确定下期工程进度、质量计划及主要措施;

(3) 审核承包商资源(包括人力资源和机械设备等)投入情况;

(4) 审核施工用材到场情况,讨论现场材料的质量及其适用性;

(5) 讨论相关技术问题;

(6) 讨论有关计量与支付方面的问题;

(7) 讨论未决定的工程变更问题;

(8) 研究有关工作协调与接口方面的问题;

(9) 其他与工程有关需要讨论和解决的问题等。

1.2.2 工地例会的时间安排

一般以一周间隔为宜,如果工程规模较小或工种较单调,可以适当调整为两周一次或每个月一次,但不应再减少。例会的时间长短可灵活控制,在切实解决问题的基础上,尽量不要拖延时间,避免空讲,特别注意会议应该准时开始,维护工地例会的严肃性,必要时可以实行点名和奖惩制度,避免因为几个人迟到耽误所有与会者的时间。

1.2.3 工地例会的地点

按照惯例，一般均将工程现场会议室作为工地例会的召开地点，但有时根据工程情况，为解决某一主要问题，可以选择施工现场甚至材料供应地等有关地点召开例会。

1.2.4 工地例会的参加人员

根据《建设工程监理规范》规定，参加工地例会的单位分别是：建设单位、施工单位、监理单位。

施工单位包括项目经理、技术负责人、各工种负责人、质量员、安全员、施工员，必要时可以通知施工单位领导及各班组长、材料供应商等参加。

监理单位包括总监及现场监理工程师、监理员，必要时可请单位领导或其他相关人员参加。

建设单位包括建设单位驻地工程师及其他驻现场人员，必要时可请相关人员参加。同时，需要时设计人员、建设方面的领导专家等等都可以作为邀请对象。

1.2.5 例会的程序和内容

到场人员首先按规定签到，注明姓名、单位名称、负责的工作、联系电话等。由总监理工程师主持会议。

会议举行的程序和内容如下：

1. 施工单位发言内容

(1) 汇报由上次例会至今的工程进展情况，对工程的进度、质量和安全工作进行总结，并分析进度超前或滞后的原因；

(2) 质量、安全以及资料上报等方面存在的问题，所采取的措施；

(3) 汇报下阶段进度计划安排，解决现阶段进度、质量、安全问题的措施；

(4) 提出需要建设单位和监理单位解决的问题。

2. 监理单位发言内容

(1) 对照上次例会的会议纪要，逐条分析与会各方是否已兑现了承诺；

(2) 对承包单位分析的进度和质量、安全等情况做出评价，主要是指出漏报的问题以及原因是否正确、整改的措施是否可行；

(3) 同时，安全生产、文明施工是一个长期的任务，必须对施工单位的安全教育情况进行分析，加强监理自身的保护；

(4) 对工程量核定和工程款支付情况进行阐述；

(5) 对施工单位提出的需要监理方答复的问题进行明确答复；

(6) 提出需要建设单位或承包单位解决的问题。

3. 建设单位发言内容

建设单位指出承包单位和监理单位工作中需要改正的问题，并对承包单位和监理单位提出的问题给予明确答复。特别注意参会各方在给出解决问题的措施时，均应说明解决问题的具体期限，并严守承诺，使方案能落到实处，达到会议的目的。在下一次的例会中由各方对照检查，未按期落实的应说明原因，由与会各方商讨处理方法。

会议纪要整理：

会议纪要应由监理学位整理。整理纪要时需注意：①注明该例会为第几次工地例会，例会召开的时间、地点、主持人，并附会议签到名单。②用词准确、简练、严谨，书写清楚，避免歧义。③分清问题的主次，条理分明。

会议纪要整理完毕后，首先送总监审阅、签字，之后送承包单位和建设单位及被邀请参加的其他单位代表审阅签字，签字时应注明日期，若某一方的改动超出会议内容，应征得其他各方的同意。各方均签字完毕后由监理人员打印、盖章、分发，分发时需请接收人员签字并注明接收的日期和份数。经各方签字的原稿应由监理单位妥善保管，供需要时查阅。

1.2.6 目前工地例会存在的主要问题及其解决措施

1. 工地例会一般存在的主要问题

工地例会是保证工程质量、安全、进度等的重要环节，但由于多种原因，工地例会往往难以达到预期效果，主要存在以下几个方面的问题：

(1) 随意缺席，沟通不畅。施工单位的部分应与会人员往往以种种理由缺席，或者委托其他人员代为参加，甚至有时到会人仅项目经理(或副经理)一人，使工地会议的质量大打折扣，难以达到沟通的目的。

(2) 信息失真，决策失误。会议未能正确而全面地反映和分析施工进展情况，从而导致决策失误。

(3) 优柔寡断，久拖不决，同样的问题在多次会议上提出而得不到及时解决，甚至使工程偏离目标。

(4) 观念陈旧，定位不准，削弱了监理在现场工作的权威。

2. 影响工地监理会议效率和质量的原因

影响工地监理会议效率和质量的原因很多，主要原因归纳起来有以下几个方面：

(1) 对召开工地例会的意义认识不足。主要表现在施工单位方面的专业技术负责人缺乏全局观念，认为“打铁买糖，各干一行，我把我份内的事做好就行了，何必那么多麻烦”。甚至有的认为“只要业主满意就行，监理满意不满意无所谓，钱又不是你监理给的”，对监理的意见不理不睬。从另一方面，由于认识不足，使会议达不到预期目的，效率低，质量差。长此以往，有的专业负责人对召开会议厌倦疲沓，认为“参加不参加一个样”，而时常缺席，其结果造成了恶性循环。

(2) 利益驱动，不顾全局。出于自身利益的考虑，施工单位或其他参建方常常会不真实地反映施工中的某些问题，致使信息失真，决策失误。

(3) 没有确定的会议程序和明确的汇报内容。与会人员汇报无主题，汇报内容不全面，不具体，不系统，片面性、随意性很大，或只讲其个人关心的事项，而忽视其他；或只报流水账，而抓不住要领，重点不突出；或只讲表面工作，不讲隐含的问题；或只谈已做的事情，不谈下步打算等等。这些都导致会议沟通不畅，信息阻塞，致使会议主持者不能正确、全面掌握施工进展情况，不能果断地作出决策。

(4) 会前准备不足，会中无检查、无讲评、无安排、无要求。会前准备不足，主持人心中无数，会议漫无边际；有的监理工程师不仅缺乏管理经验，而且工作艺术性较差。由于上述原因，主持人对前段施工进展情况无讲评、无检查，只是由与会人员在会上说说了事；同时，对下步工作无安排、无要求，即使提要求也只是泛泛而谈，不明确，不具体。会议主持人犹豫不决，致使同样的问题在多次会议上提出而得不到及时协调解决。

(5) 建设单位(即业主)越俎代庖，监理被搁置一边。通常情况下，明智的业主一般都会将工程中的进度、质量、费用、安全等“三控三管一协调”的工作委托给监理，这不仅有利于业主把精力集中于本单位的主要工作，而且也有利于业主无须建立庞大的建设机构，解决并处理好工程完工后人员无法安排的问题和困难。然而，有的业主单位花钱请了监理，却不注意发挥监理的作用，仍然习惯于原有的老套数、老办法，自己操办并主持会议，在工程的具体管理上，仍然习惯于搞“大业主、小监理”，把监理置于难以开展工作的地位。这样就失去了聘请监理的意义，发挥不了监理单位的专业工程管理作用。

3. 提高工地例会质量和效率的对策和措施

提高工地例会质量和效率的对策和措施有：

(1) 提高对开好工地例会重要性的认识。为开好工地例会，监理工程师应从召开第一次工地监理会议开始，向与会人员讲明现场的各项工作必须服从全局的重要性，讲明召开工地例会的目的、作用和意义，统一大家对召开好会议的思想认识，以共同确保提高会议效率，提高会议质量。工地会议的目的和作用一般包括：①沟通情况，交流信息；②反映问题，组织协调；③制定措施，防止偏离；④确保目标，利在各方。在认识一致，目标一致的前提下，与会各方就可做到步调一致，动作协调，不仅能提高会议质量，而且工程的进度、质量、安全和费用等控制也能得到保证。在召开工地例会中，承包商、施工单位项目经理起着至关重要的作用。监理工程师应与之保持经常性联系，加强沟通与协调，发挥施工单位项目经理的作用，并对其提出严格要求，要求他们承担起责任，保证应与会专业技术人员按时到会，并做到毫无保留、实事求是地反映施工情况，既讲成绩，也要谈问题，既谈已完工作情况，也要谈下步工作打算，针对具体问题提出整改意见和建议。

(2) 建设单位应熟悉有关实施工程监理工作的规定，支持监理行使业主授权。监理向建设单位提供的是服务，支持监理亦是支持建设单位自己。为什么有的建设单位花钱请了监理却不注意发挥监理的作用呢？究其原因：我国实施工程建设监理制度起步时间不长，该项制度尚未得到有效落实，许多部门和单位对实施工程监理制度的重要性认识不足。同时，业主单位不是连续不断的上项目，在一个项目建成后另一个项目何时上、怎么上还在规划之中，也可能根本还没有规划，因此业主对工程监理的作用不了解，或有所了解，但知之甚少；另一方面，由于新的知识和管理办法尚未掌握，老办法、旧习惯仍在使用。有的建设单位不要说在召开工地例会时越俎代庖，就连支付工程款也不经监理检查签证。鉴于上述情况，建议国家建设部门加大对建设单位的监管力度，要求建设单位在工程项目开展之前组织工程主管及工程管理人员，尤其是工程主要负责人学习、熟悉有关工程监理方面的有关知识和规定，了解监理的工作性质和职责，在工程监理合同中明确业主授权范围。在合同具体执行过程中支持监理行使业主授权，避免建设单位越俎代庖现象的发生。

建设单位应履行对监理工作的检查监督责任。当发现监理在实施工程监理过程中存在问题，如工程建设协调不到位，进度、质量、施工费用严重偏离目标而不能及时纠正，或者与有关单位串通损害业主方利益、降低工程质量等，业主有权提出整改意见，或向监理单位提出要求，更换工程监理人员。

(3) 监理人员会前应了解掌握情况，做到心中有数。为开好工地例会，总监理工程师(或总监代表)和各专业监理工程师应当十分熟悉工程建设施工要求，全面掌握工地各方面工作情况。为此，必须做到“四个充分”：

1) 充分熟悉工程合同条款，了解施工进度要求、质量要求、技术规范和技术要求、安全要求以及施工技术方案和各项工作接口；明确业主、施工单位和监理三方各自的责任和义务。这是开展监理工作、召开工地例会、进行施工组织协调、解决施工问题的依据。

2) 充分了解工程施工现场情况，做到现场巡视不漏项。各专业监理工程师应按照自己的职责，深入了解，逐项巡查，包括日进度、施工质量、施工组织、施工方法、施工机具、材料供应以及上次现场会议决定执行情况和整改通知书发出后的整改情况等等，并且在每次巡视之后都要认真做好巡视记录。记录要完整、真实。同时，在现场巡视中若发现需要立即整改的问题，监理应及时就地给予指出，避免造成不必要的返工和损失，并事后补发整改通知书。

3) 充分做好与各方的会前沟通。①首先，要制定会议程序；②其次，要明确与会各方必须向会议汇报的内容，包括资料准备、工程进展情况、存在问题、需要监理协调的事项及下步将采取的具体措施等。由于工程施工分为土建施工、设备安装、试车与投料运行、竣工验收等阶段，各个阶段工作特点不同，内容也不同，因此要根据不同施工阶段的不同要求明确不同的汇报内容；③再次，要掌握各方面的信息，了解业主、施工单位(包括分包单位)各方对工程施工进度、质量、资源投入和安全等方面的要求或打算。第①、②项应由监理方草拟，经与会各方一起讨论同意后形成文件，共同予以实施。

4) 充分思考，认真分析，理清和确定召开每次工地会议的总体思路。因为随着工程建设的深入，时间、空间、环境和工作内容都发生了变化，施工现场每天都有新的进展，施工组织、现场工作都有新的不同，涉及的工作内容、出现的实际问题也不同于以往，所以每次工地会议都会有新的内容和议题，召开会议的思路和方法不能千篇一律。为开好每次工地会议，会议之前应在总监理工程师(或总监代表)的主持下召开现场监理内部会议。各专业监理工程师应详细交流自己了解和掌握的信息，并在认真思考分析的基础上就如何开好工地会议提出意见和建议。然后，由会议主持者归纳汇总，明确提出召开工地会议的总体思路和将要解决的实际问题，以及解决问题的措施或设想。

由于准备充分，监理可以在召开工地会议时就可以占据主动地位，发挥主导作用，工地工程会议就可能达到预期的目的，取得满意的效果。

(4) 按时开会，检查讲评，发现问题，统一协调。在做好充分准备的基础上，驻地监理工程师要按照上次会议确定的时间召开工地会议。会议要按程序逐项进行，避免漏项，防止内容前后颠倒，混淆不清。同时，主持者要灵活机动，力戒呆板乏味。会议的重点是：

1) 对上次会议纪要明确要办的事项予以确认并进行讲评，好的给予肯定，差的提出批评；

2) 检查监理已发整改通知书的实施是否到位，资料提供是否齐全；

3) 按照汇报内容的要求，认真听取与会各方的工作汇报及信息交流，并对自上次会议以来的工作进行检查，肯定成功的做法和已取得的成绩，对承包商存在的差距和不足应开诚布公地予以指出，涉及业主方面的问题也不能回避；

4) 指定专人认真做好会议记录。记录应符合“真实、准确”的原则和要求。会后，监理人员应根据会议记录，将与会人员形成的共识及在重大问题上各方的不同意见进行整理，并形成会议纪要，经总监理工程师(或总监代表)审阅并签字后发送参会各方执行；

(5) 监理单位对驻地监理工程师在加强业务培训的同时，还应加强管理知识的培训。施工现场任务多，工作杂，涉及范围也比较广，但无论何种任务、何种工作都离不开“人”，只有发挥人的主观能动性，各项工作才能得以顺利进行，“三控三管一协调”才能得以保证，任务目标才能得以实现。说到底，工地监理在现场的工作都离不开管理，离不开与人打交道。为什么有的监理工程师在工作中常常和业主、承包商发生冲突，出力不讨好？为什么有的监理工程师主持的工地会议效率低，质量差，达不到预期效果？就是因为他们缺乏管理知识，不懂得如何进行沟通，如何进行协调，导致与合作者关系不融洽。因此，建议监理单位在注重监理工程师技术水平的同时，还应创造条件，组织监理人员开展必要的管理知识培训，让他们学习项目管理知识，学会沟通和协调，提高他们驾驭现场工作的能力。管理协调能力的提高必然会提高他们主持召开经常性工地会议的水平。

总之，提高工地例会效率和质量的因素较多，不仅取决于工地监理的管理和技术水平，也取决于业主和承包商的理解和支持。有效的工地例会不仅可以激发与会人员的积极性，而且可以使单位之间关系融洽，各项工作协调进展，保证施工顺利进行。

项目2　现场材料管理及试验

训练1　试验管理概述及要求

［训练目的与要求］　通过训练，掌握施工现场试验管理制度、现场试验员的责任、见证取样送检制度，能正确进行施工现场试验。

1.1　施工现场试验管理制度

1.1.1　施工现场实验室的任务和要求

(1) 施工现场试验是配合技术管理和质检的需要，完成对进场的各种材料、产品的检验复试；开展施工企业产成品的技术鉴定，确保合格、优质的原材料、产品用于工程。施工现场试验是现场质量控制的一个重要手段，是施工质量保证的关键，它是技术管理的重要组成部分。同时也向业主、监理等及时提供材质实验证明。因此，为了使施工现场试验更加规范，必须做好施工现场试验的科学管理。

(2) 根据施工项目需要，施工单位可以在施工现场设置实验室，其业务服从于上一级实验室，由现场技术人员负责。主要工作是负责现场原材料取样，各种试件或试块的制作、养护和送试以及简易的土工、碎石等试验工作。

(3) 施工现场的试验员应满足施工项目的试验要求。从事建筑工程各项试验工作的专职试验人员，必须经当地建设主管部门统一培训、考核并获得岗位合格证书后，方可上岗和签署试验报告。

(4) 试验仪器设备的性能和精确度应符合国家标准和有关规定，施工现场的设备应满足施工项目的试验要求。仪器设备应定期鉴定并有专人管理，建立管理台账，并在仪器设备上作出明显标识。除了常规的试验项目以外，从完善资料、便于质量鉴定和质量把关的角度衡量，还应当根据工程现场需要，增加相应的内容。

(5) 对混凝土浇筑频繁的特大型工程的施工现场，应当设置标准养护室，避免运送试块造成对强度的不利影响。

(6) 关于现场试块制作组数。为适应工程监理需要，每一浇筑段增加一组标准养护试件(在监理旁站下完成，并作出专门标志，并由监理指定实验单位)，这样每浇筑段的标准养护试件在原来的不少于3组基础上增加同条件养护试件1组，则每组试件应不少于4组。

1.1.2　施工现场实验室的管理制度

(1) 建立商品混凝土现场质量控制制度。包括开盘前的质量控制、进场混凝土质量控制和建立厂家提供商品混凝土强度报告制度等。

(2) 现场实验室应对试验项目和送检项目分别建立台账。如水泥试验台账、砂石试验台账、钢筋(材)试验台账等。

经上一级实验室同意自行试验的项目，应经上一级实验室审查签章。

(3) 现场实验室必须单独建立不合格试验项目台账。出现不合格项目应及时向上级技术负责人或企业主管领导和当地政府行政主管部门、质量监督站报告；其中，影响结构安全的建材应在24小时内向以上部门报告。

1.2 试验员的责任

1.2.1 试验员的职责

(1) 熟练掌握国家、行业等相关试验的规定、规范、标准。

(2) 认真贯彻执行国家有关试验的法规和规范，掌握各项试验的操作要求、试验方法、目录。

(3) 结合工程实际情况，会同技术人员编写项目试验计划，并按照计划开展工作，及时对试验的内容按工程质量要求中规定的试验项目进行试验或委托各种原材料试验，保证试验项目齐全，试验数量准确，并建立相应的记录。

1) 现场实验室自行试验的项目，必须按现行标准规范及相关规定对原材料进行取样。其取样方法、数量等必须符合现行标准，做好记录(见表2-1)，不得涂改。

2) 委托试验的原材料项目，应填写委托试验单，项目齐全，不得涂改，试验记录见表2-2。

现场实验室自行试验的项目 表2-1

材料名称	产品牌号	产地	品种	规格	数量	出厂日期	进场日期	试验项目	试件编号	备注

委托试验的原材料项目 表2-2

材料名称	产品牌号	产地	品种	规格	到达数量	使用单位	出厂日期	进场日期	试验项目	试件编号	备注

3) 对于钢材试验，除按上述要求填写外，凡送检焊接试件的，必须注明钢的原材料编号。原材料与焊接试件不在同一实验室试验，还需将原材料试验结果抄在附件上。

(4) 对一次性施工不能返回材料及时送样复验。

(5) 负责对原材料、半成品、成品的取样和送样试验。

(6) 负责随机抽取施工现场的砂浆、混凝土拌合物，制成标准试块、养护及送实验室测定并作好记录。试件按单位工程连续统一编号；在试件成型24小时后注明工程名称及部位、制模日期、委托单位、强度等级、试件编号，做好试件的存放和标准养护工作。

(7) 及时索取试验报告等原始资料，负责向实验室提供所试验原材料的验证资料，包括产品备案书、生产部门的材料检验报告、使用说明书、合格证和防伪标志。

(8) 负责现场简易土工、砂石含水率等试验工作，填写配合比申请单，负责砂浆配合比的换算计量检查工作。

(9) 负责试验报表的统计、分析及上报，工程试验资料的领取、整理、汇总和归档工作。

(10) 对未经过复试和经过复试不合格的材料有权禁止使用。

(11) 施工材料进场后应配合材料员进行挂牌标识。

1.2.2 试验员的工作守则

(1) 热爱试验工作，有责任心；认真学习国家的相关法律、法规、标准和规范；不断学习专业知识，提高业务水平。

(2) 工作认真负责，做好现场施工试验记录及资料档案的建立，各种原始数据真实可靠。

(3) 严格遵守职业道德，在试验、取样等工作中不得有制造、提供假试样，无证试验，超越业务范围出具试验报告，伪造、涂改、抽撤不合格试验单据等弄虚作假行为。

1.3 见证取样送检制度

为加强建设工程质量管理，保证工程施工试验的科学性、真实性和公正性，确保工程结构安全，杜绝“仅对来样负责”而不对“工程质量负责”的不规范检测报告，根据建设部相关文件的要求，在材料试验过程中，对重要部位的材料、试件、试块等要求建立见证取样送检制度。

见证取样和送检制度是指在建设监理单位或建设单位见证下，对进入施工现场的有关建筑材料，由施工单位专职材料试验人员在现场取样或制作试件后，送至符合资质要求和质量技术监督部门认证的质量检测单位或实验室进行试验的工作程序。

1.3.1 见证取样的范围和数量

根据建设部［2000］211号文“关于《房屋建筑工程和市政基础设施施工见证取样和送检的规定》的通知”，对其检测范围、数量、程序做了具体规定。

1. 见证取样的范围

下列试块、试件和材料必须实施见证取样和送检：

(1) 用于承重结构的混凝土试块；

(2) 用于承重墙体的砌筑砂浆试块；

(3) 用于承重结构的钢筋及连接头试件；

(4) 用于承重墙的砖和混凝土小型砌块；

(5) 用于拌制混凝土和砌筑砂浆的水泥；

(6) 用于承重结构的混凝土中使用的掺加剂；

(7) 地下、屋面、厕浴间使用的防水材料；

(8) 国家规定必须实行见证取样和送检的其他试块、试件和材料。

2. 见证取样的数量

见证取样和送检的比例不得低于有关技术标准中规定应取样数量的30%。

1.3.2 见证取样和送检工作的程序

(1) 建设单位到工程质量监督机构办理监督手续时，应向工程质量监督机构递交见证单位及见证人员授权书，写明本工程现场委托的见证单位名称和见证人姓名及见证员证件号，每个单位工程见证人为1～2人。见证单位及见证人员授权书(副本)应同时递交该工程的实验室，以便监督机构和实验室检查有关资料时进行核对；

(2) 有关实验室在接受见证取样试验任务时，应由送检单位填写见证试验委托书；见证人应出示《见证员证书》，并在见证试验委托书上签字；

(3) 施工企业材料试验人员在现场进行原材料取样和试件制作时，必须有见证人在旁见证。见证人有责任对试样制作及送检进行监护，试件送检前，见证人应在试样或其包装上作出标识、封志，并填写见证记录；

(4) 有关实验室在接受试样时应作出是否有见证取样和送检的判定，并对判定结果负责；实验室在确认试样的见证标识、封志无误后才能进行试验；

(5) 在见证取样和送检试验报告中，实验室应在报告备注栏中注明见证人，加盖“有见证检验”专用章，不得再加盖“仅对来样负责”的印章；一旦发生试验不合格情况，应立即通知监督该工程的建设工程质量监督机构和见证单位；在出现试验不合格而需要按有关规定重新加倍取样复试时，应按有关规定执行。

1.3.3 见证取样的管理

(1) 施工单位、监理(建设)单位应按规定分别配备取样员、见证员。施工单位负责质量检测试样的取样、送检，监理(建设)单位负责质量检测试样的取样、送检的现场见证工作。当现场进行实物抽样检测时，应在监理(建设)单位、施工单位共同见证的情况下进行。

(2) 施工单位、监理单位应分别建立工作台账，详细记录每次见证取样和实物抽样检测的制样或取样部位、样品名称和代表数量、送检日期、试验结果等，并归入施工技术档案。

(3) 检测机构应建立系统、全面、有效的质量管理体系，严格按照规范、标准要求在资质符合要求和省级计量认证的单位内开展检测，并对检测结果负责。

(4) 检测机构或实验室应当建立档案管理制度，检测合同、委托单、原始记录、检测报告应当按年度统一编制流水号，不得任意抽撤，对检测不合格的项目应当单独建立台账，并在24小时内报告当地建设行政主管部门和质量监督机构。

(5) 检测机构或实验室应做好试样的分类、放置、标识、登记工作，并对试样的有效性进行确认。在收样时必须有见证员在场，并在委托单上签字，对符合要求的试样，收样后不得退样，不得更换试样。

当发现见证员未陪同送样、未按规定封样、陪同送样见证员与检测合同登记的见证员不符的试样，不得收取试样，不得出具检测报告。

(6) 检测机构或实验室完成检测任务后，应及时向委托单位出具检测报告。检测报告中应当注明见证取样的见证员、取样员姓名、编号，同时，按规定留置试验样品(规范和标准明确要求需留置的试样，应按规范规定的程序、环境、数量和要求留置；规范和标准未明确要求的非破坏性检测且可重复检验的试样，应在样品检测或试验后留置3天，破坏性试样，应在样品检测或试验后留置2天)。

(7) 各检测机构或实验室对无见证人签名的试验委托单及无见证人伴送的试件一律拒收，未注明见证单位和见证人的试验报告无效，不得作为质量保证资料和竣工验收资料，由质监站指定法定检测单位重新检测。

(8) 建设、施工、监理和检测试验单位凡以任何形式弄虚作假或者玩忽职守者，将按有关法规严肃查处，情节严重者，依法追究刑事责任。

1.3.4 见证取样人员的职责和基本要求

(1) 见证人由建设单位具有初级以上专业技术职称并具有建筑施工试验专业知识的技术人员担任；

(2) 建设工程质量检测中心统一编写培训教材，考核大纲，负责对见证人员的统一考核及发证。并指导各地区检测分中心开展见证人员的培训工作；

(3) 见证人员必须经培训考核合格，并取得《见证员证书》后，方可履行其职责；

(4) 见证人员的基本情况由检测部门备案，定期培训更新知识；

(5)《见证人员证书》及印章不得涂改、转让或出借，否则建设行政主管部门将予以核销，并追究有关单位及有关人员责任。

训练2 原材料试验

[训练目的与要求] 掌握砖、砌块、钢筋、水泥、混凝土骨料、混凝土外加剂、粉煤灰及防水材料的技术标准、进场验收方法、试验取样要求及试验报告的内容。

2.1 砖、砌块试验

2.1.1 砖、砌块的技术标准

1. 常用砖、砌块

常用的砖、砌块可分砌墙砖和砌块两大类。砌墙砖包括：烧结普通砖、烧结多孔砖、烧结空心砖、蒸压灰砂砖、蒸压粉煤灰砖等；砌块包括：普通混凝土小型空心砌块、粉煤灰硅酸盐砌块、蒸压加气混凝土砌块、轻骨料混凝土小型空心砌块等。

2. 执行标准

(1)《砌墙砖检验规则》JC 466；

(2)《烧结普通砖》GB 5101；

(3)《烧结多孔砖》GB 13544；

(4)《粉煤灰砖》JC 239；

(5)《粉煤灰砌块》JC 238；

(6)《蒸压灰砂砖》GB 11945；

(7)《混凝土多孔砖》JC/T 943；

(8)《混凝土小型空心砌块》GB/T 4111；

(9)《普通混凝土小型空心砌块》GB 8239；

(10)《烧结空心砖和空心砌块》GB 13545；

(11)《蒸压加气混凝土砌块》GB/T 11968；

(12)《轻集料混凝土小型空心砌块》GB/T 15229；

(13)《砌墙砖试验方法》GB/T 2542；

(14)《砌体工程施工质量验收规范》GB 50203。

3. 常用砖、砌块进场外观检验的性能指标

(1) 常用砌墙砖进场外观检验的性能指标

1) 烧结普通砖进场外观检验的性能指标

烧结普通砖可分为黏土砖、页岩砖、煤矸石砖、粉煤灰砖。其允许尺寸偏差、外观质量要求及泛霜、石灰爆裂规定见表2-3、表2-4、表2-5。

烧结普通砖的尺寸偏差(mm)　　表2-3

尺寸	优等品		一等品		合格品	
	样本平均偏差	样本极差≤	样本平均偏差	样本极差≤	样本平均偏差	样本极差≤
240	2.0	8	2.5	8	3.0	8
115	1.5	6	2.0	6	2.5	7
53	1.5	4	1.6	5	2.0	6

烧结普通砖的外观质量(mm)　　表2-4

项目	优等品	一等品	合格品
两条面高度差不大于	2	3	5
弯曲不大于	2	3	5
杂质凸出高度不大于	2	3	5
缺棱少角的三个破坏尺寸不得同时大于	5	20	30
裂纹长度： (1) 大面上宽度方向及其延伸至条面上的裂纹长度	30	60	110
(2) 大面上长度方向及其延伸至顶面的长度或条面上水平裂纹的长度	50	80	100
完整面不得少于	一条面、一顶面	一条面、一顶面	—
颜色	基本一致	—	—

2）烧结空心砖和烧结多孔砖进场外观检验的性能指标

烧结空心砖和烧结多孔砖可分为黏土砖、页岩砖、煤矸石砖、粉煤灰砖。其允许尺寸偏差、外观质量要求见表 2-6、表 2-7、表 2-8。

泛霜、石灰爆裂规定 **表 2-5**

质量等级	泛霜规定	石灰爆裂规定
优等品	无泛霜	不允许出现最大破坏尺寸大于 2mm 的爆裂区域
一等品	不允许出现中等泛霜	最大破坏尺寸大于 2mm 且小于等于 10mm 的爆裂区域，每组砖样不得多于 15 处，不允许出现最大破坏尺寸大于 10mm 的爆裂区域
合格品	不允许出现严重泛霜	每组砖样大于 2mm 且小于等于 15mm 的爆裂区不得多于 15 处，其中大于 10mm 的不得多于 7 处，不允许出现大于 15mm 的爆裂区域。不允许有欠火砖、酥砖和螺旋纹砖

烧结空心砖和烧结多孔砖尺寸偏差(mm) **表 2-6**

名称	尺寸	优等品		一等品		合格品	
		样本平均偏差	样本极差≤	样本平均偏差	样本极差≤	样本平均偏差	样本极差≤
多孔砖	290、240	±2.0	6	±2.5	7	±3.0	8
	190、180、175、140、115	±1.5	5	±2.0	6	±2.5	7
	90	±1.5	4	±1.7	5	±2.0	6
空心砖	＞200	±4		±5		±7	
	200～100	±3		±4		±5	
	＜100	±3		±4		±4	

烧结多孔砖的外观质量(mm) **表 2-7**

项目	优等品	一等品	合格品
完整面不得少于	一条面、一顶面	一条面、一顶面	—
颜色(一条面和一顶面)	一致	基本一致	—
杂质在砖面造成的凸出高度不大于或等于	3	4	5
缺棱少角的三个破坏尺寸不得同时大于或等于	15	20	30
裂纹长度：			
(1) 大面上深入孔壁 15mm 以上宽度方向及其延伸至条面的长度	60	80	100
(2) 大面上深入孔壁 15mm 以上长度方向及其延伸至顶面的长度	60	100	120
(3) 条顶面上的水平裂纹不大于或等于	80	100	120

烧结空心砖和烧结多孔砖还包括冻融、泛霜、石灰爆裂、吸水率等技术性能指标。

3）蒸压灰砂砖进场外观检验的性能指标

蒸压灰砂砖的允许尺寸偏差、外观质量要求见表2-9、表2-10。

烧结空心砖的外观质量(mm) **表2-8**

项目	优等品	一等品	合格品
完整面不得少于	一条面、一顶面	一条面、一顶面	—
欠火砖和酥砖	不允许	不允许	不允许
缺棱少角的三个破坏尺寸不得同时大于或等于	15	30	40
未穿过裂纹长度： (1) 大面宽度方向及其延伸至条面的长度	不允许	100	140
(2) 大面上长度方向或条面上水平方向的长度	不允许	120	160
穿过裂纹长度： (1) 大面宽度方向及其延伸至条面的长度不大于或等于	不允许	60	80
(2) 壁、肋沿长度方向、宽度方向及水平方向的长度不大于或等于	不允许	60	80
肋、壁内残缺长度不大于或等于	不允许	60	80
弯曲	3	4	5

蒸压灰砂砖尺寸偏差(mm) **表2-9**

项　目		优 等 品	一 等 品	合 格 品
尺寸允许偏差	长度(L)	±2	±2	±3
	宽度(B)	±2		
	高度(H)	±1		

蒸压灰砂砖的外观质量(mm) **表2-10**

项　目		优 等 品	一 等 品	合 格 品
颜　色		应基本一致，无明显色差。对本色砖不作要求		
对应高度差不得大于		1	2	3
缺棱少角	个数不多于(个)	1	1	2
	最大尺寸不得大于	10	15	20
	最小尺寸不得大于	5	10	10
裂　纹	条数，不多于(条)	1	1	2
	大面上宽度方向及其延伸至顶面的长度不得大于	20	50	70
	大面上长度方向及其延伸至顶面上的长度或条面、顶面水平裂纹的长度不大于	30	70	100

4）粉煤灰砖的技术性能

粉煤灰砖的允许尺寸偏差、外观质量要求见表2-11、表2-12。

蒸压灰砂砖还包括密度、抗冻等技术性能。

粉煤灰砖还包括干缩、抗冻、抗折强度等技术性能指标。

(2) 常用砌块进场外观检验的性能指标

常用的砌块有普通混凝土小型空心砌块、粉煤灰砌块、蒸压加气混凝土砌块、轻骨料混凝土小型空心砌块等。

1）普通混凝土小型空心砌块的进场外观检验的性能指标

普通混凝土小型空心砌块的允许尺寸偏差、外观质量要求见表2-13、表2-14。

粉煤灰砖尺寸偏差(mm) **表2-11**

项目		优等品	一等品	合格品
尺寸允许偏差	长度	±2	±3	±4
	宽度	±2	±3	±4
	高度	±1	±2	±3

粉煤灰砖的外观质量(mm) **表2-12**

项目		优等品	一等品	合格品
层裂		不允许		
对应高度差不得大于		1	2	3
缺棱少角的最小破坏尺寸不得大于		1	2	3
裂纹长度	大面上宽度方向裂纹(包括延伸至条面的裂纹)不得大于	30	50	70
	其他裂纹	50	70	100
完整面不少于		二条面和一顶面或二顶面和一条面	一条面和一顶面	一条面和一顶面

注：在条面或顶面上破坏面的两个尺寸同时大于10mm和20mm者为非完整面。

普通混凝土小型空心砌块尺寸偏差(mm) **表2-13**

项目		优等品	一等品	合格品
尺寸允许偏差	长度(390)	±2	±3	±3
	宽度(190)	±2	±3	±3
	高度(190)	±2	±3	+3、−4

注：最小外壁厚应不小于30mm，最小肋厚应不小于25mm；空心率应不小于25%。

普通混凝土小型空心砌块的外观质量(mm) **表2-14**

项目	优等品	一等品	合格品
弯曲应小于	2	2	3
裂纹延伸的投影累积尺寸应小于	0	20	30

续表

项目		优等品	一等品	合格品
缺棱掉角	个数(个)不多于	0	2	2
	三个方向投影尺寸的最小值不大于	0	20	30
	缺棱少角的最小破坏尺寸不得大于	1	2	3

普通混凝土小型空心砌块还包括抗渗性、抗冻性、相对含水率等技术性能指标。

2）粉煤灰砌块进场外观检验的性能指标

粉煤灰砌块的允许尺寸偏差、外观质量要求见表2-15、表2-16。

粉煤灰砌块还包括密度、抗冻性、干缩等技术性能指标。

3）蒸压加气混凝土砌块进场外观检验的性能指标

蒸压加气混凝土砌块的允许尺寸偏差、外观质量要求见表2-17、表2-18、表2-19。

粉煤灰砌块尺寸偏差(mm) **表2-15**

项目		一等品	合格品
尺寸允许偏差	长度(880)	+4，−6	+5，−10
	宽度(380、430)	±3	±6
	高度(240)	+4，−6	+5，−10

粉煤灰砌块的外观质量(mm) **表2-16**

项目		一等品	合格品
局部突出高度不大于		10	15
高低差	长度方向	6	8
	宽度方向	4	6
缺棱掉角在长、宽、高三个方向上投影尺寸的最大值不大于		30	50
翘曲不大于		6	8
粉煤灰团、空洞和爆裂		直径大于30的不允许	直径大于50的不允许
任一面上的裂缝长度，不得大于裂缝方向砌块尺寸的		1/3	
石灰团、石膏团		直径大于5的，不允许	
表面疏松		不允许	
贯穿面棱的裂缝		不允许	

蒸压混凝土砌块尺寸偏差(mm) **表2-17**

项目		优等品	一等品	合格品
尺寸允许偏差	长度(600)	±3	±4	±5
	宽度(100、125、150、200、250、300)(120、180、240)	±2	±3	+3、−4
	高度(200、250)(300)	±2	±3	+3、−4

4）轻骨料混凝土小型空心砌块进场外观检验的性能指标

轻骨料混凝土小型空心砌块进场外观检验的性能指标见表2-20、表2-21所示。

蒸压混凝土砌块的外观质量(mm)　　表2-18

项　目		优等品	一等品	合格品
表面油污		不允许		
表面疏松、层裂		不允许		
爆裂、粘模和损坏深度不得大于		10	20	30
缺棱少角	个数，不多于(个)	0	1	2
	最大尺寸不得大于	0	70	70
	最小尺寸不得大于	0	30	30
裂　纹	条数，不多于(条)	0	1	2
	任一面上的裂纹长度不得大于裂纹方向尺寸的	0	1/3	1/2
	贯穿一棱二面的裂纹长度不得大于裂纹所在面的裂纹方向尺寸总和的	0	1/3	1/3
平面弯曲不得大于		0	3	5

蒸压混凝土砌块其他技术性能　　表2-19

体积密度等级			B03	B04	B05	B06	B07	B08
干燥收缩值	标准法≤	mm/m	0.50					
	快速法≤		0.80					
抗冻性	质量损失(%)≤		0.5					
	冻后强度(MPa)≥		0.8	1.6	2.0	2.8	4.0	6.0
导热系数(干态)W/(m·K)≤			0.10	0.12	0.14	0.16	—	—

轻骨料混凝土小型空心砌块尺寸偏差(mm)　　表2-20

项　目		一等品	合格品
尺寸允许偏差	长度(390)	±2	±3
	宽度(190)	±2	±3
	高度(190)	±2	±3

注：承重砌块最小外壁厚不应小于30mm，肋厚不应小于25mm；保温砌块最小外壁厚和肋厚不应小于20mm。

轻骨料混凝土小型空心砌块的外观质量(mm)　　表2-21

项　目		一等品	合格品
裂纹延伸的投影的累积尺寸不大于		0	30
缺棱掉角	个数(个)不多于	0	2
	三个方向投影尺寸的最小值不大于	0	30

轻骨料混凝土小型空心砌块还包括密度和空心率、含水率、吸水率、抗冻抗压、干缩、软化系数等技术性能指标。

2.1.2 砖、砌块的相关标准和试验项目

砖、砌块的相关标准和试验项目见表2-22。

砖、砌块试验标准及项目　　表2-22

标准号	标准名称	试验项目
JC 466—1992	《砌墙砖检验规则》	
GB 5101—2003	《烧结普通砖》	
GB/T 2542—2003	《砌墙砖试验方法》	强度、外观质量等
GB 13545—2003	《烧结空心砖和空心砌块》	
JC 238—1991	《粉煤灰砌块》	
GB 8239—1997	《普通混凝土小型空心砌块》	
GB/T 15229—2002	《轻集料混凝土小型空心砌块》	
GB/T 4111—1997	《混凝土小型空心砌块》	
JC/T 943—2004	《混凝土多孔砖》	
GB 11945—1999	《蒸压灰砂砖》	强度、外观质量等
GB/T 11968—1997	《蒸压加气混凝土砌块》	

2.1.3 砖、砌块的进场验收

(1) 砖、砌块进场时，供货单位应提供产品合格证及质量检验报告。其出厂质量合格证及检验报告必须项目齐全、真实、字迹清楚，不允许涂抹、伪造。

(2) 出厂质量合格证及检验报告中应包括砖、砌块产地、品种、规格、尺寸偏差、外观质量和强度等级、产品标记、性能检验结果、砖或砌块数量等指标；同时还应包括批量及编号、证书编号、本批产品实测技术性能和生产日期等，并由检验员和承检单位签章。

(3) 购货单位应按同产地同规格分批验收。检查出厂合格证或试验报告，砖的品种、强度等级必须符合要求。

(4) 每验收批至少应抽样对其进行抗压强度、抗折强度、干体积密度等指标的检验。对重要工程或特殊工程应根据工程要求增加检测项目。对其他指标的合格性有怀疑时应予以检验。当质量比较稳定、进料量又较大时，可定期检验。

(5) 对砖、砌块进行严格的外观检查。如尺寸是否满足规范要求；是否有缺棱掉角的情况，缺棱掉角造成的破坏程度是否满足规范规定的要求；砖或砌块上是否有裂纹，在哪个面上产生的，裂纹的长度、深度、宽度是否符合规范规定的要求；砖、砌块是否有弯曲变形的现象，出现在哪个面上等等。

2.1.4 砖、砌块的试验取样及试验报告

1. 砖、砌块的必试项目

砌墙砖和砌块的必试项目见表2-23。

2. 砖、砌块的取样数量和方法

砖、砌块的取样数量和方法见表2-23。

砌墙砖和砌块的必试项目规定　　表2-23

序号	材料名称	试验项目	组批原则及取样规定
1	烧结普通砖	必试：抗压强度 其他：抗风化、泛霜、石灰爆裂、抗冻	(1) 每一生产厂家的砖到现场后，按烧结砖15万块为一验收批，不足15万块也按一批计 (2) 每一验收批随机抽取试样一组(10块)
2	烧结多孔砖	必试：抗压强度 抗折强度 其他：泛霜、石灰爆裂、冻融、吸水率	(1) 每一生产厂家的砖到现场后，按烧结多孔砖3.5～15万块为一验收批，不足3.5万块也按一批计 (2) 每一验收批随机抽取试样一组(10块)
3	烧结空心砖和空心砌块	必试：抗压强度(大条面) 其他：泛霜、石灰爆裂、冻融、吸水率、密度	(1) 每一生产厂家的砖到现场后，按3万块为一验收批，不足3万块也按一批计 (2) 每一验收批随机抽取试样一组(5块)
4	蒸压灰砂砖	必试：抗压强度 其他：抗冻性、密度	(1) 每一生产厂家的砖到现场后，按蒸压灰砂砖10万块为一验收批，不足10万块也按一批计 (2) 每一验收批随机抽取试样一组(10块)
5	蒸压灰砂空心砖	必试：抗压强度 其他：抗冻性	(1) 每一生产厂家的砖到现场后，按蒸压灰砂空心砖10万块为一验收批，不足10万块也按一批计 (2) 从外观质量检验合格的砖样中，随机抽取试样二组10块(*NF*砖为2组20块)进行试验 *NF*为规格代号，尺寸为240mm×115mm×53mm
6	粉煤灰砖	必试：抗压强度 抗折强度 其他：干燥收缩、抗冻性	(1) 每一生产厂家的砖到现场后，按粉煤灰砖10万块为一验收批，不足10万块也按一批计 (2) 每一验收批随机抽取试样一组(20块)
7	粉煤灰砌块	必试：抗压强度 其他：干燥收缩、抗冻性、密度、碳化	(1) 每$200m^3$为一验收批，不足$200m^3$也按一批计 (2) 每批尺寸偏差和外观质量检验合格的砌块中，随机抽取试样一组(3块)，将其切割成边长为$200m^3$的立方体试件进行试验
8	普通混凝土小型空心砌块	必试：抗压强度(大条面) 其他：密度、空心率、含水率、吸水率、抗冻性、干燥收缩、软化系数	(1) 每1万块为一验收批，不足1万也按一批计 (2) 每批尺寸偏差和外观质量检验合格的砌块中，随机抽取试样一组(5块)
9	轻骨料混凝土小型空心砌块		
10	蒸压加气混凝土砌块	必试：立方体抗压强度 干体积密度 其他：干燥收缩、抗冻性、导热性	(1) 同品种、同规格、同等级的砌块，以1000块为一批，不足1000块也按一批计 (2) 每批尺寸偏差和外观质量检验合格的砌块中，随机抽取试样，制作3组试件进行立方体抗压强度试验；制作3组试件进行干体积密度检验、抗压强度试验

对于砌墙砖，如果从施工现场的砖垛中抽取试样时，抽样前应制定抽样方案，对检验批中抽样的砖所在的砖垛位置、砖层、砖列都要排好编号、顺序，再进行现场抽样。如果施工现场的砖是散堆在一起，可先让人随机从散堆中取砖摆成一字形，然后决定每隔几块抽取一块。不论抽样位置上砖的质量如何，不允许以任何理由以别的砖替代。

外观质量检验的砖样按上述方法从检验批的产品中随机抽取50块，尺寸偏差检验的砖样从外观质量检验后的样品中随机抽取20块，其他项目的砖样从外观质量检验后的样品中随机抽取。抽取的数量为：强度等级10块；泛霜、石灰爆裂、冻融、表观密度、吸水率与饱和系数各5块。当只进行单项检验时，可直接从检验批中随机抽取。

从尺寸偏差与外观检验合格的砌块中，随机抽取砌块，制作3组试件进行立方体抗压强度检验，以3组平均值与其中1组最小平均值，按规范规定判定强度级别。制作3组试件做干体积密度检验，以3组平均值判定其体积密度级别，当强度与体积密度级别关系符合规范规定时，判该批砌块符合相应的等级。否则降等或判为不合格。

对于砌块，从外观与尺寸偏差检验合格的砌块中，随机抽取3组9块砌块进行干体积密度检验；抽取5组15块砌块进行强度级别检验；抽取3组9块砌块进行干燥收缩检验；抽取3组9块砌块进行抗冻性检验；抽取1组2块砌块进行导热系数检验。

3. 砖、砌块的试验

(1) 试验报告：使用单位砖、砌块的质量检测报告内容应包括：委托单位、样品编号、工程名称、样品产地、类别、代表数量、检测依据、检测条件、检测项目、检测结果、结论等。砖、砌块的检测报告格式可参照表2-24。

(2) 检验质量等级的判定：

1) 砖的质量判定：强度抗风化性能合格，按尺寸偏差、外观质量、泛霜、石灰爆裂检验中最低质量等级判定，其中有欠火砖、酥砖或螺旋纹砖有一项不合格则判定该批产品的质量不合格。

2) 砌块质量判定：

A. 若受检砌块的尺寸偏差和外观质量均符合相应指标，则判定砌块符合相应等级。

B. 若受检的32块砌块中，尺寸偏差和外观质量的不合格数不超过7块时，则判该批砌块符合相应等级。

C. 当所有项目的检验结果均符合各项技术要求等级时，则判定该批砌块符合相应等级。

(3) 委托单位(或委托人或工地现场试验员)必须逐项填写试验委托单，如工程名称，砖、砌块品种、规格、生产厂、委托日期、委托编号、出厂日期、出厂编号等内容。

(4) 检测机构或实验室应当认真填写砖、砌块试验报告表。要求项目齐全、准确、真实、字迹清楚、无涂抹。试验报告左上角加盖计量认证章，右下角加盖工程质量检测资质专用章方才有效。

(5) 委托单位(或委托人)领取砖、砌块试验报告表时，应当认真验收和观看试验报告中试验项目是否齐全，必试项目是否全部做完，是否有明确结论，签字盖章是否齐全。同时一定要验看各项目的实测数值是否符合规范规定的标准值。

烧结普通(多孔)砖检测报告 **表 2-24**

委托单位	××公司	委托日期	××年××月××日
工程名称	×× 综合楼	委托编号	××××
工程部位	一层墙	报告日期	××年××月××日
砖生产厂	×××砖厂	产品名称	烧结普通砖
依据标准	GB 13544—2000，GB/T 5101—1998	规格尺寸	240mm×115mm×53mm

检 测 结 果

检测项目			标准要求				实测结果		单项判定
抗压强度	单个值(MPa)		强度等级	平均值 f	$\delta\leqslant$ 0.21 标准值 $f_k\geqslant$	$\delta>$ 0.21 单块最小值 $f_{min}\geqslant$	14.61	15.75	
							15.85	15.56	
							15.79	15.64	
							15.98	15.22	
							15.92	15.78	
	平均值		MU30	30.0	22.0	25.0	15.7		
	标准差 s(MPa)		MU25	25.0	18.0	22.0	0.43		
	变异系数 δ		MU20	20.0	14.0	16.0	0.03		
	标准值 f_k(MPa)		MU15	15.0	10.0	12.0	14.9		
	最小值 f_{min}(MPa)		MU10	10.0	6.5	7.5	14.6		
抗风化性能	抗冻性(质量损失)(%)		—				—		—
	5h 沸煮吸水率(%)	平均值	≤23				18		合格
		最大值	≤25				21		合格
	饱和系数	平均值	≤0.88				0.72		合格
		最大值	≤0.90				0.79		合格
泛霜性能			无泛霜				无霜区		优等品
石灰爆裂性能			爆裂区域的最大破坏尺寸小于 2mm				爆裂区域的最大破坏尺寸 1.5mm		优等品
结论			强度等级 MU15						
备注			$\delta\leqslant$0.21 时，样本量 n=10 时，强度标准值为						

签发： 审核： 检测：

注：本表由检测机构填写，一式三份，检测机构、委托单位、监理单位各留一份。报告左上角加盖计量认证章，右上角加盖工程质量检测资质专用章有效。

(6) 如果是用于承重结构的砖、砌块无出厂证明书，或对砖、砌块质量有怀疑的，或有其他特殊要求的，还应当进行专项试验。

(7) 注意资料整理：一验收批砖和砌块的出厂合格证和试验报告，按批组合，按时间先后顺序排列并编号，不得漏项；同时应当与实际使用的砖、砌块批次相符合；建立分目表，与其他施工技术资料相对应。

2.2 钢筋试验

2.2.1 常用钢筋的技术标准

1. 常用钢筋

钢筋混凝土结构及预应力混凝土结构常用的钢材有热轧钢筋、钢绞线、消除应力钢丝和热处理钢筋四类。

2. 执行标准

(1)《钢筋混凝土用热轧带肋钢筋》GB 1499；

(2)《钢筋混凝土用热轧光圆钢筋》GB 13013；

(3)《钢筋混凝土用余热处理钢筋》GB 13014；

(4)《预应力钢筋混凝土用热处理钢筋》GB 4463；

(5)《低碳钢热轧圆盘条》GB 701；

(6)《热轧圆钢和方钢尺寸、外形、重量及允许偏差》GB/T 702；

(7)《钢及钢产品力学性能试验取样》GB 2975；

(8)《钢筋力学及工艺性能试样取样规定》GB 2975；

(9)《预应力混凝土用钢丝》GB/T 5223；

(10)《预应力混凝土用钢绞线》GB/T 5224。

3. 主要技术性能

钢材的性能分为两大类：一类为使用性能，它包括力学性能、物理性能、化学性能等；另一类为工艺性能，它包括冷弯性能、焊接性能、热处理性能等。

钢筋混凝土常用钢筋有热轧钢筋和热处理钢筋两大类。其主要技术性能见表 2-25。

钢筋混凝土常用钢筋的力学性能与工艺性能　　表 2-25

表面形状	强度等级符号	牌号	公称直径（mm）	力学性能			工艺性能	
				屈服点 σ_s（MPa）	抗拉强度 σ_b（MPa）	伸长率 δ_5（%）	弯心直径（d）	弯曲角度（°）
				不小于				
光圆钢筋	ϕ	HPR235	8～20	235	370	25	$d=a$	180
带肋钢筋	Φ	HRB335	6～25 28～50	335	490	16	$d=3a$ $d=4a$	180
	Φ	HRB400	6～25 28～50	400	570	14	$d=4a$ $d=4a$	180
	Φ^R	RRB400	8～25 28～40	440	600	14	$d=3a$ $d=4a$	90

注：表中H、R、B分别为热轧、肋、钢筋的英文名称的第一个字母。

2.2.2 钢筋的相关标准和试验项目

钢筋的相关标准和试验项目见表 2-26。

钢筋试验标准及项目 表 2-26

标 准 号	标 准 名 称	试 验 项 目
GB 1499—1998	《钢筋混凝土用热轧带肋钢筋》	力学性能、冷弯性能
GB 13013—1991	《钢筋混凝土用热轧光圆钢筋》	同上
GB 13014—1991	《钢筋混凝土用余热处理钢筋》	同上
GB 701—1997	《低碳钢热轧圆盘条》	力学性能、冷弯性能
GB 13788—2000	《冷轧带肋钢筋》	同上
GB/T 702—2004	《热轧圆钢和方钢尺寸、外形、重量及允许偏差》	钢材尺寸、外形、重量及允许偏差
GB 2975—1998	《钢及钢产品力学性能试验取样》	钢筋取样
GB 2975—1998	《钢筋力学及工艺性能试样取样规定》	钢筋试样取样
GB/T 5223—2002	《预应力混凝土用钢丝》	钢丝抗拉强度、伸长率、弯曲试验
GB/T 5224—2004	《预应力混凝土用钢绞线》	整根钢绞线的最大负荷、屈服负荷、伸长率、松弛率、尺寸测量

2.2.3 常用钢筋的进场验收

钢筋的检查验收按《钢及钢产品交货一般技术要求》(GB/T 17505—1998)的规定进行。

1. 钢筋出厂质量合格证的验收

(1) 钢筋出厂时其出厂质量合格证和试验报告必须是项目齐全、真实、字迹清楚，不允许涂抹、伪造。

(2) 钢筋出厂质量合格证中应包括钢筋品种、规格、强度等级、出厂日期、出厂编号、试验数据(包括屈服强度、抗拉强度、伸长率、冷弯性能、化学成分等内容)、试验标准等内容和性能指标，合格证编号、检验机构盖章。各项应填写齐全，不得错漏。

2. 常用钢筋的进场验收

钢筋或预应力用钢丝或钢绞线进场时应按批号及直径分批验收，检查内容包括对钢筋标志、外观形状、钢筋的各项技术性能等。

(1) 审查钢筋的外观质量

对于热轧钢筋：表面不得有裂缝、结疤、分层和折叠；盘条钢筋如有凹块、凸块、划痕，不得超过螺纹高度，其他缺陷的高度或深度不得大于所在部位的允许偏差。

对于热处理钢筋：表面不得有裂缝、结疤、夹杂、分层和折叠；如有凹块、凸块、划痕，不得超过横肋高度，表面不得沾有油污。

对于钢绞线：不得有折断、横裂相互交叉的钢丝，表面不得有油渍，不得有麻锈坑。

对于碳素钢丝：表面不得有裂缝、结疤、机械损伤、分层、氧气铁皮(铁锈)和油迹；允许有浮锈。

对于冷拉钢筋：不得有局部颈缩现象。

(2) 对钢筋的屈服点、抗拉强度、伸长率、冷弯性能、屈服负荷、弯曲次数等指标的检验方法按相关规范规定进行。

以上各项验收合格后，方可由技术员、材料管理员等在合格证上签字以入库储存。同时也可以在钢筋质量合格证备注栏上由施工单位的技术人员注明单位工程名称、工程使用部位后交现场材料管理员和资料员进行归档和保管。

2.2.4 常用钢筋的试验取样及试验报告

1. 常用钢筋必试项目

(1) 热轧带肋钢筋、光圆钢筋、余热处理钢筋、低碳钢热轧圆盘条的必试项目为拉伸试验(包括屈服点、抗拉强度、伸长率)和弯曲试验。

(2) 预应力混凝土用钢丝的必试项目为：抗拉强度、伸长率、弯曲试验。

(3) 预应力混凝土用钢绞线的必试项目为：整根钢绞线的最大负荷、屈服负荷、伸长率、松弛率、尺寸测量。

2. 常用钢筋取样数量和方法

(1) 常用钢筋取样数量

常用钢筋的组批原则和取样规定见表2-27。

常用钢筋的组批原则和取样规定　　表2-27

<table>
<tr><th>序号</th><th>材料名称及相关标准规范代码</th><th>组批原则及取样规定</th></tr>
<tr><td>1</td><td>钢筋混凝土热轧带肋钢筋
(GB 1499—1998)</td><td rowspan="3">钢筋应按批进行检查、验收，每批数量不大于60t
每批应由同一厂别、同一炉罐号、同一规格、同一交货状态的钢筋组成。每60t为一验收批，不足60t也按一批计
在每一验收批中，在任选的两根钢筋上切取试件(拉伸、弯曲试验各2个)</td></tr>
<tr><td>2</td><td>钢筋混凝土热轧光圆钢筋
(GB 13013—1991)</td></tr>
<tr><td>3</td><td>钢筋混凝土余热处理钢筋
(GB 13014—1991)</td></tr>
<tr><td>4</td><td>钢筋混凝土低碳钢热轧圆盘条
(GB/T 701—1997)</td><td>同一厂别、同一炉罐号、同一规格、同一交货状态每60t为验收批，不足60t也按一批计
在每一验收批中，取试件，其中拉伸1个、弯曲2个(取自不同盘)</td></tr>
<tr><td>5</td><td>预应力混凝土用钢丝
(GB/T 5223—2002)</td><td>预应力钢丝应成批验收。每批由同一牌号、同一规格、同一强度等级、同一生产工艺制度的钢丝组成。每批重量不大于60t
钢丝的检验应按(GB/T 2103)的规定执行，在每盘钢丝的两端进行抗拉强度、弯曲和伸长率的试验
屈服强度和松弛率每季度抽检1次，每次不少于3根</td></tr>
<tr><td>6</td><td>预应力混凝土用钢绞线
(GB/T 5224—2003)</td><td>每批由同一牌号、同一规格、同一生产工艺的钢绞线组成，每批重量不大于60t
从每批钢绞线中任取3盘，每盘所选的钢绞线端部正常部位截取一根进行表面质量、直径偏差、捻距和力学性能试验。如每批少于3盘，则应逐盘进行上述试验。屈服和松弛试验每季度抽检一次，每次不少于一根</td></tr>
</table>

(2) 取样方法

从外观和尺寸合格的钢筋中随机抽取2根(或2盘)，可在每批钢筋(或每盘)中任选两根钢筋距端部500mm处截取试样。试样长度根据钢筋规格、种类和试验项目而不同。表2-28中列举部分建筑工地习惯截取的标准试件长度［拉伸长度＝5d＋(250～300mm)，弯曲长度＝5d＋150mm]，供读者参考。

钢 筋 试 件 长 度 **表 2-28**

试件直径(mm)	拉伸试件长度(mm)	弯曲试件长度(mm)	反复试件长度(mm)
6.3～20	300～400	200～250	150～250
25～32	350～450	250～300	

3. 常用钢筋试验报告

钢筋试验报告表见表2-29。钢筋试验报告表是判定钢筋材质是否符合规范要求的依据，是施工质量验收规范中施工技术资料的重要组成部分，属于保证项目。所以要求所涉及的单位和个人都应当认真对待。

钢筋试验报告表 **表 2-29**

报告编号：××××　委托单位：××××公司　工程名称：××××综合楼

使用部位：一层梁　建设单位：××××公司　施工单位：××××公司

委托编号：××××　委托日期：××年××月××日　钢筋重量：10t

试验日期：××年××月××日　报告日期：××年××月××日　钢筋品种：热轧带肋钢筋

项 目		试件编号					
		1	2	3	4	5	6
拉伸及焊接试验	规格及公称直径(mm)	ϕ20	ϕ20	ϕ20	ϕ20		
	公称面积(mm)	314	314	314	314		
	标距(mm)	100	100	—	—		
	屈服强度(mm)	360	370	—	—		
	抗拉强度(mm)	510	510	—	—		
	伸长率(mm)	18	17	—	—		
	抗拉强度实测值/屈服强度实测值(≥1.25)	1.42	1.38	—	—		
	屈服强度实测值/屈服强度标准值(≤1.3)	1.07	1.10	—	—		
	焊接类别	—	—	—	—		
	焊点至断处距离(mm)	—	—	—	—		
弯曲试验	弯心直径(mm)			3D	3D		
	弯曲角度			180	180		
	弯曲结果			完好	完好		
依据标准		GB 1499，GB/T 232，GB/T 228，GB 13013，GB/T 701，GB/13788—2000，JG 3046，GB 13014，JGJ/T 27，JGJ 18					
结 论		所检测参数符合GB 1499—1998中HRB335牌号钢筋的要求					
备注	一级钢筋：Ⅰ　牌号HPR235　屈服点≥235N/mm²　抗拉强度≥370N/mm²　伸长率≥25% 二级钢筋：Ⅱ　牌号HRB335　屈服点≥335N/mm²　抗拉强度≥490N/mm²　伸长率≥16% 三级钢筋：Ⅲ　牌号HRB400　屈服点≥400N/mm²　抗拉强度≥570N/mm²　伸长率≥14%						

签发：×××　审核：×××　检测：×××

注：本表由检测机构填写，一式三份，检测机构、委托单位、监理单位各留一份。报告左上角加盖计量认证章，右上角加盖建设工程质量检测资质专用章有效。

(1) 钢筋试验的合格判定

通过钢筋的试验报告表中的各项数据，如果某一项试验结果不符合钢筋的技术标准的要求，则应当从同一组批中再取双倍数量的试件(样)进行复试。通过复试，如果复试结果中任有一项不合格或不符合规范规定的要求，则该验收批钢筋判定为不合格钢筋。不合格钢筋不得交货和使用，同时出具处理报告。

(2) 委托单位(或委托人、工地现场试验员)必须逐项填写试验委托单，如工程名称、钢筋品种、规格、生产厂、委托日期、委托编号、钢筋商标、出厂日期、出厂编号等内容。

(3) 检测机构或实验室应当认真填写钢筋试验报告表。要求项目齐全、准确、真实、字迹清楚、无涂抹。试验报告左上角加盖计量认证章，右下角加盖工程质量检测资质专用章方才有效。

(4) 委托单位(或委托人)领取钢筋试验报告表时，应当认真验收和观看试验报告中试验项目是否齐全，必试项目是否全部做完，是否有明确结论，签字盖章是否齐全。同时一定要验看各项目的实测数值是否符合规范规定的标准值。

(5) 如果是有焊接要求的进口钢筋，或无出厂证明书，或钢号钢种不明的，或在加工时发生脆断、焊接性能较差等上述情况之一者，必须进行化学试验；有特殊要求的，还应当进行专项试验。

(6) 注意资料整理：一验收批钢筋的出厂合格证和试验报告，按批组合，按时间先后顺序排列并编号，不得漏项；同时应当与实际使用的钢筋批次相符合；建立分目表，与其他施工技术资料相对应。

2.3 混凝土骨料试验

2.3.1 混凝土骨料的技术标准

1. 执行标准

(1)《建筑用砂》GB 14684；

(2)《普通混凝土用砂质量标准及检验方法》JGJ 52；

(3)《人工砂应用技术规程》DBJ/T 01—65；

(4)《建筑用卵石、碎石》GB 14685；

(5)《普通混凝土用碎石或卵石质量标准及检验方法》JGJ 53。

2. 常用混凝土骨料的技术性能

(1) 建筑用砂的技术性能

1) 砂按细度模数(μ_f)分为粗砂、中砂、细砂三个级。

粗砂：μ_f=3.7～3.1

中砂：μ_f=3.0～2.3

细砂：μ_f=2.2～1.6

2) 砂的颗粒级配：

对细度模数在1.6～3.7的砂，按0.630mm筛孔的累计筛余百分量分成三个级配区，见表2-30。砂的颗粒级配在表2-30中的任何一个级配区都符合规定。

砂的实际颗粒级配与表中所列值相比，除了5mm和0.630mm筛号外，可以稍有超出，但超出总量应不超过5%。

配置混凝土时宜优先选用2区砂，泵送混凝土宜选用中砂。

3）砂的质量指标要求与砂的压碎指标

砂的质量指标包括砂的含泥量指标、泥块含量指标、坚固性指标、有害物质等指标，具体内容见表2-31所示。

砂的颗粒级配 **表2-30**

方孔筛尺寸（mm）	级配区		
	1区	2区	3区
	累计筛余量（%）		
10.00	0	0	0
5.00	10～0	10～0	10～0
2.50	35～5	25～0	15～0
1.25	65～35	50～10	25～0
0.630	85～71	70～41	40～16
0.315	95～80	92～70	85～55
0.160	100～90	100～90	100～90

砂的质量指标 **表2-31**

项目			指标		
			Ⅰ类	Ⅱ类	Ⅲ类
含泥量（按重量计）（%）			＜1.0	＜3.0	＜5.0
泥块含量（按重量计）（%）			0	＜1.0	＜2.0
坚固性指标			≤8	≤8	≤10
单级最大压碎指标（%）			20	25	30
有害物质	云母含量（按质量计%）≤		1.0	2.0	2.0
	轻物质含量（按质量计%）≤		1.0	1.0	1.0
	硫化物及硫酸盐含量（按 SO_3 重量计%）≤		0.5	0.5	0.5
	有机物含量（比色法）		合格	合格	合格
	氯化物（以氯离子重量计%）≤		0.01	0.02	0.06
碱活性反应。有潜在危害时（化学法、砂浆长度法）	水泥		含碱量小于0.60%		
	掺合料		能抑制碱骨料反应		
	外加剂		必须专门试验		
	氯离子含量（以氯离子质量计%）	素混凝土	不限制		
		钢筋混凝土≤	0.06		
		预应力混凝土	不宜用，不得大于0.2%		

(2) 建筑用碎石和卵石的技术性能

1) 碎石和卵石的颗粒级配，应符合表 2-32 的要求。

2) 碎石和卵石的针、片状颗粒含量，应符合表 2-33 的要求。对于强度等级不大于 C10 级的混凝土，其针、片状颗粒含量可放宽到 40%。

碎石和卵石的颗粒级配范围 **表 2-32**

颗粒级配	公称粒径(mm)	累计筛余重量计(%)											
		筛孔尺寸(圆孔筛)(mm)											
		2.5	5.0	10.0	16.0	20.0	25.0	31.5	40.0	50.0	63.0	80.0	100.0
连续粒级	5~10	95~100	80~100	0~15	0	—	—	—	—	—	—	—	—
	5~16	95~100	90~100	32~60	0~10	0	—	—	—	—	—	—	—
	5~20	95~100	90~100	40~70	—	0~10	0	—	—	—	—	—	—
	5~25	95~100	90~100	—	30~70	—	0~5	0	—	—	—	—	—
	5~31.5	95~100	90~100	70~90	—	15~45	—	0~5	0	—	—	—	—
	5~40	—	95~100	75~90	—	30~65	—	—	0~5	0	—	—	—
单粒级	10~20	—	95~100	85~100	—	0~15	0	—	—	—	—	—	—
	16~31.5	—	95~100	—	85~100	—	—	0~10	0	—	—	—	—
	31.5~63	—	—	95~100	—	80~100	—	—	0~10	0	—	—	—
	20~40	—	—	—	95~100	—	—	75~100	45~75	—	0~10	0	—
	40~80	—		—	—	95~100	—	—	70~100	—	30~60	0~10	0

碎石和卵石中针、片状颗粒含量、含泥量、泥块含量标准 **表 2-33**

混凝土强度等级	＜C10	＜C30	≥C30	抗冻、抗渗
针、片状颗粒含量	≤40	≤25	≤15	
含泥量	≤2.5	≤2.0(石粉≤3.0)	≤1.0(石粉≤1.5)	≤1.0
泥块含量	≤1.0	≤0.7	≤0.5	≤0.50

3) 碎石和卵石的含泥量、泥块含量，应符合表 2-33 的要求。

对有抗冻、抗渗或其他特殊要求的混凝土，其所用碎石或卵石的含泥量不应大于 1.0%。如含泥基本上是非黏土质的石粉时，含泥量可由表 2-33 的 1.0%、2.0%，分别提高到 1.5%、3.0%；不大于 C10 级的混凝土用碎石或卵石，其含泥量可放宽到 2.5%。

有抗冻、抗渗和其他特殊要求的混凝土，其所用碎石或卵右的泥块含量应不大于 0.5%；对等于或小于 C10 级的混凝土用碎石或卵石其泥块含量可放宽到 1.0%。

4) 碎石和卵石的压碎指标值，应符合表 2-34 的要求。碎石的强度可用岩石的抗压强度和压碎指标值表示。

压碎指标值中，接近较小值适用于强度较高的混凝土，接近较大值适用于强度等级较低的混凝土。

5）碎石和卵石的坚固性：碎石和卵石的坚固性用硫酸钠溶液法检验，试样经5次循环后，其重量损失应符合表2-35的规定。

6）有害物质含量：碎石或卵石中的硫化物和硫酸盐含量，以及卵石中有机杂质等属于有害物质。其含量应符合表2-36的规定。

碎石的压碎指标值 表2-34

岩石品种	混凝土强度等级	碎石压碎指标值（%）
沉积岩	C55～C40 ≤C35	≤10～12 ≤13～20
变质岩或深成的岩浆岩	C55～C40 ≤C35	≤12～19 ≤20～30
岩浆岩	C55～C40 ≤C35	≤13 ≤30

碎石或卵石的坚固性指标 表2-35

混凝土所处的环境条件	循环后的重量损失（%）
在严寒及寒冷地区室外使用，并经常处于潮湿或干湿交替状态下的混凝土	≤8
在其他条件下使用的混凝土	≤12
有腐蚀性介质作用或经常处于水位变化区的地下结构或有抗疲劳、耐磨、抗冲击等要求的混凝土	≤8

碎石或卵石中的有害物质含量 表2-36

项目	质量要求
硫化物及硫酸盐含量（折算成SO_3，按重量计）（%）	≤1.0
卵石中有机质含量（用比色法试验）	颜色应不深于标准色。如深于标准色，则应配制成混凝土进行强度对比试验，抗压强度比应不低于0.95

如发现有颗粒状硫酸盐或硫化物杂质的碎石或卵石，则要求进行专门检验，确认能满足混凝土耐久性要求时方可采用。

对重要工程的混凝土所使用的碎石或卵石应进行碱活性检验。

2.3.2 混凝土骨料的相关标准和试验项目

其相关标准和试验项目见表2-37。

混凝土骨料试验标准及项目 表2-37

标准号	标准名称	试验项目
GB 14684	《建筑用砂》	
GB 14685	《建筑用卵石、碎石》	
JGJ 52	《普通混凝土用砂质量标准及检验方法》	筛分析、含泥量、泥块含量
JGJ 53	《普通混凝土用碎石或卵石质量标准及检验方法》	筛分析、含泥量、泥块含量、针片状含量、压碎指标值
DBJ/T 01—65	《人工砂应用技术规程》	

2.3.3 混凝土骨料的进场验收

(1) 砂、石进场时，供货单位应提供产品合格证及质量检验报告。其出厂质量合格证及检验报告必须是项目齐全、真实、字迹清楚，不允许涂抹、伪造。

(2) 出厂质量合格证及检验报告中应包括砂、石产地、品种、规格等指标。

(3) 购货单位应按同产地、同规格分批验收。用大型工具(如火车、货船或汽车)运输的，以 400m³ 或 600t 为一验收批；用小型工具(如马车等)运输的，以 200m³ 或 300t 为一验收批。不足上述数量者以一验收批论。

(4) 每验收批至少应进行颗粒级配，含泥量，泥块含量及针、片状颗粒含量检验。对重要工程或特殊工程应根据工程要求增加检测项目。如为海砂，还应检验其氯离子含量。对其他指标的合格性有怀疑时应予以检验。当质量比较稳定、进料量又较大时，可定期检验。当使用新产地的石子时，应由供货单位按质量要求进行全面检验。

(5) 碎石或卵石的数量验收，可按重量计算，也可按体积计算。测定重量可用汽车地秤量衡或船舶吃水线为依据。测定体积可按车皮或船舶的容积为依据。用其他小型运输工具运输时，可按量方确定。

2.3.4 混凝土骨料的试验取样及试验报告

1. 混凝土骨料的必试项目

对于天然砂：筛分析、含泥量、泥块含量。

对于人工砂：筛分析、石粉含量、泥块含量、压碎指标。

对于碎石和卵石：筛分析、含泥量、泥块含量、针片状颗粒含量、压碎指标。

对于重要工程和特殊工程应作坚固性试验、岩石抗压强度试验、碱活性试验。

2. 混凝土骨料的取样数量和方法

(1) 混凝土砂、石的取样数量

以同一产地、同一规格、每 400m³ 或 600t 为一验收批，不足 400m³ 或 600t 也按一批计。每一验收批取样一组。天然砂子每组为 22kg，人工砂每组为 52kg，石子为 40kg(最大粒径不超过 20mm)或 80kg(最大粒径不超过 40mm)；当质量比较稳定、进料量较大时，可定期检验。

(2) 砂、石取样方法

在料堆上取样时，取样部位应均匀分布。取样前先将取样部位表层铲除。然后由各部位抽取大致相等的砂共 8 份，石子 15 份(在料堆的顶部、中部和底部各由均匀分布的五个不同部位取得)，组成一组样品；根据粒径和检验的项目，每份 5～10kg(200mm 以下取 5kg 以上，31.5、40mm 取 10kg 以上)搅拌均匀后缩分成一组试样。

从皮带运输机上取样时，应在皮带运输机机尾的出料处用接料器定时抽取 8 份石子，组成一组样品。

从火车、汽车、货船上取样时，应从不同部位和深度抽取大致相同的石子 16 份，组成一组样品。

建筑施工单位应当按单位工程分别取样。构件厂、搅拌站应在砂、石进场时取样，并根据储存、使用情况定期复验。

3. 混凝土骨料的试验报告

(1) 试验报告：使用单位砂、石的质量检测报告内容应包括：委托单位、工程名称、样品编号、样品产地、类别、代表数量、检测依据、检测条件、检测项目、检测结果、结论等。砂、石的检测报告格式可参照表2-38、表2-39。

砂检测报告表 **表2-38**

委托单位	××××公司	委托日期	××年××月××日
工程名称	×××综合楼	委托编号	××××
样品名称	天然河砂	报告日期	××年××月××日
依据标准	GB/T 14684—2001，JGJ 52—92	产地	×××地

检测项目	检测结果	检测项目	检测结果
表观密度(kg/m³)	2550	含水率(%)	16
堆积密度(kg/m³)	1600	吸水率(%)	30
石粉含量(kg/m³)	—	有机物含量(比色法)	合格
空隙率(%)	50	云母含量(%)	1.8
含泥量(按质量计)(%)	2.5	轻物质含量(%)	0.7
泥块含量(按质量计)(%)	0.9	氯盐含量(%)	0.01
坚固性(质量损失)(%)	5	硫酸盐硫化物含量(%)	0.3

筛分结果

筛孔尺寸(方孔筛)(mm)	第一次		第二次	
	分计筛余(%)	累计筛余(%)	分计筛余(%)	累计筛余(%)
9.50(10.0)	0	0	0	0
4.75(5.00)	7.5	7.5	7.5	7.5
2.36(2.50)	8.8	16.3	8.8	16.3
1.18(1.25)	30.5	46.8	30.5	46.8
0.60(0.63)	20.8	67.6	20.8	67.6
0.30(0.315)	21.2	88.8	21.2	88.8
0.15(0.160)	9.9	98.7	9.9	98.7
筛　底	0.2	—	0.2	—
细度模数	所检参数符合GB/T 14684—2001要求，所检砂属于2区中砂			
备　注				

签发：×××　　审核：×××　　检测：×××

注：本表由检测机构填写，一式三份，检测机构、委托单位、监理单位各留一份。报告左上角加盖计量认证章，右上角加盖建筑工程质量检测资质专用章有效。

碎石或卵石检测报告表　　**表 2-39**

报告日期：　　　　　　　　　　　　　　　　　　No.

委托单位	××××公司	委托日期	××年××月××日
工程名称	×××综合楼	委托编号	××××
样品名称	卵 石	报告日期	××年××月××日
依据标准	GB/T 14685—2001，JGJ 53—92	产　地	××地

检测项目	检测结果	检测项目	检测结果
表观密度(kg/m^3)	2500	含水率(%)	8
堆积密度(kg/m^3)	1600	吸水率(%)	6
紧密密度(kg/m^3)	—	针、片状颗粒含量(%)	8
空隙率(%)	30	有机物含量(%)	合格
含泥量(%)	3	坚固性(%)	5
泥块含量(%)	0.9	SO_3 含量(%)	0.5
压碎指标(%)	5	岩石抗压强度	—

筛 分 结 果

筛孔尺寸(mm)	分计筛余(%)	累计筛余(%)
90(80.0)	—	—
75.0(63.0)	—	—
63.0(50.0)	—	—
53.0(40.0)	0	0
37.5(31.5)	3.5	3.5
31.5(25.0)	—	—
26.5(20.0)	—	—
19.0(16.0)	47.2	50.7
16.0(10.0)	—	—
9.50(5.0)	29.8	80.5
4.75(2.5)	19.3	99.8
2.36(—)	—	—
筛底	0.1	—
备　注	所检参数符合 GB/T 14685—2001 要求，卵石最大粒径 40mm	

签发：×××　　　审核：×××　　　检测：×××

注：本表由检测机构填写，一式三分，检测机构、委托单位、监理单位各留一分。报告左上角加盖计量认证章，右上角加盖建设工程质量检测资质专用章有效。

(2) 砂、石检验质量合格判定：检验或复验后，砂、石各项性能指标均达到相应规范规定的要求，可判为合格。

对于砂子，如果在颗粒级配、含泥量和泥块含量、有害物质的含量、坚固性等几个指标中，其中有一项性能指标未能达到要求时，则应当从同一批产品中加倍取样，对不达标的项目要求进行复试。复试后，该指标达到要求时，可判为该产品合格；如果仍然不符合要求，则应当判定该批产品不合格，按不合格产品处理。

对于碎石和卵石，如果在颗粒级配、含泥量和泥块含量、针、片状颗粒含量、有害物质的含量、坚固性、强度等几个指标中，其中有一项性能指标未能达到要求时，则应当从同一批产品中加倍取样，对不达标的项目要求进行复试。复试后，该指标达到要求时，可判为该产品合格；如果仍然不符合要求，则应当判定该批产品不合格，按不合格产品处理。

(3) 委托单位(或委托人、工地现场试验员)必须逐项填写试验委托单，如工程名称、砂、石品种、规格、生产厂、委托日期、委托编号、出厂日期、出厂编号等内容。

(4) 检测机构或实验室应当认真填写砂、石试验报告表。要求项目齐全、准确、真实、字迹清楚、无涂抹。试验报告左上角加盖计量认证章，右下角加盖工程质量检测资质专用章方才有效。

(5) 委托单位(或委托人)领取砂、石试验报告表时，应当认真验收和观看试验报告中试验项目是否齐全，必试项目是否全部做完，是否有明确结论，签字盖章是否齐全。同时一定要验看各项目的实测数值是否，符合规范规定的标准值。

(6) 如果是用于承重结构的砂、石无出厂证明书，对砂、石质量有怀疑的、进口的或有其他特殊要求的，还应当进行专项试验。

(7) 注意资料整理：一验收批砂石的出厂合格证和试验报告，按批组合，按时间先后顺序排列并编号，不得漏项；同时应当与实际使用的砂、石批次相符合；建立分目表，与其他施工技术资料相对应。

2.4 水泥试验

2.4.1 常用水泥的技术标准

1. 常用水泥

建筑工程中常用的水泥有：硅酸盐水泥、普通硅酸盐水泥、矿渣硅酸盐水泥、火山灰质硅酸盐水泥、粉煤灰硅酸盐水泥、复合硅酸盐水泥。

2. 执行标准

(1)《硅酸盐水泥、普通硅酸盐水泥》GB 175；

(2)《矿渣硅酸盐水泥、火山灰质硅酸盐水泥、粉煤灰硅酸盐水泥》GB 1344；

(3)《复合硅酸盐水泥》GB 12958。

3. 主要技术性能

(1) 水泥的体积安定性：水泥的体积安定性是指水泥在凝结硬化过程中体积变化的均匀性。如果水泥硬化后产生不均匀的体积变化，会使水泥制品、混凝土构件产生膨胀性裂缝，降低工程质量，甚至引起严重事故，此即体积安定性不良。

常用的检验方法为沸煮法。安定性必须合格。

(2) 水泥的凝结时间：水泥的凝结时间有初凝和终凝之分。自加水起至水泥浆开始失去塑性、流动性减小所需的时间，称为初凝时间；自加水起至水泥浆完全失去塑性、开始有一定结构强度所需的时间，称为终凝时间。硅酸盐水泥初凝时间不得早于45min，终凝时间不得迟于6.5h；普通硅酸盐水泥、矿渣硅酸盐水泥、火山灰质硅酸盐水泥、粉煤灰硅酸盐水泥初凝时间不得早于45min，终凝时间不得迟于10h。

国家标准规定，凝结时间的测定是以标准稠度的水泥净浆，在规定温度和湿度下，用凝结时间测定仪来测定。

(3) 水泥强度：水泥的强度是评定其质量的重要指标，也是划分水泥强度等级的依据。

国家标准规定，采用水泥胶砂法测定水泥强度。该法是将水泥和标准砂按1∶3混合，水灰比为0.5，按规定方法制成40mm×40mm×160mm的试件，带模进行标准养护(20±3℃，相对湿度大于90%)24h，再脱模放在标准温度(20±2℃)的水中养护，分别测定其3d和28d的抗压强度和抗折强度。根据测定结果，可确定该水泥的强度等级，其中有R的为早强型水泥。各强度等级水泥的各龄期强度不得低于表2-40数值。

常用水泥(硅酸盐系)各龄期的强度指标(MPa)　　表2-40

水泥品种	强度等级	抗压强度		抗折强度	
		3d	7d	3d	7d
硅酸盐水泥	42.5	17.0	42.5	3.5	6.5
	42.5R	22.0	42.5	4.0	6.5
	52.5	23.0	52.5	4.0	7.0
	52.5R	27.0	52.5	5.0	7.0
	62.5	28.0	62.5	5.0	8.0
	62.5R	32.0	62.5	5.5	8.0
普通硅酸盐水泥	32.5	11.0	32.5	2.5	5.5
	32.5R	16.0	32.5	3.5	5.5
	42.5	16.0	42.5	3.5	6.5
	42.5R	21.0	42.5	4.0	6.5
	52.5	22.0	52.5	4.0	7.0
	52.5R	26.0	52.5	5.0	7.0
矿渣水泥 火山灰质水泥 粉煤灰水泥	32.5	10.0	32.5	2.5	5.5
	32.5R	15.0	32.5	3.5	5.5
	42.5	15.0	42.5	3.5	6.5
	42.5R	19.0	42.5	4.0	6.5
	52.5	21.0	52.5	4.0	7.0
	52.5R	23.0	52.5	4.5	7.0
复合硅酸盐水泥	32.5	11.0	32.5	2.5	5.5
	32.5R	16.0	32.5	3.5	5.5
	42.5	16.0	42.5	3.5	6.5
	42.5R	21.0	42.5	4.0	6.5
	52.5	22.0	52.5	4.0	7.0
	52.5R	26.0	52.5	5.0	7.0

(4) 水泥的细度：细度是指水泥颗粒的粗细程度，它对水泥的凝结时间、强度、需水量和安定性有较大影响，是鉴定水泥品质的主要项目之一。

硅酸盐水泥比表面积大于 300m²/kg，普通硅酸盐水泥、矿渣硅酸盐水泥、火山灰质硅酸盐水泥、粉煤灰硅酸盐水泥 80μm 方孔筛余量不得超过10%。

(5) 烧失量：Ⅰ型(不掺加混合材料的水泥)硅酸盐水泥中烧失量不大于3.0%；Ⅱ型(掺加不超过水泥重量5%石灰石或粒化高炉矿渣等混合材料的水泥)硅酸盐水泥中烧失量不大于3.5%；普通硅酸盐水泥中烧失量不大于5.0%。

(6) 三氧化硫：硅酸盐水泥、普通硅酸盐水泥、火山灰质硅酸盐水泥、粉煤灰硅酸盐水泥中三氧化硫含量不得超过3.5%，矿渣硅酸盐水泥中三氧化硫含量不得超过4.0%。

(7) 碱含量：国家标准规定，水泥中的碱含量按($Na_2O+0.658K_2O$)计算值来表示。若使用活性骨料或使用早强剂、减水剂配制冬期防冻剂时，用户可用低碱水泥，其碱含量≤0.06%，防止碱骨料反应。

(8) 氧化镁：硅酸盐水泥熟料中氧化镁的含量不得超过5.0%，如果水泥经压蒸安定性试验合格，则水泥中氧化镁的含量允许放宽到6.0%。

2.4.2 水泥的试验项目及标准

水泥的试验项目及其相关标准见表2-41。

水泥试验标准及项目　　表2-41

标准号	规程名称或检测方法	试验项目
GB 175—1999	《硅酸盐水泥、普通硅酸盐水泥》	
GB 12958—1999	《复合硅酸盐水泥》	
GB 1344—1999	《矿渣硅酸盐水泥火山灰质硅酸盐水泥及粉煤灰硅酸盐水泥》	
GB 176—1996	《水泥化学分析方法》	
GB/T 208—1994	《水泥密度测定方法》	水泥密度
GB 17671—1999	《水泥胶砂强度检验方法》	水泥胶砂强度
GB 2419—2005	《水泥胶砂流动度检验方法》	流动度
GB 1345—2005	《水泥细度检验方法筛析法》	水泥细度
GB 1346—2001	《水泥标准稠度用水量、凝结时间、安定性检验方法》	凝结时间安定性
GB/T 750—1992	《水泥压蒸安定性试验方法》	水泥的安定性
JC 1738—2004	《水泥强度快速检验方法》	水泥强度
GB 12573—1990	《水泥取样方法》	水泥取样
GB/T 3183—2003	《砌筑水泥》	

2.4.3 常用水泥的进场验收

1. 常用水泥的交货与验收

交货时水泥的质量验收可以有两种方式。

(1) 以水泥厂同编号水泥的检验报告为验收依据：在发货前或交货时买方在同编号水泥中抽取试样，双方共同签封后保存三个月；或委托卖方在同编号水泥中抽样，签封后保存三个月。在三个月内，买方对水泥质量有疑问时，则双方应将签封的试样送省级或以上国家认可的水泥质量监督检验机构进行仲裁检验。

（2）以抽取实物试样的检验结果为验收依据：双方应在发货前或交货地共同取样和签封。取样按 GB 12573 进行，取样数量为 20kg，缩分为两份，一份由卖方保存 40d，一份由买方按水泥现行国家标准规定的项目和方法进行检验。在 40d 以内，买方检验认为水泥质量有疑问时，则双方应将签封的试样送省级或以上国家认可的水泥质量监督检验机构进行仲裁检验。

2. 常用水泥的进场验收

（1）水泥进场时要严格审查水泥出厂质量合格证和试验报告是否齐全、真实、字迹清楚。

（2）水泥出厂质量合格证中应包括水泥品种、强度等级、出厂日期、出厂编号、试验数据(包括抗压强度、抗折强度、体积安定性、初凝时间、终凝时间等内容)、试验标准等内容和性能指标，水泥厂应在水泥发出日起 7d 内寄发 28d 强度以外的各项试验结果；28d 强度值应当在水泥发出日起 32d 内补报。各项应填写齐全，不得错漏。

（3）审查水泥的包装袋上是否清楚地标明工厂名称、地址、生产许可证编号、执行标准号、代号、品种、净含量、强度等级、包装年　月　日、主要混合材料名称，如掺火山灰应标明"掺火山灰"字样，散装水泥应有与袋装水泥内容相同的卡片和散装仓号。

（4）检查水泥的重量：袋装水泥每袋 50kg，且不得少于标志重量的 98%。

（5）检查水泥是否受潮、结块、混入杂物，不同品种、不同强度的水泥是否混在一起。

以上各项验收合格后，方可以入库储存。

2.4.4 常用水泥的试验取样及试验报告

1. 水泥必试项目

（1）水泥安定性。

（2）水泥的凝结时间。

（3）水泥的强度［包括 3d(或 7d)和 28d 抗压强度和抗折强度］。

2. 水泥的试验取样数量和取样方法

根据《混凝土结构工程施工质量验收规范》（GB 50204—2002）规定进行取样。

（1）散装水泥

对同一水泥厂生产的同期出厂的同品种、同强度等级、同一出厂编号且连续进场的水泥总量不得超过 500t 为一验收批，每批抽样不少于一次。

随机从不少于 3 个车罐中采用散装水泥取样管，在适当位置插入一定深度各抽取等量水泥，经混拌均匀后，再从中抽取不少于 12kg 的水泥作为试样，放入洁净、干燥、不易污染的容器中。

（2）袋装水泥

对同一水泥厂生产的同期出厂的同品种、同强度等级、同一出厂编号且连续进场的水泥总量不得超过 200t 为一验收批，不足 200t 时，亦按一验收批检测，每批抽样不少于一次。

随机从不少于 20 袋中采用袋装水泥取样管，在适当位置插入一定深度各抽取等量水泥，经混拌均匀后，再从中抽取不少于 12kg 的水泥作为试样，放入洁净、干燥、不易污染的容器中。

建筑施工企业应当分别按单位工程取样。

3. 水泥试验报告

水泥试验报告表见表 2-42。水泥试验报告表是判定水泥材质是否符合规范要求的依据，是施工质量验收规范中施工技术资料的重要组成部分，属于保证项目。所以要求所涉及的单位和个人都应当认真对待。

水泥试验报告表 **表 2-42**

委托单位	××××公司	委托日期	××年××月××日
工程名称	××××综合楼	委托编号	××××
水泥品种	P·O	报告日期	××年××月××日
水泥等级	32.5	商　　标	×××牌
水泥产厂	×××水泥厂	出厂日期	××年××月××日
依据标准	GB 175—1999，GB 1344—1999，GB 17671—1999，GB/T 1346—1999，GB/T 2419—1994，GB 1345—1991，GB 12958—1999	出厂编号	××××

检　测　结　果

检　测　项　目			标　准　要　求	实　测　结　果			单项判定
标准稠度用水量(%)			—	28.4			—
细度(80μm 方孔筛筛余)(%)			≤10.0	8.6			合　格
安定性			合格	合格			合　格
凝结时间	初凝时间		≥45min	60min			合　格
	终凝时间		≤10h	6h 25min			合　格
抗折强度(MPa)	3d	单个值	2.5	2.8	3.0	2.6	合　格
		平均值		2.8			
	28d	单个值	5.5	5.6	5.7	5.8	合　格
		平均值		5.7			
抗压强度(MPa)	3d	单个值	11.0	12.6	11.3	10.7	合　格
				12.4	11.6	11.9	
		平均值		11.8			
	28d	单个值	32.5	33.6	33.2	32.7	合　格
				33.7	33.4	32.9	
		平均值		33.3			
结　　论			所检参数符合 GB 175—1999 标准要求				
备　　注							

签发：×××　　　　审核：×××　　　　检测：×××

注：本表由检测机构填写，一式三份，检测机构、委托单位、监理单位各留一份。报告左上角加盖计量认证章，右上角加盖建筑工程质量检测资质专用章有效。

(1) 废品水泥和不合格水泥的判定：

凡是水泥的安定性、氧化镁含量、三氧化硫含量、初凝时间中的任何一项不符合规范要求均作废品处理，不得使用。

凡细度、终凝时间、不溶物、烧失量中的任何一项不符合规范规定；混合材料掺量超限、外加剂超标、强度低于规定指标；水泥包装标志中水泥品种、强度等级、厂名及编号不全等，均属于不合格产品。

对于强度不合格水泥，根据试验报告中的数据，经有关技术负责人批准签字后可降低强度等级使用。但应当注明使用工程项目、部位。

(2) 委托单位(或委托人、工地现场试验员)必须逐项填写试验委托单，如工程名称、水泥品种、水泥等级、水泥生产厂、委托日期、委托编号、水泥商标、出厂日期、出厂编号等内容。

(3) 检测机构或实验室应当认真填写水泥试验报告表。要求项目齐全、准确、真实、字迹清楚、无涂抹。试验报告左上角加盖计量认证章，右下角加盖工程质量检测资质专用章方才有效。

(4) 委托单位(或委托人)领取水泥试验报告表时，应当认真验收和观看试验报告中试验项目是否齐全，必试项目是否全部做完，是否有明确结论，签字盖章是否齐全。同时一定要验看各项目的实测数值是否符合规范规定的标准值。

(5) 注意水泥的有效期：常用硅酸盐类水泥的有效期为3个月，快硬硅酸盐水泥为1个月。如果过期必须复试，合格后方可使用。连续施工的工程相邻两次水泥试验的时间不得超过其有效期。

(6) 如果是用于承重结构的水泥、无出厂证明的水泥或进口水泥等上述情况之一者，必须进行复验，混凝土应当重新试配。

(7) 注意资料整理：一验收批水泥的出厂合格证和试验报告，按批组合，按时间先后顺序排列并编号，不得漏项；同时应当与实际使用的水泥批次相符合；建立分目表，与其他施工技术资料相对应。

2.5 混凝土外加剂试验

2.5.1 混凝土外加剂的技术标准

1. 常用混凝土外加剂

普通减水剂、高效减水剂、早强减水剂、缓凝高效减水剂、缓凝减水剂、引气减水剂、早强剂、缓凝剂、引气剂、防水剂、泵送剂、防冻剂、膨胀剂、速凝剂。

2. 执行标准

(1)《混凝土外加剂》GB 8076；

(2)《混凝土泵送剂》JC 47；

(3)《砂浆、混凝土防水剂》JC 474；

(4)《混凝土防冻剂》JC 475；

(5)《混凝土膨胀剂》JC 476；

(6)《喷射混凝土用速凝剂》JC 477；

(7)《混凝土防水剂》BJ/RZ 10；

(8)《混凝土外加剂应用技术规范》GB 50119；

(9)《混凝土外加剂应用技术规程》DBJ 01；

(10)《混凝土外加剂中释放氨的限量》GB 18588；

(11)《民用建筑工程室内环境污染控制规范》GB 50325。

3. 常用混凝土外加剂的技术性能

(1) 常用混凝土外加剂的技术性能见表2-43。

(2) 常用混凝土外加剂的均匀性指标见表2-44。

(3) 外加剂的选择原则

混凝土外加剂品种的选用最重要的是不得对人体产生危害；同时应根据建筑工程设计和施工的要求，通过试验比较进行选择；掺外加剂的混凝土所用的水泥、砂、石等均应当符合国家规定的要求。不同品种的外加剂一起使用时，要求注意它们的相容性以及对混凝土性能、质量的影响，使用前应当进行试验，符合要求才可以使用。

2.5.2 混凝土外加剂的必试项目

混凝土外加剂的必试项目见表2-45。

2.5.3 混凝土外加剂的进场验收

(1) 混凝土外加剂进场时，供货单位应提供产品合格证及质量检验报告。其出厂质量合格证及检验报告必须是项目齐全、真实、字迹清楚，不允许涂抹、伪造。

(2) 出厂质量合格证、产品说明书及检验报告中应包括混凝土外加剂产地、厂家、品种、包装、质量(重量)、生产日期、均匀性能指标、掺外加剂混凝土性能指标、储存方式、有效期、注意事项和使用说明等指标；掺外加剂混凝土性能检验报告并由检验员和承检单位签章。

(3) 使用单位应按同产地、厂家、同规格分批验收。查出厂合格证或试验报告，混凝土外加剂的品种、性能、产品包装、是否变质等指标必须符合规定要求。外加剂运到建筑施工现场或混凝土搅拌站必须立刻取样进行检验，检测条件应与施工条件相同。应有试验报告和掺外加剂混凝土或砂浆的配合比通知单或外加剂的掺量。

(4) 凡是技术文件不全，如没有产品说明书、合格证、检验报告、包装不符合要求、质量不足、产品变质、产品超过有效期或实物质量与出厂技术文件不相符合等等，都不得验收。

2.5.4 混凝土外加剂的试验取样及试验报告

1. 混凝土外加剂的取样数量和方法

(1) 混凝土外加剂的取样数量见表2-46。

(2) 检验规则

1) 取样及编号：试样分点样和混合样。点样是一次生产的产品所得试样，混合样是两个或更多的点样等量均匀混合而取得的试样；生产厂应当根据产量和生

掺外加剂混凝土性能指标 **表 2-43**

试验项目		外加剂品种																	
		普通减水剂		高效减水剂		早强减水剂		缓凝高效减水剂		缓凝减水剂		引气减水剂		早强减水剂		缓凝剂		引气剂	
		一等品	合格品	一等品	合格品	一等品	合格品	一等品	合格品	一等品	合格品	一等品	合格品	一等品	合格品	一等品	合格品	一等品	合格品
减水率(%)≥		8	5	12	10	8	5	12	10	8	5	10	10	—	—	—	—	6	6
泌水率(%)≤		95	100	90	95	95	100		100	100		70	80	100		100	110	70	80
含气量(%)		≤3	≤4	≤3	≤4	≤3	≤4	<4.5		<5.5		>3.0		—		—		>3.0	
凝结时间之差(min)	初凝	−90～+120		−90～+120		−90～+90		>+90		>+90		−90～+120		−90～+90		>+90		−90～+120	
	终凝							—		—						—			
抗压强度比(%)≥	1d	—	—	140	130	140	130	—		—		—		135	125	—		—	
	3d	115	110	130	120	130	120	125	120	100		115	110	130	120	100	90	95	80
	7d	115	110	125	115	115	110	125	115	110		110		110	105	100	90	95	80
	28d	110	105	120	110	105	100	120	110	110	105	100		100	95	100	90	90	80
收缩率比(%)≥	28d	110		135		135		135		135		135		135		135		135	
相对耐久性指标(%)(200次)≥		—		—		—		—		—		80	60	—		—		80	60
对钢筋锈蚀作用		应说明对钢筋有无锈蚀危害																	

注：1. 除含气量外，表中所列数据为掺外加剂混凝土与基准混凝土的差值或比值。

2. 凝结时间指标，“—”号表示提前，“+”号表示延缓。

3. 相对耐久性指标一栏中，“200次≥80和60”表示将28d龄期的掺外加剂混凝土试件冻融循环200次后，动弹性模量保留值≥80%或≥60%。

4. 对于可以用于高频振捣排除由外加剂所引入的气泡的产品，允许用高频振捣，达到某类型性能指标要求的外加剂，可按本表进行命名和分类，但须在产品说明书和包装上注明“用于高频振捣的××剂”。

混凝土外加剂的均质性指标 表2-44

试验项目	指标
含固量或含水量	A. 对液体外加剂，应在生产厂所控制值的相对量的3%内； B. 对固体外加剂，应在生产厂所控制值的相对量的5%内
密度	对液体外加剂，应在生产厂所控制值的±0.02g/cm³内
氯离子含量	应在生产厂所控制值相对量的5%之内
水泥净浆流动度	应不小于生产控制值的95%
细度	0.315mm筛筛余应小于15%
pH值	应在生产厂控制值±1之内
表面张力	应在生产厂控制值±1.5之内
还原糖	应在生产厂控制值±3%
总碱量($Na_2O+0.658K_2O$)	应在生产厂所控制值相对量的5%之内
硫酸钠	应在生产厂所控制值相对量的5%之内
泡沫性能	应在生产厂所控制值相对量的5%之内
砂浆减水率	应在生产厂控制值±1.5%之内

混凝土外加剂的必试项目 表2-45

材料名称	试验项目	检验标准	组批原则及取样规定
普通减水剂	必试：钢筋锈蚀，28d抗压强度比，减水率 其他：pH值、密度、混凝土减水率	GB 8076	(1) 掺量大于1%(含1%)的同品种、同一编号的外加剂，每100t为一验收批，不足100t也按一批计。掺量不小于1%的同品种、同一编号的外加剂，每50t为一验收批，不足50t也按一批计； (2) 从不少于三个点取等量样品混匀； (3) 取样数量，不少于0.5t水泥所需量
高效减水剂	同上		
早强减水剂	必试：钢筋锈蚀，1d、28d抗压强度比，减水率 其他：pH值、密度(或细度)、钢筋锈蚀、增测减水率		
早强剂	同上		
引气剂	必试：钢筋锈蚀，28d抗压强度比，含气量 其他：密度(或细度)、含气量、增测减水率		
引气减水剂	同上		
缓凝减水剂	必试：钢筋锈蚀，凝结时间差，28d抗压强度比，减水率 其他：pH值、密度(或细度)、混凝土凝结时间、增测减水率		
缓凝剂	同上		
缓凝高效减水剂	同上		

续表

材料名称	试验项目	检验标准	组批原则及取样规定
泵送剂	必试：钢筋锈蚀，28d抗压强度比，坍落度保留值，压力泌水率比 其他：pH值、密度(或细度)、坍落度增加值及坍落度损失	JC 473	(1)以同一生产厂，同品种、同编号的泵送剂每50t为一验收批，不足50t也按一批计； (2)从10个容器中取等量试样混匀； (3)取样数量，不少于0.5t水泥所需量
防水剂	必试：钢筋锈蚀，28d抗压强度比，渗透比 其他：pH值、密度(或细度)	JC 474	(1)年产500t以上的防水剂每50t为一验收批，500t以下的防水剂每30t为一验收批，不足50t或30t也按一批计； (2)取样数量，不少于0.2t水泥所需量
防冻剂	必试：钢筋锈蚀、−7d、−7d+28d抗压强度比 其他：密度(或细度)、检查是否有沉淀、结晶或结块，R−7和R+28抗压强度比	JC 475	(1)以同一生产厂，同品种、同一编号的防冻剂，每50t为一验收批，不足50t也按一批计； (2)取样数量不少于0.15t水泥所需量
膨胀剂	必试：钢筋锈蚀、28d抗压抗折强度、限制膨胀率 其他： (1)补偿收缩混凝土和填充用膨胀混凝土：限制膨胀率、限制干缩率、抗压强度； (2)灌浆用膨胀砂浆：流动度、竖向膨胀率、抗压强度； (3)自应力混凝土：应符合《自应力硅酸盐水泥》(JC/T 218)的规定	JC 476	(1)以同一生产厂，同品种、同一编号的膨胀剂，每20t为一验收批，不足20t也按一批计； (2)从20个容器中取等量试样混匀。取样数量不少于4kg
速凝剂	必试：钢筋锈蚀、28d抗压强度比、凝结时间 其他：密度(或细度)、1d抗压强度	JC 477	(1)同一生产厂，同品种、同一编号的膨胀剂，每60t为一验收批，不足60t也按一批计； (2)从16个容器中取等量试样混匀。取样数量不少于4kg

混凝土外加剂的试验项目取样数量　　表2-46

试验项目	外加剂类别	试验类别	试验所需数量			
			混凝土拌合批数	每批取样数目	掺外加剂混凝土总取样数目	基准混凝土总取样数目
减水率	除早强剂、缓凝剂外各种外加剂	混凝土拌合物	3	1次	3次	3次
泌水率比	各种外加剂	混凝土拌合物	3	1个	3个	3个
含气量	各种外加剂	混凝土拌合物	3	1个	3个	3个
凝结时间差	各种外加剂	混凝土拌合物	3	1个	3个	3个
抗压强度比	各种外加剂	硬化混凝土	3	9或12块	27或36块	27或36块
收缩比率	各种外加剂	硬化混凝土	3	1块	3块	3块
相对耐久性指标	引气剂、引气减水剂	硬化混凝土	3	1块	3块	3块
钢筋锈蚀	各种外加剂	新拌或硬化砂浆	3	1块	3块	3块

注：1. 试验时，检验一种外加剂的三批混凝土要在同一天内完成；
2. 试验龄期参考表2-43试验项目栏。

产设备条件，将产品分批编号，掺量大于1%（含1%）同品种的外加剂每一编号为100t，掺量小于1%的外加剂每一编号为50t，不足100t的也可按一个批量计，同一编号的产品必须混合均匀；每一编号取样量不少于0.2t水泥所需用的外加剂量。

2）试样及留样：每一编号取得的试样应当充分混匀，分为两等份，一份按表2-44中规定部分项目进行试验。另一份要密封保存半年，用以有疑问或争议时提交同家指定机构进行复验或仲裁。

（3）判定规则：产品经检验，匀质性符合表2-44的要求，各种类型的减水率、缓凝型外加剂的凝结时间差、引气型外加剂的含气量及硬化混凝土的各种性能符合表2-43要求，则判定该编号外加剂为相应等级的产品，如不符合上述要求，则判定该编号外加剂为不合格。

（4）复验：复验以封存样进行，如果使用单位要求现场取样，应当事先在供货合同中进行规定，并在生产和使用单位人员在场的情况下于现场进行取样，复验按同样要求进行检验。

2. 混凝土外加剂的试验报告

（1）试验报告：使用单位混凝土外加剂的质量检测报告内容应包括委托单位、样品编号、工程名称、样品产地、类别、代表数量、检测依据、检测条件、检测项目、检测结果、结论等。外加剂的检测报告格式可参照表2-47。

混凝土外加剂检测报告 **表2-47**

工程名称		委托日期	年　月　日
委托单位		委托编号	
产品名称		报告日期	年　月　日
生产厂		商　标	
依据标准		检测性质	委托检验
代表数量		来样日期	
试验项目			
试验结果			
试验项目		试验结果	
结　论			
备　注			

签发：　　　　审核：　　　　检测：

注：本表由检测机构填写，一式三份，检测机构、委托单位、监理单位各留一份。报告左上角加盖计量认证章，右上角加盖建设工程质量检测资质专用章有效。

(2) 委托单位(或委托人或工地现场试验员)必须逐项填写试验委托单，如工程名称、混凝土外加剂的品种、规格、生产厂、委托日期、委托编号、出厂日期、出厂编号等内容。

(3) 检测机构或实验室应当认真填写混凝土外加剂试验报告表。要求项目齐全、准确、真实、字迹清楚、无涂抹。试验报告左上角加盖计量认证章，右下角加盖工程质量检测资质专用章方才有效。

(4) 委托单位(或委托人)领取混凝土外加剂试验报告表时，应当认真验收和观看试验报告中试验项目是否齐全，必试项目是否全部做完，是否有明确结论，签字盖章是否齐全。同时一定要验看各项目的实测数值是否符合规范规定的标准值。

(5) 如果混凝土外加剂是无出厂证明书，或对混凝土外加剂质量有怀疑的，或有其他特殊要求的，还应当进行专项试验。

(6) 注意资料整理：一验收批混凝土外加剂的出厂合格证和试验报告，按批组合，按时间先后顺序排列并编号，不得漏项；同时应当与实际使用的混凝土外加剂批次相符合；建立分目表，与其他施工技术资料相对应。

2.6 粉煤灰试验

电厂煤粉炉烟道气体中收集的粉末称为粉煤灰。粉煤灰按煤种可分为F类和C类。

F类——由无烟煤或烟煤煅烧收集的粉煤灰。

C类——由褐煤或次烟煤煅烧收集的粉煤灰，其氧化钙含量一般大于10%。

拌制混凝土和砂浆所用的粉煤灰分为三个等级，它们是：Ⅰ级、Ⅱ级、Ⅲ级。

2.6.1 粉煤灰的技术标准

1. 执行标准

(1)《粉煤灰》GB 1596；

(2)《粉煤灰混凝土应用技术规范》GBJ 146；

(3)《粉煤灰在混凝土和砂浆中应用技术规程》JGJ 28；

(4)《用于水泥和混凝土中的粉煤灰》GB 1596；

(5)《混凝土中掺用粉煤灰的技术规程》DBJ 01—10。

2. 拌制混凝土和砂浆用粉煤灰的技术性能

拌制混凝土和砂浆用粉煤灰的技术性能见表2-48。

拌制混凝土和砂浆用粉煤灰技术要求 表2-48

项目		技术要求		
		Ⅰ级	Ⅱ级	Ⅲ级
细度(45μm方孔筛筛余)，≤(%)	F类粉煤灰	12.0	25.0	45.0
	C类粉煤灰			
需水量比≤(%)	F类粉煤灰	95	105	115
	C类粉煤灰			
烧失量≤(%)	F类粉煤灰	5.0	8.0	15.0
	C类粉煤灰			

续表

<table>
<tr><th rowspan="2" colspan="2">项　　目</th><th colspan="3">技 术 要 求</th></tr>
<tr><th>Ⅰ级</th><th>Ⅱ级</th><th>Ⅲ级</th></tr>
<tr><td rowspan="2">含水量≤(%)</td><td>F类粉煤灰</td><td rowspan="2" colspan="3">1.0</td></tr>
<tr><td>C类粉煤灰</td></tr>
<tr><td rowspan="2">三氧化硫≤(%)</td><td>F类粉煤灰</td><td rowspan="2" colspan="3">3.0</td></tr>
<tr><td>C类粉煤灰</td></tr>
<tr><td rowspan="2">游离氧化钙≤(%)</td><td>F类粉煤灰</td><td colspan="3">1.0</td></tr>
<tr><td>C类粉煤灰</td><td colspan="3">4.0</td></tr>
<tr><td>安定性
雷氏夹沸煮后增加距离≤(%)</td><td>C类粉煤灰</td><td colspan="3">5.0</td></tr>
</table>

2.6.2 粉煤灰的相关标准和试验项目

粉煤灰的相关标准和试验项目见表2-49。

粉煤灰试验标准及项目　　**表2-49**

<table>
<tr><th>标准号</th><th>规程名称或检测方法</th><th>试验项目</th></tr>
<tr><td>JGJ 28</td><td>《粉煤灰在混凝土和砂浆中应用技术规程》</td><td rowspan="2">细度、烧失量、需水量</td></tr>
<tr><td>GB 1596</td><td>《用于水泥和混凝土中的粉煤灰》</td></tr>
<tr><td>DBJ 01</td><td>《混凝土中掺用粉煤灰的技术规程》</td><td rowspan="2">同上</td></tr>
<tr><td>GBJ 146</td><td>《粉煤灰混凝土应用技术规程》</td></tr>
</table>

2.6.3 粉煤灰的进场验收

(1) 粉煤灰进场时，供货单位应提供产品合格证及质量检验报告。其出厂质量合格证及检验报告必须是项目齐全、真实、字迹清楚，不允许涂抹、伪造。

(2) 出厂质量合格证、产品说明书及检验报告中应包括粉煤灰产地、厂家、品种、合格证编号、包装、质量(重量)、生产日期、煤灰等级批号及出厂日期、粉煤灰数量及质量检验结果等；储存方式、有效期、注意事项和使用说明等指标；并由检验员和承检单位签章。

(3) 使用单位应按同产地、厂家、同规格分批验收。检查出厂合格证或试验报告，粉煤灰的品种、性能、产品包装、是否变质等指标必须符合规定要求。对于袋装粉煤灰的包装上应当标明产品名称(F类或C类)、等级、分选或磨细、净含量、批号、执行标准、生产厂名称、地址、包装日期等。

(4) 凡是技术文件不全，如没有产品说明书、合格证、检验报告，包装不符合要求，质量不足，产品变质，产品超过有效期或实物质量与出厂技术文件不相符合等等，都不得验收。

2.6.4 粉煤灰的试验取样及试验报告

1. 粉煤灰的取样数量和方法

(1) 编号

以连续供应的200t相同等级、相同种类的粉煤灰为一编号。不足200t按一个编号计，粉煤灰质量按干灰(含水量小于1%)的质量计算。

(2) 取样数量和方法

1) 每一编号为一取样单位，当散装粉煤灰运输工具的容量超过该厂规定出厂编号吨数时，允许该编号的数量超过取样规定吨数。

2) 取样方法按 GB 12573 进行。取样应有代表性，可连续取，也可从 10 个以上不同部位取等量样品，总量至少 3kg。

散装粉煤灰取样：应从每批不同部位取 15 份试样，每份试样 1～3kg，混拌均匀，按四分法缩取比试验用量大一倍的试样。

袋装粉煤灰取样：应从每批中任取 10 袋，每袋各取试样不得少于 1kg，混拌均匀，按四分法缩取比试验用量大一倍的试样。

3) 拌制混凝土和砂浆用粉煤灰，必要时，买方可对粉煤灰的技术要求进行随机抽样检验。

(3) 质量判定

用于拌制混凝土的粉煤灰，试验结果应当符合表 2-48 中的要求。若其中任何一项不符合要求，允许在同一编号中重新加倍取样进行全部项目的复试，以复试结果判定，复试不合格可降级处理。凡低于表 2-48 中最低级别要求的为不合格产品。

2. 粉煤灰的试验报告

(1) 试验报告：使用单位对粉煤灰的质量检测报告内容应包括委托单位、样品编号、工程名称、样品产地、类别、代表数量、检测依据、检测条件、检测项目、检测结果和结论等。外加剂的检测报告格式可参照表 2-50。

粉煤灰检测报告 **表 2-50**

委托单位	××××公司	委托日期	××年××月××日
工程名称	××××综合楼	委托编号	××××
产品名称	粉煤灰	报告日期	××年××月××日
生产厂	××××厂	商标	××牌
依据标准	GB 1596—91	检测性质	委托检验

检验结果

检测项目	标准要求(≤)			实测结果
	Ⅰ级	Ⅱ级	Ⅲ级	
细度(0.045mm 方孔筛筛余)(%)	≤12	≤20	≤45	18
需水量比(%)	≤95	≤105	≤115	100
烧失量(%)	≤5	≤8	—	6
含水量(%)	≤1	≤1	不规定	1
三氧化硫(%)	≤3	≤3	≤3	3
28d 抗压强度比(%)	≥75	≥62	—	65
结论	所检查参数符合标准 GB 1596—91 中Ⅱ级品的要求			
备注				

签发：××× 审核：××× 检测：×××

注：本表由检测机构填写，一式三份，检测机构、委托单位、监理单位各留一份。报告左上角加盖计量认证章，右上角加盖建设工程质量检测资质专用章有效。

(2) 委托单位(或委托人或工地现场试验员)必须逐项填写试验委托单，如工程名称、粉煤灰的品种、规格、生产厂、委托日期、委托编号、出厂日期、出厂编号等内容。

(3) 检测机构或实验室应当认真填写粉煤灰试验检测报告表。要求项目齐全、准确、真实、字迹清楚、无涂抹。试验报告左上角加盖计量认证章，右下角加盖工程质量检测资质专用章方才有效。

(4) 委托单位(或委托人)领取粉煤灰试验报告表时，应当认真验收和观看试验报告中试验项目是否齐全、必试项目是否全部做完、是否有明确结论、签字盖章是否齐全。同时一定要验看各项目的实测数值是否符合规范规定的标准值。

(5) 如果粉煤灰是无出厂证明书，或对粉煤灰质量有怀疑的，或有其他特殊要求的，还应当进行专项试验。

(6) 注意资料整理：一验收批粉煤灰的出厂合格证和试验报告，按批组合，按时间先后顺序排列并编号，不得漏项；同时应当与实际使用的粉煤灰批次相符合；建立分目表，与其他施工技术资料相对应。

2.7 常用防水材料试验

1. 常用防水材料

常用防水材料大致可以分为防水卷材、防水涂料、防水密封材料、刚性防水和堵漏材料等。本书主要介绍目前建筑工程中运用较为广泛的防水卷材和防水涂料两大类。

2. 执行标准

(1)《屋面工程施工质量验收规范》GB 50207；

(2)《地下防水工程施工质量验收规范》GB 50208；

(3)《地下工程防水技术规范》GB 50108；

(4)《水乳型沥青基防水涂料》JC/T 408；

(5)《聚合物水泥防水涂料》JC/T 894；

(6)《建筑防水涂料试验方法》GB/T 16777；

(7)《三元乙丙防水卷材》HG 2402；

(8)《溶剂型橡胶沥青基防水涂料》JC/T 852；

(9)《弹性体改性沥青基防水卷材》GB 18242；

(10)《塑性体改性沥青基防水卷材》GB 18243。

3. 常用防水材料的相关标准和试验项目

常用防水材料的相关标准和试验项目见表 2-51。

防水材料试验标准及项目　　表 2-51

标准号	标准名称	试验项目
JC/T 408	《水乳型沥青防水涂料》	固体含量、耐热度、不透水性、粘结强度、表干时间、实干时间、低温柔度、断裂伸长率

续表

标准号	标准名称	试验项目
JC/T 852	《溶剂型橡胶沥青基防水涂料》	固体含量、抗裂性、低温柔性、耐热度、不透水性、粘结强度
GB/T 16777	《建筑防水涂料试验方法》	固体含量、延伸性、低温柔度、耐热性、不透水性、粘结强度
GB 18242	《弹性体改性沥青防水卷材》	拉伸强度、延伸率、不透水性、耐热度、柔度
GB 18243	《塑性体改性沥青防水卷材》	同上
JC/T 984	《聚合物水泥防水砂浆》	不透水性
JC/T 894	《聚合物水泥防水涂料》	拉伸强度、不透水性 断裂伸长率、低温柔度
GB 18173.10	《三元乙丙防水卷材》	拉伸强度、不透水性 断裂伸长率、低温弯折率

2.7.1 水乳型沥青基防水涂料

1. 水乳型沥青基防水涂料的分类

产品按性能可分为H型和L型两大类。按产品类型和标准号顺序标记。例如：H型水乳型沥青防水涂料标记为水乳型沥青防水涂料HJC/T 408。

2. 水乳型沥青基防水涂料的技术性能

(1) 外观：样品搅拌后均匀无色差、无凝胶、无结块、无明显沥青丝。

(2) 物理力学性能：水乳性沥青基防水涂料的物理力学性能见表2-52。

水乳型沥青防水涂料物理力学性能 **表2-52**

项目		L	H
固体含量(%)≥		45	
耐热度(℃)		80±2	110±2
		无流淌、滑动、滴落	
不透水性		0.10MPa，30min无渗水	
粘结强度(MPa)≥		0.30	
表干时间(h)≤		8	
实干时间(h)≤		24	
低温柔度①(℃)	标准条件	−15	0
	碱处理	−10	5
	热处理		
	紫外线处理		
断裂伸长率(%)≥	标准条件	600	
	碱处理		
	热处理		
	紫外线处理		

注：①表示供需双方可以商定温度更低的低温柔度指标。

3. 水乳型沥青基防水涂料的进场验收

(1) 水乳型沥青基防水涂料进场时，供货单位应提供产品合格证及质量检验报告。其出厂质量合格证及检验报告必须是项目齐全、真实、字迹清楚，不允许涂抹、伪造。

(2) 出厂质量合格证、产品说明书及检验报告中应包括水乳型沥青基防水涂料产地、厂家、品种、合格证编号、外观、固体含量、耐热度、表干时间、实干时间、低温柔度(标准条件)、断裂伸长率(标准条件)、包装、生产日期、出厂日期、储存方式、有效期、注意事项和使用说明等指标；并由检验员和承检单位签章。

(3) 使用单位应按同产地、厂家、同规格分批验收。检查出厂合格证或试验报告，水乳型沥青基防水涂料的品种、性能、产品包装、是否变质等指标必须符合规定要求。水乳型沥青基防水涂料运到建筑施工现场必须立刻取样进行检验，应有试验报告。水乳型沥青基防水涂料产品用带盖的铁桶或塑料桶密封包装。包装上应包括：生产厂名称、地址、商标、产品标记、产品净质量、安全使用事项及使用说明、产品日期或批号、运输与储存注意事项、储存期等。

(4) 凡是技术文件不全，如没有产品说明书、合格证、检验报告、包装不符合要求、质量不足、产品变质、产品超过有效期或实物质量与出厂技术文件不相符合等等，都不得验收。

4. 水乳型沥青基防水涂料的试验取样及试验报告

(1) 试验取样和数量

试验取样形状和数量见表2-53所示。

(2) 取样批量

以同一类型、同一规格5t为一批，不足5t按一批计。在每批产品中按国家标准规定取样，总共取2kg试样，搅拌均匀后，放入干燥密闭的容器密封好，并作好标记。

试件形状及数量 **表2-53**

<table>
<tr><th colspan="2">项 目</th><th>试件形状</th><th>数量(个)</th></tr>
<tr><td colspan="2">耐热度</td><td>100mm×50mm</td><td>3</td></tr>
<tr><td colspan="2">不透水性</td><td>100mm×50mm</td><td>3</td></tr>
<tr><td colspan="2">粘结强度</td><td>8字形砂浆试件</td><td>5</td></tr>
<tr><td rowspan="4">低温柔度</td><td>标准条件</td><td rowspan="4">100mm×25mm</td><td>3</td></tr>
<tr><td>碱处理</td><td>3</td></tr>
<tr><td>热处理</td><td>3</td></tr>
<tr><td>紫外线处理</td><td>3</td></tr>
<tr><td rowspan="4">断裂伸长率</td><td>标准条件</td><td rowspan="4">符合GB/T 528规定的哑铃Ⅰ型</td><td>6</td></tr>
<tr><td>碱处理</td><td>6</td></tr>
<tr><td>热处理</td><td>6</td></tr>
<tr><td>紫外线处理</td><td>6</td></tr>
</table>

(3) 质量判定

外观质量检验：产品的两组分经分别搅拌后，其液体组分应当无杂质、无凝胶的均匀乳液；固体组分应当无杂质、无结块的粉末。可判定该项产品为合格产品，不符合上述规定的产品为不合格产品。

物理力学性能：对于固体含量、粘结强度、断裂伸长率以其算术平均值达到标准规定的指标时，方可判定为该项产品合格；对于耐热度、不透水性、低温柔度以每组三个试件分别达到标准规定时，方可判定为该项产品合格；对于表干时间、实干时间达到标准规定时方可判定为合格产品。

如果各项试验结果符合表2-52中的规定，则判定该项产品物理力学性能合格；若有两项或两项以上不符合标准规定，则判定该批产品物理力学性能不合格；若仅有一项指标不符合标准规定，允许在该批产品中再抽取同样数量的样品，对不合格项进行单项复验，达到标准规定时，则可判定该批产品物理力学性能合格，反之则判定为不合格产品。

(4) 水乳型沥青基防水涂料的试验报告

水乳型沥青基防水涂料的试验报告见表2-54。

水乳型沥青基防水涂料检测报告 **表2-54**

委托单位	××××公司	委托日期	××年××月××日
工程名称	×××综合楼	委托编号	××××
产品名称	水性沥青基防水涂料	报告日期	××年××月××日
规格型号	H或L	商标	×××牌
生产厂	×××厂	生产日期	××年××月××日
依据标准	JC/T 408—2005	检测性质	委托检测

检测结果

检测项目	标准要求	实测结果	单项判定
外观	搅拌后为黑色或蓝褐色均质液体，搅拌棒上不粘任何颗粒	搅拌后为黑色均质液体，搅拌棒上不粘任何颗粒	合格
固体含量(%)	≥45	50	合格
耐热度(℃)	无流淌、起泡和滑动	无流淌、起泡和滑动	合格
不透水性(水压0.1MPa，恒压30min)	不渗水	不渗水	合格
粘结强度(MPa)	≥0.30	0.35	合格
表干时间(h)	≤8	7	合格
实干时间(h)	≤24	23	合格
低温柔度①(℃)	−15	−15	合格
断裂伸长率(%)	≥600	650	合格
结论	所检参数符合标准JC/T 408—2005的要求		
备注	表格中标准要求一列中的内容仅适用于无处理时延伸性不小于4.5min的水乳型再生胶沥青基涂料		

签发：××× 审核：××× 检测：×××

注：本表由检测机构填写，一式三份，检测机构、委托单位、监理单位各留一份。报告左上角加盖计量认证章，右上角加盖建设工程质量检测资质专用章有效。

1) 使用单位对水乳型沥青基防水涂料的质量检测报告内容应包括：委托单位、样品编号、工程名称、样品产地、类别、代表数量、检测依据、检测条件、检测项目、检测结果、结论等。

2) 委托单位(或委托人、工地现场试验员)必须逐项填写试验委托单，如工程名称、水乳型沥青基防水涂料的品种、规格、生产厂、委托日期、委托编号、出厂日期、出厂编号等内容。

3) 检测机构或实验室应当认真填写水乳型沥青基防水涂料试验检测报告表。要求项目齐全、准确、真实、字迹清楚、无涂抹。试验报告左上角加盖计量认证章，右下角加盖工程质量检测资质专用章方才有效。

4) 委托单位(或委托人)领取水乳型沥青基防水涂料试验检测报告表时，应当认真验收和观看试验报告中试验项目是否齐全，必试项目是否全部做完，是否有明确结论，签字盖章是否齐全。同时一定要验看各项目的实测数值是否符合规范规定的标准值。

5) 如果水乳型沥青基防水涂料是无出厂证明书，或对水乳型沥青基防水涂料质量有怀疑的，或有其他特殊要求的，还应当进行专项试验。

6) 注意资料整理：一验收批水乳型沥青基防水涂料的出厂合格证和试验报告，按批组合，按时间先后顺序排列并编号，不得漏项；同时应当与实际使用的水乳型沥青基防水涂料批次相符合；建立分目表，与其他施工技术资料相对应。

2.7.2 溶剂型沥青基防水涂料

(1) 溶剂型沥青基防水涂料的技术性能

溶剂型沥青基防水涂料的技术性能见表 2-55。

(2) 溶剂型沥青基防水涂料的进场验收内容(可参考水乳型沥青基防水材料)。

(3) 溶剂型沥青基防水涂料的试验报告(可参考水乳型沥青基防水材料)。

溶剂型沥青基防水涂料主要技术性能　　表 2-55

项　目		技术性能指标
固体含量(%)≥		45
耐热性(℃)		80±2(5h)
		不流淌、不起泡
不透水性		0.10MPa，30min 无渗水
粘结强度(MPa)≥		0.20
干燥时间(h)	表干时间≥	2
	实干时间≥	24
低温柔度(-10℃，r=5mm)		无开裂
伸长率(mm)≥	无处理	4.5
	碱处理	3.5
	热处理	3.5
	紫外线处理	3.5
抗冻性(冻融 20 次)		不开裂

2.7.3 聚合物水泥防水涂料

1. 聚合物水泥防水涂料的技术性能

(1) 外观：产品的两组分经分别搅拌后，其液体组分应为无杂质、无凝胶的均匀乳液；固体组分应为无杂质、无结块的粉末。

(2) 物理力学性能：聚合物水泥防水涂料的物理力学性能见表 2-56。

聚合物水泥防水涂料的物理力学性能　　表 2-56

项目		技术指标	
		Ⅰ型	Ⅱ型
固体含量(%)≥		65	
干燥时间(h)	表干时间≤	4	
	实干时间≤	8	
拉伸强度≥	无处理	1.2	1.8
	加热处理后保持率(%)	80	80
	碱处理后保持率(%)	70	80
	紫外线处理后保持率(%)	80	80
断裂伸长率(%)≥	无处理	200	80
	碱处理	140	65
	加热处理	150	65
	紫外线处理	150	65
抗渗性(背水面)(MPa)≥		—	0.6
低温柔度(ϕ10mm 棒)		-10℃无裂纹	—
不透水性(0.30MPa，30min)		无渗水	无渗水
潮湿基面粘结强度(MPa)≥		0.5	1.0

2. 聚合物水泥防水涂料的进场验收

(1) 聚合物水泥防水涂料进场时，供货单位应提供产品合格证及质量检验报告。其出厂质量合格证及检验报告必须项目齐全、真实、字迹清楚，不允许涂抹、伪造。

(2) 出厂质量合格证、产品说明书及检验报告中应包括聚合物水泥防水涂料产地、厂家、品种、合格证编号、外观、固体含量、耐热度、表干时间、实干时间、无处理的拉伸强度、低温柔度(标准条件)、无处理的断裂伸长率、不透水性、抗渗性、包装、生产日期、出厂日期、储存方式、有效期、注意事项和使用说明等指标，并由检验员和承检单位签章。

(3) 使用单位应按同产地、厂家、同规格分批验收。检查出厂合格证或试验报告，聚合物水泥防水涂料的品种、性能、产品包装、是否变质等指标必须符合规定要求。聚合物水泥防水涂料运到建筑施工现场必须立刻取样进行检验，应有试验报告。

(4) 凡是技术文件不全，如没有产品说明书、合格证、检验报告、包装不符合要求、质量不足、产品变质、产品超过有效期或实物质量与出厂技术文件不相符合等等，都不得验收。

3. 聚合物水泥防水涂料的试验报告

(1) 必试项目

固体含量、断裂延伸率、拉伸强度、低温柔性、不透水性。

(2) 试验取样和数量

同一生产厂、同一类型的产品，每10t为一验收批，不足10t也按一批计；产品的液体组分取样按GB 3186的规定进行；配套固体组分的抽样按GB 12973中的袋装水泥的规定进行，两组分共取5kg样品。

(3) 质量判定规则

外观质量检验：产品的两组分经分别搅拌后，其液体组分应为无杂质、无凝胶的均匀乳液；固体组分应为无杂质、无结块的粉末。符合上述规定的可判定该项产品为合格产品，不符合上述规定的产品为不合格产品。

物理力学性能检测：对于固体含量、粘结强度、断裂伸长率以其算术平均值达到标准规定的指标时，方可判定为该项产品合格；对于耐热度、不透水性、低温柔度每组三个试件分别达到标准规定时，方可判定为该项产品合格；对于表干时间、实干时间达到标准规定时方可判定为合格产品。

如果各项试验结果符合表2-56中的规定，则判定该项产品物理力学性能合格；若有两项或两项以上不符合标准规定，则判定该批产品物理力学性能不合格；若仅有一项指标不符合标准规定，允许在该批产品中再抽取同样数量的样品，对不合格项进行单项复验，达到标准规定时，则可判定该批产品物理力学性能合格，反之则判定为不合格产品。

(4) 试验报告(可参考水乳型沥青基防水涂料)

2.7.4 改性沥青防水卷材

改性沥青防水卷材常用的有弹性改性沥青防水卷材(SBS防水卷材)和塑性改性沥青防水卷材(APP防水卷材)。

1. 改性沥青防水卷材的品种与规格

宽度：1000mm；

厚度：聚酯胎卷材为3mm、4mm；

玻纤胎卷材：2mm、3mm、4mm；

面积：每卷面积分别为$15m^2$、$10m^2$、$7.5m^2$。

2. 弹性改性沥青防水卷材的技术性能

弹性改性沥青防水卷材简称SBS防水卷材，在建筑工程中应用非常广泛。其技术性能见表2-57。

弹性改性沥青防水卷材的物理力学性能 **表2-57**

序号	胎基		聚酯胎(PY)		玻纤胎(G)	
	型号		Ⅰ型	Ⅱ型	Ⅰ型	Ⅱ型
1	可溶物含量(g/cm^3)≥	2mm	—		1300	
		3mm	2100			
		4mm	2900			

续表

序号	胎基			聚酯胎(PY)		玻纤胎(G)	
	型号			Ⅰ型	Ⅱ型	Ⅰ型	Ⅱ型
2	不透水性	压力(MPa)≥		0.3		0.2	0.3
		保持时间(mm)≥		30			
3	耐热度(℃)			90	105	90	105
				无滑动、流淌、滴落			
4	拉力(N)/50mm≥		纵向	450	800	350	500
			横向			250	300
5	最大拉力时延伸率(%)≥		纵向	30	40	—	
			横向				
6	低温柔度(℃)			−18	−25	−18	−25
				无裂纹			
7	撕裂强度(N)≥		纵向	250	350	250	350
			横向			170	200
8	人工气候加速老化	拉力保持率(%)≥	纵向	80			
		外观		1级			
				无滑动、流淌、滴落			
		低温柔度(℃)		−10	−20	−10	−20
				无裂纹			

注：表中1～6项为强制性项目。

3. 塑性改性沥青防水卷材的技术性能

塑性改性沥青防水卷材简称APP防水卷材，其技术性能见表2-58。

塑性改性沥青防水卷材的物理力学性能　　表2-58

序号	胎基			聚酯胎(PY)		玻纤胎(G)	
	型号			Ⅰ型	Ⅱ型	Ⅰ型	Ⅱ型
1	可溶物含量(g/cm^3)≥		2mm	—		1300	
			3mm	2100			
			4mm	2900			
2	不透水性	压力(MPa)≥		0.3		0.2	0.3
		保持时间(mm)≥		30			
3	耐热度(℃)			110	130	110	130
				无滑动、流淌、滴落			
4	拉力(N)/50mm≥		纵向	450	800	350	500
			横向			250	300
5	最大拉力时延伸率(%)≥		纵向	25	40	—	
			横向				

续表

<table>
<tr><td rowspan="2">序 号</td><td colspan="3">胎 基</td><td colspan="2">聚酯胎(PY)</td><td colspan="2">玻纤胎(G)</td></tr>
<tr><td colspan="3">型 号</td><td>Ⅰ型</td><td>Ⅱ型</td><td>Ⅰ型</td><td>Ⅱ型</td></tr>
<tr><td rowspan="3">6</td><td colspan="3" rowspan="3">低温柔度(℃)</td><td>−5</td><td>−15</td><td>−5</td><td>−15</td></tr>
<tr><td colspan="4">无裂纹</td></tr>
<tr><td colspan="4"></td></tr>
<tr><td rowspan="2">7</td><td colspan="2" rowspan="2">撕裂强度(N)≥</td><td>纵 向</td><td rowspan="2">250</td><td rowspan="2">350</td><td>250</td><td>350</td></tr>
<tr><td>横 向</td><td>170</td><td>200</td></tr>
<tr><td rowspan="5">8</td><td rowspan="5">人工气候加速老化</td><td>拉力保持率(%)≥</td><td>纵 向</td><td colspan="4">80</td></tr>
<tr><td colspan="2" rowspan="2">外 观</td><td colspan="4">1级</td></tr>
<tr><td colspan="4">无滑动、流淌、滴落</td></tr>
<tr><td colspan="2" rowspan="2">低温柔度(℃)</td><td>3</td><td>−10</td><td>3</td><td>−10</td></tr>
<tr><td colspan="4">无裂纹</td></tr>
</table>

注：1. 表中1～6项为强制性项目。

2. 当需要耐热度超过130℃卷材时，该指标可由供需双方协商确定。

4. 改性沥青防水卷材的进场验收

(1) 改性沥青防水卷材进场时，供货单位应提供产品合格证及质量检验报告。其出厂质量合格证及检验报告必须是项目齐全、真实、字迹清楚。不允许涂抹、伪造。

(2) 出厂质量合格证、产品说明书及检验报告中应包括改性沥青防水卷材产地、厂家、品种、合格证编号、外观、厚度、面积、耐热度、不透水性、拉力、最大拉力时伸长率、低温柔度、包装、生产日期、出厂日期、储存方式、有效期、注意事项和使用说明等指标；并由检验员和承检单位签章。

(3) 使用单位应按同产地、厂家、同规格分批验收。检查出厂合格证或试验报告，改性沥青防水卷材的品种、性能、产品包装、是否变质等指标必须符合规定要求。改性沥青防水卷材运到建筑施工现场必须立刻取样进行检验，应有试验报告。改性沥青防水卷材产品的包装上应包括：生产厂名称、地址、商标、产品标记、安全使用事项及使用说明、产品日期或批号、运输与储存注意事项、储存期等。

(4) 凡是技术文件不全，如没有产品说明书、合格证、检验报告、包装不符合要求、质量不足、产品变质产品超过有效期或实物质量与出厂技术文件不相符合等等，都不得验收。

5. 改性沥青防水卷材的试验取样及试验报告

(1) 必试项目

1) 拉力；

2) 最大拉力时延伸率；

3) 不透水性；

4) 柔度；

5）耐热度。

（2）试验取样和数量

试验取样尺寸和数量见表2-59所示。

（3）试件取样规定

见表2-60中的(1)条所示。

试验取样尺寸和数量 表2-59

试验项目	试件代号	试件尺寸（mm×mm）	数量（个）
可溶物含量	A	100×100	3
拉力和伸长率	B、B′	250×250	纵横向各5个
不透水性	C	150×150	3
耐热度	D	100×50	3
低温柔度	E	150×25	6
撕裂强度	F、F′	200×75	纵横向各5个

试验及检验规则 表2-60

<table>
<tr><th>材料名称及相关标准、规范代号</th><th>试验项目</th><th>组批原则及取样规定</th></tr>
<tr><td>(1) 高聚物改性沥青防水卷材：
GB 50207，GB 50208
① 改性沥青聚乙烯胎防水卷材 JC/T 633
② 沥青复合胎柔性防水卷材 JC/T 690
③ 自粘橡胶沥青防水卷材 JC/T 840
④ 弹性体改性沥青防水卷材 GB 18242
⑤ 塑性体改性沥青防水卷材 GB 18243</td><td>必试：拉力
断裂延伸率
不透水性
柔度
耐热度</td><td>(1) 以同一生产厂的同一品种、同一等级的产品，每3000m为一检验批。在每500～1000卷抽4卷，100～499卷抽3卷，100卷以下抽2卷，进行规格尺寸和外观质量检验。在外观质量检验合格的卷材中，任取一卷作物理性能检验
(2) 试样卷材切除距外层卷头2500mm顺纵向截取600mm的2块全幅卷材送试</td></tr>
<tr><td>(2) 合成高分子防水卷材（片材）GB 50207，GB 50208，GB 181731
① 三元乙丙橡胶
② 聚氯乙烯防水卷材 GB 12953
③ 氯化聚乙烯防水卷材 GB 12953
④ 三元丁橡胶防水卷材 JC/T 645</td><td>必试：断裂延伸率
拉断伸长率
不透水性
低温弯折性
其他：粘结性能</td><td>(1) 同上
(2) 将试样卷材切除距外层卷头300mm后，顺纵向切取1800mm的全幅卷材试样2块。一块作物理性能检验用，另一块备用
(3) 同时送样试验卷材搭接用胶</td></tr>
</table>

（4）质量判定

1）拉力、最大拉力时延伸率：分别计算纵向或横向5个试件拉力的算术平均值，满足表2-57、2-58中的规定。

2）不透水性：3个试件不透水为合格。

3）柔度：6个试件中至少有5个试件冷弯无裂纹为合格。

4）耐热度：3个试件均无滑动、流淌、滴落则为合格。

5）外观检查：成卷材料应当卷紧卷齐，端面里进外出不得超过100mm；材料卷时表面应平整，不允许有孔洞、裂口、缺边，胎基应当浸透，不应有未浸渍的条纹。卷重、面积、厚度均应符合规范规定的要求。

若以上项目有一项指标不符合规范规定的要求，允许在同批产品中再抽取1卷对不合格项进行复验，达到规范规定的要求时，则判定该批产品为合格产品。

(5) 试验检测报告

1) 使用单位对改性沥青防水卷材的质量检测报告内容应包括：委托单位、样品编号、工程名称、样品产地、类别、代表数量、检测依据、检测条件、检测项目、检测结果、结论等。

2) 委托单位(或委托人、工地现场试验员)必须逐项填写试验委托单，如工程名称、改性沥青防水卷材的品种、规格、生产厂、委托日期、委托编号、出厂日期、出厂编号等内容。

3) 检测机构或实验室应当认真填写改性沥青防水卷材试验检测报告表。要求项目齐全、准确、真实、字迹清楚、无涂抹。试验报告左上角加盖计量认证章，右下角加盖工程质量检测资质专用章方才有效。

4) 委托单位(或委托人)领取改性沥青防水卷材试验检测报告表时，应当认真验收和观看试验报告中试验项目是否齐全，必试项目是否全部做完，是否有明确结论，签字盖章是否齐全。同时一定要验看各项目的实测数值是否符合规范规定的标准值。

5) 如果改性沥青防水卷材无出厂证明书，或对改性沥青防水卷材质量有怀疑的，或有其他特殊要求的，还应当进行专项试验。

6) 注意资料整理：一验收批改性沥青防水卷材的出厂合格证和试验报告，按批组合，按时间先后顺序排列并编号，不得漏项；同时应当与实际使用的改性沥青防水卷材批次相符合；建立分目表，与其他施工技术资料相对应。

2.7.5 三元乙丙防水卷材

三元乙丙防水卷材在建筑工程中是较为常用的防水材料，属于高分子防水卷材。

1. 三元乙丙防水卷材的技术性能

三元乙丙防水卷材的主要物理性能见表2-61所示。

2. 三元乙丙防水卷材的进场验收

三元乙丙防水卷材的主要物理性能　　表2-61

项目		指标	
		一等品	合格品
拉伸强度(MPa)≥		8	7
断裂伸长率(%)≥		450	450
不透水性	0.3MPa×30min	合格	
	0.1MPa×30min	—	合格
低温弯折性	−40℃	合格	合格
粘合性能(胶与胶)	无处理	合格	
	热空气老化80℃×168h		
	耐碱性10%$Ca(HO)_2$×168h		

三元乙丙防水卷材的进场验收参见改性沥青防水卷材的进场验收条款。

3. 三元乙丙防水卷材试验取样及试验报告

(1) 必试项目

1) 拉伸强度;

2) 断裂伸长率;

3) 不透水性;

4) 低温弯折性。

(2) 试验取样和数量

见表2-60中的(2)条所示。

(3) 质量判定

1) 拉伸强度、断裂伸长率：纵横向各3个试件中的值均应达到表2-61中对拉伸强度、断裂伸长率的规定要求。

2) 不透水性：以3个试件表面均不透水现象判定为合格。

3) 低温弯折性：以2个试样均无断裂或裂纹现象判定为合格。

4) 粘合性能：以3个试件左右两端偏移准线和脱开长度均小于5mm判定为合格。

(4) 试验检测报告

可参见表2-62。

高分子防水卷材检测报告 表2-62

委托单位	××××公司	委托日期	××年××月××日
工程名称	××××综合楼	委托编号	××××
产品名称	均质硫化型三元乙丙橡胶(EPDM)片材	报告日期	××年××月××日
规格型号	长20000mm，宽1000mm，厚度1.2mm	商　标	×××牌
生产厂	×××厂	生产日期	××年××月××日
依据标准	GB 18173.1—2000	检测性质	委托检测

检　测　结　果

检测项目		标准要求	试验结果	单项判定
断裂拉伸强度(MPa)	常温	≥7.5	8.0	合格
	60℃	≥2.3	2.4	合格
扯断伸长率(%)	常温	≥450	460	合格
	−20℃	≥200	210	合格
撕裂强度(kN/m)		≥25	26	合格
加热伸缩量(mm)	延伸	<2	1.8	合格
	收缩	<4	3.5	合格
不透水性，30min无渗漏		0.3MPa	0.3MPa，无渗透	合格
低温弯折(℃)		≤−40℃	−38℃	合格
热空气老化(80℃×160h)	断裂拉伸强度保持率(%)	≥80	82	合格
	拉断伸长率保持率(%)	≥70	72	合格
	100%伸长率外观	无裂纹	无裂纹	合格

续表

耐碱性(10%Ca(OH)$_2$；常温×168h)	断裂拉伸强度保持率(%)	≥80	—	—
	拉断伸长率保持率(%)	≥80	—	—
	伸长率40%，500ppm	无裂纹	—	—
	伸长率20%，500ppm	—	—	—
	伸长率20%，200ppm	—	—	—
	伸长率20%，100ppm	—	—	—
结　论		所检参数符号标准 GB 18173.1—2000 要求		
备　注		标准要求一列中的数值仅适用于均质硫化型三元乙丙橡胶		

签发：×××　　　审核：×××　　　检测：×××

注：本表由检测机构填写，一式三份，检测机构、委托单位、监理单位各留一份。报告左上角加盖计量认证章，右上角加盖建设工程质量检测资质专用章有效。

训练3 施工现场试验

[训练目的与要求] 掌握回填土密实度试验、混凝土试验、砂浆试验和钢筋连接试验的试验项目及要求，试验报告、试验强度统计的方法。

3.1 回填土密实度试验

回填土包括：素土、灰土、砂和砂石地基的夯实填方和柱基、基坑、基槽、管沟的回填夯实以及其他回填夯实。

3.1.1 回填土的技术标准

1. 执行标准

(1)《土的分类标准》GBJ 145；

(2)《土工试验方法标准》GB/T 50123；

(3)《建筑地基基础设计规范》GB 50007；

(4)《建筑地基基础工程施工质量验收规范》GB 50202。

2. 检测项目

回填土密实度。

3. 检测方法

环刀法、灌砂法、灌水法、蜡封法。

3.1.2 回填土的试验取样

回填土必须夯实密实，并分层、分段取样做干密度试验。

1. 取样数量

(1) 在压实填土的过程中，应分层取样检验土的干密度和含水率。

1) 基坑每 50～100m^2 应不少于 1 个检验点；

2) 基槽每 10～20m 应不少于 1 个检验点；

3) 每一独立基础下至少有 1 个检验点；

4) 对灰土、砂和砂石、人工合成、粉煤灰地基等，每单位工程不应少于 3

点，1000m² 以上的工程每 100m² 至少有 1 点，3000m² 以上的工程，每 300m² 至少有 1 点。

(2) 对于场地平整

1) 每 100～400m² 取 1 点，但不应少于 10 点；

2) 长度、宽度、边坡为每 20m 取 1 点，每边不应少于 1 点。

(3) 取样数量不应少于规定点数

回填土各层夯压密实后取样，不按虚铺厚度计算回填土的层数；

砂和砂石不能用做表层回填土，故回填表层应回填素土或灰土；

回填土质、填土种类、取样和试验时间等，应与地质勘察报告，验槽记录，有关隐蔽、预检、施工记录，施工日志及设计洽商分项工程质量评定相对应，交圈吻合。

2. 取样方法

(1) 环刀法：每段每层进行检测，应在夯实层下半部(至每层表面以下 2/3 处)用环刀取样。本试验方法适用于细粒土。

1) 环刀法取样的设备：试验所用的主要仪器设备，应符合下列规定。

环刀：内径 61.8mm 和 79.8mm，高度 20mm。

天平：称量 500g，最小分度值 0.1g；称量 200g，最小分度值 0.01g。

2) 取样方法：环刀法测定密度，应按国家现行标准，根据试验要求用环刀切取试样时，应在环刀内壁涂一薄层凡士林，刃口向下放在土样上，将环刀竖直下压，并用切土刀沿环刀外侧切削土样，边压边削至土样高出环刀，根据试样的软硬采用钢丝锯或切土刀整平环刀两端土样，擦净环刀外壁，称环刀和土的总质量的步骤进行。

3) 试样的密度：

试样的密度应按下式计算：

① 试样的湿密度 ρ_0：

$$\rho_0 = \frac{m_0}{V} \tag{2-1}$$

② 试样干密度 ρ_a：

$$\rho_a = \frac{\rho_0}{1+\omega_0} \tag{2-2}$$

式中 V——环刀内土的体积；

m_0——环刀内土的质量；

ω_0——环刀内土的含水量。

环刀法试验的记录格式见表 2-63。

密度试验记录(环刀法) **表 2-63**

工程名称＿＿＿＿＿＿ 试验者＿＿＿＿＿＿

工程编号＿＿＿＿＿＿ 计算者＿＿＿＿＿＿

试验日期＿＿＿＿＿＿ 校核者＿＿＿＿＿＿

试样编号	环刀号	湿土质量 (g)	试样体积 (cm³)	湿密度 (g/cm³)	试样含水率 (%)	干密度 (g/cm³)	平均干密度 (g/cm³)

(2) 灌砂法：本试验方法适用于现场测定粗粒土的密度。用于级配砂石回填或不宜用环刀取样的土质。

1) 标准砂密度的测定，应按下列步骤进行：

A. 标准砂应清洗洁净，粒径宜选用 0.25～0.50mm，密度宜选用 1.47～1.61g/cm³。

B. 组装容砂瓶与灌砂漏斗，螺纹连接处应旋紧，称其质量。

C. 将密度测定器竖立，灌砂漏斗口向上，关阀门，向灌砂漏斗注满标准砂，打开阀门使灌砂漏斗内的标准砂漏入容砂瓶内，继续向漏斗内注砂漏入瓶内，当砂停止流动时迅速关闭阀门，倒掉漏斗内多余的砂，称容砂瓶、灌砂漏斗和标准砂的总质量，精确至 10g，试验中应避免振动。

D. 倒出容砂瓶内的标准砂，通过漏斗向容砂瓶内注水至水面出阀门，关阀门，倒掉漏斗中多余的水，称容砂瓶、漏斗和水的总量，精确到 5g，并测定水温，精确到 0.5℃。重复测定 3 次，3 次值之间的差值不得大于 3mL，取 3 次测值的平均值。

E. 向容砂瓶内注满砂，关阀门，称容砂瓶、漏斗和砂的总质量，精确至 10g。

F. 将密度测定器倒置(容砂瓶向上)于挖好的坑口上，打开阀门，使砂注入试坑。在注砂过程中不应振动。当砂注满试坑时关闭阀门，称容砂瓶、漏斗和余砂的总质量，精确至 10g，并计算注满试坑所用的标准砂质量。

2) 试样的密度，应按下式计算：

A. 试样的湿密度

$$\rho_0 = \frac{m_p}{V} = \frac{m_p}{\dfrac{m_s}{\rho_s}} \tag{2-3}$$

式中 m_p——试坑内取出的土样的质量(g)；

m_s——注满试坑所用标准砂的质量(g)；

ρ_s——标准砂的密度(g/cm³)。

B. 试样的干密度(精确至 0.01g/cm³)

$$\rho_a = \frac{\dfrac{m_p}{1+\omega_0}}{\dfrac{m_s}{\rho_s}} \tag{2-4}$$

C. 灌砂法试验的记录格式见表 2-64。

采用灌砂法取样时，取样数量可较环刀法适当减少。取样部位应为每层压实后的全部深度。

取样应由施工单位按规定现场取样，将样品包好、编号(编号要与样品平面图上各点位标示一一对应)送实验室试验。如取样器具或标准砂不具备，应请实验室来人现场取样进行试验。施工单位取样时，宜请示建设单位参加，并签认。

3.1.3 回填土的试验报告

(1) 合格判定：填土压实后的干密度，应有 90%以上符合设计要求，其余

10%的最低值与设计值的差，不得大于0.08g/cm³，且不得集中。

试验结果不合格，应立即报领导及有关部门及时处理。试验报告不得抽撤，应在其上注明如何处理，并附处理合格证明，一起存档。

（2）回填土试验报告见表2-65。

密度试验记录（灌砂法）　　　表2-64

工程名称：　　　　　　编号：　　　　　　实验日期：

试坑编号	量砂容器质量加砂质量(g)	量砂容器质量加剩余砂质量(g)	试坑用砂质量(g)	量砂密度(g/cm³)	试坑体积(m³)	试样加容器质量(g)	容器质量(g)	试样质量(g)	试样密度(g/cm³)	试样含水率(%)	试样干密度(g/cm³)	试样重度(kN/cm³)
	(1)	(2)	(3)=(1)−(2)	(4)	(5)=(3)/(4)	(6)	(7)	(8)=(6)(7)	(9)=(8)/(5)	(10)	(11)=(9)/[1+0.01(10)]	(12)=9.81×(9)

回填土试验报告　　　表2-65

工程名称	小区5号楼房心回填（−1.55m～0.10m）									
编　号	×××××				试验日期		××××年××月××日			
试验编号					委托日期		××××年××月××日			
委托编号	×××××××× ××				试验委托人		×××			
委托单位					回填土种类		素土			
要求压实系数(λ_c)	0.95				控制干密度(ρ_d)		1.65(g/cm³)			
点号	1	2	3	4	5	6	7	8	9	10
项目／步数	实测干密度(g/cm³)									
	实测压实系数									
1	1.72	1.71	1.74	1.73	1.75	1.73	1.72	1.74		
2	1.71	1.71	1.72	1.74	1.75	1.73	1.74	1.72		
3	1.72	1.73	1.76	1.75	1.72	1.75	1.73	1.71	1.75	1.73
4	1.70	1.72	1.74	1.72	1.71	1.75	1.78	1.74	1.72	1.73
5	1.72	1.70	1.75	1.74	1.73	1.73	1.74	1.74	1.72	1.70
6	1.73	1.70	1.72	1.77	1.69	1.73	1.73	1.78	1.76	1.72

取样位置简图

结论：根据GB 50202—2002，该素土合格。

批　准	×××	审核	×××	试验	×××
试验单位	×××				
报告日期	××××年××月××日				

本表由建设单位、施工单位、城建档案馆各保存一份。

1）回填土试验报告表中委托单位、工程名称及施工部位、回填土种类、土质、控制干密度，应由施工单位填写清楚、齐全。步数、取样单位填写清楚。工程名称要写具体；施工部位要写清楚。

2）委托单位（或委托人、工地现场试验员）必须逐项填写试验委托单，如工程名称、规格、委托日期、委托编号、出厂日期等内容。

3）检测机构或实验室应当认真填写回填土试验检测报告表。要求项目齐全、准确、真实、字迹清楚、无涂抹、有明确结论。试验报告左上角加盖计量认证章，右下角加盖工程质量检测资质专用章方才有效。

4）委托单位（或委托人）领取回填土试验检测报告表时，应当认真验收和查看试验报告中试验项目是否齐全，必试项目是否全部做完，是否有明确结论，签字盖章是否齐全。同时一定要验看各项目的实测数值是否符合规范规定的标准值。

5）应有按规范规定回填土试验资料和汇总资料。应将回填土施工试验资料按时间先后顺序排列并编号，不得漏项；建立分目表，与其他施工技术资料相对应。

3.2 混凝土试验

3.2.1 混凝土的技术标准

1. 执行标准

(1)《混凝土强度检验评定标准》GBJ 107；

(2)《混凝土结构工程施工质量验收规范》GB 50204；

(3)《普通混凝土配合比设计规程》JGJ/T 55；

(4)《预拌混凝土》GB/T 14902；

(5)《普通混凝土拌合物性能试验方法》GB 50080；

(6)《普通混凝土力学性能试验方法》GB 50081；

(7)《普通混凝土长期性能试验方法》JGJ 55；

(8)《混凝土质量控制》GB 50164；

(9)《回弹法检测混凝土抗压强度技术标准》JGJ 23；

(10)《粉煤灰混凝土应用技术规范》GBJ 146；

(11)《混凝土用水标准》JGJ 63。

2. 混凝土主要技术性能

混凝土性能主要要求有三个方面：和易性、强度和耐久性。各性能指标参见相关《建筑施工技术》和《建筑材料》教材和手册。

3.2.2 混凝土配合比申请单和配合比通知单

由于混凝土主要用于建筑工程结构中，所以对混凝土试验要求十分严格。凡工程结构用混凝土都应有配合比申请单和实验室发出的配合比通知单。施工中如主要材料有变化，应重新申请试配。

1. 混凝土试配的申请

建筑工程结构中所需要的混凝土配合比，应根据混凝土的设计强度和质量检验以及混凝土施工和易性的要求来确定。由施工单位现场取样（一般水泥 50kg、砂 80kg、石 150kg。有抗渗要求时加倍)，并填写混凝土配合比申请单，见表 2-66，申请单中的项目都应填写，不要有空项，混凝土配比申请单至少一式 3 份，其中工程名称要具体，施工部位要注明。向有资质的试验机构或实验室提出试配申请并送达到试验机构或实验室，通过计算和试配确定其配合比。

混凝土配合比申请单　　　　**表 2-66**

编　号				委托编号	
工程名称及部门				委托单位	
设计强度等级				试验委托人	
要求坍落度					
其他技术要求					
搅拌方法		浇捣方法		养护编号	
水泥品种及强度等级		厂名牌号		试验编号	
砂产地及种类		试　验　编　号			
石子产地及种类		最大粒径(mm)		试验编号	
外加剂名称		试验编号		试验编号	
掺合料名称					
申请日期		使用日期		联系电话	

注：1. 试验编号必须填写。

2. 申请混凝土试配强度的确定请参见相关《建筑材料》和《建筑施工技术》教材。

2. 混凝土配合比通知单

混凝土配合比通过实验室试配后，试验机构要选取最佳配合比填写并签发混凝土配合比通知单，见表 2-67。试验机构签发混凝土配合比通知单具有权威性，施工单位在施工中要严格按照此配合比的计量进行施工，不得随意修改。施工单位在领取配合比通知单后，要验看字迹是否清楚、签章是否齐全、有无涂改现象、申请单和通知单是否相配套等内容。混凝土配合比通知单由施工单位保存，并进入相关资料库。

混凝土配合比通知单　　　　**表 2-67**

配合比编号					试验编号		
强度等级		水胶比			水灰比	砂　率	
	水泥	水	砂	石	外加剂	掺和剂	其他
每 m^3 用量(kg/m^3)							
每盘用量(kg)							
混凝土碱含量(m^3)							

说明：本配合比所使用的材料均为干材料，使用应根据材料含水情况随时调整。

批　准	审　核	试　验
报告日期		

3.2.3 混凝土试验项目及要求

1. 混凝土必试项目

(1) 稠度试验;

(2) 抗压强度试验。

2. 混凝土试验要求

(1) 混凝土拌合物稠度试验取样及试样制作

1) 一般规定：混凝土工程施工中，取样进行混凝土试验时，其取样方法和原则应按《混凝土结构工程施工质量验收规范》(GB 50204)及《混凝土强度检验评定标准》(GBJ 107)有关规定进行。

拌制混凝土的原材料应符合国家规定标准的技术要求，并与施工实际用料相同。材料用量以质量计。称量的精确度规定：水、水泥及混合材料为±0.5%，骨料为±1.0%。

混凝土应从浇筑地点随机从同一盘搅拌机或同一车运送的混凝土中取样；商品混凝土是在交货地点取样。每个作业组开盘时都要检验其坍落度，合格后才能浇筑；同时施工过程中要随机进行检查并做好记录。

2) 混凝土拌合物和易性的试验

通过试验，确定混凝土拌合物和易性是否满足施工要求。本试验采用坍落度法。本方法适合用于骨料最大粒径不大于40mm、坍落度不小于10mm的混凝土拌合物。即适用于塑性和低塑性混凝土。测定的需要拌制拌合物用量约15L。

A. 坍落度试验的方法与步骤

湿润坍落度筒及用具，将内壁和底板上无明水的坍落度筒放在坚实的铁板上，然后用脚踩住两边的脚踏板，坍落度筒在装料时应保持固定的位置。

把按要求取得的混凝土试样用小铲分三层均匀地装入筒内，使捣实后每层高度为筒高的三分之一左右。每层用捣棒竖直地自外向内插捣25次，各次插捣应在截面上均匀分布。插捣筒边混凝土时，捣棒可以稍倾斜。三层捣完后将圆筒口刮平，然后将筒竖直提起，由于自重的原因，将发生坍落现象，量测筒顶与坍落后混凝土拌合物最高点之间的竖直距离，以mm计，精确到0.1mm，即为该混凝土拌合物的坍落度值。

同时观察混凝土的粘结性和保水性。粘结性的检查方法是用捣棒在已坍落的混凝土拌合物锥体侧面轻轻敲打，此时如果锥体逐渐下沉，则表明粘结性良好，如果锥体倒塌，或部分崩裂或出现离析现象，则表明粘结性不好。保水性的检查方法是：坍落筒提起后，如果混凝土底部不出现或仅有少量稀浆析出，则表明该混凝土拌合物保水性良好；如果混凝土底部有较多的稀浆析出，锥体部分的混凝土拌合物也因失浆而出现骨料外露，则表明该混凝土拌合物保水性能不好。同时做好试验记录。

B. 混凝土稠度试验的另一种方法叫维勃稠度法，主要适用于干硬性混凝土。具体方法参见相关手册。

(2) 结构混凝土强度试验

为了确定混凝土配合比或控制混凝土工程或构件质量均必须做混凝土立方体抗压强度试验。抗压强度试验要求及抗压试块的制作如下：

A. 混凝土抗压强度目前均指立方体抗压强度。试件每组3块，制作每组试件所用的混凝土，当确定混凝土配合比时，应与混凝土拌合物和易性试验相同，必须先进行坍落度的试验，合格后再制作抗压强度的试件，在实验室人工拌制。试件尺寸按规定制作如表2-68所示。

为控制混凝土质量，应当按规范规定要求取样。每一组试件所用的拌合物应当从同一盘或同一车运送的混凝土中取出。用以检验现浇混凝土工程或预制构件质量的试件分组及取样原则，应当按现行《混凝土结构工程施工质量验收规范》(GB 50204—2002)及其他有关标准的规定执行。可参见表2-69所示。

试件尺寸及其强度折算系数表 **表2-68**

试件边长(mm×mm×mm)	骨料最大粒径(mm)	强度折算系数	每组数量	每层插捣次数	每组混凝土用量(kg)
100×100×100	31.5	0.95	3块	12	9
150×150×150	40	1.00	3块	25	30
200×200×200	63	1.05	3块	50	65

混凝土试验及检验规则 **表2-69**

材料名称及相关标准、规范代号	试验项目	组批原则及取样规定
普通混凝土 (GB 50204) (GB 50209) (GBJ 80) (GBJ 81) (JGJ 55) (GBJ 107)	必试： 稠度 抗压强度 其他： 轴心抗压 静力受压弹性模量 劈裂抗拉强度 抗折强度 长期性能和耐久性能试验 碱含量 氯化物	(1) 试块的留置 ① 每拌制100盘且不超过100m³的同配比的混凝土，取样不得少于一次； ② 每工作拌制的同一配合比的混凝土不足100盘时，取样不得少于一次； ③ 当一次连续浇筑超过1000m³时，同一配合比混凝土每200m³混凝土取样不得少于一次； ④ 每一楼层，同一配合比的混凝土，取样不得少于一次； ⑤ 冬期施工还应留置不少于2组同条件养护试块和负温转常温试块和临界强度块； ⑥ 对预拌混凝土，当一个分项工程连续供应相同配合比的混凝土量大于1000m³时，其交货检验的试样，每200m³混凝土取样不得少于一次； ⑦ 建筑地面的混凝土，以同一配合比、同一强度等级，每一层或每1000m²也按一批计。每批应至少留置一组试块 (2) 取样方法及数量 用于检查结构构件混凝土质量的试件，应在混凝土浇筑地点随机取样制作，每组试件所用的拌合物应从同一盘搅拌混凝土或同一车运送的混凝土中取出，对于预拌混凝土还应在卸料过程中卸料量的1/4～3/4之间取样，每个试样量应满足混凝土质量检验项目所需用量的1.5倍，但不少于0.2m³ 每次取样应至少留置一组标准养护试件，同条件养护试件的留置组数应根据实际需要确定

续表

材料名称及相关标准、规范代号	试验项目	组批原则及取样规定
抗渗混凝土 (GB 50204) (JGJ 55) (GBJ 80) (GBJ 82) (GBJ 55) (GBJ 82)	必试： 稠度 抗压强度 抗渗强度	(1) 同一混凝土强度等级、抗渗等级、同一配合比、生产工艺基本相同，每单位工程不得少于两组抗渗试块(每组6个试块)； (2) 试块应在浇筑地点制作，其中至少一组应在标准条件下养护，其余试块应与构件相同条件下养护； (3) 留置抗渗试件的同时需留置抗压强度试件并应取自同盘混凝土拌合物中。取样方法同普通混凝土中第(2)项
轻骨料混凝土	必试： 干表观密度 抗压强度 稠度 其他： 长期性能 耐久性能 静力受压 弹性模量 导热系数	(1) 同普通混凝土 (2) 混凝土干表观密度试验。连续生产的预制厂及预拌混凝土同配制比的混凝土每月不少于4次；单项工程每$100m^3$混凝土至少一次，不足$100m^3$也按$100m^3$计

B. 混凝土试件的制作应符合下列规定：

制作前，应检查试模尺寸是否符合有关规定，检验试模是否干净，试模内表面涂一薄层矿物油或其他不与混凝土发生反应的脱模剂。

所有试件取样后应立即制作。在实验室拌制混凝土时，其材料用量应以质量计，称量的精度：水泥、掺合物、水和外加剂为±0.5%；骨料为±1%。

混凝土的成型方法根据坍落度来确定。坍落度不大于70mm的混凝土宜用振动台振实；大于70mm的宜用捣棒人工捣实；检验现浇混凝土或预制构件的混凝土，试件成型方法宜与实际采用的方法相同。

振动台振实成型：混凝土拌合物一次装入试模，装料时应用抹刀沿各试模壁插捣，并使混凝土拌合物稍有富裕；试模应附着或固定在振动台上，防止振动时试模上下跳动，振动应持续到表面出浆为止。制模完毕，要认真填写混凝土施工及试块制作记录。

人工插捣成型：混凝土拌合物分两层装入模内，每层的装料厚度大致相等；插捣应按螺旋方向从边缘向中心均匀进行。在插捣底层混凝土时，捣棒应达到试模底部；插捣上层时，捣棒应贯穿上层后插入下层20～30mm；插捣时捣棒应保持竖直，不得倾斜。每层插捣次数在$100cm^2$截面积内不得少于12次；直至插捣棒留下的空洞消失为止。制模完毕，要认真填写混凝土施工及试块制作记录。

C. 混凝土成型试件的养护

试件成型后应立即用不透水的薄膜表面覆盖，以防止水分蒸发，并在温度为(20±5)℃的条件下至少静置1～2昼夜，然后拆模、编号。拆模后的试件应当立即放入温度为(20±3)℃，相对湿度为90%以上的标准养护室或不流动的水中(水的pH值不应小于7)进行标准养护，标准养护室内的试件应放在支架上，彼此间隔10～20mm，试件表面应保持潮湿，并不得被水直接冲淋。标准养护龄期为28d(从搅拌加水开始计时)。为了确定混凝土施工过程中的实际强度，也可将试件与结构物在同条件下养护，至预定龄期28d时试压。

D. 见证取样：混凝土试件必须由施工单位取样人员和见证人一起取样、封存、填写委托书并送到实验室。

值得注意的是试件留置数量应根据混凝土的浇筑量和施工技术及进度要求足量留置。

对于低强度等级或高强度等级混凝土批量数量较小时，根据混凝土强度评定的不同方法对混凝土强度的要求，可考虑适当多留试件组；混凝土浇筑量较大时，应按批量限值留足试件数；对于拆模、出池、吊装、预应力张拉、冬期施工等项目进行提前验收的检验，应当预留同条件养护试件组。

(3) 混凝土抗渗性能试验

混凝土抗渗性能试验项目及试件取样方法见表2-69。

混凝土的抗渗等级是以6个试件中4个试件未出现渗水时的最大压力计算出的抗渗等级值进行评定。抗渗等级应大于或等于设计要求的抗渗等级方可判定为合格。

(4) 轻骨料混凝土试验

轻骨料混凝土试验项目及试件取样方法见表2-69。

3.2.4 混凝土抗压试验报告

1. 混凝土强度质量合格判定

(1) 混凝土试件抗压强度代表值取值要求

1) 取3个试件强度的算术平均值并折合成150mm×150mm×150mm立方体的抗压强度，作为该组试件的抗压强度；

2) 当3个试件强度中的最大值或最小值之一与中间值之差超过中间值的15%时，取中间值；

3) 当3个试件强度中的最大值和最小值均超过中间值的15%时，该组试件无效。

(2) 混凝土强度质量合格判定

当混凝土的检验结果符合混凝土强度检验评定方法和条件的规定时，则该批混凝土强度可判定为合格；反之为不合格。对不合格的混凝土制成的结构构件，应当进行鉴定，同时必须进行及时处理。当对混凝土试件强度有怀疑时，可采用从结构构件中钻取试件的方法或其他非破损的检验方法，对结构或构件中的混凝土进行鉴定，从而判定该批混凝土的强度是否满足规范规定的要求。凡按验评标准进行强度统计达不到要求的，应有结构处理措施。需要检测的，应经法定检测单位检测并应征得设计人认可。检测、处理资料要存档。

2. 混凝土试件抗压强度试验报告

混凝土试件抗压强度试验报告见表2-70。

表中上半部分的栏目由施工单位填写，其余部分由实验室负责填写。所有栏目应根据实际情况填写，不应空缺，加盖实验室试验章方可生效。

(1) 商品混凝土出厂合格证要字迹清晰、项目齐全，签字盖章后为有效，有

混凝土立方体抗压强度检测报告 表 2-70

委托单位	××××公司	委托日期	××年××月××日
工程名称	××××综合楼	委托编号	××××
试件尺寸	150×150×150(mm)	报告日期	××年××月××日
依据标准	GB/T 50080—2002，GB/T 50081—2002	实验日期	××年××月××日

检 测 结 果

成型日期	原编号(部位)	试压龄期(天)	设计强度等级	承压面积(mm^2)	破坏荷载(kN)	抗压强度(kN)	
						单块值	代表值
××年××月××日	一层梁	28	C25	22500	632.4	28.1	27.7
				22500	615.3	27.3	
				22500	625.8	27.8	
××年××月××日	一层柱	28	C25	22500	632.4	28.1	28.1
				22500	900.1	40.0	
				22500	625.8	27.8	
××年××月××日	二层梁	28	C25	22500	632.4	28.1	不做评定
				22500	776.3	34.5	
				22500	537.7	23.9	
备 注							

签发：××× 审核：××× 检测：×××

注：本表由检测机构填写，一式三份，检测机构、委托单位、监理单位各留一份。报告左上角加盖计量认证章，右上角加盖建设工程质量检测资质专用章有效。

关资料包含如下：

水泥品种、强度等级及每立方米混凝土中的水泥用量；骨料的种类和最大粒径；外加剂、掺合料的品种及掺量；混凝土强度等级和坍落度；混凝土配合比和标准件强度；对轻骨料混凝土尚应提供其密度等级。

使用单位对混凝土的强度检测报告内容应包括：委托单位、样品编号、工程名称、样品产地、类别、代表数量、检测依据、检测条件、检测项目、检测结果、结论等。

(2) 委托单位(或委托人、工地现场试验员)必须逐项填写试验委托单，如工程名称、规格、委托日期、委托编号、出厂日期等内容。

(3) 检测机构或实验室应当认真填写混凝土强度试验检测报告表。要求项目齐全、准确、真实、字迹清楚、无涂抹、有明确结论。试验报告左上角加盖计量认证章，右下角加盖工程质量检测资质专用章方才有效。

(4) 委托单位(或委托人)领取混凝土强度试验检测报告表时，应当认真验收和观看试验报告中试验项目是否齐全，必试项目是否全部做完，是否有明确结论，签字盖章是否齐全。同时一定要验看各项目的实测数值是否符合规范规定的标准值。

(5) 应有按规范规定组数的试块强度试验资料和汇总资料。应将混凝土施工试验资料按时间先后顺序排列并编号，不得漏项；建立分目表，与其他施工技术资料相对应。如：混凝土配合比申请单，混凝土配合比通知单(施工中如果材料发生变化时，应有修改配合比的通知单)，混凝土标准养护试块 28 天试压强度检测报告；冬期施工混凝土，应有检验混凝土抗冻性能的同条件养护试块抗压强度试验报告；商品混凝土应以现场制作的标养28天的试块抗压、抗折、抗渗、抗冻指标作为评定的依据，并应在相应试验报告上标明商品混凝土生产单位名称、合同编号；凡设计有抗渗、抗冻性能要求的混凝土，除应有抗压强度试验报告外，还应有按规范规定组数标养的抗渗、抗冻试验报告等等。

3.2.5　混凝土试件强度统计、评定

1．混凝土试件强度统计、评定

单位工程中由强度等级相同、龄期相同以及生产工艺条件和配合比基本相同的混凝土组成一个验收批。混凝土强度应分批进行统计、评定。

2．混凝土试件强度检验评定方法

混凝土强度检验评定应以同批内标准试件的全部强度代表值按现行《混凝土强度检验评定标准》进行检验评定。

当混凝土的生产条件在较长时间内能保持一致，且同一品种混凝土的强度变异性能保持稳定时，应由连续的三组试件组成一个验收批，其强度应同时满足下列要求：

$$m_{f_{cu}} \geqslant f_{cu,k} + 0.7\sigma_0 \tag{2-5}$$

$$f_{cu,min} \geqslant f_{cu,k} - 0.7\sigma_0 \tag{2-6}$$

当混凝土强度等级不高于C20时，强度的最小值尚应满足下式要求：

$$f_{cu,min} \geqslant 0.85 f_{cu,k} \tag{2-7}$$

当混凝土强度等级高于C20时，强度的最小值尚应满足下式要求：

$$f_{cn,min} \geqslant 0.9 f_{cn,k} \tag{2-8}$$

式中　$m_{f_{cu}}$——同一验收批混凝土立方体抗压强度的平均值(MPa)；

$f_{cu,k}$——混凝土立方体抗压强度标准值(MPa)；

σ_0——验收批混凝土立方体抗压强度标准差(MPa)；

$f_{cu,min}$——同一验收批混凝立方体抗压强度的最小值(MPa)。

验收批混凝土立方体抗压强度的标准差应根据前一个检验期内同一品种混凝土试件的强度数据，按下列公式确定：

$$\sigma_0 = \frac{0.59}{m}\sum_{i=1}^{m}\Delta f_{cu,i} \tag{2-9}$$

式中　$\Delta f_{cu,i}$——第i批试件立方体抗压强度中最大值与最小值之差；

m——用以确定验收批混凝土立方体抗压强度标准差的数据总批数。

上述检验期不应超过3个月，且在该期间内强度数据的总批数不得少于15。

当混凝土生产条件在较长时间内不能保持一致，且混凝土强度变异性不能保持稳定时或在前一个检验期内的混凝土没有足够的数据用以确定验收批混凝土立方体抗压强度的标准差时，应由不少于10组试件组成一个验收批，其强度应同时满足下列公式要求：

$$m_{f_{cu}} - \lambda_1 s_{f_{cu}} \geqslant 0.9 f_{cu,k} \tag{2-10}$$

$$f_{\mathrm{cu,min}} \geqslant \lambda_2 f_{\mathrm{cu,k}} \tag{2-11}$$

式中 $s_{f_{\mathrm{cu}}}$——同一验收批混凝土立方体抗压强度的标准差(MPa)，当 $s_{f_{\mathrm{cu}}}$ 的计算值小于 $0.06f_{\mathrm{cu,k}}$ 时，取 $s_{f_{\mathrm{cu}}}=0.06f_{\mathrm{cu,k}}$；

λ_1，λ_2——合格判定系数，按表 2-71 取用。

合格判定系数　　表 2-71

试件组数	10～14	15～24	≥25
λ_1	1.70	1.65	1.60
λ_2	0.90	0.85	

混凝土立方体抗压强度的标准差 $s_{f_{\mathrm{cu}}}$ 可按下列公式计算：

$$s_{f_{\mathrm{cu}}}=\sqrt{\frac{\sum_{i=1}^{n} f_{\mathrm{cu},i}-nm^2 f_{\mathrm{cu}}}{n-1}} \tag{2-12}$$

式中 $f_{\mathrm{cu},i}$——第 i 组混凝土试件的立方体抗压强度值($\mathrm{N/mm^2}$)；

n——一个验收批混凝土试件的组数。

非统计方法评定混凝土强度时，其强度应同时满足下列要求：

$$m_{f_{\mathrm{cu}}} \geqslant 1.15 f_{\mathrm{cu,k}} \tag{2-13}$$

$$f_{\mathrm{cu,min}} \geqslant 0.95 f_{\mathrm{cu,k}} \tag{2-14}$$

3.3 砂浆试验

3.3.1 砂浆的技术标准

1. 执行标准

(1)《建筑砂浆基本性能试验方法》JGJ 70；

(2)《建筑结构检测技术标准》GB/T 50344；

(3)《砌筑砂浆配合比设计规程》JGJ 98；

(4)《砌体工程施工质量验收规范》GB 50203；

(5)《砌筑砂浆增塑剂》JG/T 164。

2. 砂浆的主要技术性能

砂浆性能要求主要有三个方面：新拌砂浆的和易性(流动性、保水性)、强度、粘结性变形。各性能指标参见相关《建筑施工技术》和《建筑材料》教材和手册。

3.3.2 试配申请和配合比通知单

凡建筑工程用砌筑砂浆的配合比都应经试配确定。同时都应有配合比申请单和实验室发出的配合比通知单。施工中如主要材料有变化，应重新申请试配。

1. 砂浆试配申请

首先施工单位从现场抽取原材料试样，然后根据设计要求向有资质的试验机构或实验室提出试配申请，由实验室或试验机构通过试配来确定砂浆的配合比。砂浆配合比申请单式样见表 2-72。

砂浆配合比申请单　　表 2-72

工程名称		编　号	
委托单位		委托编号	
试验委托人		砂浆种类	
水泥种类		强度等级	
水泥进厂日期		厂　别	
砂产地		试验编号	
粗细级别			
掺合料种类		外加剂种类	
申请日期	×××× 年 ×× 月 ×× 日	要求使用日期	×××× 年××月××日

2. 砂浆配合比通知单

砂浆配合比通过实验室试配后，试验机构或实验室要选取最佳配合比填写并签发砂浆配合比通知单(见表 2-73)。施工单位在施工中要严格按照此配合比的计量进行施工，不得随意修改。施工单位在领取配合比通知单后，要验看字迹是否清楚、签章是否齐全、有无涂改现象、申请单和通知单是否相配套等内容。砂浆配合比通知单由施工单位保存，并进入相关资料库。砂浆配合比通知单式样见表 2-73。

砂浆配合比通知单　　表 2-73

配合比编号			试配编号		
强度等级			试验日期	×××× 年 ×× 月 ×× 日	
配　合　比					
材料名称	水泥	砂	白灰膏	掺合料	外加剂
每立方米用量 (kg/m³)					
比例					
注：砂浆稠度为 70～100mm，白灰膏稠度为 120±5mm					
批　准		审　核		试　验	
试验单位					
报告单位					

注：本表由施工单位保存。

3.3.3 砂浆试验项目及要求

1. 必试项目

(1) 稠度；

(2) 抗压强度。

2. 砂浆试验要求

(1) 砂浆拌合物稠度试验取样及试样制作

1) 建筑砂浆试验用料应根据不同要求，可从同一盘搅拌机或同一车运送的砂浆中取出；在实验室取样时，可从机械或人工拌合的砂浆中取出。

2) 施工中取样进行砂浆试验时，其取样方法和原则按相应的施工验收规范执行。应在使用地点的砂浆槽、砂浆运送车或搅拌机出料口，至少从三个不同部位采集。所取试样的数量应多于试验用量的1～2倍。

3）实验室拌制砂浆进行试验时，拌合用的材料要求提前运入室内，拌合时实验室的温度应保持在20±5℃。

4）实验室拌制砂浆时，材料应称重计量。称量的精确度：水泥、外加剂等为±0.5%；砂、石灰膏、黏土膏、粉煤灰和磨细生石灰粉为±1%。

5）实验室用搅拌机搅拌砂浆时，搅拌的用量不宜少于搅拌机容量的20%，搅拌时间不宜少于2min。

6）砂浆拌合物取样后，应尽快进行试验。现场取来的试样，在试验前应经人工再翻拌，以保证其质量均匀。

砂浆拌合物稠度试验取样见表2-74所示。

砂浆拌合物稠度试验取样规定　　表2-74

材料名称及相关标准，规范代号	试验项目	组批原则及取样规定
砂浆 JGJ 70—2000 GB/T 50344—2004 JGJ 98—2000 GB 50203—2002 JG/T 164—2004	必试： 稠度 抗压强度 其他： 分层度 拌合物密度 抗冻性	砌筑砂浆：(1)以同一砂浆强度等级，同一配合比，同种原材料每一楼层或250m³砌体(基础砌体可按一个楼层计)为一个取样单位，每取样单位标准养护试块的留置不得少于一组(每组6块) (2)干拌砂浆：同强度等级每400t为一验收批，不足400t也按一批计。每批从20个以上的不同部位取等量样品。总质量不少于15kg，分成两份，一份送试，一份备用 建筑地面用砂浆：建筑地面用水泥砂浆，以每一层或1000m²为一检验批，不足1000m²也按一批计。每批砂浆至少取样一组。当改变配合比时也应相应地留取试块

(2) 稠度试验

用砂浆稠度仪的试锥在10s时间内沉入砂浆深度的沉入度来表示。一般砖墙、柱、砂浆稠度为70～100mm为宜。

稠度试验结果应按下列要求处理：

1）取两次试验结果的算术平均值，计算值精确至1mm；

2）两次试验值之差如大于20mm，则应另取砂浆搅拌后重新测定。

(3) 抗压强度试块制作

试模规格：70.7mm×70.7mm×70.7mm，每6个试件为一组。

将无底试模放在预先铺有吸水性较好纸的普通砖上，试模内壁涂刷薄层机油或脱模剂。向试模内一次注满砂浆，用捣棒均匀由外向里按螺旋方向插捣25次，并用灰刀沿模壁插数次，使砂浆高出试模顶6～8mm。砂浆表面开始出现麻斑状态时(15～30min)将高出部分削去抹平。试件制作后，试件在20±5℃温度环境下停置24±2h，然后拆模，拆模前要先编号，写上施工单位、工程名称及部位、强度等级、制模日期，标养试块移至标准养护室养护至28d后试压。

3.3.4 砂浆抗压试验报告

1. 砂浆强度质量合格判定

1）砂浆试件抗压强度代表值取值要求：取6个试件强度的算术平均值作为该

组的立方体抗压强度值，平均值计算精确至0.1MPa。

2）当6个试件强度中的最大值或最小值之一与中间值之差超过中间值的20%时，以中间4个平均值为该组的立方体抗压强度值。

2. 砂浆强度质量合格判定

当施工中或验收时出现下列情况，可采用现场检验方法对砂浆和砌体强度进行取样检测，并判定其强度：

(1) 砂浆试件块数不够或缺乏代表性；

(2) 对砂浆试块的结果有怀疑或有争议；

(3) 砂浆试块的试验结果不能满足设计要求。

3. 砂浆试块试压报告

见表2-75。

砂浆立方体抗压强度检测报告 **表2-75**

委托单位	××××公司			委托日期	××年××月××日	
工程名称	××××综合楼			委托编号	××××	
试件尺寸	70.7×70.7×70.7(mm)			报告日期	××年××月××日	
依据标准	JGJ 70—2000			试验日期	××年××月××日	
检测结果						
成型日期	原编号(部位)	试压龄期(d)	设计强度等级	承压面积(mm²)	破坏荷载(kN)	抗压强度(MPa)	
						单块值	代表值
××年××月××日	一层楼	28	M10	4998.5	52.4	10.5	10.4
				4998.5	51.3	10.3	
				4998.5	50.2	10.0	
				4998.5	52.3	10.5	
				4998.5	51.9	10.4	
				4998.5	52.3	10.5	
××年××月××日	二层楼	28	M10	4998.5	70.5	14.1	10.2
				4998.5	51.3	10.3	
				4998.5	50.2	10.0	
				4998.5	52.3	10.5	
				4998.5	51.9	10.4	
				4998.5	50.1	10.0	
备注							

签发：××× 审核：××× 检测：×××

注：本表由检测机构填写，一式三份，检测机构、委托单位、监理单位各留一份。报告左上角加盖建设工程质量检测资质专用章有效。

1）使用单位对砂浆的强度检测报告内容应包括：委托单位、样品编号、工程名称、样品产地、类别、代表数量、检测依据、检测条件、检测项目、检测结果、结论等。

2）委托单位(或委托人或工地现场试验员)必须逐项填写试验委托单，如工程名称、规格、委托日期、委托编号、出厂日期等内容。

3）检测机构或实验室应当认真填写砂浆强度试验检测报告表。要求项目齐全、准确、真实、字迹清楚、无涂抹、有明确结论。试验报告左上角加盖计量认证章，右下角加盖工程质量检测资质专用章方才有效。

4）委托单位(或委托人)领取砂浆强度试验检测报告表时，应当认真验收和查看试验报告中试验项目是否齐全，必试项目是否全部做完，是否有明确结论，签字盖章是否齐全。同时一定要验看各项目的实测数值是否符合规范规定的标准值。

5）应有按规范规定组数的试块强度试验资料和汇总资料。应将砂浆施工试验资料按时间先后顺序排列并编号，不得漏项；建立分目表，与其他施工技术资料相对应。如：砂浆配合比申请单；砂浆配合比通知单(施工中如果材料发生变化时，应有修改配合比的通知单)；砂浆标准养护试块 28 天试压强度检测报告；有按规定要求的强度统计评定资料。

3.3.5 砂浆试验强度统计、评定

1. 砂浆试块强度统计

砂浆试块试压后，应将试压报告按时间先后顺序装订在一起并编号，及时登记在砌筑砂浆试块强度统计评定记录表中，样表见表 2-76。

砌筑砂浆试块强度统计、评定记录　　　　表 2-76

<table>
<tr><td colspan="2">工程名称</td><td colspan="4"></td><td colspan="2">编　号</td><td colspan="3"></td></tr>
<tr><td colspan="2">施工单位</td><td colspan="4"></td><td colspan="2">强度等级</td><td colspan="3"></td></tr>
<tr><td colspan="2">养护方法</td><td colspan="4"></td><td colspan="2">结构部位</td><td colspan="3"></td></tr>
<tr><td colspan="2">统 计 期</td><td colspan="9">××××年 ××月×× 日～×××× 年 ××月×× 日</td></tr>
<tr><td colspan="2">试块组数 n</td><td colspan="2">强度标准值 f_2 (MPa)</td><td colspan="2">平均值 $f_{2,m}$(MPa)</td><td colspan="3">最小值 $f_{2,min}$(MPa)</td><td colspan="2">$0.75f_2$</td></tr>
<tr><td rowspan="8">每组强度值（MPa)</td><td></td><td></td><td></td><td></td><td></td><td></td><td></td><td></td><td></td><td></td></tr>
<tr><td></td><td></td><td></td><td></td><td></td><td></td><td></td><td></td><td></td><td></td></tr>
<tr><td></td><td></td><td></td><td></td><td></td><td></td><td></td><td></td><td></td><td></td></tr>
<tr><td></td><td></td><td></td><td></td><td></td><td></td><td></td><td></td><td></td><td></td></tr>
<tr><td></td><td></td><td></td><td></td><td></td><td></td><td></td><td></td><td></td><td></td></tr>
<tr><td></td><td></td><td></td><td></td><td></td><td></td><td></td><td></td><td></td><td></td></tr>
<tr><td></td><td></td><td></td><td></td><td></td><td></td><td></td><td></td><td></td><td></td></tr>
<tr><td></td><td></td><td></td><td></td><td></td><td></td><td></td><td></td><td></td><td></td></tr>
<tr><td>判定式</td><td colspan="5">$f_{2,m} \geqslant f_2$</td><td colspan="5">$f_{2,min} \geqslant 0.75f_2$</td></tr>
<tr><td>结果</td><td colspan="5"></td><td colspan="5"></td></tr>
<tr><td colspan="11">结论：</td></tr>
<tr><td colspan="3">批　准</td><td colspan="3">审　核</td><td colspan="5">统　计</td></tr>
<tr><td colspan="3"></td><td colspan="3"></td><td colspan="5"></td></tr>
<tr><td colspan="3">报告日期</td><td colspan="8"></td></tr>
</table>

注：本表由建设单位、施工单位、城建档案馆各保存一份。

2. 对砂浆强度进行评定

参加评定的砂浆为同一品种、同一强度等级(在标准养护 28d 试块的抗压强度)、同一配合比分别进行评定。根据其工程的的部位不同或所用砌筑砂浆品种的不同，应对砂浆进行强度评定。

(1) 同一验收批砂浆试块抗压强度平均值应大于或等于设计强度等级所对应的立方体抗压强度；即同品种、同强度等级砂浆各组试块的平均强度值大于 $f_{m,k}$ 设计强度；

(2) 任意一组试块的强度(最小者)不小于 $0.75f_{m,k}$；

(3) 仅有一组试块时，其强度不应低于 $f_{m,k}$($f_{m,k}$：砂浆立方体抗压强度标准值)。

凡强度未达到设计要求的砂浆要有处理措施。涉及承重结构砌体强度需要检测的，应经法定检测单位检测鉴定，并经设计人签认。

3.4 钢筋连接试验

在建筑工程施工现场，钢筋连接的主要方式有机械连接和焊接连接。国家现行规范规定：从事钢筋焊接施工的焊工必须持有焊工考试合格证才能上岗操作。

3.4.1 钢筋连接的技术标准

1. 技术标准

(1)《钢筋焊接及验收规程》JGJ 18；

(2)《混凝土结构工程施工质量验收规范》GB 50204；

(3)《钢筋机械连接通用技术规程》JGJ 107；

(4)《带肋钢筋套筒挤压连接技术规程》JGJ 108；

(5)《镦粗直螺纹钢筋接头技术规程》JG/T 3057；

(6)《钢筋锥螺纹接头技术规程》JGJ 109。

2. 焊接材料的性能

(1) 焊接的钢筋性能必须符合国家标准的规定：

1)《钢筋混凝土用热轧带肋钢筋》GB 1499；

2)《钢筋混凝土用热轧光圆钢筋》GB 13014；

3)《钢筋混凝土用余热处理钢筋》GB 13014；

4)《冷轧带肋钢筋》GB 13788；

5)《普通低碳热轧圆盘条》GB/T 701；

6)《碳素结构钢》GB 700；

7)《冷轧扭钢筋》JG 190。

(2) 电弧焊焊条性能应符合国家标准《碳素钢焊条》(CB/T 5117)或《低合金钢焊条》(GB 5118)的规定。电弧焊焊条型号见表 2-77。

(3) 凡施工焊接的各种钢筋、型钢、钢板均有钢材合格证、材质保证书和进场复试报告，焊条、焊剂应有合格证。

钢筋电弧焊焊条型号　　表 2-77

钢筋级别	电弧焊接头形式			
	帮条焊搭接焊	坡口焊 熔槽帮条焊 预埋件穿孔塞焊	窄间隙焊	钢筋与钢板搭接焊 预埋件T行角焊
HPB235	E4303	E4303	E4316 E4315	E4303
HRB335	E4303	E5003	E5016 E5015	E4303
HRB400	E5503	E5003	E6016 E6015	E5003
RRB400	E5503	E5503	—	—

3.4.2 钢筋连接的试验项目及要求

钢筋连接的试验标准及项目见表 2-78。

1. 焊接连接的必试项目

钢筋常用的焊接一般有：点焊、闪光对焊、电弧焊、电渣压力焊、气压焊、预埋件钢筋T型接头等方式。

(1) 各类焊接必试项目

见表 2-79。

(2) 钢筋焊接试样尺寸及要求

钢筋焊接接头拉伸试样尺寸见表 2-80 所示；弯曲试验试样尺寸见表 2-81 所示。

钢筋试验标准及项目　　表 2-78

标准号	规程名称或检测方法	试验项目
JGJ 18—2003	《钢筋焊接及验收规程》	抗拉、弯曲、抗剪
JGJ 107—2003	《钢筋机械连接通用技术规程》	抗拉
JGJ/T 27—2001	《钢筋焊接接头试验方法》	抗拉、弯曲、抗剪
JGJ 109—1996	《钢筋锥螺纹接头技术规程》	抗拉
GB/T 228—2002	《金属材料室温拉伸试验方法》	力学性能
GB/T 232—1999	《金属材料弯曲试验方法》	钢材冷弯、反复弯曲

各类焊接必试项目　　表 2-79

焊接种类		必试项目
点焊	焊接骨架、焊接网	拉抗试验、抗剪试验
闪光对焊		拉抗试验、抗剪试验
电弧焊		拉抗试验
电渣压力焊		拉抗试验
气压焊		拉抗试验，梁、板另加弯曲试验
预埋件钢筋T形接头		拉抗试验

钢筋焊接接头拉伸试样尺寸 **表 2-80**

焊接方法		试样尺寸(mm)	
		L_s	$L \geqslant$
电阻点焊			$300L_s+2L_j$
闪光对焊		$8d$	L_s+2L_j
电弧焊	双面帮条焊	$8d+L_h$	L_s+2L_j
	单面帮条焊	$5d+L_h$	L_s+2L_j
	双面搭接焊	$8d+L_h$	L_s+2L_j
	单面搭接焊	$5d+L_h$	L_s+2L_j
	熔槽帮条焊	$8d+L_h$	L_s+2L_j
	坡口焊	$8d$	L_s+2L_j
	窄间隙焊	$8d$	L_s+2L_j
电渣压力焊		$8d$	L_s+2L_j
气压焊		$8d$	L_s+2L_j
预埋件电弧焊			200
预埋件埋弧压力焊			

注：L_s——受试长度；L_h——焊缝(或镦粗)长度；L_j——夹持长度(100～200mm)；
L——试件长度；d——钢筋直径。

钢筋焊接接头弯曲试验试样 **表 2-81**

钢筋公称直径(mm)	钢筋级别	弯心直径 D(mm)	支辊内侧距 $(D+2.5d)$(mm)	试件长度 L(mm)
14	HPB235	$2d=28$	63	210
	HRB335	$4d=56$	91	240
	HRB400	$5d=70$	105	250
	RRB400	$7d=98$	133	280
16	HPB235	$2d=32$	72	220
	HRB335	$4d=64$	104	250
	HRB400	$5d=80$	120	270
	RRB400	$7d=112$	152	300
18	HPB235	$2d=36$	81	230
	HRB335	$4d=72$	117	270
	HRB400	$5d=90$	135	280
	RRB400	$7d=126$	171	320
20	HPB235	$2d=40$	90	240
	HRB335	$4d=80$	130	280
	HRB400	$5d=100$	150	300
	RRB400	$7d=140$	190	340
22	HPB235	$2d=44$	99	250
	HRB335	$4d=88$	143	290
	HRB400	$5d=110$	165	310
	RRB400	$7d=154$	209	360

2. 机械连接的必试项目

钢筋常用的机械连接一般有：锥螺纹接头、套筒挤压接头等方式。

（1）机械连接的必试项目：抗拉强度。

1）接头的设计应满足强度及变形性能的要求。

2）接头连接件的屈服承载力和抗拉承载力的标准值应不小于被连接钢筋的屈服承载力和抗拉承载力标准值的1.10倍。

3）接头单向拉伸时的强度和变形是接头的的基本性能。高应力反复拉压性能反映接头在风荷载及小地震情况下承受高应力反复抗压的能力。大变形反复拉压性能是反映结构在强烈地震情况下钢筋进入塑性变形阶段接头的受力性能。

以上三项性能是进行接头型式检验时必须进行的检验项目。

（2）钢筋机械连接接头性能

1）根据抗拉强度以及高应力和大变形条件下反复拉压性能的差异，接头应分为下列三个等级：

Ⅰ级：接头抗拉强度不小于被连接钢筋实际抗拉强度或1.10倍钢筋抗拉强度标准值，并具有高延性及反复拉压性能。

Ⅱ级：接头抗拉强度不小于被连接钢筋抗拉强度标准值，并具有高延性及反复拉压性能。

Ⅲ级：接头抗拉强度不小于被连接钢筋屈服强度标准值的1.35倍，并具有一定的延性及反复拉压性能。

2）Ⅰ级、Ⅱ级、Ⅲ级接头的抗拉强度应符合表2-82的规定。

3）钢筋机械连接接头的变形性能应符合表2-83中的规定。

钢筋机械连接接头的抗拉强度 **表2-82**

接头等级	Ⅰ级	Ⅱ级	Ⅲ级
抗拉强度	$f_{mst}^0 \geq f_{st}^0$或$\geq 1.10 f_{uk}$	$f_{mst}^0 \geq f_{uk}$	$f_{mst}^0 \geq 1.35 f_{yk}$

注：f_{mst}^0——接头试件实际抗拉强度；f_{nt}^0——接头试件中钢筋抗拉强度实测值；f_{nk}——钢筋抗拉强度标准值；f_{yk}——钢筋屈服强度标准值。

接头性能检验指标 **表2-83**

等级		Ⅰ级	Ⅱ级	Ⅲ级
抗拉强度		$f_{mst}^0 \geq f_{st}^0$或$\geq 1.10 f_{uk}$	$f_{mst}^0 \geq f_{uk}$	$f_{mst}^0 \geq 1.35 f_{yk}$
单项拉伸	非弹性变形(mm)	$\mu \leq 0.10(d \leq 32)$ $\mu \leq 0.15(d > 32)$	$\mu \leq 0.10(d \leq 32)$ $\mu \leq 0.15(d > 32)$	$\mu \leq 0.10(d \leq 32)$ $\mu \leq 0.15(d > 32)$
	总伸长率(%)	$\delta_{sgt} \geq 4.0$	$\delta_{sgt} \geq 4.0$	$\delta_{sgt} \geq 2.0$
高应力反复拉压	抗拉强度(N/mm^2)	$f_{mst}^0 \geq f_{st}^0$或$\geq 1.10 f_{uk}$	$f_{mst}^0 \geq f_{uk}$	$f_{mst}^0 \geq 1.35 f_{yk}$
	残余变形(mm)	$\mu_{20} \leq 0.3$	$\mu_{20} \leq 0.3$	$\mu_{20} \leq 0.3$
大变形反复拉压	抗拉强度(N/mm^2)	$f_{mst}^0 \geq f_{st}^0$或$\geq 1.10 f_{uk}$	$f_{mst}^0 \geq f_{uk}$	$f_{mst}^0 \geq 1.35 f_{yk}$
	残余变形(mm)	$\mu_4 \leq 0.3$ $\mu_8 \leq 0.6$	$\mu_4 \leq 0.3$ $\mu_8 \leq 0.6$	$\mu_4 \leq 0.6$

3.4.3　钢筋连接的试验取样

钢筋连接的试验取样见表2-84所示。

钢筋连接的试验取样　　　　**表2-84**

材料名称及相关标准、规范代号	试验项目	组批原则及取样规定
(1) 钢筋电阻点焊	必试： 抗拉强度 抗剪强度 弯曲试验	(1) 钢筋焊接骨架 1) 凡钢筋级别、直径及尺寸相同的焊接骨架应视为同一类制品，且每200件为一验收批，一周内不足200件的也按一批计 2) 试件应从成品中切取，当所切取试件的尺寸小于规定的试件尺寸时，或受力钢筋大于8mm时，可在生产过程中焊接试验网片，从中切取试件 试件尺寸见图 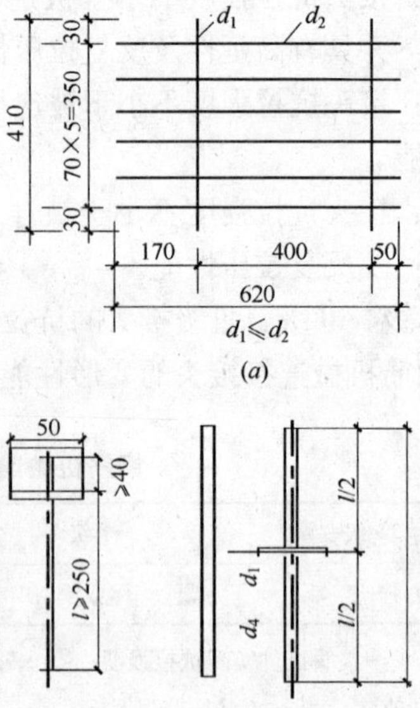 钢筋焊接试验网片与试件 (a)焊接试验网片简图；(b)钢筋焊点抗剪试件；(c)钢筋焊点拉伸试件 3) 由几种钢筋直径组合的焊接骨架，应对每种组合做力学性能检验；热轧钢筋焊点，应作抗剪试验，试件数量3件；冷拔低碳钢丝焊点，应作抗剪试验及对较小的钢筋作拉伸试验，试件数量3件 (2) 钢筋焊接网 1) 凡钢筋级别、直径尺寸相同的焊接骨架应视为同一类制品，每批不应大于30t，或每200件为一验收批，一周内不足30t或200件的也按一批计 2) 试件应从成品中切取 3) 冷轧带肋钢筋或冷拔低碳钢丝焊点应作拉伸试验，纵向试件数量1件，横向试件数量1件；冷轧带肋钢筋焊点应作弯曲试验，纵向试件数量1件，横向试件数量1件；热轧钢筋、冷轧带肋或冷拔低碳钢丝的焊点应作抗剪试验，试件数量3件

续表

材料名称及相关标准、规范代号	试验项目	组批原则及取样规定
（2）钢筋闪光对焊接头	必试： 抗拉强度 弯曲试验	（1）同一台班内由同一焊工完成的300个同级别、同直径钢筋焊接接头应作为一批。当同一台班内，可在一周内累计计算，累计仍不足300个接头，也按一批计 （2）力学性能试验时，试件应从成品中随机切取6个试件，其中3个做拉伸试验，3个做弯曲试验 （3）焊接等长预应力钢筋（包括螺丝杆与钢筋）。可按生成条件作模拟试件 （4）螺丝端杆接头可只做拉伸试验 （5）若当出现试验结果不符合要求时，可随机取双倍数量试件进行复试 （6）当模拟试件试验结果不符合要求时，复试应从成品中切取，其数量和要求与初试时相同
（3）钢筋电弧焊接头	必试： 抗拉强度	（1）工厂焊接条件下，同钢筋级别300个接头为一验收批 （2）在现场安装条件下，每一至二层楼同接头形式、同钢筋级别的接头300个为一验收批，不足300个接头也按一批计 （3）试件应从成品中随机切取3个接头进行拉伸试验 （4）装配式结构节点的焊接接头可按生产条件制造模拟试件 （5）当初试结果不符合要求时应取6个试件进行复试
（4）钢筋电渣压力焊接头	必试： 抗拉强度	（1）一般构筑物中以300个同级别钢筋接头作为一验收批 （2）在现浇钢筋混凝土多层结构中，应以每一楼层或施工区段中300个同级别钢筋接头作为一验收批，不足300个接头也按一批计 （3）试件应从成品中随机切取3个接头进行拉伸试验 （4）当初试结果不符合要求时应再取6个试件进行复试
（5）钢筋气压焊接头	必试： 抗拉强度、弯曲试验（梁、板的水平筋连接）	（1）一般构筑物中以300个接头作为一验收批 （2）在现浇钢筋混凝土房屋结构中，同一楼层中应以300个接头作为一验收批，不足300个接头也按一批计 （3）试件应从成品中随机切取3个接头进行拉伸试验；在梁、板的水平钢筋连接中，应另切取3个试件做弯曲试验 （4）当初试结果不符合要求时应再取6个试件进行复试
（6）预埋件钢筋T形接头	必试： 抗拉强度	（1）预埋件钢筋埋弧压力焊，同类型预埋件一周内累计每300件时为一验收批，不足300个接头也按一批计。每批随机切取3个试件做拉伸试验 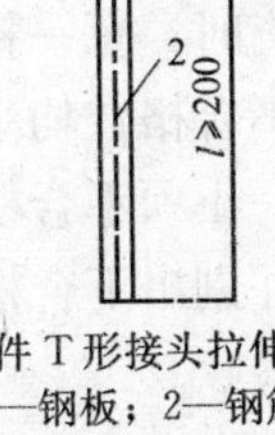 60×60 1 2 $l \geq 200$ 预埋件T形接头拉伸试件 1—钢板；2—钢筋 （2）当初试结果不符合规定时再取6个试件进行复试

续表

材料名称及相关标准、规范代号	试验项目	组批原则及取样规定
机械连接包括 锥螺纹连接 套筒挤压接头 镦粗直螺纹钢筋接头 (GB 50204—2002) (JGJ 107—2003) (JGJ 108—96) (JGJ 109—96) (JGJ/T 3057—1999)	必试： 抗拉强度	(1) 工艺检验：在正式施工前，按同批钢筋、同种机械连接形式的接头试件不少于3根，同时对应截取接头试件的母件，进行抗拉强度试验 (2) 现场检验：接头的现场检验按验收批进行。同一施工条件下采用同一批材料的同等级、同形式、同规格的接头每500个为一验收批。不足500个接头也按一批计。每一验收批必须在工程结构中随机截取3个试件做单向拉伸试验。在现场连续检验10个验收批，其全部单向拉伸试件一次抽样均合格时，验收批接头数量可扩大一倍

3.4.4 钢筋连接的试验质量评定

1. 钢筋焊接连接的试验质量评定

按照《钢筋焊接及验收规程》JGJ 18—2003的规定：

(1) 钢筋焊接接头或焊接制品(焊接骨架、焊接网)质量检验与验收应按现行国家标准《混凝土结构工程施工质量验收规范》GB 50204中的基本规定和本规程有关规定执行。

(2) 钢筋焊接接头或焊接制品应按检验批进行质量检验与验收，并划分为主控项目和一般项目两类。质量检验时，应包括外观检查和力学性能检验。

(3) 纵向受力钢筋焊接接头，包括闪光对焊接头、电弧焊接头、电渣压力焊接头、气压焊接头的连接方式检查和接头的力学性能检验规定为主控项目。接头连接方式应符合设计要求，并应全数检查，检验方法为观察。接头试件进行力学性能检验时，其质量和检查数量应符合相关规程有关规定；检验内容包括：钢筋出厂质量证明书、钢筋进场复验报告、各项焊接材料产品合格证、接头试件力学性能试验报告等。

焊接接头的外观质量检查规定为一般项目。

(4) 非纵向受力钢筋焊接接头，包括交叉钢筋电阻点焊焊点、封闭环式箍筋闪光对焊接头、钢筋与钢板电弧搭接焊接头、预埋件钢筋电弧焊接头、预埋件钢筋埋弧压力焊接头的质量检验与验收，规定为一般项目。

(5) 焊接接头外观检查时，首先应由焊工对所焊接头或制品进行自检；然后由施工单位专业质量检查员检验，监理(建设)单位进行验收记录。纵向受力钢筋焊接接头外观检查时，每一检验批中应随机抽取10%的焊接接头。检查结果，当外观质量各小项不合格数均小于或等于抽检数的10%，则该批焊接接头外观质量评为合格。当某一小项不合格数超过抽检数的10%时，应对该批焊接接头该小项逐个进行复检，并剔出不合格接头；对外观检查不合格接头采取修整或焊补措施后，可提交二次验收。

(6) 力学性能检验时，应在接头外观检查合格后随机抽取试件进行试验。试验方法应按现行行业标准《钢筋焊接接头试验方法标准》有关规定执行。

(7) 钢筋闪光对焊接头、电弧焊接头、电渣压力焊接头、气压焊接头拉伸试验结果均应符合下列要求：

1) 3个热轧钢筋接头试件的抗拉强度均不得小于该牌号钢筋规定的抗拉强度；RRB400钢筋接头试件的抗拉强度均不得小于570N/mm^2；

2) 至少应有2个试件断于焊缝之外，并应呈延性断裂。

当达到上述2项要求时，应评定该批接头为抗拉强度合格。当试验结果有2个试件抗拉强度小于钢筋规定的抗拉强度，或3个试件均在焊缝或热影响区发生脆性断裂时，则一次判定该批接头为不合格品。当试验结果有1个试件的抗拉强度小于规定值，或2个试件在焊缝或热影响区发生脆性断裂，其抗拉强度均小于钢筋规定抗拉强度的1.10倍时，应进行复验。

复验时，应再切取6个试件。复验结果，当仍有1个试件的抗拉强度小于规定值，或有3个试件断于焊缝或热影响区，呈脆性断裂，其抗拉强度小于钢筋规定抗拉强度的1.10倍时，应判定该批接头为不合格品。

(8) 闪光对焊接头、气压焊接头进行弯曲试验时，应将受压面的金属毛刺和镦粗凸起部分消除，且应与钢筋的外表齐平。弯曲试验可在万能试验机、手动或电动液压弯曲试验器上进行，焊缝应处于弯曲中心点，弯心直径和弯曲角应符合表2-85的规定。

接头弯曲试验指标 **表2-85**

钢筋牌号	弯心直径	弯曲角(°)
HPR235	2d	90
HPR235	4d	90
HRB400、RRB400	5d	90
HRB500	7d	90

注：1. d 为钢筋直径(mm)；
2. 直径大于25mm的钢筋焊接接头，弯心直径应增加1倍钢筋直径。

当试验结果，弯至90°，有2个或3个试件外侧(含焊缝和热影响区)未发生破裂，应评定该批接头弯曲试验合格。当3个试件均发生破裂，则一次判定该批接头为不合格品。

当有2个试件发生破裂，应进行复验。复验时，应再切取6个试件。复验结果，当有3个试件发生破裂时，应判定该批接头为不合格品。

(9) 钢筋焊接接头或焊接制品质量验收时，应在施工单位自行质量评定合格的基础上，由监理(建设)单位对检验批有关资料进行核查，组织项目专业质量检查员等进行验收，对焊接接头合格与否做出结论。

纵向受力钢筋焊接接头检验批质量验收记录可按表2-86、表2-87、表2-88、表2-89进行填写。

2. 钢筋机械连接的质量评定

钢筋机械连接接头必须进行三种检验：

钢筋闪光对焊接头检验批质量验收记录 表 2-86

<table>
<tr><td colspan="3">工程名称</td><td colspan="2"></td><td colspan="3">验收部位</td><td colspan="5"></td></tr>
<tr><td colspan="3">施工单位</td><td colspan="2"></td><td colspan="3">批号及批量</td><td colspan="5"></td></tr>
<tr><td colspan="3">施工执行标准名称及编号</td><td colspan="2">钢筋焊接及验收规程 JGJ 18—2003</td><td colspan="3">钢筋牌号及直径(mm)</td><td colspan="5"></td></tr>
<tr><td colspan="3">项目经理</td><td colspan="2"></td><td colspan="3">施工班组组长</td><td colspan="5"></td></tr>
<tr><td rowspan="3">主控项目</td><td colspan="4">质量验收规程的规定</td><td colspan="3">施工单位检查评定记录</td><td colspan="5">监理(建设)单位验收记录</td></tr>
<tr><td>1</td><td colspan="2">接头试件拉伸试验</td><td>5.1.7条</td><td colspan="3"></td><td colspan="5"></td></tr>
<tr><td>2</td><td colspan="2">接头试件弯曲试验</td><td>5.1.8条</td><td colspan="3"></td><td colspan="5"></td></tr>
<tr><td rowspan="6">一般项目</td><td colspan="4" rowspan="2">质量验收规程的规定</td><td colspan="7">施工单位检查评定记录</td><td rowspan="2" colspan="2">监理(建设)单位验收记录</td></tr>
<tr><td>抽查数</td><td>合格数</td><td colspan="5">不合格</td></tr>
<tr><td>1</td><td colspan="2">接头处不得有横向裂纹</td><td>5.3.2条</td><td></td><td></td><td></td><td></td><td></td><td></td><td></td><td colspan="2"></td></tr>
<tr><td>2</td><td colspan="2">与电极接触处的钢筋表面不得有明显烧伤</td><td>5.3.2条</td><td></td><td></td><td></td><td></td><td></td><td></td><td></td><td colspan="2"></td></tr>
<tr><td>3</td><td colspan="2">接头处的弯折角≤3°</td><td>5.3.2条</td><td></td><td></td><td></td><td></td><td></td><td></td><td></td><td colspan="2"></td></tr>
<tr><td>4</td><td colspan="2">轴线偏移≤0.1钢筋直径，且≤2mm</td><td>5.3.2条</td><td></td><td></td><td></td><td></td><td></td><td></td><td></td><td colspan="2"></td></tr>
<tr><td colspan="4">施工单位检查评定结果</td><td colspan="9">项目专业质量检查员：

年 月 日</td></tr>
<tr><td colspan="4">监理(建设)单位验收结论</td><td colspan="9">监理工程师(建设单位项目专业技术负责人)：

年 月 日</td></tr>
</table>

注：1. 一般项目各小项检查评定不合格时，在小格内打×记号；

2. 本表由施工单位项目专业检查员填写，监理工程师(建设单位项目专业技术负责人)组织项目专业质量检查员等进行验收。

钢筋电弧焊接头检验批质量验收记录　　表2-87

<table>
<tr><td colspan="3">工程名称</td><td colspan="2"></td><td colspan="3">验收单位</td><td colspan="7"></td></tr>
<tr><td colspan="3">施工单位</td><td colspan="2"></td><td colspan="3">批号及质量</td><td colspan="7"></td></tr>
<tr><td colspan="3">施工执行标准
名称及编号</td><td colspan="2">钢筋焊接及验收规程
JGJ 18—2003</td><td colspan="3">钢筋牌号及直径
(mm)</td><td colspan="7"></td></tr>
<tr><td colspan="3">项目经理</td><td colspan="2"></td><td colspan="3">施工班组组长</td><td colspan="7"></td></tr>
<tr><td rowspan="2">主控项目</td><td colspan="4">质量验收规程的规定</td><td colspan="3">施工单位检查
评定记录</td><td colspan="7">监理(建设)单位验收记录</td></tr>
<tr><td>1</td><td>接头试件拉伸试验</td><td colspan="2">5.1.7条</td><td colspan="3"></td><td colspan="7"></td></tr>
<tr><td rowspan="6">一般项目</td><td colspan="4" rowspan="2">质量验收规程的规定</td><td colspan="9">施工单位检查评定记录</td><td rowspan="2">监理(建设)
单位验收记录</td></tr>
<tr><td>抽验数</td><td>合格数</td><td colspan="7">不合格</td></tr>
<tr><td>1</td><td colspan="2">焊缝表面应平整，不得有凹陷或焊瘤</td><td>5.4.2条</td><td></td><td></td><td></td><td></td><td></td><td></td><td></td><td></td><td></td><td></td></tr>
<tr><td>2</td><td colspan="2">接头区域不得有肉眼可见的裂纹</td><td>5.4.2条</td><td></td><td></td><td></td><td></td><td></td><td></td><td></td><td></td><td></td><td></td></tr>
<tr><td>3</td><td colspan="2">咬边深度、气孔、夹渣等缺陷允许值及接头尺寸允许偏差</td><td>表5.4.2</td><td></td><td></td><td></td><td></td><td></td><td></td><td></td><td></td><td></td><td></td></tr>
<tr><td>4</td><td colspan="2">焊缝余高不得大于3mm</td><td>5.4.2条</td><td></td><td></td><td></td><td></td><td></td><td></td><td></td><td></td><td></td><td></td></tr>
<tr><td colspan="4">施工单位检查评定结果</td><td colspan="11">项目专业质量检查员：

年　月　日</td></tr>
<tr><td colspan="4">监理(建设)单位验收结论</td><td colspan="11">监理工程师(建设单位项目专业技术人)：

年　月　日</td></tr>
</table>

注：1. 一般项目各小项检查评定不合格时，在小格内打×记号；
2. 本表由施工单位项目专业检查员填写，监理工程师(建设单位项目专业技术负责人)组织项目专业质量检查员等进行验收。

钢筋电渣压力焊接头检验批质量验收记录 表 2-88

工程名称		验收单位	
施工单位		批号及质量	
施工执行标准名称及编号	钢筋焊接及验收规程 JGJ 18—2003	钢筋牌号及直径（mm）	
项目经理		施工班组组长	

主控项目	质量验收规程的规定			施工单位检查评定记录	监理（建设）单位验收记录
	1	接头试件拉伸试验	5.1.7 条		

一般项目	质量验收规程的规定			施工单位检查评定记录			监理（建设）单位验收记录
				抽查数	合格数	不合格	
	1	四周焊包凸出钢筋表面的高度不得小于 4mm	5.5.2 条				
	2	钢筋与电极接触处无烧伤缺陷	5.5.2 条				
	3	接头处的弯折角≤3°	5.5.2 条				
	4	轴线偏移≤0.1 钢筋直径，且≤2mm	5.5.2 条				

施工单位检查评定结果	项目专业质量检查员： 年 月 日
监理（建设）单位验收结论	监理工程师（建设单位项目专业技术人）： 年 月 日

注：1. 一般项目各小项检查评定不合格时，在小格内打×记号；

2. 本表由施工单位项目专业检查员填写，监理工程师（建设单位项目专业技术负责人）组织项目专业质量检查员等进行验收。

钢筋气压焊接头检验批质量验收记录表　　　　表 2-89

<table>
<tr><td colspan="3">工程名称</td><td></td><td colspan="3">验收单位</td><td></td></tr>
<tr><td colspan="3">施工单位</td><td></td><td colspan="3">批号及质量</td><td></td></tr>
<tr><td colspan="3">施工执行标准
名称及编号</td><td>钢筋焊接及
验收规程 JGJ 18—2003</td><td colspan="3">钢筋牌号及直径
(mm)</td><td></td></tr>
<tr><td colspan="3">项目经理</td><td></td><td colspan="3">施工班组组长</td><td></td></tr>
<tr><td rowspan="3">主控项目</td><td colspan="3">质量验收规程的规定</td><td colspan="3">施工单位检查
评定记录</td><td>监理(建设)单位验收记录</td></tr>
<tr><td>1</td><td>接头试件拉伸试验</td><td>5.1.7 条</td><td colspan="3"></td><td></td></tr>
<tr><td>2</td><td>接头试件弯曲试验</td><td>5.1.8 条</td><td colspan="3"></td><td></td></tr>
<tr><td rowspan="6">一般项目</td><td colspan="3" rowspan="2">质量验收规程的规定</td><td colspan="3">施工单位检查评定记录</td><td rowspan="2">监理(建设)
单位验收记录</td></tr>
<tr><td>抽查数</td><td>合格数</td><td>不合格</td></tr>
<tr><td>1</td><td>轴线偏移≤0.15
钢筋直径，且≤4mm</td><td>5.6.2 条</td><td></td><td></td><td></td><td></td></tr>
<tr><td>2</td><td>接头处的弯折角≤3°</td><td>5.6.2 条</td><td></td><td></td><td></td><td></td></tr>
<tr><td>3</td><td>镦粗直径≥1.4
钢筋直径</td><td>5.6.2 条</td><td></td><td></td><td></td><td></td></tr>
<tr><td>4</td><td>镦粗长度≥1.0
钢筋直径</td><td>5.6.2 条</td><td></td><td></td><td></td><td></td></tr>
<tr><td colspan="4">施工单位检查评定结果</td><td colspan="4">项目专业质量检查员：

年　月　日</td></tr>
<tr><td colspan="4">监理(建设)单位验收结论</td><td colspan="4">监理工程师(建设单位项目专业技术人)：

年　月　日</td></tr>
</table>

注：1. 一般项目各小项检查评定不合格时，在小格内打×记号；

2. 本表由施工单位项目专业检查员填写，监理工程师(建设单位项目专业技术负责人)组织项目专业质量检查员等进行验收。

型式检验、工艺检验、施工现场检验。

(1) 接头的型式检验

在下列情况时应进行型式检验：确定接头性能等级时，材料、工艺、规格进行改动时，质量监督部门提出专门要求时。

1) 型式检验应由国家、省部级主管部门认可的检测机构进行，按规定格式出具试验报告和评定结论。由该技术提供单位交建设(监理)单位、设计单位、施工单位向质监部门核验。

2) 对每种型式、级别、材料、工艺的机械连接接头，型式检验试件不应少于9个，其中单向拉伸试件不应少于3个，高应力反复拉压试件不应少于3个，大变形反复拉压试件不应少于3个，同时应另取3根钢筋试件做抗拉强度试验。全部试件均应在同一根钢筋上截取。

3) 型式检验的合格条件为：每个接头试件的强度实测值均应符合表2-82中的规定；对非弹性变形、总伸长率和残余变形，3个试件的平均实测值应符合表2-83的规定。

(2) 接头的工艺检验

钢筋连接工程开始前及施工过程中，对每批进场钢筋进行接头工艺检验，工艺检验应符合下列要求：

1) 对接头试件的钢筋母材进行抗拉试验；

2) 每种规格钢筋的接头试件不少于3根，且应取自接头试件的同一根钢筋；每个接头试件的抗拉强度均应符合规定要求。对Ⅰ级接头，试件的抗拉强度尚应大于等于钢筋母材的实际抗拉强度的0.95倍；对Ⅱ级接头，应大于0.9倍；

3) 3根接头试件的抗拉强度均应符合表2-82的规定；对于Ⅰ级接头，试件抗拉强度尚应大于等于钢筋抗拉强度实测值的0.95倍；对于Ⅱ级接头，应大于0.90倍。

(3) 接头的现场检验

1) 现场检验应进行外观质量检查和单向拉伸试验。对接头有特殊要求的结构，应在设计图纸中另行注明相应的检验项目。

2) 接头的现场检验按验收批进行。同一施工条件下采用同一批材料的同等级、同型式、同规格接头，以500个为一个验收批进行检验与验收，不足500个也作为一个验收批。

3) 对接头的每一验收批，必须在工程结构中随机截取3个接头试件作抗拉强度试验，按设计要求的接头等级进行评定。当3个接头试件的抗拉强度均符合表2-81中相应等级的要求时，该验收批评为合格。如有1个试件的强度不符合要求，应再取6个试件进行复检。复检中如仍有1个试件的强度不符合要求，则该验收批评为不合格。

4) 现场检验连续10个验收批抽样试件抗拉强度试验1次合格率为100%时，验收批接头数量可以扩大1倍。

5) 外观质量检验的质量要求、抽样数量、检验方法、合格标准以及螺纹接头所必需的最小拧紧力矩值由各类型接头的技术规程确定，一般参考值见表2-90。

接头拧紧力矩值 表 2-90

钢筋直径(mm)	16	18	20	22	25～28	32	36～40
拧紧力矩(N·m)	118	145	177	216	275	314	343

6）现场截取抽样试件后，原接头位置的钢筋允许采用同等规格的钢筋进行搭接连接，或采用焊接及机械连接方法补接。

7）对抽检不合格的接头验收批，应由建设方会同设计等有关方面研究后提出处理方案。

3. 钢筋连接资料整理及注意事项

(1) 钢筋连接接头采用焊接方式或采用锥螺纹接头、套筒挤压连接等机械连接接头方式的，均应按有关规定进行现场条件下连接性能试验，留取试验报告。报告必须对抗弯、抗拉试验结果有明确结论。

(2) 试验所用的焊(连)接试件，应从外观检查合格后的成品中切取，数量要满足现行国家规范规定。试验报告后应附有效的焊工上岗证复印件。

凡施焊的各种钢筋、钢板均应有质量证明书；焊条、焊剂应有产品合格证。

(3) 委托外加工的钢筋，其加工单位应向委托单位提供质量合格证书。操作人员必须持证上岗。对接头的每一验收批，必须在工程结构中随机截取3个试件作单向拉伸试验，当3个试件单向拉伸试验结果均符合强度要求，则该验收批为合格。如有一个试件的强度不符合要求，应再抽取6个试件进行复验，若有1个试件复验结果不符合要求，则该验收批评为不合格，应会同设计单位商定处理，记录存档。质量检验与施工安装用的力矩扳手应分开使用，不得混用。

(4) 如有一个接头不合格，应逐个检查，不合格的应补强。

(5) 填写接头质量检查记录。

项目3 测 量 放 线

训练1 测量仪器及其工具的检查、校正

［训练目的与要求］ 通过训练，掌握测量仪器及其工具的检查、校正方法；在测量前，具有对测量仪器及其工具进行检查、校正的能力。

1.1 水准仪检定、检验与校正

1.1.1 普通水准仪的检定

仪器使用时，必须定期进行检定。根据《水准仪检定规程》(JJG 425—2003) 规定，共检定15个项目，检定项目及要求见表3-1，检定周期一般不超过一年。

水准仪检定项目表 表3-1

序号	检定项目		检定类别		
			首次检定	后续检定	使用中检定
1	外观及各部件功能相互作用		+	+	+
2	水准管角值		+	—	—
3	竖轴运转误差		+	+	—
4	望远镜分划板与竖轴的垂直角		+	+	+
5	视距乘常数		+	—	—
6	测微器行差与回程差		+	+	—
7	数字水准仪视线距离测量误差		+	—	—
8	视准线的安平误差		+	+	+
9	望远镜视准轴与水准管轴在水平面内投影的平行度(交叉误差)		+	+	—
10	视准轴误差(i角)		+	+	+
11	望远镜调焦运行误差		+	+	—
12	自动安平水准仪	补偿误差及补偿器工作范围	+	+	—
13		双摆位误差	+	+	—
14	测站单次高差标准差		+	—	—
15	自动安平水准仪磁致误差		—	—	—

注：检定类别中"+"为必检项目。"—"为可不检项目，由送检用户确定。

1.1.2 普通水准仪的检验与校正

1. 圆水准器轴平行于仪器的竖轴

(1) 检验：把仪器安置在三角架上，转动脚螺旋，使圆水准器的气泡居中。然后使仪器绕竖轴旋转180°，此时若圆水准器的气泡仍然居中，则说明此项满足条件。

(2) 校正：校正方法如下：

方法一：如气泡偏离圆水准器中心位置，先用脚螺旋使气泡退回一半，然后拨动圆水准器校正螺丝使气泡居中。反复检验校正直至满足条件。

方法二：将水准仪上长水准管校正好，在长水准管水平的条件下，拨动圆水准器校正螺丝，使圆气泡居中。

2. 十字丝横丝垂直于仪器竖轴

(1) 检验：将水准仪在地上安置好，以横丝的一端瞄准远处一清晰固定的点，然后转动水平方向的微动螺旋，如该点始终在横丝上移动，说明横丝垂直于竖轴，否则应进行校正。

(2) 校正：松动十字丝环相邻两校正螺丝，转动十字丝环，重复上述检验方法，直到满足要求为止。

3. 水准管轴平行于视准轴

(1) 检验

检验方法和步骤如下：

1) 在地面选定 A、B 两点，相距60～100m，置仪器于 A、B 的中点 C，在 A、B 两点立标尺进行观测得读数 a_1、b_1，A、B 两点的高差 $h_1=a_1-b_1$。

2) 原地改变仪高，对 A、B 两点标尺再次进行观测得读数 a_1'、b_1'，A、B 两点的高差 $h_1'=a_1'-b_1'$，若 h_1 与 h_1' 之差小于2mm，取两者平均值为 A、B 两点的正确高差 h。

3) 将仪器搬近 B 点，紧靠 B 安置仪器，使望远镜目镜端靠近标尺，自物镜端观测水准尺，以铅笔尖指出圆孔中心在尺上的位置，在镜外读得 B 点标尺之读数 b_2(即仪器高)；然后再对 A 点所立水准尺进行观测得读数 a_2。若 $a_2-b_2=a_1-b_1$，则水准管轴平行于视准轴，此项条件满足。若 $a_2-b_2\neq a_1-b_1$，即应进行校正(图3-1)。

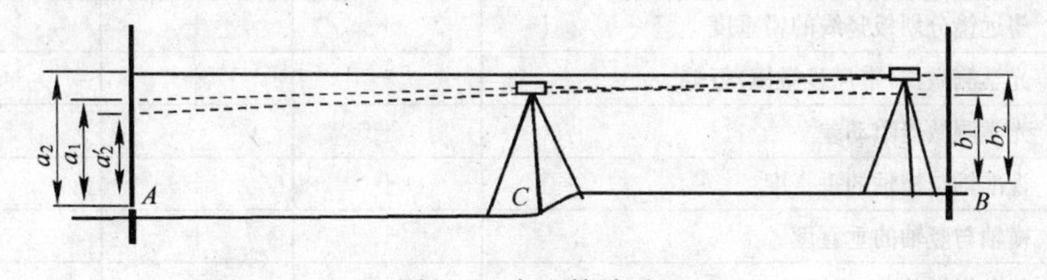

图3-1　水准管检验

(2) 校正

校正方法和步骤如下：

1) 在检验的基础上，计算得 A 点水准尺的正确读数为：$a_2'=b_2+(a_1-b_1)=b_2+h$。

2) 旋转望远镜微倾螺旋，使横丝对准 A 点标尺上的正确读数 a_2'，这时视准轴已水平，但气泡却偏离中心，拨动水准管校正螺丝使气泡居中。

此项检校要反复进行，直至仪器在 B 点测得的高差与仪器在 A、B 的中点所测正确高差在允许误差范围(3～4mm)内为止，就可以认为校正好了。

1.2 经纬仪检定、检验与校正

经纬仪在观测水平角时，经纬仪的水平度盘必须处于水平位置；望远镜俯仰转动时，其视准轴所旋转的视准面应为一垂直平面。为了保证上述要求，经纬仪各轴线之间应满足：

(1) 竖盘上的水准管轴垂直于竖轴；

(2) 视准轴垂直于横轴；

(3) 横轴垂直于竖轴；

(4) 竖轴垂直于望远镜的旋转轴。

各轴线之间的几何关系见图 3-2。

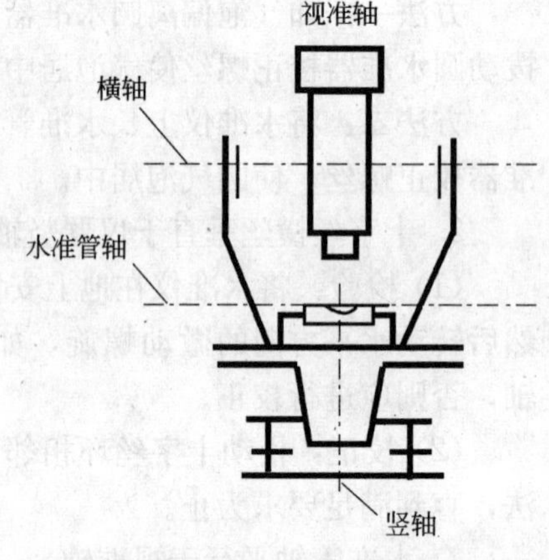

图 3-2 经纬仪各轴线之间的几何关系

1.2.1 经纬仪的检定

经纬仪使用时，必须定期进行检定。

1. 光学经纬仪的检定

经纬仪使用时，必须定期进行检定。根据《光学经纬仪检定规程》(JJG 414—2003)规定，共检定15个项目，检定项目及要求见表3-2，检定周期为最长不超过一年。

光学经纬仪检定项目表　　表 3-2

序号	检 定 项 目	检 定 类 别		
		首次检定	后续检定	使用中检定
1	外观及各部件的相互作用	+	+	+
2	水准管轴与竖轴的垂直度	+	+	+
3	照准部旋转正确性	+	−	−
4	望远镜分划板竖线的铅垂度	+	+	+
5	光学测微器(带尺显微镜)行差	+	+	−
6	光学测微器隙动差	+	−	−
7	视准轴与横轴的垂直度	+	+	−
8	横轴与竖轴的垂直度	+	+	−
9	竖盘指标差	+	+	−
10	望远镜调焦运行误差	+	−	−
11	照准部偏心差和水平度盘偏心差	+	−	−
12	光学对中器视准轴与竖轴的同轴度	+	+	−
13	竖盘指标自动补偿误差	+	+	−
14	一测回水平方向标准偏差	+	+	+
15	一测回竖直角标准偏差	+	+	−

注：检定类别中“+”为必检项目。“−”为可不检项目，由送检用户确定。

2. 电子经纬仪的检定

根据《全站型电子速测仪检定规程》(JJG 100—2003)规定，共检定13个项目，检定项目及要求见表3-3，检定周期为一年。

全站型电子速测仪检定项目表　　表3-3

序号	检定项目	检定类别		
		首次检定	后续检定	使用中检定
1	外观及各部件的相互作用	+	+	+
2	基础性调整与校准	+	+	+
3	水准管轴与竖轴的垂直度	+	+	+
4	望远镜十字丝竖丝对横轴的垂直度	+	+	—
5	照准部旋转的正确性	+	±	—
6	望远镜视准轴对横轴的垂直度	+	+	—
7	照准误差 c，横轴误差 i，竖盘指标差 I	+	+	+
8	倾斜补偿器的零位误差、补偿范围	+	+	—
9	补偿正确度	+	+	+
10	光学对中器视准轴与竖轴的重合度	+	+	—
11	望远镜调焦时视准轴的变动误差	+	±	—
12	一测回水平方向标准偏差	+	+	—
13	一测回竖直角测角标准偏差	+	±	—

注：检定类别中“+”为必检项目。“—”为不检项目，“±”为可检可不检项目，根据需要确定。

1.2.2　经纬仪的检验与校正

1. 竖盘水准管轴(LL)垂直于竖轴(VV)的检验与校正

竖盘水准管轴垂直于竖轴的检验与校正过程及原理见图3-3。

(1) 检验：检验方法和步骤如下。

1) 将仪器大致整平，使竖盘水准管和任意两脚螺旋平行；

2) 调整脚螺旋，使气泡居中，见图3-3(a)，此时竖盘水准管轴(LL)水平，竖轴(VV)应竖直；

3) 上盘旋转180°，若气泡仍然居中，则表示竖盘水准管轴垂直于竖轴，若气泡偏离中央，见图3-3(b)，应进行校正。此时竖盘水准管轴(LL)倾斜2δ。

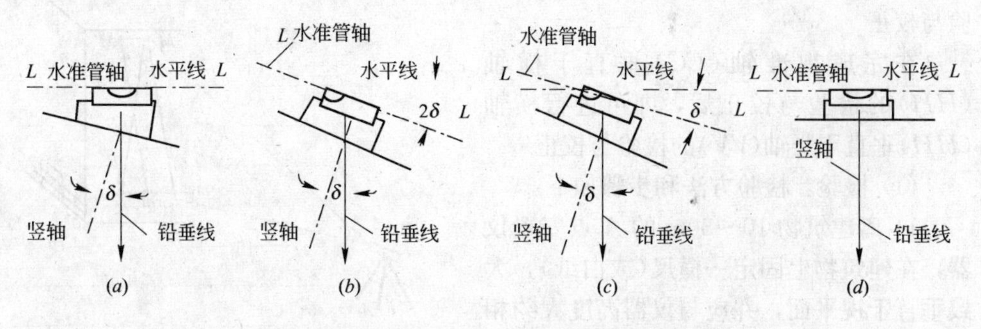

图3-3　水准管轴垂直于竖轴的检验与校正

(2) 校正：校正方法和步骤如下。

1) 转动水平脚螺旋，使气泡退回偏离中点的一半(δ)，见图 3-3(c)。

2) 用校正针拨动水准管校正螺丝，使水准管的一端抬高或降低，气泡居中，见图 3-3(d)，此时竖盘水准管轴(LL)水平，竖盘水准管轴(LL)垂直于竖轴(VV)。

此项检验须反复进行，直至水准管不论转到任何方向，气泡偏离中央不超过半格为止。

2. 视准轴(CC)垂直于横轴(HH)的检验与校正

(1)检验：检验方法和步骤如下。

1) 选一长为 60～100m 的平坦场地，在一端设置一点 A，在另一端设置一横尺 B，横尺要大致与 BA 方向垂直；

2) 在 A、B 中间安置仪器，并使三者的高度接近。用望远镜十字丝中心对准 A 点，固定照准部及水平度盘，用盘左读出横尺上纵丝所截数设为 B'，见图 3-4。

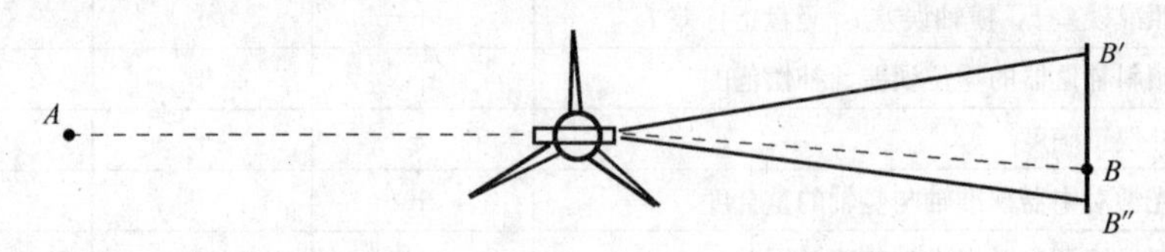

图 3-4 视准轴垂直于横轴的检验与校正

3) 转动照准部 180°，重新瞄准 A 点，用盘右读出横尺上纵丝所截之数为 B''，如 B'、B''读数相同，则说明视准轴与横轴垂直，否则条件不满足，应进行校正。

(2) 校正：校正方法和步骤如下。

1) 略微放松上下两个校正螺丝中之一，以免两旁拉力过大，损坏螺丝螺纹和镜片；

2) 用十字丝竖丝进行校正，即将左右两个十字丝校正螺丝一松一紧，使竖丝从 B''移至 B，$B''B$ 为两次读数差的四分之一。

此项检验必须重复检查校正，直到条件满足。

如果在 B 处不设置横尺，可在该处贴一张白纸，将 B'、B''投于纸上，然后在 $B'B''$之间定一点 B，使 $B''B=\frac{1}{4}(B'B'')$按上述方法进行校正。

3. 横轴(HH)垂直于竖轴(VV)的检验与校正

在完成视准轴(CC)垂直于横轴(HH)的检验与校正后，即可进行横轴(HH)垂直于竖轴(VV)的检验与校正。

(1) 检验：检验方法和步骤如下。

1) 离建筑物 10～30m 的 A 点安置仪器，在建筑物上固定一横尺(或白纸)，大致垂直于视平面，并应与仪器高度大约相同，见图 3-5。

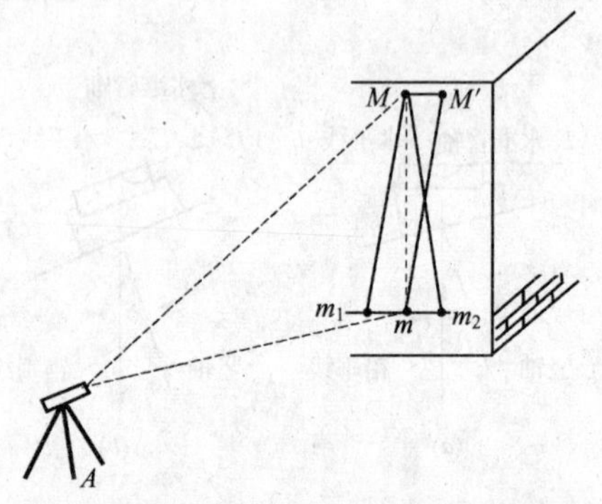

图 3-5 横轴垂直于竖轴的检验与校正

2）使望远镜向上倾斜30～40°，盘左用望远镜十字丝的交点照准建筑物高处一固定点M，固定照准部不使在水平方向转动，将望远镜放平，在横尺(或白纸)上截取点m_1。

3）使望远镜向上倾斜30～40°，盘右用望远镜十字丝的交点照准点M，固定照准部，将望远镜放平，在横尺(或白纸)上截取点m_2。

如果m_1、m_2重合，则横轴(HH)垂直于竖轴(VV)。反之，则横轴不垂直于竖轴，需要校正。

(2) 校正：校正方法和步骤如下。

1）以十字丝交点对准横尺上m_1、m_2两点的中点m，然后固定照准部，抬高望远镜，这时十字丝纵丝必不通过M点，而偏向点M'；

2）用校正针拨动支架上横轴校正螺丝，改变支架高度，即抬高或降低横轴一端，使十字丝交点对准M点。

这项检校也须反复2～3次才能使横轴(HH)垂直于竖轴(VV)。此项校正较为复杂，应由专业人员进行，现在一般生产厂家在出厂时给予保证。

4．竖丝垂直于望远镜的横轴的检验与校正

(1) 检验：将仪器安平，使望远镜十字丝交点对准远方一固定点，旋紧度盘制动螺旋，然后旋转望远镜微倾螺旋，使其上下微动，若竖丝始终都在该点上移动，表示竖丝垂直于望远镜的横轴。如果竖丝偏离固定点，说明竖丝不垂直于望远镜的横轴，则需校正。

(2) 校正：松开十字丝的两相邻校正螺丝，并转动十字丝环使满足条件。校正好以后，将松动的螺丝旋紧。

5．圆水准器的检验与校正

圆水准器的检验与校正可根据已校正好的水准管进行，即利用水准管将仪器整平，拨动圆水准器校正螺丝(一松一紧)，使气泡居中。圆水准器亦可单独进行校正，其方法见水准仪的检验与校正。

1.3　钢尺的检验与校正

1.3.1　钢尺的检定

常用的钢尺检定方法有以下两种：

方法一　将钢尺与标准尺比较

在平坦的地面或地坪上，把已经检定过的钢尺作为标准，待检定的钢尺与其比较。比较时，应以相同的拉力使两根尺子零刻线对齐，在另一端用刻有毫米分划的小尺子量出被检定的钢尺与标准尺的尺长差。这是工地上常用的钢尺检定方法。

方法二　将钢尺与标准基线长度进行实量比较

标准基线是指国家检测(测量)机关设置的比尺场在标准温度下基线的水平长度，钢尺应以整尺长度进行检定。用弹簧秤对钢尺施加标准拉力。一般规定为：30m钢尺用100N拉力，50m钢尺用150N拉力。

检定钢尺时的操作方法与精密量距相同。但每尺段应调整五次，每次读取五个数，相差不超过0.3mm。每测回往返测量长度经过温度修正以后，相差不应超过±0.5mm。各测回的长度经过修正之后，相差不得超过1mm。钢尺的检定必须在不同时间内进行，如初测在上午施测三个测回，复测必须在下午测三个测回，最后取平均值作为结果，并与标准基线长度进行比较，求出尺长修正数。

1.3.2 钢尺使用时注意事项

(1) 使用钢尺时须按照检定时的条件和方法进行量距，即标准温度、拉力及钢尺所处状态(悬空、沿地面或尺间设托桩)均应与检定时相同。

(2) 钢尺在使用了一定时间后，因尺长有变化，须重新检定。

(3) 钢尺质脆，不可使其扭折。丈量过程中携尺前进时应使钢尺悬空，不可在地上拖拉，用毕应擦去灰尘，如暂不使用时，应上一层机油，以防生锈。

1.4 全站仪的使用、检验与保养

1.4.1 全站仪的构造简介

全站仪是集电子测角、光电测距、电子记录计算于一体的全能仪器，从此测量工作的自动化、电子化、数字化和内、外业一体化的作业方式由理想变成现实。全站仪已发展到第三代。第一代主要表现在望远镜的同轴照准、测距与电子经纬仪测角的一体化，当时的测距精度在10mm左右；第二代全站仪主要表现为计算机软件进入全站仪和测距精度提高到5mm左右；第三代全站仪主要表现为自动化程度与测距测角精度的进一步提高。

全站仪主机是一种光、机、电、算、储存一体化的高科技全能测量仪器。测距部分由发射、接收与照准成共轴系统的望远镜完成，测角部分由电子测角系统完成，机中电脑编有各种应用程序，可完成各种计算和数据储存功能。直接测出水平角、竖直角及斜距离。

1.4.2 全站仪的精度等级与检定项目

(1) 全站仪的精度等级

根据《全站型电子速测仪检定规程》(JJG 100—2003)规定，按1km的测距标准偏差m_D计算，精度分为四级，如表3-4。

全站仪精度等级表 表3-4

精度等级	测角标准偏差	测距标准偏差	精度等级	测角标准偏差	测距标准偏差
Ⅰ	$m_\beta \leqslant 1''$	$m_D \leqslant (1+D)$mm	Ⅲ	$2'' < m_\beta \leqslant 6''$	$(3+2D) < m_D \leqslant (5+5D)$mm
Ⅱ	$1'' < m_\beta \leqslant 2''$	$(1+D) < m_D \leqslant (3+2D)$mm	Ⅳ	$6'' < m_\beta \leqslant 10''$	$m_D \geqslant (5+5D)$mm

(2) 全站仪的检定内容

根据《全站型电子速测仪检定规程》(JJG 100—2003)规定，全站仪的检定周期为最长不超过1年，全站仪的检定项目分为三部分：光电测距系统的检定，电子测角系统的检定，数据采集系统的检定。

光电测距系统的检定项目见表3-5。

光电测距仪的检定项目 表 3-5

<table>
<tr><th rowspan="3">序号</th><th rowspan="3" colspan="2">检 定 项 目</th><th colspan="4">检 定 类 别</th></tr>
<tr><th rowspan="2">首次鉴定</th><th rowspan="2">后续鉴定</th><th colspan="2">使用中鉴定</th></tr>
<tr><th>中、短程</th><th>远 程</th></tr>
<tr><td>1</td><td colspan="2">外观与功能</td><td>+</td><td>+</td><td>±</td><td>+</td></tr>
<tr><td>2</td><td colspan="2">光学对中器</td><td>+</td><td>+</td><td>−</td><td>−</td></tr>
<tr><td>3</td><td colspan="2">发射、接收、照准三轴关系的正确性</td><td>+</td><td>+</td><td>−</td><td>−</td></tr>
<tr><td>4</td><td colspan="2">反射棱镜常数的一致性</td><td>+</td><td>±</td><td>−</td><td>−</td></tr>
<tr><td>5</td><td colspan="2">调制光相位均匀性</td><td>+</td><td>+</td><td>−</td><td>−</td></tr>
<tr><td>6</td><td colspan="2">幅相误差</td><td>+</td><td>±</td><td>−</td><td>−</td></tr>
<tr><td>7</td><td colspan="2">分辨力</td><td>+</td><td>+</td><td>−</td><td>−</td></tr>
<tr><td>8</td><td colspan="2">周期误差</td><td>+</td><td>±</td><td>−</td><td>−</td></tr>
<tr><td rowspan="2">9</td><td rowspan="2">测尺频率</td><td>开机特性</td><td>+</td><td>±</td><td>−</td><td>−</td></tr>
<tr><td>温漂特性</td><td>±</td><td>±</td><td>−</td><td>−</td></tr>
<tr><td>10</td><td colspan="2">加常数标准差与乘常数标准差</td><td>+</td><td>+</td><td>−</td><td>−</td></tr>
<tr><td>11</td><td colspan="2">测量的重复性</td><td>+</td><td>+</td><td>−</td><td>−</td></tr>
<tr><td>12</td><td colspan="2">测程</td><td>±</td><td>±</td><td>−</td><td>−</td></tr>
<tr><td>13</td><td colspan="2">测距综合标准差</td><td>+</td><td>+</td><td>±</td><td>±</td></tr>
</table>

注：检定类别中“+”为应检项目，“−”为不检项目，“±”为可检可不检项目，根据需要确定。

1.4.3 全站仪的基本操作方法、使用与保养要点

(1) 全站仪的基本操作方法

全站仪在测站上的操作步骤如下：

1) 仪器安置：对中、定平后，测出仪器的视线高 H；

2) 开机自检：打开电源，仪器自动进入自检后，纵转望远镜进行初始化即显示水平度盘读数与竖直度盘读数(初始化这一操作，近几年来生产的仪器已经取消)；

3) 输入参数：主要是棱镜常数，温度、气压及湿度等气象参数(后三项有的仪器已可自动完成)；

4) 选定模式：主要是测距单位、小数位数及测距模式，角度单位及测角模式；

5) 后视已知点，输入测站已知坐标：Y、X、H 及后视边已知方位(φ)后，对后视点进行观测，以校核坐标值；

6) 观测前视欲求点位：一般有四种模式：①测角度——同时显示水平角与竖直角；②测距——同时显示斜距离、水平距离与高差；③测点的极坐标——同时显示水平角与水平距离；④测点位——同时显示 Y_i，X_i，H_i；

7) 应用程序测量：现在全站仪均有内存专用程序，可进行多种测量，如：①按已知数据进行点位测设；②对边测量——观测两个目标点，即可测得其斜距离、水平距离、高差及方位角；③面积测量——观测几点坐标后，即测算出各点

连线所围起的面积；④后方交会——在需要的地方安置仪器，观测 2～5 个已知点的距离与夹角，即可以用后方交会的原理测定仪器所在的位置；⑤其他特定的测量，如导线测量等。

（2）全站仪的使用要点

1）全站仪要专人使用、专人保养，仪器要按检定规程要求定期送检。每次使用前后，均要检查主机各操作部件运转是否正常，棱镜、气压计、温度计、充电器等附件是否齐全、完好。

2）使用前要仔细阅读仪器说明书，了解仪器的主要技术指标与性能。标称精度、棱镜常数与测距的配套、温度与气压对测距的修正等。

3）测距前一定要做好准备工作，要使测距仪与现场温度相适应，并检查电池电压是否符合要求，反射棱镜是否与主机配套。

4）测站与测线的位置应符合要求，测站不应选在强电磁场影响的范围内(如变压站附近)，测线应高出地面或障碍物 1m 以上，且测线附近及其延长线上不应有反光物体。

5）测距仪与反射棱镜严禁照向强光源。

6）同一条测线上只能放一个反射棱镜。

7）仪器安置后，测站、棱镜站均不得离人，强阳光下要打伞。风大时，仪器和反射棱镜均要有保护措施。

（3）全站仪的保养要点

1）全站仪是集光学、机械、电子于一体的精密仪器，防潮、防尘和防震是保护好其内部光路、电路及原件的重要措施。一般不宜在 40℃以上高温和－15℃以下低温的环境中作业和存放。

2）现场作业一定要十分小心，防止摔、砸事故的发生，仪器万一被淋湿，应用干净的软布擦净，并置于通风处晾干。

3）室内外温差较大时，应在现场开箱和装箱，以防仪器内部受潮。

4）较长期存放时，应定期(最长不超过一个月)通电(半小时以上)驱潮，电池应充足电存放，并定期充电检查。仪器应在铁皮保险柜中存放。

5）如仪器发生故障，要认真分析原因，送专业部门修理，严禁任意拆卸仪器部件，以防损伤仪器。

1.5 GPS 全球卫星定位系统简介

全球卫星定位系统是利用卫星进行测时、测距，进行导航来构成全球卫星定位系统，它可向全球用户提供连续、实时、全天候、高精度的三维位置，运动物体的三维速度和时间信息。GPS 是其英文名词缩写的简称。

GPS 系统有空间部分、地面控制部分和用户三大部分组成。

1.5.1 GPS 全球卫星定位系统的定位原理

1. 绝对定位原理

用一台接收机，将捕获到的卫星信号和导航电文加以解算，求得接收机天线相对于 WGS-84 坐标系原点(地球质心)绝对坐标的一种定位方法，精度只能到米级。广泛用于导航和大地测量中的单点定位。

2. 相对定位原理

近年来发展最快的高精度相对定位方法是实时动态差分定位技术，它已经使得GPS技术大范围地应用于地形测图、地籍测绘和道路中线测量，平面精度可达10～20mm。

相对定位原理是将一台(或二台)接收机安置在已知坐标的测站点上，该测站点叫做基准站(或参考站)，通过数据链——调制解调器，将其观测值及站点的坐标信息通过无线电信号一起传送给观测站(或流动站)。观测站不仅接收来自基准站的数据，其自身也要采集GPS卫星信号观测数据，并在系统内组成差分观测值进行实时处理，瞬时地给出相对于基准站的观测点位坐标。

1.5.2 GPS全球定位系统的精度等级

在《全球定位系统(GPS)测量规范》(GB/T 18314—2001)中，将GPS精度划分为：AA、A、B、C、D、E共6级。各级GPS测量的用途见表3-6。各级GPS网相邻点间基线长度精度用下式计算，并按表3-6规定执行。

GPS精度等级(GB/T 18314—2001) **表3-6**

<table>
<tr><th>等级</th><th>固定误差A(mm)</th><th>比例误差系数B</th><th>各等级GPS测量的用途</th></tr>
<tr><td>AA</td><td>≤3</td><td>≤0.01</td><td rowspan="6">AA、A级可作为建立地心参考框架的基础；
AA、A、B级可作为建立国家空间大地测量控制网的基础；
B级主要用于局部变形监测和各种精密工程测量；
C级主要用于大、中城市及工程测量的基本控制网；
D、E级主要于中、小城市、城镇及测图、地籍、土地信息、房产、物探、勘测、建筑施工等的控制测量。</td></tr>
<tr><td>A</td><td>≤5</td><td>≤0.1</td></tr>
<tr><td>B</td><td>≤8</td><td>≤1</td></tr>
<tr><td>C</td><td>≤10</td><td>≤5</td></tr>
<tr><td>D</td><td>≤10</td><td>≤10</td></tr>
<tr><td>E</td><td>≤10</td><td>≤20</td></tr>
</table>

$$\sigma=\pm\sqrt{A^2+(B\times10^{-6}\times D)^2} \tag{3-1}$$

式中 σ——标准差(mm)；

A——固定误差(mm)；

B——比例误差系数；

D——相邻点间距离(km)。

1.5.3 GPS全球卫星定位系统在建筑工程测量中的应用

1. 在建筑工程控制测量中的应用

由于GPS测量能精密确定WGS-84三维坐标，所以能用来建立平面和高程控制网，在基本控制测量中主要作用是：建立新的地面控制网(点)；检核和改善已有地面网；对已有的地面网进行加密等。在大型工程建立独立控制网中，如在大型公用建筑工程、铁路、公路、地铁、隧道、水利枢纽、精密安装等工程中有着重要的作用。

2. 工程变形监测中的应用

工程变形包括建筑物的位移和由于气象等外界因素而造成的建筑物变形或地

壳的变形。由于GPS具有三维定位能力，可以成为工程变形监测的重要手段，它可以监测大型建筑物变形、大坝变形、城市地面及资源开发区地面的沉降、滑坡、山崩；还能监测地壳变形，为地震预报提供数据。

3. 在建筑施工中的应用

在建筑施工中，GPS系统用来进行建筑施工的定位检测。如上海新建的八万人体育场的定位测量，北京国家大剧院的定位测量与首都机场扩建中的定位测量均使用了GPS系统来进行定位检测。

训练2 定 位 测 量

［训练目的与要求］ 通过训练，掌握一般建筑的定位测量方法，具有进行建筑定位测量的能力。

2.1 定位测量前的准备工作

2.1.1 熟悉施工图纸

(1) 施测前应认真阅读建筑的首层平面图、基础平面图、有关大样图、总平面图及与定位测量有关的技术资料。掌握建筑物的平面轴线布置情况及结构特点，建筑物长、宽及各部分的尺寸，了解建筑物的建筑坐标、设计高程，在总平面图上的位置，建筑物周围环境。

(2) 确定定位轴线。

在熟读施工图的情况下，确定建筑的定位轴线。建筑的平面图上有三种尺寸线，即外轮廓线、轴线、墙中心线。为便于施工放线，民用建筑和工业厂房均以平面轴线作为定位轴线，并以外墙轴线作为主轴线。

总平面图上给定建筑物所在平面位置用坐标表示时，给出的坐标都是外墙直角坐标值或构筑物轴线交点坐标值。

建筑的控制线用距离表示时，所标距离都是外墙边线至某边界的距离。

2.1.2 控制网的布置

如轴线桩都钉在轴线交点上，基础开挖时将被挖掉造成施工中无法控制。我们一般把轴线桩引测到基槽开挖边线以外1～1.5m处设桩，所设的这个引桩称为轴线控制桩。把各轴线控制桩连接起来形成的矩形网称为控制网。

引桩位置应选在易于保存，不影响施工，便于丈量，便于观测的地方；同时应避开管道、道路。一般矩形网的布置如图3-6所示。

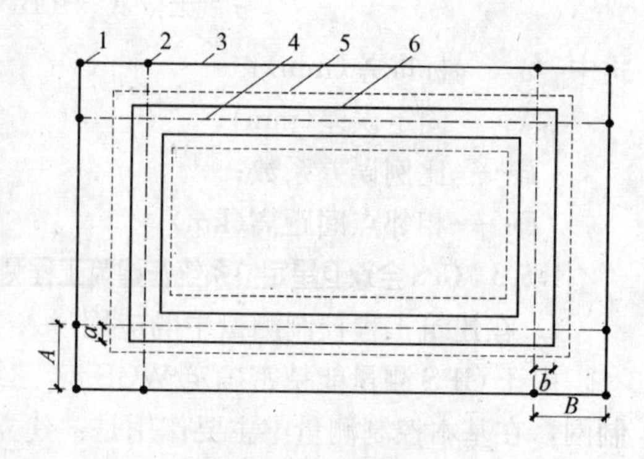

图3-6 控制网的布置

a、b 建筑物纵、横外墙至轴线距离；

A、B 外墙轴线桩至控制桩间距离；

1—矩形网控制桩；2—外墙轴线控制桩；3—矩形网线；4—外墙轴线；5—基础开挖边线；6—建筑外墙边线

2.2 平面控制测量的技术要求

2.2.1 角度测量的技术要求

角度测量的主要技术要求，应符合表 3-7 的规定。

角度测量的主要技术要求　　表 3-7

方格网等级	经纬仪型号	测角中误差(″)	测回数	测微器两次读数差(″)	半测回归零差(″)	一测回中两倍照准差变动范围(″)	各测回方向差(″)
Ⅰ级	DJ_1	5	2	≤1	≤6	≤9	≤6
	DJ_2	5	3	≤3	≤8	≤13	≤9
Ⅱ级	DJ_2	8	2	—	≤12	≤18	≤12

2.2.2 控制方格网的技术要求

建筑方格网测量的主要技术要求，应符合表 3-8 的规定。

建筑方格网测量的主要技术要求　　表 3-8

等　级	边　长(m)	测角中误差(″)	边长相对中误差
Ⅰ级	100～300	5	≤1/30000
Ⅱ级	100～300	8	≤1/20000

建筑物控制网测量的主要技术要求，应符合表 3-9 的规定。

建筑物控制网测量的主要技术要求　　表 3-9

等　级	边长相对中误差	测角中误差
一　级	≤1/30000	$7''\sqrt{n}$
二　级	≤1/15000	$15''\sqrt{n}$

注：n 为建筑物结构的跨度。

2.2.3 施工放样测量的技术要求

建筑物施工放样测量的主要技术要求，应符合表 3-10 的规定。

建筑物施工放样的主要技术要求　　表 3-10

建筑物结构特征	测距相对中误差	测角中误差(″)	在测站上测定高差中误差(mm)	根据起始水平面在施工水平面上测定高差中误差(mm)	竖向传递轴线点误差(mm)
金属结构、装配式钢筋混凝土结构、高度 100～120m 或跨度 30～36m 建筑物	1/20000	5	1	6	4
15 层房屋、高度 60～100m 或跨度 18～30m 建筑物	1/10000	10	2	5	3

续表

建筑物结构特征	测距相对中误差	测角中误差(″)	在测站上测定高差中误差(mm)	根据起始水平面在施工水平面上测定高差中误差(mm)	竖向传递轴线点误差(mm)
5～15层房屋、高度15～60m或跨度6～18m建筑物	1/5000	20	2.5	4	2.5
5层房屋、高度15m或跨度6m及以下建筑物	1/3000	30	3	3	2
木结构、工业管线或公路铁路专用线	1/2000	30	5	—	—
土木竖向整平	1/1000	45	10	—	—

注：1. 对于具有两种以上特征的建筑物，应取要求高的中误差值；
2. 特殊要求的工程项目，应根据设计对限差的要求，确定其放样精度。

2.3 根据控制点定位测量

2.3.1 直角坐标法定位

当建筑区域内设有施工方格网或轴线网时，采用直角坐标法定位最为方便。

【例1】 已知某厂区施工方格网的两个控制点坐标：$K1$(630.000，550.000)，$K2$(630.000，720.000)，拟建厂房尺寸及两角点坐标如图3-7，厂房柱距6m，轴线外墙厚240mm，要求在地面上测设出厂房的具体位置。

测设方法与步骤如下：

(1) 确定矩形控制网和计算各控制桩坐标，设控制桩至厂房轴线距离均为6m，计算后所得各控制桩坐标见表3-11。

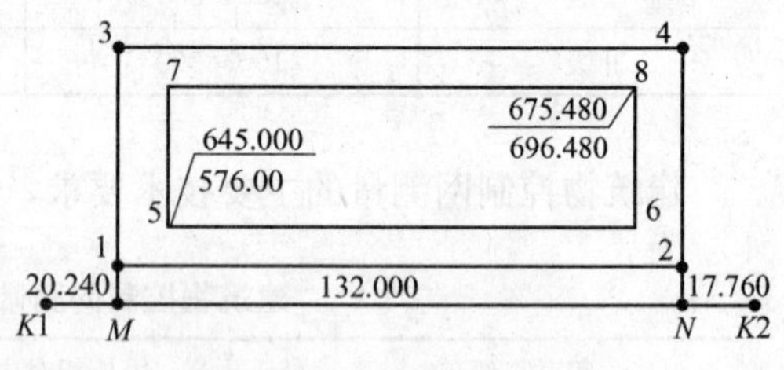

图3-7 直角坐标法定位

厂房控制桩坐标计算表 表3-11

点号	x	y	备 注
K1	630.000	550.000	厂区控制点
K2	630.000	720.000	
1	645.000－(6.000－0.240)＝639.240	576.000－(6.000－0.240)＝570.240	施工控制网
2	645.000－(6.000－0.240)＝639.240	696.480＋(6.000－0.240)＝702.240	
3	675.480＋(6.000－0.240)＝681.240	576.000－(6.000－0.240)＝570.240	
4	675.480＋(6.000－0.240)＝681.240	696.480＋(6.000－0.240)＝702.240	
5	645.000	576.000	建筑角点
6	645.000	696.480	
7	675.480	576.000	
8	675.480	696.480	
M	630.000	570.240	
N	630.000	702.240	

(2) 点间距离计算：

控制点 $K1$，$K2$ 距离：$L_{K1,K2}=720.000-550.000=170.000$(m)

$K1$，M 距离：$L_{K1,M}=570.240-550.000=20.240$(m)

N，$K2$ 距离：$L_{N,K2}=720.000-702.240=17.760$(m)

控制网到 $K1$，$K2$ 连线距离：$L_{M,1}=L_{N,2}=639.240-630.000=9.240$(m)

控制网长：$L_{M,N}=L_{1,2}=L_{3,4}=702.24-570.240=132.000$(m)

控制网宽：$L_{1,3}=L_{2,4}=681.240-639.240=42.000$(m)

厂房外墙长：$L_{5,6}=L_{7,8}=696.480-576.000=120.480$(m)

厂房外墙宽：$L_{5,7}=L_{6,8}=675.480-645.000=30.480$(m)

厂房长度轴线距离$=L_{5,6}-0.240\times2=120.000$(m)

厂房宽度轴线距离$=L_{5,7}-0.240\times2=30.000$(m)

将各段尺寸标在图 3-7 上。

(3) 控制点测设：

1) 点 M、N 测设：置仪器于 $K1$ 点，精确对中，前视 $K2$ 点，沿视线方向从 $K1$ 点量取 20.240m，打上木桩，并在木桩上精确定出点 M。从 $K2$ 点向 $K1$ 方向量取 17.760m，打上木桩，并在木桩上精确定出点 N。

2) 点 1、3 测设：将仪器置于 M 点，后视 $K2$ 点，测一直角，沿视线方向从点 M 量取 9.240m，打上木桩，并在木桩上精确定出点 1；继续沿视线方向从点 1 量取 42.000m，打上木桩，并在木桩上精确定出点 3。

3) 点 2、4 测设：将仪器置于 N 点，前视 $K1$ 点，测一直角，沿视线方向从点 N 量取 9.240m，打上木桩，并在木桩上精确定出点 2；继续沿视线方向从点 1 量取 42.000m，打上木桩，并在木桩上精确定出点 4。

4) 控制网校核：丈量点 1、点 2、点 3、点 4 间距离，应等于边长 $L_{1,2}$，$L_{3,4}$ 说明点 1、点 2、点 3、点 4 测设正确。

5) 当控制网长度超过整尺段时，应在控制网的四边上测出丈量传距桩，作为量距的转点。

2.3.2 极坐标法定位

当建筑区域内有两个或两个以上的导线点或三角点时，可以根据场区的导线点或三角点来测量定位。测设时，应根据建筑物坐标先测出建筑物的一条边作为基线，然后再根据这条边来扩展控制网。极坐标法定位应先测设控制网的长边，这条边与视线的夹角不宜小于 30°。

【例 2】 已知某厂区施工区域内有两个导线点及其坐标值为 M(530.000，550.000)，N(500.000，720.000)，拟建厂房尺寸及两角点坐标如图 3-8，轴线外墙厚 240mm，

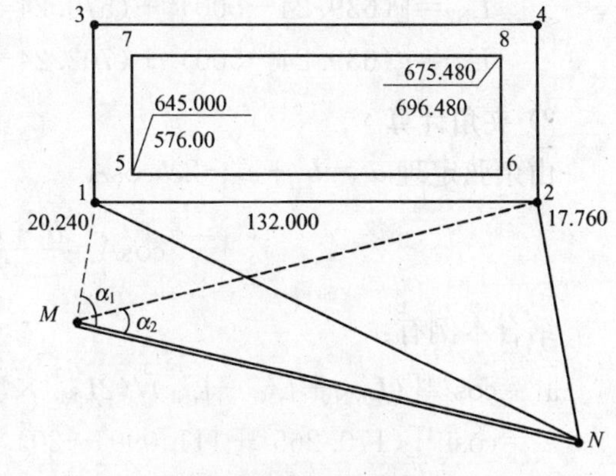

图 3-8 极坐标法定位

要求在地面上测设出厂房的具体位置(建筑物轴线与施工坐标轴平行)。

测设方法与步骤如下：

(1) 确定矩形控制网和计算各控制桩坐标及边长，设控制桩至厂房轴线距离均为6m，计算后所得各控制桩坐标见表3-12。

厂房控制桩坐标计算表 **表3-12**

点号	x	y	备注
M	530.000	550.000	导线点坐标
N	500.000	720.000	
1	645.000−(6.000−0.240)=639.240	576.000−(6.000−0.240)=570.240	施工控制网
2	645.000−(6.000−0.240)=639.240	696.480+(6.000−0.240)=702.240	
3	675.480+(6.000−0.240)=681.240	576.000−(6.000−0.240)=570.240	
4	675.480+(6.000−0.240)=681.240	696.480+(6.000−0.240)=702.240	
5	645.000	576.000	建筑角点
6	645.000	696.480	
7	675.480	576.000	
8	675.480	696.480	

边长计算方法见直角坐标法点间距离计算，得矩形控制网的边长为：

控制网长：$L_{1,2}=L_{3,4}=702.24-570.240=132.000(\text{m})$

控制网宽：$L_{2,4}=L_{1,3}=681.240-639.240=42.000(\text{m})$

(2) 计算两个导线点至矩形控制网点1、点2所组成三角形边长L_{MN}，L_{M1}、L_{M2}、L_{N1}、L_{N2}及夹角α_1、α_2。

1) 边长计算

由两点距离公式$L=\sqrt{(x_2-x_1)^2+(y_2-y_1)^2}$得：

$$L_{MN}=[(500-530)^2+(720-550)^2]^{1/2}=170.265$$
$$L_{M1}=[(639.24-530)^2+(570.24-550)^2]^{1/2}=111.099(\text{m})$$
$$L_{M2}=[(639.24-530)^2+(702.24-550)^2]^{1/2}=187.378(\text{m})$$
$$L_{N1}=[(639.24-500)^2+(570.24-720)^2]^{1/2}=204.489(\text{m})$$
$$L_{N2}=[(639.24-500)^2+(702.24-720)^2]^{1/2}=146.368(\text{m})$$

2) 夹角计算

由余弦定理$a^2=b^2+c^2-2cb\cos A$

$$\cos A=\frac{b^2+c^2-a^2}{2bc} \tag{3-2}$$

结合本例有：

$$\alpha_1=\cos^{-1}[(L_{MN}^2+L_{M1}^2-L_{N1}^2)/(2L_{MN}\times L_{M1})]$$
$$=\cos^{-1}[(170.265^2+111.099^2-204.489^2)/(2\times170.265\times111.099)]$$
$$=90.0307°$$

$\alpha_2 = \cos^{-1}[(170.265^2+187.378^2-146.368^2)/(2\times170.265\times187.378)]$
$=48.022°$

(3) 控制点测设

1) 点1、3测设：将仪器置于点M，前视点N，测一α_1角，沿视线方向从点M量取111.099m，打上木桩，并在木桩上精确定出点1；继续测一α_2角，沿视线方向从点M量取187.378m，打上木桩，并在木桩上精确定出点2。

2) 校核：丈量点1、点2间距离，当两点距离在允许误差范围内时，说明点1、点2测设正确。也可将仪器置于点N，前视点M，按前法校核点1、点2。两次测得1、2两点如果不重合，再实际丈量，改正两点距离。

3) 点3、4测设：以改正后的1、2两点为基线，用测直角的方法建立建筑物控制网。先将仪器置于点1，前视点2，测一直角，沿视线方向从点1量取42.000m，打上木桩，并在木桩上精确定出点3；将仪器置于点2，前视点1，测一直角，沿视线方向从点2量取42.000m，打上木桩，并在木桩上精确定出点4。

4) 复核点3、点4间的距离，当两点距离在允许误差范围内时，说明点3、点4测设正确。

5) 当控制网长度超过整尺段时，应在控制网的四边上测出丈量传距桩，作为量距的转点。

2.3.3 角度交会法定位

当控制点距离较远或场区有障碍物，距离丈量有困难时，可采用角度交会法进行点的定位测量。

角度交会法定位测设方法与步骤如下：

(1) 先计算出厂房矩形网控制极坐标和观测角α_1、α_2、β_1、β_2的数值。

(2) 用两架经纬仪分别置于M、N点，先分别测设α_1和β_1角，在两架经纬仪视线的交点处定出点1。再分别测设α_2和β_2角，在两架经纬仪视线交点处定出点2。然后实量点1、点2间的距离，误差在允许范围内，从两端改正。改正后的点1、点2连线就是控制网的基线边。再以这条边推测其他三条边。角度交会法的优点就是不用量距。

【例3】 设例2的M、N与控制网点1、点2间有一条较宽的河，见图3-9所示，如采用直角坐标法或极坐标法进行点1、点2定位，用钢尺丈量距离困难较大，故采用角度交会法进行点1、点2的定位测设。

测设方法与步骤如下：

(1) 确定矩形控制网和计算各控制桩坐标及边长，计算方法见例2步骤1，计算结果见表3-12。

(2) 计算两个导线点至矩形控制网点1、点2所组成三角形

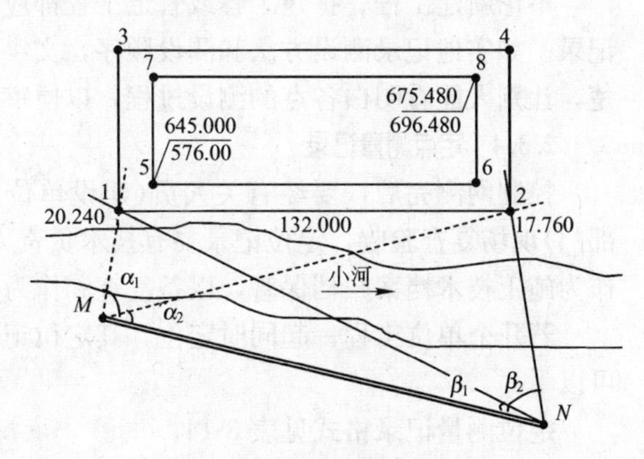

图3-9 角度交会法定位

边长L_{MN}、L_{M1}、L_{M2}、L_{N1}、L_{N2}及夹角α_1、α_2、β_1、β_2。

L_{MN}、L_{M1}、L_{M2}、L_{N1}、L_{N2}及夹角α_1、α_2计算方法见例2的步骤2。β_1、β_2计算如下：

$$\beta_1=\cos^{-1}[(170.265^2+204.489^2-111.099^2)/(2\times170.265\times204.489)]$$
$$=32.98044°$$
$$\beta_2=\cos^{-1}[(170.265^2+146.368^2-187.378^2)/(2\times170.265\times146.368)]$$
$$=72.1196°$$

计算结果见表3-13

三角形边长及夹角计算表 表3-13

编 号	边长(m)	夹 角	角 度(°)
L_{MN}	170.265	α_1	90.0307
L_{M1}	111.099	α_2	48.0224
L_{M2}	187.378	β_1	32.9804
L_{N1}	204.489	β_2	72.1196
L_{N2}	146.368		

导线点至矩形控制网点1、点2所组成三角形边长L_{MN}、L_{M1}、L_{M2}、L_{N1}、L_{N2}及夹角α_1、α_2、β_1、β_2。

(3) 控制点测设

测设步骤如下：

1) 点1测设：将一台经纬仪置于点M，后视点N，测一α_1角，沿视线方向距点M约110.00m(可通过仪器视距丝读取)，112.00m处打上木桩，并在木桩上精确定出视线中线；将另一台经纬仪置于点N，后视点M，测一β_1角，沿视线方向距点N约203.50m(可通过仪器视距丝读取)，205.50m处打上木桩，并在木桩上精确定出视线中线，在两视线交点处打上木桩定出点1；同理，可测得点2。

2) 校核：丈量点1、点2间距离，当两点距离在允许误差范围内时，说明点1、点2测设正确，并按要求改正两点距离。

不论新建工程、扩建工程或管道工程都应及时地按规定的格式填写定位测量记录。如实地记录测设方法和测设顺序，文字说明要简明扼要，各项数据标注清楚，让别人能看明白各点的测设过程，以便审核复查。

2.3.4 定点测量记录

控制网测完后，要经有关人员(建设单位、监理单位、设计单位、城市规划部门)现场复查验收，定位记录要有技术负责人、建设(监理)单位代表审核签字。作为施工技术档案归档保管，以备复查和作为交工资料。

若几个单位工程一起同时定位，其定位记录可写在一起，填一份定位记录就可以了。

定位测量记录格式见表3-14。

定位测量记录表　　　　表3-14

定位测量记录

建设单位：　　　　工程名称：　　　　地址：

施工单位：　　　　工程编号：　　　　日期：　　年　　月　　日

1. 施测依据：

2. 施测方法和步骤：

测站	后视点	转　角	前视点	量距定点	说　明

3. 高程测量记录

测点	后视点	视线高	前视读数	高　程	设计高	说　明

4. 说明：

业主代表		施工技术负责人	
监理代表			
设计代表		测量员	

定位记录的主要内容包括：

(1) 建设单位名称、工程编号、单位工程名称、地址、测设日期、观测人员姓名。

(2) 施测依据、有关的平面图及技术资料的数据。

(3) 观测示意图、标明轴线编号、控制点编号、各点坐标或相对距离。

(4) 施测方法和步骤、观测角度、丈量距离、高程测量读数。

(5) 文字说明。

(6) 标明建筑物的朝向或相对标志。

(7) 有关人员检查会签。

2.4 根据原有地形参照物定位测量

2.4.1 根据建筑红线定位

建筑用地的边界应经规划部门和设计部门商定，并由规划部门、土地管理部门在现场直接测定，并在图上画出建筑用地的边界点，其各点连线称“建筑红线”。设计部门在总平面图上所给建筑物至建筑红线的距离，这一距离是指建筑物外边线至红线的距离。若建筑物有突出部分(如附墙柱、外廊、楼梯间)以突出部分外边线计算至红线的距离。

【例 4】 已知一建筑红线和拟建建筑的边线如图 3-10，请将其在施工场地进行测设。

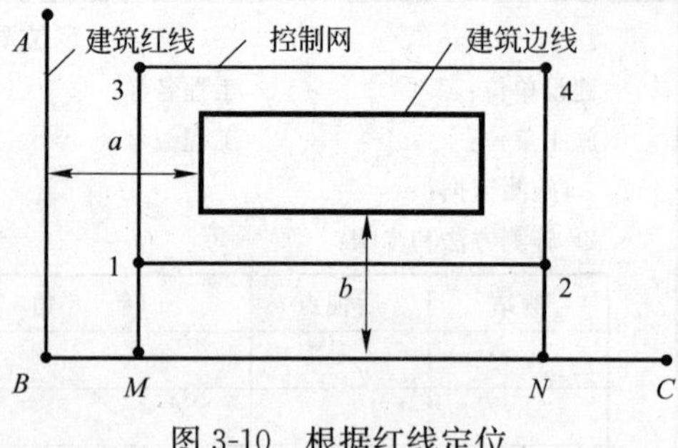

图 3-10 根据红线定位

测设步骤如下：

(1) 由规划部门测定建筑红线。

(2) 按点的定位方法，计算矩形控制网四角点坐标，根据施工图给定的数据，在建筑红线上定出点 M、N。

(3) 由点 M、N 测设点 1、2、3、4 即可。

(4) 校核：用钢尺丈量点 1、2，点 3、4，点 1、3，点 2、4 间的距离，如误差在允许范围，即可进行闭合调整。

2.4.2 根据原有建筑物定位

根据原有建筑物对新建建筑定位，分两种情况采用不同的方法进行。

1. 新建建筑与原有建筑在一条平行线上

【例 5】 由施工总平面图知，某拟建建筑外墙与原有建筑外墙在同一条平行线上，两建筑间距为 15m，新建建筑为砖混结构，外墙厚 240mm，建筑纵向外墙长 45.84m，横向外墙长 12.24m，轴线通过墙中线。请进行施工定位测量。

设控制网边线到新建建筑外墙轴线距离为 5.0m，测量方法及步骤如下：

(1) 作原有建筑 AA'、BB'的延长线，并在延长线上从原有建筑角点 A'、B' 向外量取距离 $a=5.000-0.120=4.880$m（a 为新建建筑外墙轴线到矩形控制网边的距离）得 M、N 两控制点，见图 3-11。

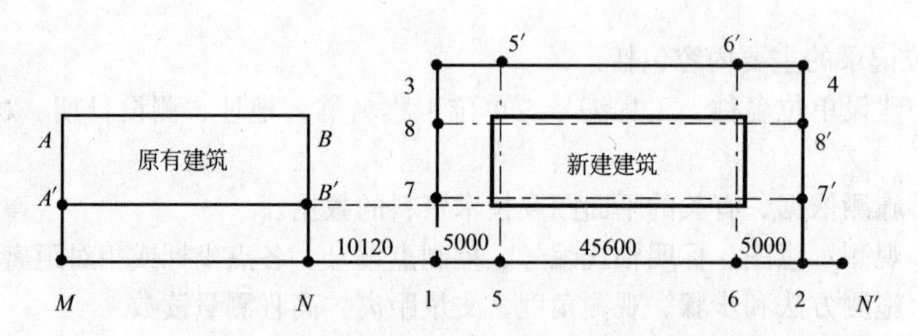

图 3-11 新建建筑与原有建筑在一条平行线上

(2) 在点 M 架设经纬仪，后视 N 点，作延长线 MN'。

(3) 计算矩形控制网各控制点丈量距离。

$$L_{N1}=15.000-(5.000-0.120)=10.120\text{m}$$

$$L_{56}=45.840-0.120\times2=45.600\text{m}$$

$$L_{12}=L_{34}=45.600+2\times5=55.60\text{m}$$

$$L_{13}=L_{24}=12.24+2\times(5-0.12)=22.00\text{m}$$

(4) 在延长线 MN' 上从点 N 量取 10.120m，打上木桩，得点 1；在延长线上从点1量取55.600m，打上木桩，得点2。

(5) 分别在点1(点2)架设经纬仪，后视点M，测一直角，在其延长线上量取22.00m，打上木桩，得点3(点4)。

(6) 校核：丈量矩形控制网各边长，如误差在允许范围，即可进行闭合调整。

(7) 在调整后的矩形控制网上，从各角点向两边量取5.000m，打上木桩，得外墙轴线桩。

2. 新建建筑与原有建筑垂直

【例6】 由施工总平面图知，某拟建建筑外墙与原有建筑外墙相互垂直，两建筑横向间距为15m，纵向间距为20m，见图3-12(*a*)；新建建筑为砖混结构，外墙厚240mm，建筑纵向外墙长45.84m，横向外墙长12.24m，轴线通过墙中线。请进行施工定位测量。

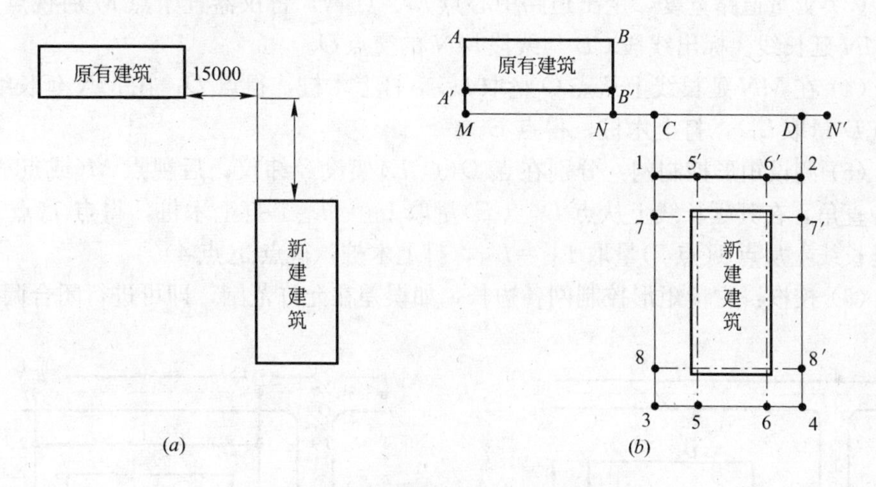

图3-12 新建建筑与原有建筑垂直

(*a*)施工图所标位置尺寸；(*b*)新建建筑定位

设控制网边线到新建建筑外墙轴线距离为5.0m，测量方法及步骤如下：

(1) 作原有建筑AA'、BB'的延长线，并在延长线上从原有建筑角点A'、B'向外量取距离a=3.0m(a的大小由建筑的地形定，一般取2～5m)，得M、N两控制点；见图3-12(*b*)。

(2) 在点M架设经纬仪，后视N点，作延长线MN'。

(3) 计算矩形控制网各控制点丈量距离。

$$L_{NC}=15.000-(5.000-0.120)=10.120\text{m}$$

$$L_{CD}=L_{12}=L_{34}=12.24+2\times(5-0.12)=22.00\text{m}$$

$$L_{C1}=L_{D2}=20.000-(5.000-0.120)=15.120\text{m}$$

$$L_{13}=L_{24}=45.600+2\times5=55.60\text{m}$$

(4) 在延长线MN'上从点N量取10.120m，打上木桩，得点C；在延长线上从点C量取22.00m，打上木桩，得点D。

(5) 测设矩形控制网：分别在点C(点D)架设经纬仪，后视点M，测一直角，

在其延长线上从点 C(点 D)量取15.120m，打上木桩，得点1(点2)；在延长线上从点1(点2)量取55.60m，打上木桩，得点3(点4)。

(6) 校核：丈量矩形控制网各边长，如误差在允许范围，即可进行闭合调整。

(7) 在调整后的矩形控制网上，从各角点向两边量取5.000m，打上木桩，得外墙轴线桩。

2.4.3 根据道路边线(或中心线)定位测量

新建工程与道路中心线(或边线)相平行时，新建工程与道路中心线(或边线)的纵横距离均已由施工总平面图标出，如图3-13(a)，定位测量步骤如下：

(1) 先算出控制桩至道路中心线(或边线)的距离。

(2) 丈量道路宽度，定出道路中心点 A、点 B，将仪器置于点 A 前视点 B，作 AB 延长线标出 CB 线段。

(3) 丈量道路宽度，定出道路中心点 M、点 N，将仪器置于点 M 后视点 N，作 MN 延长线。标出线段 CB 与线段 MN 的交点 O。

(4) 在 MN 延长线上从点 O 量取 L_{OD}，打上木桩，得点 D；在 MN 延长线上从点 D 量取 L_{DE}，打上木桩，得点 E。

(5) 测设矩形控制网：分别在点 D(点 E)架设经纬仪，后视点 M(或点 N)，测一直角，在其延长线上从点 D(点 E)量取 $L_{D1}=L_{E2}$，打上木桩，得点1(点2)；在延长线上从点1(点2)量取 $L_{13}=L_{24}$，打上木桩，得点3(点4)。

(6) 校核：丈量矩形控制网各边长，如误差在允许范围，即可进行闭合调整。

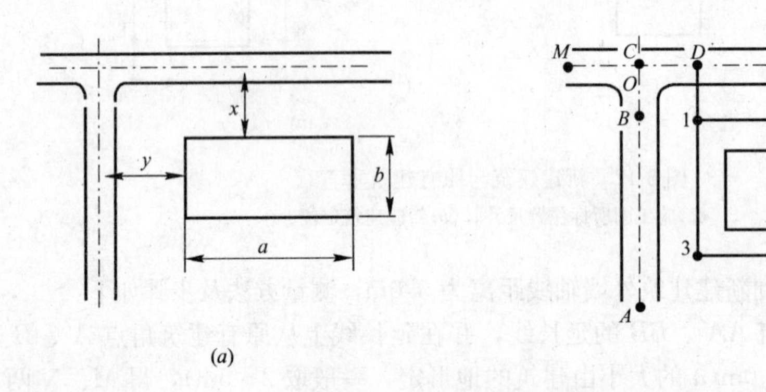

图3-13 根据道路中心线定位测量

(a)施工图所标位置尺寸；(b)根据道路中心线新建建筑定位

训练3 建筑施工的抄平放线

［训练目的与要求］ 通过训练，掌握建筑施工抄平放线的方法，具有进行建筑施工抄平放线的能力。

3.1 抄平放线的技术要求

3.1.1 建筑抄平测量的技术要求

建筑抄平测量的主要技术要求，应符合表3-15的规定。

建筑抄平测量的主要技术要求　　**表 3-15**

等级	水准仪的型号	视线长度（m）	前后视较差（m）	前后视累积差（m）	视线离地面最低高度（m）	基本分划、辅助分划或黑面、红面读数较差（mm）	基本分划、辅助分划或黑面、红面所测高差较差（mm）
二等	DS_1	50	1	3	0.5	0.5	0.7
三等	DS_1	100	3	6	0.3	1.0	1.5
	DS_3	75				2.0	3.0
四等	DS_3	100	5	10	0.2	3.0	5.0
五等	DS_3	100	大致相等	—	—	—	—

注：1. 二等水准视线长度小于 20m 时，其视线高度不应低于 0.3m；

2. 三、四等水准采用变动仪器高度观测单面水准尺时，所测两次高差较差，应与黑面、红面所测高差较差的要求相同。

3.1.2 建筑施工放线测量的技术要求

建筑施工放线测量的主要技术要求，应符合相关建筑基础施工的技术要求规定。

3.2 基础及管沟施工的抄平放线

3.2.1 一般基础施工的抄平放线

1. 测设轴线控制桩

建筑物定位测量时，只是把建筑物的外部轮廓及外墙轴线以控制网的形式测设在地面上，内墙轴线控制桩还需要进一步测设。为满足基础施工的需要，还要测设出各轴线的控制桩和龙门板桩，如图 3-14 所示。

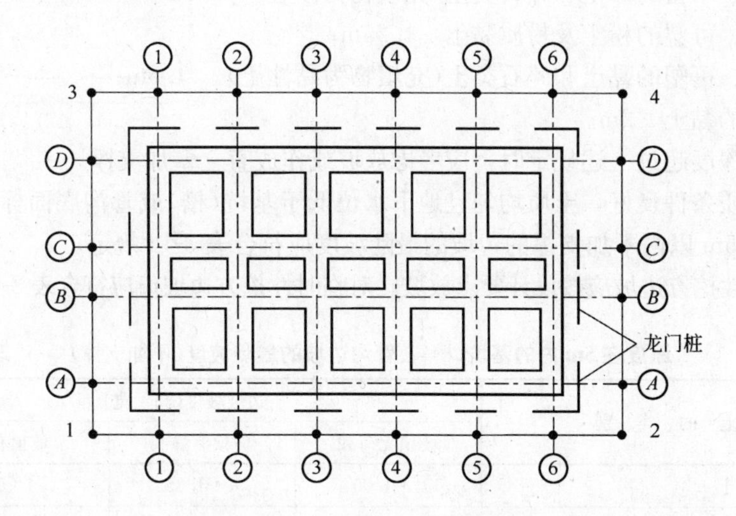

图 3-14　控制桩、龙门板布置

轴线控制桩一般根据控制网的边线控制桩采用钢尺丈量的方法测设，控制桩的桩顶标高应尽量在同一水平线上，以便检查和丈量。丈量轴线控制桩时，由于各种误差的影响，量到终点可能出现桩距误差，要采用内分配的办法来调整轴线控制桩位置，不能改动控制网桩位。各轴线间的距离误差不得超过其距离的1/2000。

2. 确定基础开挖宽度

基础放坡宽度与基础开挖深度、地基土质、开挖方法、边坡留置时间的长短、边坡附近的各种荷载状况及排水情况有关。如施工组织设计给定了放坡比例时，可按图 3-15 计算放坡宽度。

放坡宽度：$b_2=m\cdot H$

挖方宽度：$B=b+2(b_1+b_2)$

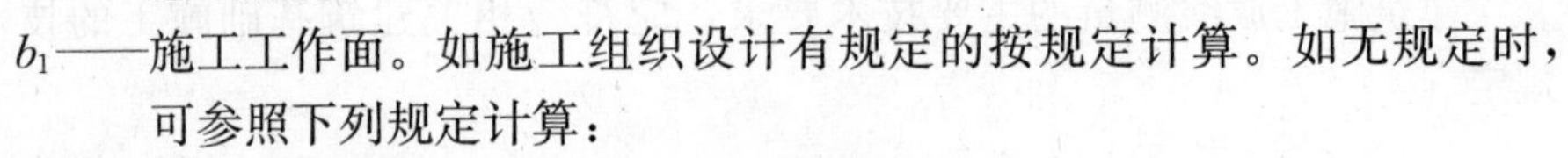

图 3-15 基槽剖面

式中 H——挖方深度；

m——放坡系数，$m=B/H$；

b——基础底宽；

b_1——施工工作面。如施工组织设计有规定的按规定计算。如无规定时，可参照下列规定计算：

(1) 毛石基础或砖基础每边增加工作面 150mm；

(2) 混凝土基础或垫层需支模的，每边增加工作面 300mm；

(3) 使用卷材或防水砂浆做竖直防潮层时，增加工作面 800mm。

根据《土方和爆破工程施工及验收规范》的规定，当地质条件良好，土质均匀且地下水位低于基坑(槽)或管沟底面标高时，挖方边坡可作成直立壁不加支撑，但深度不宜超过下列规定：

密实、中密的砂土和碎石类土(充填物为砂土) 1.0m；

硬塑、可塑的粉土及粉质黏土 1.25m；

硬塑、可塑的黏土和碎石类土(充填物为黏性土) 1.5m；

坚硬的黏土 2m。

挖方深度超过上述规定时，应考虑放坡或作成直立壁加支撑。

当地质条件良好，土质均匀且地下水位低于基坑(槽)或管沟底面标高时，挖方深度在 5m 以内不加支撑的边坡的最陡坡度应符合表 3-16 规定。

永久性挖方边坡应按设计要求放坡。对临时性挖方边坡值应符合表 3-17 规定。

深度在 5m 内的基坑(槽)、管沟边坡的最陡坡度(不加支撑)　　表 3-16

土 的 类 别	边坡坡度(高：宽)		
	坡顶无荷载	坡顶有静载	坡顶有动载
中密的砂土	1：1.00	1：1.25	1：1.50
中密的碎石类土(充填物为砂土)	1：0.75	1：1.00	1：1.25
硬塑的轻亚黏土	1：0.67	1：0.75	1：1.00
中密的碎石类土(充填物为黏性土)	1：0.50	1：0.67	1：0.75
硬塑的亚黏土、黏土	1：0.33	1：0.50	1：0.67

续表

土的类别	边坡坡度（高∶宽）		
	坡顶无荷载	坡顶有静载	坡顶有动载
老黄土	1∶0.10	1∶0.25	1∶0.33
软土（经井点降水后）	1∶1.00	—	—

注：1. 静载指堆土或材料等，动载指机械挖土或汽车运输作业等。静载或动载距挖方边缘的距离应保证边坡和直立壁的稳定，堆土或材料应距挖方边缘 0.8m 以外，高度不超过 1.5m。

2. 当有成熟施工经验时，可不受本表限制。

临时性挖方边坡值　　　　**表 3-17**

土的类别		边坡坡度（高∶宽）
砂土（不包括细砂、粉砂）		1∶1.25～1∶1.5
一般黏性土	坚硬	1∶0.75～1∶1
	硬塑	1∶1～1∶1.25
	软	1∶1.50 或更缓
碎石类土	充填坚硬、硬塑黏性土	1∶0.5～1∶1
	充填砂土	1∶1～1∶1.5

注：1. 设计有要求时，应符合设计标准。

2. 如采用降水或其他加固措施，可不受本表限制，但应计算复核。

3. 开挖深度，对软土不应超过 4m，对硬土不应超过 8m。

【例 7】　如图 3-14 中，设砖基础底宽 1.50m，挖方深度 $H=2.5$m，土质为硬塑的轻亚黏土，坡顶有静载，试按一般规定的放坡要求计算基槽上口放线宽度。

【解】　基础底面宽：$b=1.50$m

基础砌砖工作面：$b_1=0.15$m

放坡系数 m：开挖深度 H 超过 1.5m，需放坡；查表 3-16，硬塑的轻亚黏土，当坡顶有静载时的放坡系数 $m=B/H=0.75$；

放坡宽度：$b_2=m\cdot H=0.75\times2.5=1.875$m

基槽上口放线宽度：$B=b+2(b_1+b_2)=1.50+2(0.15+1.875)$

$=5.55$m

从轴线中间每边量出 2.775m 即为该基础的开挖线。

3. 龙门板的设置

(1) 钉龙门桩及龙门板

为便于基础施工，一般在平行轴线距基槽开挖边线 1.0～1.5m（视现场环境而定）的位置钉 50mm×(50～70)mm 木桩（称龙门桩），用以支撑龙门板。把建筑的轴线和基础边线投测到龙门板上。用来在基础开挖、砌筑过程中控制建筑的轴线及基础边线的位置。龙门板在建筑轴线两端均应设置，建筑物同一侧的龙门板应在一条直线上，既便于丈量又显得现场规则整齐，龙门板的形式见图 3-16(a)。

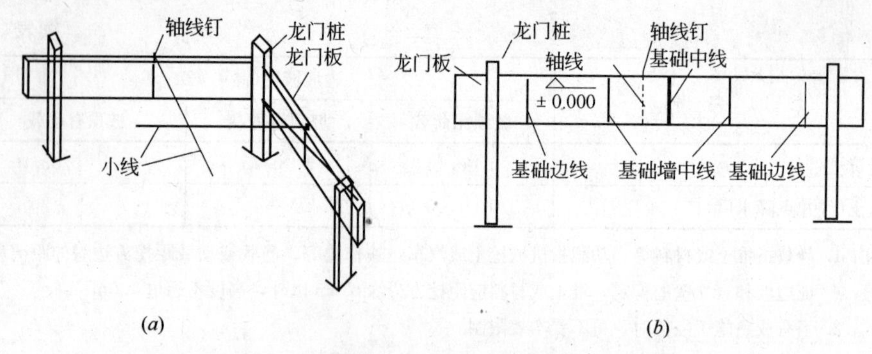

图 3-16 龙门板的形式

(a)龙门桩、龙门板的形式；(b)龙门板上标线的设置

(2) 龙门桩及龙门板的设置步骤

1) 钉龙门桩：在平行轴线距基槽开挖边线 1.0～1.5m 的位置钉龙门桩，建筑物同一侧的龙门板应在一条直线上。

2) 测设±0.000 标高线：根据附近高程点先用水准仪将建筑的±0.000 标高线抄测在龙门桩的外侧，画一横线标记。若施工场地条件不适合测设±0.000 标高线时，也可将龙门板标高设置为高于或低于±0.000 的位置。同一幢建筑物尽量使龙门板设置在同一标高上，若场地高差较大，必须选用不同标高时，一定在龙门板上标注清楚龙门板顶面的标高值，以免在使用过程中发生误解。

3) 钉龙门板：沿±0.000 标高线钉龙门板，龙门板的顶面与龙门桩上的标线应对齐、钉牢并保持顶面水平。龙门板钉好后应用水准仪进行复查，误差不超过±5mm。

4) 测设控制线：根据轴线两端的控制桩用经纬仪把轴线投测在龙门板顶面上，并在轴线上钉一小钉(轴线钉)。

5) 检查：用钢尺沿龙门板检查轴线间的距离，要求误差不应超过±5mm。

6) 画标线：以轴线钉为依据，在龙门板内侧画出墙宽、基础宽的边线，如图 3-16(b)所示。

轴线长度超过 20m，中间应加设跨槽龙门板。如果轴线两端龙门板标高不同，中间龙门板宜测设两个标高。

设置龙门板的优点是便于基础施工，但需用木材较多，工作量大，且占用场地，易被破坏。在一般工程中，可少设或不设龙门板，也可将轴线投测在固定物体(如墙、马路边石)上，但不能投测在易被移动的物体上。

4. 建筑物定位验线

建筑物定位验线的要点及内容如下：

(1) 检验定位依据桩位置是否正确，有无松动、位移；

(2) 检验定位条件的几何尺寸；

(3) 检验建筑物矩形控制网(或控制桩)位置是否正确，有无松动、位移；

(4) 检验建筑物轴线尺寸是否正确，其误差应在允许范围内。

(5) 施工方定位验线自检合格后，按《建设工程监理规范》(GB 50319—

2000)填写“施工测量放线报验单”提请监理单位验线。

5. 基槽放线

在定位验线合格后，可按龙门板上的轴线钉在各轴线上拉小线，按基槽开挖边线至轴线的宽度，沿开挖边线拉上小线，再沿小线撒白灰及为基槽开挖边线。

6. 建筑物基础放线的允许误差

建筑物基础放线的允许误差，应符合相关规范的要求，详见表3-18。

建筑物基础放线的允许误差 **表3-18**

长度L、宽度B尺寸(m)	允许误差(mm)	长度L、宽度B尺寸(m)	允许误差(mm)
$L(B)\leqslant30$	±5	$60<L(B)\leqslant90$	±15
$30<L(B)\leqslant60$	±10	$90<L(B)$	±20

7. 基槽开挖标高的测设

当基槽快挖到设计标高时，应及时测设水平控制标志，作为基槽开挖深度控制的依据。

(1) 人工开挖基槽标高的控制

在人工开挖基槽快要挖到基底标高时，用水准仪在槽壁每隔3～4m测设一水平桩，水平桩的上皮标高至槽底设计标高应为一个整数值，一般为0.5m。水平桩可用木桩或竹桩，打设时桩身应水平。

在基槽开挖快接近基底时，施工人员可以此为准，用钢尺向下量，控制基底开挖标高。

该水平桩同时也是打垫层时控制垫层顶面标高的依据。

(2) 水平桩的测设方法及步骤

以实例说明水平控制桩的测设方法及步骤。

【例8】 如图3-17中槽底设计标高为－2.100m，高程控制桩标高为±0.000，请测设基底标高水平控制桩。

设水平控制桩较基底高0.500m，测设步骤如下：

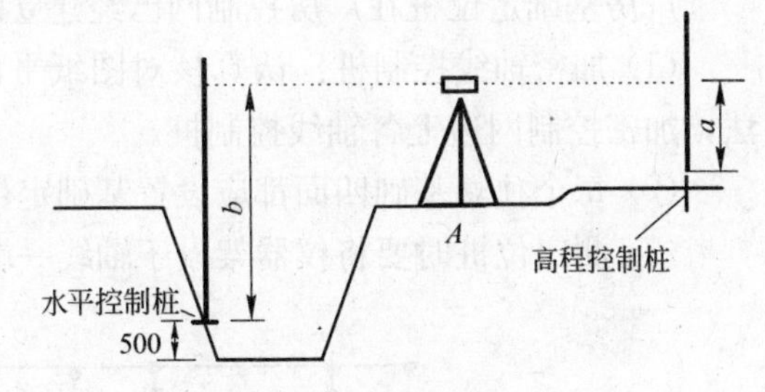

图3-17 水平控制桩测设

1) 计算水平控制桩与高程控制桩高差 2.100－0.500＝1.600m；

2) 在点A架设水准仪，立尺于高程控制桩上，测得后视读数 a＝0.960m；

3) 计算前视读数b，b＝1.600＋0.960＝2.560m；

4) 立尺于槽壁，上下移动尺身，当视线正照准水准尺上2.560m时停住，沿尺底钉木桩，即为所测的水平控制桩。

槽底对设计标高的允许误差为：＋0，－50mm；基槽表面平整度的允许误差为：±20mm。

8. 槽底宽度检测

以实例说明槽底宽度检测方法及步骤。

【例 9】 如图 3-18 所示基槽，请检测槽底宽度。

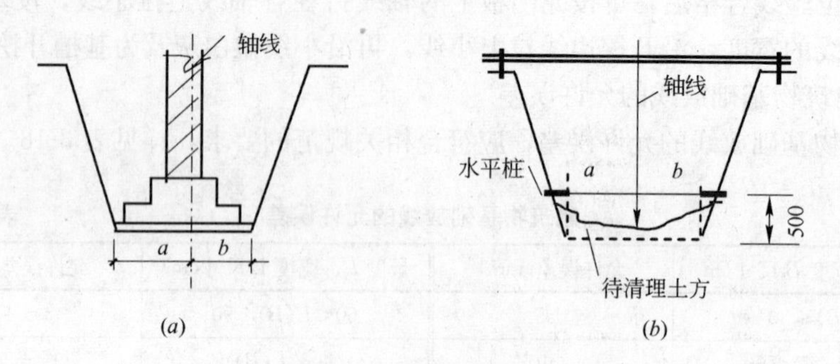

图 3-18 基槽宽度检测

(a)基槽剖面；(b)基槽宽度检测方法示意图

槽底宽度检测方法及步骤如下：

1）利用轴线控制桩拉小线，用线坠将轴线引测到已挖槽底；

2）根据轴线检查两侧挖方宽度是否符合槽底宽度，如开挖尺寸小于应挖宽度，则需要进行修整；

3）宽度修整控制：可在槽壁上钉水平木桩，让木桩顶端对齐槽底应挖边线，然后再按木桩进行修边清底。

3.2.2 厂房基础施工的抄平放线

厂房基础多为独立基础，基坑多为相互独立的基坑，控制测量与一般基础控制测量有所不同，测量步骤如下：

1. 基础定位桩测设

厂房基础定位桩在厂房控制网已经建立的情况下进行，步骤和方法如下：

(1) 加密轴线控制桩：认真核对图纸平面尺寸，根据厂房控制网用直线定位法，加密控制网边上各轴线控制桩。

(2) 每个独立基础四面都应设置基础定位桩，如图 3-19 所示。

(3) 测定位桩时要将仪器架设于轴线一端照准同轴线另一端，用直线法定位，

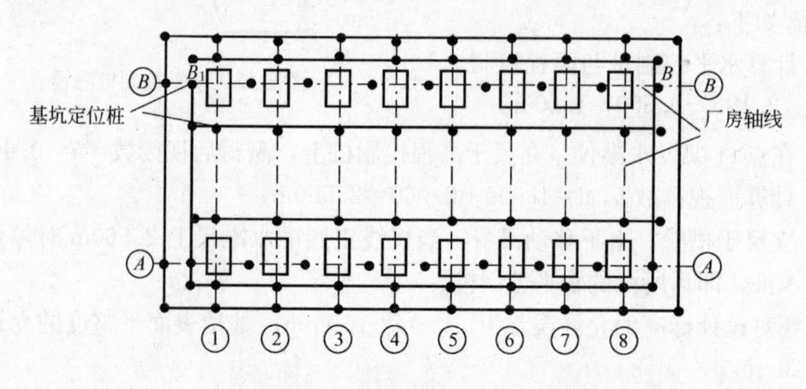

图 3-19 厂房柱基础定位桩设置

如图 3-19 中置仪器于 B 点照准 B_1 来定 B 轴各点。不宜采用测直角的方法定位。定位桩顶面宜采用同一标高，以便利用定位桩掌握基础施工标高。同一侧定位桩都应在一条直线上，可拉小线进行控制。

2. 厂房柱基础抄平

厂房柱基础抄平放线的主要内容有：

(1) 柱基坑开挖边线放线

基坑开挖边线放线的方法和步骤如下：

1) 基坑开挖边线放线时先利用基础定位桩(或龙门板)拉十字形小线，如图 3-20 所示；

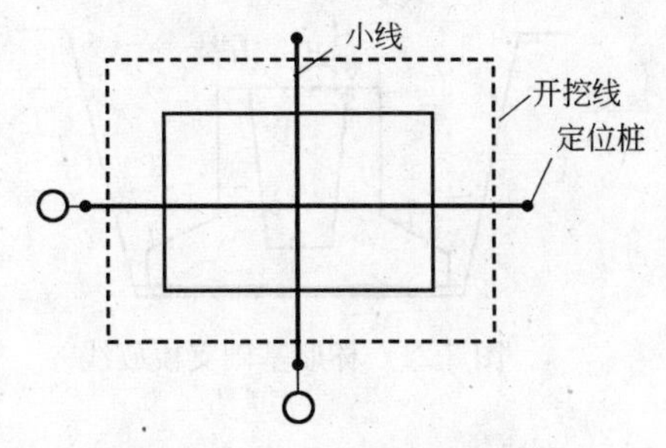

图 3-20　柱基坑开挖边线放线

2) 按施工组织设计要求的放坡坡度计算基坑上口开挖宽度；

3) 按基坑上口开挖宽度从小线向两侧分出基坑开挖边线，然后沿开挖线撒上白灰，或在四角钉小桩拉草绳，标出挖方范围，即可挖方。

挖方深度允许误差为+0，－50mm；工业厂房柱基础中线与轴线的关系比较复杂，有的偏中，有的是双柱，因此放线时必须详细核对各项尺寸，要按基础编号，标明偏中方向。

(2) 杯形基础支模放线

杯形基础支模放线，是在垫层浇完后，根据定位桩把基础轴线投测在垫层上，作为支模的依据。其方法和步骤如下：

1) 把线坠挂在定位桩位的小线上，根据轴线与基础中线的关系，将基础轴线和基础中线投测在垫层上；

2) 在垫层上放出基础中线，即可定出基础及杯口的正确位置，并以此在垫层上弹出基础边线，即为基础模板安装线，如图 3-21 所示。

(3) 杯形基础模板标高控制

用水准仪或借助定位桩拉小线用标杆法在模板内侧抄出基础顶面设计标高，并钉上小钉，作为浇筑基础混凝土时控制标高用，并检查杯芯底标高是否符合要求。

(4) 杯形基础杯口轴线、中心线投线及抄平

杯口轴线、中心线投线测设及抄平是在基础混凝土已经浇筑并拆模后进行，方法和步骤如下：

1) 检查、校核轴线控制桩、定位桩、高程点是否发生变动。

2) 根据轴线控制桩(或定位桩)用经纬仪把中线投测在基础顶面上，弹上墨线，用红油漆作好标记，供吊装柱子使用，如图 3-22 所示。基础中线对定位轴线的允许误差为±5mm。

3) 把杯口中线引测到杯底，在杯口立面弹上墨线，用红油漆作好标记，并检查杯底尺寸是否符合要求。

4) 在杯口内壁四角测设一条标高水平线，该标高线一般取比杯口顶面设计标高低 100mm，以便根据该标高线修整杯底。

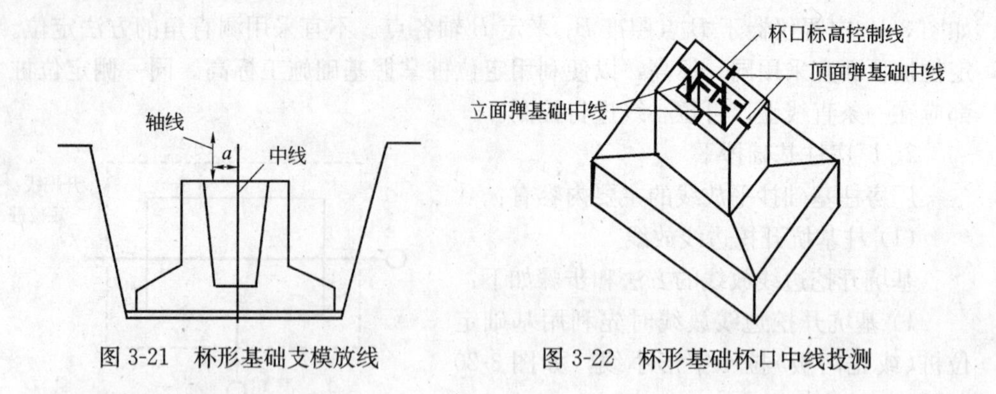

图 3-21 杯形基础支模放线　　图 3-22 杯形基础杯口中线投测

3.2.3 管沟施工的抄平放线

1. 管道中线放线

管沟开挖时管道中线上各桩将被挖掉，在挖方前需引测中线控制桩和检测井(或污水井)井位控制桩，其方法如下：

(1) 中线控制桩引测的方法：作中线端点的延长线，在中线延长线上的管沟开挖范围外钉木桩，并在木桩上钉中线钉，即得中线控制桩，见图 3-23。

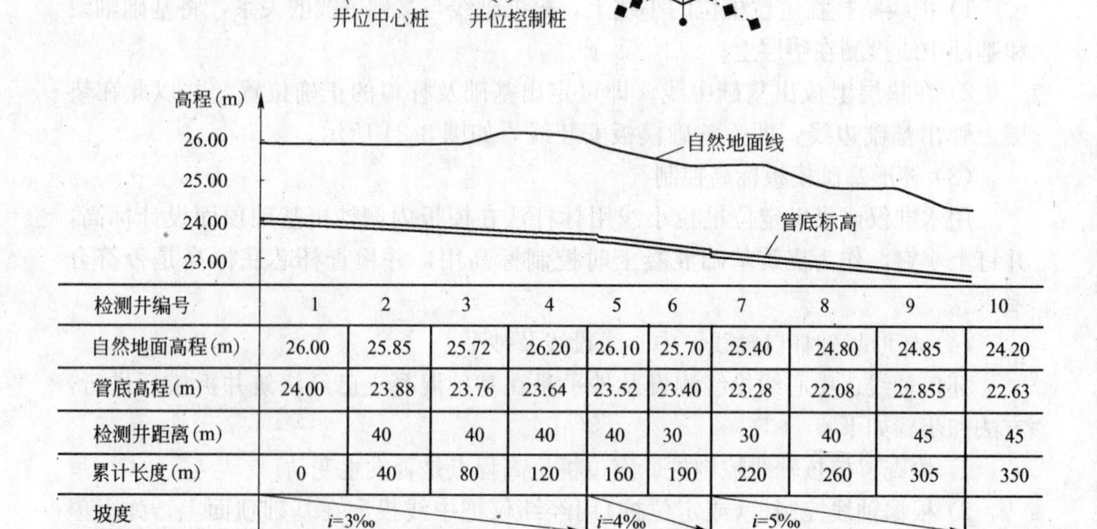

检测井编号	1	2	3	4	5	6	7	8	9	10
自然地面高程(m)	26.00	25.85	25.72	26.20	26.10	25.70	25.40	24.80	24.85	24.20
管底高程(m)	24.00	23.88	23.76	23.64	23.52	23.40	23.28	22.08	22.855	22.63
检测井距离(m)		40	40	40	40	30	30	40	45	45
累计长度(m)	0	40	80	120	160	190	220	260	305	350
坡度	i=3‰				i=4‰		i=5‰			

图 3-23 管道、井位控制桩布置图

(2) 井位控制桩的引测方法：在每个井位中心，垂直于中线在井位开挖范围外钉木桩，并在木桩上钉中线钉，即得井位控制桩，见图 3-23。

控制桩应设在不受施工干扰、引测方便、易于保存的地方。控制桩至中线的距离应为整米数，以便利用控制桩恢复点位。为防止控制桩在施工过程中被毁坏，一般要设双桩，见图 3-23 所示。

2. 确定管沟开挖边线

为避免塌方，管沟开挖时需要放边坡，坡度的大小要根据土质情况、开挖方法、开挖深度等条件按设计要求计算确定。管沟开挖开口宽度按下式计算，如图 3-24 所示。

$$B=b+(mh_1+mh_2) \tag{3-3}$$

式中 b——管沟底宽度(管外径＋2 倍工作面)；

h——挖方深度；

m——边坡系数。

如图 3-24 中，由于管沟中心两侧高度不一，中线两侧开挖宽度不同，要分别计算出中线两侧的开挖宽度。影响边坡系数对管沟开挖的工程量及施工安全影响较大，测量人员要按施工方案规定的边坡系数来确定开挖宽度。若沟槽较深时边坡系数过大会增加挖填方量，边坡系数过小容易在松散土壤、春季解冻后及雨期产生塌方。

3. 管沟开挖龙门板设置

管沟开挖前沿中线每 20～30m，或在构筑物附近设置一道龙门板，根据中线控制桩把中线投测到龙门板上，并钉上中线钉，如图 3-25 在挖方和管道铺设过程中，利用中线钉用吊垂线的方法向下投点，便可控制中线位置。

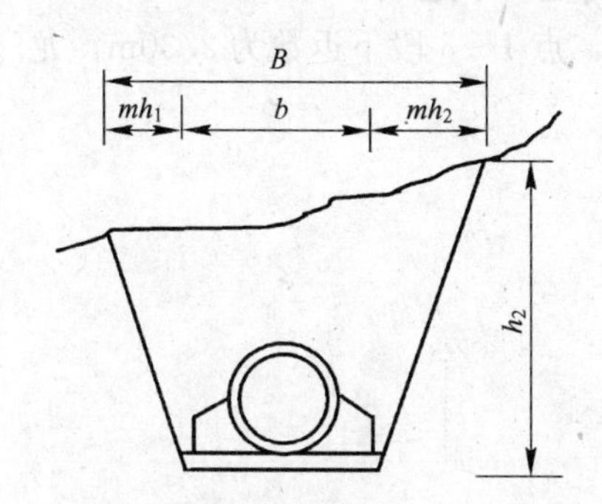

图 3-24 管沟开挖边线示意图

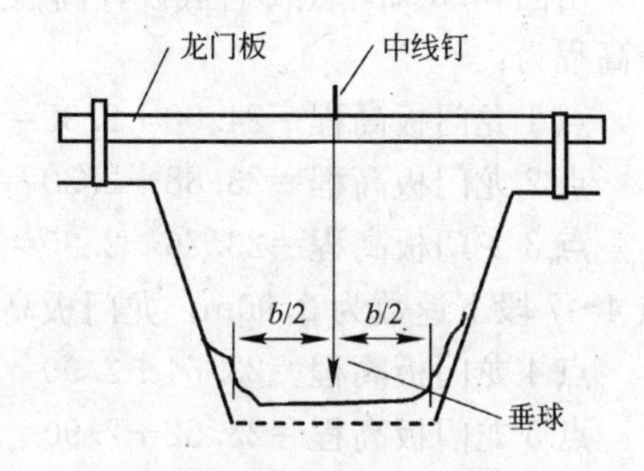

图 3-25 管沟开挖龙门板设置

3.2.4 测设龙门板标高

1. 各点高程的计算方法

在图 3-23 中，已知 1 点管底设计高程为 24.00，点 1～5 的坡度为 3‰，检查井间距为 40m，求各点管底高程，计算方法如下：

2 点管底高程：24.00－40×0.003＝23.88(m)

3 点管底高程：24.00－80×0.003＝23.76(m)

4 点管底高程：24.00－120×0.003＝23.64(m)

5 点管底高程：24.00－160×0.003＝23.52(m)

点 6～7 的坡度为 4‰，检查井间距为 30m，

6 点管底高程：23.52－30×0.003＝23.43(m)

同理可计算得：点 7～10 的管底高程，填写在图 3-23 中。

应当指出，管底高程系指管底内径高程，沟底挖方高程如图 3-26 所示：

沟底高程＝管底高程－(管壁厚＋垫层厚)

龙门板顶面高程与管底高程之差称为下返数，实际挖方深度应等于下返数加管壁厚加垫层厚。如果龙门板顶面连线与管道坡度相同，此时各龙门板下返数为一个常数，则可利用龙门板控制挖方深度及管道的安装。

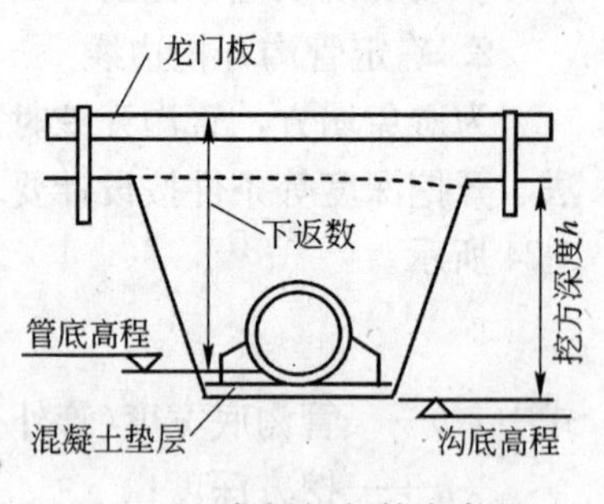

图 3-26　龙门板与管底高程

2. 高差法测设龙门板高程

实际施测时，常将下返数设为常数，在已知管底高程时来测设龙门板。下返数的大小要根据自然地面高程来选择。

【例 10】　在图 3-23 中，地面高程与管底的最大高差为 2.58m，一般为 2.0m，考虑龙门板的宽度、管道壁厚及垫层厚度，可采用分段设下返数，即点 4～7下返数为 2.9m，其余为 2.3m。

测设龙门板顶面高程。

(1) 龙门板顶面高程计算

龙门板顶面高程＝管底高程＋下返数

由图 3-23 知，点 1 管底设计高程为 24.00，点 1～3 段下返数为 2.30m，龙门板高程为：

点 1 龙门板高程＝24.00＋2.30＝26.30m

点 2 龙门板高程＝23.88＋2.30＝26.18m

点 3 龙门板高程＝23.76＋2.30＝26.06m

点 4～7 段下返数为 2.90m，龙门板高程为：

点 4 龙门板高程＝23.64＋2.90＝26.54m

点 5 龙门板高程＝23.52＋2.90＝26.42m

点 6 龙门板高程＝23.40＋2.90＝26.30m

点 7 龙门板高程＝23.28＋2.90＝26.18m

点 8～10 段下返数为 2.30m，龙门板高程为：

点 8 龙门板高程＝23.08＋2.30＝25.38m

点 9 龙门板高程＝22.855＋2.30＝25.155m

点 10 龙门板高程＝22.63＋2.30＝24.93m

(2) 龙门板顶面高程测设

如果水准点的高程为 25.67m，后视读数为 1.73m，视线高为 25.67＋1.73＝27.40m，各点龙门板顶面高程测设后视读数为：

龙门板顶面后视读数＝视线高－龙门板高程

点 1 龙门板顶面后视读数：27.40－26.30＝1.10m

点 2 龙门板顶面后视读数：27.40－26.18＝1.22m

点 3 龙门板顶面后视读数：27.40－26.06＝1.34m

点 4 龙门板顶面后视读数：27.40－26.54＝0.86m

点 5 龙门板顶面后视读数：27.40－26.42＝0.98m

点 6 龙门板顶面后视读数：27.40－26.30＝1.10m

点 7 龙门板顶面后视读数：27.40－26.18＝1.32m

点 8 龙门板顶面后视读数：27.40－25.38＝2.02m

点 9 龙门板顶面后视读数：27.40－25.155＝2.245m

点 10 龙门板顶面后视读数：27.40－24.93＝2.47m

测设时，将水准尺紧贴龙门桩上下移动，当读数恰好为上述计算读数时，即为该点龙门桩顶面位置，见图 3-27。

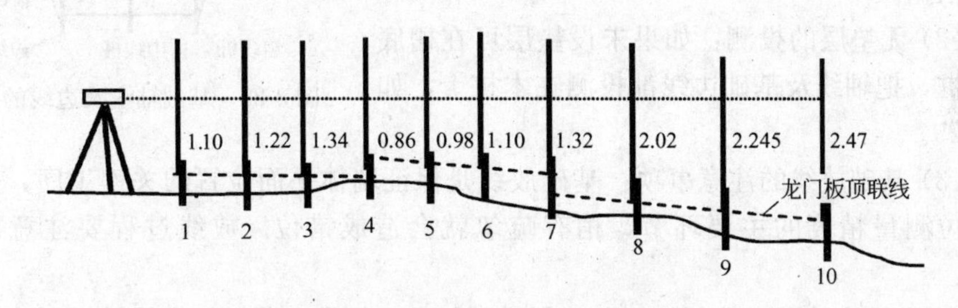

图 3-27　高差法测设龙门板高程

(3) 水平线法测龙门板标高

当地形变化不大时，可采用水平线法测龙门板标高。图 3-28 中，将点 1～4 的龙门板标高均设在 26.60m 的水平线上，施工时各点要用不同的下返数来控制挖方和管底标高。

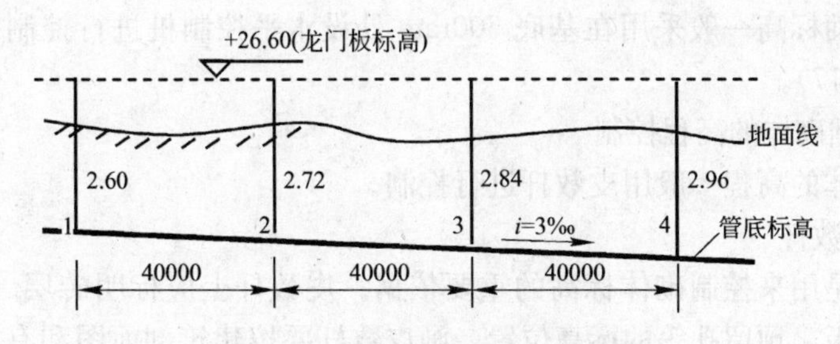

图 3-28　水平线法测龙门板标高

各点的下返数计算如下：

点 1 下返数：26.6－24.00＝2.60m

点 2 下返数：26.6－23.88＝2.72m

点 3 下返数：26.6－23.76＝2.84m

点 4 下返数：26.6－23.64＝2.96m

在控制沟槽开挖深度时，应在沟槽侧壁每隔10～15m测设一个坡度桩，坡度桩至沟底标高应为分米的整数倍，然后利用这些坡度桩便可随时检查沟底标高。

3.3 结构施工中的抄平放线

3.3.1 砌体结构施工中的抄平放线

1. 基础放线

(1) 有垫层的投测：基础有垫层时，根据龙门板或轴线控制桩上的轴线钉，用经纬仪将基础轴线投测在垫层上；也可在对应的龙门板间拉小线，然后用线坠将轴线投测在垫层上。再根据轴线按基础底宽，用线标出基础边线，做为砌筑基础的依据。

(2) 无垫层的投测：如果未设垫层可在槽底钉木桩，把轴线及基础边线都投测在木桩上，如图 3-29。

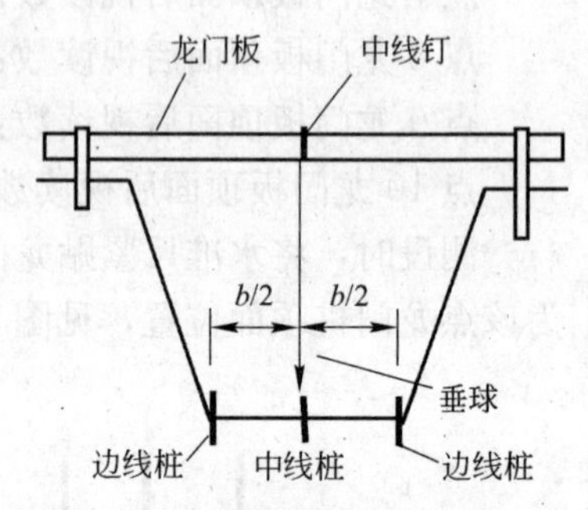

图 3-29 基础轴线及边线的投测

(3) 基础放线的注意事项：基础放线是保证墙体平面位置的关键工序，是体现定位测量精度的主要环节，稍有疏忽就会造成错位。放线过程要注意以下环节：

1) 在投线前要对控制桩、龙门板进行复查，如发现龙门板在挖槽过程中被碰动产生位移时应及时校正。

2) 对于偏心基础，要注意偏心的方向及尺寸。

3) 附墙垛、烟囱、温度缝、洞口等特殊部位要标清楚，防止遗忘。

4) 基础砌体宽度尺寸误差，必须满足规范要求。

2. 基础施工的高程控制

(1) 垫层顶面标高的控制

垫层顶面标高一般采用在基底500mm处设水平控制桩进行控制，测设方法见例8(图 3-17)。

(2) 基础砌体的高程控制

基础砌体的高程一般用皮数杆进行控制。

1) 画皮数杆

皮数杆是用来控制砌体标高的重要依据。皮数杆上应标明砖层、门窗洞口、过梁、楼层板、预留孔等的标高位置。画皮数杆要按建筑剖面图和有关大样图的标高尺寸进行，如图 3-30。皮数杆的前几层砖要标明砖层顺序号，要按建筑标高画砖层。有的洞口或楼层尺寸不恰好是砖层的整数倍，红砖也有薄厚之差，这时砖层厚度允许做适当调整。画皮数杆一般是先画出一根标准杆，经检查无误后，将待画的皮数杆与标准杆并列放在一起，然后用方尺同时画出各杆尺寸线，这样既快，又减少差错。画基础线杆的依据是基础剖面图，不同剖面的基础要分别画皮数杆。

2) 立基础皮数杆

立皮数杆的基准点是±0.000。如图 3-31 所示，立杆方法一般是先在立杆处钉一木桩，用水准仪在木桩侧面测设高于基础底面某一数值(如 100mm)的标高线，在皮数杆上也从±0.000 向下返出同一标高线，立杆时将两条标高线对齐，用铁钉钉牢。由于槽底或垫层表面标高误差较大，皮数杆上要从下往上标出砖的层数序号，防止出现偏层。

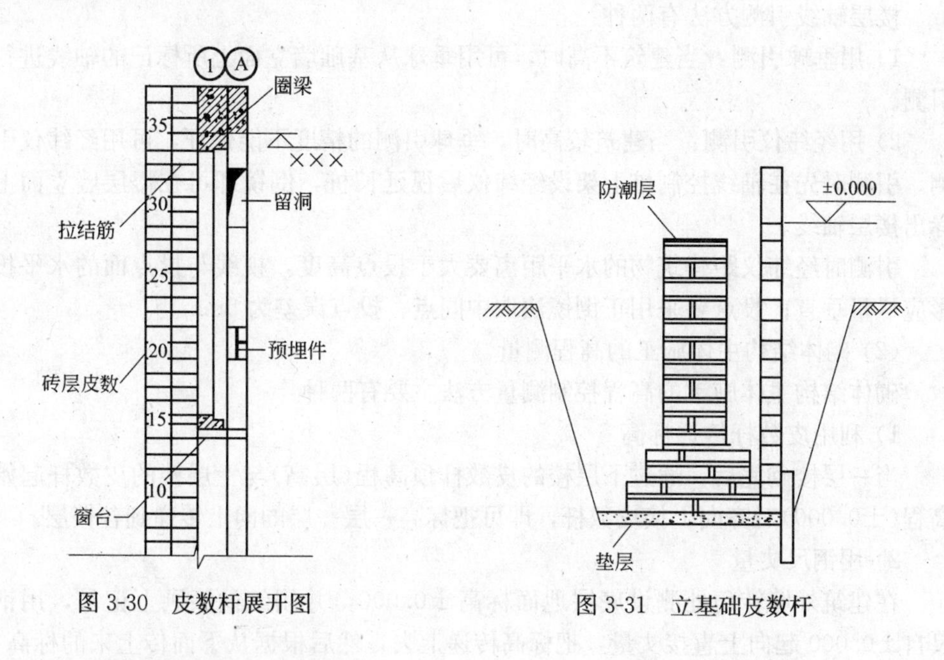

图 3-30　皮数杆展开图　　　　图 3-31　立基础皮数杆

(3) 基础顶面抄平及弹线

1) 基础防潮层抄平：抹防潮层前，要用水准仪抄测出防潮层表面的设计标高，沿基础设计标高(±0.000)下 100～200mm 每 3～4m 抄测水平标高点，并在基础砌体上作好标记，以便抹防潮层时找平，其标高误差为±5mm。

2) 基础顶面弹线：基础砌筑完成后，在砌筑主体前，必须把建筑的轴线根据龙门板或轴线控制桩上的轴线钉，用经纬仪将轴线投测在基础顶面上；也可在对应的龙门板间拉小线，然后用线坠将轴线投测在基础顶面上，并校核轴线，其平面误差应满足规范要求。同时，把轴线延长，标记在基础墙立面上，同时把门窗洞口位置标出(见图 3-32)，做为墙体砌筑楼层轴线引测的依据。

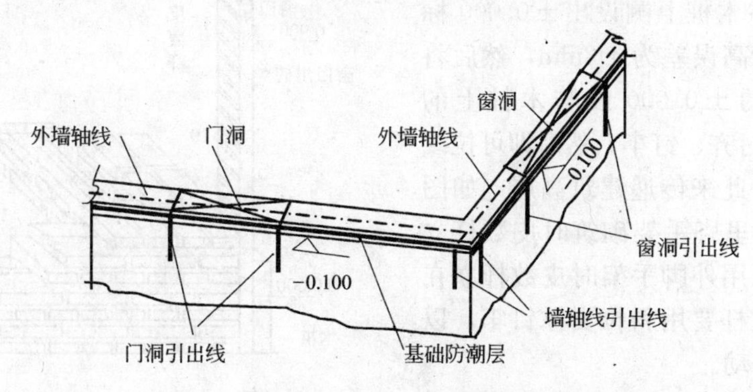

图 3-32　基础墙面弹线

3. 砌体结构主体施工的抄平放线

砌体结构主体施工时每层砌筑前都应进行抄平放线，以便对下层施工情况进行检验和纠正，并做好记录。主要工作有：

(1) 楼层轴线引测

楼层轴线引测方法有两种：

1) 用垂球引测：当建筑不高时，可用垂球从基础墙立面上所标记的轴线进行引测。

2) 用经纬仪引测：当建筑较高时，垂球引测的精度不能保证，可用经纬仪引测。引测时先在轴线控制桩上架设经纬仪后视延长桩，倒镜即可在楼层墙立面上标出楼层轴线。

引测时经纬仪距建筑物的水平距离要大于投点高度，视线与投点面的水平投影应尽量垂直；投点要采用正倒镜法取中间点；投点误差为5mm。

(2) 砌体结构主体施工的高程测量

砌体结构主体施工的高程控制测量方法主要有两种：

1) 利用皮数杆传递标高

当一层楼砌完后，通过下层楼的皮数杆顶高程(层高)与上层楼的皮数杆起始高程(±0.000)对齐向上接皮数杆，即可把标高一层一层的向上传递到各楼层。

2) 用钢尺丈量

在建筑外墙转角处测设底层地面标高±0.000，并用红油漆画上记号，用钢尺自±0.000起向上直接丈量，把标高传递上去，然后根据从下面传上来的标高，做为楼层抄平的依据。

(3) 楼层施工标高的控制

1) 立墙体皮数杆

皮数杆一般设置在房屋的四大角以及纵横墙的交接处，如墙面过长时，应每隔10～15m立一根，若墙长超过20m，中间应加设皮数杆。

皮数杆应使用水准仪统一竖立，使皮数杆上的±0.00与建筑物的±0.00(或楼层起始标高线)相吻合。底层立皮数杆先在立杆处钉一木桩，用水准仪在木桩上测设出±0.000标高线，其标高误差为±3mm，然后将皮数杆上的±0.000线与木桩上的±0.000线对齐、钉牢，然后即可拉线砌砖，并以此来传递建筑高层，如图3-33。采用里脚手架砌筑时皮数杆立在外侧，采用外脚手架时皮数杆立在里侧。皮数杆要用斜拉支撑钉牢，以防倾倒或移动。

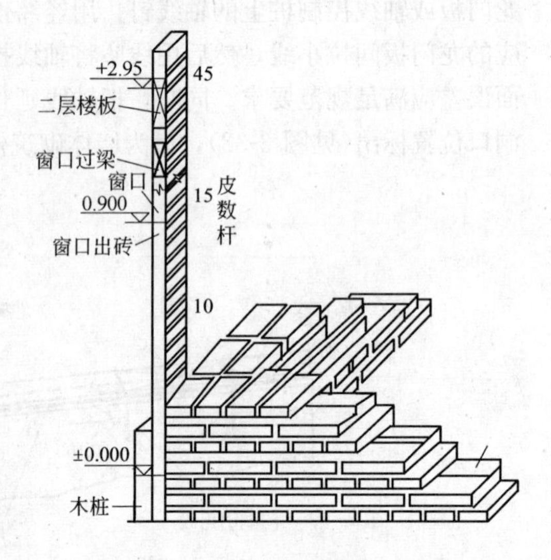

图3-33 立墙体皮数杆

2) 建立楼层水平高程控制线

墙体砌完后，一般用水准仪在室内墙上测设一条比地面高500mm的水平线，并弹上墨线，作为其他室内工程施工及地面标高的控制依据。

3.3.2 框架结构主体施工中的抄平放线

1. 基础抄平放线

(1) 认真熟悉图纸

认真核对图纸各项平面尺寸，根据建筑控制网用直线定位法，加密控制网边上各轴线控制桩，设置基础定位桩。柱基础中线与轴线的关系比较复杂，有的边轴线偏心，因此放线时必须详细核对各项尺寸，要按基础编号辨明偏心方向。实际操作中，应统一采用轴线定位，防止基础错位。

(2) 放基坑开挖边线

利用基础定位桩(或龙门板)拉十字形小线，按施工组织设计要求的放坡宽度，从小线向两侧分出基坑开挖边线，然后沿开挖线撒上白灰，或在四角钉小桩拉草绳，标出挖方范围，即可挖方。

(3) 基础抄平及支模放线

1) 基础轴线及边线的投测：垫层浇完后，根据定位桩把基础轴线及边线投测在垫层上，作为支模的依据。基础轴线及边线的投测方法见图3-29。

2) 基础高程的控制：用水准仪在模板里侧抄出基础顶面设计标高，并钉上小钉，供浇混凝土时控制标高用。

(4) 基础顶部的抄平放线

1) 基础顶部放线

在基础混凝土凝固后，应即根据轴线控制桩(或定位桩)将中线投测到基础顶面上，并弹出十字形中线供柱身支模及校正用。当基础中的预留筋恰在中线上使投线不通视时，可采用借线法投测。

借线法投测时先将仪器侧移至点 a(点 a 最好通过柱的边缘)，先测出与柱中线相平行的直线 mm' (nn')，然后再根据直线 aa' (bb') 恢复柱中线位置，见图3-34。在放出柱的轴线(中线)后，即可按设计尺寸弹出柱的边线。

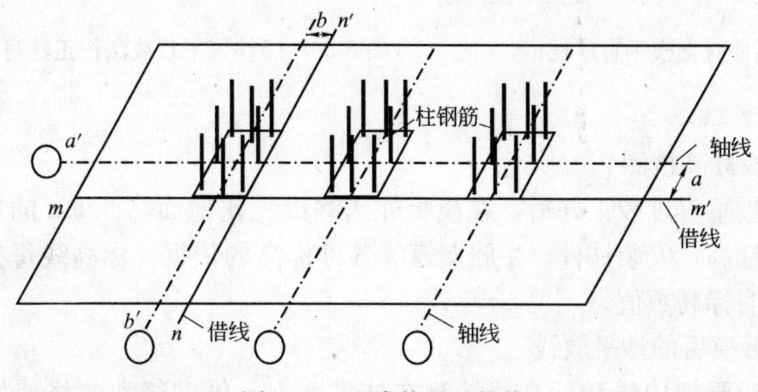

图3-34 现浇柱基础投线

2) 基础顶部的抄平

抄平时用水准仪在基础预留钢筋上测出一定值标高线，作为柱身控制标高的依据。

2. 柱身施工测量

(1) 柱身支模垂直度校正

1) 吊线法校正

制作模板时，在四面模板外侧的下端和上端标出柱的中线。模板安装过程中，先将下端的四条中线分别与基础顶面的四条中线对齐。模板立稳后，用线坠使模板上端中线与下端中线重合，使模板在这个方向竖直。同法再校正另一个方向，当纵、横两个方向同时竖直，柱截面为矩形(两对角线长度相等)时，模板垂直度就校正好了，如图 3-35 所示。

2) 经纬仪校正　经纬仪校正柱身支模垂直度宜用平行线法。如图 3-36 所示，距柱中线 a(a 可取 0.5～1m)作柱中线的平行线 mm'，再做一木尺，在尺上用墨线标出 a 的标志。经纬仪置于 m 点，照难 m'点，然后抬高望远镜观看木尺。由一人在模板上端持木尺，把尺的零端对齐中线，水平的伸向观测方向。若视线正照准尺上 a 标志处，表示模板在这个方向竖直。如果尺上 a 标志偏离视线，则需校正上端模板，使尺上 a 标志与视线重合。

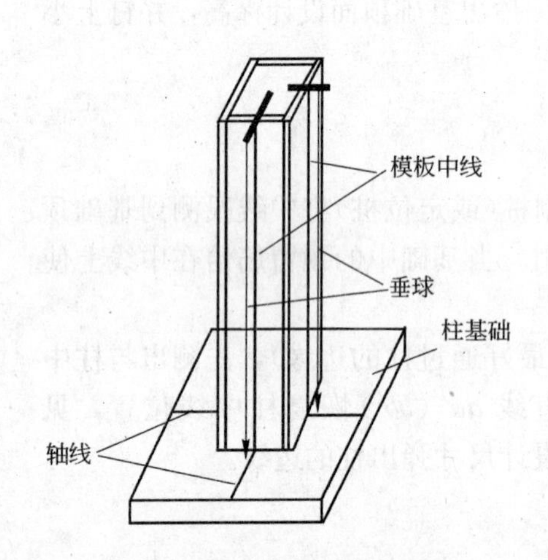

图 3-35　柱身支模垂直度校正

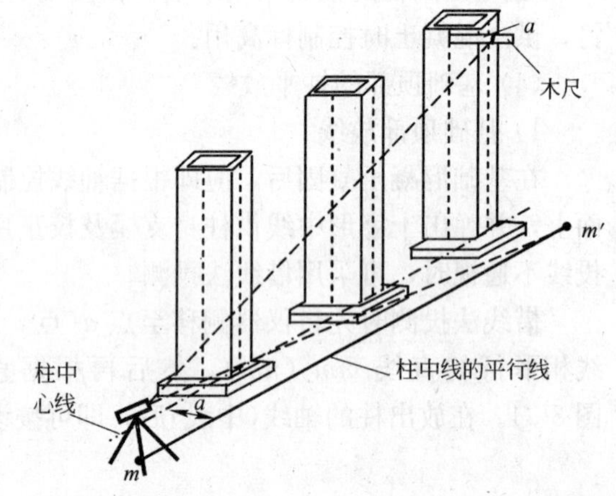

图 3-36　经纬仪平行线法校正柱身模板垂直度

(2) 模板标高抄测

柱身模板垂直度校正好后，在模板外侧测设一比地面高 0.5m 的标高线，作为量测柱顶标高、安装铁件、牛腿支模等各种标高的依据。标高线每根柱不少于两点，并注明标高数值。

(3) 柱拆模后的抄平放线

柱拆模后要把中线和标高线抄测在柱表面上，供砌筑和装修使用，抄测内容有：

1) 柱的中线投测：根据基础表面的柱中线，在下端立面上标出中线位置，然后用吊线法或经纬仪投点法，把中线投测到柱的立面上，方法与柱模板垂直度正同。

2）测设水平线：在每根柱立面上抄测 500m 的标高线。

3.3.3 钢结构厂房主体结构施工的抄平放线

钢结构厂房施工抄平放线主要是进行钢柱基础的抄平放线，而钢柱基础垫层以下的定位放线方法与框架独立基础相同。钢柱基础的特点是基础中埋有地脚螺栓，其平面位置和标高精度要求高，一旦螺栓位置偏差超限，会给钢柱安装造成困难。

1. 垫层中线投测

垫层混凝土凝结后，应根据控制桩用经纬仪把柱中线投测在垫层上，同时根据中线弹出螺栓及螺栓固定架位置线，见图 3-37。

2. 安置螺栓固定架

为保证地脚螺栓的正确位置，工程中常用型钢制成固定架用来固定螺栓，固定架要有足够的刚度，防止浇筑混凝土过程中发生变形。固定架的内口尺寸应是螺栓的外边线，以便焊接螺栓。安置固定架时，把固定架上的中线用垂线与垫层上的中线对齐，将固定架四角用钢板垫稳垫平，然后再把垫板、固定架、斜支撑与垫层中的预埋件焊牢，见图 3-38。

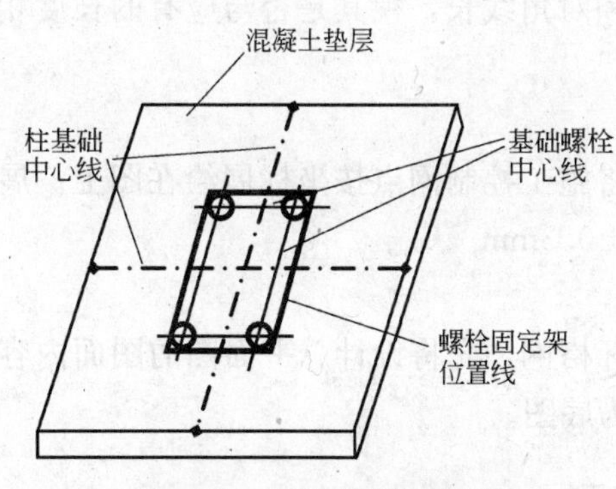

图 3-37 钢柱基础垫层放线

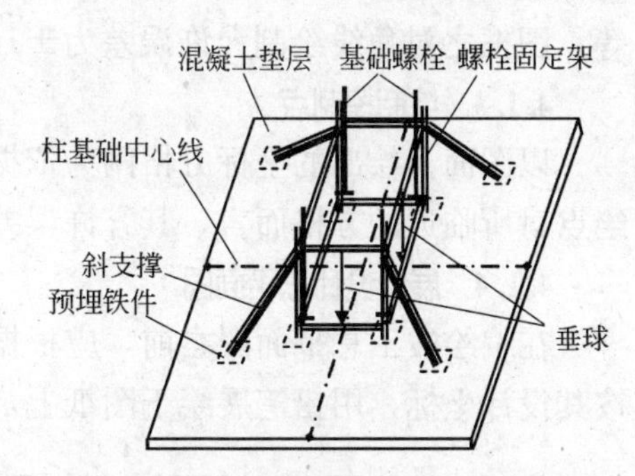

图 3-38 地脚螺栓固定方式

3. 固定架标高抄测

用水准仪在固定架四角的立角钢上，抄测出基础顶面的设计标高线，做为安装螺栓和控制基础混凝土标高的依据。

4. 安装螺栓

先在固定架上拉上标高线，在螺栓上也划出同一标高线，安装螺栓时将螺栓上的标高线与固定架上标高线对齐，待螺栓的距离、高度、垂直度校正好后，将螺栓与固定架上、下横梁焊牢。

5. 检查校正

用经纬仪检查固定架中线，用水准仪检查基础顶面标高线，其误差应控制在规范允许范围内。施工时混凝土顶面可稍低于设计标高，地脚螺栓不宜低于设计标高，允许偏差应控制在规范允许范围内。

训练4 总平面竣工图的绘制

［训练目的与要求］ 通过训练，掌握建筑总平面竣工图的绘制方法，具有绘制建筑总平面竣工图的能力。

4.1 总平面竣工图绘制的准备

4.1.1 决定竣工总平面图绘制的比例

竣工总图的比例，应结合施工现场的大小及工程实际情况选定，其坐标系统、图幅大小、标注、图例符号及线条，应与原设计图一致。原设计图没有的图例符号，所选用的图例符号应符合相关规范的要求。

4.1.2 绘制竣工总平面图图面坐标方格网

编绘竣工总平面图，首先要在图纸上精确地绘出坐标方格网。一般使用圆规、钢直尺和比例尺来绘制。

坐标方格网画好后，应立即进行检查。用直尺检查有关的交叉点是否在同一直线上；同时用比例尺量出正方形的边长和对角线长，视其是否与应有的长度相等。图框之对角线绘制允许误差为±1mm。

4.1.3 绘制控制点

以图面上绘出的坐标方格网为依据，将施工控制网点按坐标展绘在图上。展绘点对所临近的方格而言，其容许误差为±0.3mm。

4.1.4 展绘设计总平面图

在编绘竣工总平面图之前，应根据坐标格网，先将设计总平面图的图面内容按其设计坐标，用铅笔展绘于图纸上，作为底图。

4.2 总平面竣工图绘制的现场实测

在工业及民用建筑施工过程中，在单位工程完成以后，有下列情况者，必须进行现场实测，并提出该工程的竣工测量成果，以编绘竣工后的总平面图。

(1) 由于未能及时提出建筑物或构筑物的设计坐标，而在现场指定施工位置的工程。

(2) 设计图上只标明工程与地物的相对尺寸，而无法计算建筑物的坐标和高程的工程。

(3) 竣工现场的竖向布置、围墙和绿化工程。

(4) 施工后尚保留的大型临时设施。

(5) 由于设计多次变更，而无法查对设计资料。

为了进行实测工作，可以利用施工期间使用的平面控制点和水准点进行施测。如原有的控制点不够使用时，应补测控制点。

外业实测时，必须在现场绘出草图，最后根据实测成果和草图，在进行室内展绘，便成为完整的竣工总平面图。

4.3 总平面竣工图的室内绘制

4.3.1 绘制竣工总平面图的依据

(1) 设计总平面图、单位工程平面图、纵横断面图和设计变更资料。

(2) 定位测量资料、施工检查测量及竣工现场测量资料。

4.3.2 根据设计资料绘制成图

凡按设计坐标定位施工的工程，应以测量定位资料为依据，按设计坐标(或相对尺寸)和高程编绘。建筑物和构筑物的拐角、起止点、转折点应根据坐标数据绘制成图；对建筑物和构筑物的附属部分，如无设计坐标，可用相对尺寸绘制。若原设计变更，则应根据设计变更资料编绘。

4.3.3 根据竣工测量资料或施工现场测量资料绘制竣工总平面图

凡有竣工测量资料的工程，若竣工测量成果与设计值之差不超过所规定的允许误差时，按设计值编绘；否则应按竣工测量资料绘制竣工总平面图。

1. 分类竣工总平面图的绘制

对于大型企业和较复杂的工程，为了使图面清晰醒目，便于使用，可根据工程的密集与复杂程度，按工程性质分类编绘竣工总平面图。一般有下列几种分类图。

(1) 总平面及交通运输竣工图

总平面及交通运输竣工图标绘的内容有：

1) 地面的建筑物、构筑物、公路、铁路、地面排水沟渠、树木绿化等设施。

2) 矩形建筑物、构筑物在对角线两端外墙轴线交点，并应标注两点以上坐标；圆形建筑物、构筑物，应注明中心坐标及接地处的外半径。

3) 所有建筑物都应注明室内地坪标高。

4) 公路中心的起点、终点及交叉点，并应注明坐标及标高，弯道应注明交角、半径及交点坐标，路面应注明材料及宽度。

(2) 给、排水管道竣工图

给、排水管道竣工图标绘的内容有：

1) 给水管道应绘出地面给水建筑物、构筑物及各种水处理设施。在管道的结点处，当图上按比例绘制有困难时，应采用放大详图表示。管道的起终点、交叉点、分支点，应注明坐标；变坡处应注明标高；变径处应注明管径及材料；不同型号的检查井，应绘详图。

2) 排水管道应绘出污水处理构筑物、水泵站、检查井、跌水井、水封井、各种排水管道、雨水口、排出水口、化粪池、明渠及暗渠等。检查井应注明中心坐标、出入口管底标高、井底标高、井台标高；管道应注明管径、材料、坡度；不同型号的检查井，应绘详图。

(3) 输电及通讯线路竣工图

输电及通讯线路竣工图标绘的内容有：

1) 应绘出相关建筑物、构筑物及铁路、公路。

2）应绘出总变电所、配电站、车间降压变电所、室外变电装置、柱上变压器、铁塔、电杆、地下电缆检查井等。

3）各种线路的起点、终点、分支点、交叉点的电杆应注明坐标；线路与道路交叉处应注明净空高度。

4）通讯线路应绘出中继站、交接箱、分线盒、电杆及地下通讯电缆入孔等。

5）各种线路应标明导线截面、导线数、电压等级，各种输变电设备应注明型号、容量。

6）地下电缆应注明埋置深度或电缆沟的沟底高程。

2. 竣工总平面图的附图

为了全面反映竣工成果，便于生产管理、日后的维修和扩建及改建，在绘制竣工总平面图时，下列测量资料及施工资料应作为竣工总平面图的附图装订成册保存。

(1) 建设场地原始地形图。

(2) 建设场地的测量控制点布置图及坐标与高程一览表。

(3) 工程定位、检查及竣工测量的资料。

(4) 建筑物或构筑物沉降及变形观测资料。

(5) 地下管线竣工纵断面图。

(6) 设计变更文件。

训练5　建筑物的沉降、位移、变形观测

[训练目的与要求]　通过训练，掌握建筑物的沉降、位移、变形观测方法，具有进行建筑物的沉降、位移及变形观测的能力。

5.1　建筑物的沉降观测

5.1.1　观测水准点和观测点的设置

1. 沉降观测水准点的设置

(1) 沉降观测水准点的设置要求

建筑物的沉降观测是根据建筑物附近的水准点进行的，作为沉降观测的水准点必须坚固稳定。水准点的数目应不少于3个，以组成水准网，并相互校核。对水准点要定期进行高程检测，以保证沉降观测成果的正确性。水准点布置要求如下：

1）水准点与观测点距离不应超过100m，以保证观测的精度。

2）水准点不能设在有震动的区域，以防止受振动产生位移及沉降。

3）离开公路、铁路、地下管道和滑坡地带至少5m；避免埋设在低洼易积水处及松软土地带。

4）水准点的埋设深度应埋在冰冻线下0.5m。

(2) 沉降观测水准点的设置

沉降观测的水准点的形式与埋设方法一般与三、四等水准点相同，可采用埋设嵌固有金属标志的混凝土预制桩。也可在已有稳定的不再沉降的房屋或结构物

上设置标志作为水准点；如观测点附近有稳定的基岩，可在岩石上凿一洞，用水泥砂浆(或混凝土)直接将金属标志嵌固在岩层之中。

沉降观测水准点高程可采用建设区的已有高程点，也可采用假设(相对)高程点。

2. 沉降观测点的设置要求和位置

(1) 沉降观测点的设置要求

沉降观测点的设置要求如下：

1) 观测点本身应牢固、稳定，不产生沉降，能长期保存。

2) 观测点的上部应作成突出的半球形状或有明显的突出之处。

3) 观测点应与墙身(或柱身)保持一定的距离，在点上能垂直置尺，并具有良好的通视条件。

4) 所有观测点应在比例尺为1∶100～1∶500的平面图上绘出，并加以编号，以便进行观测和记录。

5) 如观测点使用期长，应埋设有保护盖的永久性观测点。

(2) 沉降观测点的设置位置和数量

沉降观测点的设置位置和数量，应根据建筑的结构类型及工程地质情况决定，观测点的位置应设置在能表示出沉降特征的地点，不同结构的建筑观测设置位置不同。

1) 高层建筑物应沿其周围每隔15～30m设一点，房角、纵横墙连接处以及沉降缝的两旁均应设置观测点。

2) 工业厂房的观测点可布置在基础、柱子、承重墙及厂房转角处。点的密度视厂房结构、吊车起重量及地基土质情况而定。

3) 扩建的建筑应在新旧建筑连接处两侧布置观测点。

4) 大型设备基础及有较大振动荷载建筑的四周、基础形式改变处及地质条件变化处，必须布设适量的观测点。

5) 烟囱、水塔、高炉、油罐、炼油塔等圆形构筑物，应在其基础的对称轴线上布设观测点。

3. 沉降观测点的埋设

沉降观测点的埋设形式和方法应根据工程性质和施工条件来确定。

(1) 砌体结构沉降观测点的埋设

砌体结构沉降观测点，大都设置在外墙勒脚处。观测点埋在墙内的部分应大于露出墙外部分的5～7倍，以便保持观测点的稳定性。常用的几种观测点埋设方法如下：

1) 预制观测点：预制观测点是由混凝土预制而成，其尺寸大小可做成普通标砖的1～2倍，中间嵌以焊有半球状铆钉头的角钢或端部弯起并磨成半球状的钢筋(见图3-39)，在砌砖墙勒脚时，将预制块砌入墙内而成。

2) 埋入式观测点：在砌墙时留出孔洞，用水泥砂浆将直径20mm端部弯起并磨成半球状的钢筋或焊有半球状铆钉头的角钢埋入，钢筋埋入墙内端应制成燕尾形，见图3-40。

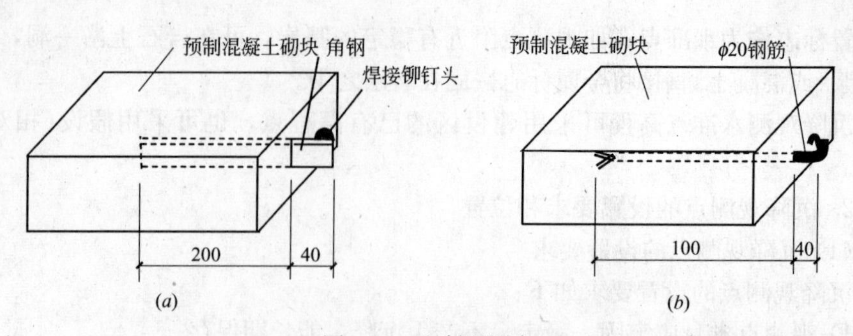

图 3-39 预制观测点

(*a*)角钢预制观测点；(*b*) 钢筋预制观测点

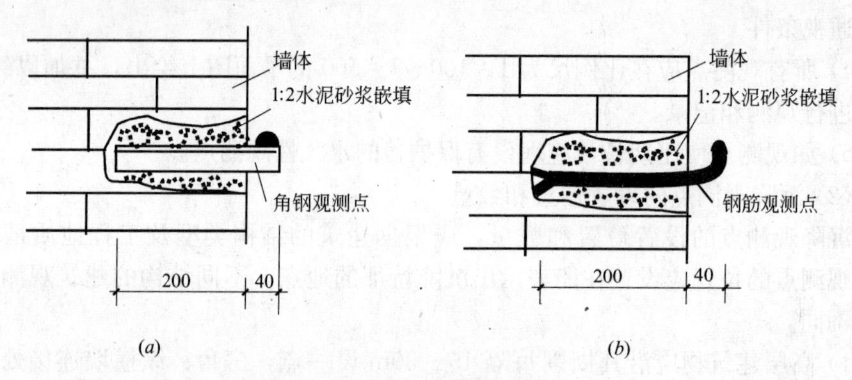

图 3-40 墙内埋入式观测点

(*a*)角钢埋入式观测点；(*b*) 钢筋埋入式观测点

(2) 现浇钢筋混凝土结构观测点的埋设

现浇钢筋混凝土结构观测点一般设在的柱身，埋设时用钢凿在钢筋混凝土柱身上凿一小洞(或预留小孔)，孔洞位置应在室内地面标高以上 100～500mm，用水泥砂浆将直径 20mm 端部弯起并磨成半球状的钢筋或焊有半球状铆钉头的角钢埋入，在混凝土柱内的埋入长度应大于露出的部分，以保证点位的稳定，见图3-41。

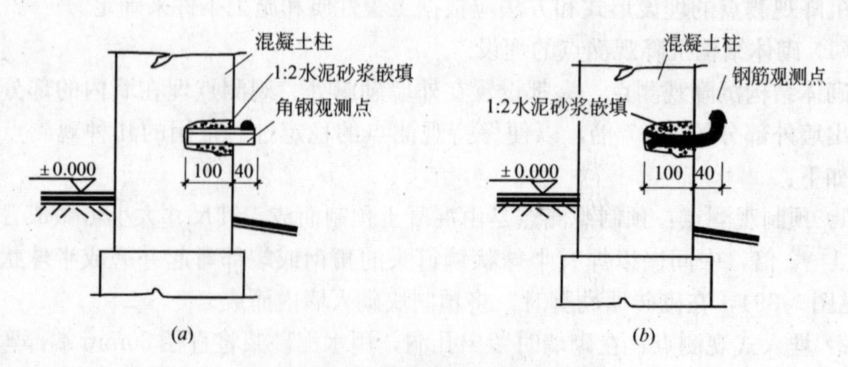

图 3-41 现浇混凝土柱观测点

(*a*)角钢观测点；(*b*)钢筋观测点

(3) 钢结构钢柱观测点的设置

钢结构中的钢柱观测点可将铆钉弯成90°弯钩直接焊在钢柱上形成，见图3-42。

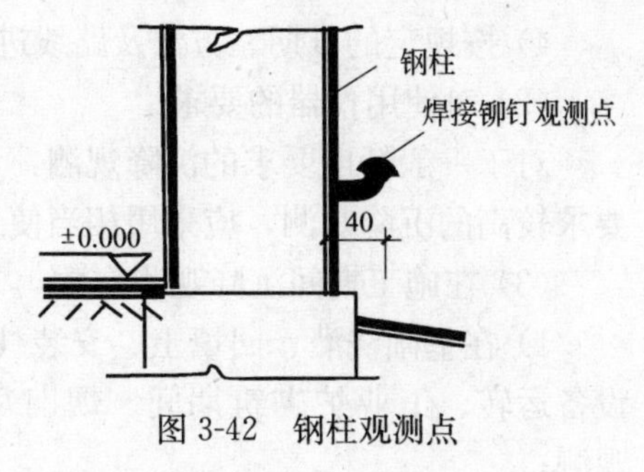

图3-42　钢柱观测点

(4) 设备基础观测点的埋设

混凝土设备基础观测点一般利用钢筋或铆钉来制作，然后将其埋入混凝土，常用的形式有：

1)"U"形钢筋观测点：将直径20mm、长约250mm的钢筋弯成"U"形，倒埋在混凝土设备基础内，见图3-43(*a*)。

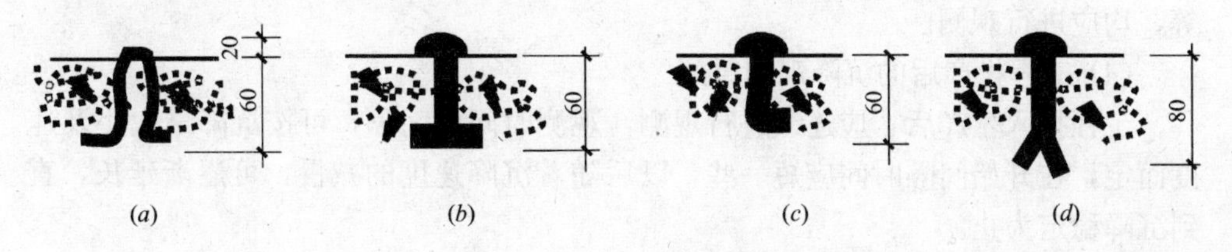

图3-43　设备基础观测点

(*a*)"U"形钢筋观测点；(*b*)铆钉垫板式观测点；(*c*)铆钉弯钩式观测点；(*d*)铆钉燕尾式观测点

2) 铆钉垫板式观测点：将长60mm，直径20mm的铆钉下焊40mm×40mm×4mm的钢板，埋入混凝土设备基础内，见图3-43(*b*)。

3) 铆钉弯钩式观测点：将长约100mm、直径20mm的铆钉一端弯成直角，埋入混凝土设备基础内，见图3-43(*c*)。

4) 铆钉燕尾式观测点：将长约100mm、直径20mm的铆钉，在尾部中间劈开，做成夹角约30°的燕尾形，埋入混凝土设备基础内，见图3-43(*d*)。

埋在设备基础表面或地面的钢筋或铆钉观测点露出的部分不宜过高或太低，高了易被碰斜撞弯；低了不易寻找，而且水准尺置在点上会与混凝土面接触，影响观测质量；观测点埋设应与水平面垂直，与基础边缘的间距不得小于50mm，埋设后将四周混凝土压实，待混凝土凝固后用红油漆编号。

柱基础沉降观测点的埋设方法与设备基础相同。

5.1.2　建筑物沉降观测方法

1. 沉降观测的要求

(1) 做到"二稳定"、"四固定"

沉降观测是一项较长期的系统观测工作，为了保证观测成果的正确性，应做到"二稳定"、"四固定"。

二稳定是指作为沉降观测依据的基准点和被观测体上的沉降观测点要稳定；四固定是指：

1) 固定人员观测和整理成果；

2) 使用固定的水准仪及水准尺；

3) 使用固定的水准点；

4）按规定的日期、方法及路线进行观测。

（2）对使用仪器的要求

对于一般精度要求的沉降观测，可以采用适合四等水准测量的水准仪。精度要求较高的沉降观测，应采用相当使用 *N*2 或 *N*3 级的精密水准仪。

（3）在施工期间沉降观测次数

1）在基础浇灌、回填土、安装柱子、房架、砖墙每砌筑一层楼、设备安装、设备运转、工业炉砌筑期间、烟囱每增加 15m 左右等较大荷重前后均应进行观测；

2）如施工期间中途停工时间较长，在停工时和复工前应进行观测；

3）当基础附近地面荷重突然增加，周围大量积水或暴雨后，或周围大量挖方等，均应进行观测。

（4）工程投产后的沉降观测时间

工程投入生产后，应连续进行观测，观测时间的间隔，可按沉降量大小及速度而定，在开始间隔时间应短一些，以后随着沉降速度的减慢，可逐渐延长，直到沉降稳定为止。

2. 确定沉降观测路线并绘制观测路线图

（1）沉降观测路线的确定

对观测点较多的建筑物、构筑物进行沉降观测前，应到现场进行规划，确定安置仪器的位置，选定若干较稳定的沉降观测点或其他固定点作为临时水准点（转点），并与永久水准点组成环路。

（2）观测路线图的绘制

按照选定的临时水准点设置仪器的位置以及观测路线，绘制沉降观测路线图，以后每次都按固定的路线观测。采用这种固定路线方法进行沉降测量，可提高沉降测量的精度。在测定临时水准点高程的同一天内应同时观测其他沉降观测点。

3. 沉降观测点的首次高程测定

沉降观测点首次观测的高程值是以后各次观测用以进行比较的根据，应当采用 *N*2 或 *N*3 级的精密水准仪进行首次高程测定。同时每个沉降观测点首次高程应在同期进行两次观测。

沉降观测作业中应遵守如下规定：

（1）观测应在成像清晰、稳定时进行；

（2）仪器离前、后水准尺的距离要用视距法测量或用皮尺丈量，视距不应超过 50m。前后视距应尽可能相等；

（3）前、后视观测最好用同一根水准尺；

（4）前视各点观测完毕以后，应回视后视点，最后应闭合于水准点上。

5.1.3 建筑物沉降观测资料的整理

每次观测结束后，要检查记录计算是否正确，精度是否合格，并进行误差分配，然后将观测高程列入沉降观测成果表中，计算相邻两次观测之间的沉降量，并注明观测日期和荷重情况。为了更清楚地表示沉降、时间、荷重之间的相互关系，应根据每次观测日期的下沉量及每次观测日期的荷载重量画出每一观测点的时间与沉降量的关系曲线及时间与荷重的关系曲线，如图 3-44 所示。

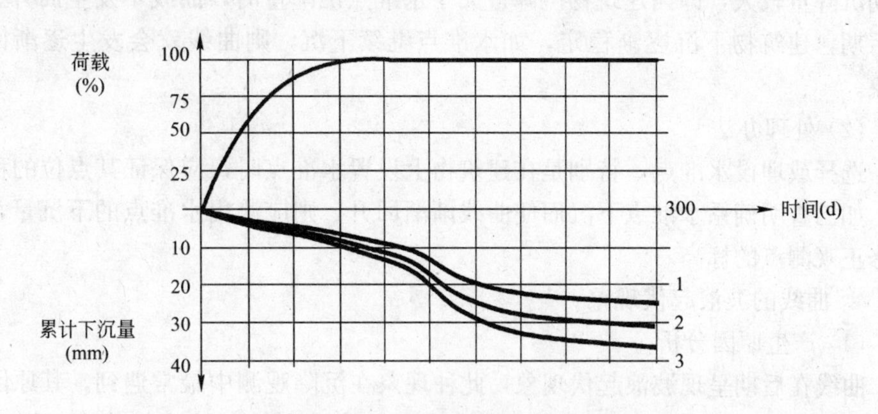

图 3-44 时间与沉降量及荷重关系曲线

曲线 1、2、3 为不同观测点的时间与沉降量及荷重关系曲线

5.1.4 沉降观测中的问题分析、处理

1. 曲线在首次观测后发生回升现象

(1) 产生原因分析

在第二次观测时即发现曲线上升，至第三次后，曲线又逐渐下降。发生此种现象，一般都是由于初测精度不高，而使观测成果存在较大误差所引起。

(2) 处理办法

在处理这种情况时，如曲线回升超过 5mm，应将第一次观测成果作废，而采用第二次观测成果作为初测成果；如曲线回升在 5mm 之内，则可调整初测标高与第 2 次观测标高一致。

2. 曲线在中间某点突然回升

(1) 产生原因分析

发生此种现象的原因，一般是因为水准点或观测点被碰动所致；而且只有当水准点碰动后低于被碰前的标高及观测点被碰后高于被碰前的标高时，才有出现回升现象的可能。

(2) 处理办法

由于水准点或观测点被碰撞，其外形必有损伤，比较容易发现。如水准点被碰动时，可改用其他水准点来继续观测。如观测点被碰后已活动，则需另行埋设新点，若碰后点位尚牢固，则可继续使用。但因为标高改变，对这个问题必须进行合理的处理，其办法是：选择结构、荷重及地质等条件都相同的邻近另一沉降观测点，取该点在同一期间内的沉降量作为被碰观测点之沉降量。此法虽不能真正反映被碰观测点的沉降量，但如选择适当，可得到比较接近实际情况的结果。

3. 曲线自某点起渐渐回升

(1) 产生原因分析

产生此种现象一般是由于水准点下沉所致，如采用设置于建筑物上的水准点，由于建筑物尚未稳定而下沉；或者新埋设的水准点，由于埋设地点不当，时间不长，以致发生下沉现象。水准点是逐渐下沉的，而且沉降量较小，但建筑物初期沉降量较大，即当建筑物沉降量大于水准点沉降量时，曲线不发生回升。到了后期，建筑物下沉逐渐稳定，如水准点继续下沉，则曲线就会发生逐渐回升现象。

(2) 处理办法

选择或埋设水准点，特别是在建筑物上设置水准点时，应保证其点位的稳定性。如已查明确系水准点下沉而使曲线渐渐回升，则应测出水准点的下沉量，以便修正观测点的标高。

4. 曲线的波浪起伏现象

(1) 产生原因分析

曲线在后期呈现波浪起伏现象，此种现象在沉降观测中最常遇到。其原因并非建筑物下沉所致，而是测量误差所造成的。曲线在前期波浪起伏之所以不突出，是因下沉量大于测量误差；但到后期，由于建筑物下沉极微或已接近稳定，因此在曲线上就出现测量误差比较突出的现象。

(2) 处理办法

处理这种现象时，应根据整个情况进行分析，决定自某点起，将波浪形曲线改成水平线。

5. 曲线中断现象

(1) 产生原因分析

由于沉降观测点开始是埋设在柱基础面上进行观测，在柱基础二次灌浆时没有埋设新点并进行观测；或者由于观测点被碰毁，后来设置之观测点绝对标高不一致，而使曲线中断。

(2) 处理办法

可按照处理曲线在中间某点突然回升现象的办法将中断曲线连接起来，估求出在观测期间的沉降量；并将新设置的沉降点不计其绝对标高，而取其沉降量，一并加在旧沉降点的累计沉降量中去。

5.2 建筑物的水平位移观测

建筑物水平位移常用观测方法有前方交会法、后方交会法、视准线法、激光准直法和引张线法。

5.2.1 前方交会法测定建筑物的水平位移

前方交会法是利用变形影响范围以外的控制点来测定大型工程建筑物(如塔形建筑物、水工建筑物等)的水平位移。举例说明如下。

【例 11】 如图 3-45 所示，点 1、2 为互不通视的控制点，P 为建筑物上的位移观测点。由于 β_1 及 β_2 不能直接测量，通过测量连接角 β_1' 及 β_2' 后可计算建筑物的水平位移。方法如下：

(1) 测量连接角 β_1' 及 β_2'，则 β_1 及 β_2 可通过计算可以求得：

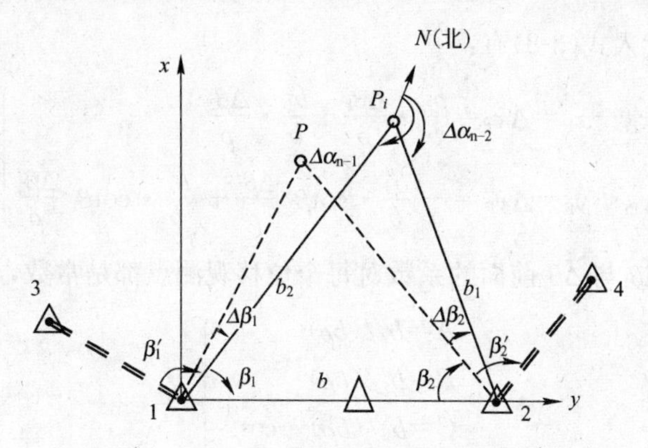

图 3-45　前方交会法测定建筑物的水平位移

$$\left.\begin{aligned}\beta_1&=(\alpha_{2-1}-\alpha_{3-1})-\beta_1'\\\beta_2&=(\alpha_{4-1}-\alpha_{1-2})-\beta_2'\end{aligned}\right\}\tag{3-4}$$

式中　α——相应方向的坐标方位角。

(2) 建立坐标系，计算点 P 的初始坐标

为了计算 P 点的坐标，现以点 1 为独立坐标系的原点，点 1—2 的连线为 y 轴，则 P 点的初始坐标计算如下：

$$\left.\begin{aligned}x_P&=b_2\cdot\sin\beta_1\\y_P&=b_2\cdot\cos\beta_1\end{aligned}\right\}\tag{3-5}$$

或

$$\left.\begin{aligned}x_P&=b\cdot\sin\beta_1\cdot\sin\beta_2/\sin(\beta_1+\beta_2)\\y_P&=b\cdot\cos\beta_1\cdot\sin\beta_2/\sin(\beta_1+\beta_2)\end{aligned}\right\}\tag{3-6a}$$

整理得：

$$\left.\begin{aligned}x_P&=b/(\cot\beta_1+\cot\beta_2)\\y_P&=b/(\tan\beta_1\cdot\cot\beta_2+1)\end{aligned}\right\}\tag{3-6b}$$

(3) 计算第 i 个测回后建筑物位移观测点 P_i 的坐标

根据(3-6b)式可以写出第 i 个测回后建筑物位移观测点 P_i 的坐标计算式：

$$\left.\begin{aligned}x_{Pi}&=b/[\cot(\beta_1+\Delta\beta_1)+\cot(\beta_2+\Delta\beta_2)]\\y_{Pi}&=b/[\tan(\beta_1+\Delta\beta_1)\cdot\cot(\beta_2+\Delta\beta_2)+1]\end{aligned}\right\}\tag{3-7}$$

式中　$\Delta\beta_1$，$\Delta\beta_2$——为角 β_1 和角 β_2 在测回间的角差值。

将(3-7)式展开成级数并取二次项，即可得出第 i 个测回确定建筑物位移观测点 P_i 的坐标计算式：

$$\left.\begin{aligned}x_{Pi}&=x_P+\frac{x_P^2}{b}\cdot\frac{\Delta\beta_1}{\rho\cdot\sin^2\beta_1}+\frac{x_P^2}{b}\cdot\frac{\Delta\beta_2}{\rho\cdot\sin^2\beta_2}\\y_{Pi}&=y_P+\frac{y_P^2\cdot\tan\beta_1}{b\cdot\sin^2\beta_2}\cdot\frac{\Delta\beta_2}{\rho}-\frac{y_P^2\cdot\cot\beta_2}{b\cdot\cos^2\beta_2}\cdot\frac{\Delta\beta_1}{\rho}\end{aligned}\right\}\tag{3-8}$$

式中　ρ——观测标志偏离基准线的横向偏差。

(4) 计算第 i 个测回后建筑物位移观测点 P_i 的坐标增量

将式(3-5)代入式(3-8)有：

$$\left.\begin{aligned}x_{Pi}-x_{P}=\Delta x_{P}=\frac{b_2^2}{b}\cdot\frac{\Delta\beta_1}{\rho}+\frac{b_1^2}{b}\cdot\frac{\Delta\beta_2}{\rho}\\ y_{Pi}-y_{P}=\Delta y_{P}=-\frac{b^2}{b}\cdot\cot\beta_2\frac{\Delta\beta_1}{\rho}+\frac{b_1^2}{b}\cdot\cot\beta_1\frac{\Delta\beta_2}{\rho}\end{aligned}\right\}\tag{3-9}$$

式(3-9)中$\Delta\beta_1$与$\Delta\beta_2$前面的系数对每个位移观测点都是常数，令：

$$\left.\begin{aligned}A&=b_2^2/(b\rho)\\ B&=b_1^2/(b\rho)\\ C&=b_1^2/(b\rho)\cdot\cot\beta_2\\ D&=b_2^2/(b\rho)\cdot\beta_1\end{aligned}\right\}\tag{3-10}$$

将式(3-10)代入式(3-9)有：

$$\left.\begin{aligned}\Delta x_{P}&=A\Delta\beta_1+B\Delta\beta_2\\ \Delta y_{P}&=-C\Delta\beta_1+D\Delta\beta_2\end{aligned}\right\}\tag{3-11}$$

由式(3-11)可以看出，当测定位移观测点的坐标增量时，不必直接计算点位的坐标值。在式(3-11)中，当$\Delta\beta_1$与$\Delta\beta_2$的数值分别随角值β_1与β_2的增大而增大，则符号$\Delta\beta_1$与$\Delta\beta_2$为正值，否则为负。若$\Delta\beta_1$与$\Delta\beta_2$的数值在随后的测回里减小，则角度差β_1'与β_2'为正值。

(5) 计算建筑物位移观测点的水平位移总量

建筑物位移观测点的水平位移总量按下式计算：

$$\Delta=\sqrt{\Delta x_{P}^2+\Delta y_{P}^2}\tag{3-12}$$

5.2.2 视准线法观测水平位移

由经纬仪的视准面形成基准面的基准线法，称为视准线法。视准线法又分为角度变化法(小角法)和移位法(活动觇牌法)两种。

1. 角度变化法

角度变化法是利用精密光学经纬仪，精确测出基准线与置镜端点到观测点视线之间所夹的角度。由于这些角度很小，观测时只用旋转水平微动螺旋即可。

设α为观测的角度，d_i为测站点到照准点之间的距离，则观测标志偏离基准线的横向偏差ρ_i为：

$$\rho_i=\frac{\alpha''}{\rho''}\cdot d_i\tag{3-13}$$

在小角法测量中，通常采用T_2型经纬仪，角度观测四个测回。距离d_i的丈量精度要求为1/2000，往返丈量一次即可。

2. 移位法

移位法是直接利用安置在观测点上的活动觇牌来测定偏离值。其专用仪器设备为精密视准仪、固定觇牌和活动觇牌。施测步骤如下：

(1) 将视准仪安置在基准线的端点上，将固定觇牌安置在另一端点上。

(2) 将活动觇牌安置在观测点上，视准仪瞄准固定觇牌后，将方向固定下来，然后由观测员指挥观测点上的测量人员移动活动觇牌，待觇牌的照准标志刚好位于视线方向上时，读取活动觇牌上的读数。然后再移动活动觇牌从相反方向对准视线进行第二次读数，每定向一次要观测四次，即完成一个测回的观测。

(3) 在第二测回开始时，仪器必须重新定向，其步骤相同。一般对每个观测点需进行往返测各2～6个测回。

5.2.3 激光准直法观测水平位移

激光准直法可分为两类：

第一类是激光束准直法。它是通过望远镜发射激光束，在需要准直的观测点上用光电探测器接收。由于这种方法是以可见光束代替望远镜视线，用光电探测器探测激光光斑能量中心，所以常用于施工机械导向和建筑物变形观测。

第二类是波带板激光准直系统，波带板是一种特殊设计的屏，它能把一束单色相干光会聚成一个亮点。波带板激光准直系统由激光器点源、波带板装置和光电探测器或自动数码显示器三部分组成。

第二类方法的准直精度高于第一类，可达10^{-6}～10^{-7}以上。

5.2.4 引张线法观测水平位移

引张线法是在两固定端点之间用拉紧的金属丝作为基准线，用于测定建筑物水平位移。引张线的装置由端点、观测点、测线(不锈钢丝)与测线保护管四部分组成。

在引张线法中假定钢丝两端固定不动，则引张线是固定的基准线。由于各观测点上之标尺是与建筑物体固定连接的，所以对于不同的观测周期，钢丝在标尺上的读数变化值就是该观测点的水平位移值。引张线法常用在大坝变形观调中，引张线安置在坝体廊道内，不受旁折光和外界影响，所观测精度较高，根据生产单位的统计，三测回观测平均值的中误差可达0.03mm。

5.3 建筑物的变形观测

5.3.1 建筑物的裂缝观测

建筑物发现裂缝，为了观测裂缝的发展情况，要在裂缝处设置观测标志。设置标志的基本要求是：当裂缝开展时标志就能相应的开裂或变化，正确的反映建筑物裂缝发展情况。常用方法如下：

1. 石膏板标志

将一块厚10mm，宽50～80mm的石膏板(长度视裂缝大小而定)用钉固定在裂缝两边。当裂缝继续发展时，石膏板也随之开裂，从而观察裂缝继续发展的情况，见图3-46所示。

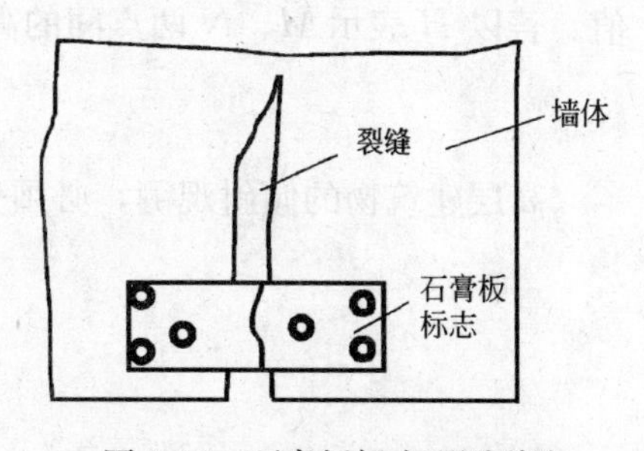

图3-46 石膏板标志观测裂缝

2. 白铁片标志

用两块白铁片，一片取120mm×120mm的正方形，固定在裂缝的一侧。并使其一边和裂缝的边缘对齐；另一片为50mm×150～200mm，固定在裂缝的另一侧，并使其中一部分紧贴相邻的正方形白铁片。用铁钉将两块白铁片分别固定在裂缝两边墙上后，在其表面均匀涂上红色油漆，如果裂缝继续发展，两白铁片将逐渐拉开，露出正方形白铁上原被覆盖没有涂油漆的部分，其宽度即为裂缝加大的宽度，可用尺子量出。见图 3-47 所示。

3. 钢筋标志

在裂缝两边钻孔，将长约 100mm，直径 10mm 以上的钢筋头插入，并使其露出墙外约 20mm 左右，用水泥砂浆嵌固。在两钢筋头埋设前，应先把外露一端锉平，在上面刻画十字线，作为量取间距的依据。待水泥砂浆凝固后，随时观测两金属棒之间的距离 a 并进行比较，即可掌握裂缝发展情况。见图 3-48 所示。

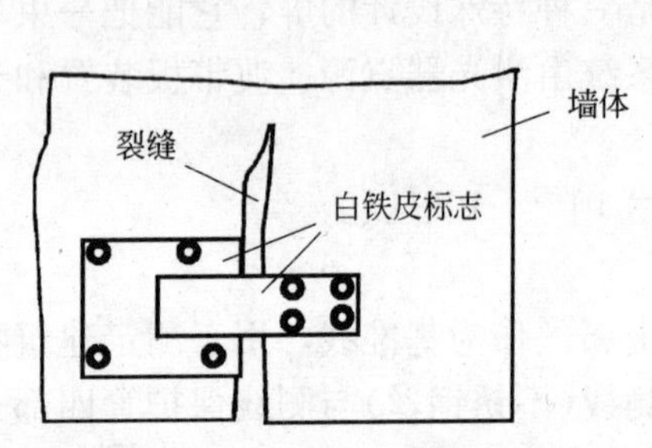

图 3-47 白铁皮标志观测裂缝

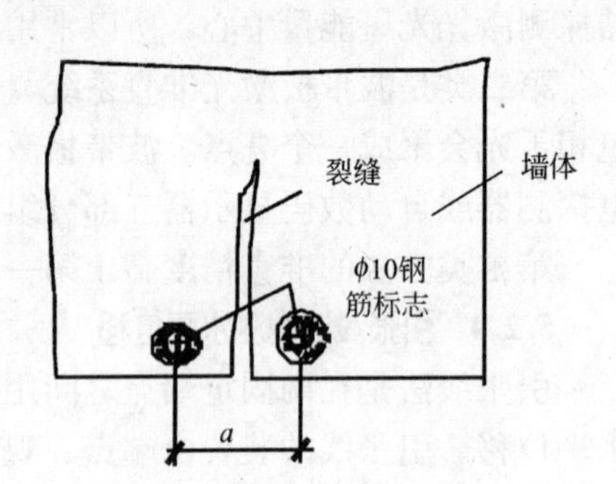

图 3-48 钢筋标志观测裂缝

5.3.2 建筑物的倾斜观测

在进行观测之前，先在进行倾斜观测的建筑物上设置上、下两点标志作为观测点，各点应位于同一竖直视准面内，如图 3-49 所示，M、N 为观测点。如果建筑物发生倾斜，MN 将由竖直线变为倾斜线 MN'。观测时，经纬仪与建筑物的距离应大于建筑物的高度。观测时，先瞄准上部观测点 M，用正倒镜法向下投点得 N'，如 N' 与 N 点不重合，则说明建筑物发生倾斜，$N'N$ 之间的水平距离 a 即为建筑物的倾斜值。若以 H 表示 M、N 两点间的高度，则倾斜度为：

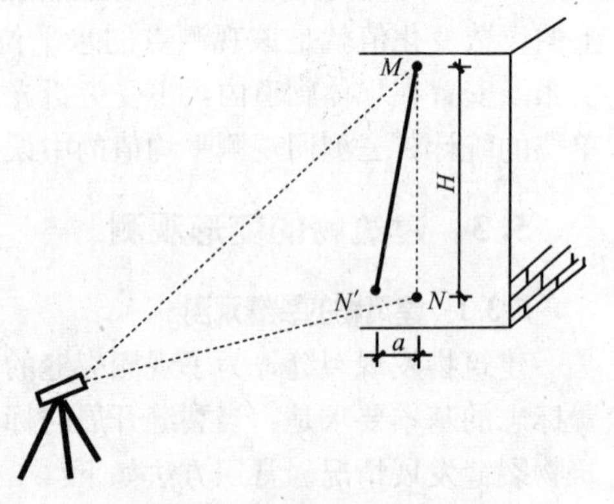

图 3-49 建筑物的倾斜观测

$$i = \arcsin \frac{a}{H} \tag{3-14}$$

高层建筑物的倾斜观测，必须分别在互成垂直的两个方向上进行。

项目 4　土方及基础工程施工

训练1　土方工程施工

［训练目的与要求］ 通过训练，掌握土方工程施工的准备及辅助工作内容及要求；掌握土方工程开挖方法及施工工艺；掌握土方的填筑与压实工艺与要求；具有进行土方工程量计算和组织土方施工的能力。

1.1　土方工程量的计算

1.1.1　基坑(槽)土方工程量的计算

1. 土的可松性与可松性系数

天然土经开挖后，其体积因松散而增加，虽经振动夯实，仍然不能完全复原，这种现象称为土的可松性。土的可松性用最初可松性系数和最后可松性系数表示：

1) 最初可松性系数：

$$K_s=\frac{V_2}{V_1} \tag{4-1}$$

最后可松性系数：

$$K'_s=\frac{V_3}{V_1} \tag{4-2}$$

式中　K_s、K'_s——土的最初、最后可松性系数；

V_1——土在天然状态下的体积(m^3)；

V_2——土开挖后的松散状态下的体积(m^3)；

V_3——土压(夯)实后的体积(m^3)。

2. 基坑(槽)的土方计算

(1) 基坑的土方计算

基坑土方量可按立体几何中的拟柱体体积公式计算(图 4-1)。即

$$V=\frac{H}{6}(A_1+4A_0+A_2) \tag{4-3}$$

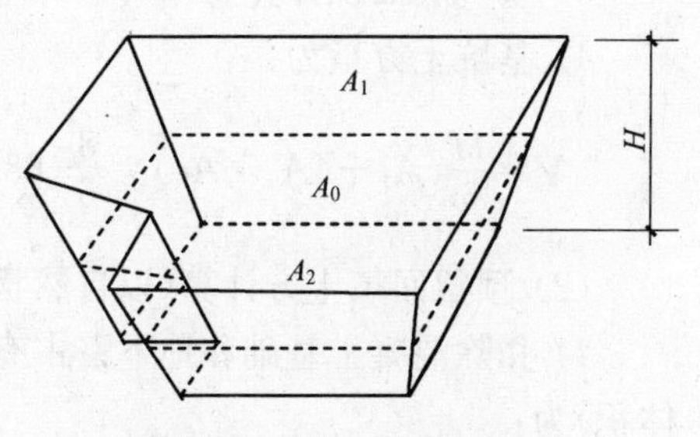

图 4-1　基坑土方量计算

式中　H——基坑深度(m)；

A_1——基坑上截面面积(m^2)；

A_2——基坑下截面面积(m^2)；

A_0——基坑中截面的面积(m^2)。

(2) 基槽的土方计算

基槽和路堤管沟的土方量可以沿长度方向分段后，再用同样方法计算(图4-2)。

$$V_i=\frac{L_i}{6}(A_1+4A_0+A_2) \qquad (4\text{-}4)$$

式中 V_i——第 i 段的土方量(m^3)；

L_i——第 i 段的长度(m)。

将各段土方量相加即得总土方量 $V_{总}$：

$$V_{总}=\Sigma V_i \qquad (4\text{-}5)$$

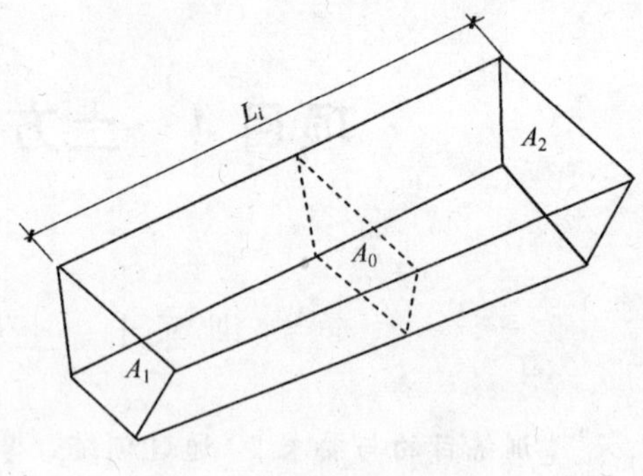

图4-2 基槽土方量计算

3. 计算实例

【例4-1】 某基坑底长85m，宽60m，深8m，四边放坡，边坡坡度1∶0.5。土的最初可松性系数 $K_s=1.14$，最终可松性系数 $K'_s=1.05$。

(1) 试计算土方开挖工程量。

(2) 若混凝土基础和地下室占有体积为21000m^3，则应预留多少回填土(以自然状态土体积计)？

(3) 若多余土方外运，问外运土方(以自然状态的土体积计)为多少？

(4) 如果用斗容量为3.5m^3的汽车外运，需运多少车？

【解】 计算如下：

(1) 计算土方开挖工程量

1) 基坑上口面积计算为：

上口长=85+2(8×0.5)=93(m)

上口宽=60+2(8×0.5)=68(m)

上口面积 $A_1=93\times68=6324(m^2)$

2) 基坑中部面积计算为：

中部长=(85+93)÷2=89(m)

中部宽=(60+68)÷2=64(m)

中部面积 $A_0=89\times64=5696(m^2)$

3) 基坑底面积计算为：$A_1=85\times60=5100(m^2)$

4) 基坑土方量为：

$$V=\frac{H}{6}(A_1+4A_0+A_2)=\frac{8}{6}(6324+4\times5696+5100)=45611.7 \quad (m^3)$$

(2) 预留回填土方计算(以自然状态土体积计)

1) 扣除混凝土基础和地下室占有体积后需回填的体积(该体积为夯实回填的体积)为：

$$V_3=45611.7-21000=24611.7 \quad (m^3)$$

2）预留回填土方折算为自然状态土体积（最终可松性系数 $K_s'=1.05$）

由最后可松性系数计算公式：$K_s'=\dfrac{V_3}{V_1}$ 得，预留回填土在自然状态土的体积为：

$$V_{1填}=24611.7\div1.05=23440 \quad (m^3)$$

（3）外运土方计算（以自然状态的土体积计）

$$V_{1运}=45611.7-23440=22171.7 \quad (m^3)$$

（4）计算外运车数 N

汽车外运时，所装土方为松土方，即 $3.5m^3$ 为松土。

$$N=22171.7\times1.14\div3.5=7222 \quad (车)$$

1.1.2 场地平整土方工程量的计算

场地平整土方工程量的计算主要有横截面法和方格网法。

1. 横截面法计算场地平整土方工程量

横截面法计算场地平整土方工程量多用于地形起伏变化较大、自然地面较复杂的地段或地形狭长的地带。本方法计算较为简单方便，但精度较低。

（1）计算步骤

计算时根据地形图或现场测绘，将场地划分为若干个相互平行的横截面，应用横截面计算公式逐段计算土方量，最后将各段汇总，即得场地总的挖、填土方量。其计算步骤如下：

1）划分横截面：划分横截面时应垂直等高线或垂直主要建筑物的边长，两横截面间的间距通常取 10～15m。如图 4-3(*a*) 中将场地划分为 AA'、BB'、CC'、DD'、EE'。

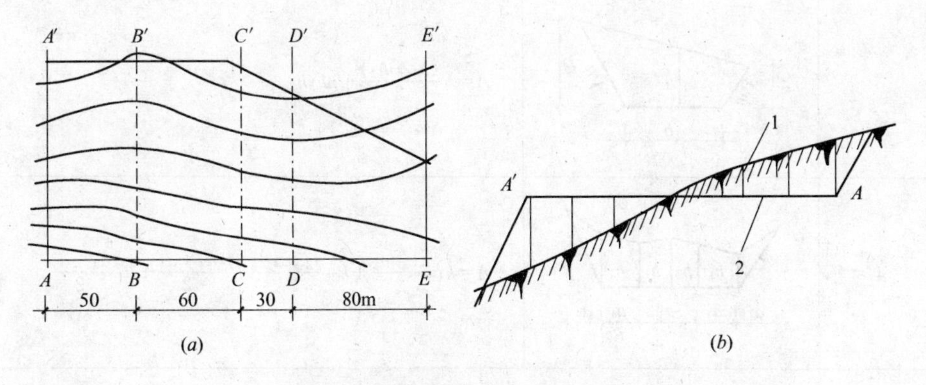

图 4-3 横截面法计算土方工程量

(*a*)横截面划分；(*b*)绘制横截面图

1—自然地面；2—设计地面

2）绘制横截面图：横截面图形应按比例［水平为 1：(200～500)，竖直为 1：(100～200)］绘制，每个横截面应画出自然地面和设计地面的轮廓线，如

图 4-3(b)；两轮廓线之间的面积即为挖方或填方的截面。

3）计算横截面面积：按表 4-1 中的公式计算，即可得出每个横截面的挖方或填方截面积。

4）计算土方量：根据横截面积按下式分段计算土方量

$$V_{i,i+1}=\frac{A_i+A_{i+1}}{2}\cdot L_{i,i+1} \tag{4-6}$$

式中 $V_{i,i+1}$——相邻两横截面间的土方量(m^3)；

A_i、A_{i+1}——相邻两横截面的挖(或填)方截面面积(m^2)；

$L_{i,i+1}$——相邻两截面的间距(m)。

5）汇总全部土方量

$$V=\sum_{i=1}^{n}V_{i,i+1} \tag{4-7}$$

按表 4-2 的格式汇总全部土方量。

常用横截面计算公式 **表 4-1**

序 号	计算图形	计 算 公 式
1	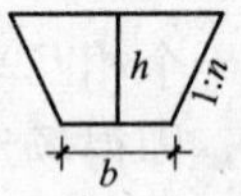	$A=h(b+nh)$
2	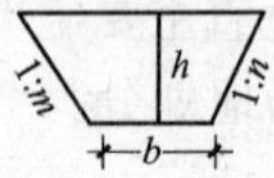	$A=h\left[b+\frac{h(m+n)}{2}\right]$
3	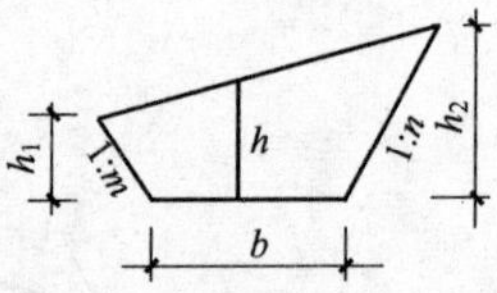	$A=b\frac{(h_1+h_2)}{2}+nh_1h_2$
4	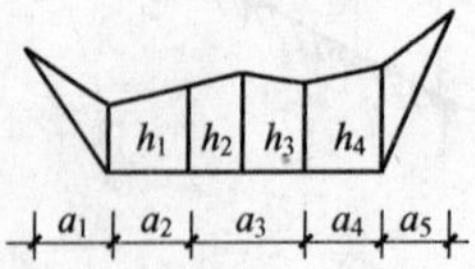	$A=h_1\frac{a_1+a_2}{2}+h_2\frac{a_2+a_3}{2}+h_3\frac{a_3+a_4}{2}+h_4\frac{a_4+a_5}{2}$
5	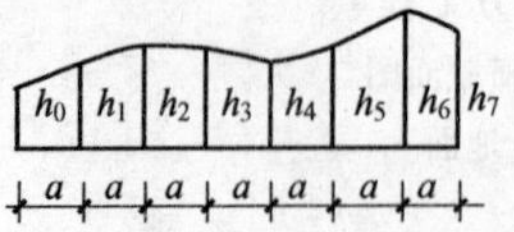	$A=\frac{a}{2}(h_0+2h+h_7)$ $h=h_1+h_2+h_3+h_4+h_5+h_6$

土方工程量汇总表　　　　表 4-2

截　面	填方面积(m^2)	挖方面积(m^2)	截面间距(m)	填方体积(m^3)	挖方体积(m^3)
AA'	40	18			
			50	2150	950
BB'	46	20			
			60	2340	1740
CC'	32	38			
			30	810	900
DD'	22	22			
			80	1200	2960
EE'	8	14			
合　计				6500	6550

(2) 横截面法实例

【例 4-2】 如图 4-3，按表 4-1 中的公式计算 AA'、BB'、CC'、DD'、EE'截面的填方面积分别为：$40m^2$、$46m^2$、$32m^2$、$22m^2$、$8m^2$，挖方面积分别为：$18m^2$、$20m^2$、$38m^2$、$22m^2$、$14m^2$，计算该场地的总挖、填方量。

【解】 由图 4-3 所标注的各截面间的间距，按式 4-6 计算各截面间的土方工程量如下：

$V_{AB填}=(40+46)\div2\times50=2150m^3$

$V_{AB挖}=(18+20)\div2\times50=950m^3$

$V_{BC填}=(46+32)\div2\times60=2340m^3$

$V_{BC挖}=(20+38)\div2\times60=1740m^3$

$V_{CD填}=(32+22)\div2\times30=810m^3$

$V_{CD挖}=(38+22)\div2\times30=900m^3$

$V_{DE填}=(22+8)\div2\times80=1200m^3$

$V_{CD挖}=(22+14)\div2\times80=2960m^3$

汇总全部土方量，见表 4-2。

2. 方格网法计算场地土方工程量

方格网法计算场地土方工程量在《建筑施工技术》教材中已叙述，在此不在重述。

1.2 土方工程施工准备

1.2.1 土方工程施工的场内准备工作

土方工程施工的场内准备工作主要有：

(1) 拆除障碍物：这一工作一般由建设单位完成，但有时也委托给施工单位。拆除时，一定要摸清情况，尤其在原有障碍物复杂、资料不全等情况时，应采取相应的措施，防止发生意外事故。在拆移架空电线、埋地电缆、自来水管、污水管、煤气管道等时，应与有关部门取得联系并办好允许拆移手续后才可进行。场内的树木需报请园林部门批准后方可砍伐。

（2）建立测量控制网：施工前应按总平面图的要求，将规划确定的水准点和红线桩引至现场，做好固定和保护装置。并按一定的距离布点，组成测量控制网，以控制施工场地的平面位置和高程。

（3）临时设施的搭设：现场所搭设的临时设施，应报请规划、市政、消防、交通、环保等有关部门审查批准后才能搭设。

为了施工方便和行人的安全，应用围墙将施工用地围护起来。围墙的形式和材料应符合市容管理部门的有关规定和要求，并在主要出入口设置醒目标牌，标明工地名称、施工单位、工地负责人等。

（4）做好“三通一平”工作：即做好道路通、水通、电通，完成施工场地的平整工作。

1）路通：按施工组织设计的要求修筑好施工现场的临时运输道路。应充分利用原有道路或结合正式工程的永久性道路位置，修整好路基和临时路面。道路横断面应向道路两侧做2%～3%的坡度，路边应挖好排水沟，排水沟深度一般不小于0.4m，底宽不小于0.3m。

2）水通：做好施工工地的临时施工给水、排水管网与供热管线的敷设，并按平面图的要求安装好消火栓。其中上水管网的敷设应尽量利用永久工程的管网线路，以节省费用。

3）电通：供电包括施工用电和生活用电两部分。这项工作应注意电源的获取和现场供电线路的布置情况。根据各种施工机械设备用电量及照明用电量，计算选择配电变压器，与供电部门联系，按施工组织设计的要求，架设好连接电力干线的工地内外临时供电线路及通讯线路。尽可能做到总的供电线路最短。

4）平整场地：按施工组织设计要求，按设计规定的计划标高，作好单位工程施工场地平整。

1.2.2　土方边坡

1. 挖方安全边坡的计算

土方开挖除根据土的类别按施工及验收规范规定放坡外，对重要工程或对边坡稳定有疑虑的挖方边坡，还应进行安全边坡稳定计算，以确保边坡稳定和施工操作安全。以下介绍通过计算确定安全边坡的方法。

由地勘资料查出边坡土的重力密度、内摩擦角和黏聚力值（无地质资料时，可查有关手册），便可由计算确定安全边坡。

如图4-4，假定边坡滑动面通过坡脚一平面，滑动面上部主体为ABC，其质量为：

$$M=\frac{\rho h^2}{2}\cdot\frac{\sin(\theta-\alpha)}{\sin\theta\cdot\sin\alpha} \qquad (4\text{-}8)$$

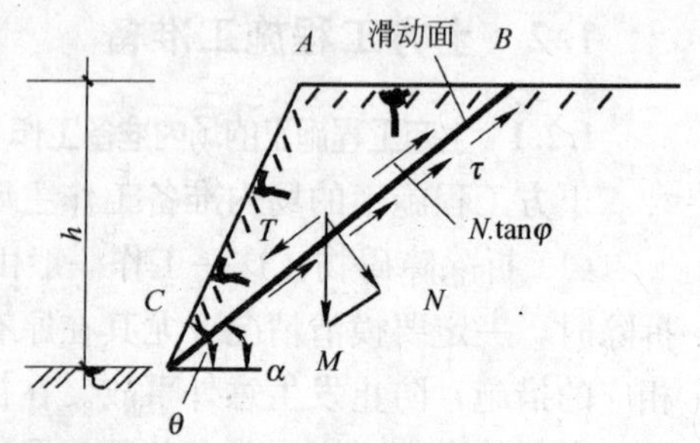

图4-4　挖方边坡计算简图

当土体处于极限平衡状态时，挖方边坡的允许最大高度可按下式计算：

$$h=\frac{2c\cdot\sin\theta\cdot\cos\varphi}{\rho\sin^2\left(\frac{\theta-\varphi}{2}\right)} \tag{4-9}$$

式中 ρ——土的重力密度(kN/m^3)；

θ——边坡的坡度角(°)；

φ——土的内摩擦角(°)；

c——土黏聚力(kN/m^2)。

由式 4-8、4-9 可知，当已知土的 ρ、φ、c 值，假定开挖边坡的坡度角 α 值，即可求得挖方边坡的允许最大高度 h 值。

由上两式分析得：

(1) 当 $\theta=\varphi$ 时，$h\rightarrow\infty$，即边坡的极限高度不受限制，土坡处于平衡状态，此时土的黏聚力未被利用。

(2) 当 $\theta>\varphi$ 时，为陡坡，此时 c 值越大，允许的边坡高度 h 越高。

(3) 当 $\theta>\varphi$ 时，若 $c=0$，则 $h=0$，此时挖方边坡在任何高度下将是不稳定的。

(4) 当 $\theta<\varphi$ 时，为缓坡，此时 θ 越小，允许边坡高度 h 越大。

【例 4-3】 已知土的重度重力密度 $\rho=17kN/m^3$，内摩擦角 $\varphi=20°$，黏聚力 $c=10kN/m^2$。

求：(1) 当开挖坡度角 $\theta=60°$时，土坡稳定时的允许最大高度。

(2) 挖土坡度为 6.0m 时的稳定坡度 θ。

【解】 (1) 由式 4-9，开挖坡度角 $\theta=60°$时，土坡稳定时的允许最大高度 h 为：

$$h=\frac{2c\cdot\sin\theta\cdot\cos\varphi}{\rho\sin^2\left(\frac{\theta-\varphi}{2}\right)}=\frac{2\times10\sin60\cdot\cos20°}{17\cdot\sin^2\left(\frac{60-20°}{2}\right)}=8.18\quad(m)$$

故土坡允许最大高度为 8.18m

(2) 将已知挖土坡高 $h=6.0m$ 及 ρ、φ、c 值代入式 4-9 得：

$$6.0=\frac{2c\cdot\sin\theta\cdot\cos\varphi}{\rho\cdot\sin^2\left(\frac{\theta-\varphi}{2}\right)}=\frac{2\times10\sin\theta\cdot\cos20°}{17\times\sin^2\left(\frac{\theta-20°}{2}\right)}$$

解得：$\sin\theta=0.9336$，$\theta=69°$，故土坡的稳定坡角为 69°。

2. 土方直立壁开挖高度计算

土方开挖时，当土质均匀，且地下水位低于基坑(槽)底面标高时，挖方边坡可以做成直立壁不加支撑。对黏性土竖直壁允许最大高度 h_{max} 可以按以下步骤计算：

作用在坑(槽)壁上的土压力为 E_a(见图 4-5)，令 $E_a=0$，由土力学计算公式得：

$$E_a=\frac{\rho h^2}{2}\cdot\tan^2\left(45°-\frac{\varphi}{2}\right)-2c\cdot h\cdot\tan\left(45°-\frac{\varphi}{2}\right)+\frac{2c^2}{\rho}=0 \tag{4-10}$$

由式 4-10 得：

$$h=\frac{2c}{\rho\cdot\tan\left(45°-\frac{\varphi}{2}\right)}$$

考虑安全因素，黏性土竖直壁允许最大高度 h_{max} 的计算式为：

$$h_{max}=\frac{2c}{K\cdot\rho\cdot\tan\left(45°-\frac{\varphi}{2}\right)} \tag{4-11}$$

当坑顶护道上有均布荷载 q（kN/m²）作用时，则有：

$$h_{max}=\frac{2c}{K\cdot\rho\cdot\tan\left(45°-\frac{\varphi}{2}\right)}-\frac{q}{\rho} \tag{4-12}$$

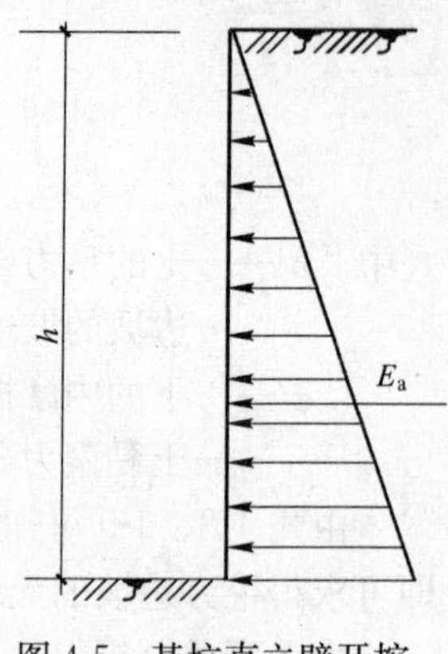

图4-5 基坑直立壁开挖高度计算简图

式中 ρ——土的重力密度(kN/m³)；

φ——土的内摩擦角(°)；

c——土黏聚力，(kN/m²)；

K——安全系数，一般取1.25；

h——基坑开挖高度(m)。

【例4-4】 某开挖基坑，土质为粉质黏土，土的重力密度为18.0kN/m³，内摩擦角为20°，黏聚力为14.5kN/m²，坑顶护道上均布荷载为4.0kN/m²，试计算坑壁最大允许竖直开挖高度。

【解】 取 $K=1.25$，将各值代入式4-12有：

$$h_{max}=\frac{2c}{K\cdot\rho\cdot\tan\left(45°-\frac{\varphi}{2}\right)}-\frac{q}{\rho}=\frac{2\times14.5}{1.25\times18\times\tan(45°-10°)}-\frac{4}{18}=1.62\text{m}$$

故直立壁允许最大开挖高度为1.62m。

1.3 基坑(槽)和管沟的开挖

1.3.1 基坑(槽)和管沟开挖要求

(1) 基坑(槽)和管沟开挖前应作好下列工作：

1) 基坑(槽)和管沟开挖时，应先做好地面排水工作，上部应保证有排水措施，以防止地面水进入坑内冲刷边坡，造成塌方或泡软基土。雨期施工时，基坑槽应分段开挖，挖好一段浇筑一段垫层，并在基槽两侧修建挡水堤或挖排水沟，以防地面雨水流入基坑槽，应经常检查边坡和支护情况，以免坑壁受水浸泡造成塌方。

2) 基坑(槽)和管沟开挖前，应先做好测量抄平放线，按施工组织设计要求及地基土质和水文情况确定放坡系数或支撑方案，根据设计图纸确定开挖边线，以保证施工操作安全。

当地基土质构造均匀，水文地质条件良好，且无地下水时，开挖基坑可不放坡，采取直立开挖不加支护，但挖方深度应符合有关规定的要求(详见《建筑施工技术》)。

3) 当开挖基坑(槽)较深且土体的含水量大而不稳定，或受到周围场地限制需用较陡的边坡(直立)开挖而土质较差时，应采用可靠的支撑加固。

(2) 基坑开挖施工程序一般是：

测量放线→排水、降水→切线分层开挖→修坡→整平等工序。

1) 在地下水位以下挖土，应在基坑(槽)四周或两侧挖好临时排水沟和集水井，将水位降低至坑、槽底以下500mm，以利挖方正常进行。降水工作应持续到基础施工完成，回填土结束。

2) 相邻基坑开挖时，应遵循先深后浅或同时进行的施工顺序，并应及时作好基础；

3) 人工挖土应自上而下水平分段分层进行，每层0.3m左右，边挖边检查坑底宽度及坡度，边坡不足的应及时修整，每3m左右修一次坡，至设计标高，再统一进行一次修坡清底，检查坑底宽和标高，要求坑底凹凸不超过15mm。当基坑挖好后不能立即进行下道工序时，应预留150～300mm一层土不挖，待下道工序开始前再挖至设计标高。

4) 采用机械开挖深基坑时，应采用“分层开挖，先撑后挖”的开挖方法。基坑开挖应尽量对地基土的扰动，应在基底标高以上预留一层由人工清理。使用铲运机、推土机或多斗挖土机时，保留土层厚度为200mm；使用正铲、反铲或拉铲挖土时为300mm。

(3) 弃土应及时运出，在基坑(槽)边缘上侧；临时堆土或堆放材料以及移动施工机械时，应与基坑边缘保持1m以上的距离，以保证坑边直立壁或边坡的稳定。

(4) 基坑挖完后应及时进行验槽并作好记录，如发现地基土质与地质勘探报告、设计要求不符时，应与有关人员研究及时处理。

1.3.2 基坑(槽)和管沟开挖的支撑方法及计算

1. 基坑(槽)和管沟开挖的支撑方法

(1) 基槽和管沟的支撑方法

基槽和管沟由于宽度相对较小，可用对撑式支撑方法，常用的支撑有断续式水平支撑、连续式水平支撑、竖直式支撑等，其支撑构造、支撑方法及适用条件如下：

1) 断续式水平支撑：其支撑构造如图4-6(*a*)；支撑时挡土板水平放置，中间留出间隔，并在两侧同时对称立竖方木，再用工具式横撑或木横撑上、下顶紧。

适用于地下水很少、深度在3m以内，能保持直立壁的干土或天然湿度的黏性土的基槽和管沟支撑。

2) 连续式水平支撑：其支撑构造如图4-6(*b*)；支撑时挡土板水平连续放置，不留间隙，然后两侧同时对称立竖木方，上、下各顶一根横支撑木，端头加木楔楔紧。

适用于地下水很少、深度在3m以内较松散的干土或天然湿度的黏性土的基槽和管沟支撑。

3) 竖直式支撑：其支撑构造如图4-6(*c*)；支撑时挡土板竖直放置，可连续或留适当间隙，然后每侧上、下各水平顶一根木方，再用横撑顶紧。

适用于地下水较少、土质较松散或湿度很高的土的基槽和管沟支撑，其深度不限。

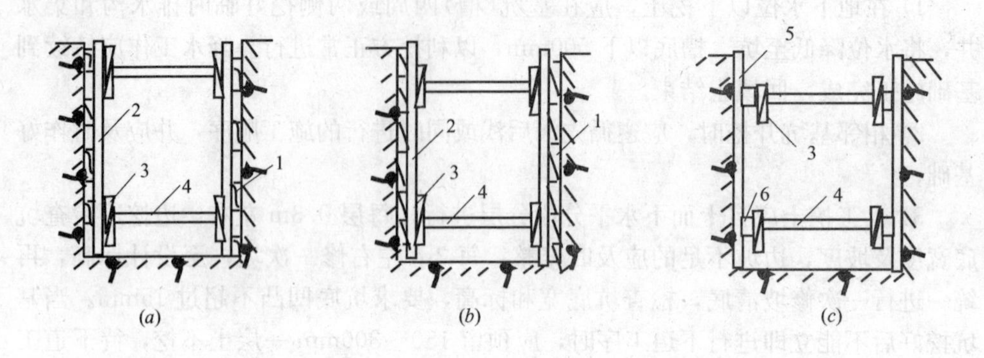

图 4-6 基槽和管沟的支撑方法

(a)断续式水平支撑；(b)连续式水平支撑；(c)竖直式支撑

1—水平挡土板；2—竖方；3—木楔；4—横撑；5—竖直挡土板；6—水平木方

(2) 浅基坑的支撑方法

浅基坑的特点是：基坑的深度较小，基坑两对侧的距离较大，无法使用对撑式支撑方法，常用的支撑形式有型钢桩横挡板支撑、斜柱支撑、锚拉支撑等。其支撑构造、支撑方法及适用条件如下：

1) 型钢桩横挡板支撑：其支撑构造如图 4-7；支撑时沿挡土位置预先打入钢轨、工字钢或 H 型钢桩，间距 1.0～1.5m，然后一边挖土方，一边将 30～60mm厚的挡土板嵌入钢桩之间挡土，并在横向挡土板与型钢桩之间打上楔子，使横向挡土板与土体紧密接触。

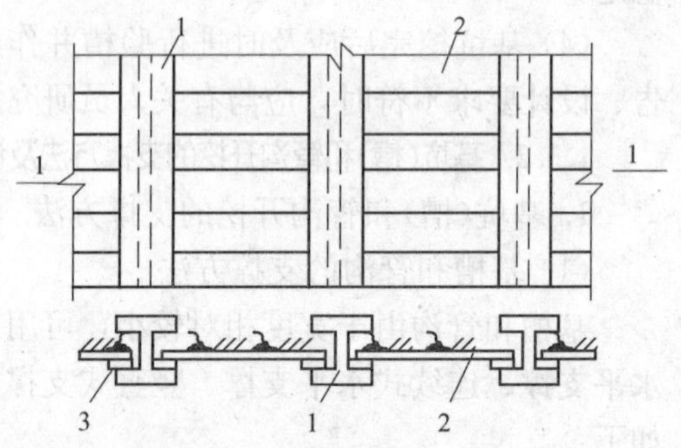

图 4-7 型钢桩横挡板支撑

1—型钢钢柱；2—挡土板；3—木楔

适用于地下水位较低、深度不很大的一般黏性或砂土层中浅基坑的支撑。

2) 斜柱支撑：其支撑构造如图 4-8(a)；支撑时水平挡土板钉在柱桩内侧，柱桩外侧用斜撑支顶，斜撑底端用木桩固定，支撑安设完成后在挡土板内侧回填土。

适用于开挖较大型、深度不大的基坑或使用机械挖土时浅基坑的支撑。

3) 锚拉支撑：其支撑构造如图 4-8(b)；支撑时水平挡土板支在柱桩的内侧，柱桩一端打入土中，另一端用拉杆与锚桩拉紧，支撑安设完成后在挡土板内侧回填土。

上述三种支撑主要适用于开挖较大型、深度不大的基坑或使用机械挖土，是

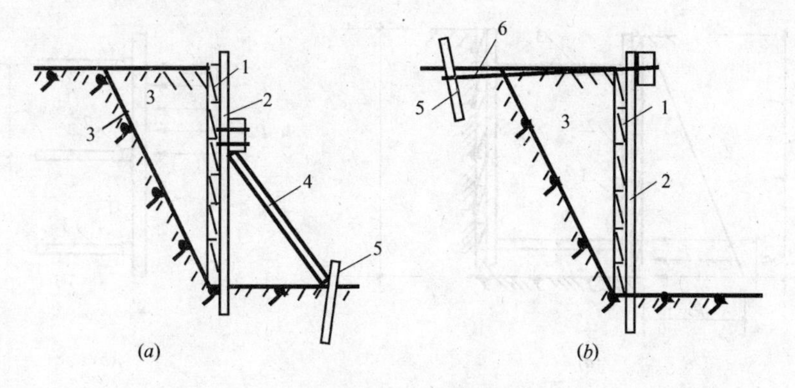

图 4-8 斜柱支撑和锚拉支撑

(a)斜柱支撑；(b) 锚拉支撑

1—挡土板；2—竖桩；3—回填土；4—斜撑；5—小桩；6—锚拉拉杆

不能安设横撑时使用的浅基坑的支撑。

2. 基坑(槽)和管沟开挖的支撑计算

(1) 连续水平板式支撑的计算

连续水平板式支撑的构造见图 4-6(b)，其挡土板水平连续放置，不留间隙，两侧用对称立竖楞木(立柱)，上、下各顶一根横撑木，端头加木楔楔紧。这种支撑适用于深度为 3～5m，地下水很少，土壤为较松散的干土或天然湿度的黏土类土的基坑(槽)和管沟支撑。

计算简图如图 4-9 所示，水平挡土板承受土的水平压力作用，设土与挡土板间的摩擦力不计，各层土的厚度分别为 h_1、h_2、h_3，对应土的重力密度为 ρ_1、ρ_2、ρ_3，土的内摩擦角为 φ_1、φ_2、φ_3；则深度 h 处的主动土压力强度 p_a 为：

$$p_a=\rho\cdot h\cdot\tan^2\left(45°-\frac{\varphi}{2}\right)\quad(\text{kN/m}^2)\tag{4-13}$$

式中 h——基坑(槽)深度(m)；

ρ——坑壁土的平均重力密度，计算式如下：

$$\rho=\frac{\rho_1h_1+\rho_2h_2+\rho_3h_3}{h_1+h_2+h_3}\quad(\text{kN/m}^3)\tag{4-14}$$

φ——坑壁土的平均内摩擦角，计算式如下：

$$\varphi=\frac{\varphi_1h_1+\varphi_2h_2+\varphi_3h_3}{h_1+h_2+h_3}\quad(°)\tag{4-15}$$

1) 挡土板计算

挡土板厚度按下面受力最大的一块板计算。设深度 h 处的挡土板宽度为 b，则主动土压力作用在该挡土板上的荷载为 $q_1=p_a\cdot b$，如图 4-10。将挡土板视作简支梁，当立柱间距为 L 时，则挡土板承受的最大弯矩 M_{max} 为：

$$M_{max}=q_1\cdot L^2/8=p_a\cdot bL^2/8\tag{4-16}$$

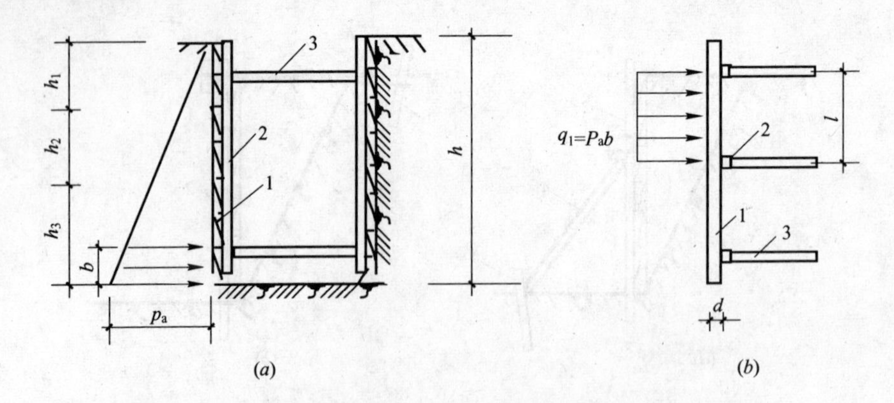

图 4-9　连续式水平挡土板计算简图

(a)水平挡土板受力简图；(b)水平挡土板计算简图

1—水平挡土板；2—立柱；3—横撑

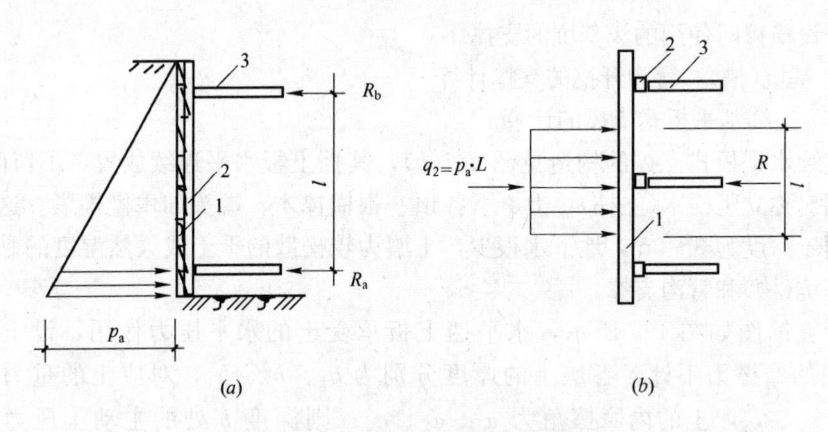

图 4-10　连续式水平挡板立柱计算简图

(a)立柱受力简图；(b)立柱计算简图

1—水平挡土板；2—立柱；3—横撑

所需水平挡板的截面矩 W 为：

$$W=M_{max}/f_m \tag{4-17}$$

式中　f_m——木材的抗弯强度设计值(N/mm^2)。

则所需的水平木挡板的厚度 d 为：

$$d=(6W/b)^{1/2} \tag{4-18}$$

2）立柱计算

立柱为承受三角形荷载的连续梁，按多跨简支梁计算，并按控制跨设计立柱尺寸。当基坑(槽)壁设二道木横撑，立柱横撑上下间距为 l，立柱间距为 L 时，则下端支点处主动土压力的荷载 $q_2=p_a\cdot L$；立柱下端支点反力 $R_a=q_2\cdot l/3$；上端支点反力为：$R_b=q_2\cdot l/6$。

则最大弯矩所在截面与上端支点的距离为：$x=0.578l$。

立柱最大弯矩为：

$$M_{max}=0.064\,q_2\cdot l^2 \tag{4-19}$$

最大应力为：
$$\sigma=M_{max}/Wf_m \tag{4-20}$$
最大应力 $\sigma \leqslant f_m$。

3）横撑计算

横撑为轴心受压杆件，支点反力通过横撑的轴线，可按下式计算需用截面积：

$$A_0=\frac{R}{\varphi \cdot f_c} \tag{4-21}$$

式中 A_0——横撑木的截面积（mm^2）；

R——横撑木承受的支点最大反力（N）；

f_c——木材顺纹抗压及承压强度设计值（N/mm^2）；

φ——横撑木的轴心受压稳定系数；其值可按树种强度等级进行计算。

φ 值与横撑木的细长比有关，当树种强度等级为 TC17、TC15、TB20 时，计算式为：

$\lambda \leqslant 75$ 时，
$$\varphi=\frac{1}{1+\left(\frac{\lambda}{80}\right)^2} \tag{4-22}$$

$\lambda > 75$ 时，
$$\varphi=\frac{3000}{\lambda^2} \tag{4-23}$$

当树种强度等级为 TC13、TC11、TB17、TB15 时：

$\lambda \leqslant 91$ 时，
$$\varphi=\frac{1}{1+\left(\frac{\lambda}{65}\right)^2} \tag{4-24}$$

$\lambda > 91$ 时，
$$\varphi=\frac{2800}{\lambda^2} \tag{4-25}$$

【例 4-5】 某管道沟槽深 3m，宽 2.5m；上层 1m 为杂填土，重力密度 $\rho_1=17kN/m^3$，内摩擦角 $\varphi_1=22°$；下部 2m 为褐黄色黏土，重力密度 $\rho_2=18kN/m^3$，内摩擦角 $\varphi_2=23°$。用连续水平板式支撑，试选择支撑木截面。木材为杉木，木材抗弯强度设计值 $f_m=10N/mm^2$，木材顺纹抗压强度设计值 $f_c=10N/mm^2$。

【解】（1）参数计算

土的平均重力密度值 $\rho=\dfrac{17\times1+18\times2}{1+2}=17.7N/mm^2$；

土的平均内摩擦角值 $\varphi=\dfrac{22\times1+23\times2}{1+2}=22.7°$

沟底 3m 深处土的水平压力 p_a

$$p_a=17.7\times3\times\tan^2\left(45°-\frac{22.7}{2}\right)=23.53kN/m^2$$

（2）立柱间距设计

水平挡土板截面尺寸选用 75mm×200mm，在 3m 深处土压力作用在木板上的荷载为：

$$q_1=23.53\times0.2=4.71kN/m$$

木板的截面矩为：　　$W=\frac{200\times75^2}{6}=187500\text{mm}^3$

木材抗弯强度设计值 $f_m=10\text{N/mm}^2$，所能承受的最大弯矩 M_{max} 为：

$$M_{max}=187500\times10=1875000\text{N}\cdot\text{mm}=1.875\text{kN}\cdot\text{m}$$

由水平挡土板最大弯矩计算式 $M_{max}=q_1\cdot L^2/8$，立柱间距 L 为：

$$L=\sqrt{\frac{8M_{max}}{q_1}}=\sqrt{\frac{8\times1.875}{4.71}}=1.78\text{m}；取立柱间距 L=1.6\text{m}$$

(3) 横撑间距计算

立柱下支点处主动土压力荷载 q_2：$q_2=p_a\times L=23.53\times3=70.59\text{kN}/2$

立柱选用截面为 150mm × 250mm 方木，其截面矩 $W=\frac{150\times250^2}{6}=1562500\text{mm}^3$；

木材抗弯强度设计值 $f_m=10\text{N/mm}^2$，所能承受的最大弯矩 M_{max} 为：

$$M_{max}=1562500\times10=15625000\text{N}\cdot\text{mm}=15.63\text{kN}\cdot\text{m}$$

横撑木的间距：$l=\sqrt{\frac{15.63}{0.0642\times70.59}}=1.86\text{m}$。

为便于支撑，取 $l=1.8\text{m}$，立柱上端悬臂 0.8m，下端悬臂 0.4m，见图 4-11。

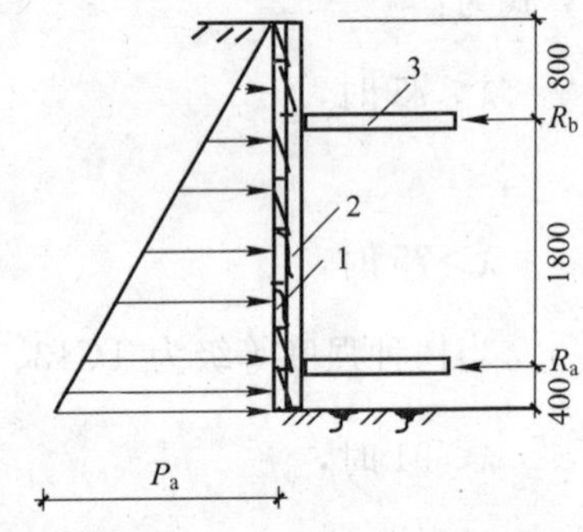

图 4-11　连续式水平挡板立柱计算简图

1—水平挡土板；2—立柱；3—横撑

立柱上端支点反力：$R_b=q_2\cdot l/6=70.59\times1.8/6=21.18\text{kN}$。

立柱下端支点反力：$R_a=q_2\cdot l/3=70.59\times1.8/3=42.36\text{kN}$。

横撑按轴心受压构件计算，木材顺纹抗压强度设计值 $f_c=10\text{N/mm}^2$。横撑木实际长度为：

$$l_0=2.5-(0.25+0.075)\times2=1.85\text{m},$$

初步选定横撑截面尺寸为 100mm×100mm 方木，其长细比　$\lambda=l_0/i$

构件回转半径：　　　　$i=100/3.464=28.87$

长细比：　　　　$\lambda=l_0/i=1850/28.87=64.08<91$

则：　　　　$\varphi=\frac{1}{1+\left(\frac{\lambda}{65}\right)^2}=\frac{1}{1+\left(\frac{64.08}{65}\right)^2}=0.51$

横撑木轴心受压力 $N=\varphi A_0f_c=0.51\times150\times150\times10=114.8\text{kN}>42.36\text{kN}$

横撑满足强度要求。

(2) 连续竖直式支撑的计算

连续竖直式支撑构造如图 4-6(*c*)；支撑时挡土板连续竖直放置，然后每侧上、下各顶一根水平木方，再用横撑顶紧。

基坑(槽)和管沟开挖，采用连续竖直板式支撑挡土时，其横垫木和横撑木的布置和计算有等距离和等弯矩(不等距离)两种方式。

1) 横撑等距离布置计算

如图(4-12)所示，连续竖直式支撑的横撑木的间距均相等，竖直挡土板承受土的水平压力，为一受弯构件，取最下一跨受力最大的板进行计算，计算方法与连续水平板式支撑的立柱相同，可将三角形分布荷载简化为梯形均布荷载(等于其平均值)，其最大弯矩 $M_i=q_ih_i^2/8$，由此可计算竖直挡土板截面尺寸。

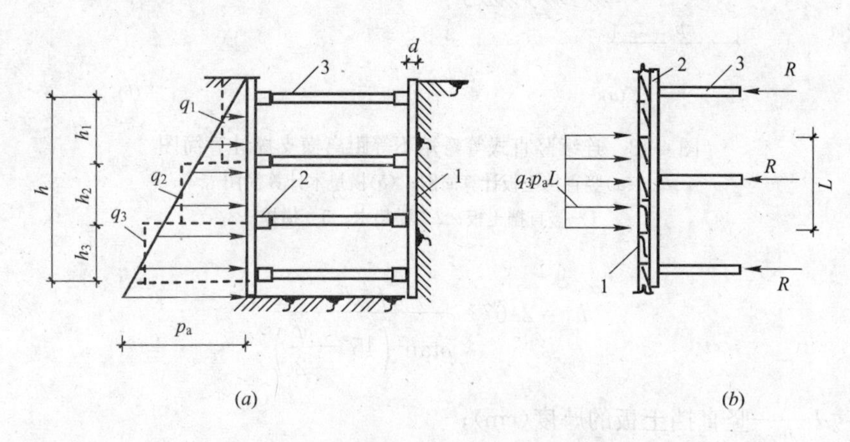

图 4-12 连续竖直式等距横支撑计算简图

(a)竖直挡土板计算简图；(b)横垫木计算简图

1—竖直挡土板；2—横垫木；3—横撑

横垫木的计算及荷载与连续水平板式支撑的水平挡土板计算相同；横撑木的作用力为横垫木的支点反力，其截面计算亦与连续水平板式支撑的横撑木计算相同。

横撑等距离布置挡土板的厚度按最下面受土压力最大的板跨进行计算，需要厚度较大，不够经济，但偏于安全。

2) 横撑等弯矩(不等距离)布置计算

横撑等弯矩(不等距离)布置计算简图如图 4-13 所示，横垫木和横撑木的间距为不等距支设，随基坑(槽、管沟深度而变化，土压力增大而加密，使各跨间承受弯矩相等。

设相邻两横撑间的土压力 E_{ai} 均匀分布在其高度 h_i 范围内，压强为 $q_i=E_{ai}/h_i$。假定竖直挡土板各跨均为简支，则该跨中的最大弯矩为：

$$M_{i\max}=(q_ih_i^2)/8$$

则该跨单位宽度的弯矩为： $M_i=\dfrac{E_{a1}\cdot h_1}{8}=\dfrac{f_m\cdot d^2}{6}$

将 $E_{ai}=\dfrac{1}{2}p_{ai}h_i=\dfrac{1}{2}\rho h_i^2\tan^2\left(45°-\dfrac{\varphi}{2}\right)$ 代入上式得：

$$\frac{1}{16}\rho h_i^3\tan^2\left(45°-\frac{\varphi}{2}\right)=f_m\frac{d^2}{6}$$

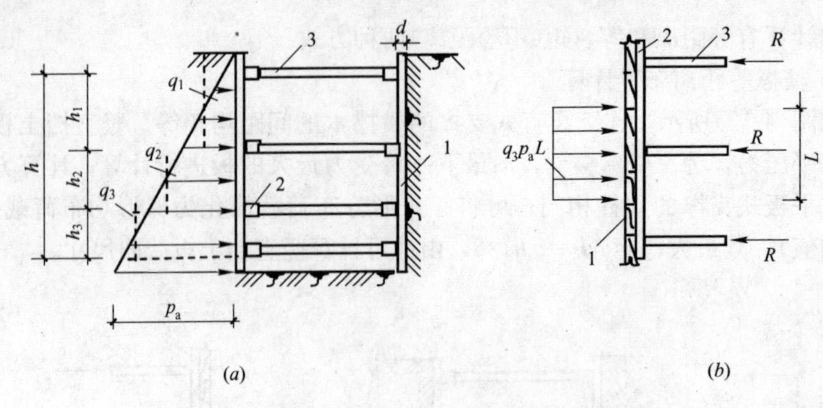

图 4-13　连续竖直式等弯矩不等距离横支撑计算简图
(a)竖直挡土板计算简图；(b)横垫木计算简图
1—竖直挡土板；2—横垫木；3—横撑

$$h_1^3=2.67\times\frac{f_m d^2}{\rho\tan^2\left(45°-\frac{\varphi}{2}\right)}$$

式中　d——竖直挡土板的厚度(cm)；

f_m——木材的抗弯强度设计值，取 $f_m=10\text{N/mm}^2$；

ρ——土的平均重力密度，取 $\rho=18\text{kN/m}^3$；

φ——土的内摩擦角(°)。

将 f_m、ρ 值代入上式得：

$$h_1=0.53\sqrt[3]{\frac{d^2}{\tan^2\left(45°-\frac{\varphi}{2}\right)}} \tag{4-26}$$

其他横垫木和横撑木的间距，可按等弯矩条件进行计算：

$$\frac{E_{a1}\cdot h_1}{8}=\frac{E_{a2}\cdot h_2}{8}=\frac{E_{a3}\cdot h_3}{8}=\cdots\cdots=\frac{E_{an}\cdot h_n}{8}$$

将 E_{a1}、E_{a2}、E_{a3}…… E_{an}代入解得：

$$h_2=0.62h_1 \tag{4-27}$$

$$h_3=0.52h_1 \tag{4-28}$$

$$h_4=0.46h_1 \tag{4-29}$$

$$h_5=0.42h_1 \tag{4-30}$$

$$h_6=0.39h_1 \tag{4-31}$$

如已知竖直挡土板厚度与土的内摩擦角，即可由式(4-26)～式(4-31)求得横垫木和横撑木的间距。一般竖直挡土板厚度取 50～80mm；横撑木视土压力的大小和基坑(槽)、管沟的宽度与深度采用，一般用 100mm×100mm～160mm×160mm 方木或直径 80～ 150mm 圆木。

【例 4-6】 已知基坑槽深为 4.0m，土的重力密度为 $\rho=18\text{kN/m}^3$，木材的抗

弯强度设计值 $f_m=10N/mm^2$，土的内摩擦角 $\varphi=28°$，采用50mm厚竖直挡土木板，试求横垫木(横撑木)的间距。

【解】 根据基坑槽深度，拟采用三层横垫木及横撑木。由式(4-26)得最上层横垫木及横撑木间距为：

$$h_1=0.53\sqrt[3]{\frac{d^2}{\tan^2\left(45°-\frac{\varphi}{2}\right)}}=0.53\sqrt[3]{\frac{5^2}{\tan^2\left(45°-\frac{28}{2}\right)}}=2.18m$$

由式(4-27)、可算得下两层横垫木及横撑木的间距为：

$$h_2=0.62h_1=0.62\times2.18=1.35m$$

(3) 悬臂式板桩计算

板桩是在基坑开挖时用打桩机沉入土中，构成一排连续紧密的薄墙，作为基坑的支护，用来承受土和地下水产生的水平压力，并依靠它打入土内的水平阻力及设在板桩上部的拉锚或支撑来保持支护的稳定。板桩支护使用的材料有型钢、木板、钢筋混凝土等。而钢板桩由于强度高，连接紧密可靠，打设方便，应用最为广泛。悬臂式板桩不设支撑或描杆，完全依靠打入土的深度来保证其稳定性。

作用在板桩上的力主要有土的侧压力与地面荷载两大类。

土的侧压力与土的内摩擦角 φ、黏聚力 C 和重力密度 ρ 有关，其值由工程地质勘察报告提供。在坑内打桩、降水等施工后，土质有挤密、固结或扰动情况，土的 c、ρ、φ 值应进行二次勘察测定作调整。如土层不同时，应分层计算土的侧压力，对于不降水的一侧，应分别计算地下水位以下的土和地下水对板桩的侧压力。

地面荷载包括静载(堆土、堆物等)和活载(施工活载、汽车、吊车等)，按实际情况折算成均布荷载计算。

悬臂式板桩的受力计算简图见图4-14，图中 H 为板桩悬臂高度，E_a 为主动土压力，E_p 为被动土压力。入土深度和最大弯矩一般按以下步骤进行：

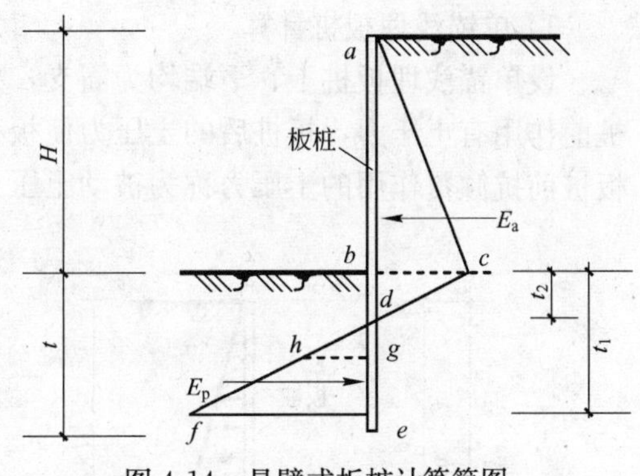

图4-14 悬臂式板桩计算简图

1) 试算确定埋入深度 t_1：先假定埋入深度 t_1，然后将净主动土压力 acd 和净被动土压力 def 对 e 点取力矩，要求由 E_p 产生的抵抗力矩大于由 E_a 所产生的倾覆力矩的2倍，即防倾覆的安全系数应大于2。

2) 确定最小入土深度 t：采用试算法求得 t_1，为确保板桩稳定，取最小入土深度 $t=1.15\,t_1$。

3) 求入土深度 t_2 处剪力为零的点 g：通过试算求出 g 点，该点净主动土压力 acd 应等于净被动土压力 def。

4) 计算最大弯矩 M_{max}：M_{max} 应等于净主动土压力 acd 与净被动土压力 def 绕

g 点力矩的差值。

5）选择板桩截面：根据求得的最大弯矩 M_{max} 和板桩材料的容许应力（钢板桩取钢材屈服应力的 1/2），即可选择板桩的截面、型号。

4m 内悬臂板桩不同悬臂高度的最小入土深度 t 和最大弯矩 M_{max} 参考值见表 4-3。

不同悬臂高度时板桩的最小入土深度 t 和最大弯矩 M_{max} 参考值　　表 4-3

内摩擦角 φ	不同悬臂高度时板桩的最小入土深度 t(m)						不同悬臂高度时板桩的最大弯矩 M_{max}(kN·m)					
	1.5	2.0	2.5	3.0	3.5	4.0	1.5	2.0	2.5	3.0	3.5	4.0
20°	0.9	2.2	—	—	—	—	17	44	—	—	—	—
25°	0.6	1.4	2.6	—	—	—	13	26	52	—	—	—
30°	0.5	0.9	1.7	3.0	—	—	7	16	34	58	—	—
35°	—	0.6	1.1	2.1	3.4	4.0	5	10	23	42	66	84
40°	—	0.6	0.8	1.5	2.3	3.0	4	8	15	28	45	59
45°	—	0.5	0.7	1.1	1.6	2.4	—	6	11	20	30	46
50°	—	—	0.5	0.8	1.1	2.0	—	5	8	16	21	41

注：本表适用于土的重力密度为 15.5～18.0kN/m³ 情况。

（4）单锚（支撑）式板桩计算

挡土钢板桩根据基坑挖土深度、土质情况、地质条件和相邻近建筑、管线情况等，除采用悬臂式板桩外，还可采用单锚（支撑）板桩和多锚（支撑）板桩等形式对坑壁进行支护。下面只介绍单锚式板桩的计算方法。

单锚板桩按入土深度分为浅埋板桩和深埋板桩两种。

1）单锚浅埋板桩计算

设单锚浅埋板桩上、下端均为简支，板桩按单跨简支梁计算。在板桩后与板桩前作用有土压力，板桩后的土压力使板桩向前倾覆，我们称为主动土压力，把板桩前抗倾覆作用的土压力称为被动土压力（见图 4-15）。

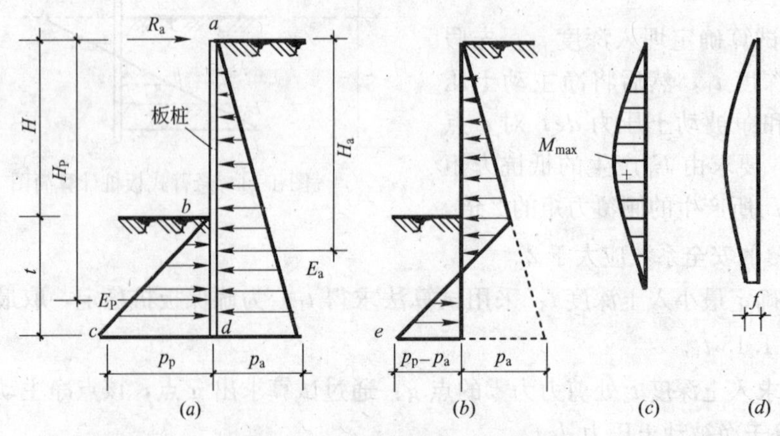

图 4-15　单锚浅埋板桩计算图

(*a*)土压力分布图；(*b*)叠加后的土压力分布图；(*c*)弯矩图；(*d*)板桩变形图

主动土压力计算式为：$$E_a=\frac{1}{2}p_a(H+t) \tag{4-32}$$

被动土压力计算式为：$$E_p=\frac{1}{2}p_p t \tag{4-33}$$

式中 p_a——主动土压力最大压强，计算式为 $p_a=\rho(H+t)K_a$；

K_a——主动土压力系数，计算式为 $K_a=\tan^2\left(45°-\frac{\varphi}{2}\right)$；

p_p——被动土压力最大压强，计算式为 $p_p=\rho\cdot t\cdot K_p$；

K_p——被动土压力系数，计算式为 $K_p=\tan^2\left(45°-\frac{\varphi}{2}\right)$；

ρ——土的重力密度；

φ——土的内摩擦角。

将 p_a、K_a、p_p、K_p 分别代入式(4-32)、(4-33)有：

$$E_a=\frac{1}{2}p_a(H+t)=\frac{1}{2}\rho(H+t)^2\tan^2\left(45°-\frac{\varphi}{2}\right) \tag{4-34}$$

$$E_p=\frac{1}{2}\rho\cdot t^2\tan^2\left(45°-\frac{\varphi}{2}\right) \tag{4-34}$$

板桩应保持平衡(稳定)，各力对 a 点的力矩应等于零，即使 $\Sigma M_a=0$，即：

$$E_aH_a-E_pH_p=E_a\cdot\frac{2}{3}(H+t)-E_p\left(H+\frac{2}{3}t\right)=0$$

由此式求得所需的最小入土深度 t：

$$t=\frac{(3E_p-2E_a)H}{2(E_a-E_p)} \tag{4-35}$$

由 $\Sigma X=0$，可求得作用在 a 点的锚杆拉力 R_a：

$$R_a-E_a+E_p=0$$

$$R_a=E_a-E_p \tag{4-36}$$

根据入土深度 t 和锚杆拉力 R_a，可画出作用在板桩上的所有的力，并可求得剪力为零的点及对应的最大弯矩 M_{max}，由最大弯矩值选用板桩截面尺寸。

板桩截面尺寸选用时，为了简化计算，可先假定 t 值，然后进行验算，如不合适，再重新假定 t 值，直至合适时为止。

板桩入土深度 t 计算时取安全系数为 2。

2) 单锚深埋板桩计算

单锚深埋板桩上端为简支，下端为固定支座，采用等值梁法计算较为简便。板桩的计算简图见图 4-16。

用等值梁法计算板桩，为简化计算，常用土压力等于零的位置来代替正负弯矩转折点的位置，其计算步骤和方法如下：

A. 计算作用于板桩上的土压力强度，并绘出土压力分布图。计算土压力强度时，应考虑板桩墙与土的摩擦作用，将板桩墙前和墙后的被动土压力分别乘以修正系数 K、K_0，钢板桩的被动土压力修正系数值见表 4-4。

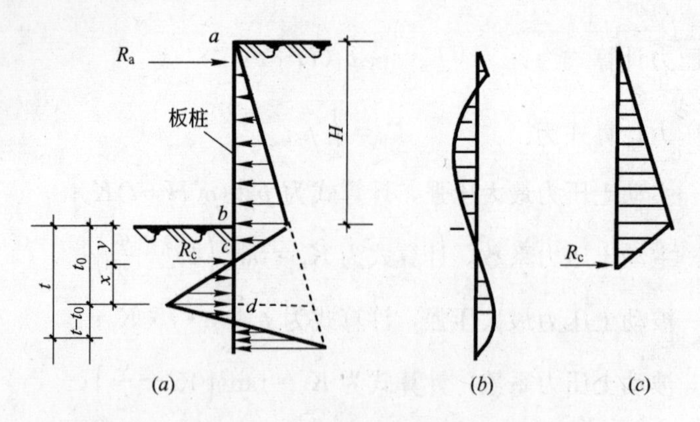

图4-16 单锚深埋板桩计算图

(a)板桩土压力分布；(b)板桩弯矩图；(c)等值梁

钢板桩的被动土压力修正系数 **表4-4**

土的内摩擦角 φ	10°	15°	20°	25°	30°	35°	40°
K	1.20	1.40	1.60	1.70	1.80	2.00	2.30
K_0	1.00	0.75	0.64	0.55	0.47	0.40	0.35

B. 计算板桩墙上土压力强度等于零的点离挖土面的距离 y，在 y 处板桩墙前的被动土压力等于板桩墙后的主动土压力，即：

$$\rho \cdot K \cdot K_P \cdot y = \rho K_a(H+y) = P_b + \rho \cdot K_a \cdot y$$

$$y = \frac{p_b}{\rho(K \cdot K_P - K_a)} \tag{4-37}$$

式中 p_b——挖土面处板桩墙后的主动土压力强度值。

其余符号意义同前。

C. 按简支架计算等值梁的最大弯矩 M_{max} 和两个支点的反力 R_a 和 R_c。

D. 计算板桩墙的最小入土深度 t_0，$t_0 = y + x$。

距离 x 可由 R_c 和墙前被动土压力对板桩底端的力矩相等求得，即：

$$R_c = \frac{\rho(K \cdot K_P - K_a)}{6} x^2$$

解得：

$$x = \sqrt{\frac{6 \cdot R_c}{\rho(K \cdot K_P - K_a)}} \tag{4-38}$$

板桩所需埋入深度 t 为：

$$t = (1.1 \sim 1.2) t_0 \tag{4-39}$$

板桩埋入深度安全系数一般取1.1，板桩后面为填土时取1.2。

3. 基坑(槽)和管沟开挖支撑的施工要点

(1) 基坑槽、管沟支撑宜选用质地坚实、无枯腐、无虫蛀、无裂折的松木或杉木，不宜使用杂木。

（2）支撑应挖一层支撑一层，严禁一次性将土挖好后再加支撑；支撑应牢固，严密顶紧。

（3）挡土板或板桩与坑壁间的填土要分层回填夯实，使之紧密接触。

（4）埋深的拉锚需用挖沟方式埋设，沟槽尽可能小，防止土体固结状态遭受破坏；不得采取将土方全部挖开埋设拉锚后再回填的方式。拉锚安装后要预拉紧，预紧力不小于设计计算值的5%～10%，每根拉锚松紧程度应一致。

（5）锚杆的锚固段应埋在稳定性较好的岩土层中，并用水泥砂浆灌注密实，锚固长度应经计算或试验确定。

（6）作业中应经常检查支撑和观测邻近建筑物的情况。如发现支撑有松动、变形、位移等情况，应及时加固或更换。加固办法可打紧受力较小部分的木楔或增加立柱及横撑。如换支撑时，应先加新支撑后拆旧支撑。

（7）开挖较深的基坑，除观测邻近建筑物变形外，还应测试板桩和支撑的内应力，当应力达到设计值的90%时（或支护变形大于10mm时），要积极采取防范措施。

（8）支撑的拆除应按回填顺序依次进行。多层支撑应自下而上逐层拆除，拆除一层，经回填夯实后，再拆上层。拆除支撑时，应注意防止附近建筑物或构筑物产生下沉和破坏，必要时采取加固措施。

1.3.3 基坑（槽）和管沟开挖

（1）基坑（槽）和管沟开挖时，上部应有排水措施，防止地面水进入坑内冲刷边坡，造成塌方或破坏基土。

（2）基坑开挖时，应先进行定位测量和抄平放线（方法详见项目三有关内容），在定出开挖宽度后，按放线分段分层挖土。放线时应根据地基的地质和水文情况，确定基坑（槽）和管沟壁的放坡坡度或支护方案，以保证施工操作安全。当土质为天然湿度、构造均匀，水文地质条件良好且开挖范围内无地下水，挖方深度在表4-5规定范围内时，开挖基坑可不放坡，采取直立开挖不加支护。

基坑（槽）和管沟不加支对时的容许深度　　表4-5

序号	土的种类	允许深度（m）
1	密实、中密的砂子和碎石类土（充填物为砂土）	1.00
2	硬塑、可塑的粉质黏土及粉土	1.25
3	硬塑、可塑的黏土和碎石类土（充填物为黏性土）	1.50
4	坚硬的黏土	2.00

（3）基坑开挖程序：测量放线→切线分层开挖→排降水→修坡→整平→留足预留土层。相邻基抗开挖时，应遵循先深后浅或同时进行的施工程序。挖土应自上而下水平分段分层进行，每层0.3m左右，边挖边检查坑底宽度及坡度，不够时及时修整，每3m左右修一次边坡，至设计标高时，再统一进行一次修坡清底，检查坑底宽和标高，要求坑底凹凸不超过15mm。在已有建筑物侧挖基坑（槽）应间隔分段进行，每段不超过2m，相邻段开挖应待已挖好的槽段基础完成并回填

夯实后进行。

(4) 基坑开挖应防止对地基土的扰动。人工挖土基坑挖好后不能立即进行下道工序时，应预留150～300mm一层土待下道工序开始时再挖至设计标高。采用机械开挖基坑时，为避免扰动基底土，应在基底标高以上预留一层土采用人工清理。使用铲运机、推土机或多斗挖土机时，保留土层厚度为200mm；使用正铲、反铲或拉铲挖土时为300mm。

(5) 在地下水位以下挖土，应在基坑(槽)四侧或两侧挖好临时排水沟和集水井，将水位降低至坑(槽)底以下500mm，使挖方顺利进行。降水工作应持续到基础(包括地下水位下回填土)施工完成结束。

(6) 雨期施工时，基坑(槽)应分段开挖，挖好一段浇筑一段垫层，并在基槽两侧修筑土堤或挖排水沟，以防地面雨水流入基坑槽，应经常检查边坡和支护情况，以免坑壁受水浸泡造成塌方。

(7) 弃土应及时运出，在基坑(槽)边缘上临时堆土或堆放材料以及移动施工机械时，应与基坑边缘保持1m以上的距离，以保证坑边直立壁或边坡的稳定。当土质良好时，堆土或材料应距挖方边缘0.5m以外，高度不宜超过1.5m。

(8) 基坑挖完后应进行验槽并作好记录，如发现地基土质与设计要求及地质勘探报告不符时，应与有关人员研究后及时处理。

1.4　土方的填筑与压实

1.4.1　土方的填筑

1. 对填土的要求

(1) 对填土土料的要求

为了保证填方的强度和稳定性，填方土料应符合设计要求，如设计无特别要求时，应符合下列规定：

1) 碎石类土、砂土和爆破石渣可用于表层下的填料；但爆破石渣的粒径不大于每层铺土厚度的2/3，当用振动碾压时，不超过每层铺土厚度的3/4。

2) 含水量符合压实要求的黏性土，可作各层填料。

3) 碎块草皮和有机质含量大于8%的土，仅用于无压实要求的填方。

4) 淤泥和淤泥质土，一般不能用作填料，但在软土或沼泽地区，经过处理后含水量符合压实要求的，可用于填方中的次要部位。

5) 含盐量符合规定的盐渍土，一般可用作回填土料，但土中不得含有盐晶、盐块或含盐植物根茎。

(2) 填土土料含水量的要求

1) 填土土料含水量的大小，应通过夯实(碾压)试验确定，通过试验，以得到符合密实度要求条件下的最优含水量和最少夯实(或碾压)遍数。含水量过小，夯压(碾压)不实；含水量过大，则易成橡皮土。各种土的最优含水量和最大密实度参考表4-6确定。

土的最优含水量和最大干密度参考表　　表 4-6

项次	土的种类	变动范围		项次	土的种类	变动范围	
		最佳含水量(%)(重量比)	最大干密度(t/m^3)			最佳含水量(%)(重量比)	最大干密度(t/m^3)
1	砂土	8～12	1.80～1.88	3	粉质黏土	12～15	1.85～1.95
2	黏土	19～23	1.58～1.70	4	粉　土	16～22	1.61～1.80

注：1. 表中土的最大密度应根据现场实际达到的数字为准。

2. 一般性的回填可不作此项测定。

2) 当填料为黏性土或排水不良的砂土时，其最优含水量与相应的最大干密度，应通过击实试验测定。

3) 土料含水量一般以手握成团，落地开花为适宜。当含水量过大，应采取翻松、晾干、风干、换土回填、掺入干土或石灰等措施；如土料过干，则应预先洒水湿润，补充水量。

2. 填土施工计算

(1) 填土的最大干密度计算

填土的密实度，在一定的压实功条件下，与压(夯)实时的含水量有关，压(夯)实填土的最大干密度 ρ_{max} 是在最优含水量的条件下，通过标准的击实试验确定。当无试验资料时，黏性土、粉土的最大干密度可按下式计算：

$$\rho_{max}=\eta \cdot \frac{\rho_w \cdot d_s}{1+0.01\varpi_{op}d_s} \tag{4-40}$$

式中 ρ_{max}——压实填土的最大干密度(t/m^3)；

η——经验系数，对于黏土取 0.95；粉质黏土取 0.96；粉土取 0.97；

ρ_w——水的密度(t/m^3)，取 $\rho_w=1$；

d_s——土的相对密度，一般取黏土 2.74～2.76t/m^3；粉质黏土 2.72～2.73t/m^3；粉土 2.70～2.71t/m^3；砂土 2.65～2.69t/m^3；也可由试验求得；

ϖ_{op}——土的最优含水量(%)，可按表 4-6 采用。

当压实填土为碎石或卵石时，其最大干密度可取 2.0～2.7t/m^3。

(2) 填土需补充水量的计算

土料的含水量应控制在最优含水量范围内。当土料含水量过低，需洒水润湿补充水量时，每立方米铺好的土内需要补充的水量 V 可按下式计算：

$$V=1000\times\frac{\rho_d}{1+\varpi}(\varpi_{op}-\varpi) \tag{4-41}$$

式中 V——每立方米铺好的土内需要补充的水量(L/m^3)；

ϖ——土的天然含水量(%)；

ρ_d——夯实(碾压)前土的天然密度(t/m^3)。

【例 4-7】 场地填土土料为黏土，天然含水量 $W=15\%$，密度 $\rho_d=1.75t/m^3$，由击实试验求得最优含水量为 21%，试求每立方米土料需要补充的水量。

【解】 由式(4-41)每立方米土料需要补充的水量：

$$V=1000\times\frac{\rho_d}{1+\varpi}(\varpi_{op}-\varpi)=1000\times(0.21-0.15)\times1.75/(1+0.15)=91L/m^3$$

故填土每立方米土料需补充水量为91L。

3. 填土基底的处理

(1) 场地回填应先清除基底上草皮、树根、坑穴中积水、淤泥和杂物，并应采取有效措施防止地表滞水流入填方区，浸泡地基，造成基土下陷。

(2) 当填方基底为耕植土或松土时，应先将基底充分夯实或碾压密实。

(3) 当填方位于水田、沟渠、池塘或含水量很大的松软土地段，应根据具体情况采取排水流干，或将淤泥全部挖出换土、抛填片石、填砂砾石、翻松、掺石灰等措施。

(4) 当填土场地地面陡于1/5时，应先将斜坡挖成台阶状，台阶高0.2～0.3m，台阶宽不小于1.0m，然后分层填土，以利接合和防止滑动。

1.4.2 土方压实

1. 土方压实的要求

(1) 密实度要求

填方的密实度要求和质量指标通常用土的压实系数 λ_c 表示。密实度要求一般由设计根据工程结构性质、使用要求以及土的性质提出规定，如设计无规定，可参考表4-7选用数值。

土的压实系数 λ(密实度)要求 **表4-7**

结构类型	填土部位	压实系数 λ_c
砌体承重结构和框架结构	在地基主要持力层范围内 在地基主要持力层范围以下	>0.96 0.93～0.96
简支结构和排架结构	在地基主要持力层范围内 在地基主要持力层范围以下	0.94～0.97 0.91～0.93
一般工程	基础四周或两侧一般回填土 室内地坪、管道地沟回填土 一般堆放物件场地回填上	0.90 0.90 0.85

注：1. 压实系数为土的控制干密度 ρ_d 与最大干密度 ρ_{dmax} 的比值。

2. 含水量误差应控制在±2%。

填土压实的最大干密度 ρ_{max} 宜采用击实试验确定。当无试验资料时，可按4-6取用。

(2) 回填土的含水量控制

回填土的含水量应控制在最优含水量范围内。

(3) 铺土厚度及压实遍数的控制

填土每层铺土厚度及压实遍数由土的性质、设计压实系数和压实机械的性能由施工现场通过压实试验确定。试验前可参照表4-8初步选用。在表中规定压实遍数范围内，轻型压实机械取大值，重型的取小值。

填方每层的铺土厚度和压实遍数 表 4-8

压实机具	每层铺土厚度(mm)	每层压实遍数(遍)
平碾	250～300	6～8
振动压实机	250～350	3～4
柴油打夯机	200～250	3～4
人工打夯	<200	3～4

注：人工打夯时，土块粒径不应大于 50mm。

2. 填土压实方法

(1) 一般要求

1) 回填土应尽量采用同类土填筑，并应控制土的含水率在最优含水量范围内。当采用不同的土填筑时，应分层铺填，将透水性大的土层置于透水性较小的土层之下，不得混杂使用，边坡不得用透水性较小的土封闭，以利水分排除和基土的稳定，并避免在填方内形成水囊和产生滑动现象。

2) 填土应从最低处开始，由下向上整个宽度分层铺填碾压或夯实。

3) 在地形起伏之处，应修筑成 1：2 阶梯形边坡。

4) 填土应预留一定的下沉高度，以备在行车、堆重或干湿交替等自然因素作用下，主体逐渐沉落密实。预留沉降量根据工程性质、填方高度、填料种类、压实系数和地基情况等因素确定。当土方用机械分层夯实时，预留下沉高度(以填方高度的百分数计)可参考下列数值取用：

砂土 1.5%；

粉质黏土 3%～3.5%。

(2) 人工夯实

1) 人力打夯前应将填土初步整平，打夯要按一定方向进行，一夯压半夯，夯夯相接，行行相连，两遍纵横交叉，分层夯打。夯实基槽及地坪时，打夯路线应由四边向中间夯打。

2) 用蛙式打夯机等小型机具夯实时，填土厚度一般不宜大于 250mm，打夯前对填土应初步平整，打夯机依次夯打，不留间隙。

3) 房心土回填应在相对两侧或四周同时进行回填与夯实。

4) 回填管沟时，应用人工先在管子周围填土夯实，并应从管道两边同时进行，直至管顶 0.5m 以上。在确保无损坏管道的情况下，方可采用机械填土回填夯实。

(3) 机械压实

1) 在碾压机械碾压之前，宜先用轻型推土机、拖拉机推平，低速预压 4～5 遍，使表面平实；采用振动平碾压实爆破石渣或碎石类土，应先静压，而后振动压实。这样，才能保证填土压实的均匀性及密实度，避免碾轮下陷，提高碾压效率。

2) 碾压机械压实填方时，应控制行驶速度，一般平碾、振动碾不超过 2km/h；羊足碾不超过 3km/h；并要控制压实遍数。碾压机械与基础或管道应保持一定的距离，防止将基础或管道压坏或移位。

3）用压路机进行填方压实，应采用“薄填、慢驶、多遍”的方法，填土厚度应按压实机械的类型采用；碾轮每次重叠宽度约150～250mm，避免漏压。运行中碾轮边距填方边缘应大于500mm，以防发生滑坡倾倒。边角、边坡边缘压实不到之处，应辅以人工夯实或小型夯实机具夯实。每碾压一层完后，应用人工或机械（推土机）将表面拉毛以利接合。

4）平碾碾压一层完后，应用人工或推土机将表面拉毛。土层表面太干燥时，应洒水湿润后才能继续回填，以保证上、下层接合良好。

（4）压实排水要求

1）填土层如有地下水或滞水时，应在四周设置排水沟和集水井，将水位降低。

2）填好的土如遭水浸，应彻底把稀泥铲除后，方能进行下一道工序。

3）填土区应保持一定横坡，即中间稍高两边稍低，以利排水。当天填土应在当天压实。

训练2 地基局部处理方法及工艺

［训练目的与要求］ 通过训练，掌握地基局部处理的方法及施工工艺与要求，具有组织地基处理和加固施工的能力。

2.1 松土坑的处理

2.1.1 松土坑在基槽范围内的处理方法

松土坑在基槽范围内且深度不大时、可将松土坑中的松软土全部挖除，使坑底及四壁均见天然土，然后用与天然土压缩性相近的材料回填。当天然土为砂土时，用砂或级配砂石回填；当天然土为较密实的黏性土，用3∶7灰土分层回填夯实；天然土为中密可塑的黏性土或新近沉积黏性土，可用2∶8灰土分层回填夯实，每层厚度不大于200mm，做法见图4-17。

2.1.2 松土坑超过基槽边沿时的处理方法

松土坑在基槽中的范围较大，且超过基槽边沿时，基槽边沿的因条件限制，槽壁挖不到天然土层时，可将该范围内的基槽适当加宽，加宽部分的宽度可按下述条件确定：当用砂土或砂石回填时，基槽壁边应按$b:h=1:1$加宽；用2∶8灰土回填时，基槽每边应按$b:h=0.5:1$加宽；用3∶7灰土回填时，如坑的长度≤2m，基槽可不加宽，但灰土与槽壁接触处应夯实，做法见图4-18。

2.1.3 松土坑深度大于槽宽或大于1.5m时的处理方法

按以上要求处理挖到老土，槽底处理完毕后，还应适当考虑加强上部结构的强度，方法是在灰土基础上1～2皮砖处（或混凝土基础内）、防潮层下1～2皮砖处及首层顶板处，加配$4\phi8$～$4\phi12$钢筋跨过该松土坑两端各1m，以防在松土坑处局部产生过大的不均匀沉降，做法见图4-19。

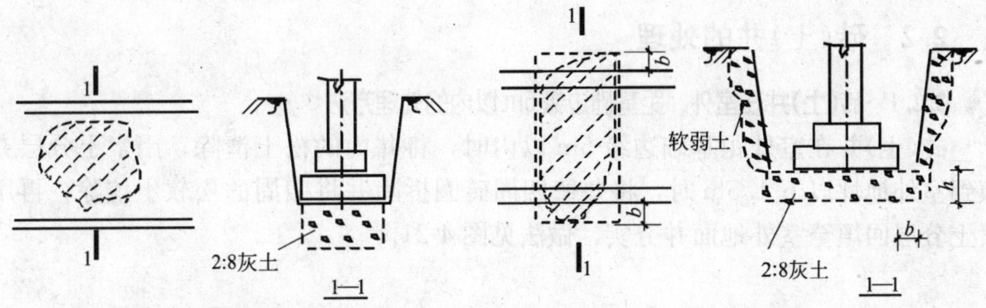

图 4-17　松土坑在基槽范围内的处理方法　图 4-18　松土坑超过基槽边沿时的处理方法

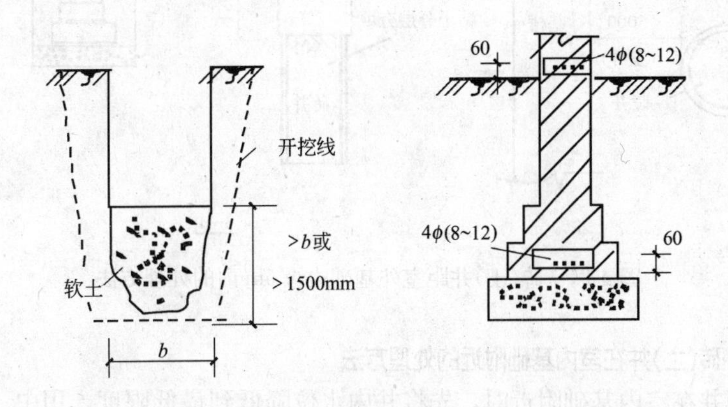

图 4-19　松土坑深度大于槽宽或大于 1.5m 时的处理方法

2.1.4　松土坑范围较大，且长度超过 5m 的处理方法

如松土坑坑底土质与一般基槽底土质相同，可将松土坑范围的基础加深，做成 1∶2 阶梯状与两端相接，阶梯高不大于 500mm，阶梯长度不小于 1000mm，如深度较大，用灰土分层夯填至与基坑(槽)底平，做法见图 4-20。

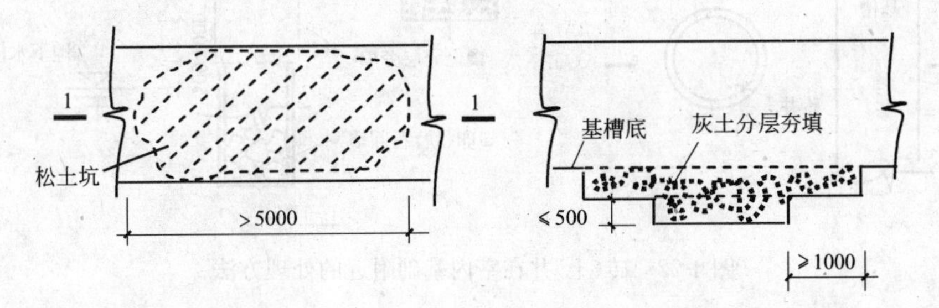

图 4-20　松土坑长度超过 5m 的处理方法

松土坑下的地下水位较高，坑内无法用灰土夯填时，可将坑(槽)中的松土挖去后，再用砂土、砂石或低标号混凝土代替灰土回填。如松土坑底在地下水位以下时，回填前先用粗砂与碎石(比例为 1∶3)分层回填夯实至地下水位以上时再用 3∶7(或 2∶8)灰土回填夯实至要求高度。

2.2　砖(土)井的处理

2.2.1　砖(土)井在室外，距基础边缘5m以内的处理方法

砖(土)井在室外距基础边缘5m以内时，将井内的松土清除，用素土分层夯填到室外地坪以下1.5m时，将井壁四周砖圈拆除并将四周的松软土挖除，再用素土分层回填至室外地面并夯实，做法见图4-21。

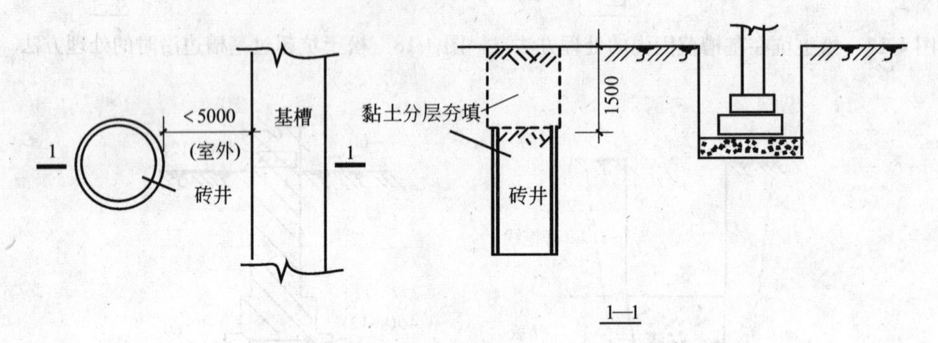

图4-21　砖(土)井距室外基础边缘5m内的处理方法

2.2.2　砖(土)井在室内基础附近的处理方法

砖(土)井在室内基础附近时，先将井内水位降低到最低限度，用中、粗砂及块石、卵石或碎砖等回填到地下水位以上500mm。并将砖井四周砖圈拆至基坑(槽)底以下1m或更深些，然后再用素土分层回填并夯实，如井已经回填，但不密实或有软土，可用大块石将下面软土挤紧，再用素土分层回填夯实，做法见图4-22。

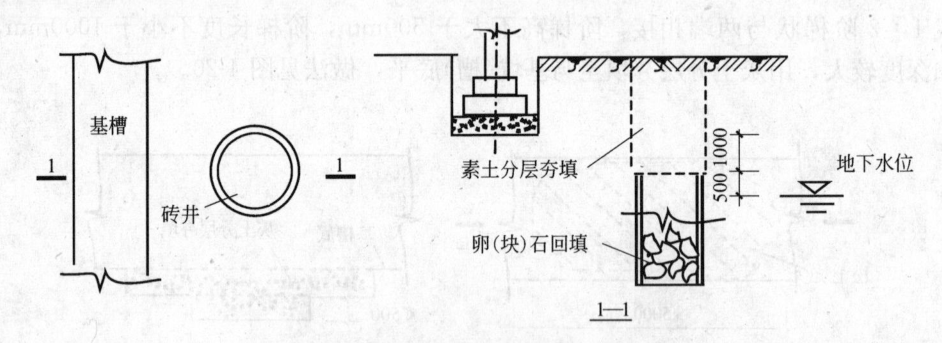

图4-22　砖(土)井在室内基础附近的处理方法

2.2.3　砖(土)井在基础下，或在条形基础3*B*、柱基2*B*范围内的处理方法

砖(土)井在基础下，或在条形基础3*B*、柱基2*B*范围内时，先用素土分层夯填至基础底下2m处，并将砖井靠基槽侧砖圈拆至基坑(槽)底以下1～1.5m处，将井壁四周松软部分挖去，再用素土分层回填至室外地面并夯实。当井内有水时，可采用中、粗砂及块石、卵石或碎砖回填至水位以上500mm，然后再按上述方法处理；当井内已填有土，但不密实，且挖除困难时，可在部分拆除后的砖石井圈上加钢筋混凝土盖封口，上面用素土或2∶8灰土分层夯填至基坑(槽)底部，做法见图4-23。

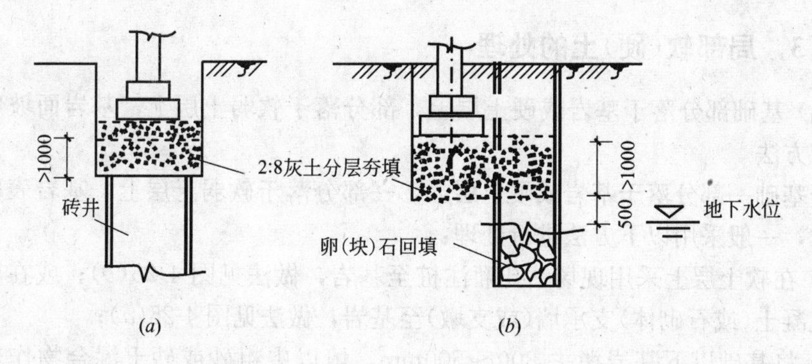

图 4-23　井在基础下，或在条形基础 3B、柱基 2B 范围内的处理

(a)井中无水；(b)井中有水

2.2.4　砖(土)井在房屋转角处，且基础部分或全部压在井上的处理方法

砖(土)井在房屋转角处，且基础部分或全部压在井上时，除用以上办法回填处理外，还应对基础进行加固处理。当基础压在井上部分较少，可采用从基础中挑钢筋混凝土梁的办法进行加固。当基础压在井上部分较多，用挑梁的方法较困难或不经济时，则可将基础沿墙长方向向外延长出去，使延长部分落在天然土上，落在天然土上基础总面积应等于或稍大于井圈范围内原有基础的面积，并在墙内配筋或用钢筋混凝土梁进行加强处理。

2.2.5　砖(土)井已淤填，但不密实的处理方法

当砖(土)井较深，且已淤填，但不密实时，可用大块石将下面软土挤密，再用前述办法分层夯填。如井内不能夯填密实，而上部荷载又较大，可在井内设灰土挤密桩或石灰桩；如土井在大体积混凝土基础下，可在井圈上加钢筋混凝土盖板封闭，上部再用素土或 2∶8 灰土分层夯填密实的办法处理，使基土内附加应力传布比较均匀，但要求盖板到基底的高差大于井的直径，做法见图 4-24。

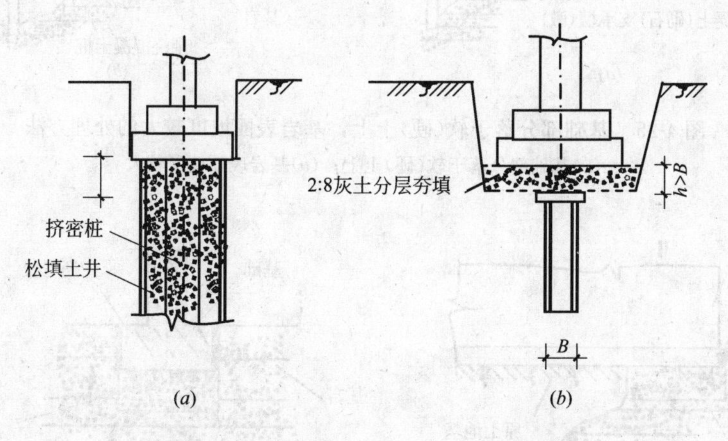

图 4-24　井已淤填，但不密实的处理方法

(a)灰土挤密桩；(b)井圈上加钢筋混凝土盖板

2.3 局部软(硬)土的处理

(1) 基础部分落于基岩或硬土层上，部分落于软弱土层上，基岩面坡度较大的处理方法

当基础一部分落于基岩或硬土层上，一部分落于软弱土层上，基岩表面坡度较大时，一般采用以下方法进行处理：

1) 在软土层上采用现场钻孔灌注桩至基岩，做法见图 4-25(*b*)；或在软土部位作混凝土(或石砌体)支承墙(或支墩)至基岩，做法见图 4-25(*a*)；

2) 将基础以下基岩凿去 300～500mm，填以中粗砂或砂土混合物作软性褥垫，调节岩石与土基交界部位地基的相对变形，避免出现应力集中造成基础裂缝；

3) 加强基础和上部结构的刚度，以克服软硬地基的不均匀变形。

(2) 基础下局部遇基岩、旧墙基、大孤石、老灰土或圬工构筑物的处理方法

当基础下局部遇基岩、旧墙基、大孤石、老灰土或圬工构筑物时，一般采用以下方法进行处理：

1) 尽可能将旧墙基、大孤石、老灰土或圬工构筑物挖除，以防建筑物由于局部落于坚硬地基上，造成不均匀沉降而使建筑物开裂；

2) 将坚硬地基部分凿去 300～500mm，填以中粗砂或砂土混合物作软性褥垫，调节岩石与土基交界部位地基的相对变形，避免出现应力集中造成基础裂缝，做法见图 4-26。

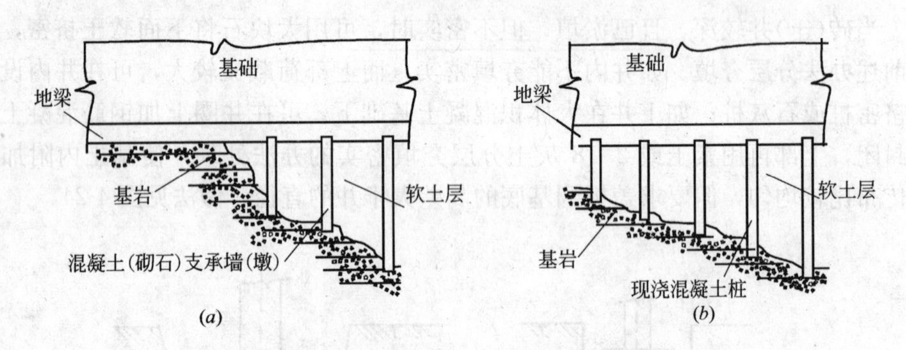

图 4-25 基础部分落于软(硬)土上，基岩表面坡度较大的处理方法

(*a*)基础部分落于软(硬)土上；(*b*)基岩表面坡度较大

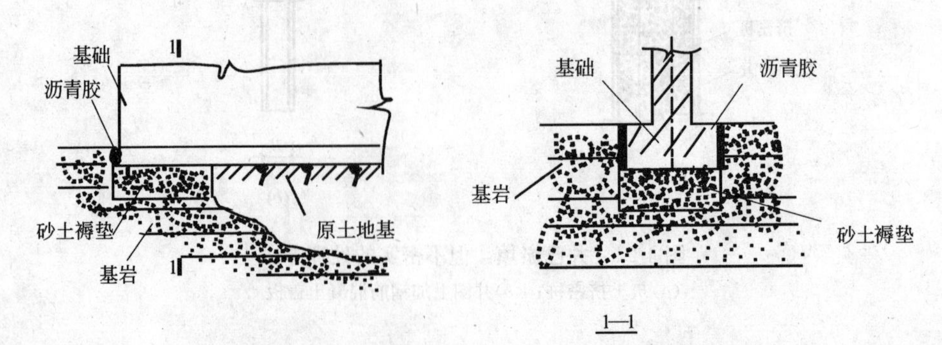

图 4-26 基础下有局部基岩、旧墙基、大孤石等的处理方法

(3) 基础落于厚度不一的软土层上，下部有倾斜较大的岩层的处理方法。

当基础落于厚度不一的软土层上，下部有倾斜较大的岩层，且部分基础落于基岩上，部分基础悬空时，一般采用以下方法进行处理：

1) 如建(构)筑物处于稳定的单向倾斜的岩层上，基底距岩面不小于300mm，此种地基的不均匀变形较小，可不作变形验算，也可不进行地基处理。为了防止建(构)筑物倾斜，可在软土层采用现场钻孔灌注钢筋混凝土短桩直至基岩；

2) 在较低部分基岩上作低强度等级混凝土或砌块支承墙(或墩)，中间用素土分层回填夯实；

3) 将较高部分基岩凿去，使基础底板落于同一标高上，或在较低部分基础上用较低强度等级混凝土或毛石混凝土作填充造型；

4) 在基础底板下作砂石垫层处理，使应力扩散，减低地基变形；

5) 调整基础的底宽和埋深，如将条形基础沿基岩倾斜方向分阶段加深，做成阶梯形基础，使其下部土层厚度基本一致，以使沉降均匀；

6) 当建筑物下基岩呈八字形倾斜，地基变形将为两侧大，中间小，建(物)筑物较易在两个倾斜面交界部位出现开裂，此时在倾斜面交界处，建(构)筑物还宜设沉降缝分开。

(4) 基础一部分落于原土层上，一部分落于回填土地基上的处理方法。

当基础一部分落于原土层上，一部分落于回填土地基上时，可在填土部位用现场钻孔灌注桩或钻孔爆扩桩直至原土层，使该部位上部荷载直接传至原土层，以避免地基的不均匀沉降。

项目5 砌体结构施工

通过训练，掌握砌体结构施工机械的类型及选择方法，掌握脚手架的类型、搭设工艺及要求，掌握砌体结构施工的施工工艺及方法，具有组织砌体结构施工的能力。

训练1 砌体结构施工机械的选择

［训练目的与要求］ 通过训练，掌握砌体结构施工机械的类型及适用范围，具有正确选择砌体结构施工机械的能力。

1.1 砂浆搅拌机械

1.1.1 砂浆搅拌机械的类型

按生产状态可分为周期作用和连续作用两种基本类型；按安装方式可分为固定式和移动式两种；按出料方式有倾翻出料式和活门出料式(见图5-1)两类。

砂浆搅拌机是砌筑工程中的常用机械，用来制备砌筑砂浆。常用规格有0.2m³和0.325m³两种，台班产量为18～26m³。目前常用的砂浆搅拌机有倾翻出料式(HJ-200型、HJ-200B型)和活门出料式(HJ325型)两种。

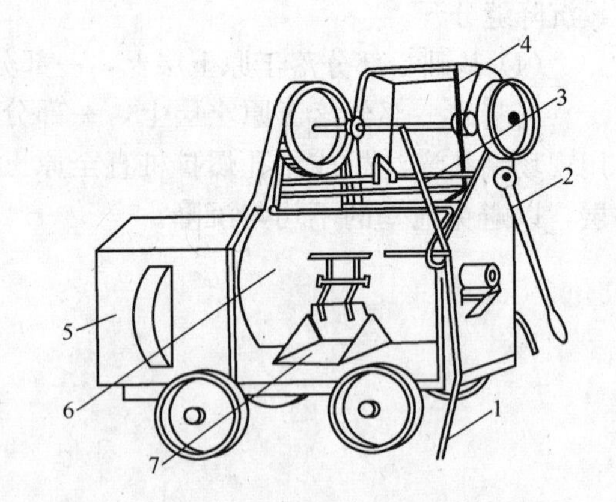

图5-1 活门出料式砂浆搅拌机

1—水管；2—上料操作手柄；3—出料操作手柄；4—上料斗；5—变速箱；6—搅拌斗；7—出料口

砂浆搅拌机是由动力装置带动搅拌筒内的叶片翻动砂浆进行工作的。一般由操作人员在进料口通过计量加料，经搅拌1～2min后成为使用的砂浆。

1.1.2 砂浆搅拌机械的选择

选择砂浆搅拌机主要根据工程的规模、砌筑砂浆的供应强度及机械的供应情况参照砂浆搅拌机的技术性能(见表5-1)选用。

砂浆搅拌机主要技术数据　　表5-1

技术指标	型号				
	HJ-200	HJ_1-200A	HJ_1-200B	HJ-325	连续式
容量(L)	200	200	200	325	
搅拌叶片转速(r/min)	30～28	28～30	34	30	383

续表

技术指标		型号				
		HJ-200	HJ_1-200A	HJ_1-200B	HJ-325	连续式
搅拌时间(min)		2		2		
生产率(m^3/h)				3	6	16 m^3/台班
电机	型号	JO_2-42-4	JO_2-41-6	JO_2-32-4	JO_2-32-4	JO_2-32-4
	功率(kW)	2.8	3	3	3	3
	转速(r/min)	1450	950	1430	1430	1430
外形尺寸(mm)	长	2200	2000	1620	2700	610
	宽	1120	1100	850	1700	415
	高	1430	1100	1050	1350	760
自重(kg)		590	680	560	760	180

1.2　竖直运输机械

竖直运输设施指在建筑施工中担负竖直输送材料和施工人员的机械设备和设施。砌筑工程中的竖直运输量很大，不仅要运输大量的砖(或砌块)、砂浆，而且还要运输脚手架、脚手板和各种预制构件，因而合理安排竖直运输机械直接影响到砌筑工程的施工速度和工程成本。

1.2.1　竖直运输机械的类型及应用

目前砌筑工程中常用的竖直运输设施有塔式起重机、井架、龙门架、施工电梯、灰浆泵等。

1. 塔式起重机

塔式起重机(图5-2)具有提升、回转、水平运输等功能，不仅是重要的吊装设备，而且也是重要的竖直运输设备，尤其在吊运长、大、重的物料时有明显的优势，故在可能条件下宜优先选用。

2. 井架、龙门架

(1) 井架：井架是施工中较常用的竖直运输设施。它的稳定性好、运输量大，除用型钢或钢管加工的定型井架之外，还可用脚手架材料搭设而成。井架多为单孔井架，但也可构成两孔或多孔井架。井架通常带一个起重臂和吊盘。起重臂起重能力为5～10kN，在其外伸工作范围内也可作小距离的水平运输。吊盘起重量为10～15kN，其中可放置运料的手推车或其他散装材料。需设缆风绳保持井架

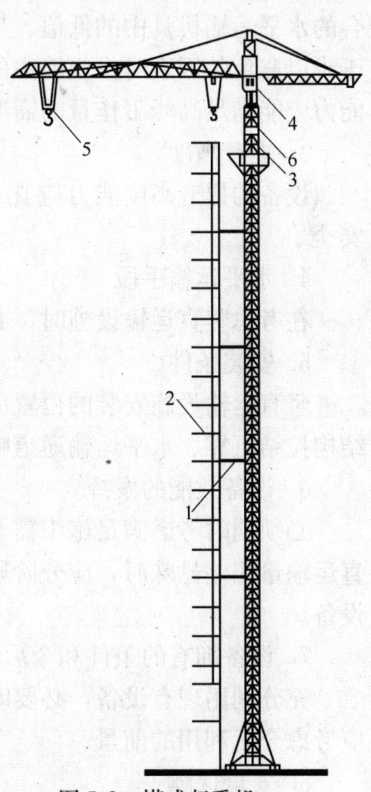

图5-2　塔式起重机

1—撑杆；2—建筑物；3—标准节；4—操纵室；5—起重小车；6—顶升套架

的稳定。

(2) 龙门架：龙门架是由两根三角形截面或矩形截面的立柱及横梁组成的门式架。在龙门架上设滑轮、导轨、吊盘等，进行材料、机具和小型预制构件的竖直运输。龙门架构造简单，制作容易，用材少，装拆方便，但刚度和稳定性较差，一般适用于中小型工程。需设缆风绳保持龙门架的稳定。

3. 灰浆泵

灰浆泵是一种可以在竖直和水平两个方向连续输送灰浆的机械，目前常用的有活塞式和挤压式两种。活塞式灰浆泵按其结构又分为直接作用式和隔膜式两类。

1.2.2 竖直运输机械的设置要求

竖直运输设施的设置一般应根据现场施工条件满足以下一些基本要求。

1. 覆盖面和供应面

塔吊的覆盖面是指以塔吊的起重幅度为半径的圆形吊运覆盖面积；竖直运输设施的供应面是指借助于水平运输手段(手推车等)所能达到的供应范围。建筑工程的全部作业面应处于竖直运输设施的覆盖面和供应面的范围之内。

2. 供应能力

塔吊的供应能力等于吊次乘以吊量(每次吊运材料的体积、重量或件数)；其他竖直运输设施的供应能力等于运次乘以运量，运次应取竖直运输设施和与其配合的水平运输机具中的低值。另外，还需乘以0.5～0.75的折减系数，以考虑由于难以避免的因素对供应能力的影响(如机械设备故障等)。竖直运输设备的供应能力应能满足高峰工作量的需要。

3. 提升高度

设备的提升高度能力应比实际需要的升运高度高出不少于3m，以确保安全。

4. 水平运输手段

在考虑竖直运输设施时，必须同时考虑与其配合的水平运输手段。

5. 安装条件

竖直运输设施安装的位置应具有相适应的安装条件，如具有可靠的基础、与结构拉结可靠、水平运输通道畅通等条件。

6. 设备效能的发挥

必须同时考虑满足施工需要和充分发挥设备效能的问题。当各施工阶段的竖直运输量相差悬殊时，应分阶段设置和调整竖直运输设备，及时拆除已不需要的设备。

7. 设备拥有的条件和今后利用问题

充分利用现有设备，必要时添置或加工新的设备。在添置或加工新的设备时应考虑今后利用的前景。

8. 安全保障

安全保障是使用竖直运输设施中的首要问题，必须引起高度重视。所有竖直运输设备都要严格按有关规定操作使用。

训练 2　砌筑脚手架的计算

［训练目的与要求］　在《建筑施工技术》课程中，已解决了脚手架的搭设工艺及搭设要求，在建筑施工中，有的脚手架还应计算脚手架的强度与承载能力，通过训练，要求掌握脚手架强度校核的计算能力。

2.1　钢管扣件立杆式脚手架计算

2.1.1　钢管扣件立杆式脚手架构造及荷载

1. 钢管扣件立杆式脚手架构造简介

钢管扣件立杆式脚手架主要由钢管和扣件组成。脚手架的搭设，根据使用不同，分为单排、双排、满堂脚手架等。钢管规格一般采用外径 48mm、壁厚 3.5mm 的焊接钢管，或外径 51mm、壁厚 3～4mm 的无缝钢管；整个脚手架系统则由立杆、小横杆、大横杆、剪刀撑、拉撑件、脚手板以及连接它们的扣件组成。立杆用对接扣件连接，纵向设大横杆连系，与立杆用直角扣件或回转扣件连接，并设适当斜杆以增强脚手架的稳定性。在大横杆上设小横杆，上铺脚手板，部分小横杆伸入墙内与墙连接，以增强脚手架的稳定性(图 5-3)。一般扣件式多立杆钢管脚手架的构造参数见《建筑施工技术》表 3-12。

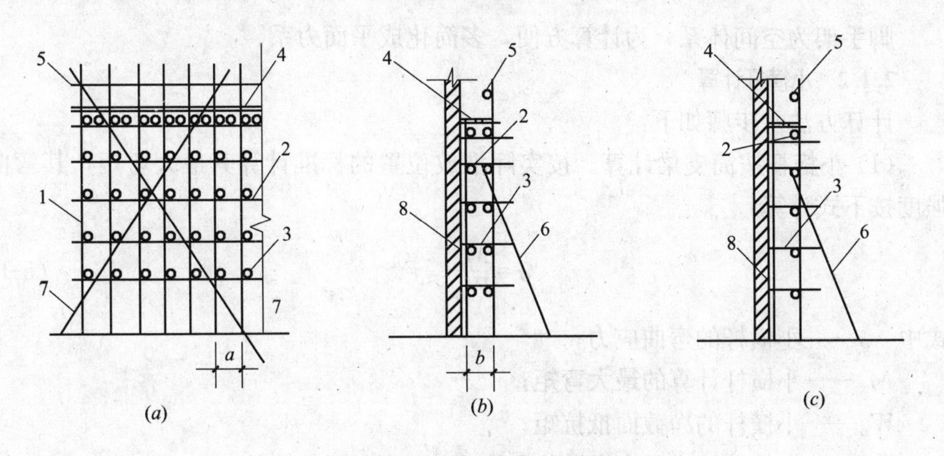

图 5-3　多立杆式脚手架

(a)立面；(b)双排脚手架侧面；(c)单排脚手架侧面

1—立杆；2—大横杆；3—小横杆；4—脚手板；5—栏杆；

6—抛撑；7—斜撑；8—墙体

2. 钢管扣件立杆式脚手架的荷载

作用在脚手架上的荷载，一般有施工荷载(操作人员和材料及设备等重力)和脚手架的自重力。各种荷载的作用部位和分布可按实际情况采用。荷载的传递线路是：脚手板→小横杆→大横杆→立杆→底座→地基。

扣件是构成脚手架的连接件和传力件，它通过与立杆之间形成的摩擦阻力将横杆的荷载传给立杆。试验资料表明，由摩阻力产生的抗滑能力约为10kN，考虑施工中的一些不利因素，采用安全系数$K=2$，取扣件与钢管间的抗滑能力为5kN。表5-2为扣件性能试验规定的合格标准。

扣件性能试验规定的合格标准　　表5-2

性能试验名称		直角扣件		旋转扣件		对接扣件	底座
抗滑试验	荷载(kN)	7.2	10.2	7.2	10.2	—	—
	位移值(mm)	$\Delta_1 \leqslant 0.7$	$\Delta_2 \leqslant 0.5$	$\Delta_1 \leqslant 0.7$	$\Delta_2 \leqslant 0.5$		
抗破坏试验(kN)		25.5		17.3		—	—
扭转刚度试验	力矩(N·m)	918.0		—		—	—
	位移值(mm)	无规定		—		—	—
抗拉试验	荷载(kN)	—		—		4.1	—
	位移值(mm)					$\Delta \leqslant 2.0$	—
抗压试验(kN)				—			51.0

注：1. 实验采用的旋转扭力矩为10N·m。

2. Δ_1为横杆的竖直位移值，Δ_2为扣件后部的位移值。

脚手架为空间体系，为计算方便，多简化成平面力系。

2.1.2 小横杆计算

计算方法及步骤如下：

(1) 小横杆按简支梁计算。按实际堆放位置的标准计算其最大弯矩，其弯曲强度按下式计算：

$$\sigma=\frac{M_x}{W_n}\leqslant f \tag{5-1}$$

式中 σ——小横杆的弯曲应力；

M_x——小横杆计算的最大弯矩；

W_n——小横杆的净截面抵抗矩；

f——钢管的抗弯强度设计值，取$f=205\text{N/mm}^2$。

(2) 将荷载换算成等效均布荷载，按下式进行挠度核算：

$$\omega=\frac{5ql^4}{384EI}\leqslant[\omega] \tag{5-2}$$

式中 ω——小横杆的挠度；

q——脚手板作用在小横杆上的等效均布荷载；

l——小横杆的跨度；

E——钢材的弹性模量；

I——小横杆的截面惯性矩；

$[\omega]$——受弯杆件的容许挠度，取$[\omega]=l/150$。

2.1.3　大横杆计算

(1) 大横杆按三跨连续梁计算。用小横杆支座最大反力计算值，按最不利荷载布置计算其最大弯矩值，其弯曲强度按下式核算：

$$\sigma=\frac{M_x}{W_n}\leqslant f \tag{5-3}$$

式中　σ——大横杆的弯曲应力；

M_x——大横杆的最大弯矩；

W_n——大横杆的截面抵抗矩；

f——钢管的抗弯强度设计值，取 $f=205\text{N/mm}^2$。

当脚手架外侧有遮盖物或有六级以上大风时，须按双向弯曲计算最大组合弯矩，再进行强度核算。

(2) 用标准值的最大反力值进行最不利荷载布置求其最大弯矩值，然后换算成等效均布荷载，并按下式进行挠度校核：

$$\omega=\frac{0.99ql^4}{100EI}\leqslant[\omega] \tag{5-4}$$

式中　ω——大横杆的挠度；

q——脚手板作用在大横杆上的等效均布荷载；

l——大横杆的跨度；

E——钢材的弹性模量；

I——大横杆的截面惯性矩；

$[\omega]$——受弯杆件的容许挠度，取 $[\omega]=l/150$。

2.1.4　立杆计算

(1) 脚手架立杆的整体稳定，按图 5-4 所示轴心受力格构式压杆计算，其格构式压杆由内、外排立杆及横向小横杆组成。计算时按有无风荷载分两种情况进行计算。

1) 不考虑风载时，立杆按下式核算：

$$\frac{N}{\varphi A}\leqslant K_A\cdot K_H\cdot f_c \tag{5-5}$$

$$N=1.2(n_1\cdot N_{GK1}+N_{GK2})+1.4N_{QK} \tag{5-6}$$

式中　N——格构式压杆的轴心压力(kN)；

N_{GK1}——脚手架自重产生的轴力(kN)，自重可由表 5-3 查取；

N_{GK2}——脚手架附件及物品重产生的轴力(kN)，可由表 5-4 查取；

N_{QK}——脚手架一个纵距内的施工荷载标准值产生的轴力(kN)，可由表 5-5 查取；

n_1——脚手架的步距数；

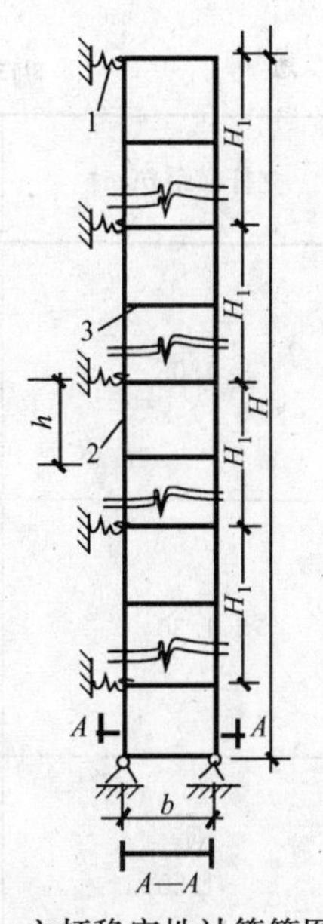

图 5-4　立杆稳定性计算简图

1—弹性支座；2—立杆；3—小横杆；H_1—连墙杆竖向间距；h—步距；b—横距

φ——格构式压杆整体稳定系数，按换算长细比 $\lambda_{CX}=\mu\lambda_X$ 可由表5-6查取；

λ_x——格构式压杆长细比，由表5-7查取；

μ——换算长细比系数，由表5-8查取；

A——脚手架内外排立杆的毛截面面积之和(mm^2)；

K_A——与立杆截面有关的调整系数，当内外排立杆均采用两根钢管组合时，取 $K_A=0.7$；内外排均为单根时，$K_A=0.85$；

K_H——与脚手架高度有关的调整系数。当 $H<25m$ 时，取 $K_H=0.8$；$H<25m$ 时，K_H 按下式计算：

$$K_H=\frac{1}{1+\dfrac{H}{100}} \tag{5-7}$$

H——脚手架高度(m)；

f_c——钢管的抗弯、抗压强度设计值，$f_c=205N/mm^2$。

一步纵距的钢管、扣件重量 N_{GK1}(kN) **表5-3**

立杆纵距 l(m)	步距 h(m)				
	1.2	1.35	1.50	1.80	2.00
1.2	0.351	0.366	0.380	0.411	0.431
1.5	0.380	0.396	0.411	0.442	0.463
1.8	0.409	0.425	0.441	0.474	0.496
2.0	0.429	0.445	0.462	0.495	0.517

脚手架一个立杆纵距的附设构件及物品重 N_{GK2}(kN) **表5-4**

立杆横距 b(m)	立杆纵距 l(m)	脚手架上脚手板铺设的层数		
		二层	四层	六层
1.05	1.2	1.372	2.360	3.348
	1.5	1.715	2.950	4.185
	1.8	2.058	3.540	5.022
	2.0	2.286	3.933	5.580
1.30	1.2	1.549	2.713	3.877
	1.5	1.936	3.391	4.847
	1.8	2.323	4.069	5.816
	2.0	2.581	4.521	6.492
1.55	1.2	1.725	3.066	4.406
	1.5	2.156	3.832	5.508
	1.8	2.587	4.598	6.609
	2.0	2.875	5.109	7.344

注：本表根据脚手架 $0.3kN/m^2$，操作层的挡脚板 0.036N/m，护栏 0.0376N/m，安全网 0.049kN/m (沿脚手架纵向)计算，当实际与此不符时，应根据实际荷载计算。

一个立杆纵距的施工荷载标准值产生的轴力 N_{QK}(kN)　　表 5-5

立杆横距 b(m)	立杆纵距 l(m)	施工均布荷载(kN/m²)				
		1.5	2.0	3.0	4.0	5.0
1.05	1.2	2.52	3.36	5.04	6.72	8.40
	1.5	3.15	4.20	6.30	8.40	10.50
	1.8	3.78	5.04	7.56	10.08	12.60
	2.0	4.20	5.60	8.40	11.20	14.00
1.30	1.2	2.97	3.96	5.94	7.92	9.90
	1.5	3.71	4.95	7.43	9.90	12.38
	1.8	4.46	5.94	8.91	11.80	14.85
	2.0	4.95	6.60	9.90	13.20	16.50
1.55	1.2	3.12	4.56	6.84	9.12	11.40
	1.5	4.28	5.70	8.55	11.40	,14.25
	1.8	5.13	6.84	10.26	13.68	17.10
	2.0	5.70	7.60	11.40	15.20	19.00

轴心受压构件的稳定系数 φ(Q235 钢)　　表 5-6

λ	0	1	2	3	4	5	6	7	8	9
0	1.000	0.997	0.995	0.992	0.989	0.987	0.984	0.981	0.979	0.976
10	0.974	0.971	0.968	0.966	0.963	0.960	0.958	0.955	0.952	0.949
20	0.947	0.944	0.941	0.938	0.936	0.933	0.930	0.927	0.924	0.921
30	0.918	0.915	0.912	0.909	0.906	0.903	0.899	0.896	0.893	0.889
40	0.886	0.882	0.879	0.975	0.872	0.868	0.864	0.861	0.858	0.855
50	0.852	0.849	0.846	0.943	0.839	0.836	0.832	0.829	0.825	0.822
60	0.818	0.814	0.810	0.806	0.802	0.797	0.793	0.789	0.784	0.779
70	0.775	0.770	0.765	0.760	0.755	0.750	0.744	0.739	0.733	0.728
80	0.722	0.716	0.710	0.704	0.698	0.692	0.686	0.680	0.673	0.667
90	0.661	0.654	0.648	0.641	0.634	0.625	0.618	0.611	0.603	0.595
100	0.588	0.580	0.573	0.566	0.558	0.551	0.544	0.537	0.503	0.523
110	0.516	0.509	0.502	0.496	0.489	0.483	0.476	0.470	0.464	0.458
120	0.452	0.446	0.440	0.436	0.428	0.423	0.417	0.412	0.406	0.401
130	0.390	0.391	0.386	0.381	0.376	0.371	0.367	0.362	0.357	0.353
140	0.349	0.344	0.340	0.336	0.332	0.328	0.324	0.820	0.316	0.312
150	0.308	0.306	0.301	0.298	0.294	0.291	0.287	0.284	0.281	0.277
160	0.274	0.271	0.268	0.265	0.262	0.259	0.256	0.253	0.251	0.248
170	0.245	0.243	0.240	0.237	0.235	0.232	0.230	0.227	0.225	0.223
180	0.220	0.218	0.216	0.214	0.211	0.209	0.207	0.205	0.203	0.202
190	0.199	0.191	0.195	0.193	0.191	0.189	0.188	0.186	0.184	0.182

续表

λ	0	1	2	3	4	5	6	7	8	9
200	0.180	0.179	0.177	0.175	0.174	0.172	0.171	0.169	0.167	0.166
210	0.164	0.163	0.161	0.160	0.159	0.157	0.156	0.154	0.153	0.152
220	0.150	0.149	0.148	0.148	0.145	0.144	0.143	0.141	0.141	0.139
230	0.138	0.137	0.136	0.135	0.133	0.132	0.131	0.130	0.129	0.128
240	0.127	0.126	0.125	0.124	0.123	0.122	0.121	0.120	0.119	0.118
250	0.117	—	—	—	—	—	—	—	—	—

格构式压杆的长细比 λ_x 表 5-7

脚手架的立杆横距（m）	脚手架与主体结构连墙点竖向间距 H_1(m)							
	2.7	3.0	3.6	4.0	4.5	4.8	5.4	6.0
1.05	5.14	5.71	6.86	7.62	8.57	9.14	10.28	11.43
1.30	4.15	4.62	5.54	6.15	6.92	7.38	8.31	9.23
1.55	3.50	3.87	4.65	5.16	5.81	6.19	6.97	7.70

注：1. 表中数据根据 $\lambda_x=\frac{2H_1}{b}$计算。H_1 脚手架连墙点的竖向间距，b 为立杆横距。
2. 当脚手架底步以上的步距 h 及 H_1 不同时，应以底步以上较大的 H_1 作为查表根据。

换算细长比系数 μ 表 5-8

脚手架的立杆横距（m）	脚手架与主体结构连墙点的竖向间距 H_1(步距数)		
	$2h$	$3h$	$4h$
1.05	25	20	16
1.30	32	24	19
1.55	40	30	24

注：表中数据是根据脚手架连墙点竖向间距为 3 倍立杆纵距计算所得，若为 4 倍时乘以系数 1.03。

2）考虑风载时，立杆按下式核算：

$$\frac{N}{\varphi A}+\frac{M}{b_1 A_1}\leqslant K_A \cdot K_H \cdot f \tag{5-8}$$

式中 M——风荷载作用对格构式压杆产生的弯矩，按式$M=\frac{q_1 H_1^2}{8}$计算；

q_1——风荷载作用于格构式压杆的线荷载；

b_1——截面系数，取 1.0～1.15；

A_1——内排或外排的单排立杆危险截面的毛截面积。

其他符号意义同前。

(2) 双排脚手架单杆稳定性按下式计算校核：

$$\frac{N_1}{\varphi_1 A_1}+\sigma_m\leqslant K_A \cdot K_H \cdot f \tag{5-9}$$

式中　N_1——不考虑风载时由 N 计算的内排或外排计算截面的轴心压力；

φ_1——杆件稳定系数，由 $\lambda_1=h_1/i_1$，查表5-6得稳定系数；

h_1——脚手架底步或门洞处的步距；

A_1——内排或外排立杆的毛截面面积；

i_1——内排或外排立杆的回转半径；

σ_m——操作处水平杆对立杆偏心传力产生的附加应力，当施工荷载 $Q_K=20kN/m^2$ 时，取 $\sigma_m=35N/mm^2$；当 $Q_k=30kN/m^2$ 时，取 $\sigma_m=55N/mm^2$，非施工层的 $\sigma_m=0$。

其他符号意义同前。

当底步步距较大，而 H_1 及上部步距较小时，此项计算起控制作用。

2.1.5　脚手架与结构的连接计算

(1) 连接件抗拉、抗压强度校核计算：

1) 连接件抗拉强度可按下式校核计算：

$$\sigma_l=\frac{N_l}{A_n}\leqslant 0.85f \tag{5-10}$$

2) 连接件抗压强度可按下式校核计算：

$$\sigma_c=\frac{N_c}{A_n}\leqslant 0.85f \tag{5-11}$$

(2) 连接件与脚手架及主体结构的连接强度校核计算：

连接件与脚手架及主体结构的连接强度校核按下式计算：

$$N_l\leqslant[N_v^c]\text{或}N_c\leqslant[N_v^c] \tag{5-12}$$

式中　σ_l、σ_c——分别为脚手架连接件的抗拉和抗压应力；

$N_l(N_c)$——风荷载作用对连墙点处产生的拉力(或压力)，可由下式计算：

$$N_l(N_c)=1.4H_1L_1W \tag{5-13}$$

H_1，L_1——分别为脚手架连接杆的竖向与水平间距；

W——风载标准值；

A_n——连接件的净截面面积；

$[N_v^c]$——连接件的抗压或抗拉设计承载力，采用扣件时，$[N_v^c]=6kN/$只；

f——钢管的抗拉、抗压强度设计值。

2.1.6　脚手架最大搭设高度校核计算

双排扣件式钢管脚手架一般搭设高度不宜超过50m，超过50m时，应采取分段搭设，分段卸荷的技术措施。由地面起或挑梁上的每段脚手架最大搭设高度可按下式计算：

$$H_{max}\leqslant\frac{H}{1+\frac{H}{100}} \tag{5-14}$$

$$H=\frac{K_A\varphi Af-1.3(1.2N_{GK2}+1.4N_{QK})}{1.2N_{GK1}}\cdot h \tag{5-15}$$

式中 H_{max}——脚手架最大搭设高度；

φAf——可由表 5-9 查取；

h——脚手架的步距。

其他符号意义同前。

φAf 值表 **表 5-9**

立杆横距(m)	H_1	步距 h(m)				
		1.20	1.35	1.50	1.80	2.00
1.05	$2h$	97.756	80.876	67.521	48.491	39.731
	$3h$	72.979	58.808	48.491	34.362	27.971
	$4h$	64.769	52.217	42.988	30.321	24.714
1.30	$2h$	92.899	76.511	63.641	45.447	37.345
	$3h$	76.511	62.159	51.262	36.357	29.783
	$4h$	69.705	56.465	46.388	32.808	26.743
1.55	$2h$	86.018	70.532	58.475	41.605	34.124
	$3h$	70.532	57.110	47.028	33.289	27.232
	$4h$	62.876	50.664	41.605	29.302	23.925

注：表中钢管截面采用 ϕ48×3.5，f=205N/mm^2。

【例 5-1】 某高层建筑装饰施工，需搭设 55m 高的双排扣件式钢管外脚手架，已知立杆横距 b=1.05m，立杆纵距 L=1.5m，内立杆距墙距离 b_1=0.35m，脚手架步距 h=1.8m，铺设钢脚手板 4 层，同时进行施工的层数为 2 层，脚手架与主体结构连接杆的布置为：竖向间距 $H_1=2h$=3.6m，水平距离 $L_1=3L$=4.5m，脚手架钢管为 ϕ48×3.5mm，施工荷载为 4.0kN/m^2，试计算该脚手架的设计。

【解】 (1) 按单根钢管立杆考虑，计算采用单根钢管立杆的允许搭设高度。

由公式(5-14)、(5-15)，根据已知条件分别查表 5-3、表 5-4、表 5-5、表 5-9 得：

N_{GK1}=0.442kN，N_{GK2}=2.95kN，N_{QK}=8.4kN/m^2，φAf=48.491kN；因立杆采用单根钢管，K_A=0.85。带入式(5-15)有：

$$H=\frac{K_A\varphi Af-1.3(1.2N_{GK2}+1.4N_{QK})}{1.2N_{GK1}}\cdot h$$

$$=\frac{0.85\times48.491-1.3(1.2\times2.95+1.4\times8.4)}{1.2\times0.442}\times1.8$$

$$=72.38(\text{m})$$

最大允许搭设高度为：

$$H_{max}\leqslant\frac{H}{1+H/100}=\frac{72.38}{1+72.38/100}=42.0(\text{m})$$

由计算知，该装饰施工脚手架最大允许搭设高度为 42.0m，不能满足要求。

(2) 为了满足脚手架的高度要求，从地面算起下部 13m 采用双钢管作立杆，脚手架的稳定验算如下：

脚手架上部42m为单立杆，其折合步数 $n_1=42\div1.8=23.3$ 步（采用23步），实际高度为：$23\times1.8=41.4$m；

下部双钢管立杆的实际高度为 $55-41.4=13.6$m，折合步数为：$13.6\div1.8=8$ 步。

1）验算脚手架的整体稳定性

A. 因底部压杆轴力最大，故验算双钢管部分的 N 值：

由于钢管和扣件的增加，增加后的每一步一个纵距脚手架的自重为：

$$N'_{GK1}=N_{GK1}+2\times1.8\times0.0376+0.014\times4=0.633\text{kN}$$

$$N=1.2(n_1\cdot N_{GK1}+n'_1\cdot N'_{GK1}+N_{GK2})+1.4N_{QK}$$

$$=1.2(23\times0.442+8\times0.633+2.95)+1.4\times8.4=33.56\text{kN}$$

B. 计算 φ 值：

由 $b=1.05$m，$H_1=3.6$m，查表5-7，得 $\lambda_x=6.86$；查表5-8，得 $\mu=25$；

$$\lambda_{cx}=\lambda_x\mu=6.86\times25=171.5$$

再由 λ_{cx} 查表5-6得 $\varphi=0.242$

C. 验算整体稳定性：因立杆为双钢管，$K_A=0.7$，计算高度调整系数 K_H，由 $H=55>25$，$K_H=1\div(1+H\div100)=0.645$

则：由式(5-5)

$$\frac{N}{\varphi A}\leqslant K_A\cdot K_H\cdot f$$

$$\frac{N}{\varphi A}=33.56\times10^3\div(0.242\times4\times4.893\times10^2)=70.85\text{N/mm}^2$$

$$K_A\cdot K_H\cdot f=0.7\times0.645\times205=92.55\text{N/mm}^2>70.85\text{N/mm}^2$$

故脚手架结构安全。

2）验算单根钢管立杆的局部稳定

单根钢管最不利步距位置为由下向上13.6m处往上的一个步距，最不利荷载也在该处，受力最不利立杆为内立杆，要多负担小横杆向里挑出0.35m宽的脚手板及其上面的活荷载，由平衡方程有，最不利立杆的轴向力 N_1 为：

$$N_1=\frac{1}{2}\left[1.2n_1\cdot N_{GK1}+\frac{1.05\times0.35}{1.4}(1.2N_{GK2}+1.4N_{QK})\right]$$

$$=0.5\times[1.2\times23\times0.442+0.263\times(1.2\times2.95+1.4\times8.4)]=13.2\text{kN}$$

由于 $Q_K=4.0\text{kN/m}^2$，取附加应力 $\sigma_m=35\text{N/mm}^2$；

由 $\lambda_1=h/i=1800/15.78=114$，查表5-6得 $\varphi=0.489$；

单根钢管截面面积 $A_1=489\text{mm}^2$，校核计算部分为单根钢管作立杆，取 $K_A=0.85$，代入式(5-9)有：

$$\frac{N_1}{\varphi_1A_1}+\sigma_m=\frac{13.2\times10^3}{0.489\times489}+35=90.2\quad(\text{N/mm}^2)$$

$$K_A\cdot K_H\cdot f=0.85\times0.645\times205=112.4\text{N/mm}^2>90.2\text{N/mm}^2$$

脚手架结构安全。

2.2 悬挂式吊篮脚手架

悬挂式吊篮脚手架在建筑工程主要用于外墙装修。具有节省大量脚手架材料和搭拆方便、费用较低等优点。

2.2.1 悬挂式吊篮脚手架的构造

悬挂式吊篮脚手架，由吊篮架、悬挂钢绳、挑梁等组成。吊篮脚手架的吊升单元(吊篮架子)宽度宜控制在5～8m，每一吊升单元的自重宜在1t以内。常用吊篮脚手架构造组成见图5-5所示。使用时用导链或卷扬机将吊篮提升到最上层，然后逐层下放进行装修工作。

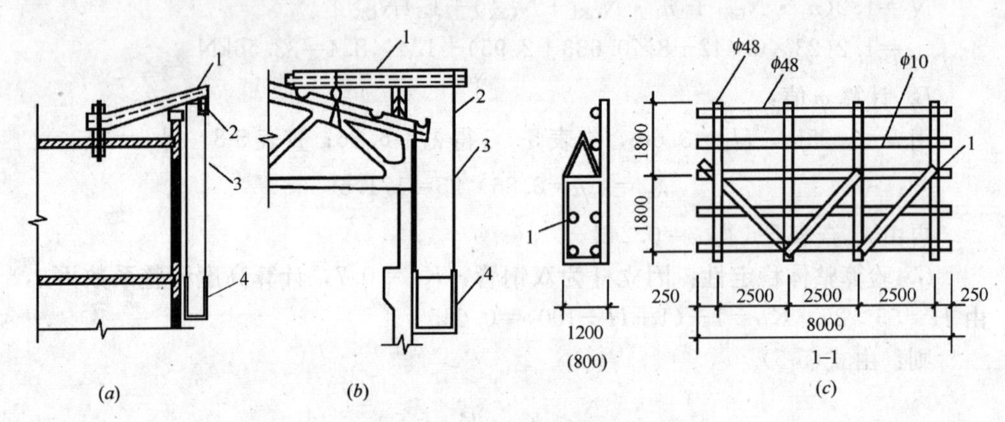

图5-5 吊篮脚手架

(a)在平屋顶的安装；(b)在坡屋顶的安装；(c)吊篮架尺寸

1—挑梁；2—吊环；3—吊索；4—吊篮

2.2.2 悬挂式吊篮脚手架的强度校核计算

1. 计算简图

吊篮架由吊篮片、钢管、钢管卡组合而成。吊篮片之间用ϕ48mm钢管连接组成整体框架体系。计算时，将吊篮视作由两根纵向桁架组成，取其中一榀分析内力进行强度验算(图5-6)。

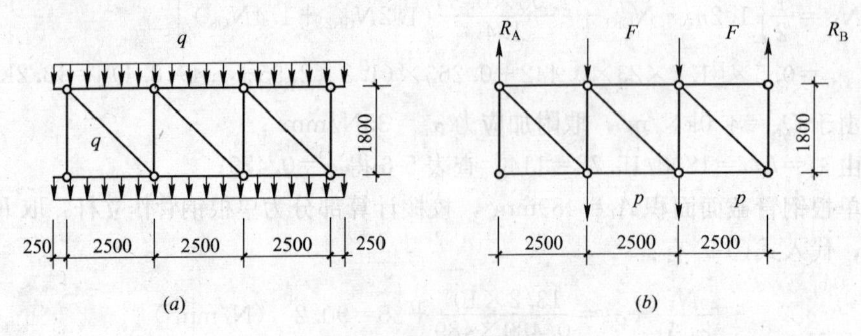

图5-6 吊篮计算简图

(a)吊篮计算简图；(b)吊篮桁架内力计算简图

2. 内力计算

吊篮荷载 q 包括吊篮自重 q_1 和施工荷载 q_2；桁架内力分析时可将均布荷载 q 简化为作用于上弦节点的集中荷载 F 和作用于下弦节点的集中荷载 P，按铰接桁架计算，各杆件仅承受轴向力作用。拉杆应力按下式计算：

$$\sigma_1=\frac{N}{A} \tag{5-16}$$

式中　σ_1——杆件的拉应力(N/mm^2)；

N——杆件的轴心拉力(N)；

A——杆件的净截面积(mm^2)。

上弦杆受压同时受均布荷载作用，上弦弯矩按下式计算：

$$M=\frac{1}{8}ql^2 \tag{5-17}$$

3. 强度校核验算

钢管的强度按下式验算：

$$\sigma=\frac{N}{\varphi A}+\frac{M}{rW}\leqslant f \tag{5-18}$$

式中　M——上弦杆的弯矩(N·m 或 kN·m)；

q——作用于上弦的均布荷载(N/m)；

l——桁架上弦节点间距(m)；

σ——上弦压弯应力(N/mm^2)；

N——上弦杆轴向力(N)；

A——上弦杆的净截面积(mm^2)；

φ——轴心受压杆件的稳定系数，可由有关设计手册查取；

W——上弦杆截面抵抗矩(mm^3)；

r——截面塑性发展系数，按《钢结构设计规范》取用；

f——钢材的抗压、抗拉、抗弯强度设计值(N/mm^2)。

【例 5-2】　某悬挂式吊篮架节点间距 $l=2.5$m，高 $h=1.8$m，宽为 1.2m，吊篮架自重 $550N/m^2$，施工荷载为 $1200N/m^2$，采用 $\phi48\times3.5$mm 钢管制作，$f=215N/mm^2$。

验算上弦强度是否满足要求。

【解】　(1) 荷载计算

吊篮架自重产生的均布荷载为：$q_1=\frac{550\times1.2}{2}=330N/m$

施工荷载产生的均布荷载为：$q_2=\frac{1200\times1.2}{2}=720N/m$

总荷载为：　　$q=q_1+q_2=330+720=1050N/m$

(2) 桁架内力计算

将均布荷载化为集中荷载，按铰接桁架计算：

节点的集中荷载为：　　$P=2.5\times1050=2625N$

吊索拉力为： $R_A = R_B = 2P = 5250\text{N}$

上弦轴力为： $N = R_A \times \dfrac{2.5}{1.8} = 5250 \times \dfrac{2.5}{1.8} = 7292\text{N}$

上弦弯矩为： $M = \dfrac{1}{8} q l^2 = 1050 \times 2.5^2 / 8 = 820\text{N} \cdot \text{m}$

由手册查得 $\phi 48 \times 3.5\text{mm}$ 钢管相关参数为：

截面净面积 $A = 489\text{mm}^2$；截面抵抗矩 $W = 5075\text{mm}^3$；钢管外径 $D = 48\text{mm}$，内径 $d = 41\text{mm}$；由此计算得：

$$i = 0.25\sqrt{D^2 + d^2} = 0.25\sqrt{48^2 + 41^2} = 15.78\text{mm}^2$$

$$\lambda = \frac{l}{i} = \frac{2500}{15.78} = 158.5$$

钢管属 a 类截面，查相关手册得：$\varphi = 0.307$，$r = 1.15$。

上弦压弯应力为：

$$\sigma = \frac{N}{\varphi A} + \frac{M}{rW} = \frac{7292}{0.307 \times 489} + \frac{820}{1.15 \times 5075}$$
$$= 48.6 + 140.5 = 189.1\text{N/mm}^2 < f$$

故吊篮上弦强度满足要求。

2.2.3 悬挂式吊篮脚手架的使用安全事项

当前，悬挂式吊篮脚手架在高层建筑的施工中使用越来越广泛，必须高度重视并确保施工安全。使用安全注意事项如下。

(1) 首次使用吊脚手架时，必须进行设计和各项验算。挑梁(架)和吊篮的使用安全系数应大于3.0，绳索的使用安全系数应大于4.0；重复使用时，应复校使用荷载。

(2) 严格控制加工质量，必须全面符合设计要求。

(3) 严格控制使用荷载，作业人员不得超过规定的人数。

(4) 必须设置安全保险绳。

(5) 吊篮的靠墙一侧应设支撑杆或支撑轮，用拉绳拉到结构上，以减小吊篮的晃动。

(6) 吊篮中的作业人员应系安全带或安全绳。安全带(绳)的另一端应系于结构上(例如在窗口的里侧装设钢横杆用以拴安全带)。

(7) 吊篮的吊索(钢丝绳)应经常检查和保养，不用时应妥为存放保管。有磨损的钢丝绳不得继续使用。正在使用的吊篮，如发现钢丝绳有磨损时，在立即撤出作用人员后将吊篮放至地面并更换钢丝绳。

(8) 吊篮的升降机构、限速机构、控制设备和保险设备必须完好，并经常进行检查维修保养。

(9) 作业人员上岗前应进行必要的培训和安全教育。

2.3 挂脚手架计算

2.3.1 挂脚手架的设置方法与构造

挂脚手架是在结构构件内埋设挂钩，将脚手架挂在挂钩上，也可在钢筋混凝土墙体上预留孔洞，使用螺栓固定。挂脚手架可用于高层建筑外墙装修工程，其架高一般为3层作业高度，且应具有较好的整体性。挂脚手架的挂置点设置按用途不同而异，砌筑围护墙用的挂脚手架大多设在柱子上，装修用的挂脚手架大多设在墙上。具体的设置方法有下列几种：

1. 在混凝土柱子内预埋挂环

多用做砌筑围护墙。挂环用 $\phi20\sim\phi22$ 钢筋环或铁件预先埋在混凝土柱子内(图5-7)，埋设间距根据砌筑脚手架的步距而定，首步为1.5～1.6m，其余为砌筑的一步架高1.2～1.4m。

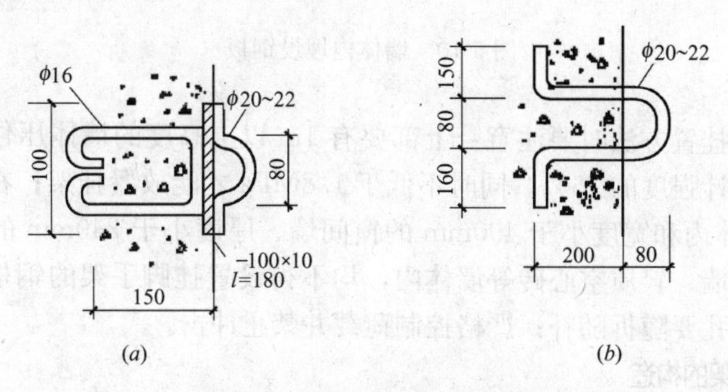

图5-7　混凝土柱子内预埋挂环
(a)预埋铁件；(b)预埋钢筋环

2. 在混凝土柱子上设置卡箍

常用的卡箍构造有两种：一种是大卡箍(图5-8)，用两根L75×8角钢，一端焊“U”形挂环(用 $\phi20\sim\phi22$ 钢筋)以便挂置三角架；另一端钻 $\phi24$mm圆孔，用一根 $\phi22$ 螺栓使两根角钢紧固于柱子上。另一种是小卡箍也叫定型卡箍(图5-9)，在柱子上预留孔穿紧固螺栓，卡箍长670mm，预留孔距柱外皮距离，视砖墙厚度决定，如为240mm墙则为370mm。

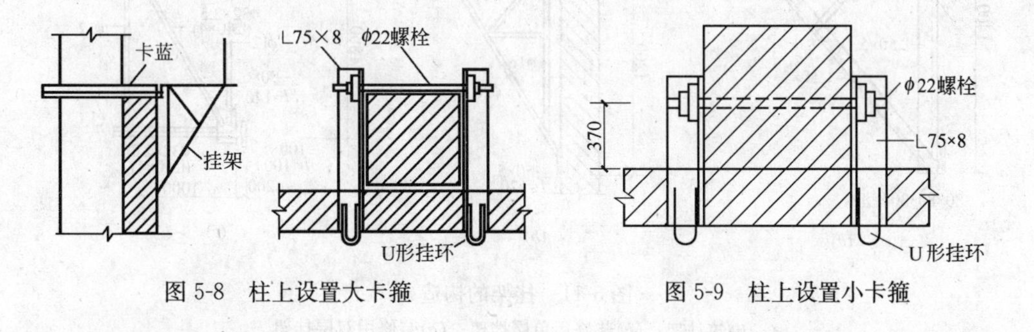

图5-8　柱上设置大卡箍　　图5-9　柱上设置小卡箍

3. 墙体内埋设钢板

外墙面粉刷装修用的挂脚手架一般都在砖墙灰缝内埋设8mm厚的钢板。钢板埋设方法有两种：一种是平放在水平缝内，另一种是竖放在竖直缝内。钢板两端留有圆孔，以便于在墙外挂设脚手架，在墙内用 $\phi10$T形钢筋插销栓牢。为了适应370mm和240mm墙的需要，钢板中部还需增设一个销孔(图5-10)。

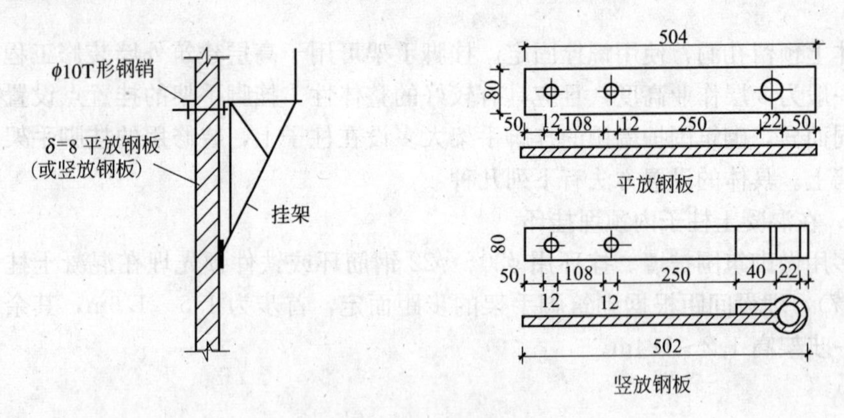

图 5-10 墙体内埋设钢板

采用墙体挂置方法时要注意：上部要有 1m 以上高度的墙体压住钢板；墙体砂浆要达到设计强度的 75%，同时不低于 1.8MPa 才能放置挂架；在窗口两侧小于 240mm 墙体内和宽度小于 490mm 的窗间墙、厚度小于 240mm 的实体墙以及空斗墙、土坯墙、轻质空心砖等墙体内，均不得设置挂脚手架的钢板；施工时安设钢板的预留孔要随拆随补；严格控制荷载并禁止冲击。

2.3.2 挂架的构造

挂脚手架所用的挂架有砌筑用和装修用两种。砌筑用挂架多为单层三角形挂架，装修用挂架有单层，双层两种；单层的一般为三角形挂架，双层的一般为矩形挂架，其构造见图 5-11。

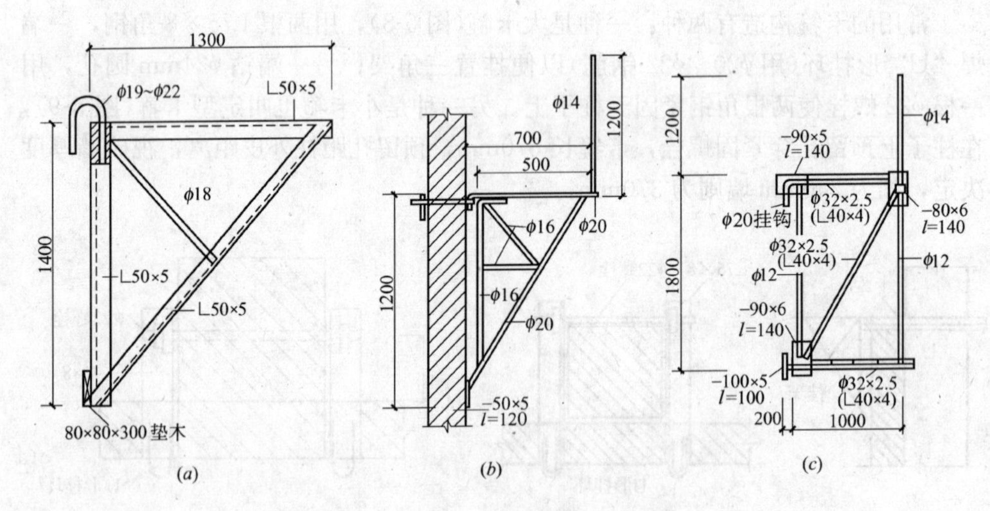

图 5-11 挂架的构造

(a)砌筑挂架；(b)装修用单层挂架；(c)装修用双层挂架

2.3.3 挂脚手架的校核计算

以三角挂脚手架为例介绍其强度校核计算。计算内容包括荷载计算、内力计算和杆件截面验算等。

1. 荷载计算

作用在三角挂脚手架上的荷载有：

(1) 操作施工人员荷载：按每一开间脚手架上5人同时操作，每人按750N计；

(2) 工具荷载：按机械喷涂考虑。每一操作人员携带的灰浆喷嘴、管子和零星工具重量按500N计；

(3) 脚手架自重：架子的钢管、上面铺的脚手板(宽1.0m左右)等自重，每副按1000N计。

2. 内力计算

三角挂脚手架内力计算，以单根三角架为计算单元，视各杆件之间的节点为铰接点，各杆件只承受轴力作用。在计算时，将作用于水平杆上的均布荷载转化为作用于杆件节点的集中力。先根据外力的平衡条件(即$\Sigma X=0$，$\Sigma Y=0$，$\Sigma M=0$)，求出桁架在荷载作用下的支座反力。当无拉杆设置时，上弦支座A在水平方向受拉，下弦支座B沿斜杆方向受压，然后计算各杆件的轴力，可从三角形桁架的外端节点C开始，用节点力系平衡($\Sigma X_i=0$，$\Sigma Y_i=0$)条件，依次求出各杆件的内力。

3. 截面强度验算

(1) 三角挂脚手架拉杆应力按下式验算：

$$\sigma=\frac{N}{A}\leqslant f \tag{5-19}$$

式中　σ——杆件的拉应力(N/mm^2)；

N——杆件的轴心拉力(N)；

A——杆件的净截面积(mm^2)；

f——钢材的抗拉、抗压强度设计值(N/mm^2)。

(2) 三角挂脚手架压杆强度验算：

$$\sigma=\frac{N}{\varphi A}\leqslant f$$

式中　σ——杆件压应力(N/mm^2)；

φ——纵向弯曲系数，可根据$\lambda=l_0/i_{nim}$值查表得；

A——杆件的净截面积(mm^2)；

l_0——杆件计算长度，一般取节点之间的距离(m)；

i_{nim}——杆件截面的最小回转半径，根据选用的型钢查表得。

【例5-3】 三角挂脚手架，尺寸及荷载布置如图5-12所示，间距3.3m，脚手架上由5人操作进行外墙机械喷涂饰面作业，试计算三角挂脚手架各杆件的内力并选用杆件截面，验算强度是否满足要求。

【解】 (1) 挂脚手架上的荷载及计算简图

脚手架上的荷载有：

1) 操作人员重q_1：每人按750N计，则

$$q_1=\frac{5\times750}{3.3\times1.0}=1136N/m^2$$

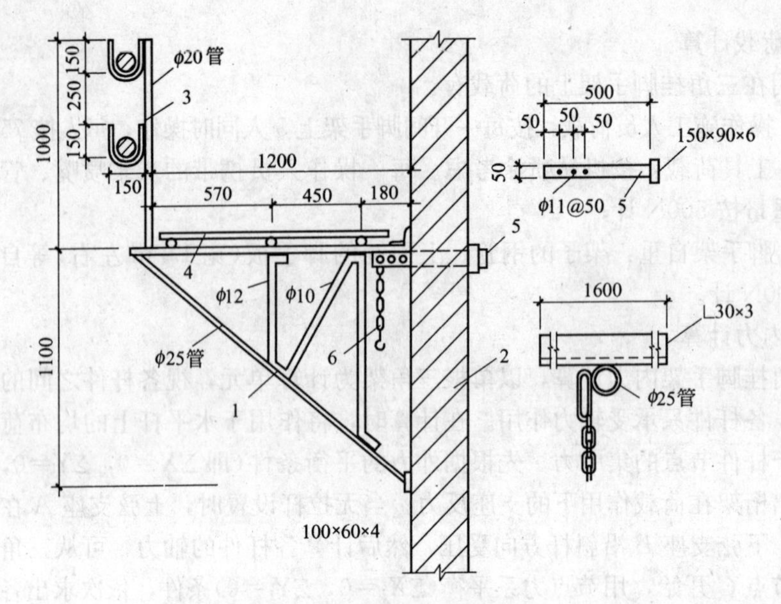

图 5-12 三角挂脚手架构造图

1—三角架；2—墙；3—栏杆；4—脚手板；5—扁钢销；6—插扁钢销用 ϕ10mm 钩

2）工具重 q_2：每一操作人员机具重按 500N 计，则

$$q_2=\frac{5\times500}{3.3\times1.0}=758\text{N/m}^2$$

3）脚手架自重 q_3 每副架按 1000N 计，则

$$q_3=\frac{1000}{3.3\times1.0}=303\text{N/m}^2$$

4）总荷载 q

$$q=q_1+q_2+q_3=1136+758+303=2197\text{N/m}^2$$

计算简图如图 5-13 所示，计算时考虑两种情况：

1）脚手架上的荷载为均匀分布(图 5-13*a*)，化为节点集中荷载，则为：

$$p=\frac{2197\times3.3\times1.0}{2}=3625\text{N}$$

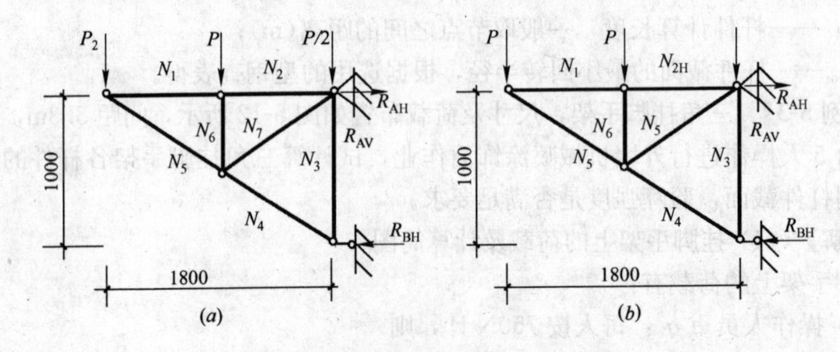

图 5-13 三角挂脚手架计算简图

(*a*)荷载均布时；(*b*)荷载分布偏于外侧时

2）荷载的分布偏于脚手架外侧时（图 5-13b），单位面积上的荷载为：2197×2＝4394N/m^2，简化为节点集中荷载 P 为：

$$P=\frac{4394\times3.3\times0.5}{2}=3625\text{N}$$

（2）内力计算

按桁架进行计算，内力值及选用杆件规格、截面面积列于表 5-10 中。

桁架杆件内力表 **表 5-10**

内力系数及内力值(N)		选用杆件规格(mm)	杆件截面面积(mm)
荷载均匀分布时	荷载偏于外侧时		
$N_1=0.5p=1813$	$N_1=1.0p=3625$	ϕ25×3 钢管	207
$N_2=0.5p=1813$	$N_2=1.0p=3625$	ϕ25×3 钢管	207
$N_3=-1.0p=-3625$	$N_3=-1.5p=-5438$	ϕ12 圆钢	113
$N_4=-1.41p=-5111$	$N_4=-2.12p=-7685$	ϕ25 钢管	207
$N_5=-0.7p=-2538$	$N_5=-1.41p=-5111$	ϕ25 钢管	207
$N_6=-1.0p=-3625$	$N_6=-1.0p=-3625$	ϕ12 圆钢	113
$N_7=0.7p=2538$	$N_7=0.707p=2563$	ϕ12 圆钢	113
支座 $R_{AV}=2.0P=7250$	支座 $R_{AV}=2.0P=7250$		
$R_{AH}=1.0P=3625$	$R_{AH}=1.5P=5438$		
$R_{BH}=1.0P=3625$	$R_{BH}=1.5P=5438$		

（3）截面强度验算

1）杆件 $N_1=N_2=3625$N，选用 ϕ25 钢管，$A=207$mm^2。

考虑钢管与销片连接有一定偏心，其容许应力乘以 0.95 折减系数。

$$\sigma=\frac{N_1}{A}=\frac{3625}{207}=17.5<0.95f=0.95\times215=204\text{N/mm}^2$$

2）杆件 N_3、N_7，均为拉杆，其最大内力 $N=5438$N，选用 ϕ12 圆钢，则杆件的应力为：

$$\sigma=\frac{N_3}{A}=\frac{5438}{113}=48.1\text{N/mm}^2<204\text{N/mm}^2$$

$$i=\frac{d}{4}=\frac{12}{4}=3\text{mm},\ l_0=1000\text{mm}$$

$$\lambda=\frac{l_0}{i}=\frac{1000}{3}=333<[\lambda]=400$$

故在强度和容许长细比方面均满足要求。

3）杆件 N_4、N_5 均为压杆，其最大内力 $N_4=7685$N，$N_5=5111$N。

根据《钢结构设计规范》，该杆在平面外的计算长度为：

$$l_0=l_1\left(0.75+0.25\frac{N_5}{N_4}\right)=1410\times\left(0.75+0.25\times\frac{5111}{7685}\right)=1290\text{mm}$$

式中 l_1 为 N_4 与 N_5 长度之和。

$$i=0.25\sqrt{D^2+d^2}=0.25\sqrt{25^2+19^2}=7.85\text{mm}$$

式中 D、d 分别为钢管的外径和内径。

$$\lambda=\frac{l_0}{i}=\frac{1290}{7.85}=164>[\lambda]=150$$

由 λ 查得：$\varphi=0.289$

$$\sigma=\frac{N_4}{\varphi A}=\frac{7685}{0.289\times207}=129\text{N/mm}^2<204\text{N/mm}^2$$

此两根压杆强度均满足要求，长细比略大于容许长细比，经使用无问题，可不更换规格。

4）压杆 $N_6=3625\text{N}$，选用 $\phi12$ 圆钢。

计算长度 $l_0=500\text{mm}$，$i=0.25d=0.25\times12=3\text{mm}$

$$\lambda=\frac{l_0}{i}=\frac{500}{3}=166>[\lambda]=150$$

根据 $\lambda=166$，λ 查表得 $\varphi=0.282$，所以

$$\sigma=\frac{N_6}{\varphi A}=\frac{3625}{0.282\times113}=114\text{N/mm}^2<204\text{N/mm}^2\quad（满足要求）$$

(4) 焊缝强度验算

取腹杆中内力最大杆件 $N_3=5438\text{N}$ 计算，焊缝厚度 h_f 取 4mm，则焊缝有效厚度中 $h_u=0.7h_f=0.7\times4=2.8\text{mm}$，焊缝长度应为：

$$l_f=\frac{N_3}{h_u\tau_f}=\frac{5438}{2.8\times160}=12.1\text{mm}$$

考虑焊接方便，取焊缝长度为 40mm。

(5) 支座强度验算

1）支座 A 采用 $-50\text{mm}\times6\text{mm}$ 扁铁销片，上面开有 $\phi11\text{mm}$ 孔。

销片受拉验算：

$$R_{AH}=5438\text{N},\ A_j=50\times6-11\times6=234\text{mm}^2$$

$$\sigma=\frac{R_{AH}}{A_j}=\frac{5438}{234}=23.2\text{N/mm}^2<f=215\text{N/mm}^2\quad（满足要求）$$

销片受剪验算：

$$R_{AV}=7250\text{N},\ A_j=234\text{mm}^2$$

$$\tau=\frac{R_{AV}}{A_j}=\frac{7250}{234}=31\text{N/mm}^2<f_V^W=125\text{N/mm}^2\quad（满足要求）$$

2）支座 B 采用 60mm×60mm×6mm 的垫板支承在墙面上。

墙面承压验算：

$$R_{BH}=5400\text{N}$$

$$A=60\times60=3600\text{mm}^2$$

$$\sigma=\frac{R_{BH}}{A}=\frac{5400}{3600}=1.5\text{N/mm}^2<f=2.1\text{N/mm}^2$$

结构满足要求。

训练3　砌筑结构的施工

[训练目的与要求]　通过训练，掌握基础砌筑施工、砖墙砌筑施工、砌块墙砌筑施工、配筋砌体施工的工艺及方法，具有组织砌筑结构施工的能力。

3.1　常用砌筑工具

砌筑施工使用的工具视地区、习惯、施工部位、质量要求及本身特点的不同有所差异。常用工具可分砌筑工具和检测工具两类。

3.1.1　砌筑工具

砌筑工具又分个人工具和共用工具两类，下面介绍砌筑常用工具。

(1) 瓦刀：又称泥刀、砖刀。分片刀和条刀两种(见图5-14)。

1) 片刀：叶片较宽，重量较大。我国北方打砖及发碹用。

2) 条刀：叶片较窄，重量较轻。我国南方砌筑各种砖墙的主要工具。

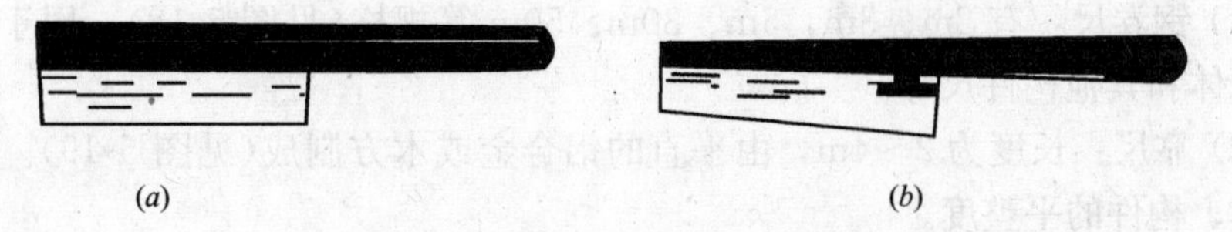

图5-14　瓦刀
(a)片刀；(b)条刀

(2) 斗车：轮轴小于900mm，容量约$0.12m^3$。用于运输砂浆和其他散装材料(见图5-15)。

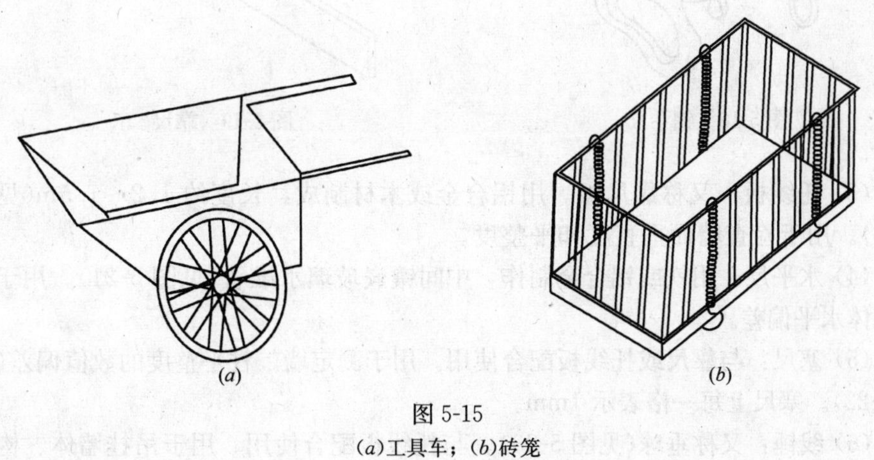

图5-15
(a)工具车；(b)砖笼

(3) 砖笼：采用塔吊施工时，用来吊运砖块的工具(见图5-16)。

(4) 料斗：采用塔吊施工时，用来吊运砂浆的工具，料斗按工作时的状态又分立式料斗和卧式料斗(见图 5-16)。

(5) 灰斗：又称灰盆，用1～2mm厚的黑铁皮或塑料制成(见图 5-17*a*)，用于存放砂浆。

(6) 灰桶：又称泥桶，分铁制、橡胶和塑料制三种(见图 5-17)。供短距离传递砂浆及临时储存砂浆用。

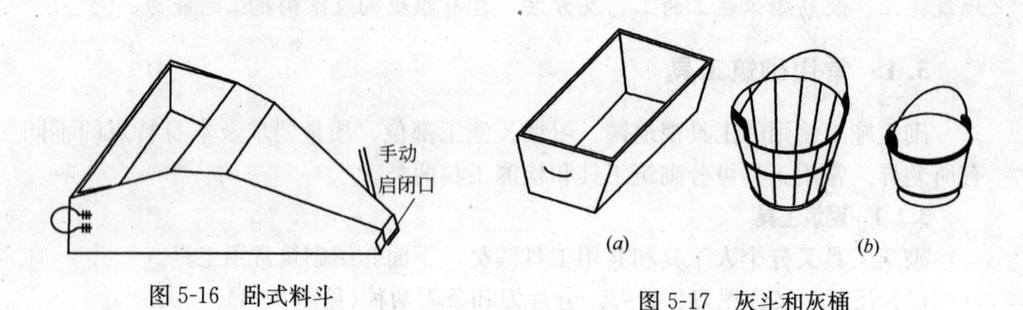

图 5-16 卧式料斗

图 5-17 灰斗和灰桶

(*a*)灰斗；(*b*)灰桶

3.1.2 检测工具

(1) 钢卷尺：有 2m、3m、5m、30m、50m 等规格(见图 5-18)。用于量测轴线、墙体和其他构件尺寸。

(2) 靠尺：长度为 2～4m，由平直的铝合金或木方制成(见图 5-19)。用于检查墙体、构件的平整度。

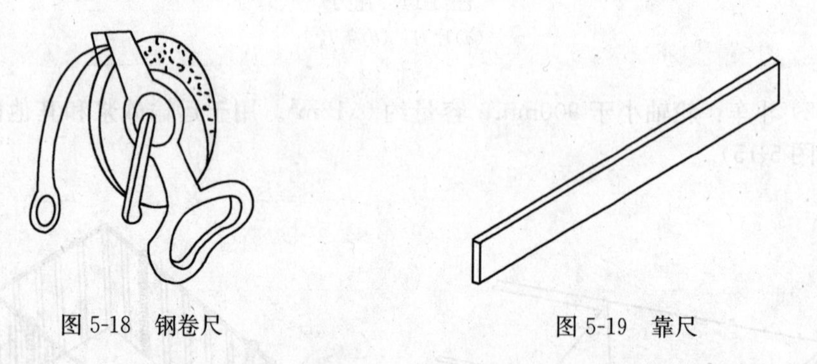

图 5-18 钢卷尺

图 5-19 靠尺

(3) 托线板：又称靠尺板。用铝合金或木材制成，长度约 1.2～1.5m(见图 5-20)。用于检查墙面垂直度和平整度。

(4) 水平尺：用铁或铝合金制作，中间镶嵌玻璃水准管(见图 5-21)。用于检测砌体水平偏差。

(5) 塞尺：与靠尺或托线板配合使用。用于测定墙、柱平整度的数值偏差(见图 5-22)。塞尺上每一格表示 1mm。

(6) 线锤：又称垂球(见图 5-23)。与托线板配合使用，用于吊挂墙体、构件垂直度。

(7) 百格网：用钢丝编制焊接而成，也可在有机玻璃上划格而成(见图 5-24)。用于检测墙体水平灰缝砂浆饱满度。

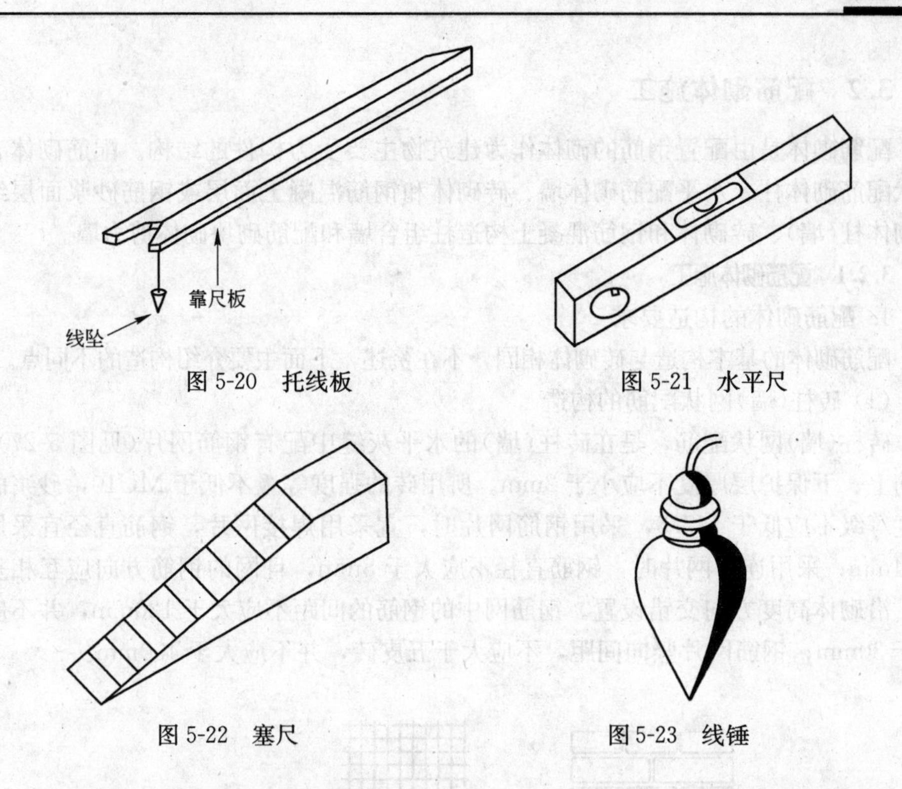

图 5-20　托线板　　图 5-21　水平尺

图 5-22　塞尺　　图 5-23　线锤

(8) 方尺：用铝合金或木材制成的直角尺，边长为 200mm。分阴角和阳角尺两种，铝合金方尺将阴角尺与阳角尺合为一体，使用更为方便(见图 5-25)。用于检测墙体转角及柱的的方正度。

(9) 皮数杆：用于控制墙体砌筑时的竖向尺寸，分基础皮数杆和墙身皮数杆两种。墙身皮数杆一般用 5cm×7cm 的木方制作，长 3.2～3.6m。上面画有砖的层数、灰缝厚度，门窗、过梁、圈梁、楼板的安装高度以及楼层的高度(见图 5-26)。

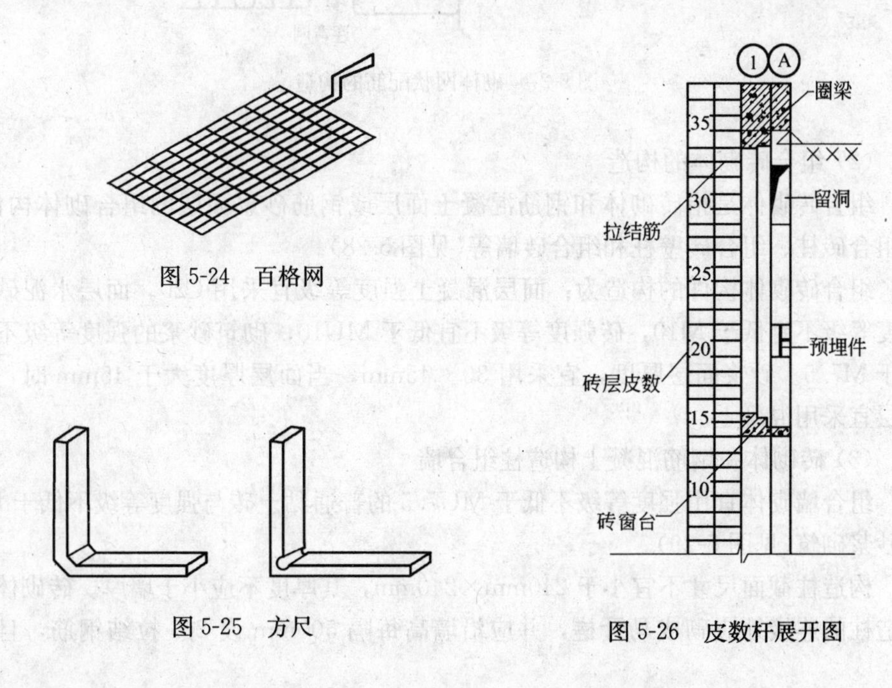

图 5-24　百格网

图 5-25　方尺　　图 5-26　皮数杆展开图

3.2 配筋砌体施工

配筋砌体是由配置钢筋的砌体作为建筑物主要受力构件的结构。配筋砌体有网状配筋砌体柱、水平配筋砌体墙、砖砌体和钢筋混凝土面层或钢筋砂浆面层组合砌体柱(墙)、砖砌体和钢筋混凝土构造柱组合墙和配筋砌块砌体剪力墙。

3.2.1 配筋砌体施工

1. 配筋砌体的构造要求

配筋砌体的基本构造与砖砌体相同，不在赘述，下面主要介绍构造的不同点。

(1) 砖柱(墙)网状配筋的构造

砖柱(墙)网状配筋，是在砖柱(墙)的水平灰缝中配有钢筋网片(见图 5-27)。钢筋上、下保护层厚度不应小于 2mm。所用砖的强度等级不低于 MU10，砂浆的强度等级不应低于 M7.5，采用钢筋网片时，宜采用焊接网片，钢筋直径宜采用 3～4mm；采用连弯网片时，钢筋直径不应大于 8mm，且网的钢筋方向应互相垂直，沿砌体高度方向交错设置。钢筋网中的钢筋的间距不应大于 120mm，并不应小于 30mm；钢筋网片竖向间距，不应大于五皮砖，并不应大于 400mm。

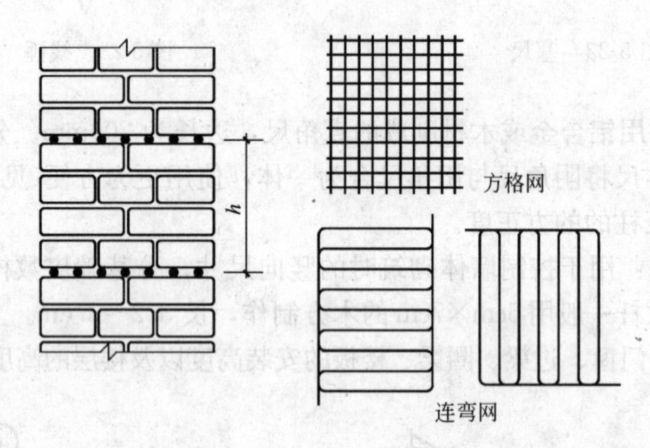

图 5-27 砌体网状配筋的构造

(2) 组合砖砌体的构造

组合砖砌体是指砖砌体和钢筋混凝土面层或钢筋砂浆面层的组合砌体构件，有组合砖柱、组合砖壁柱和组合砖墙等(见图 5-28)。

组合砖砌体构件的构造为：面层混凝土强度等级宜采用 C20。面层水泥砂浆强度等级不宜低于 M10，砖强度等级不宜低于 MU10，砌筑砂浆的强度等级不宜低于 M7.5。砂浆面层厚度，宜采用 30～45mm，当面层厚度大于 45mm 时，其面层宜采用混凝土。

(3) 砖砌体和钢筋混凝土构造柱组合墙

组合墙砌体宜用强度等级不低于 MU7.5 的普通黏土砖与强度等级不低于 M5 的砂浆砌筑(见图 5-29)。

构造柱截面尺寸不宜小于 240mm×240mm，其厚度不应小于墙厚。砖砌体与构造柱的连接处应砌成马牙槎，并应沿墙高每隔 500mm 设 2ϕ6 拉结钢筋，且每

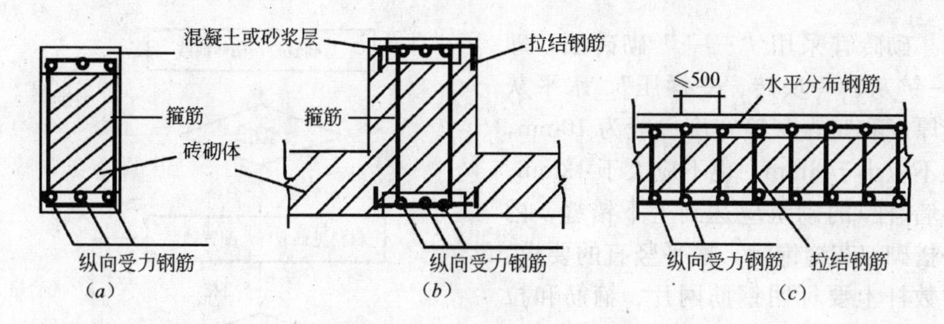

图 5-28 组合砖砌体的构造

(a)组合砖柱；(b)组合壁柱；(c)组合砖墙

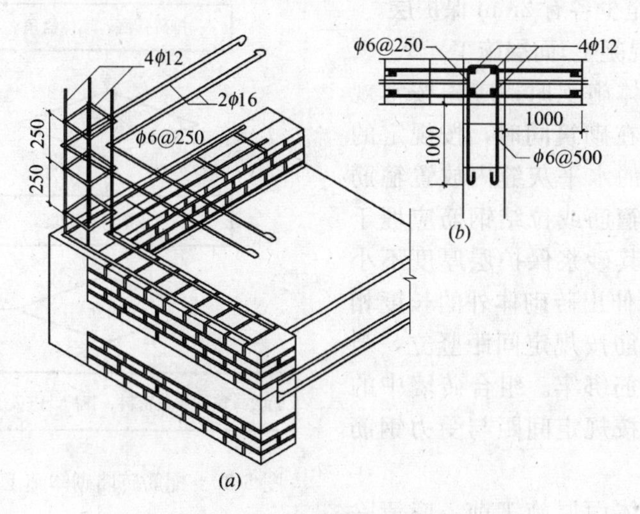

图 5-29 砖砌体和钢筋混凝土构造柱组合墙

(a)外墙转角处；(b)内外墙交接处

边伸入墙内不宜小于 600mm。柱内竖向受力钢筋，一般采用Ⅰ级(HPB235)钢筋，对于中柱，不宜少于 4ϕ12；对于边柱不宜少于 4ϕ14，其箍筋一般采用 ϕ6@200mm，楼层上下 500mm 范围内宜采用 ϕ6@100mm。构造柱竖向受力钢筋应在基础梁和楼层圈梁中锚固。

组合砖墙的施工程序应先砌墙后浇混凝土构造柱。

(4) 配筋砌块砌体构造要求

砌块强度等级不应低于 MU10；砌筑砂浆不应低于 M7.5；灌孔混凝土不应低于 C20。配筋砌块砌体柱边长不宜小于 400mm；配筋砌块砌体剪力墙厚度连梁宽度不应小于 190mm。

2. 配筋砌体的施工工艺

配筋砌体的施工工艺流程见图 5-30。

3.2.2 配筋砌体砌筑方法

配筋砌体弹线、找平、排砖撂底、墙体盘角、选砖、立皮数杆、挂线、留槎等施工工艺与普通砖砌体要求相同，下面主要介绍其不同点。

1. 砌砖及放置水平钢筋

砌砖宜采用“三一”砌砖法，即“一铲灰、一块砖、一揉压”，水平灰缝厚度和竖直灰缝宽度一般为10mm，但不应小于8mm，也不应大于12mm。砖墙(柱)的砌筑应达到上下错缝、内外搭砌，灰缝饱满，横平竖直的要求。皮数杆上要标明钢筋网片、箍筋和拉结筋的位置，钢筋安装完毕，并经隐蔽工程验收后方可上层砌砖，同时要保证钢筋上下至少各有2mm保护层。

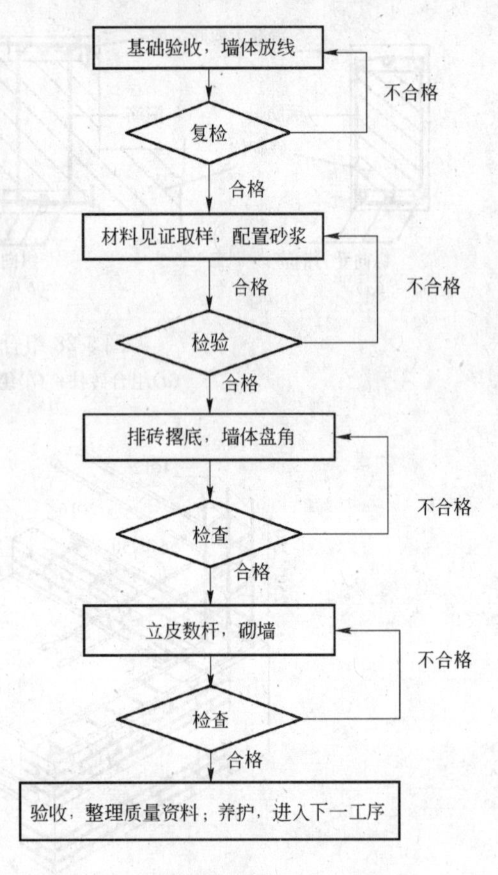

图5-30 配筋砖墙砌体施工工艺流程

2. 砂浆(混凝土)面层施工

组合砖砌体施工时，应先按常规砌筑砖砌体，在砌筑同时，按规定的间距，在砌体的水平灰缝内放置箍筋或拉结钢筋。箍筋或拉结钢筋应埋于砂浆层中，使其砂浆保护层厚度不小于2mm，两端伸出砖砌体外的长度相一致。受力钢筋按规定间距竖立，与箍筋或拉结钢筋绑牢。组合砖墙中的水平分布钢筋按规定间距与受力钢筋绑牢。

组合砖砌体面层施工前，应清除面层底部的杂物，并浇水湿润砖砌体表面。砂浆面层施工从下而上分层施工，一般应两次涂抹，第一次是刮底，使受力钢筋与砖砌体有一定保护层；第二次是抹面，使面层表面平整。混凝土面层施工应支设模板，每次支设高度一般为500～600mm，并分层浇筑，振捣密实，待混凝土强度达到30%以上才能拆除模板。

3. 构造柱施工

构造柱竖向受力钢筋，底层锚固在基础梁上，锚固长度不应小于$35d$(d为竖向钢筋直径)，并保证位置正确。受力钢筋接长，可采用绑扎接头，搭接长度为$35d$，绑扎接头处箍筋间距不应大于200mm。楼层上下500mm范围内箍筋间距宜为100mm。砖砌体与构造柱连接处应砌成马牙槎，从每层柱脚开始，先退后进，每一马牙槎沿高度方向的尺寸不宜超过300mm，并沿墙高每隔500mm设$2\phi6$拉结钢筋，且每边伸入墙内不宜小于1m。浇筑构造柱混凝土之前，必须将砖墙和模板浇水湿润(若为钢模板，应刷隔离剂)，并将模板内落地灰、砖渣和其他杂物清理干净。浇筑混凝土可分段施工，每段高度不宜大于2m，或每个楼层分两次浇筑，应用插入式振动器，分层捣实。

构造柱施工的施工工艺流程为：绑扎钢筋→砌砖墙→支模板→浇捣混凝土。

构造柱的竖向受力钢筋，绑扎前必须作调直、除锈处理，钢筋末端应作弯钩。必须根据构造柱轴线校正竖向钢筋位置和垂直度，然后在逐层安装模板。箍筋间距应准确，并分别与构造柱的竖筋和围梁的纵筋相垂直，绑扎牢靠。构造柱钢筋的混凝土保护层厚度一般为20mm，并不得小于15mm。砌砖墙时，从每层构造柱脚开始，砌马牙槎应先退后进，以保证构造柱脚为大断面。当马牙槎齿深为120mm时，其上口可采用一皮进60mm，再一皮进120mm的方法，以保证浇筑混凝土后，上角密实。马牙槎内的灰缝砂浆必须密实饱满，其水平灰缝砂浆饱满度不得低于80%。构造柱模板宜用组合钢模板。在各层砖墙砌好后，分层支设。构造柱和圈梁的模板，都必须与所在砖墙面严密贴紧，支撑牢靠，堵塞缝隙，以防漏浆。浇筑构造柱的混凝土，其坍落度一般以50～70mm为宜，以保证浇筑密实，亦可根据施工条件，气温高低，在保证浇捣密实情况下加以调整。构造柱的混凝土浇筑可以分段进行，每段高度不宜大于2m，或每个楼层分而两次浇筑。在施工条件较好，并能确保浇捣密实时，亦可每一楼层一次浇筑。在新老混凝土接槎处，须先用水冲洗、湿润，再铺一层与混凝土同比例的10～20mm厚的水泥砂浆后方可继续浇筑混凝土。浇捣构造柱混凝土时，宜用插入式振动器，分层捣实，每次振捣层的厚度不得超过振捣棒有效长度的1.25倍；振捣，振捣棒应避免直接触碰钢筋和砖墙，严禁通过砖墙传振，以免砖墙鼓肚和灰缝开裂；在砌完一层墙后和浇筑该层构造柱混凝土前，应及时对已砌好的独立墙体加稳定支撑，必须在该层构造柱混凝土浇捣完毕后，才能进行上一层的施工。

3.2.3　配筋砌体的质量要求

1. 一般规定

(1) 配筋砖砌体应当符合一般砖砌体工程的有关规定。

1) 砌筑砖砌体时，砖应提前1～2天浇水湿润。

2) 砌砖工程当采用铺浆法砌筑时，铺浆长度不得超过750mm；施工期间气温超过30℃时，铺浆长度不得超过500mm。

3) 竖向灰缝不得出现透明缝、瞎缝和假缝。

4) 砖砌体施工临时间断处补砌时，必须将接槎处表面清理干净，浇水湿润，并填实砂浆，保持灰缝平直。

(2) 构造柱浇筑混凝土前，必须将砌体留槎部位和模板浇水湿润，将模板内的落地灰、砖渣和其他杂物清理干净，并在结合面处注入适量与构造柱混凝土相同的细石水泥砂浆。振捣时，应避免触碰墙体，严禁通过墙体传震。

(3) 设置在砌体水平灰缝中钢筋的锚固长度不宜小于$50d$，且其水平或竖直弯折段的长度不宜小于$20d$和150mm；钢筋的搭接长度不应小于$55d$。

2. 主控项目

(1) 钢筋的品种、规格和数量应符合设计要求。

检验方法：检查钢筋的合格证书、钢筋性能试验报告、隐蔽工程记录。

(2) 构造柱、芯柱、组合砌体构件、配筋砌体剪力墙构件的混凝土或砂浆的强度等级应符合设计要求。

抽检数量：各类构件每一检验批砌体至少应做一组试块。

检验方法：检查混凝土或砂浆试块试验报告。

(3) 构造柱与墙体的连接处应砌成马牙槎，马牙槎应先退后进，预留的拉结钢筋应位置正确，施工中不得任意弯折。

抽检数量：每检验批抽20%构造柱，且不少于3处。

检验方法：观察检查。

合格标准：钢筋竖向移位不应超过100mm，每一马牙槎沿高度方向尺寸不应超过300mm。钢筋竖向位移和马牙槎尺寸偏差每一构造柱不应超过2处。

(4) 构造柱位置及垂直度的允许偏差应符合表5-11的规定。

构造柱尺寸允许偏差 表5-11

<table>
<tr><th>项次</th><th colspan="3">项　目</th><th>允许偏差(mm)</th><th>抽　检　方　法</th></tr>
<tr><td>1</td><td colspan="3">柱中心线位置</td><td>10</td><td>用经纬仪和尺检查或用其他测量仪器检查</td></tr>
<tr><td>2</td><td colspan="3">柱层间错位</td><td>8</td><td>用经纬仪和尺检查或用其他测量仪器检查</td></tr>
<tr><td rowspan="3">3</td><td rowspan="3">柱垂直度</td><td colspan="2">每　层</td><td>10</td><td>用2m托线板检查</td></tr>
<tr><td rowspan="2">全高</td><td>≤10m</td><td>15</td><td rowspan="2">用经纬仪、吊线和尺检查，或用其他测量仪器检查</td></tr>
<tr><td>>10m</td><td>20</td></tr>
</table>

抽检数量：每检验批抽10%，且不应少于5处。

(5) 砖及砂浆的强度等级必须符合设计要求。

检验方法：查砖和砂浆试验报告。

(6) 砌体水平灰缝的砂浆饱满度不得小于80%。

检验方法：用百格网检查，每处检测3块砖，取其平均值。

(7) 砖砌体的转角处和交接处应同时砌筑，严禁无可靠措施的内外墙分砌施工。对不能同时砌筑而又必须留置的临时间断处应砌成斜槎，斜槎水平投影长度不应小于高度的2/3。

抽检数量：每检验批抽20%接槎，且不应小于5处。

检验方法：观察检查。

(8) 砖砌体的位置及垂直度允许偏差应符合规范GB 50203—2002表5.2.5的规定。

3. 一般项目

(1) 设置在砌体水平灰缝内的钢筋，应居中置于灰缝中。水平灰缝厚度应大于钢筋直径4m以上。砌体外露面砂浆保护层的厚度不应小于15mm。

抽检数量：每检验批抽检3个构件，每个构件检查3处。

检验方法：观察检查，辅以钢尺检测。

(2) 设置在潮湿环境或有化学侵蚀性介质的环境中的砌体灰缝内的钢筋，应采取防腐保护措施。

抽检数量：每检验批抽检10%的钢筋。

检验方法：观察检查。

合格标准：防腐涂料无漏刷(喷浸)，无起皮脱落现象。

(3) 网状配筋砌体中，钢筋网及放置间距应符合设计规定。

抽检数量：每检验批抽10%，且不应少于5处。

检验方法：钢筋规格检查钢筋网成品，钢筋网放置间距局部剔缝观察，或用探针刺入灰缝内检查，或用钢筋位置测定仪测定。

合格标准：钢筋网沿砌体高度位置超过设计规定一皮砖厚不得多于1处。

(4) 组合砖砌体构件，竖向受力钢筋保护层应符合设计要求，距砖砌体表面距离不应小于5mm；拉结筋两端应设弯钩，拉结筋及箍筋的位置应正确。

抽检数量：每检验批抽检10%，且不应少于5处。

检验方法：支模前观察与尺量检查。

合格标准：钢筋保护层符合设计要求；拉结筋位置及弯钩设置80%及以上符合要求，箍筋间距超过规定者，每件不得多于2处，且每处不得超过一皮砖。

(5) 砖砌体的灰缝应横平竖直，厚薄均匀。水平灰缝厚度宜为10mm，但不应小于8mm，也不应大于12mm。

检验方法：用尺量，10皮砖砌体高度折算。

(6) 砖砌体的一般尺寸允许偏差按规范GB 50203—2002的要求。

4. 观感质量检查

主要检查组砌方法、留槎、接槎、构造柱、上下错缝、勾缝情况，阴阳角顺直、各门窗洞口等是否符合标准、规范和设计要求。

项目6 钢筋工程施工

训练1 钢筋主要加工机械

［训练目的与要求］ 通过训练，掌握钢筋加工机械的类型、性能及安全使用要求，具有选择钢筋加工机械的能力。

1.1 钢筋加工机械的类型及性能

1.1.1 钢筋加工机械的分类

钢筋加工机械的种类繁多，按其加工工艺可分为钢筋强化机械、钢筋焊接机械、钢筋成形机械及钢筋预应力施工机械四类。

1. 钢筋强化机械

钢筋强化机械主要有钢筋冷拉机、钢筋冷拔机、钢筋轧扭机等。其加工原理是在常温下，对钢筋进行张拉、拔细和压、轧、扭的加工工艺。钢筋经超过其屈服应力进行冷加工后，产生不同形式的变形，从而提高钢筋的强度和硬度，减小在外力作用下的塑性变形，可以承受更大的荷载，从而节约钢筋混凝土中的钢筋用量。这一类机械施工现场使用较少，因此，我们不作过多的介绍。

2. 钢筋焊接机械

钢筋焊接机械主要有钢筋对焊机、钢筋点焊机、钢筋网片成形机、钢筋气压力焊机、钢筋电渣压力焊机等。这一类机械主要用于钢筋连接、成形中的焊接。

(1) 钢筋对焊机的类型：钢筋对焊机按结构型式可分为弹簧顶锻式、杠杆挤压弹簧顶锻式、电动凸轮顶锻式、气压顶锻式等多种。

(2) 钢筋气压焊机的类型：气压焊接是利用氧气和乙炔气体，按一定的比例混合燃烧产生的高温火焰，将被焊钢筋两端加热到热塑状态，经施加适当压力使其结合冷却而成。完成该焊接的设备称气压焊机。气压焊接适用于焊接直径16～40mm的HPB235、HRB335级钢筋。气压焊接具有节省钢材、设备简单、操作灵活、成本低等优点，广泛应用于钢筋焊接中。气压焊机分类如下：

1) 按焊接方法分：钢筋气压焊按焊接方法分为接头闭合式(即接头在塑化状态下压接)、接头敞开式(即接头在接合表面金属熔融状态下压接，类似闪光对焊)两类。当前多采用接头闭合式。

2) 按焊机加压方式分：钢筋气压焊机按加压方式分为手动式和电动式两类。

3) 按焊机加热圈形状分：钢筋气压焊机按加热圈形状分为弯式和平式

两类。

4）按焊接夹具的不同固筋方式分：钢筋气压焊机按焊接夹具的不同固筋方式分为螺栓顶紧式、钳口夹紧式、斜铁楔紧式等方式。

(3) 竖向钢筋电渣压力焊机：竖向钢筋电渣压力焊又称埋弧对焊。它是利用强大的电流通过需对接的钢筋，使其端头熔化，并施加压力对接成形。整个焊接过程是在埋弧焊剂的保护下完成的。这种将埋弧焊、电渣焊和压力焊工艺特点综合起来的焊接设备，称为竖向钢筋电渣压力焊机。

钢筋电渣压力焊是一项新的钢筋竖向连接技术，主要适用于现浇钢筋混凝土结构中竖向或斜向(侧斜度4：1范围内)的钢筋连接。因其生产率高，施工简单，质量可靠，成本低而得到广泛应用。

3. 钢筋成形机械

钢筋成形机械主要有钢筋调直机、钢筋切断机、钢筋弯曲机等，它们的作用是把钢筋原料，按照各种混凝土结构设计所需钢筋骨架的要求或钢筋混凝土预制件所用钢筋制品进行加工成形的机械。这是施工现场常用的钢筋加工机械。

(1) 钢筋调直切断机的分类

1）按传动方式可分为机械式、液压式和数控式三类；

2）按调直原理可分为孔模式、斜辊式(双曲线式)两类；

3）按切断原理可分为锤击式、轮剪式两类。

(2) 钢筋切断机的分类

1）按结构型式分：钢筋切断机按结构型式分为手持式、立式、卧式、颚剪式等四种；

2）按工作原理分：钢筋切断机按工作原理分为凸轮式和曲柄式两种；

3）按传动方式分：钢筋切断机按传动方式分为机械式和液压式两种。

(3) 钢筋弯曲机的分类

1）按传动方式分：钢筋弯曲机按传动方式分为机械式、液压式和数控式三类；

2）按工作原理分：钢筋弯曲机按工作原理分为蜗轮蜗杆式和齿轮式两类；

3）按结构型式分：钢筋弯曲机按结构型式分为台式和手持式两种，因台式工作效率高而得到广泛应用。

4. 钢筋预应力机械

钢筋预应力机械主要有电动油泵和千斤顶等组成的钢筋拉伸机和钢筋镦头机，用于钢筋预应力张拉作业。

1.1.2 钢筋主要加工机械的性能

1. 钢筋对焊机的性能

(1) 钢筋对焊机的型号：对焊机类型代号为UN，主参数代号以公称容量表示；常用的有UN_1、UN_2、UN_3等系列。

(2) 钢筋对焊机的性能：常用的钢筋对焊机主要性能见表6-1。

常用的钢筋对焊机主要性能表 **表 6-1**

项目 \ 型号			UN_1-25	UN_1-75	UN_1-100
传动方式			杠杆加压式	杠杆加压式	杠杆加压式
额定容量(kVA)			25	75	100
初级电压(V)			200/380	220/380	380
负载持续率(%)			20	20	20
次级电压调节范围(V)			1.75～3.52	3.52～7.04	4.5～7.6
次级电压调节级数(级)			8	8	8
最大顶锻力(N)	弹簧加压		1500		
	杠杆加压		10000	3000	40000
钳口最大距离(mm)			50	80	80
最大送料行程(mm)	弹簧加压		15	0	40～50
	杠杆加压		20		
焊件最大截面(mm^2)	低碳钢	弹簧加压	120	600	1000
		杠杆加压	320		
	铜		150		
	黄铜		200		
	铝		200		
焊接生产率(次/h)			110	75	20～30
冷却水消耗量(L/h)			120	200	200
整机重量(kg)			275	445	465
外形尺寸 长×宽×高(mm×mm×mm)			1335×480×1300	152×550×1080	1580×550×1150

2. 钢筋气压焊机的性能

(1) 钢筋气压焊机的型号：钢筋气压焊机的型号表示方法如下：

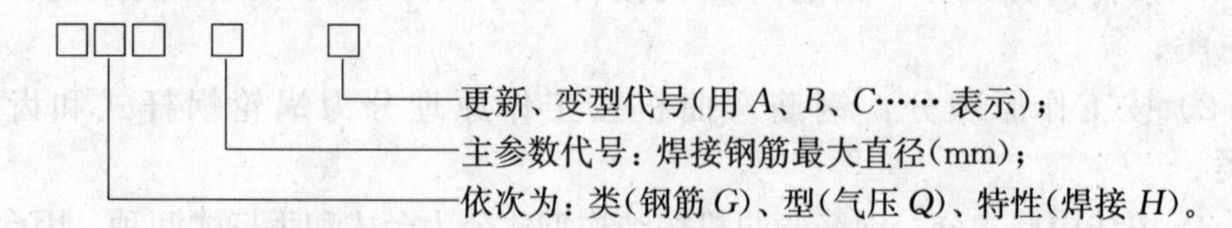

(2) 钢筋气压焊机的焊接工艺：钢筋气压焊机的构造组成见图 6-1，钢筋气压焊接的施工工艺流程见图 6-2。

3. 电渣压力焊的性能及焊接工艺

电渣压力焊的焊接施工工艺流程见图 6-3，可分为 4 个施工阶段。

(1) 电弧引燃过程（图 6-3*a*）：当接通电源的瞬时，上下钢筋端头开始引弧。起弧方法有两种：一种是辅助引弧法，即用钢丝球或小段电焊条夹在上下钢筋之间，通电时钢丝(或电焊条)熔化引起电弧；另一种是直接引弧法，即上下钢筋顶住，在通电瞬间，上提钢筋 2～4mm，即能引起电弧。

(2) 造渣过程（图 6-3*b*）：电弧引燃后，继续维持电弧稳定燃烧，产生大量热

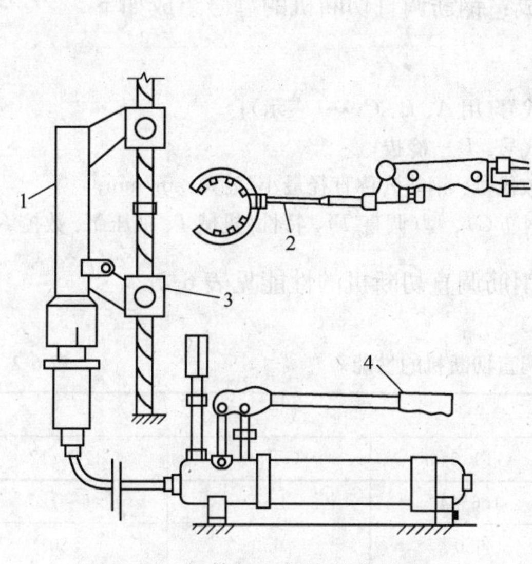

图 6-1　钢筋气压焊机的构造组成

1—压接机；2—氧-乙炔加热器；
3—钢筋焊接夹具；4—液压加压器

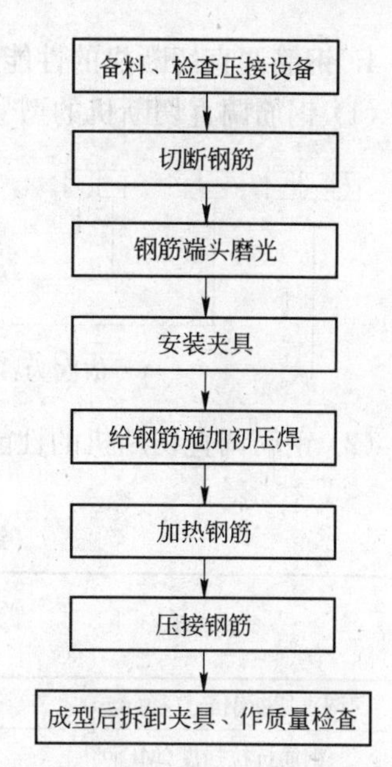

图6-2　钢筋气压焊接工艺流程

量，使上下钢筋端头熔化，周围焊剂也随同熔化。随着电弧燃烧使钢筋端部逐渐烧平，熔化的金属形成熔池，熔化的焊剂成为渣池。液态的渣池覆盖在金属熔池之上，随着电弧过程的延长，渣池和熔池均不断扩大加深。

（3）电渣过程(图 6-3*c*)：电弧燃烧到一定时间使渣池达到一定深度时，上钢筋直接向下深入液态渣池中，电弧熄灭，进入电渣熔炼阶段。由于电流经过渣池放出大量电阻热，使上下钢筋端头熔化的速度加快，最终形成微凸形平整的形状。

（4）顶压过程(图 6-3*d*)：钢筋熔化到一定量时，迅速下送上部钢筋，使其端部压入金属熔池，使液态金属和熔渣从接头处挤压出去，这时未熔焊剂包敷挤出的溶液，断电后逐渐冷却成为固态，熔渣形成外面的渣壳，液态金属形成焊包，完全冷却后敲去渣壳就能见到黑蓝光泽的焊包。

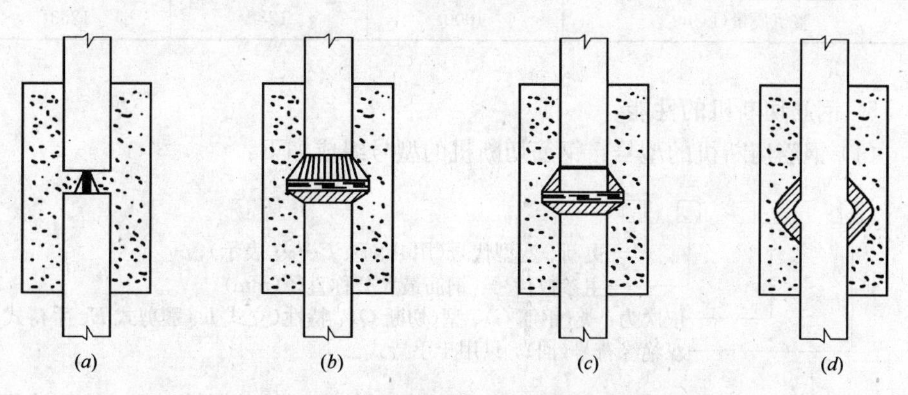

图 6-3　电渣压力焊工艺流程

(*a*)电弧引燃过程；(*b*)造渣过程；(*c*)电渣过程；(*d*)顶压过程

4. 钢筋调直切断机的性能

(1) 钢筋调直切断机的型号组成：钢筋调直切断机的型号组成如下

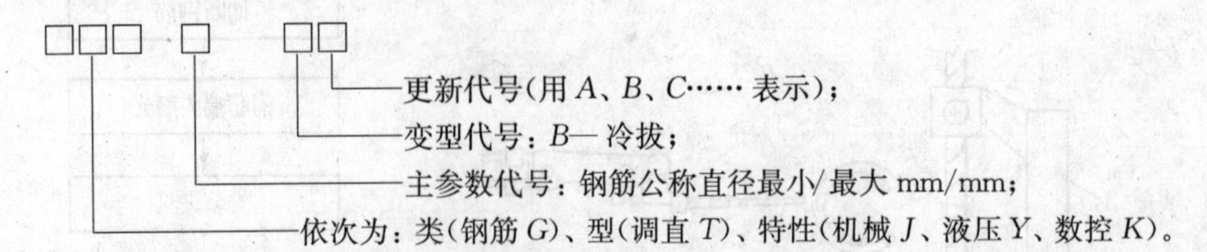

(2) 钢筋调直切断机的性能：钢筋调直切断机的性能见表 6-2。

钢筋调直切断机的性能表 **表 6-2**

参数名称		型号		
		GT1.6/4	GT4/8	GT6/12
调直切断钢筋直径(mm)		1.6～4	4～8	6～12
钢筋抗拉强度(MPa)		650	650	650
切断长度(mm)		300～3000	300～6500	300～6500
切断长度误差(mm/m)		≤3	≤3	≤3
牵引速度(m/min)		40	40、65	36、54、72
调直筒转速(r/min)		2900	2900	2800
送料、牵引辊直径(mm)		80	90	102
电动机型号	调直	Y100L-2	Y132M-4	Y132S-2
	牵引	Y100L-6	Y132M-4	Y112M-4
	切断	Y100L-6	Y90S-6	Y90S-4
电动机功率(kW)	调直	3	7.5	7.5
	牵引	1.5	7.5	4
	切断	1.5	0.75	1.1
外形尺寸：长×宽×高(mm×mm×mm)		3410×730×1375	1854×741×1400	1770×535×1457
整机质量(kg)		1000	1280	1263

5. 钢筋切断机的性能

(1) 钢筋切断机的型号：钢筋切断机的型号组成如下：

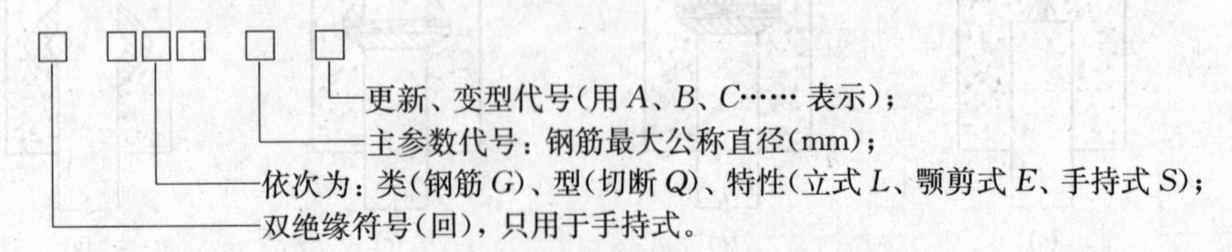

(2) 钢筋切断机的性能：机械式钢筋切断机的主要性能见表 6-3，液压式钢筋切断机的主要性能见表 6-4。

机械式钢筋切断机的主要性能　　表 6-3

项目名称	型号			
	GQ40	GQ40A	GQ40B	GQ50
切断钢筋直径(mm)	6～40	6～40	6～40	6～50
钢筋抗拉强度(MPa)	≤450			
切断次数(次/min)	40	40	40	30
电动机型号	Y100L-2	Y100L-2	Y100L-2	Y132S-4
电动机功率(kW)	3	3	3	5.5
电动机转速(r/min)	2880	2880	2880	1450
外形尺寸：长×宽×高(mm×mm×mm)	1150×430×750	1395×556×780	1200×490×570	1600×695×915
整机质量(kg)	600	720	450	950
传动原理及特点	开式、插销离合器	凸轮、滑键离合器	全封闭曲柄连杆转键离合器	曲柄连杆传动半开式

液压式钢筋切断机的主要性能　　表 6-4

型式	电动	手动	手持	手持
型号	DYJ-32	SYJ-16	GQ-12	GQ-20
调直切断钢筋直径(mm)	8～12	16	6～12	6～20
工作总压力(kN)	320	80	100	150
活塞直径(mm)	95	36		
最大行程(mm)	28	30		
单位工作总压力(MPa)	45.5	79	34	34
压杆长度(mm)		438		
压杆作用力(N)		220		
电动机型号	Y型			
电动机功率(kW)	3		单相串激	单相串激
电动机转速(r/min)	1440		0.567	0.750
外形尺寸：长×宽×高(mm×mm×mm)	889×396×398		367×110×185	420×218×130
整机质量(kg)	145	6.5	7.5	14

6. 钢筋弯曲机的性能

(1) 钢筋弯曲机的型号：钢筋弯曲机的型号组成如下：

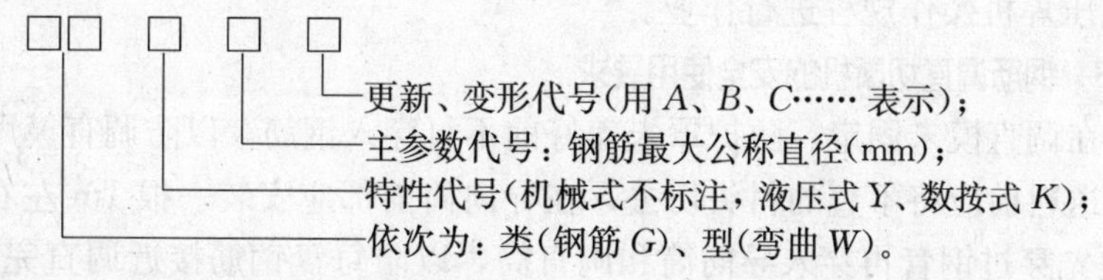

(2) 钢筋弯曲机的性能：钢筋弯曲机、弯箍机的性能见表 6-5。

钢筋弯曲机、弯箍机的性能表　　表 6-5

类　型	弯曲机			弯箍机	
型　号	GW32	GW40A	GW50A	SGWK8B	GJG4/12
弯曲钢筋直径(mm)	6～32	6～40	6～50	4～8	4～12
工作盘直径(mm)	360	360	360		
工作盘转速(r/min)	10/20	3.7/14	6	18	18
弯箍次数(次/h)				270～300	1080
电动机型号	YEJ100L-4	Y100L_2-4	Y112M-4	Y112M-6	YA100-4
电动机功率(kW)	2.2	3	4	2.2	2.2
电动机转速(r/min)	1420	1430	1440	940	1420
外形尺寸：长×宽×高(mm×mm×mm)	875×615×945	774×898×728	1075×930×890	1560×650×1550	1280×810×790
整机质量(kg)	340	442	740	800	
结构特点	齿轮传动，角度控制半自动，双速	全齿轮传动，半自动，双速	蜗轮蜗杆传动，角度控制半自动，单速		

1.2　钢筋加工机械的安全使用要求

1.2.1　钢筋对焊机的安全使用要求

(1) 操作人员作业时，必须戴好有色防护眼镜及帽子等，以免弧光刺激眼睛，防止熔化的金属灼伤皮肤。

(2) 对焊机应停放在清洁干燥和通风的地方，现场使用的对焊机应设有防雨、防潮、防晒的机棚，并备有消防器具，施焊范围内不可堆放易燃物。

(3) 对焊机应设有专用接线开关，并装在开关箱内，熔丝的容量应为对焊机容量的1.5倍。焊机外壳接地必须良好。

(4) 作业后要清理好施工场地，熄灭火种，冬期还要用压缩空气吹净冷却管道中存水，切断电源。

1.2.2　钢筋气焊机的安全使用要求

(1) 使用时应按《溶解乙炔气瓶安全监察规程》执行。

(2) 使用前要先检查各操作手柄、压力机构、夹具等是否灵活可靠，根据被焊钢筋的规格，调节好动力源，并检查气路系统有无渗漏现象。

(3) 操作人员必须熟悉气焊焊机的构造，各组成装置的性能及使用方法，并严格按气压焊机操作规程进行作业。

1.2.3　钢筋调直切断机的安全使用要求

(1) 在调直模未固定、防护罩未盖好前不可穿入钢筋，以防调直模甩出伤人。

(2) 送料前应将不直的料头切去，在导向筒前部应安装一根1m左右的钢管，钢筋必须先穿过钢管再穿入导向筒和调直筒，以防每盘钢筋接近调直完毕时甩出伤人。

(3) 钢筋上盘、穿丝和引头切断时应停机进行。当钢筋穿入后，手和牵引辊必须保持一定距离，以防手指卷入。

1.2.4 钢筋切断机的安全使用要求

(1) 在机械运转时，严禁用手去摸刀片或用手直接去清理刀片上的铁屑，也不可用嘴吹。钢筋摆动周围和刀片附近，非操作人员不可停留。

(2) 切断长料时，要注意钢筋摆动方向，防止伤人。

(3) 严禁在刀片已开始向前推进时向刀口送料，以防钢筋末端摆动或甩出伤人。

1.2.5 钢筋弯曲机的安全使用要求

(1) 挡铁轴的直径和强度不可小于被弯钢筋的直径和强度。未经调直的钢筋禁止在弯曲机上弯曲。作业时，应注意放入钢筋的位置、长度和旋转方向，以保安全。

(2) 钢筋弯曲机应设专人操作，弯曲较长钢筋时，应有专人扶持。严禁在弯曲钢筋的作业半径内和机身不设固定销的一侧站人。弯曲好的半成品应及时堆放整齐，弯头不可朝上。

(3) 作业完毕要先将倒顺开关扳到零位，切断电源，将加工后的钢筋堆放好。

训练2 钢筋的加工及安装

［训练目的与要求］ 通过训练，掌握钢筋焊接、钢筋的机械连接、钢筋加工绑扎及安装的施工工艺及技术要求，具有组织钢筋现场加工、绑扎及安装施工的能力。

2.1 钢筋的焊接

2.1.1 钢筋对焊机的使用

1. 钢筋对焊机的安装、调试

(1) 调整两钳口间距离，旋动调节螺钉使操纵杆位于左极限时，钳口间距应为两焊件总伸出长度和挤压量之差。当操纵杆处于右极限时，钳口间距应为两焊件总伸出长度再加上2～3mm，此即焊接前原始位置。

(2) 调整断路限位开关，使其在焊接结束(到达预定挤压量)时，能自动切断电源。

(3) 按焊件形状，调整钳口并使两钳口位于同一水平，然后夹紧焊件。

(4) 为防止焊件的瞬时过热，试焊时要逐次增加调节级数，选用适当次级电压。在闪光对焊时，宜用较高的次级电压。

(5) 为避免焊机部件在焊接时发生过热现象，必须在打开冷却水阀门通水后方可施焊。为了便于检查，焊机在左侧前方设有一漏斗，可直接观察水流情况，以便检查焊机内部有无冷却水流过。

2. 钢筋对焊机的操作要点

(1) 对焊机操作人员必须经过专业培训，熟悉焊机构造、性能、操作规程，并掌握工艺参数选择、质量检查规范等知识。

(2) 操作前应检查焊机各机构是否灵敏可靠，电气系统是否安全，冷却水泵系统有无漏水现象，各润滑部位是否注油良好等。

(3) 严禁对焊超过规定直径的钢筋，主筋对焊必须先对焊后冷拉。为确保焊接质量，在钢筋端头约150mm范围内，要进行清污、除锈及校正等工作。

(4) 对焊后钢筋接头应适当镦粗，表面没有裂纹和明显烧伤。接头轴线曲折不大于6°，偏移不大于钢筋直径的1/10，并不得大于2mm。

2.1.2 钢筋气压焊机的使用

1. 钢筋气压焊机的安装、调试

(1) 供气装置(包括氧气瓶、溶解乙炔气瓶)的供气能力应能满足焊接最大直径钢筋时供气量的要求，如不能满足时，可多瓶并联使用。

(2) 多嘴环管加热器中氧-乙炔混合室的供气量应能满足加热圈气体消耗量的需要。多嘴环管中加热器应配备多种规格的加热圈，多束火焰应燃烧均匀，调整火焰应方便。

(3) 加压器包括油泵、油管、油压表、顶压油缸等，加压能力应大于或等于现场最大直径钢筋焊接时所需的轴向压力；顶压油缸的有效行程应大于或等于最大直径钢筋焊接时需要的压缩长度。

(4) 焊接夹具应能夹紧钢筋，当钢筋承受最大轴向压力时，钢筋和夹头之间不可产生相对滑移；确保钢筋的安装定位，并在施焊过程中保持刚度；动夹头应和定夹头同心，确保焊接钢筋的同心；动夹头的位移应大于或等于焊接最大直径钢筋时所需要的压缩长度。

2. 气压焊使用、操作要点

(1) 气压焊可用于钢筋在竖直位置、水平位置或倾斜位置时的对接焊接。当两钢筋直径不同时，其直径差不得大于7mm。

(2) 为保证焊接质量，焊接前应对焊接端头进行除污、除锈、矫直处理。

(3) 施焊前，钢筋端面应切平，并应和钢筋轴线相垂直，并经打磨露出金属光泽。钢筋装上夹具时应夹紧，并使两根钢筋的轴线在同一直线上。钢筋安装后应加压顶紧，两根钢筋之间的局部缝隙不得大于2mm。

(4) 气压焊时，应根据钢筋直径和焊接设备等具体条件选用等压法、二次加压法或三次加压法等焊接工艺。在两根钢筋缝隙密合和镦粗过程中，对钢筋施加的轴向压力，按钢筋截面面积计算，应为30～40MPa。

(5) 气压焊初期压焊加热开始至钢筋端面闭合的加热加压过程应采用碳化焰，此过程采用碳化焰对接缝处连续加热，淡白色羽状内焰前端面触及钢筋或伸入接缝内，对准两钢筋接缝处进行加热，并应使其火焰包住缝隙，防止钢筋端面产生氧化；待确认两根钢筋的缝隙已完全密合，应改用中性焰，以压焊面为中心，在两侧各一倍钢筋直径长度范围内往复宽幅加热，钢筋端面的加热温度应为1150～1250℃；钢筋端部表面的加热温度应稍高于该温度，并应随钢筋直径大小而产生的温度差确定。

(6) 施焊过程中，在钢筋端面闭合后，把加热焰调成乙炔稍多的中性焰。以接合面为中心，将多嘴加热器沿钢筋轴向在两倍钢筋直径范围内均匀摆动加热，摆幅由小变大，摆速逐渐加快，待钢筋表面成炽白色，并有氧化物变成小粒灰白色球状物继而聚集成泡沫随加热器摆动方向移动时，再加足顶锻压力，并保持接合处均匀变粗，直径增大约 1.4～1.6 倍，变形长度为钢筋直径的 1.2～1.5 倍，即可终断火焰，略微延时，卸除压力，即可拆下焊接夹具。

(7) 在加热过程中，当在钢筋端面缝隙完全密合之前发生灭火中断现象时，应将钢筋取下重新打磨、安装，然后再点燃火焰进行焊接。当钢筋端面缝隙完全密合后，可继续加热加压。

(8) 焊机停止工作，应切断气源，清除杂物和焊渣。将组成焊机的设备、工具、夹具等妥善保管。

3. 气压焊接头焊接缺陷及消除措施

焊接过程中，如发现焊接缺陷时，可参考表 6-6 查找原因并采取措施，及时消除焊接缺陷。

气压焊焊接接头缺陷及消除措施　　表 6-6

焊接缺陷	产生原因	消除措施
轴线偏心	(1) 焊接夹具变形，两夹头不同心，或夹具刚度不够； (2) 两钢筋安装不正； (3) 钢筋接合端面倾斜； (4) 钢筋未夹紧进行焊接	(1) 检查夹具，及时修理或更换； (2) 重新安装夹紧； (3) 切平钢筋端面； (4) 夹紧钢筋再焊
弯折	(1) 焊接夹具变形，两夹头不同心； (2) 焊接夹具拆卸过早	(1) 检查夹具，及时修理或更换； (2) 熄火后半分钟再拆夹具
镦粗直径不够	(1) 焊接夹具动夹头有效行程不够； (2) 顶压油缸有效行程不够； (3) 加热温度不够； (4) 压力不够	(1) 检查夹具和顶压油缸，及时更换； (2) 采用适宜的加热温度及压力
镦粗长度不够	(1) 加热幅度不够宽； (2) 顶压力过大过急	(1) 增大加热幅度； (2) 加压时应平稳
压焊面偏移	(1) 焊缝两侧加热温度不均； (2) 焊缝两侧加热长度不等	(1) 同径钢筋焊接对两侧加热温度和加热长度基本一致； (2) 异径钢筋焊接时对较大直径钢筋加热时间稍长
钢筋表面严重烧伤	(1) 火焰功率过大； (2) 加热时间过长； (3) 加热器摆动不匀	调整加热火焰，正确掌握操作方法
未焊合	(1) 加热温度不够或热量分布不均； (2) 顶压力过小； (3) 接合端面不洁净； (4) 端面氧化； (5) 中速灭火或火焰不当	合理选择焊接参数，正确掌握操作方法

2.1.3 钢筋电渣压力焊机使用

1. 钢筋电渣压力焊的焊接参数的选用

电渣压力焊的焊接参数主要有焊接电流、电压和施焊的时间，各焊接参数可参考表6-7选用。

钢筋电渣压力焊焊接参数　　表6-7

钢筋直径(mm)	焊接电流(A)	焊接电压(V)		焊接通电时间(s)		钢筋熔化量(mm)
		电弧过程 U_{2-1}	电渣过程 U_{2-1}	电弧过程 t_1	电渣过程 t_2	
16	200～250	40～45	22～27	14	4	
18	250～300	40～45	22～27	15	5	
20	300～350	40～45	22～27	17	5	
22	350～400	40～45	22～27	18	6	20～25
25	400～450	40～45	22～27	21	6	
28	500～550	40～45	22～27	24	6	
32	600～650	40～45	22～27	27	7	
36	700～750	40～45	22～27	30	8	25～30
40	850～900	40～45	22～27	33	9	

2. 钢筋电渣压力焊机的使用前的检查、调试

(1) 根据施焊钢筋直径所需电流值，选择具有相应输出电流的焊接变压器、空气开关、一次线及焊把线，并检查接线是否正确、牢靠无误。

(2) 检查设备各部是否完好，检查内容如下：

1) 检查电源及控制电路是否正常：通电后，打开电源开关，指示灯亮后，按动焊接按钮，则接触器吸合；按下断电按钮，则接触器释放。

2) 检查定时是否准确：把定时旋钮定在某位置后，按动焊接按钮，检查发出声电信号的时间和定时是否一致，允许误差为5%。

3) 检查机械转动是否灵活：传动系统、夹装系统及焊钳的转动部分应灵活自如。

4) 检查所需附件是否齐全、焊剂是否干燥。

5) 检查供电是否正常，以确保焊接参数的正确性。

(3) 设定焊接参数：按所焊钢筋的直径，根据参数表，标定好所需的电流和通电时间。

3. 钢筋电渣压力焊操作要点

钢筋电渣压力焊操作过程可分：夹装→装药→焊接→保温等四个操作过程，其操作要点如下：

(1) 夹装：将下钢筋夹在下夹钳上，端头高出钳口80mm左右，再将上夹钳升到离上止点15mm左右，把上钢筋夹紧。如采用直接起弧法，应使上下钢筋端头顶住。

(2) 装药：装上药罐，其底部在下夹钳上，用石棉垫把钢筋和药罐间下部的

缝隙堵严，把干燥的焊剂装满药罐，然后把焊把钳分别夹在上下钢筋上，钳口要和钢筋紧密接触。

(3) 焊接：按动焊接按钮，通电打火后迅速上提上钢筋 2～4mm，使钢筋起弧。通过摇动手柄升降上钢筋，把电压控制在 35～45V 之间。待电压稳定时，约经过全部焊接时间的 3/4，稍快下送上钢筋，保持电压在 22～27V 之间，待指示灯显示时，迅速下送上钢筋并用力顶住，同时切断焊接电源。

(4) 保温：焊接完成后，保持 20s 左右，方可取出剩余焊剂和药罐，再保持 1min 左右，方可将焊件取下。保温时间可根据钢筋直径、熔化量、气温等情况灵活掌握。

4. 钢筋电渣压力焊操作注意事项

(1) 配电设备的电压和电流必须符合要求。焊接时要注意供电电压是否正常，焊接电流是否有足够的输出。当一次电压降大于 8%时，则不宜焊接。

(2) 起弧前，上下钢筋端头、焊钳口和钢筋应接触良好，如钢筋表面有锈蚀或水泥等应清除干净，保证导电良好。

(3) 采用直接起弧焊接时，如发生钢筋粘住，可稍用力即可提起，如无法分开时，应断电后重新拆装，不可生硬摇动手柄使其分开。顶压时用力不要过大过猛。

(4) 焊接后应有一定保温时间，如提前卸下时应用人扶住上钢筋防止倾斜，并保证接头质量。敲去渣壳要待焊包完全冷却后进行。

(5) 钢筋焊接完成后，对钢筋焊接接头应逐个进行外观检查，检查结果应符合下列要求：

1) 接头焊包均匀，不得有裂纹，钢筋表面无明显烧伤等缺陷。

2) 接头处钢筋轴线的偏移不得超过 0.1 倍钢筋直径，同时不得大于 2mm。

3) 接头处弯折不得大于 4°。

对外观检查不合格的接头，应将其切除重新焊接。

5. 钢筋电渣压力焊焊接缺陷及消除措施

焊接生产中，如发现偏心、弯折、烧伤等焊接缺陷时，可参考表 6-8 查找原因并采取措施，及时消除焊接缺陷。

电渣压力焊焊接接头缺陷及消除措施　　表 6-8

焊接缺陷	消除措施	焊接缺陷	消除措施
轴线偏移	(1) 矫直钢筋端部； (2) 正确安装夹具和钢筋； (3) 避免过大的顶压力； (4) 及时修理或更换夹具	焊包不匀	(1) 钢筋端面力求平整； (2) 填装焊剂尽量均匀； (3) 延长焊接时间，适当增加熔化量
弯　折	(1) 矫直钢筋端部； (2) 注意安装和扶持上钢筋； (3) 避免焊接后过快卸夹具； (4) 修理或更换夹具	气　孔	(1) 按规定要求烘焙焊剂； (2) 清除钢筋焊接部位的铁锈； (3) 确保接缝在焊剂中合适埋入深度

续表

焊接缺陷	消除措施	焊接缺陷	消除措施
咬边	(1) 减小焊接电流； (2) 缩短焊接时间； (3) 注意上钳口的起点和止点，确保上钢筋顶压到位	未焊合	(1) 增大焊接电流； (2) 避免焊接时间过短； (3) 检修夹具，确保上钢筋下送自如
烧伤	(1)钢筋导电部位除净铁锈； (2)尽量夹紧钢筋	焊包下淌	(1)彻底封堵焊剂筒的漏孔； (2)避免焊后过快回收焊剂

2.2 钢筋的机械连接

钢筋的机械连接方式主要有套筒挤压连接、锥螺纹连接和直螺纹连接等几种形式。主要用于对钢筋接头要求严格的大直径钢筋的连接。

2.2.1 套筒挤压连接

1. 钢筋挤压连接的特点及适用范围

(1) 钢筋挤压连接的特点：钢筋挤压连接与电弧焊、对焊、电渣压力焊接、气压焊接比较具有以下优点：

1) 节省电能：挤压连接所用电能约为电弧焊所用电能的 5%，现场施工可不使用明火，可在易燃、易爆、高空等环境中施工。

2) 节省钢材：挤压连接比绑扎连接节省钢材，节约了搭接接头钢筋。

3) 不受钢筋可焊性的制约，适合于任何直径的变形钢筋(包括可焊性不好的钢筋)的连接。

4) 易于控制接头质量，不存在因焊接工艺或材料因素可能产生的脆性接头，且便于检查。

5) 不受季节气候变化的影响，可以常年施工。

6) 施工简便，一般可提高工效 3 倍；操作人员只需进行一般培训。

(2) 钢筋挤压连接的适用范围：

1) 凡符合钢筋混凝土用热轧带肋钢筋要求的 HRB335、HRB400 级变形钢筋均可进行挤压连接。

2) 钢筋的竖向连接、横向连接、环形连接及其他朝向的连接。

2. 钢筋挤压连接的分类

目前钢筋挤压技术主要有两种，即钢筋径向挤压法和钢筋轴向挤压法。

(1) 钢筋径向挤压法：是采用挤压机将钢套筒挤压变形，使之紧密地咬住变形钢筋的横肋，实现两根钢筋的连接。

(2) 钢筋轴向挤压法：是采用挤压机和压模，对钢套筒和插入的二根对接钢筋，沿轴线方向进行挤压，使套筒咬合到变形钢筋的肋间，结合成一体。

3. 钢筋挤压连接的技术参数

钢筋挤压连接设备主要有挤压机、超高压油泵站、平衡器、吊挂小车及划标志用工具和检查压痕卡板等。钢筋挤压连接设备的型号较多，所用设备不同，其性能参数不同。部分钢筋挤压连接设备的技术参数见表 6-9。

钢筋径向挤压连接设备主要技术参数　　表 6-9

设备组成	主要技术参数				数量
	设备型号	YJH-25	YJH-32	YJH-40	
压接钳	额定压力(N/mm^2)	80	80	80	1台/套
	额定挤压力(kN)	760	760	900	
	外形尺寸(mm)	ϕ150×433	ϕ150×480	ϕ170×530	
	自重(kg)	23(不带压模)	27(不带压模)	34(不带压模)	
压　模	可配压模型号	M18、M20、M22、M25	M20、M22、M25、M32	M32、M36、M40	1副/套
	可连接钢筋直径(mm)	ϕ18、ϕ20、ϕ22、ϕ25	ϕ20、ϕ22、ϕ25、ϕ28、ϕ32	ϕ32、ϕ36、ϕ40	
	重量(kg/副)	5.6	6.0	7.0	
超高压泵站	电　机	输入电压：380V/50Hz(220V/60Hz)，功率：1.5kW			1台/套
	高压油泵	额定压力：80N/mm^2，高压流量：0.8L/min			
	低压泵	额定压力：2.0N/mm^2，高压流量：4.0～6.0L/min			
	外形尺寸(mm×mm×mm)	790×540×785(长×宽×高)			
	自重(kg)	96	油箱容积(L)	20	
超高压软管	额定压力(N/mm^2)	100			2根/套
	内径(mm)	6.0			
	长度(m)	3.0(5.0)			

4. 钢筋挤压连接的施工准备

(1) 进行钢筋挤压的操作工人，应先培训后上岗。

(2) 连接前应清除钢套筒及钢筋压接部位的油污、铁锈、砂浆等杂物。

(3) 连接前钢筋端部的扭曲、弯折段应切除或矫直，端部尺寸超差时应用手提砂轮机修磨，严禁用电气焊切割。钢筋下料断面应与钢筋轴线垂直。

(4) 钢筋应与套筒试套。为了能够准确判断钢筋伸入钢套筒内的长度，在钢筋连接的端部必须用标尺量度，并涂刷明显的位置标记，轴向挤压套筒握裹钢筋的长度应符合表 6-10 的要求。

轴向挤压套筒握裹钢筋的长度　　表 6-10

钢筋直径(mm)	25	28	32
钢筋插入套筒长度(mm)	105	110	115

(5) 选择好与连接钢筋和钢套筒相匹配的压模和挤压机。

(6) 检查挤压机设备，调整泵压达到所需压力。

5. 钢筋挤压连接的操作要点

(1) 径向挤压连接的操作要点

1) 将钢筋套入钢套筒内，使钢套筒端面与钢筋伸入位置标记线对齐。高空作业时，可以先在地面预先压接半个钢筋接头，然后集装吊运到作业区，完成另半个钢筋接头的挤压连接。

2) 按照钢套筒压痕位置标记，对正压模位置，并使压模运动方向与钢筋两纵肋所在的平面相垂直，即保证最大压接面能在钢筋的横肋上。

3) 正确掌握挤压工艺的三个参数：即压接顺序、压接力、压接道数。

压接顺序应从中间逐步向外压接，这样可以节省套筒材料约10%；压接力大小以套筒金属与钢筋紧密挤压在一起为好。压接力过大，将使套筒过度变形而同样导致接头强度降低(即拉伸时在套筒压痕处破坏)；过小则接头强度或残余变形量不能满足要求。试验结果表明，采用不同型号的挤压设备，其压接参数不同。部分挤压设备的压接参数见表6-11。

JYH-25、JYH-32、JYH40挤压机挤压同直径钢筋挤压连接参数　　表6-11

连接钢筋规格(mm)	钢套筒型号	压模型号	压痕最小直径允许范围(mm)	挤压道数
20～20	G20	M20	30～32	3×2
22～22	G22	M22	33～35	3×2
25～25	G25	M25	37.5～40	4×2
28～28	G28	M28	42～44.5	5×2
32～32	G32	M32	49～52	6×2
36～36	G36	M36	55～58	7×2
40～40	G40	M40	61～64	8×2

4) 压痕分布要均匀，不压痕段的位置长度偏差为5mm。凡压痕深度不够时，应补压到要求深度；凡超过深度要求的接头，应切除重新挤压。

(2) 轴向挤压连接的操作要点

1) 在钢筋两端用标尺画出油漆标记线(套筒握裹长度见表6-10)；

2) 压接不同直径钢筋使用的套筒和压模应配套，可参考表6-12；

压接不同直径钢筋使用的套筒和压模　　表6-12

钢筋直径(mm)	套筒直径(mm)		压模直径(mm)	
	内　径	外　径	同直径及异直径钢筋接头粗直径用	异直径钢筋接头细直径用
25	33－0.1	45＋0.1	38.4±0.02	40±0.02
28	35－0.1	49.1＋0.1	42.3±0.02	
32	39－0.1	55.5＋0.1	48.5±0.02	45±0.02

3) 正式作业前，先挤压三根长750～800mm的试件，经作抗拉强度试验合格后，方可施工；

4）可采取预先压接半个钢筋接头后，再运往工地作另半个钢筋接头的整根压接连接。

2.2.2 锥螺纹套筒钢筋连接

1. 锥螺纹套筒钢筋连接的特点及适用范围

锥螺纹套筒连接钢筋是采用锥形螺纹靠机械力连接钢筋的一种方法。它自锁性能好，能承受拉、压轴向力和水平力。机械连接不受钢筋可焊性的限制，能在施工现场连接HRB335、HRB400级同径、异径（不宜超过9mm）的竖向、水平钢筋。

2. 锥螺纹套筒钢筋连接的施工工艺

钢筋锥形螺纹连接的工艺如下：做锥形螺纹接头试件→现场钢筋母材检验→锥形螺纹加工→锥形螺纹丝扣检验→牙形小端直径安连接套→拧保护套→存放→施工安装→接头检验

（1）钢筋下料和套丝

1）钢筋可用钢筋切断机或砂轮锯下料，不得用气割。钢筋下料时，要求钢筋端面垂直于钢筋轴线，端头不得翘曲或出现马蹄形。

2）钢筋在套制锥形螺纹丝扣以前，必须对钢筋规格及外观进行检验，如发现钢筋端头55mm范围内混有焊接接头，或端头是为气割切断的钢筋，必须切掉。钢筋端头如微有翘曲，要先进行调直处理，钢筋边肋尺寸如超差，要先用锤子将端头边肋砸扁，方可使用。

3）经检验合格的钢筋，才可在套丝机上加工锥形螺纹。钢筋套丝可以在施工现场或钢筋加工场进行预制。为确保钢筋的套丝质量，工人操作必须持上岗证作业。

4）操作前应先调整好定位尺的位置，并按照钢筋规格配以相对应的加工导向套。对于大直径钢筋要分次车削到规定的尺寸，以保证丝扣精度，避免损坏梳刀。

5）钢筋套丝时，必须用水溶性切削冷却润滑液，不得用机油润滑，也不得加润滑液套丝。

6）钢筋套丝的质量，必须由操作工人逐个用牙形规和卡规进行检查。钢筋的牙形必须与牙形规相吻合，其小端直径必须在卡规的允许误差范围之内。不合格的丝头要切掉重新加工。各种规格钢筋的锥螺纹丝扣完整牙数应符合规定的要求。

7）在操作工人自检丝扣的基础上，再由质检人员按3%的比例抽检，并做抽验记录。如有一根不合格，要加倍抽检，依次加大抽检数直至全部丝头符合规定要求为止。

8）达到质量要求的丝头，可用与钢筋规格相同的塑料保护帽（套）拧上，存放待用，防止油污、灰浆等杂物的污染。亦可在钢筋的一端拧上塑料保护套，另一端装上带塑料密封盖的钢套筒连接套，存放待用。

（2）钢套筒连接套的加工

1）钢套筒连接套在加工前，必须对其材质进行必要的化验分析。

2）套筒加工后，应采用锥形螺纹塞规检查其加工质量，当连接套边缘在锥形螺纹塞规缺口范围内时，连接套为合格。

3）为便于区分连接套的规格、用途，在连接套表面均注有明显标记，如连接同直径 ϕ28 钢筋，则应在套筒表面中部刻有"ϕ28"标记；如套筒两端连接为异直径钢筋，则应在其表面两端分别刻有不同规格的相应标记，以便于施工。

4）加工合格的套筒，应用相应规格的锥形塑料密封盖将套筒两端锥孔密封，防止受潮锈蚀及进入杂物；亦可一端与相应规格的锥螺纹钢筋按规定的力矩拧紧，以备待用。

(3) 钢筋接头单体试件静力拉伸试验

1）单体试件必须取现场施工使用的钢筋制作。

2）试件分为接头试件和母材试件两种，母材试件每种规格只做 3 件，接头试件根据工程使用数量确定。每种规格钢筋接头以 300 个为一组，不足 300 个也为一组，每组做 3 根试件。

3）接头试件的强度必须符合要求。

(4) 钢筋连接

1）钢筋连接要求：接头宜设置在应力较小的截面上；在构件受拉区段同一截面的钢筋接头不得超过钢筋总数的 50%，受压区段不受限制；钢筋接头相互错开时，其错开间距应不小于钢筋直径的 35 倍，且不小于 500mm；在同一构件的跨间或层高范围内的同一根钢筋上，不得有两个锥螺纹钢筋接头；闪光对焊接头与锥螺纹接头间的距离，不得小于 35 倍钢筋直径且不小于 500mm；接头端点距离钢筋弯曲点不得小于钢筋直径的 10 倍；接头与邻近钢筋之间的净距或接头相互间的净距，应大于混凝土骨料的最大粒径。

2）钢筋连接施工要点：连接钢筋之前，先回收钢筋待连接端的塑料保护帽和连接套上的密封盖，并检查钢筋规格是否与连接套规格相同；检查锥形螺纹丝扣是否完好无损、清洁。发现杂物或锈蚀，可用铁刷清除干净；连接钢筋时，把已拧好连接套的一头钢筋拧到被连接的钢筋上，并用扭力扳手按规定的力矩值(见表 6-13)把钢筋接头拧紧，直到扭力扳手在调定的力矩值发出响声，并随手画上油漆标记，以防止钢筋接头漏拧；连接水平钢筋时，必须将钢筋托平，再按以上方法连接。

锥螺纹套筒钢筋连接拧紧力矩值 表 6-13

钢筋直径(mm)	16	18	20	22	25～28	32	36～40
拧紧力矩(N·m)	118	145	177	216	275	314	343

3. 锥螺纹套筒钢筋连接施工注意事项

(1) 丝扣加工合格的钢筋要及时防护，一端装上带密封盖的连接套，另一端拧上塑料保护套。存放时，应按其使用部位分别存放，便于安装时能把不同部位的钢筋及时运到工作面上，加快施工进度。

(2) 安装锥形螺纹接头的力矩扳手应采用有制造计量器具许可证的专业厂的

合格产品。

(3) 施工及检测使用的力矩扳手必须分开，不得混用。

(4) 力矩扳手的力矩值必须在规定允许误差范围内，每半年应标定一次，以保证其精度要求；新开工程用的力矩扳手也要重新标定后方可使用。

(5) 禁止未经技术培训的工人上岗操作作业。

4. 锥螺纹套筒钢筋连接接头质量抽检

(1) 锥螺纹套筒钢筋连接接头质量抽检要求在构件支模之前进行。先检查施工单位的施工记录是否符合表6-13要求的力矩值，然后按以下比例抽检钢筋接头的连接质量。

梁、柱构件：每根梁、柱抽检1个接头；板、墙、基础底板构件：每100个接头为一批，不足100个也作为一批，每批抽检3个接头。

(2) 抽检之前，首先目测已做油漆标记的钢筋接头丝扣、外露丝扣是否有一个完整丝扣外露。如发现有一个完整丝扣外露，即为连接不合格，必须查明原因，责令工人重新拧紧或进行加固处理。

(3) 抽检时，用质检的扭力扳手(其规格型号与连接钢筋用的扭力扳手相同)按表6-13规定的力矩值加以检查。要求钢筋接头连接质量100%达到规定的力矩值。如有一种构件的一个接头达不到规定的力矩值，则该构件的全部接头必须重新拧到规定的力矩值。

当质检部门对钢筋接头的连接质量产生怀疑时，可以用非破损张拉设备做接头的非破损拉伸试验。接头的抗拉强度实测值达到钢筋屈服强度标准值为合格接头，否则为不合格接头。被抽检的构件有一个接头不合格，则要加倍抽检。如仍有接头不合格，该构件的全部接头判为不合格接头，要全部采用电弧贴角焊缝方法加以补强，焊缝高度不得小于5mm。

2.3 钢筋加工机械的使用

2.3.1 钢筋调直切断机的使用

1. 钢筋调直切断机的安装、调试

(1) 调直切断机应安装在坚实的混凝土基础上，室外作业时应设置机棚，机械旁应有足够的堆放原料、半成品的场地。

(2) 承受架料槽应安装平直，其中心应对准导向筒、调直筒和下切刀孔的中心线。钢筋转盘架应安装在离调直机5～8m处。

(3) 按所调直钢筋的直径，选用适当的调直模，调直模的孔径应比钢筋直径大2～5mm。首尾两个调直模须放在调直筒的中心线上，中间三个可偏离中心线。一般先使钢筋有3mm的偏移量，经过试调直后如发现钢筋仍有偏弯现象，则可逐步调整偏移量直至调直为止。

(4) 根据钢筋直径选择适当的牵引辊槽宽，一般要求在钢筋夹紧后上下辊之间有3mm左右的间隙。引辊夹紧程度应保证钢筋能顺利地被拉引前进，不会有明显转动，但在切断的瞬间，允许钢筋和牵引辊之间有滑动现象。

(5) 根据活动切刀的位置调整固定切刀，上下切刀的刀刃间隙应不大于

1mm，侧向间隙应不大于0.1～0.15mm。

(6) 新安装的调直机要先检查电气系统和零件应无损坏，各部分连接及连接件牢固可靠，各转动部分运转灵活，传动和控制系统性能符合要求，方可进行试运转。

(7) 空载运转2h后，检查轴承温度(重点检查调查筒轴承)，查看锤头、切刀或切断齿轮等工作是否正常，确认无异常状况后，方可送料并试验调直和切断能力。

2. 操作要点

(1) 作业前先用手扳动飞轮，检查传动机构和工作装置，调整间隙，紧固螺栓，确认无误后起动空运转，检查轴承应无异响，齿轮啮合应良好，待运转正常后方可作业。

(2) 开始试切断几根钢筋后，应停机检查其长度是否合适。如有偏差，可调整眼位开关或定尺板。

(3) 作业时整机应运转平稳，各部分轴承温升正常，滑动轴承最高不应超过80℃，滚动轴承不应超过70℃。

(4) 机械运转中，严禁打开各部防护罩及调整间隙，如发现有异常情况，应立即停机检查，不可勉强使用。

(5) 停机后，应松开调直筒的调直模回到原来位置，同时预压弹簧也必须回位。

(6) 作业后，应将已调直切断的钢筋按规格、根数分成小捆堆放整齐，并清理现场，切断电源。

3. 钢筋调直切断后的质量要求

(1) 切断后的钢筋长度应一致，直径小于10mm的钢筋误差不超过±1mm；直径大于10mm的钢筋误差不超过±2mm。

(2) 调直后的钢筋表面不应有明显的擦伤，其伤痕不应使钢筋截面积减少5%以上。切断后的钢筋断口处应平直无撕裂现象。

(3) 如采用卷扬机拉直钢筋时，必须注意冷拉率，对HPB235级钢筋不宜大于4%；HRB335、HRB400、RRB400级钢筋不宜大于1%。

(4) 数控钢筋调直切断机的最大切断量为4000根/h时，切断长度误差应小于2mm。

2.3.2 钢筋切断机的使用

1. 钢筋切断机的安装、调试

(1) 钢筋切断机应选择坚实的地面安置平稳，机身铁轮用三角木楔楔紧，工作台的长度可根据加工材料的长度决定，接送料工作台面应和切刀的刀刃下部保持水平，四周应有足够搬运钢筋的场地。

(2) 使用前必须清除刀口处的铁锈及杂物，检查刀片应无裂纹，刀架螺栓应紧固，防护罩应完好，接地要牢固，然后用手扳动带轮，检查齿轮啮合间隙，调整好刀刃间隙，定刀片和动刀片的水平间隙以0.5～1.0mm为宜。

(3) 按要求向各润滑点及齿轮面加注和涂抹润滑油，液压式还应补充液压油。

(4) 起动后先空载试运转，整机运行应无发卡和异常声响，离合器应接触平稳，分离彻底。若是液压式的，还应先排除油缸内空气，待各部确认正常后方可作业。

2. 钢筋切断机的操作要点

(1) 新投入使用的切断机，应先切直径较小的钢筋，以利于设备磨合。

(2) 被切钢筋应先调直。切料时必须使用刀刃的中下部位，并应在动刀片后退时，紧握钢筋对准刀口迅速送入，否则易发生事故。

(3) 严禁切断超出切断机规定范围的钢筋和材料。一次切断多根钢筋时，其总截面积应在规定范围以内。禁止切断中碳钢钢筋和烧红的钢筋。切断低合金钢等特种钢筋时，应更换相应的高硬度刀片。

(4) 断料时，必须将被切钢筋握紧，以防钢筋末端摆动或弹出伤人。在切短料时，靠近刀片的手和刀片之间的距离应保持150mm以上，如手握一端的长度小于400mm时，应用套管或夹具将钢筋短头压住或夹牢，以防弹出伤人。

(5) 运转中如发现机械不正常或有异响，以及出现刀片歪斜、间隙不合等现象时，应立即停机检修或调整。

(6) 工作中操作者不可擅自离开岗位，取放钢筋时既要注意自己，又要注意周围的人。已切断的钢筋要堆放整齐，防止个别切口突出，误踢割伤。作业后用钢刷清除刀口处的杂物，并进行整机擦拭清洁。

(7) 液压式切断机每切断一次，必须用手扳动钢筋，给动刀片以回程压力，才能继续工作。

2.3.3 钢筋弯曲机的使用

1. 钢筋弯曲机的安装、调试

(1) 钢筋弯曲机应在坚实的地面上放置平稳，铁轮应用三角木楔楔紧，工作台面和弯曲机台面要保持水平和平整，送料辊转动灵活，工作盘稳固。当弯曲根数较多或较长的钢筋时，应设支架支持，周围还要有足够的工作场地。

(2) 作业前检查机械零部件、附件应齐全完好，连接件无松动，电气线路正确牢固，接地良好。

(3) 作业前先进行空载试运转，应无发卡、异响，各操纵部分应灵活可靠；再进行负载试验，先弯小直径钢筋，再弯大直径钢筋，确认正常后，方可投入使用。

(4) 为了减少度量时间，可在台面上设置标尺，在弯曲前先量好弯曲点位置，并先试弯一根，经检查无误后再正式作业。

2. 钢筋弯曲机的操作要点

(1) 按弯曲钢筋的直径选择相应的中心轴和成形轴。弯曲细钢筋时，中心轴换成细直径的，成形轴换成粗直径的；弯曲粗钢筋时，中心轴换成粗直径的，成形轴换成较细直径的。一般中心轴直径应是钢筋直径的2.5～3倍，钢筋在中心轴和成形轴间的空隙不应超过2mm。

(2) 为适应钢筋和中心轴直径的变化，应在成形轴上加一个偏心套，用以调节中心轴、钢筋和成形轴三者之间的间隙。

(3) 按弯曲钢筋的直径更换配套齿轮，以调整工作盘(主轴)转速。当钢筋直径 d<18mm 时取高速；d=18～32mm 时取中速；d>32mm 时取低速。一般工作盘常放在低速上，以便弯曲在允许范围内所有直径的钢筋。

(4) 当弯曲钢筋直径在 20mm 以下时，应在插入座上放置挡料架，并有轴套，以使被弯钢筋能正确成形。挡板要贴紧钢筋，以保证弯曲质量。

(5) 操作时要集中精力，熟悉倒顺开关控制工作盘的旋转方向，钢筋放置要和工作盘旋转方向相适应。在变换旋转方向时，要从正转→停车→倒转，不可直接从正→倒或从倒→正，而不在“停车”停留，更不可频繁交换工作盘旋转方向。

(6) 作业中不可更换中心轴、成形轴和挡铁轴，也不可在运转中进行维护和清理作业。

(7) 在材料规定的强度内，弯曲钢筋的直径、根数及转速不可超过表 6-14 的规定，如材料强度超过规定值(450MPa)时，钢筋直径、根数应相应变化。

钢筋弯曲机不同转速时钢筋的弯曲根数 表 6-14

钢筋直径(mm)	工作盘(主轴)转速		
	3.7/(r/min)	7.2/(r/min)	14/(r/min)
	可弯曲钢筋根数		
6			6
8	—	—	5
10	—	—	5
12	—	5	—
14	—	4	—
18	3	—	不能弯曲
28	2	不能弯曲	不能弯曲
32～40	1	不能弯曲	不能弯曲

(8) 为使新机械正常磨合，在开始使用的三个月内，一次最多弯曲钢筋的根数应比表 6-14 所列的根数少一根，最大弯曲钢筋的直径应不超过 25mm。

2.4 现浇混凝土构件钢筋的绑扎

钢筋现场绑扎的准备工作、绑扎接头搭接长度的要求等已在《建筑施工技术》中讲述，本书只谈不同构件的绑扎、安装要求。

2.4.1 钢筋混凝土基础钢筋的绑扎

(1) 基础钢筋网的绑扎。在基础钢筋网四周两行钢筋应交叉绑扎牢固，中间部分交叉点可间隔交错绑扎，保证受力钢筋不产生位移。双向主筋的钢筋网，全部交叉点均应绑扎牢固。相邻绑扎点的钢丝扣要成八字形，以免网片歪斜变形。

(2) 基础底板采用双层钢筋网时，在上层钢筋网下面应设撑脚，以保证钢筋位置正确。钢筋撑脚的形式与尺寸见图 6-4，每间隔 1m 放置一个。

撑脚钢筋直径一般为：当基础底板厚 $h<300$mm 时，采用 $\phi8\sim10$mm；当板厚 $h=300\sim500$mm 时，采用 $\phi12\sim14$mm；当板厚 $h>500$mm 时，采用 $\phi16\sim18$mm。

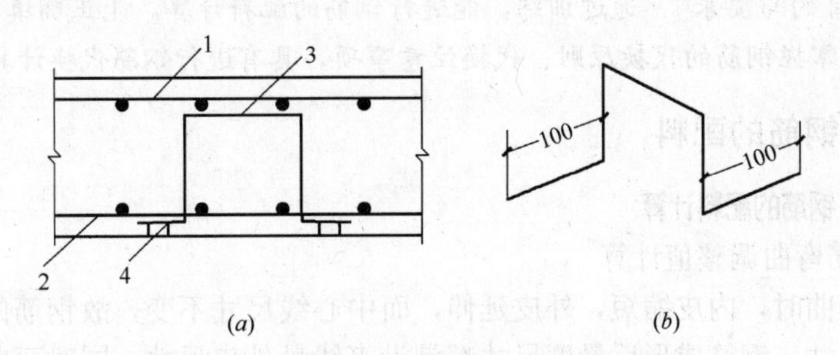

图 6-4　钢筋撑脚

(a)双层钢筋网钢筋撑脚位置；(b)钢筋撑脚的形式与尺寸

1—上层钢筋网；2—下层钢筋网；3—钢筋撑脚；4—砂浆垫块

(3) 钢筋的弯钩应朝上，不要倒向一边；但双层钢筋网的上层钢筋弯钩应朝下。

(4) 独立柱基础为双向弯曲，其底面短边的钢筋应放在长边钢筋的上面。

2.4.2　钢筋混凝土柱钢筋的绑扎

(1) 柱钢筋的绑扎，应在模板安装前进行。

(2) 矩形柱中的竖向钢筋搭接时，四角钢筋的弯钩应与模板成 45°，多边形柱为模板内角的平分角，圆形柱应与模板切线垂直，中间钢筋的弯钩应与模板成 90°。如果用插入式振捣器浇筑小型截面柱时，弯钩与模板的角度不得小于 15°。

(3) 箍筋的接头应交错布置在四角纵向钢筋上；箍筋转角与纵向钢筋交叉点均应扎牢，绑扎箍筋时钢丝绑扣相互间应成八字形。

(4) 下层柱的钢筋露出楼面部分，宜用工具式柱箍将其收进一个柱筋直径，以利上层柱的钢筋搭接。当柱截面有变化时，其下层柱钢筋的露出部分，必须在绑扎梁的钢筋之前，先行收缩准确。

(5) 框架梁、牛腿及柱帽等钢筋，应放在柱的纵向钢筋内侧。

2.4.3　钢筋混凝土墙钢筋的绑扎

(1) 墙的竖直钢筋每段长度：当钢筋直径<12mm 时，不宜超过 4m；钢筋直径>12mm 时，不宜超过 6m；水平钢筋每段长度不宜超过 8m，以利绑扎。

(2) 墙的钢筋网绑扎。在墙钢筋网四周两行钢筋应交叉绑扎牢固，中间部分交叉点可间隔交错绑扎，保证受力钢筋不产生位移。双向主筋的钢筋网，全部交叉点均应绑扎牢固。相邻绑扎点的钢丝扣要成八字形，以免网片歪斜变形；钢筋的弯钩应朝向混凝土内。

(3) 采用双层钢筋网时，在两层钢筋间应设置撑铁，以固定钢筋间距。撑铁可用 $\phi6\sim10$mm 的钢筋制成，长度等于两层网片的净距，撑铁间距约为 1m，相互错开排列。

训练3 钢筋配料及代换

[训练目的与要求] 通过训练，能进行钢筋的配料计算，能正确填写钢筋配料单及料牌；掌握钢筋的代换原则、代换注意事项，具有进行钢筋代换计算的能力。

3.1 钢筋的配料

3.1.1 钢筋的配料计算

1. 钢筋弯曲调整值计算

钢筋弯曲时，内皮缩短，外皮延伸，而中心线尺寸不变，故钢筋的下料长度即中心线尺寸。钢筋成形后量度尺寸都是沿直线量外皮尺寸；同时弯曲处又成圆弧，因此弯曲钢筋的尺寸大于下料尺寸，两者之间的差值称为“弯曲调整值”，即在下料时，下料长度应用量度尺寸减去弯曲调整值。

钢筋弯曲常用型式及调整值计算简图见图 6-5。

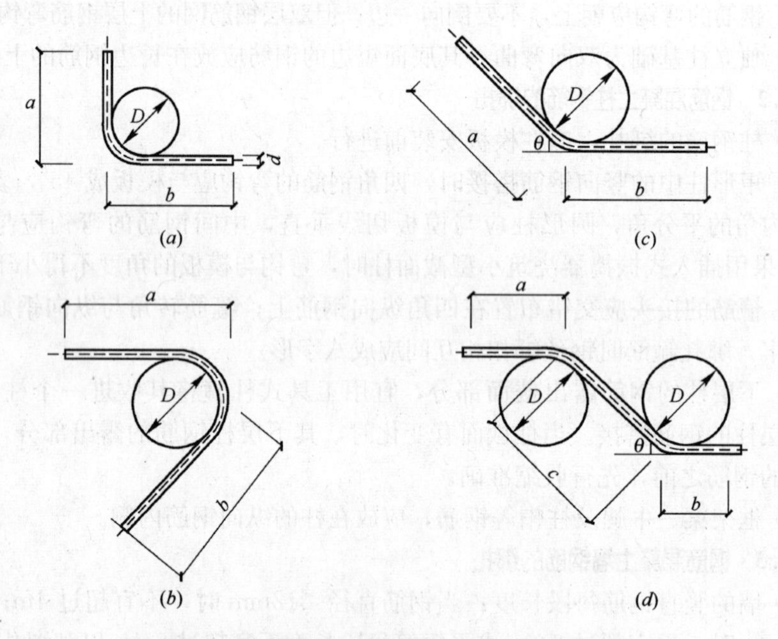

图 6-5 钢筋弯曲常见型式及调整值计算简图

(*a*)钢筋弯曲 90°；(*b*)钢筋弯曲 135°；(*c*)钢筋一次弯曲 30°、45°、60°；(*d*)钢筋弯起 30°、45°、60°

a、*b*—量度尺寸

(1) 钢筋弯曲直径的有关规定

1) 受力钢筋的弯钩和弯弧规定：

A. HPB235 级钢筋末端应做 180°弯钩，弯弧内直径 $D \geqslant 2.5d$(钢筋直径)，弯钩的弯后平直部分长度$\geqslant 3d$(钢筋直径)。

B. 当设计要求钢筋末端作 135°弯折时，HRB335 级、HRB400 级钢筋的弯弧内直径 $D \geqslant 4d$(钢筋直径)，弯钩的弯后的平直部分长度应符合设计要求。

C. 钢筋作不大于 90°的弯折时，弯折处的弯弧内直径 $D \geqslant 5d$(钢筋直径)。

2) 箍筋的弯钩和弯弧规定：除焊接封闭环式箍筋外，箍筋末端应作弯钩，弯钩形式应符合设计要求；当设计无具体要求时，应符合下面规定：

A. 箍筋弯钩的弯弧内直径除应满足上述 A 中的规定外，尚应不小于受力钢筋直径。

B. 箍筋弯钩的弯折角度，对一般结构，不应小于 90°；对有抗震要求的结构，应为 135°。

C. 箍筋弯后平直部分的长度，对一般结构，不宜小于箍筋直径的 5 倍，对有抗震要求的结构，不应小于箍筋直径的 10 倍。

(2) 钢筋弯折各种角度时的弯曲调整值计算

1) 钢筋弯折各种角度时的弯曲调整值：弯起钢筋弯曲调整值的计算简图见图 6-5(*a*)、(*b*)、(*c*)；钢筋弯折各种角度时的弯曲调整值计算式及取值见表 6-15。

钢筋弯折各种角度时的弯曲调整值 **表 6-15**

弯折角度	钢筋级别	弯曲调整值 δ		弯弧直径
		计算式	取值	
30°	HPB235 HRB335 HRB400	$\delta=0.006D+0.274d$	$0.3d$	$D=5d$
45°		$\delta=0.022D+0.436d$	$0.55d$	
60°		$\delta=0.054D+0.631d$	$0.9d$	
90°		$\delta=0.215D+1.215d$	$2.29d$	
135°	HPB235	$\delta=0.822D-0.178d$	$0.38d$	$D=2.5d$
	HRB335、HRB400		$0.11d$	$D=4d$

2) 弯起钢筋弯曲 30°、45°、60°的弯曲调整值：弯起钢筋弯曲调整值的计算简图见图 6-5(*d*)；弯起钢筋弯曲调整值计算式及取值见表 6-16。

弯起钢筋弯曲 30°、45°、60°的弯曲调整值 **表 6-16**

弯折角度	钢筋级别	弯曲调整值 δ		弯弧直径
		计算式	取值	
30°	HPB235；HRB335； HRB400	$\delta=0.012D+0.28d$	$0.34d$	$D=5d$
45°		$\delta=0.043D+0.457d$	$0.67d$	
60°		$\delta=0.108D+0.685d$	$1.23d$	

3) 钢筋 180°弯钩长度增加值

根据规范规定，HPB235 级钢筋两端做 180°弯钩，其弯曲直径 $D=2.5d$，平直部分长度为 $3d$，如图 6-6 所示。度量方法为以外包尺寸度量，其每个弯钩长度增加值为 $6.25d$。

箍筋作 180°弯钩时，其平直部分长度为 $5d$，则其每个弯钩增加长度为 $8.25d$。

2. 钢筋下料长度计算

(1) 一般钢筋下料长度计算

1) 直钢筋下料长度＝构件长度－混凝土保护层厚度＋弯钩增加长度(混凝土保护层厚度按规范规定查用)。

2) 弯起钢筋下料长度＝直段长度＋斜段长度－弯曲调整值＋弯钩增加长度

3) 箍筋下料长度＝直段长度＋弯钩增加长度－弯曲调整值

或：箍筋下料长度＝箍筋周长＋箍筋长度调整值

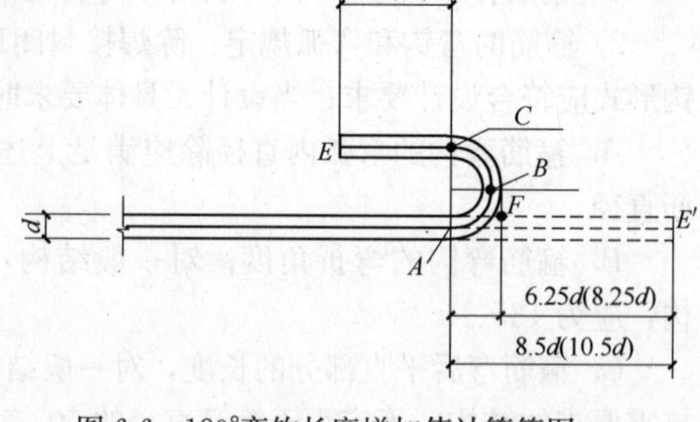

图 6-6 180°弯钩长度增加值计算简图

4) 曲线钢筋(环形钢筋、螺旋箍筋、抛物线钢筋等)下料长度计算公式为:

下料长度＝钢筋长度计算值＋弯钩增加长度

(2) 箍筋弯钩增加长度计算

由于箍筋弯钩型式较多，下料长度计算比其他类型钢筋较为复杂，常用的箍筋型式见图 6-7，箍筋的弯钩形式有三种，即半圆弯(180°)、直弯钩(90°)、斜弯钩(135°)；(*a*)、(*b*)是一般形式箍筋，(*c*)是有抗震要求和受扭构件的箍筋。不同箍筋型式弯钩长度增加值计算见表 6-17；不同型式箍筋下料长度计算式见表 6-18。

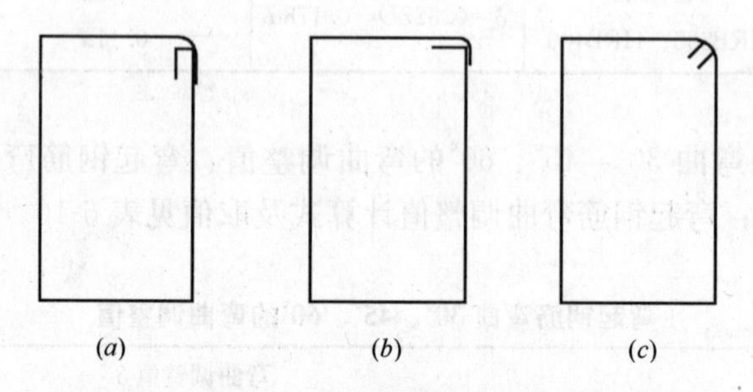

图 6-7 常用的箍筋型式

(*a*)90°/180°箍筋；(*b*)90°/90°箍筋；(*c*)135°/135°箍筋

箍筋弯钩增加长度计算 **表 6-17**

弯钩形式	箍筋弯钩增加长度计算公式(l_z)	平直段长度 l_p	箍筋弯钩增加长度取值(l_z)	
			HPB235	HRB335
半圆弯钩(180°)	$l_z=1.071D+0.571D+l_p$	5*d*	8.25*d*	—
直弯钩(90°)	$l_z=0.285D+0.215D+l_p$	5*d*	6.2*d*	6.2*d*
斜弯钩(135°)	$l_z=0.678D+0.178D+l_p$	10*d*	12*d*	—

注：表中 90°弯钩：HPB235、HRB335 级钢筋均取 $D=5d$；135°、180°弯钩 HPB235 级钢筋取 $D=2.5d$。

箍筋下料长度计算式　　表 6-18

序号	简　图	钢筋级别	弯钩类型	下料长度 l_x 计算式
1		HPB235 级	180°/180°	$l_x=(a+2b)+(6-2\times2.29+2\times8.25)d$ 或：$l_x=a+2b+17.9d$
2			90°/180°	$l_x=(2a+2b)+(8-3\times2.29+8.25+6.2)d$ 或：$l_x=2a+2b+15.6d$
3			90°/90°	$l_x=(2a+2b)+(8-3\times2.29+2\times6.2)d$ 或：$l_x=2a+2b+13.5d$
4			135°/135°	$l_x=(2a+2b)+(8-3\times2.29+2\times12)d$ 或：$l_x=2a+2b+25.1d$
5			—	$l_x=(a+2b)+(4-2\times2.29)d$ 或：$l_x=a+2b+0.6d$
6			90°/90°	$l_x=(2a+2b)+(8-3\times2.29+2\times6.2)d$ 或：$l_x=2a+2b+13.5d$

3.1.2　钢筋放样

外形比较复杂的构件用简单的数学方法计算钢筋长度有一定困难。在这种情况下可用放大样（按 1∶1 比例放样）或放小样（按 1∶5 或 1∶10 比例放样）的方法，求出构件中各根钢筋的尺寸。

1. 放样时应注意的事项

(1) 设计图中对钢筋配置无明确要求的，一般可按规范中构造的规定配置，必要时应询问设计人员确定。

(2) 在钢筋的形状、尺寸符合设计要求的前提下，应满足加工安装要求。

(3) 对形状复杂的钢筋可用放大样的方法配筋。

(4) 除设计图配筋外，还应考虑因施工需要而增设的有关附加筋。

2. 梯形构件中缩尺配筋长度计算

平面或立面为梯形的构件（如图 6-8 所示），设纵（横）筋最长筋与最短筋之间或最高箍筋与最低箍筋之间的距离为 s，纵（横）筋或箍筋的间距为 d_0，其平面纵横向钢筋长度或立面箍筋高度，在一组钢筋中存在多种不同长度，其下料长度或高度，可用数学方法根据比例关系进行计算，每根钢筋的长短差 Δ 可按式(6-1)计算。

$$\Delta=(l_1-l_2)/(n-1) \tag{6-1}$$

式中 Δ——每根钢筋长短差或箍筋高低差；

l_1、l_2——分别为平面梯形构件纵(横)向配筋最大和最小长度；

n——纵(横)筋根数或箍筋个数；

【例 6-1】 薄腹梁尺寸及箍筋如图 6-9 所示，混凝土保护层厚为 25mm，试计算每个箍筋的高度。

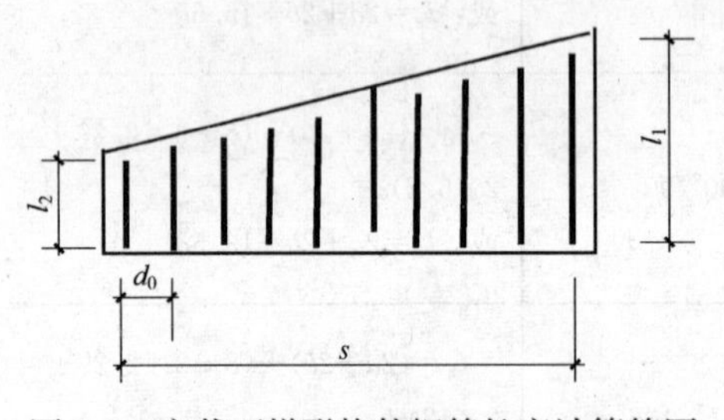

图 6-8 变截面梯形构件钢筋长度计算简图

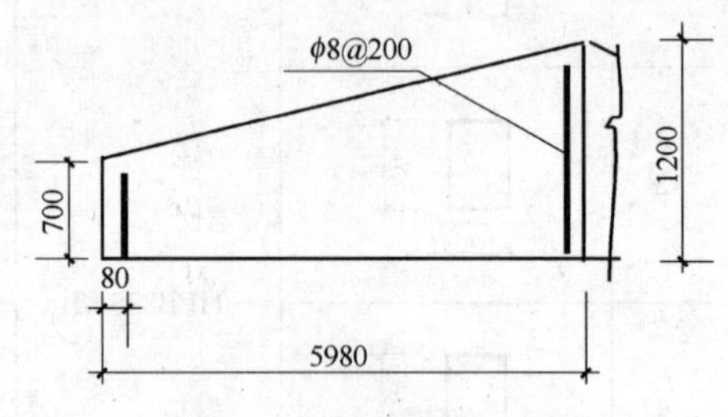

图 6-9 薄腹梁箍筋布置图

【解】 由已知条件知：$s=5900\text{mm}$，$a=25\text{mm}$，$d_0=200\text{mm}$。

梁上部斜面坡度为：(1200－700)/5980＝5/59.8；根据比例关系，最低箍筋所在位置的梁外形高度为：

$$700+80\times5/59.8=707\text{mm}$$

故箍筋的最大高度：

$$l_1=1200-2\times25=1150\text{mm}$$

箍筋的最小高度：

$$l_2=707-25\times2=657\text{mm}$$

箍筋根数：

$$n=s/d_0+1=(5980-80)/200+1=30.5 \text{ 根}$$

箍筋根数取 31，于是有：

$$\Delta=(l_1-l_2)/(n-1)=(1150-657)/(31-1)=16.4\text{mm}$$

故各个箍筋的高度分别为：657mm、673mm、690mm……1150mm。

3. 三角形构件配筋长度计算

三角形构件(见图 6-10)配筋长度计算问题可以采用放样法来确定钢筋长度，也可通过数学方法推导出计算公式，套用公式计算得到钢筋长度。

构件钢筋长度 l_i 的计算公式如下：

(1) 对于任意三角形：

$$l_i=l_i-2a_0=a(h-i)/h-2a_0 \tag{6-2}$$

(2) 对于等边三角形：

$$l_i=l_i-2a_0=a-1.155i-2a_0 \tag{6-3}$$

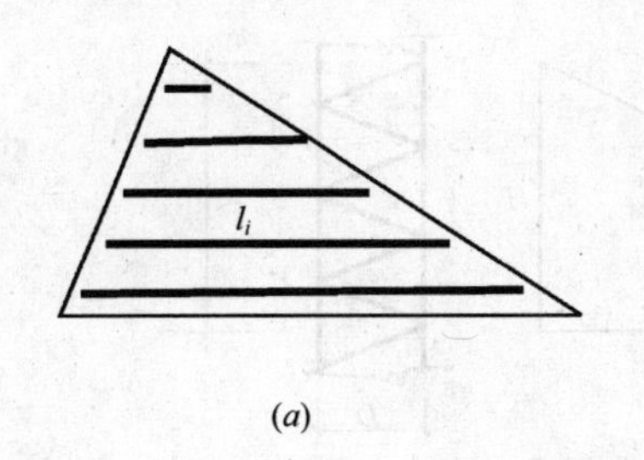

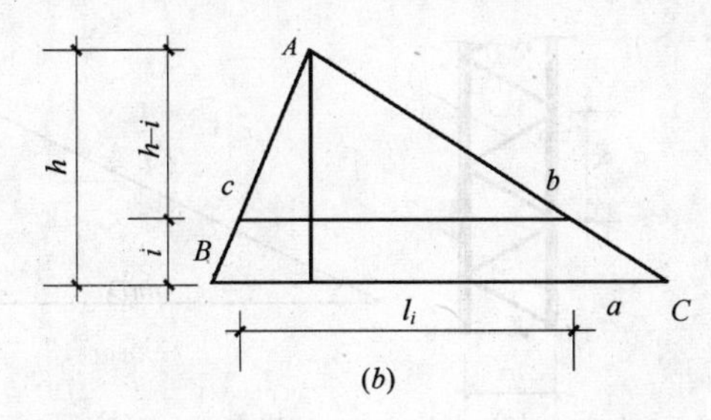

图 6-10　三角形构件配筋
(a)配筋示意图；(b)计算示意图

$$h=2\sqrt{s(s-a)(s-b)(s-c)}/c \tag{6-4}$$

$$s=1/2(a+b+c) \tag{6-5}$$

式中　l_i——三角形构件钢筋长度；

h——三角形构件底边上的高；

a、b、c——三角形构件边长；

i——计算钢筋到底边的距离；

a_0——构件混凝土保护层厚度；

l_i'——钢筋所在位置三角形的弦长，$l_i=l_i'-2a_0$。

【例 6-2】 某钢筋混凝土三角形构件(图 6-10)，$l_i'=2000$mm，$h=1500$mm，混凝土保护层厚度为 25mm，钢筋间距 150mm，求混凝土三角形构件的下料长度。

【解】 钢筋混凝土三角形构件的比值为：2000/1500＝4/3

钢筋的最大长度为：$l_1=2000-25\times2-25\times4/3=1917$mm

钢筋的根数为：$1+(1500-25\times2)/150=10.7$ 根(取 11 根)

钢筋的间距为：$(1500-25\times2)/10=145$mm

相邻两根钢筋长度差为：$145\times4/3=193$mm

第二根钢筋长度为：$l_2=1917-193=1723$mm

第三根钢筋长度为：$l_3=1723-193=1530$mm

同理，可计算得各根长度。

4. 螺旋箍筋长度计算

(1) 螺旋箍筋简易计算方法

螺旋箍筋长度可按以下简化公式计算：

$$l=(1000/p)\times[(\pi D)^2+p^2]^{1/2}+\pi D/2 \tag{6-6}$$

式中　D——螺旋箍筋的直径；螺旋线的缠绕直径，采用箍筋的中心距，即主筋外皮距离加上一个箍筋直径；

l——每 1m 钢筋骨架长的螺旋箍筋长度(mm)；

p——螺距(mm)。

(2) 缠绕纸带法：螺旋箍筋的长度也可用类似缠绕三角形纸带方法计算(图 6-11)，根据勾股定理，按下式计算：

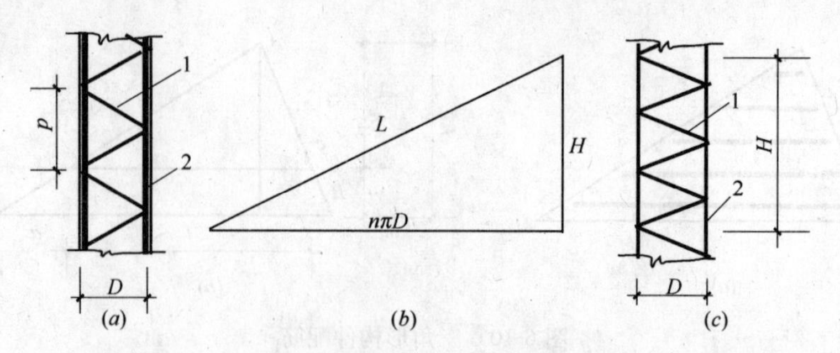

图 6-11 螺旋箍筋计算简图

(a)螺旋箍筋长度计算简图；(b)三角报纸带；(c)纸带缠绕圆柱体

1—螺旋形箍筋；2—受力主筋

$$L=[H^2+(n\pi D)^2]^{1/2} \tag{6-7}$$

式中 L——螺旋箍筋的长度；

H——螺旋线起点到终点的竖直高度；

n——螺旋线的缠绕圈数。

【例 6-3】 钢筋混凝土圆柱截面直径 $D'=600$mm，保护层厚 25mm，采用螺旋形箍筋，钢筋直径 $d=10$mm，箍筋螺距 $P=150$mm，试求每 1m 钢筋骨架螺旋箍筋的下料长度。

【解】 螺旋形箍筋直径 $D=600-25\times2+10=560$mm

螺旋箍筋长度可按以下简化公式计算：

$$\begin{aligned}l&=(1000/p)\times[(\pi D)^2+p^2]^{1/2}+\pi D/2\\&=(1000/150)\times[(3.142\times560)^2+150^2]^{1/2}+\\&\quad 3.142\times560/2=12.653\text{m}\end{aligned}$$

螺旋箍筋长度为 12.653m

3.1.3 钢筋配料单及料牌的填写

1. 钢筋配料单的作用及形式

钢筋配料单是根据施工设计图纸标定钢筋的品种、规格及外形尺寸、数量进行编号，并计算下料长度，用表格形式表达的技术文件。

(1) 钢筋配料单的作用：钢筋配料单是确定钢筋下料加工的依据，是提出材料计划，签发施工任务单和限额领料单的依据，它是钢筋施工的重要工序，合理的配料单，能节约材料、简化施工操作。

(2) 配料单的形式：钢筋配料单一般用表格的形式反映，其内容由构件名称、钢筋编号、钢筋简图、尺寸、钢号、数量、下料长度及重量等内容组成，见表 6-19。

2. 钢筋配料单的编制方法及步骤

(1) 熟悉构件配筋图，弄清每一编号钢筋的直径、规格、种类、形状和数量，以及在构件中的位置和相互关系。

(2) 绘制钢筋简图。

(3) 计算每种规格的钢筋下料长度。

钢筋配料单　　表6-19

构件名称	钢筋编号	计算简图	直径(mm)	钢号	下料长度(mm)	单位根数(根)	合计根数(根)	总长(m)	重量(kg)
$L1$梁(4根)	①	5950	18	ϕ	6180	2	8	49.44	92.9
	②	5950	10	ϕ	6070	2	8	48.56	30.0
	③	4400 566 375	18	ϕ	6480	1	4	25.92	51.8
	④	3400 566 875	18	ϕ	6480	1	4	25.92	51.8
	⑤	400 150	6	ϕ	1250	31	124	155	34.4
备注	合计钢筋重　ϕ6：34.4kg；ϕ10：30kg；ϕ18：196.5kg								

(4) 填写钢筋配料单。

(5) 填写钢筋料牌。

3. 钢筋的标牌与标识

钢筋除填写配料单外，还需将每一编号的钢筋制作相应的标牌与标识，也即料牌，作为钢筋加工的依据，并在安装中作为区别、核实工程项目钢筋的标志。

钢筋料牌的形式见图6-12。

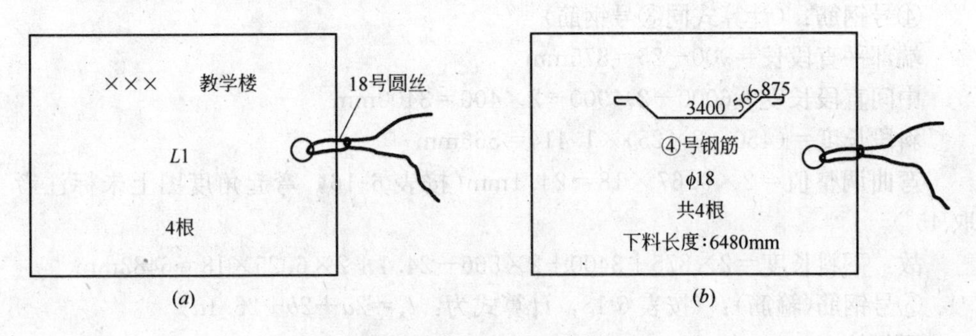

图6-12　钢筋料牌的形式

(a)正面；(b)背面

【例6-4】 某教学楼钢筋混凝土简支梁$L1$，共4根，结构配筋见图6-13，保护层厚度取25mm。试编制该梁的钢筋配料单和料牌。

【解】 (1) 熟悉构件配筋图，绘出各钢筋简图见表6-19；

(2) 计算各钢筋下料长度：

①号钢筋：钢筋下料长度＝构件长－两端保护层厚度＋弯钩增加长度

$$=6000-25\times2+2\times6.25\times18=6175\text{mm}$$

②号钢筋：（计算式同上）

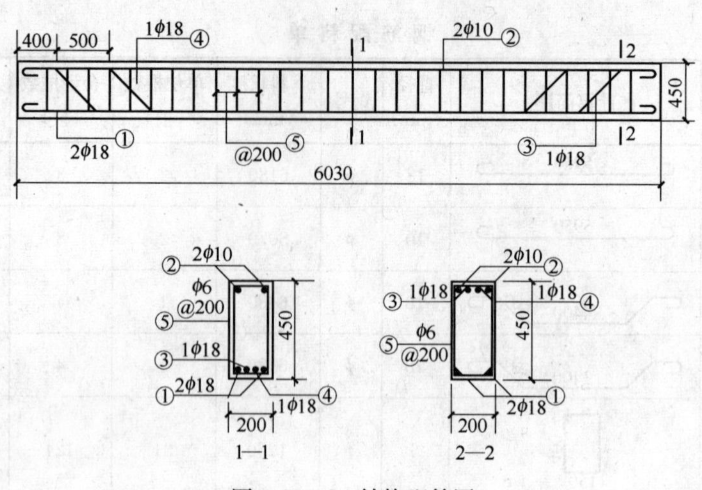

图 6-13 $L1$ 结构配筋图

$$6000-25\times2+2\times6.25\times10=6075\text{mm}$$

③号钢筋：钢筋下料长度＝直段长度＋斜段长度－弯曲调整值＋弯钩增加长度

端部平直段长＝400－25＝375mm

中间直段长度＝6000－2×400－2×400＝4400mm

斜段长度＝(450－2×25)×1.414＝566mm

弯曲调整值＝2×0.67×18＝24.1mm(按表 6-16，弯起角度图上未标注者取 45°)

故：下料长度＝2×375＋4400＋2×566－24.1＋2×6.25×18＝6483mm

④号钢筋：(计算式同③号钢筋)

端部平直段长＝900－25＝875mm

中间直段长度＝6000－2×900－2×400＝3400mm

斜段长度＝(450－2×25)×1.414＝566mm

弯曲调整值＝2×0.67×18＝24.1mm(按表 6-16，弯起角度图上未标注者取 45°)

故：下料长度＝2×875＋3400＋2×566－24.1＋2×6.25×18＝6483mm

⑤号钢筋(箍筋)：(按表 6-18，计算式为：$l_x=2a+2b+25.1d$)

下料长度＝(400＋150)×2＋25.1×6＝1250mm

(3) 计算箍筋数量

$$n=(6000-2\times25)\div200+1=31\text{ 个}$$

(4) 编制和填写配料单，见表 6-19。

(5) 填写钢筋料牌，如图 6-12 所示。图中仅填写了④号钢筋的料牌，其余同此。

3.2 钢筋代换

3.2.1 钢筋代换原则

(1) 在施工中，已确认工地不可能供应设计图要求的钢筋品种和规格时，才允许根据库存条件进行钢筋代换。

(2) 代换前，必须充分了解设计意图、构件特征和代换钢筋性能，严格遵守国家现行设计规范和施工验收规范及有关技术规定。

(3) 代换后，仍能满足各类极限状态的有关计算要求以及配筋构造规定，如：受力钢筋和箍筋的最小直径、间距、锚固长度、配筋百分率、以及混凝土保护层厚度等。一般情况下，代换钢筋还必须满足截面对称的要求。

(4) 对抗裂性要求高的构件(如吊车梁、薄腹梁、屋架下弦等)，不宜用HPB235级钢筋代换HRB335、HRB400级变形钢筋，以免裂缝开展过宽。

(5) 梁内纵向受力钢筋与弯起钢筋应分别进行代换，以保证正截面与斜截面强度。

(6) 偏心受压构件或偏心受拉构件(如框架柱、承受吊车荷载的柱、屋架上弦等)钢筋代换时，应按受力方向(受压或受拉)分别代换，不得取整个截面配筋量计算。

(7) 吊车梁等承受反复荷载作用的构件，必要时应在钢筋代换后进行疲劳验算。

(8) 当构件受裂缝宽度控制时，代换后应进行裂缝宽度验算。如代换后裂缝宽度有一定增大(但不超过允许的最大裂缝宽度)，还应对构件作挠度验算。

(9) 同一截面内配置不同种类和直径的钢筋代换时，每根钢筋拉力差不宜过大(同类型钢筋直径差一般不大于5mm)，以免构件受力不匀。

(10) 钢筋代换应避免出现大材小用，优材劣用，或不符合专料专用等现象。钢筋代换后，其用量不宜大于原设计用量的5%，也不应低于原设计用量的2%。

(11) 进行钢筋代换的效果，除应考虑代换后仍能满足结构各项技术性能要求之外，同时还要保证用料的经济性和加工操作的方便。

(12) 钢筋代换应征得设计单位同意并办理设计变更文件后方可进行。

3.2.2 钢筋代换计算

钢筋代换方法有等强度代换、等面积代换、等弯矩代换三种方法。

1. 等强度代换

当结构构件按强度控制时，可按强度相等的原则代换，称“等强度代换”。既代换前后钢筋的“钢筋抗力”不小于施工图纸上原设计配筋的钢筋抗力。

即：

$$A_{s2} \cdot f_{y2} \geqslant A_{s1} \cdot f_{y1} \tag{6-8}$$

将圆面积公式：$A_s = \frac{\pi d^2}{4}$代入式(6-8)，有：

$$n_2 d_2^2 f_{y1} \geqslant n_1 d_1^2 f_{y1} \tag{6-9}$$

当原设计钢筋与拟代换的钢筋直径相同时($d_1 = d_2$)：

$$n_2 f_{y1} \geqslant n_1 f_{y1} \tag{6-10}$$

当原设计钢筋与拟代换的钢筋级别相同时(即 $f_{y1} = f_{y2}$)：

$$n_2 d_2^2 \geqslant n_1 d_1^2 \quad (6\text{-}11)$$

式中 f_{y1}、f_{y2}——分别为原设计钢筋和拟代换用钢筋的抗拉强度设计值(N/mm^2)；

A_{s1}、A_{s2}——分别为原设计钢筋和拟代换钢筋的计算截面面积(mm^2)；

n_1、n_2——分别为原设计钢筋和拟代换钢筋的根数(根)；

d_1、d_2——分别为原设计钢筋和拟代换钢筋的直径(mm)；

$A_{s1} \cdot f_{y1}$、$A_{s2} \cdot f_{y2}$——分别为原设计钢筋和拟代换钢筋的钢筋抗力(N)。

在普通钢筋混凝土构件中，高强度钢筋难以充分发挥作用，多采用HRB335、HRB400、RRB400级钢筋或HPB235级钢筋，钢筋的强度设计值 f_y 见表6-20。不同钢筋数量、直径的计算截面面积见表6-21。

钢筋强度设计值 f_y(N/mm^2) **表6-20**

序号	钢筋级别	符号	强度设计值 f_y	强度设计值 f'_y
1	HPB235	ϕ	210	210
2	HRB335	Φ	300	300
3	HRB400	Φ	360	360
4	RRB400	Φ^R	360	360

钢筋代换时，除前面讲的计算法外，常用的还有查表对比法、代换系数法。下面分别介绍他们的计算步骤。

(1) 查表对比法：为减少计算工作量，亦可采用查表方法。钢筋代换时，利用已制成的钢筋代换表格，可迅速直接查得结果，而不用进行繁琐的计算。查表对比法是利用已制成的各种规格和根数的钢筋抗力值表(表6-22)，对原设计和拟代换的钢筋进行对比，从而确定可代换的钢筋规格和根数。本法适用于钢筋根数较少的情况(钢筋不多于9根)，并且可以确定多种钢筋代换方案。

不同钢筋数量、直径的计算截面面积 **表6-21**

直径 d (mm)	不同根数钢筋的计算截面面积(mm^2)									单根钢筋的质量(kg)
	1	2	3	4	5	6	7	8	9	
3	7.1	14.1	21.2	28.3	35.3	42.4	49.5	56.5	63.6	0.055
4	12.6	25.1	37.3	50.2	62.8	75.4	87.9	100.5	113	0.099
5	19.6	39	59	79	98	118	138	157	177	0.154
6	28.3	57	85	113	142	170	198	226	255	0.222
6.5	33.2	66	100	133	166	199	232	265	299	0.260
8	50.3	101	151	201	252	302	352	402	453	0.395
10	78.5	157	236	314	393	471	550	628	707	0.617
12	113.1	226	339	452	565	678	791	904	1017	0.888

续表

直径 d (mm)	不同根数钢筋的计算截面面积(mm^2)									单根钢筋的质量(kg)
	1	2	3	4	5	6	7	8	9	
14	153.9	308	461	615	769	923	1077	1230	1337	1.408
16	201.1	402	603	804	1005	1206	1407	1608	1809	1.578
18	254.5	509	763	1017	1272	1526	1780	2036	2290	1.998
20	314.2	628	941	1256	1570	1884	2200	2513	2827	2.466
22	380.1	760	1140	1520	1900	2281	2661	3041	3421	2.984
25	490.9	982	1473	1964	2454	2945	3436	3927	4416	3.85
28	615.3	1232	1847	2463	3079	3695	4510	4926	5542	4.83
32	804.3	1600	2418	3217	4021	4826	5630	6434	7238	6.31
36	1017.9	2036	3054	4072	5089	6107	7125	8143	9161	7.99
40	1256.1	2513	3770	5027	6283	7540	8796	10053	11310	9.865

钢筋抗力值表 $A_s f_y$(kN) 表 6-22

钢筋规格	钢筋根数								
	1	2	3	4	5	6	7	8	9
φ6	5.94	11.88	17.81	23.75	29.69	35.63	41.56	47.50	53.44
φ8	10.56	21.11	31.67	42.22	52.78	63.33	73.89	84.45	95.00
φ9	13.36	26.72	40.08	53.44	66.80	80.16	93.52	106.9	120.2
Φ8	15.09	30.18	45.27	60.39	75.45	90.59	105.63	120.72	135.81
φ10	16.49	32.99	49.48	65.97	82.47	98.96	115.5	131.9	148.2
φ12	23.75	47.50	71.25	95.00	118.8	142.5	166.3	190.0	231.8
Φ10	23.55	47.1	70.65	94.2	117.75	141.3	164.85	188.4	211.95
φ14	32.33	64.65	96.98	129.3	161.6	194.0	226.3	258.6	290.9
Φ12	33.93	67.86	101.79	135.72	169.65	203.58	237.51	271.44	305.37
φ16	42.22	84.45	126.7	168.9	211.1	253.3	295.6	337.8	380.0
Φ14	46.17	92.34	138.51	184.68	230.85	277.02	323.19	369.36	415.53
φ18	53.44	106.9	160.0	213.8	267.2	320.6	374.1	427.5	480.9
Φ16	60.33	120.66	180.99	241.32	301.65	361.98	422.31	482.64	542.97
φ20	65.97	131.9	197.9	263.9	329.9	395.8	461.8	527.8	593.8
Φ18	76.29	152.58	228.87	305.16	381.45	457.74	534.03	610.32	686.61
Φ20	94.26	188.52	282.78	377.04	471.3	565.56	659.82	754.08	848.34
φ22	114.03	228.06	342.09	456.12	570.15	684.18	798.21	912.24	1026.27
Φ25	147.27	294.54	441.81	589.08	736.35	883.62	1030.89	1178.16	1325.43
Φ28	184.59	369.18	553.77	738.36	922.95	1107.54	1292.13	1476.72	1661.31
Φ32	241.29	482.58	723.87	965.16	1206.45	1447.74	1689.03	1930.32	2171.61
Φ36	305.37	610.74	916.11	1221.48	1526.85	1832.22	2137.59	2442.96	2748.33
Φ40	376.83	753.66	1130.49	1507.32	1884.15	2260.98	2637.81	3014.64	3391.47

(2) 代换系数法：代换系数法是利用已制成的几种常用级别钢筋之间按等强度计算出代换系数对原设计和拟代换钢筋进行代换(如表 6-23)，从而可确定拟代换的钢筋数量。

等强度代换系数表 **表 6-23**

原设计钢筋级别	HPB235		HRB335		HRB400	
拟代换钢筋级别	HRB335	HRB400	HPB235	HRB400	HPB235	HRB335
P值	0.7	0.583	1.429	0.833	1.714	1.2

注：本表适用于不同强度等直径钢筋代换。

【例 6-5】 某矩形梁原设计采用 HRB335 级钢筋 4 Φ 16mm，现拟用 HRB400 级钢筋代换，试确定需代换的钢筋直径、根数和面积。

【解】 采用计算法计算。

由表 6-21 查得，$A_{s1}=201\times4=804\text{mm}^2$，由表 6-20 查得 $f_{y1}=300\text{N/mm}^2$，$f_{y2}=360\text{N/mm}^2$；将值代入式(6-8)

有 $A_{s2}\geqslant A_{s1}\cdot f_{y1}/f_{y_2}=804\times300/360=670\text{mm}^2$

查表 6-21 得：

方案 1：采用 2 Φ 18+1 Φ 16 $A_{s2}=509+201=710\text{mm}^2>670\text{mm}^2$

方案 2：采用 2 Φ 16+2 Φ 14 $A_{s2}=402+308=710\text{mm}^2>670\text{mm}^2$

以上两方案均能满足要求。

【例 6-6】 某框架梁原设计采用 HRB335 级钢筋 3 Φ 16mm，现拟用 HPB235 级钢筋代换，试确定需代换的钢筋直径、根数和面积。

【解】 (1)查表对比法：由表 6-21 查得，$A_{s1}=201\times3=603\text{mm}$，由表 6-20 查得 $f_{y1}=300\text{N/mm}^2$，

原设计钢筋的抗力为：$A_{s1}\cdot f_{y1}=300\times603=180.9\text{kN}$

查表 6-22 得，3ϕ20 钢筋的抗力：$A_{s2}\cdot f_{y2}=197.9\text{kN}>180.9\text{kN}$，满足要求。

【例 6-7】 某框架柱原设计采用 HRB335 级钢筋 8 Φ 16mm，现拟用 HPB235 级钢筋代换，用代换系数法确定需代换的钢筋根数。

查表 6-23 得：代换系数 $P=1.429$

8×1.429=11.4 根，取 12 根。

2. 钢筋等面积代换

当构件按最小配筋率配筋时，可按钢筋面积相等的原则进行代换，称为“等面积代换”。

即：

$$A_{s1}=A_{s2} \tag{6-12}$$

或：$n_2d_2^2\geqslant n_1d_1^2$

式中 A_{s1}、n_1、d_1——分别为原设计钢筋的计算截面面积(mm^2)、根数、直径(mm)；

A_{s2}、n_2、d_2——分别为拟代换钢筋的计算截面面积(mm^2)、根数、直径(mm)。

【例 6-8】 大型设备基础底板按构造最小配筋率配筋为Φ 14@200，现拟用Φ 16钢筋代换，求代换后的钢筋数量。

【解】 因底板为按构造要求最小配筋率配筋，故按等面积进行代换，取 1m 板计算：$n_1=1000/200=5$ 根

$$n_2=n_1 \cdot d_1^2/d_2^2=5\times 14^2/16^2=3.83 \text{ 根}$$

取 4 根，间距为 1000/4＝250mm

故代换后配筋为Φ 16@250。

3. 钢筋等弯矩代换计算

钢筋代换时，如钢筋直径加大或根数增多，需要增加排数，从而使构件截面的有效高度 h_0 相应减小，使截面抗弯能力降低，不能满足原设计抗弯强度要求。此时应对代换后的截面强度进行复核，如不能满足要求，应稍加配筋，予以弥补，使与原设计抗弯强度相当。对常用矩形截面的受弯构件，可按下式复核截面强度，矩形截面所能承受的设计弯矩 M_u 为：

$$M_u=f_y A_s[h_0-f_y A_s/(2f_c b)] \tag{6-13}$$

则钢筋代换后应满足下式要求：

$$f_{y2}A_{s2}[h_{02}-f_{y2}A_{s2}/(2f_c b)]\geqslant f_{y1}A_{s1}[h_{01}-f_{y1}A_{s1}/(2f_c b)] \tag{6-14}$$

式中 f_{y1}、f_{y2}——分别为原设计钢筋和拟代换钢筋的强度设计值(N/mm^2)；

A_{s1}、A_{s2}——分别为原设计钢筋和拟代换钢筋的计算截面面积(mm^2)；

h_{01}、h_{02}——分别为原设计钢筋和拟代换钢筋合力点至构件截面受压边缘的距离(mm)；

f_c——混凝土的轴心抗压强度设计值；对 C20 混凝土为 $9.6N/mm^2$，C25 混凝土为 $11.9N/mm^2$，C30 混凝土为 $14.3N/mm^2$；

b——构件截面宽度(mm)。

4. 当构件受裂缝宽度或抗裂性要求控制时，代换后应进行裂缝或抗裂性验算。代换后，还应满足构造方面的要求(如钢筋间距、最小直径、最少根数、锚固长度、对称性等)及设计中提出的其他要求。

项目7 模板配板及设计

训练1 胶合板模板的配制和施工

[训练目的与要求] 通过训练，能估算模板的用料，能精确计算模板的配板图，能组织现场模板的下料和施工。具有现场施工员或旁站监理员的工作能力。

混凝土模板用的胶合板有木胶合板和竹胶合板两种。

胶合板用作混凝土模板具有以下优点：

(1) 板幅大、自重轻、板面平整，既可减少安装工作量，节省现场人工费用，又可减少混凝土外露表面的装饰及磨去接缝的费用。

(2) 承载能力大，特别是经表面处理后耐磨性好，能多次重复使用。

(3) 材质轻，厚18mm的木胶合板，单位面积质量为50kg，模板的运输、堆放、使用和管理等都较为方便。

(4) 保温性能好，能防止温度变化过快，冬期施工有助于混凝土的保温。

(5) 锯截方便，易加工成各种形状的模板。

(6) 便于按工程的需要弯曲成型，用作曲面模板。

(7) 用于清水混凝土模板最为理想。

目前在全国各大中城市的高层现浇混凝土结构施工中，胶合板模板已有相当的使用量。

1.1 木胶合模板

1.1.1 木胶合模板的规格尺寸

木胶合模板的规格尺寸见表7-1。

木胶合模板的规格尺寸（mm） 表7-1

模数制		非模数制		厚度
宽度	长度	宽度	长度	
600	4800	915	1830	12.0
900	1800	1220	1830	15.0
1000	2000	915	2135	18.0
1200	2400	1220	2440	21.0

1.1.2 使用注意事项

(1) 必须选用经过板面处理的胶合板。未经板面处理的胶合板用作模板时，脱模时易将板面木纤维撕破，影响混凝土表面质量。这种现象随胶合板使用次数的增加而逐渐加重。

经覆膜罩面处理后的胶合板，增加了板面耐久性，脱模性能良好，外观平整光滑，最适用于有特殊要求的、混凝土外表面不加修饰处理的清水混凝土工程，如混凝土桥墩、立交桥、筒仓、烟囱以及塔等。

(2) 未经板面处理的胶合板(亦称白坯板或素板)，在使用前应对板面进行处理。处理的方法为冷涂刷涂料，把常温下固化的涂料胶涂刷在胶合板表面，构成保护膜。

(3) 经表面处理的胶合板，施工现场使用中，一般应注意以下几个问题：

1) 脱模后立即清洗板面浮浆，整齐堆放。

2) 模板拆除时，为避免损伤板面处理层，严禁抛扔。

3) 胶合板边角应涂刷封边胶，为了保护模板边角的封边胶和防止漏浆，支模时最好在模板拼缝处粘贴防水胶带或水泥纸袋，拆模时及时清除水泥浆。

4) 胶合板板面尽量不钻孔洞。遇有预留孔洞，可用普通木板拼补。

5) 现场应备有修补材料，以便对损伤的面板及时进行修补。

6) 使用前必须涂刷脱模剂。

(4) 整张木胶合板的长向为强方向，短向为弱方向，使用时必须加以注意。

1.2 竹胶合板模板

1.2.1 竹胶合模板的规格尺寸

竹胶合模板的规格尺寸见表 7-2。

竹胶合模板的规格尺寸(mm) 表 7-2

<table>
<tr><th>长 度</th><th>宽 度</th><th>厚 度</th></tr>
<tr><td>1830</td><td>915</td><td rowspan="6">9，12，15，18</td></tr>
<tr><td>1830</td><td>1220</td></tr>
<tr><td>2000</td><td>1000</td></tr>
<tr><td>2135</td><td>915</td></tr>
<tr><td>2440</td><td>1220</td></tr>
<tr><td>3000</td><td>1500</td></tr>
</table>

1.2.2 竹胶合模板的特点

我国竹材资源丰富，且竹材具有生长快、生产周期短(一般 2～3 年成材)的特点。另外，一般竹材顺纹抗拉强度为 18MPa，为杉木的 2.5 倍，红松的 1.5 倍；横纹抗压强度为 6～8MPa，是杉木的 1.5 倍，红松的 2.5 倍；静弯曲强度为 15～16MPa。因此，在我国木材资源短缺的情况下，以竹材为原料，制作混凝土模板用竹胶合板，具有收缩率小、膨胀率和吸水率低以及承载能力大的特点，是一种具有发展前途的新型建筑模板。

1.3 胶合板模板的配制方法和要求

1.3.1 胶合板模板的配制方法

(1) 按设计图纸尺寸直接配制模板

形体简单的结构构件，可根据结构施工图纸直接按尺寸列出模板规格和数量进行配制。模板厚度、横档及楞木的断面和间距，以及支承系统的配置，都可按支承要求通过计算选用。

(2) 采用放大样方法配制模板

形体复杂的结构构件，如楼梯、圆形水池等，可在平整的地坪上，按结构图的尺寸画出结构构件的实样，量出各部分模板的准确尺寸或套制样板，同时确定模板及其安装的节点构造，进行模板的制作。

(3) 用计算方法配制模板

形体复杂不易采用放大样方法，但有一定几何形体规律的构件，可用计算方法结合放大样的方法，进行模板的配制。

(4) 采用结构表面展开法配制模板

一些形体复杂且又由各种不同形体组成的复杂体型结构构件，如设备基础。其模板的配制，可采用先画出模板平面图和展开图，再进行配板设计和模板制作。

1.3.2 胶合板模板的配制要求

(1) 应整张直接使用，尽量减少随意锯截，造成胶合板浪费。

(2) 木胶合板常用厚度一般为12或18mm，竹胶合板常用厚度一般为12mm，内、外楞的间距，可随胶合板的厚度，通过设计计算进行调整。

(3) 支撑系统可以选用钢管脚手架，也可采用木支撑。采用木支撑时，不得选用脆性、严重扭曲和受潮容易变形的木材。

(4) 钉子长度应为胶合板厚度的1.5～2.5倍，每块胶合板与木楞相叠处至少钉2个钉子，第二块板的钉子要转向第一块模板方向斜钉，使拼缝严密。

(5) 配制好的模板应在反面编号并写明规格，分别堆放保管，以免错用。

1.3.3 墙体模板

常规的支模方法是：胶合板面板外侧的立档用50mm×100mm方木，横档(又称牵杠)可用ϕ48×3.5脚手钢管或方木，两侧胶合板模板用穿墙螺栓拉结(图7-1)。

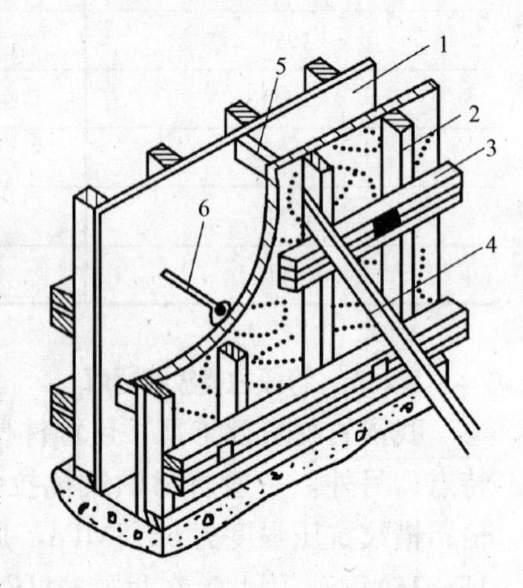

图7-1 采用胶合板面板的墙体模板
1—胶合板；2—主档；3—横档；4—斜撑；5—撑头；6—穿墙螺栓

(1) 墙模板安装时，根据边线先立一侧模板，临时用支撑撑住，用线锤校正使模板垂直，然后固定牵杠，再用斜撑固定。大块侧模组拼时，上下竖向拼缝要互相错开，先立两端，后立中间部分。待钢筋绑扎后，按同样方法安装另一侧模板及斜撑等。

(2) 为了保证墙体的厚度正确，在两侧模板之间可用小方木撑头(小方木长度等于墙厚)，防水混凝土墙要用加有止水板的撑头。小方木要随着浇筑混凝土逐个取出。为了防止浇筑混凝土的墙身鼓胀，可用8～10号钢丝或直径12～16mm螺栓拉结两侧模板，间距不大于1m。螺栓要纵横排列，并在混凝土凝结前经常转动，以便在凝结后取出，如墙体不高，厚度不大，亦可在两侧模板上口钉上搭头木即可。

1.3.4 楼板模板

楼板模板的支设方法有以下几种：

(1) 采用脚手钢管搭设排架，铺设楼板模板常采用的支模方法是：用ϕ48×3.5脚手钢管搭设排架，在排架上铺设50mm×100mm方木，间距为400mm左右，作为面板的格栅(楞木)，在其上铺设胶合板面板(图7-2)。

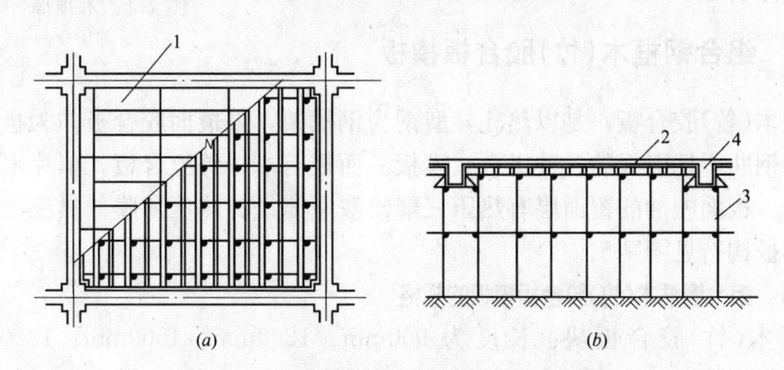

图7-2 楼板模板采用钢管脚手排架支撑

(*a*)平面；(*b*)立面

1—胶合板；2—木楞；3—钢管脚手架支撑；4—现浇混凝土梁

(2) 采用木顶撑支设楼板模板

1) 楼板模板铺设在格栅上。格栅两头搁置在托木上，格栅一般用断面50mm×100mm的方木，间距为400～500mm。当格栅跨度较大时，应在格栅下面再铺设通长的牵杠，以减小格栅的跨度。牵杠撑的断面要求与顶撑立柱一样，下面须垫木楔及垫板。一般用(50～75)mm×150mm的方木。楼板模板应垂直于格栅方向铺钉，如图7-3所示。

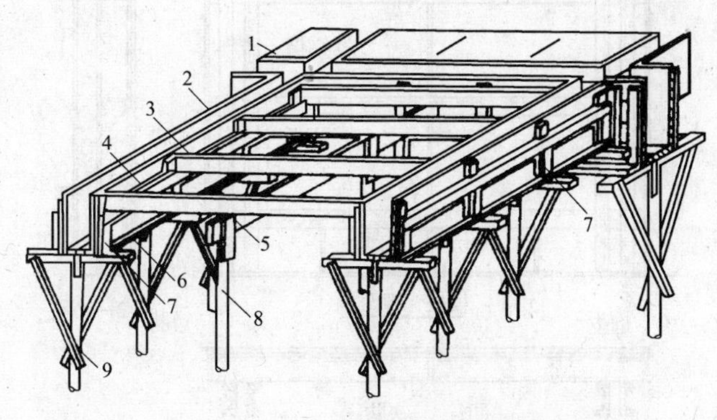

图7-3 肋形楼盖木模板

1—楼板模板；2—梁侧模板；3—格栅；4—横档(托木)；5—牵杠；6—夹木；7—短撑木；8—牵杠撑；9—支柱(琵琶撑)

2）楼板模板安装时，先在次梁模板的两侧板外侧弹水平线，水平线的标高应为楼板底标高减去楼板模板厚度及格栅高度，然后按水平线钉上托木，托木上口与水平线相齐。再把靠梁模旁的格栅先摆上，等分格栅间距，摆中间部分的格栅。最后在格栅上铺钉楼板模板。为了便于拆模，只在模板端部或接头处钉牢，中间尽量少钉。如中间设有牵杠撑及牵杠时，应在格栅摆放前先将牵杠撑立起，将牵杠铺平。

木顶撑构造，如图7-4所示。

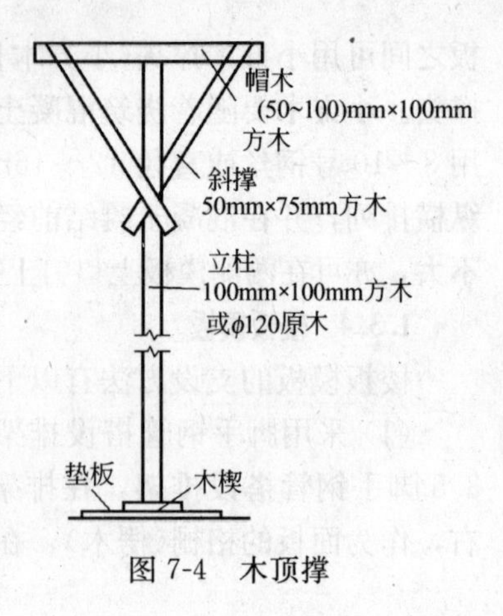

图7-4 木顶撑

1.4 组合钢框木(竹)胶合板模板

钢框木(竹)胶合板，是以热轧异型钢为钢框架，以覆面胶合板作为板面，并加焊若干钢肋承托面板的一种组合式模板。面板有木、竹胶合板，单片木面竹芯胶合板等。板面施加的覆面层有热压三聚氰胺浸渍纸、热压薄膜、热压浸涂和涂料等。模板构造见图7-5。

1.4.1 组合钢框木(竹)胶合板模板的规格

钢框木(竹)胶合板块：长度为900mm、1200mm、1500mm、1800mm和2400mm；宽度为300mm、450mm、600mm和750mm。宽度为100mm、150mm

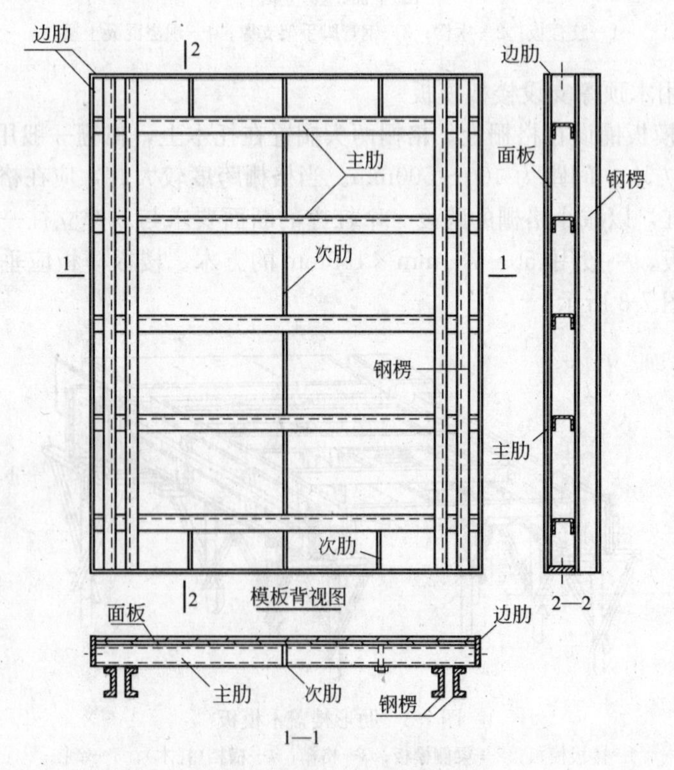

图7-5 钢框胶合板模板构造

和200mm的窄条，配以组合钢模板。

1.4.2 组合钢框木(竹)胶合板模板的特点

具有自重轻、用钢量少、面积大，可以减少模板拼缝，提高结构浇筑后表面的质量和维修方便，面板损伤后可用修补剂修补等特点。

1.4.3 组合钢框木(竹)胶合板模板的设计

(1) 确定所建工程的施工区、段划分。根据工程结构的形式、特点及现场条件，合理确定模板工程施工的流水区段，以减少模板投入，增加周转次数，均衡工序工程(钢筋、模板、混凝土工序)的作业量。

(2) 确定结构模板平面施工总图。在总图中标志出各种构件的型号、位置、数量、尺寸、标高及相同或略加拼补即相同的构件的替代关系并编号，以减少配板的种类、数量和明确模板的替代流向与位置。

(3) 确定模板配板平面布置及支撑布置。根据总图对梁、板、柱等尺寸及编号设计出配板图，应标志出不同型号、尺寸单块模板平面布置，纵横龙骨规格、数量及排列尺寸；柱箍选用的形式及间距；支撑系统的竖向支撑、侧向支撑、横向拉接件的型号、间距。顶制拼装时，还应绘制标志出组装定型的尺寸及其与周边的关系。

(4) 绘图与验算：在进行模板配板布置及支撑系统布置的基础上，要严格对其强度、刚度及稳定性进行验算，合格后要绘制全套模板设计图，其中包括：模板平面布置配板图、分块图、组装图、节点大样图、零件及非定型拼接件加工图。

(5) 轴线、模板线(或模边借线)放线完毕。水平控制标高引测到预留插筋或其他过渡引测点，并办好预检手续。

(6) 模板承垫底部，沿模板内边线用1∶3水泥砂浆，根据给定标高线准确找平。外墙、外柱的外边根部，根据标高线设置模板承垫木方，与找平砂浆上平交圈，以保证标高准确和不漏浆。

(7) 设置模板(保护层)定位基准，即在墙、柱主筋上距地面5～8cm，根据模板线，按保护层厚度焊接水平支杆，以防模板水平位移。

(8) 柱子、墙、梁模板钢筋绑扎完毕，水电管线、预留洞、预埋件已安装完毕，绑好钢筋保护层垫块，并办完隐预检手续。

(9) 预组拼装模板：

1) 拼装模板的场地应夯实平整，条件允许时应设拼装操作平台。

2) 按模板设计配板图进行拼装，所有卡件连接件应有效的紧固。

3) 柱子、墙体模板在拼装时，应预留清扫口、振捣口。

4) 组装完毕的模板，要按图纸要求检查其对角线、平整度、外形尺寸及紧固件数量是否有效、牢靠。并涂刷脱模剂，分规格堆放。

1.4.4 质量标准

(1) 保证项目：模板及其支架必须有足够的强度、刚度和稳定性；其支承部分应有足够的支承面积。如安装在基土上，基土必须坚实，并有排水措施，对湿陷性黄土，必须有防水措施；对冻胀土，必须有防冻融措施。

检查方法：对照模板设计，现场观察或尺量检查。

(2) 基本项目

1) 接缝宽度不得大于1.5mm。

检查方法：观察和用楔形塞尺检查。

2) 模板表面清理干净，并采取防止粘结措施。模板上粘浆和满刷隔离剂的累计面积，墙板应不大于1000cm²，柱、梁应不大于400cm²。

检查方法：观察和用尺量计算统计。

1.5 早拆体系钢框木(竹)胶合板模板

按照常规的支模方法，现浇楼板施工的模板配置量，一般均需3～4个层段的支柱、龙骨和模板，一次投入大。采用早拆体系模板，就是根据现行《混凝土结构工程施工质量验收规范》(GB 50204—2002)对于跨度不大于2m的现浇楼盖，其混凝土拆模强度可比跨度大于2m、不大于8m的现浇楼盖拆模强度减少25%，即达到设计强度的50%即可拆模。早拆体系模板就是通过合理的支设模板，将较大跨度的楼盖，通过增加支承点(支柱)缩小楼盖的跨度(≤2m)，从而达到"早拆模板，后拆支柱"的目的。这样，可使龙骨和模板的周转加快。模板一次配置量可减少1/3～1/2。

早拆体系模板的关键是在支柱上装置早拆柱头。目前常用的早拆柱头有螺旋式、斜面自锁式、组装式和支承销板式，见图7-6、图7-7、图7-8和图7-9。

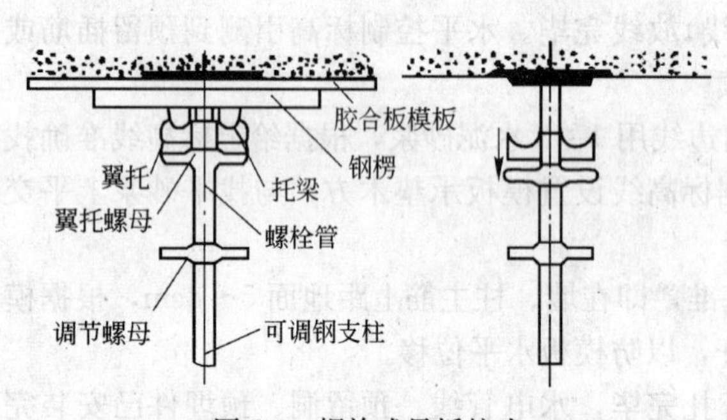

图7-6 螺旋式早拆柱头

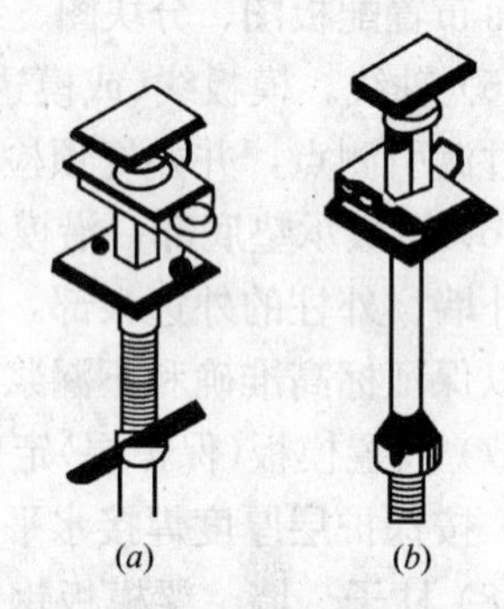

图7-7 斜面自锁式升降头外形

(a)使用状态；(b)降落状态

SP-70早拆模板可用于现浇楼(顶)板结构的模板。由于支撑系统装有早拆柱头，可以实现早期拆除模板、后期拆除支撑(又称早拆模板、后拆支撑)，从而大大加快了模板的周转。这种模板亦可用于墙、梁模板。

1.5.1 SP-70早拆模板的组成及构造

SP-70模板由模板块、支撑系统、拉杆系统、附件和辅助零件组成。

(1) SP-70的模板块

模板块由平面模板块、角模、角铁和镶边件组成。

(2) SP-70的支撑系统

支撑系统由早拆柱头、主梁、次梁、支柱、横撑、斜撑、调节螺栓组成(图7-10)。

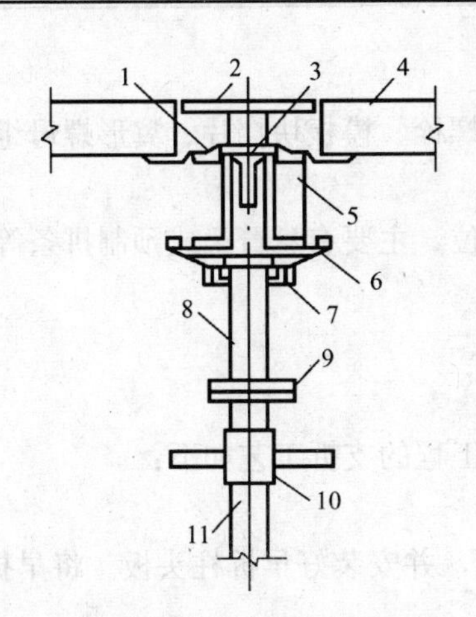

图 7-8　组装式早拆柱头节点

1—板托架；2—柱头板；3—高度调节插销；4—55 系列、72 系列或 75 系列模板；5—ϕ48 钢管或 8、10 号型钢或 40mm × 80mm、50mm × 100mm 的矩形方木；6—梁柱架；7—高度调节插销；8—立柱；9—连拉件；10—高度调节丝杆；11—插卡型支撑体系或可调支撑体系

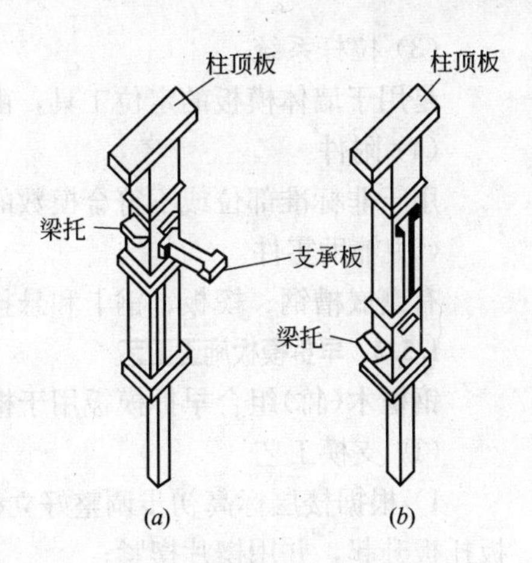

图 7-9　支承销板式早拆柱头

(a)升起的梁托；(b)落下的梁托

早拆柱头是用于支撑模板梁的支拆装置(图 7-9)，其承载力约为 35.3kN。按照现行混凝土结构工程施工质量验收规范，当跨度小于 2m 的现浇结构，其拆模强度可大于或等于混凝土设计强度 50%的规定，在常温条件下，当楼板混凝土浇筑 3～4d 后，即可用锤子敲击柱头的支承板，使梁托下落 115mm。此时便可先拆除模板梁及模板，而柱顶板仍然支顶着现浇楼板。直到混凝土强度达到规范要求拆模强度为止。早期拆模的原理见图 7-11。

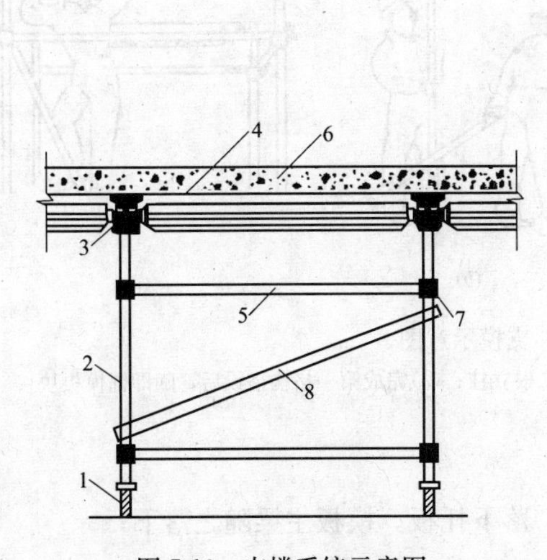

图 7-10　支撑系统示意图

1—底脚螺栓；2—支柱；3—早拆柱头；4—主梁；5—水平支撑；6—现浇楼板；7—梅花接头；8—斜撑

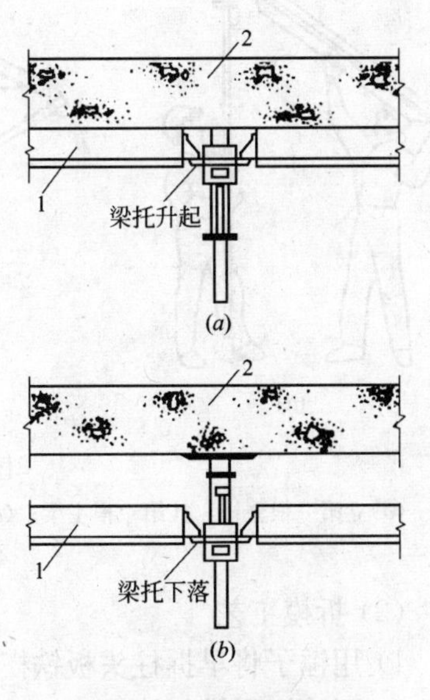

图 7-11　早期拆模原理

(a)支模；(b)拆模

1—模板主梁；2—现浇楼板

(3) 拉杆系统

是用于墙体模板的定位工具，由拉杆、螺栓、模板块挡片、翼形螺母组成。

(4) 附件

用于非标准部位或不符合模数的边角部位，主要有悬臂梁或预制拼条等。

(5) 辅助零件

有镶嵌槽钢、楔板、钢卡和悬挂撑架等。

1.5.2 早拆模板施工工艺

钢框木(竹)组合早拆模板用于楼(顶)板工程的支拆工艺如下：

(1) 支模工艺

1) 根据楼层标高初步调整好立柱的高度，并安装好早拆柱头板。将早拆柱头板托板升起，并用楔片楔紧；

2) 根据模板设计平面布置图立第一根立柱；

3) 将第一榀模板主梁挂在第一根立柱上(图 7-12*a*)；

4) 将第二根立柱及早拆柱头板与第一根模板主梁挂好，按模板设计平面布置图将立柱就位(图 7-12*b*)，并依次再挂上第一根模板主梁，然后用水平撑和连接件做临时固定；

5) 依次按照模板设计布置图完成第一个格构的立柱和模板梁的支设工作，当第一个格构完全架好后，随即安装模板块(图 7-12*c*)；

6) 依次架立其余的模板梁和立柱；

7) 调整立柱竖直，然后用水平尺调整全部模板的水平度；

8) 安装斜撑，将连接件逐个锁紧。

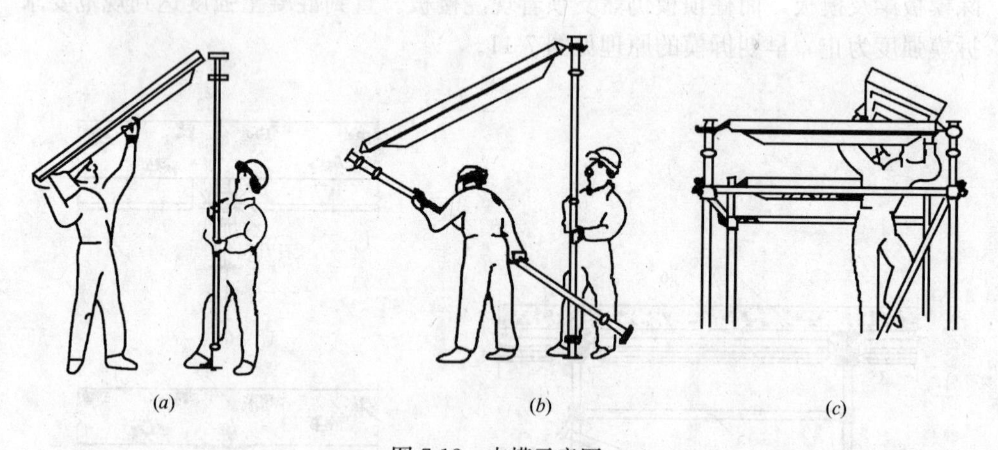

图 7-12 支模示意图

(*a*)立第一根立柱，挂第一根主梁；(*b*)立第二根立柱；(*c*)完成第一格构搭设后，随即铺模板块

(2) 拆模工艺

1) 用锤子将早拆柱头板铁楔打下，落下托板。模板主梁随之落下；

2) 逐块卸下模板块；

3) 卸下模板主梁；

4) 拆除水平撑及斜撑；

5）将卸下的模板块、模板主梁、悬挑梁、水平撑、斜撑等整理码放好备用；

6）待楼板混凝土强度达到设计要求后，再拆除全部支撑立柱。

训练2 组合式钢模板

［训练目的与要求］ 通过训练，掌握55型组合式钢模板施工和安装的全过程。能组织现场施工，具有现场施工员和旁站监理员的工作能力。

组合式模板，是现代模板技术中具有通用性强、装拆方便、周转使用次数多的一种新型模板，用它进行现浇混凝土结构施工。可事先按设计要求组拼成梁、柱、墙、楼板的大型模板，整体吊装就位，也可采用散支散拆方法。本章节重点介绍55型组合钢模板。55型组合钢模板，又称小钢模，是目前使用较广泛的一种通用型组合模板。

2.1 55型组合钢模板的部件

组合钢模板由钢模板和配件两大部分组成。配件又由连接件和支承件组成。钢模板主要包括平面模板、阴角模板、阳角模板、连接角模等。其构造见《建筑施工技术》第四章。

2.2 施工设计

2.2.1 模板工程施工设计的内容

施工前，应根据结构施工图，施工总平面图及施工现场实际条件，编制模板工程施工设计，作为工程项目施工组织设计的一部分。模板工程施工设计应包括以下内容：

（1）绘制配板设计图、连接件和支承系统布置图，以及细部结构、异形模板和特殊部位详图；

（2）根据结构构造形式和施工条件，对模板和支承系统等进行力学验算；

（3）制定模板及配件的周转使用计划，编制模板和配件的规格、品种与数量明细表；

（4）制定模板安装及拆模工艺，以及技术安全措施。

2.2.2 降低模板工程成本的措施

为了加快模板的周转使用，降低模板工程成本，宜选择以下措施：

（1）采取分层分段流水作业，尽可能采取小流水段施工；

（2）竖向结构与横向结构分开施工；

（3）充分利用有一定强度的混凝土结构，支承上部模板结构；

（4）采取预装配措施，使模板做到整体装拆；

（5）采用各种可以重复使用的整体模板。

2.2.3 模板的强度和刚度验算

模板的强度和刚度验算按照下列要求进行：

（1）模板承受的荷载参见《混凝土结构工程施工质量验收规范》（GB 50204—

2002)的有关规定进行计算；

(2) 组成模板结构的钢模板、钢楞和支柱应采用组合荷载验算其刚度，其容许挠度应符合表7-3的规定；

钢模板及配件的容许挠度　　表7-3

部件名称	容许挠度(mm)	部件名称	容许挠度(mm)
钢模板的面积	1.5	柱箍	$b/500$
单块钢模板	1.5	桁架	$l/1000$
钢楞	$l/500$	支承系统累计	4.0

注：l 为计算跨度，b 为柱宽。

(3) 模板所用材料的强度设计值，应按国家现行规范的有关规定取用。并应根据模板的新旧程度、荷载性质和结构不同部位，乘以系数1.0～1.18；

(4) 采用矩形钢管与内卷边槽钢的钢楞，其强度设计值应按现行《冷弯薄壁型钢结构技术规范》(GBJ 18)有关规定取用，强度设计值不应提高；

(5) 当验算模板及支承系统在自重与风荷作用下抗倾覆的稳定性时，抗倾覆系数不应小于1.15。风荷载应根据现行国家标准《建筑结构荷载规范》(GB 50009—2001)的有关规定取用。

2.2.4 配板设计和支承系统的设计

配板设计和支承系统的设计应遵守以下规定：

(1) 要保证构件的形状尺寸及相互位置的正确。

(2) 要使模板具有足够的强度、刚度和稳定性，能够承受新浇混凝土的重量和侧压力，以及各种施工荷载。

(3) 力求构造简单，装拆方便，不妨碍钢筋绑扎，保证混凝土浇筑时不漏浆。柱、梁、墙、板的各种模板的交接部分，应采用连接简便、结构牢固的专用模板。

(4) 配制的模板，应优先选用通用、大块模板，使其种类和块数最小，木模镶拼量最少。设置对拉螺栓的模板，为了减少钢模板的钻孔损耗，可在螺栓部位改用55mm×100mm刨光方木代替。或应使钻孔的模板能多次周转使用。

(5) 相邻钢模板的边肋，都应用U形卡插卡牢固，U形卡的间距不应大于300mm，端头接缝上的卡孔，也应插上U形卡或L形插销。

(6) 模板长向拼接宜采用错开布置，以增加模板的整体刚度。

(7) 模板的配板设计应绘制配板图，标出钢模板的位置、规格、型号和数量。预组装大模板，应标绘出其分界线。预埋件和预留孔洞的位置，应在配板图上标明，并注明固定方法。

(8) 模板的支承系统应根据模板的荷载和部件的刚度进行布置：

1) 内钢楞应与钢模板的长度方向相垂直，直接承受钢模板传递的荷载，外钢楞应与内钢楞互相垂直，承受内钢楞传来的荷载，用以加强钢模板结构的整体刚度和调整平整度，其规格不得小于内钢楞；

2）内钢楞悬挑部分的端部挠度应与跨中挠度大致相同，悬挑长度不宜大于400mm，支柱应着力在外钢楞上；

3）一般柱、梁模板，宜采用柱箍和梁卡具作支承件。断面较大的柱、梁，宜用对拉螺栓和钢楞及拉杆；

4）模板端缝齐平布置时，一般每块钢模板应有两处钢楞支承。错开布置时，其间距可不受端缝位置的限制；

5）在同一工程中可多次使用的预组装模板，宜采用模板与支承系统连成整体的模架；整体模架可随结构部位和施工方式而采取不同的构造型式；

6）支承系统应经过设计计算，保证具有足够的强度和稳定性。当支柱或其节间的长细比大于110时，应按临界荷载进行核算，安全系数可取3～3.5；

7）对于连续形式或排架形式的支柱，应适当配置水平撑与剪刀撑，以保证其稳定性。

2.3 基础、柱、墙、梁、楼板配板设计

2.3.1 基础的配板设计

混凝土基础中箱基、筏基等是由厚大的底板、墙、柱和顶板所组成，可以参照柱、墙、楼板的模板进行配板设计。下面介绍条形基础、独立基础和大体积设备基础的配板设计。

1. 组合特点

基础模板的配制有以下特点：

1）一般配模为竖向，且配板高度可以高出混凝土浇筑表面，所以有较大的灵活性。

2）模板高度方向如用两块以上模板组拼时，一般应用竖向钢楞连固，其接缝齐平布置时，竖楞间距一般宜为750mm；当接缝错开布置时，竖楞间距最大可为1200mm。

3）基础模板由于可以在基槽设置锚固桩作支撑，所以可以不用或少用对拉螺栓。

4）高度在1400mm以内的侧模，其竖楞的拉筋或支撑，可按最大侧压力和竖楞间距计算竖楞上的总荷载布置，竖楞可采用$\phi48\times3.5$钢管。高度在1500mm以上的侧模，可按墙体模板进行设计配模。

2. 条形基础

条形基础模板两边侧模，一般可横向配置，模板下端外侧用通长横楞连固，并与预先埋设的锚固件楔紧。竖楞用$\phi48\times3.5$钢管，用U形钩与模板固连。竖楞上端可对拉固定(图7-13*a*)。

阶形基础，可分次支模。当基础大放脚不厚时，可采用斜撑(图7-13*b*)；当基础大放脚较厚时，应按计算设置对拉螺栓(图7-13*c*)，上部模板可用工具式梁卡固定，亦可用钢管吊架固定。

3. 独立基础

独立基础为各自分开的基础，有的带地梁，有的不带地梁，多数为台阶式(图7-14)。其模板布置与单阶基础基本相同。但是，上阶模板应搁置在下阶模板

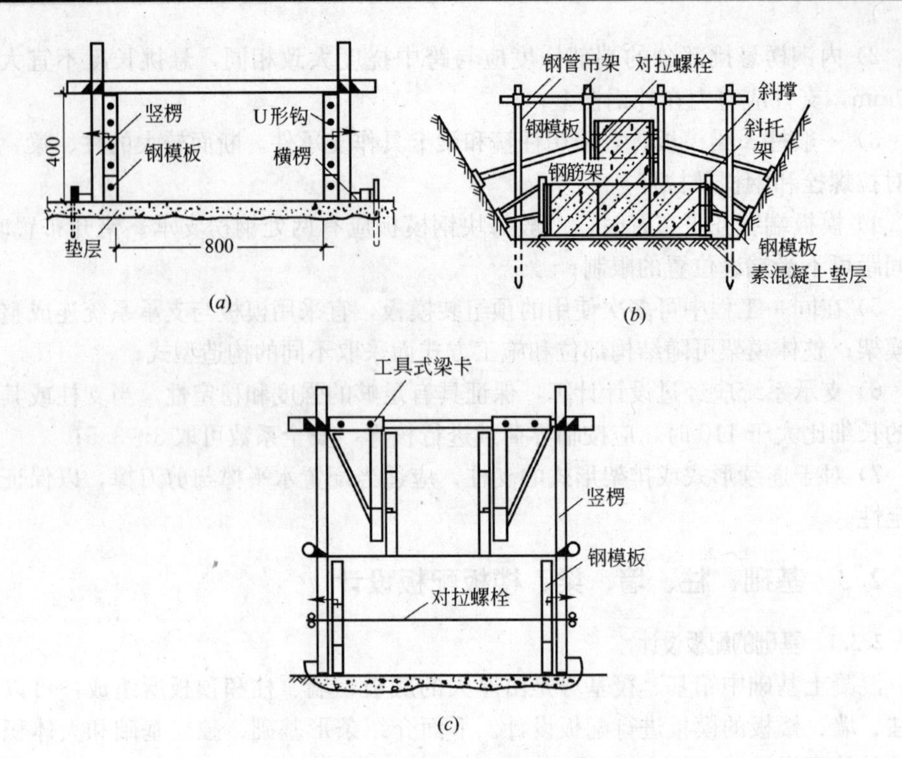

图 7-13 条形(阶形)基础模板支设

(*a*)竖楞上端对拉固定；(*b*)斜撑图；(*c*)阶形基础模板对拉螺栓

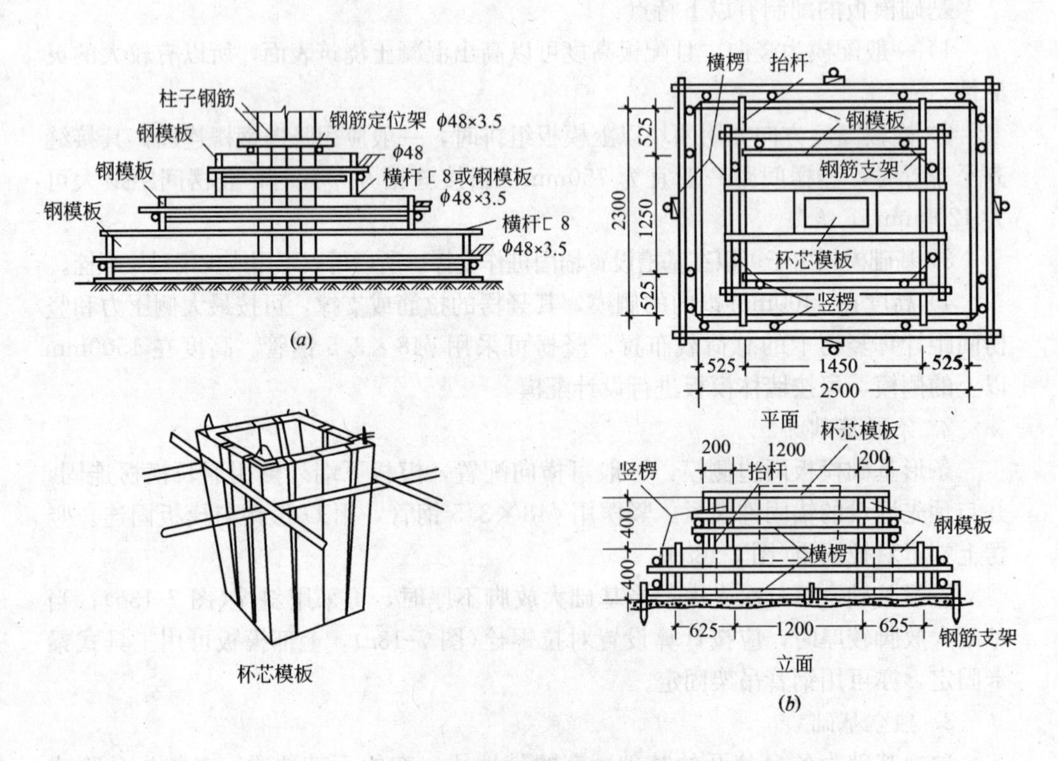

图 7-14 独立基础模板支设

(*a*)现浇柱独立基础；(*b*)杯形基础

上，各阶模板的相对位置要固定结实，以免浇筑混凝土时模板位移。杯形基础的芯模可用楔形木条与钢模板组合。

1）各台阶的模板用角模连接成方框，模板宜横排，不足部分改用竖排组拼。

2）竖楞间距可根据最大侧压力经计算选定。竖楞可采用 $\phi48\times3.5$ 钢管。

3）横楞可采用 $\phi48\times3.5$ 钢管，四角交点用钢管扣件连接固定。

4）上台阶的模板可用抬杠固定在下台阶模板上，抬扛可用钢楞。

5）最下一层台阶模板，最好在基底上设锚固桩支撑。

4. 筏基、箱基和设备基础

1）模板一般宜横排，接缝错开布置。当高度符合主钢模板块时，模板亦可竖排。

2）支承钢模的内、外楞和拉筋、支撑的间距，可根据混凝土对模板的侧压力和施工荷载通过计算确定。

3）筏基宜采取底板与上部地梁分开施工、分次支模（图 7-15*a*）。当设计要求底板与地梁一次浇筑时，梁模要采取支垫和临时支撑措施。

4）箱基一般采用底板先支模施工。要特别注意施工缝止水带及对拉螺栓的处理，一般不宜采用可回收的对拉螺栓（图 7-15*b*）。

5）大型设备基础侧模的固定方法，可以采用对拉方式（图 7-15*c*），亦可采用支拉方式（图 7-15*d*）。厚壁内设沟道的大型设备基础，配模方式可参见图 7-15*e*。

2.3.2 柱的配板设计

柱模板的施工设计，首先应按单位工程中不同断面尺寸和长度的柱，所需配制模板的数量作出统计，并编号、列表。然后，再进行每一种规格的柱模板的施工设计，其具体步骤如下：

1）依照断面尺寸选用宽度方向的模板规格组配方案，并选用长（高）度方向的模板规格进行组配；

2）根据施工条件，确定浇筑混凝土的最大侧压力；

3）通过计算，选用柱箍、背楞的规格和间距；

4）按结构构造配置柱间水平撑和斜撑。

2.3.3 墙的配板设计

按图纸统计所有配模平面的尺寸并进行编号，然后对每一种平面进行配板设计，其具体步骤如下：

1）根据墙的平面尺寸，若采用横排原则，则先确定长度方向模板的配板组合，再确定宽度方向模板的配板组合，然后计算模板块数和需镶拼木模的面积；

2）根据墙的平面尺寸，若采用竖排原则，可确定长度和宽度方向模板的配板组合，并计算模板块数和镶拼木模面积；对于上述横、竖排的方案进行比较，择优选用；

3）计算新浇筑混凝土的最大侧压力；

4）计算确定内、外钢楞的规格、型号和数量；

5）确定对拉螺栓的规格、型号和数量；

6）对需配模板、钢楞、对拉螺栓的规格型号和数量进行统计、列表，以便备料。

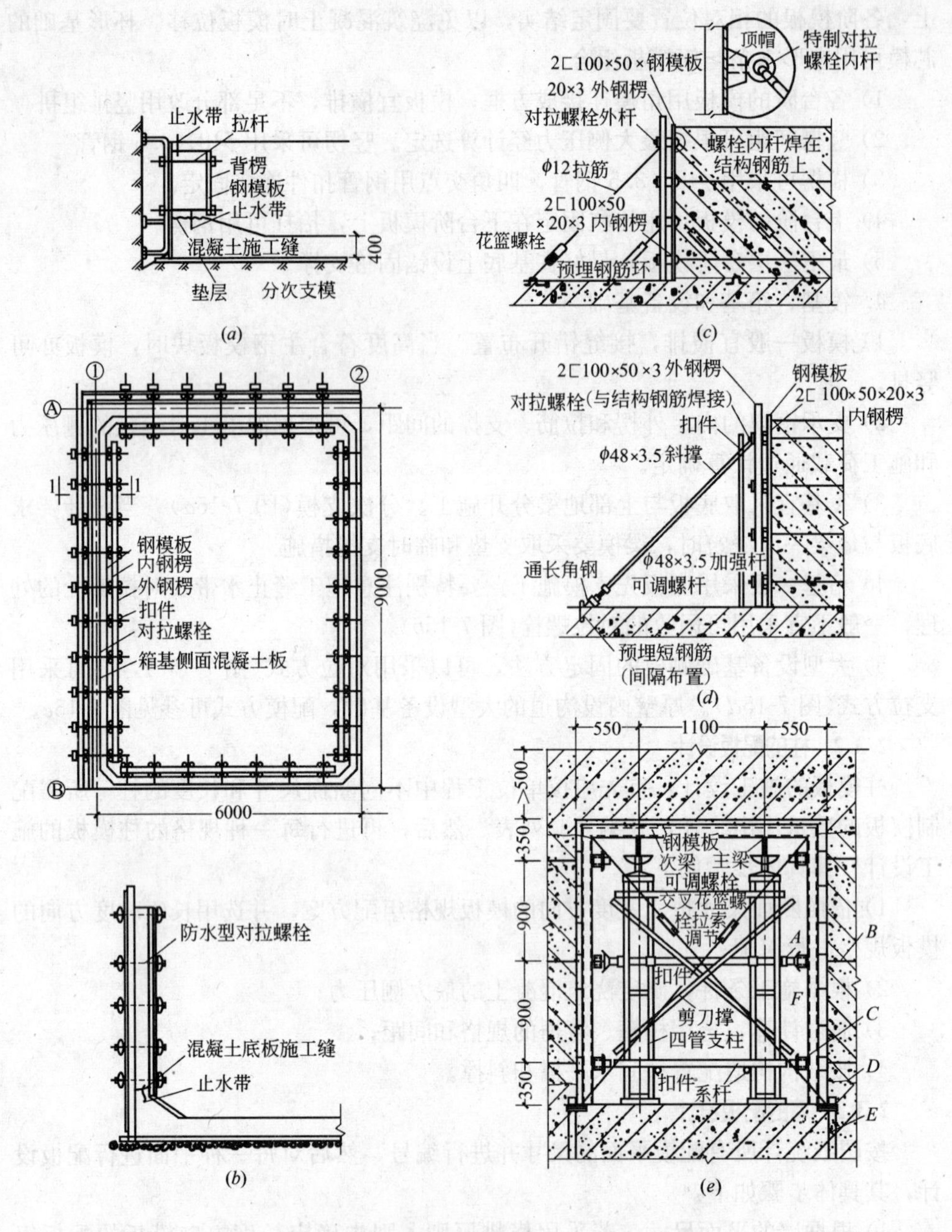

图 7-15　筏基、箱基和大型设备基础支模示意图

(*a*)单管横向支杆，两头设可调千斤顶；(*b*)对拉螺栓；

(*c*)2⊏100×50×20×3mm 外楞；(*d*)施工缝；(*e*)模板支承架

2.3.4　梁的配板设计

梁模板往往与柱、墙、楼板相交接，故配板比较复杂。另外，梁模板既需承受混凝土的侧压力，又承受竖直荷载，故支承布置也比较特殊。因此，梁模板的施工设计有它的独特情况。

梁模板的配板，宜沿梁的长度方向横排，端缝一般都可错开，配板长度虽为梁的净跨长度，但配板的长度和高度要根据与柱、墙和楼板的交接情况而定。

正确的方法是在柱、墙或大梁的模板上，用角模和不同规格的钢模板作嵌补模板拼出梁口(图 7-16)，其配板长度为梁净跨减去嵌补模板的宽度。或在梁口用木方镶拼(图 7-17)，防止梁口处的板块边肋与柱混凝土接触，在柱身梁底位置设柱箍或槽钢，用以搁置梁模。

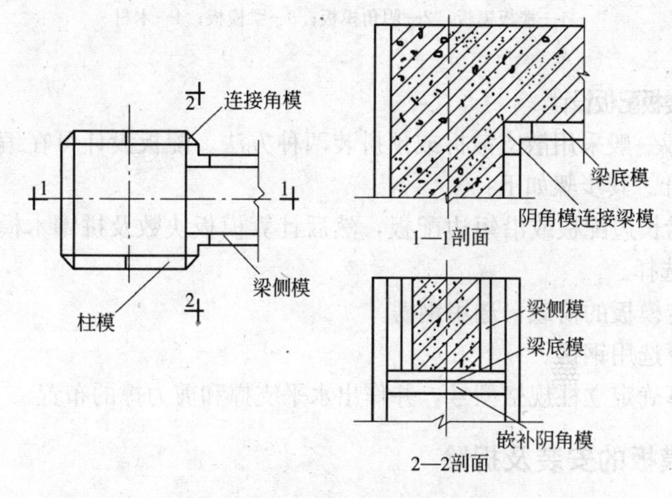

图 7-16　柱顶梁口采用嵌补模板

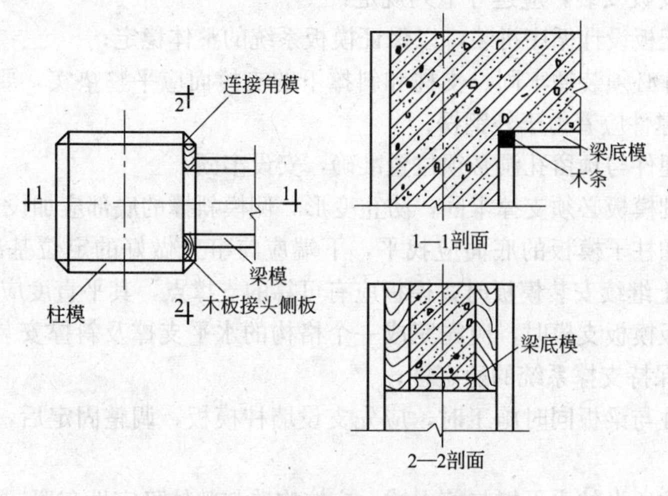

图 7-17　柱顶梁口采用方木镶拼

梁模板与楼板模板交接，可采用阴角模板或木材镶拼(图 7-18)。

梁模板侧模的纵、横楞布置，主要与梁的模板高度和混凝土侧压力有关，应通过计算确定。

直接支承梁底模板的横楞或梁夹具，其间距尽量与梁侧模板的纵楞间距相适应，并照顾楼板模板的支承布置情况。在横楞或梁夹具下面，沿梁长度方向布置纵楞或桁架，由支柱加以支撑。纵楞的截面和支柱的间距，通过计算确定。

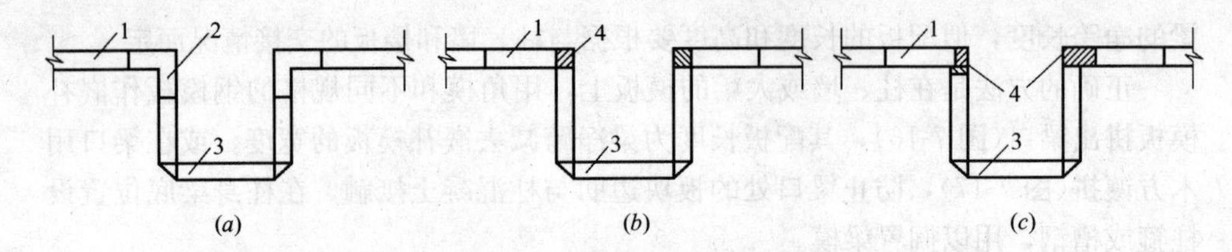

图7-18 梁模板与楼板模板交接

1—楼板模板；2—阴角模板；3—梁模板；4—木材

2.3.5 楼板配板设计

楼板模板一般采用散支散拆或预拼装两种方法。配板设计可在编号后对每一平面进行设计。其步骤如下：

(1) 可沿长边配板或沿短边配板，然后计算模板块数及拼镶木模的面积，通过比较作出选择。

(2) 确定模板的荷载，选用钢楞。

(3) 计算选用钢楞。

(4) 计算确定立柱规格型号，并作出水平支撑和剪力撑的布置。

2.4 模板的安装及拆除

2.4.1 模板安装的规定

模板的支设安装，应遵守下列规定：

(1) 按配板设计循序拼装，以保证模板系统的整体稳定；

(2) 配件必须装插牢固。支柱和斜撑下的支撑面应平整垫实，要有足够的受压面积。支撑件应着力于外钢楞；

(3) 预埋件与预留孔洞必须位置准确，安设牢固；

(4) 基础模板必须支撑牢固，防止变形，侧模斜撑的底部应加设垫木；

(5) 墙和柱子模板的底面应找平，下端应与事先做好的定位基准靠紧垫平，在墙、柱子上继续安装模板时，模板应有可靠的支撑点，其平直度应进行校正；

(6) 楼板模板支模时，应先完成一个格构的水平支撑及斜撑安装，再逐渐向外扩展，以保持支撑系统的稳定性；

(7) 墙柱与梁板同时施工时，应先支设墙柱模板，调整固定后，再在其上架设梁板模板；

(8) 支柱所设的水平撑与剪力撑，应按构造与整体稳定性布置；

(9) 预组装墙模板吊装就位后，下端应垫平，紧靠定位基准；两侧模板均应利用斜撑调整和固定其垂直度；

(10) 支柱在高度方向所设的水平撑与剪力撑，应按构造与整体稳定性布置；

(11) 多层及高层建筑中，上下层对应的模板支柱应设置在同一竖向中心线上；

(12) 对现浇混凝土梁、板，当跨度不小于4m时，模板应按设计要求起拱；当设计无具体要求时，起拱高度宜为跨度的1/1000～3/1000；

(13) 曲面结构可用双曲可调模板，采用平面模板组装时，应使模板面与设计曲面的最大差值不得超过设计的允许值。

2.4.2 模板安装的工艺要求

模板安装时，应符合下列要求：

(1) 同一条拼缝上的U形卡，不宜向同一方向卡紧；

(2) 墙模板的对拉螺栓孔应平直相对，穿插螺栓不得斜拉硬顶。钻孔应采用机具，严禁采用电、气焊灼孔；

(3) 钢楞宜采用整根杆件，接头应错开设置，搭接长度不应少于200mm。

2.4.3 模板安装及应注意的事项

模板的支设方法基本上有两种，即单块就位组拼(散装)和预组拼，其中预组拼又可分为分片组拼和整体组拼两种。采用预组拼方法，可以加快施工速度，提高工效和模板的安装质量，但必须具备相适应的吊装设备和有较大的拼装场地。

2.5 钢模板工程安装质量检查及验收

2.5.1 钢模板工程安装过程检查和验收内容

钢模板工程安装过程中，应进行下列质量检查和验收：

(1) 钢模板的布局和施工顺序；

(2) 连接件、支撑件的规格、质量和紧固情况；

(3) 支撑着力点和模板结构整体稳定性；

(4) 模板轴线位置和标志；

(5) 竖向模板的垂直度和横向模板的侧向弯曲度；

(6) 模板的拼缝度和高低差；

(7) 预埋件和预留孔洞的规格数量及固定情况；

(8) 对拉螺栓、钢楞与支柱的间距；

(9) 各种预埋件和预留孔洞的固定情况；

(10) 模板结构的整体稳定；

(11) 有关安全措施。

2.5.2 模板工程验收应提供的资料

模板工程验收时，应提供下列文件：

(1) 模板工程的施工设计或有关模板排列图和支撑系统布置图；

(2) 模板工程质量检查记录及验收记录；

(3) 模板工程支模的重大问题及处理记录。

2.5.3 模板拆除的安全要求

模板的拆除时，应符合以下安全要求：

(1) 拆模前应制定拆模程序、拆模方法及安全措施；

(2) 模板拆除的顺序和方法，应按照配板设计的规定进行，遵循先支后拆，先非承重部位，后承重部位以及自上而下的原则。拆模时，严禁用大锤和撬棍硬砸硬撬；

(3) 先拆除侧面模板(混凝土强度大于1N/mm^2)，再拆除承重模板；

(4) 组合大模板宜大块整体拆除；

(5) 支撑件和连接件应逐件拆卸，模板应逐块拆卸传递，拆除时不得损伤模板和混凝土；

(6) 拆下的模板和配件均应分类堆放整齐，附件应放在工具箱内。

训练3 工具式模板和永久性模板

[训练目的与要求] 通过训练，掌握大模板、滑动模板、爬升模板、飞模、密肋楼板模壳及永久性模板中的压型钢板模板、预应力混凝土薄板模板的施工方法。能组织现场施工，具有现场施工员和旁站监理员的工作能力。

3.1 大模板

3.1.1 基本规定

(1) 大模板应由面板系统、支撑系统、操作平台系统及连接件等组成，见图7-19。

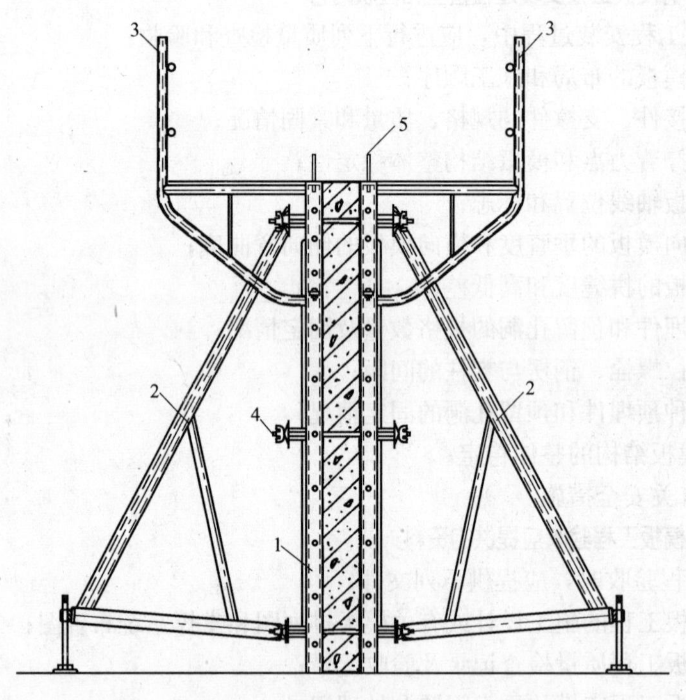

图7-19 大模板组成示意图

1—面板系统；2—支撑系统；3—操作平台系统；4—对拉螺栓；5—钢吊环

(2) 组成大模板各系统之间的连接必须安全可靠。

(3) 大模板的面板应选用厚度不小于5mm的钢板制作，材质不应低于Q235A的性能要求，模板的肋和背楞宜采用型钢、冷弯薄壁型钢等制作，材质宜与钢面板材质同一牌号，以保证焊接性能和结构性能。

(4) 大模板的支撑系统应能保持大模板竖向放置的安全可靠和在风荷载作用

下的自身稳定性。地脚调整螺栓长度应满足调节模板安装垂直度和调整自稳角的需要，地脚调整装置应便于调整，转动灵活。

(5) 大模板钢吊环应采用Q235A材料制作并应具有足够的安全储备，严禁使用冷加工钢筋。焊接式钢吊环应合理选择焊条型号，焊缝长度和焊缝高度应符合设计要求；装配式吊环与大模板采用螺栓连接时必须采用双螺母。

(6) 大模板对拉螺栓材质应采用不低于Q235A的钢材制作，应有足够的强度承受施工荷载。

(7) 整体式电梯井筒模应支拆方便、定位准确，并应设置专用操作平台，保证施工安全。

(8) 大模板应能满足现浇混凝土墙体成型和表面质量效果的要求。

(9) 大模板结构应构造简单、重量轻、坚固耐用、便于加工制作。

(10) 大模板应具有足够的承载力、刚度和稳定性，应能整装整拆，组拼便利，在正常维护下应能重复周转使用。

3.1.2 大模板设计

1. 一般规定：

(1) 大模板应根据工程类型、荷载大小、质量要求及施工设备等结合施工工艺进行设计。

(2) 大模板设计时板块规格尺寸宜标准化并符合建筑模数。

(3) 大模板各组成部分应根据功能要求采用概率极限状态设计方法进行设计计算。

(4) 大模板设计时应考虑运输、堆放和装拆过程中对模板变形的影响。

2. 大模板配板设计

(1) 配板设计应遵循下列原则：

1) 应根据工程结构具体情况按照合理、经济的原则划分施工流水段；

2) 模板施工平面布置时，应最大限度地提高模板在各流水段的通用性；

3) 大模板的重量必须满足现场起重设备能力的要求；

4) 清水混凝土工程及装饰混凝土工程大模板体系的设计应满足工程效果要求。

(2) 配板设计应包括下列内容：

1) 绘制配板平面布置图；

2) 绘制施工节点设计、构造设计和特殊部位模板支、拆设计图；

3) 绘制大模板拼板设计图、拼装节点图；

4) 编制大模板构、配件明细表，绘制构、配件设计图；

5) 编写大模板施工说明书。

(3) 配板设计方法应符合下列规定：

1) 配板设计应优先采用计算机辅助设计方法；

2) 拼装式大模板配板设计时，应优先选用大规格模板为主板；

3) 配板设计宜优先选用减少角模规格的设计方法；

4) 采取齐缝接高排板设计方法时，应在拼缝外进行刚度补偿；

5) 大模板吊环位置应保证大模板吊装时的平衡，宜设置在模板长度的0.2～0.25L处；

6）大模板配板设计高度尺寸可按下列公式计算(图7-20)：

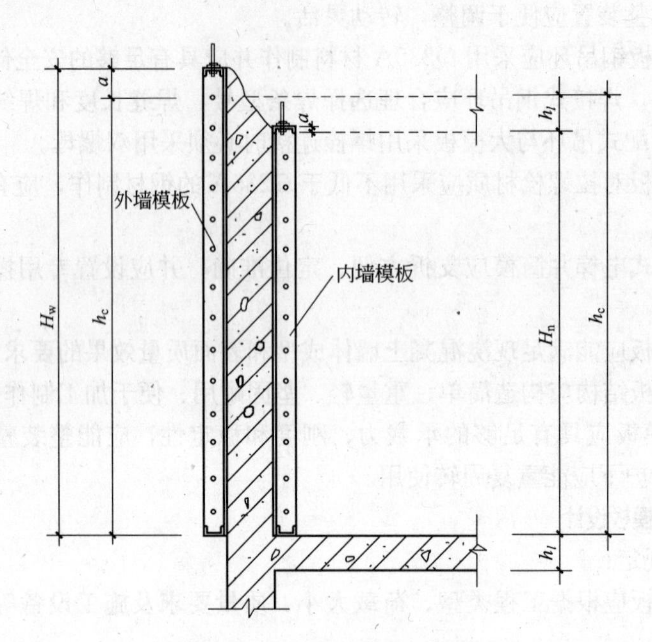

图7-20 配板设计高度尺寸示意

$$H_n = h_c - h_l + a \tag{7-1}$$

$$H_W = h_c + a \tag{7-2}$$

式中 H_n——内墙模板配板设计高度(mm)；

H_W——外墙模板配板设计高度(mm)；

h_c——建筑结构层高(mm)；

h_l——楼板厚度(mm)；

a——搭接尺寸(mm)；内模设计：取 $a = 10 \sim 30$mm；外模设计：取 $a \geqslant 50$mm。

7）大模板配板设计长度尺寸可按下列公式计算(图7-21，图7-22)：

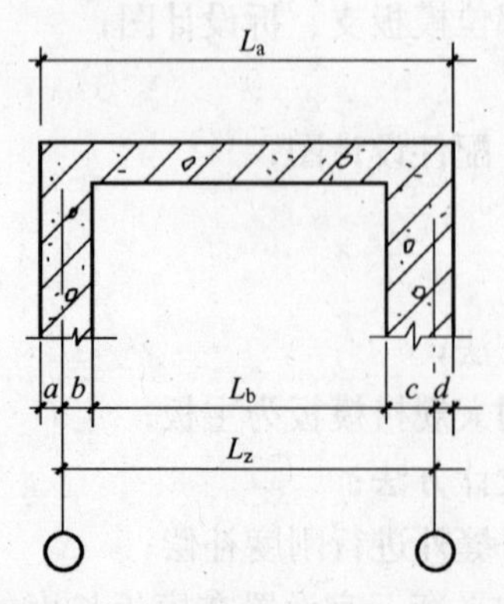

图7-21 配板设计长度尺寸示意(一)

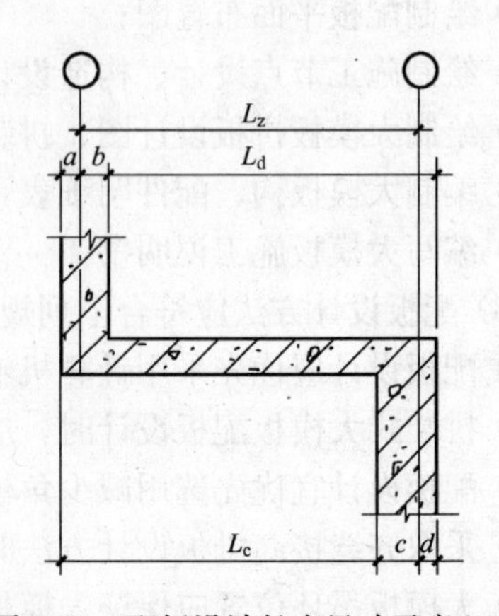

图7-22 配板设计长度尺寸示意(二)

$$L_a = L_z + (a+d) - B_i \tag{7-3}$$

$$L_b = L_z - (b+c) - B_i - \Delta \tag{7-4}$$

$$L_c = L_z - c + a - B_i - 0.5\Delta \tag{7-5}$$

$$L_d = L_z - b + d - B_i - 0.5\Delta \tag{7-6}$$

式中 L_a、L_b、L_c、L_d——模板配板设计长度(mm)；

L_z——轴线尺寸(mm)；

B_i——每一模位角模尺寸总和(mm)；

Δ——每一模位阴角模预留支拆余量总和，取$\Delta=3\sim5$(mm)；

a、b、c、d——墙体轴线定位尺寸(mm)。

3.1.3 大模板施工与验收

1. 一般规定

(1) 大模板施工前必须制定合理的施工方案。

(2) 大模板安装必须保证工程结构各部分形状、尺寸和预留、预埋位置的正确。

(3) 大模板施工应按照工期要求，并根据建筑物的工程量、平面尺寸、机械设备条件等组织均衡的流水作业。

(4) 浇筑混凝土前必须对大模板的安装进行专项检查，并做检验记录。

(5) 浇筑混凝土时应设专人监控大模板的使用情况，发现问题及时处理。

(6) 吊装大模板时应设专人指挥，模板起吊应平稳，不得偏斜和大幅度摆动。操作人员必须站在安全可靠处。严禁人员随大模板一同起吊。

(7) 吊装大模板必须采用带卡环吊钩。当风力超过5级时应停止吊装作业。

2. 施工工艺流程

大模板施工工艺可按下列流程进行：

施工准备→定位放线→安装模板的定位装置→安装门窗洞口模板→安装模板→调整模板、紧固对拉螺栓→验收→分层对称浇混凝土→拆模→模板清理

3. 大模板安装

(1) 安装前准备工作应符合下列规定：

1) 大模板安装前应进行施工技术交底；

2) 模板进现场后，应依据配板设计要求清点数量，核对型号；

3) 组拼式大模板现场组拼时，应用醒目字体按模位对模板重新编号；

4) 大模板应进行样板间的试安装，经验证模板几何尺寸、接缝处理、零部件等准确后方可正式安装；

5) 大模板安装前应放出模板内侧及外侧控制线作为安装基准；

6) 合模前必须将模板内部杂物清理干净；

7) 合模前必须通过隐蔽工程验收；

8) 模板与混凝土接触面应清理干净、涂刷隔离剂，刷过隔离剂的模板遇雨淋或其他因素失效后必须补刷；使用的隔离剂不得影响结构工程及装修工程质量；

9) 已浇筑的混凝土强度未达到1.2N/mm² 以前不得踩踏和进行下道工序作业；

10) 使用外挂架时，墙体混凝土强度必须达到7.5N/mm² 以上方可安装，挂架之间的水平连接必须牢靠、稳定。

(2) 大模板的安装应符合下列规定：

1) 大模板安装应符合模板配板设计要求；

2) 模板安装时应按模板编号顺序遵循先内侧、后外侧，先横墙、后纵墙的原则安装就位；

3) 大模板安装时根部和顶部要有固定措施；

4) 门窗洞口模板的安装应按定位基准调整固定，保证混凝土浇筑时不移位；

5) 大模板支撑必须牢固、稳定，支撑点应设在坚固可靠处，不得与脚手架拉结；

6) 紧固对拉螺栓时应用力得当，不得使模板表面产生局部变形；

7) 大模板安装就位后，对缝隙及连接部位可采取堵缝措施，防止漏浆、错台现象。

4. 大模板安装质量验收标准

(1) 大模板安装质量应符合下列要求：

1) 大模板安装后应保证整体的稳定性，确保施工中模板不变形、不错位、不胀模；

2) 模板间的拼缝要平整、严密，不得漏浆；

3) 模板板面应清理干净，隔离剂涂刷应均匀，不得漏刷。

(2) 大模板安装允许偏差及检验方法应符合表7-4的规定。

大模板安装允许偏差及检验方法 表7-4

项目		允许偏差(mm)	检验方法
轴线位置		4	尺量检查
截面内部尺寸		±2	尺量检查
层高垂直度	全高≤5m	3	线坠及尺量检查
	全高＞5m	5	线坠及尺量检查
相邻模板板面高低差		2	平尺及塞尺量检查
表面平整度		＜4	20m内上口拉直线尺量检查，下口按模板定位线为基准检查

5. 大模板的拆除

大模板的拆除应符合下列规定：

(1) 大模板拆除时的混凝土结构强度应达到设计要求；当设计无具体要求时，应能保证混凝土表面及棱角不受损坏；

(2) 大模板的拆除顺序应遵循先支后拆、后支先拆的原则；

(3) 拆除有支撑架的大模板时，应先拆除模板与混凝土结构之间的对拉螺栓及其他连接件，松动地脚螺栓，使模板后倾与墙体脱离开；拆除无固定支撑架的大模板时，应对模板采取临时固定措施；

(4) 任何情况下，严禁操作人员站在模板上口采用晃动、撬动或用大锤砸模板的方法拆除模板；

(5) 拆除的对拉螺栓、连接件及拆模用工具必须妥善保管和放置，不得随意散放在操作平台上，以免吊装时坠落伤人；

(6) 起吊大模板前应先检查模板与混凝土结构之间所有对拉螺栓、连接件是否全部拆除。必须在确认模板和混凝土结构之间无任何连接后方可起吊大模板。移动模板时不得碰撞墙体；

(7) 大模板及配件拆除后，应及时清理干净，对变形和损坏的部位应及时进行维修。

3.2 滑动模板

滑动模板(简称滑模)施工，是现浇混凝土工程的一项施工工艺，与常规施工方法相比，这种施工工艺具有施工速度快、机械化程度高，可节省支模和搭设脚手架所需的工料，能较方便地将模板进行拆散和灵活组装并可重复使用。滑模和其他施工工艺相结合(如预制装配、砌筑或其他支模方法等)，可为简化施工工艺创造条件，取得更好地综合经济效益。

3.2.1 滑模的组成

滑模装置主要由模板系统、操作平台系统、液压系统以及施工精度控制系统和水、电配套系统等部分组成(图7-23)。

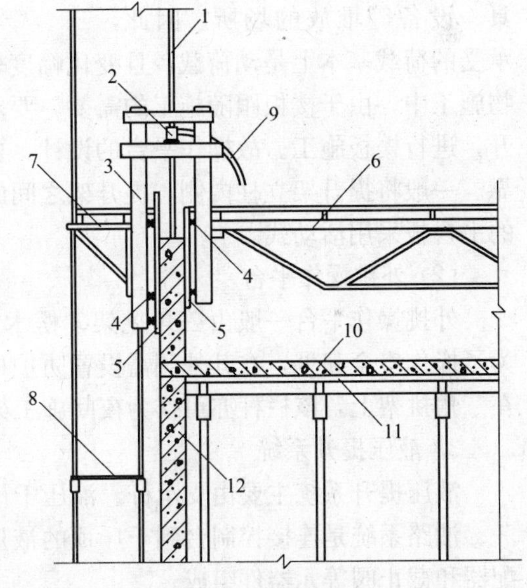

图7-23 液压滑动模板装置

1—支承杆；2—千斤顶；3—提升架；4—围圈；5—模板；6—操作平台及桁架；7—外挑架；8—吊脚手架；9—油管；10—现浇楼板；11—楼板模板；12—墙体

1. 模板系统

(1) 模板

模板又称作围板，依赖围圈带动其沿混凝土的表面向上滑动。模板的主要作用是承受混凝土的侧压力、冲击力和滑升时的摩阻力，并使混凝土按设计要求的截面形状成型。

模板按其所在部位及作用不同，可分为内模板、外模板、堵头模板以及变截面工程的收分模板等。

(2) 围圈

围圈又称作围檩。其主要作用是使模板保持组装的平面形状，并将模板与提升架连接成一个整体。围圈在工作时，承受由模板传递来的混凝土侧压力、冲击力和风荷载等水平荷载以及滑升时的摩阻力、作用于操作平台上的静荷载和施工荷载等竖向荷载，并将其传递到提升架、千斤顶和支承杆上。

(3) 提升架

提升架又称作千斤顶架。它是安装千斤顶并与围圈、模板连接成整体的主要构件。提升架的主要作用是控制模板、围圈由于混凝土的侧压力和冲击力而产生的向外变形；同时承受作用于整个模板上的竖向荷载，并将上述荷载传递给千斤顶和支承杆。当提升机具工作时，通过它带动围圈、模板及操作平台等一起向上滑动。

2. 操作平台系统

操作平台系统，主要包括主操作平台、外挑操作平台、吊脚手架等，在施工需要时，还可设置上辅助平台(图 7-24)，它是供材料、工具、设备堆放和施工人员进行操作的场所。

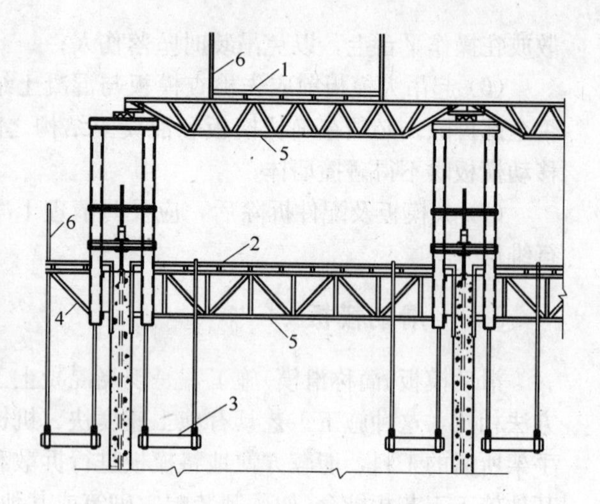

图 7-24 操作平台系统示意图

1—上辅助平台；2—主操作平台；3—吊脚手架；4—三角挑架；5—承重桁架；6—防护栏杆

(1) 主操作平台

主操作平台既是施工人员进行绑扎钢筋、浇筑混凝土、提升模板的操作场所，也是材料、工具、设备等堆放的场所。因此，承受的荷载基本上是动荷载，且变化幅度较大，应安放平稳牢靠。但是，在建筑物施工中，由于楼板跟随施工的需要，要求操作平台板采用活动式，便于反复揭开，进行楼板施工。故操作平台的设计，要考虑既要揭盖方便，又要结构牢稳可靠。一般将提升架立柱内侧、提升架之间的平台板采用固定式，提升架立柱外侧的平台板采用活动式。

(2) 外挑操作平台

外挑操作平台一般由三角挑架、楞木和铺板组成。外挑宽度为 0.8～1.0m。为了操作安全起见，在其外侧需设置防护栏杆。防护栏杆立柱可采用承插式固定在三角挑架上，该栏杆亦可作为夜间施工架设照明的灯杆。

3. 液压提升系统

液压提升系统主要由支承杆、液压千斤顶、液压控制台和油路等部分组成。

油路系统是连接控制台到千斤顶的液压通路，主要由油管、管接头、液压分配器和截止阀等元器件组成。

4. 施工精度控制系统

施工精度控制系统主要包括：提升设备本身的限位调平装置、滑模装置在施工中的水平度和垂直度的观测和调整控制设施等。

5. 水、电配套系统

水、电配套系统包括动力、照明、信号、广播、通讯、电视监控以及水泵、管路设施等。

3.2.2 滑模施工

1. 滑模装置的组装

(1) 滑模装置组装前，应做好各组装部件编号、操作平台水平标记，弹出组装线，做好墙与柱钢筋保护层标准垫块及有关的预埋铁件等工作。

(2) 滑模装置的组装宜按下列程序进行，并根据现场实际情况及时完善滑模装置系统。

1）安装提升架，应使所有提升架的标高满足操作平台水平度的要求，对带有辐射梁或辐射桁架的操作平台，应同时安装辐射梁或辐射桁架及其环梁；

2）安装内外围圈，调整其位置，使其满足模板倾斜度的要求；

3）绑扎竖向钢筋和提升架横梁以下钢筋，安设预埋件及预留孔洞的胎模，对体内工具式支承杆套管下端进行包扎；

4）当采用滑框倒模工艺时，安装框架式滑轨，并调整倾斜度；

5）安装模板，宜先安装角模后再安装其他模板；

6）安装操作平台的桁架、支撑和平台铺板；

7）安装外操作平台的支架、铺板和安全栏杆等；

8）安装液压提升系统，安装竖直运输系统及水、电、通讯、信号精度控制和观测装置，并分别进行编号、检查和试验；

9）在液压系统试验合格后，插入支承杆；

10）安装内外吊脚手架及挂安全网，当在地面或横向结构面上组装滑模装置时，应待模板滑至适当高度后，再安装内外吊脚手架，挂安全网。

2. 模板的安装的规定

1）安装好的模板应上口小、下口大，单面倾斜度宜为模板高度的0.1%～0.3%；对带坡度的筒体结构如烟囱等，其模板倾斜度应根据结构坡度情况适当调整；

2）模板上口以下2/3模板高度处的净间距应与结构设计截面等宽；

3）圆形连续变截面结构的收分模板必须沿圆周对称布置，每对模板的收分方向应相反，收分模板的搭接处不得漏浆。

3. 液压系统组装的规定

液压系统组装完毕，应在插入支承杆前进行试验和检查，并符合下列规定：

(1) 对千斤顶逐一进行排气，并做到排气彻底；

(2) 液压系统在试验油压下持压5min，不得渗油和漏油；

(3) 空载、持压、往复次数、排气等整体试验指标应调整适宜，记录准确；

(4) 液压系统试验合格后方可插入支承杆，支承杆轴线应与千斤顶轴线保持一致，其偏斜度允许偏差为2‰。

4. 滑模施工技术

滑模施工技术设计应包括下列主要内容：

(1) 滑模装置的设计；

(2) 确定竖直与水平运输方式及能力，选配相适应的运输设备；

(3) 进行混凝土配合比设计，确定浇筑顺序、浇筑速度、入模时限，混凝土的供应能力应满足单位时间所需混凝土量的1.3～1.5倍；

(4) 确定施工精度的控制方案，选配观测仪器及设置可靠的观测点；

(5) 制定初滑程序、滑升制度、滑升速度和停滑措施；

(6) 制定滑模施工过程中结构物和施工操作平台稳定及纠偏、纠扭等技术措施；

(7) 制定滑模装置的组装与拆除方案及有关安全技术措施；

(8) 制定施工工程某些特殊部位的处理方法和安全措施，以及特殊气候(低温、雷雨、大风、高温等)条件下施工的技术措施；

(9) 绘制所有预留孔洞及预埋件在结构物上的位置和标高的展开图；

(10) 确定滑模平台与地面管理点、混凝土等材料供应点及竖直运输设备操纵室之间的通讯联络方式和设备，并应有多重系统保障；

(11) 制定滑模设备在正常使用条件下的更换、保养与检验制度；

(12) 烟囱、水塔、竖井等滑模施工，采用柔性滑道、罐笼及其他设备器材运送人员上下时，应按现行相关标准做详细的安全及防坠落设计。

5. 特种滑模施工

(1) 大体积混凝土施工：水工建筑物中的混凝土坝、闸门井、闸墩及桥墩、挡土墙等无筋和配有少量钢筋的大体积混凝土工程，可采用滑模施工。

(2) 混凝土面板施工：溢流面、泄水槽和渠道护面、隧洞底拱衬砌及堆石坝的混凝土面板等工程，可采用滑模施工。

(3) 竖井井壁施工：竖井井筒的混凝土或钢筋混凝土井壁，可采用滑模施工。采用滑模施工的竖井，除遵守本规范的规定外，还应遵守国家现行有关标准的规定。

(4) 复合壁施工：复合壁滑模施工适用于保温复合壁储仓、节能型高层建筑、双层墙壁的冷库、冻结法施工的矿井复合井壁及保温、隔音等工程。

(5) 抽孔滑模施工：滑模施工的墙、柱在设计中允许留设或要求连续留设竖向孔道的工程，可采用抽孔工艺施工，孔的形状应为圆形。

(6) 滑架提模施工：滑架提模施工适用于双曲线冷却塔或锥度较大的筒体结构的施工。

(7) 滑模托带施工：整体空间结构等重大结构物，其支承结构采用滑模工艺施工时，可采用滑模托带方法进行整体就位安装。

3.3 爬升模板

爬升模板是综合大模板与滑动模板工艺和特点的一种模板工艺，具有大模板和滑动模板共同的优点。尤其适用于超高层建筑施工。爬升模板(即爬模)，是一种适用于现浇钢筋混凝土竖向(或倾斜)结构的模板工艺，如墙体、电梯井、桥梁、塔柱等。可分为“有架爬模”(即模板爬架子、架子爬模板)和“无架爬模”(即模板爬模板)两种。

3.3.1 模板与爬架互爬

1. 工艺原理

是以建筑物的钢筋混凝土墙体为支承主体，通过附着于已完成的钢筋混凝土墙体上的爬升支架或大模板。利用连接爬升支架与大模板的爬升设备，使一方固定，另一方作相对运动，交替向上爬升，以完成模板的爬升、下降、就位和校正等工作。其施工程序见图 7-25。该技术是最早采用并应用较广泛的一种爬模工艺。

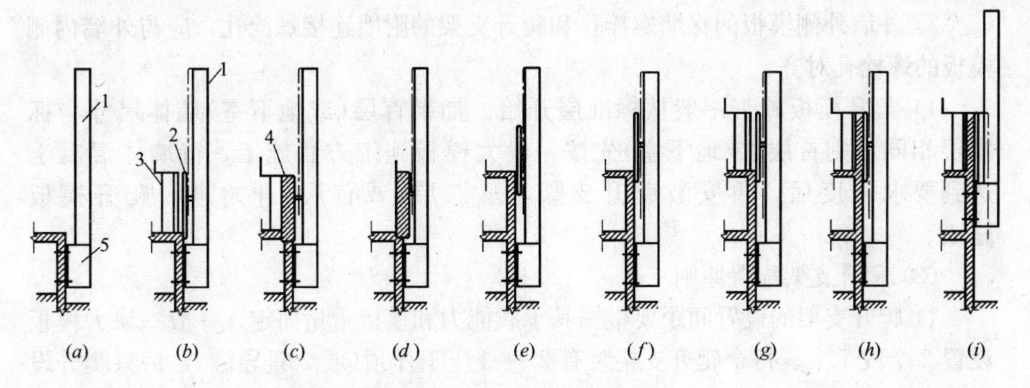

图7-25　爬升模板施工程序图

(a)头层墙完成后安装爬升支架；(b)安装外模板悬挂于爬架上，绑扎钢筋，悬挂内模；(c)浇筑第二层墙体混凝土；(d)拆除内模板；(e)第三层楼板施工；(f)爬升外模板并校正，固定于上一层；(g)绑扎第三层墙体钢筋，安装内模板；(h)浇筑第三层墙体混凝土；(i)爬升底座，将底座固定于第二层墙体

1—爬升支架；2—外模板；3—内模板；4—墙体混凝土；5—底座

2. 组成与构造

爬升模板由大模板、爬升支架和爬升设备三部分组成(图7-26)。

(1) 模板：与一般大模板相同，由面板、横肋、竖向大肋、对销螺栓等组成。模板高度一般为建筑标准层高加100～300mm。模板的宽度可根据一片墙的宽度和施工段的划分确定。模板应设置两套吊点，一套用于分块制作和吊运，另一套用于模板爬升。

(2) 爬升支架：由立柱和底座组成。立柱用作悬挂和提升模板，底座承受整个爬升模板荷载。

(3) 爬升动力设备：常用的爬升设备有电动葫芦、导链、单向液压千斤顶等。

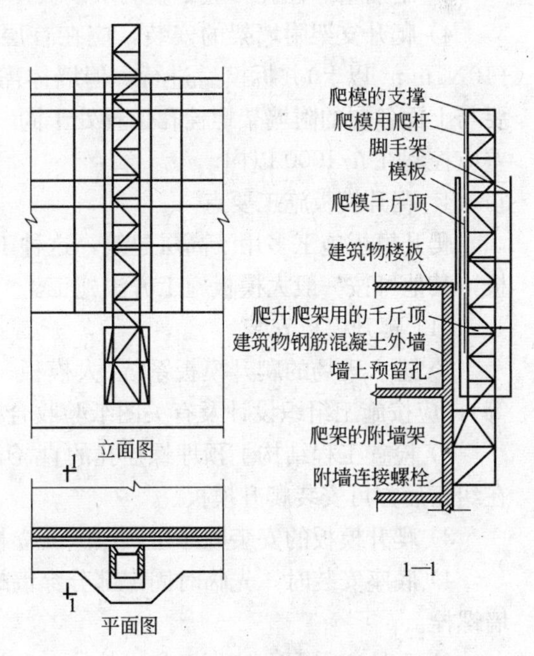

图7-26　爬升模板构造

(4) 油路和电路。

3. 模板配置

(1) 模板配置原则

1) 根据制作、运输和吊装的条件，尽量做到内、外墙均做成每间一整块大模板，以便于一次安装、脱模、爬升。

2) 内墙大模板可按建筑物施工流水段用量配置，外墙内、外侧模板应配足一层的全部用量。

3）外墙外侧模板的穿墙螺栓孔和爬升支架的附墙连接螺栓孔，应与外墙内侧模板的螺栓孔对齐。

4）爬升模板施工一般从标准层开始。如果首层（或地下室）墙体尺寸与标准层相同，则首层（或地下室）先按一般大模板施工方法施工，待墙体混凝土达到要求强度后，再安装爬升支架，从二层（或首层）开始进行爬升模板施工。

(2) 爬升支架配置原则

1）爬升支架的设置间距要根据其承载能力和模板重量而定，一般一块大模板设置2个或1个。每个爬升支架装有2只液压千斤顶（或2只导链），每只爬升设备的起重能力为10～15kN，故每个爬升支架的承载能力为20～30kN。而模板连同悬挂脚手的重力为3.5～4.5kN/m，所以爬升支架间距为4～5m。

2）爬升支架的附墙架宜避开窗口固定在无洞口的墙体上。如必需设在窗口位置，最好在附墙架上安装活动牛腿搁在窗台上，由窗台承受从爬升支架传来的竖向荷载，再用螺栓连接以承受水平荷载。

3）附墙架螺栓孔，应尽量利用模板穿墙螺栓孔。

4）爬升支架附墙架的安装，应在首层（或地下室）墙体混凝土达到一定强度（$10N/mm^2$以上）并拆模后进行，但墙体需预留安装附墙架的螺栓孔，且其位置要与上面各层的附墙架螺栓孔位置处于同一竖直线上。爬升支架安装后的竖直偏差应控制在$h/1000$以内。

4. 爬升模板施工要点

爬升模板施工多用于高层建筑，这种工艺主要用于外墙外模板和电梯井内模板，其他可按一般大模板施工方法施工。

(1) 爬升模板安装

1）进入现场的爬升模板系统（大模板、爬升支架、爬升设备、脚手架、附件等），应按施工组织设计及有关图纸验收合格后方可使用。

2）检查工程结构上预埋螺栓孔的直径和位置是否符合图纸要求。有偏差时应在纠正后方可安装爬升模板。

3）爬升模板的安装顺序是：底座→立柱→爬升设备→大模板。

4）底座安装时，先临时固定部分穿墙螺栓，待校正标高后，方可固定全部穿墙螺栓。

5）立柱宜采取在地面组装成整体。在校正垂直度后再固定全部与底座相连接的螺栓。

6）模板安装时，先加以临时固定，待就位校正后，方可正式固定。

7）安装模板的起重设备，可使用工程施工的起重设备。

8）模板安装完毕后，应对所有连接螺栓和穿墙螺栓进行紧固检查。并经试爬升验收合格后，方可投入使用。

9）所有穿墙螺栓均应由外向内穿入，在内侧紧固。

10）爬模的制作和安装质量要求，见表7-5。

爬升模板的质量要求　　　　表 7-5

项　　目	质 量 标 准	检测工具与方法
（一）制作		
1. 大模板		
外形尺寸	－3mm	钢尺测量
对角线	±3mm	钢尺测量
板面平接度	<2mm	2m 靠尺，塞尺检测
直边平直度	±2mm	2m 靠尺，塞尺检测
螺孔位置	±2mm	钢尺测量
螺孔直径	＋1mm	量规检测
焊缝	按图纸要求检查	
2. 爬升支架		
截面尺寸	±3mm	钢尺测量
全高弯曲	±5mm	钢丝拉绳测量
立柱对底座的垂直度	1%	挂线测量
螺孔位置	±2mm	钢尺测量
螺孔直径	＋1mm	量规检查
焊缝	按图纸要求检查	
（二）安装		
1. 墙面留穿墙螺栓孔位置穿墙螺	±5mm	钢尺测量
栓孔直径	±2mm	钢尺测量
2. 模板		
拼缝缝隙	<3mm	塞尺测量
拼缝处平整度	<2mm	靠尺测量
垂直度	<3mm 或 1%h	用 2m 靠尺测量
标高	±5mm	钢尺测量
3. 爬升支架		
标高	±5mm	与水平线用钢尺测量
垂直度	5mm 或 1‰H	挂线坠
4. 穿墙螺栓		
紧固扭矩	40～50N·m	0～150N·m 扭力扳手测量

注：h 和 H 分别为模板和爬升支架高度。

（2）爬升

1）爬升前首先要仔细检查爬升设备，在确认符合要求后方可正式爬升。

2）正式爬升前，应先拆除与相邻大模板及脚手架间的连接杆件，使爬升模板各个单元体分开。

3）在爬升大模板时，先拆卸大模板的穿墙螺栓；在爬升支架时，先拆卸底座的穿墙螺栓。同时还要检查卡环和安全钩。调整好大模板或爬升支架的重心，使保持竖直，防止晃动与扭转。

4）爬升时操作人员不准站在爬升件上爬升。

5）爬升时要稳起、稳落和平稳地就位，防止大幅度摆动和碰撞。要注意不要使爬升模板与其他构件卡住，若发现此现象，应立即停止爬升，待故障排除后，方可继续爬升。

6）每个单元的爬升，应在一个工作台班内完成，不宜中途交接班。爬升完毕应及时固定。

7）遇六级以上大风，一般应停止作业。

8）爬升完毕后，应将小型机具和螺栓收拾干净，不可遗留在操作架上。

（3）拆除

1）拆除爬升模板应有拆除方案，并应由技术负责人签署意见，并向有关人员交底后，方可实施。

2）拆除时要设置警戒区。要有专人统一指挥，专人监护，严禁交叉作业。拆下的配件，要及时清理运走。

3）拆除时要先清除脚手架上的垃圾杂物，拆除连接杆件。经检查安全可靠后，方可大面积拆除。

4）拆除爬升模板的顺序是：拆爬升设备→拆大模板→拆爬升支架。

5）拆除爬升模板的设备，可利用施工用的起重机。

6）拆下的爬升模板要及时清理、整修和保养，以便重复利用。

5. 其他

（1）组合并安装好的爬升模板，金属件要涂刷防锈漆，模板面要涂脱模剂。以后每爬升一次，均要同样清理一次。尤其要检查下端防止漏浆的橡皮压条是否完好。

（2）所有穿墙螺栓孔都应安装螺栓。如因特殊情况个别螺栓无法安装时，必须采取有效处理措施。所有螺栓都必须以40～50N·m紧固。

（3）绑扎钢筋时，要注意穿墙螺栓的位置及其固定要求。

（4）内模安装就位并拧紧穿墙螺栓后，应及时调整内、外模的垂直度，使其符合要求。

（5）每层大模板应按位置线安装就位，并注意标高，层层调整。

（6）爬升时，要求穿墙螺栓受力处的混凝土强度在10N/mm^{2}以上。

6. 安全要求

（1）爬模施工中所有的设备必须按照施工组织设计的要求配置。施工中要统一指挥，并要设置警戒区与通信设施，要作好原始记录。

（2）穿墙螺栓与建筑结构的紧固，是保证爬升模板安全的重要条件。一般每爬升一次应全面检查一次，用扭力扳手测其扭矩，保证符合40～50N·m。

（3）爬模的特点是：爬升时分块进行，爬升完毕固定后又连成整体。因此在爬升前必须拆尽相互间的连接件，使爬升时各单元能独立爬升。爬升完毕应及时安装好连接件，保证爬升模板固定后的整体性。

（4）大模板爬升或支架爬升时，拆除穿墙螺栓的工作都是在脚手架上或爬架上进行的，因此必须设置围护设施。拆下的穿墙螺栓要及时放入专用箱，严禁随手乱放。

（5）爬升中吊点的位置和固定爬升设备的位置不得随意更动。固定必须安全可靠，操作方便。

（6）在安装、爬升和拆除过程中，不得进行交叉作业，且每一单元不得任意中断作业。不允许爬升模板在不安全状态下过夜。

(7) 作业中出现障碍时应立即查清原因，在排除障碍后方可继续作业。

(8) 脚手架上不应堆放材料、垃圾。

(9) 倒链的链轮盘、倒卡和链条等，如有扭曲或变形，应停止使用。操作时不准站在倒链正下方。

(10) 不同组合和不同功能的爬升模板，其安全要求也不相同，因此应分别制定安全措施。

3.3.2　模板与模板互爬

1. 外墙外侧模板互爬

这种方法是取消了爬升支架，采用甲、乙两种大模板互为依托，用提升设备和爬杠使两种相邻模板互相交替爬升。这种施工方式，模板的爬升可以安排在楼板支模、绑钢筋的同时进行，所以这种爬升方式不占用施工工期，有利于加快工程进度。典型的施工案例有：北京的新万寿宾馆的外墙施工。

2. 电梯井筒内模互爬

典型的施工案例有：北京津华大酒店电梯井筒施工。

另还有爬架与爬架互爬、外墙外侧模板随同爬架提升和外墙内外模随同爬架提升。

3.3.3　国内超高层建筑爬模施工实例

1. 深圳帝王大厦

深圳帝王大厦办公楼地上 78 层，顶层屋面高 325m，塔尖高 384m，已于 1996 年建成。

标准层平面尺寸约 70m×37m，层高 3.75m，有 68 层。采用钢与钢筋混凝土混合结构，核心筒为型钢混凝土结构，四周梁、柱为钢结构。平面见图 7-27。

混凝土核心筒采用液压爬模施工，爬模设备由香港 VSL 公司提供，由中建二局南方公司施工。爬模系统由提升架、模板和液压爬升设备三部分组成，见图 7-28。

提升架系统由 1 套外提升架和 5 套内提升架组成。

内、外模板均采用厚 18mm 酚醛覆面胶合板材。外模板上端与可在提升架顶层钢弦杆上平移的活动臂连接，将模板荷载传到外架上。可以合模或脱模。内模板与内架通过滑轮、螺杆及连接件悬挂在内提升架上层平台工字钢梁上，通过滑轮实现内模板的水平推拉，通过调节螺丝进行竖直方向的微调。

爬模工艺过程见图 7-29。爬模施工进度开始时为每层 5～6 天，以后逐步缩短至 3 天左右。

2. 广州中信广场

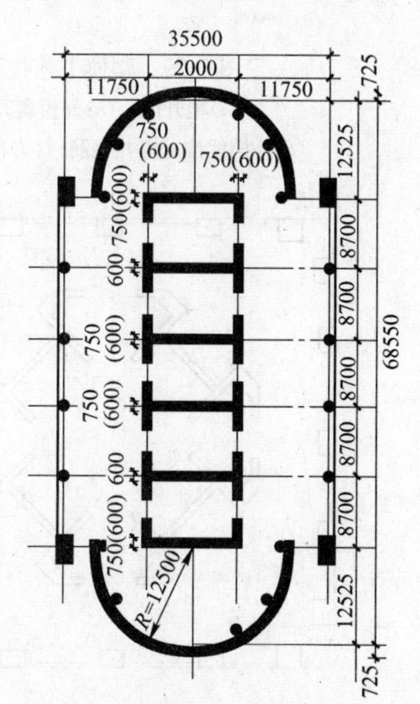

图 7-27　帝王大厦办公楼标准层平面

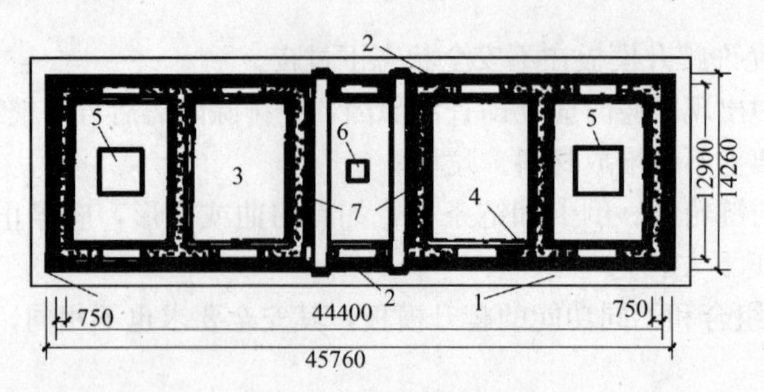

图 7-28 爬模系统平面

1—外提升架；2—外模板；3—内提升架；4—内模板；5—塔吊；6—布料机；7—钢梁

广州中信广场办公楼楼层共 80 层，顶层高 322m，塔尖高 390m，1996 年结构封顶。主楼采用现浇混凝土框架-筒体结构。标准层平面为正方形，尺寸 46.3m×46.3m，见图 7-30。

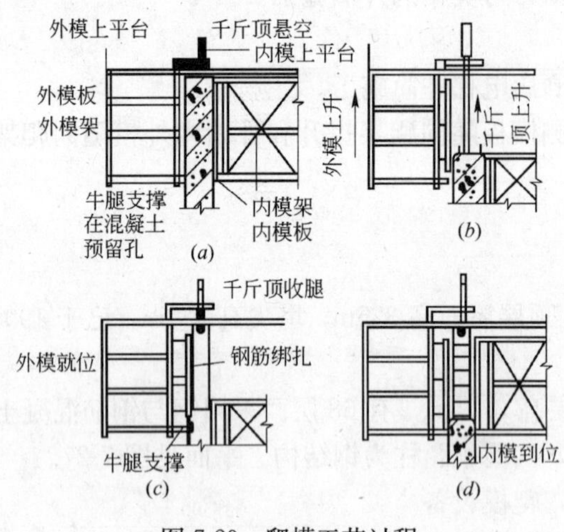

图 7-29 爬模工艺过程

(*a*)爬升前；(*b*)外模爬升；

(*c*)外模就位、绑扎钢筋；(*d*)内模爬升

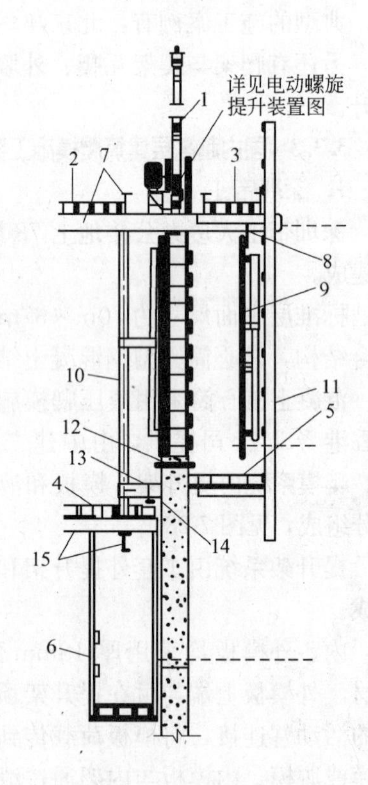

图 7-31 核心筒墙体爬模示意

1—电动螺旋提升机；2—顶层内工作平台；3—顶层外工作平台；4—中层内平台；5—中层外平台；6—底层简易平台；7—上部结构；8—模板吊钩；9—钢模板；10—立柱；11—安全栏网；12—穿墙螺栓；13—高度调节螺栓；14—钢支腿；15—下部结构

图 7-30 广州中信广场标准层平面

核心筒墙体和外梁、外柱分别采用爬模施工，楼面模板采用飞模，均由澳大利亚永达模板公司提供设备。由广州市第二建筑工程公司施工。

(1) 核心筒爬模

核心筒剪力墙墙厚有1.1m和0.6m两种，同一肢剪力墙沿高度厚度不变，但长度由低层到高层逐步缩小，模板从每层72块减少到32块。

核心筒爬模设备由密肋钢模板、承载架、爬升动力设备、带脚手架工作平台等组成。承载架由型钢用螺栓连接而成，包括上横梁、立柱、下横梁等，钢模板悬挂在上横梁上。爬升设备为电动螺旋提升机，共16台。工作平台有三层，分层作绑扎钢筋、支拆模板、爬升模板用，见图7-31。核心筒墙体爬模施工包括钢筋和混凝土作业，平均每层4天。

(2) 外梁外柱爬模

4个大角的8根大柱截面尺寸为2.5m×2.5m(下层)和2m×2m(上层)，其他12根上、下层均为1.5m×1.5m。外梁的截面尺寸为0.80m×1.05m(下层)、0.60m×1.05m(中层)和0.60m×0.85m(上层)。

爬模按方位分成4部分，平面布置见图7-32。各部分可独立操作，竖向施工缝设在外梁，水平施工缝设在梁底标高处。

爬模设备由密肋钢模板、爬升机构、承载架及工作平台等组成。模板组件通过螺栓、滑轮悬挂于导轨上。

工作平台分3层，上平台用于柱钢筋安装、搁置配电箱和材料临时堆放，中平台作梁柱钢筋安装及合模、脱模操作，下平台用于爬升工作。

爬模就位后，先安装梁、柱钢筋，再合模，浇筑新的一层外梁、外柱混凝土。

3. 上海金茂大厦

上海金茂大厦地上88层，顶层高340m，塔顶高420m。采用钢与钢筋混凝土混合结构，标准层平面尺寸为52.7m×52.7m，外框架为钢结构，内筒平面为27m×27m，为现浇混凝土结构。由上海建工集团负责施工总承包，1995年开工，上海市第一建筑工程公司负责主体混凝土结构施工。金茂大厦标准层平面图及剖面见图7-33。

内筒由间距9m的纵、横内墙分成9块，外墙厚度由底层的85cm递减至上层45cm，内墙厚度均为45cm。混凝土强度墙体为C60和C50，楼板为C30。

爬升模板由承载平台、大模板和提升动力设备3部分组成。承载平台有9个内平台和1个外平台。大模板用手动导链悬吊在平台横梁上。

提升动力设备充分利用上海市现有的电动升板机。每套设备以一台3kW电动机作为动力，通过一对链轮带动两台穿心式提升机，固定在槽钢焊成的底座上。底座用承重销悬挂在劲性钢骨架的缀板上，钢骨架固定于混凝土墙内。

穿过两台提升机的螺杆上端用螺母与挑架锁定，利用升板机提升原理即可将承载平台连同大模板沿着螺杆上升到上一个承重销孔并固定，再提升螺杆。完成本层钢筋混凝土的全部工程后，再进行新的交替提升。

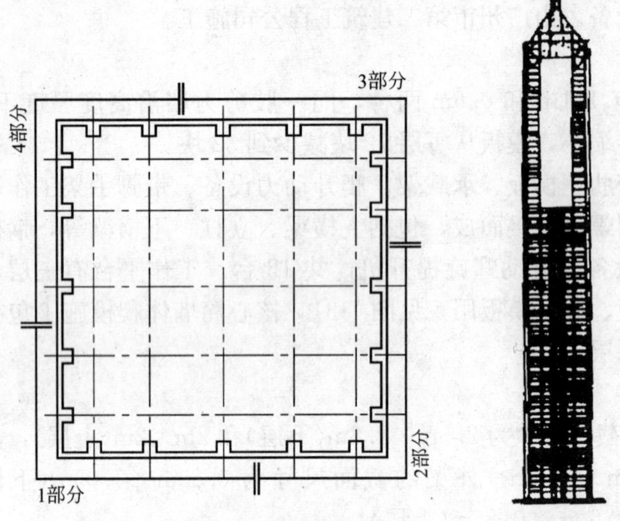

图 7-32 外梁外柱平面布置

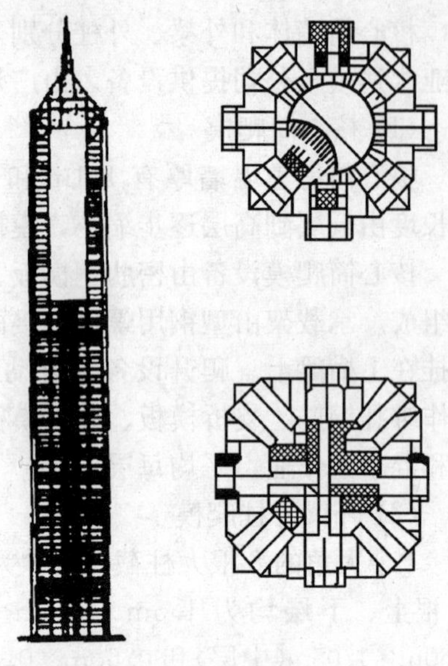

图 7-33 上海金茂大厦平、立面示意

3.4 飞模

飞模是一种大型工具式模板，因其外形如桌，故又称桌模或台模。由于它可以借助起重机械从已浇筑完混凝土的楼板下吊运飞出转移到上层重复使用，故称飞模。

飞模主要由平台板、支撑系统(包括梁、支架、支撑、支腿等)和其他配件(如升降和行走机构等)组成。适用于大开间、大柱网、大进深的现浇钢筋混凝土楼盖施工，尤其适用于现浇板柱结构(无柱帽)楼盖的施工。

飞模的规格尺寸，主要根据建筑物结构的开间(柱网)和进深尺寸以及起重机械的吊运能力来确定，一般按开间(柱网)乘以进深尺寸设置一台或多台。

飞模按其支承方式分以下两类：无支腿(悬架式)飞模、有支腿飞模。有支腿式又分为分离式支腿、伸缩式支腿和折叠式支腿。

我国目前采用较多的是伸缩支腿式，无支腿式只在个别工程中采用。

采用飞模用于现浇钢筋混凝土楼盖的施工，具有以下特点：

(1) 楼盖模板一次组装重复使用，从而减少了逐层组装、支拆模板的工序，简化了模板支拆工艺，节约了模板支拆用工，加快了施工进度。

(2) 由于模板在施工过程中不再落地，从而可以减少临时堆放模板的场地。可在施工用地紧张的闹市区施工。

3.4.1 常用飞模的类型

1. 钢管组合式飞模

是我国自行研制的一种立柱式飞模，一般可以根据工程结构的具体情况和起重设备的能力进行设计，做到即定型又可变换，见图 7-34。

钢管组合式飞模的面板，一般可以采用组合钢模板，亦可采用钢框覆面胶合

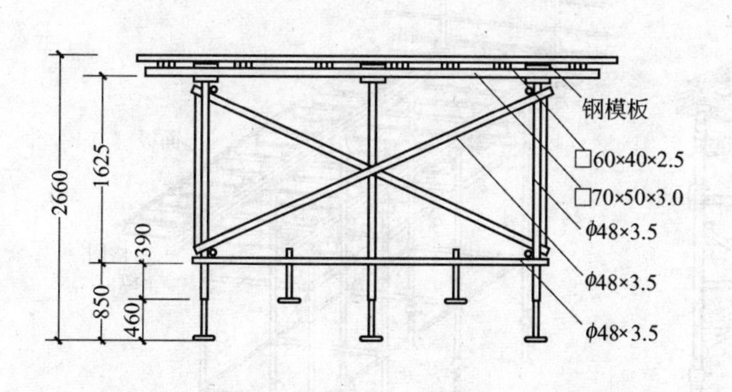

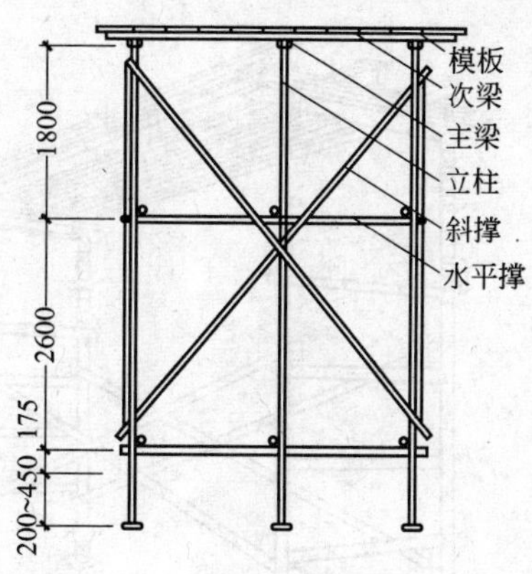

图 7-34　钢管组合式飞模

板模板、木(竹)胶合板；主、次梁一般采用型钢，立柱多采用普通钢管，并做成可伸缩式，其调节幅度最大约 800mm。

钢管组合式飞模具有以下特点：

1）不受开间(柱网)、进深平面尺寸的限制，可以任意进行组合，故有较强的独立性，适用范围较广。

2）结构构造简单，部件来源容易，加工制作简便，一般建筑施工企业均具备制作条件。

3）组拼飞模的部件，除升降机构和行走机构需要一定的加工或外购外，其他部件拆卸后还可当其他工具、材料使用，故这种飞模制作的投资较少且上马快。

4）重量较大，约为 80～90kg/m²。

5）由于组装的飞模杆件相交节点不在一个平面上，属于随机性较大的空间力系，故在设计时要考虑这一点。

2. 立柱式飞模

立柱式飞模是飞模中最基本的一种类型，由于它构造比较简单，制作和施工也比较简便，故首先得到广泛应用。立柱式飞模主要由面板、主次(纵横)梁和立柱(构架)三大部分组成，另外辅助配备有斜支撑、调节螺旋等。立柱常做成可以伸缩形式。承受的荷载由立柱直接支承在楼面上。

双肢柱管架式飞模构造见图 7-35。

双肢柱管架式飞模具有以下特点：

1）构件连接简单，安装方便，对操作技术要求不高；

2）重量轻，承载力大(每个支架约可承载 90kN 左右)，结构稳定；

3）胶合板拼缝少，表面平整光滑，混凝土外观质量好；

4）通用性强，可适用于各种结构尺寸。

3. 构架式飞模

构架式飞模主要由构架、主梁、格栅(次梁)、面板及可调螺栓组成(图7-36)。为确保构架的刚度，每榀构架的宽度在 1～1.4m，构架的高度与建筑物层高接近。

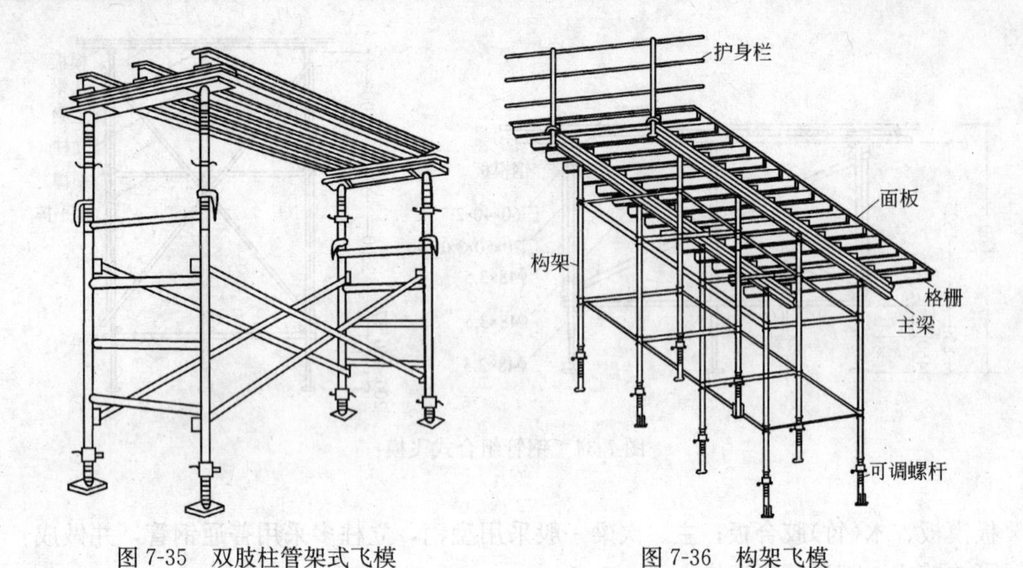

图 7-35　双肢柱管架式飞模　　　　图 7-36　构架飞模

4. 门式架飞模

门式架飞模，是利用多功能门式脚手架作支承架，根据建筑物的开间(柱网)、进深尺寸拼装成的飞模(图 7-37)。

门式架飞模的特点：

1) 选用门式架作为飞模的竖向受力构件，不但避免了桁架式飞模的大量金属加工，也可消除如钢管组成的飞模所存在的繁杂连接。

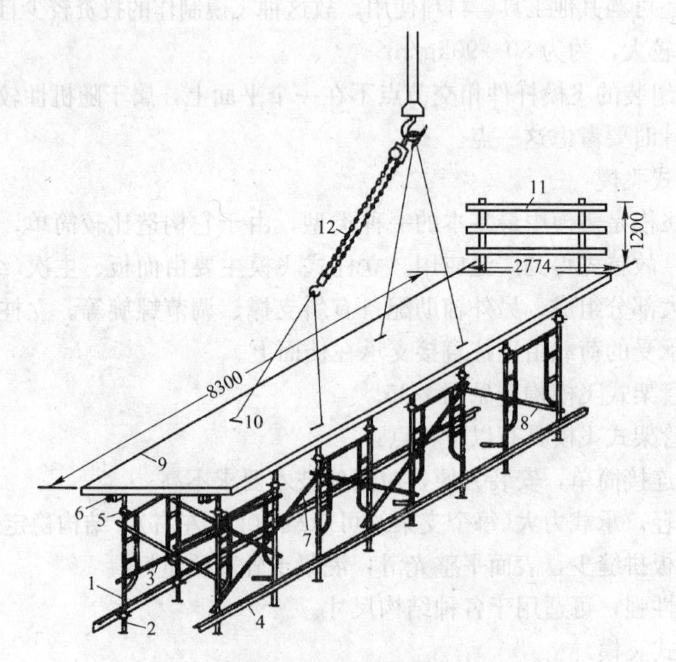

图 7-37　门式架飞模

1—门式脚手架(下部安装连接件)；2—底托(插入门式架)；3—交叉拉杆；
4—通长角钢；5—顶托；6—大龙骨；7—人字支撑；8—水平拉杆；
9—面板；10—吊环；11—护身栏；12—电动环链

2）由于门式架本身受力比较合理，能最大程度的减少杆件与材料的应用，所以在保证整体刚度的情况下，飞模比较轻巧坚固。

3）门式架为工具式脚手架定型产品，用它组成的飞模在工程应用后，仍可解体作为脚手架使用，所以具有较大的经济效益。

5. 桁架式飞模

桁架式飞模是由桁架、龙骨、面板、支腿和操作平台组成，它是将飞模的板面和龙骨放置于两榀或多榀上下弦平行的桁架上，以桁架作为飞模的竖向承重构件。桁架材料可以采用铝合金型材，也可以采用型钢制作，前者轻巧并不易腐蚀，但价格较贵，一次投资大；后者自重较大，但投资费用较低。（图7-38，图7-39）

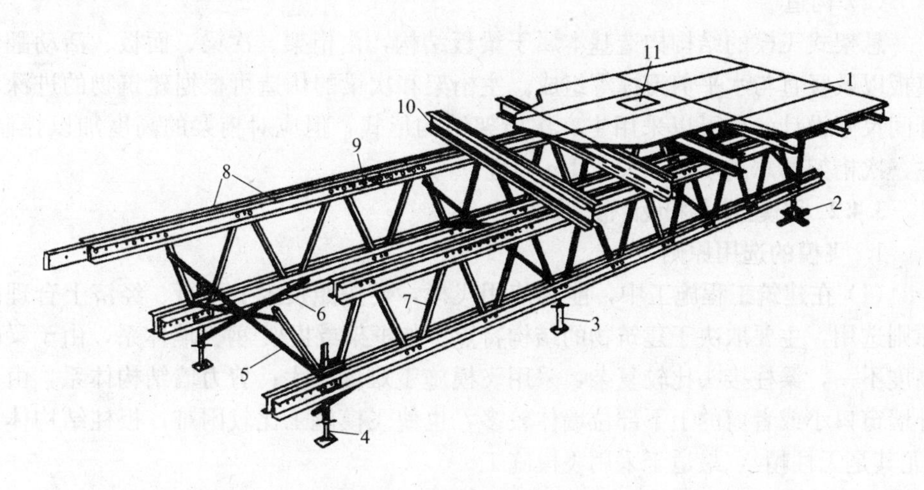

图7-38　木铝桁架式飞模

1—面板；2—阔底脚顶；3—高脚顶；4—可调脚顶；5—剪刀撑；6—脚顶撑；7—铝合金腹杆；8—槽型铝合金桁架；9—螺栓连接点；10—铝合金梁；11—预留吊环洞

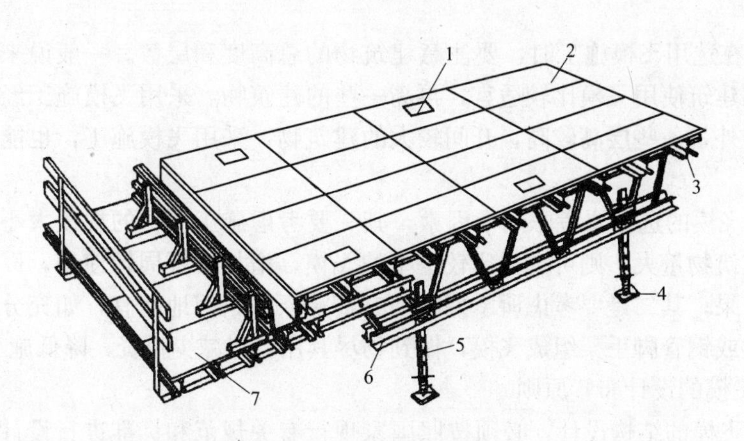

图7-39　竹铝桁架式飞模

1—吊点；2—面板；3—铝合金龙骨(格栅)；4—底座；5—可调钢支腿；6—铝合金桁架；7—操作平台

6. 悬架式飞模

(1) 特点

1) 与立柱式飞模和桁架式飞模相比，不设立柱，飞模支承在钢筋混凝土建筑结构的柱子或墙体所设置的托架上。这样，模板的支设不需要考虑到楼面的承载能力或混凝土结构强度发展的因素，可以减少模板的配置量。

2) 由于飞模无支撑，飞模的设计可以不受建筑物层高的影响，从而能适应层高变化较多的建筑物施工。并且飞模下部有较大空旷的空间，有利于立体交叉施工。

3) 飞模的体积较小，下弦平整，适应于多层叠放，从而可以减少施工现场的堆放场地。采用这种飞模时，托架与柱子(或墙体)的连接要通过计算确定。并且要复核施工中支承飞模的结构在最不利荷载情况下的强度和稳定性。

(2) 构造

悬架式飞模的结构构造基本属于梁板结构，由桁架、次梁、面板、活动翻转翼板以及竖直与水平剪刀撑等组成。主桁架和次梁的构造可根据建筑物的进深和开间尺寸设计，也可以采用主、次桁架结构形式，但应对桁架的高度加以控制，主、次桁架的总高度以不大于1m为宜。

3.4.2 飞模的选用和设计布置原则

1. 飞模的选用原则

(1) 在建筑工程施工中，能否使用飞模，要按照技术上可行、经济上合理的原则选用，主要取决于建筑物的结构特点。如框架或框架-剪力墙体系，由于梁的高度不一，梁柱接头比较复杂，采用飞模施工难度较大；剪力墙结构体系，由于外墙窗口小或者窗的上下部位墙体较多，也使飞模施工比较困难；板柱结构体系(尤其是无柱帽)，最适于采用飞模施工。

(2) 板柱剪力墙结构体系，也可以使用飞模施工，但要注意剪力墙的多少和位置，以及飞模能否顺利出模。重要的是要看楼板有无边梁，以及边梁的具体高度。因为飞模的升降量必须大于边梁高度才能出模，所以这是影响飞模施工的关键因素。

(3) 在选用飞模施工时，要注意建筑物的总高度和层数。一般说来，十层左右的民用建筑使用飞模比较适宜，再高一些的建筑物，采用飞模施工经济上比较合理。另外，一些层高较高，开间较大的建筑物，采用飞模施工，也能取得一定的效果。

(4) 飞模的选型要考虑两个因素，其一要考虑施工项目的规模大小，如果相类似的建筑物量大，则可选择比较定型的飞模，增加模板周转使用，以获得较好的经济效果；其二是要考虑所掌握的现有资源条件，因地制宜，如充分利用已有的门式架或钢管脚手架组成飞模，做到物尽其用，以减少投资，降低施工成本。

2. 飞模的设计布置原则

(1) 飞模的结构设计，必须按照国家现行有关规范和标准进行设计计算。引进的定型飞模或以前使用过的飞模，也需对关键部位和改动部分进行结构性能校核。另外，各种临时支撑、附设操作平台等亦需通过设计计算。在飞模组装后，应作荷载试验。

（2）飞模的布置应遵循以下原则：

1）飞模的自重和尺寸，应能适应吊装机械的起重能力。

2）为了便于飞模直接从楼层中运行飞出，尽量减少飞模的侧向运行。

3.4.3　飞模施工工艺

1. 施工准备

（1）施工场地准备

1）飞模宜在施工现场组装，以减少飞模的运输。组装飞模的场地应平整，可利用混凝土地坪或钢板平台组拼。

2）飞模座落的楼（地）面应平整、坚实，无障碍物，孔洞必须盖好，并弹出飞模位置线。

3）根据施工需要，搭设好出模操作平台，并检查平台的完整情况，要求位置准确，搭设牢固。

（2）材料准备

1）飞模的部件和零配件，应按设计图纸和设计说明书所规定的数量和质量进行验收。凡发现变形、断裂、漏焊、脱焊等质量问题，应经修整后方可使用。

2）凡属利用组合钢模板、门式脚手架、钢管脚手架组装的飞模，所用的材料、部件应符合《组合钢模板技术规范》（GBJ 50214）、《冷弯薄壁型钢结构技术规范》（GBJ 50018）以及其他专业技术规范的要求。

3）凡属采用铝合金型材、木（竹）胶合板组装的飞模，所用材料及部件，应符合有关专业规范的要求。

4）面板使用木（竹）多层板时，要准备好面板封边剂及模板脱模剂等。

（3）机具准备

1）飞模升降机构所需的各种机具，如各种飞模升降器、螺栓起重器等。

2）吊装飞模出模和升空所用的电动环链等机具。

3）飞模移动所需的各类地滚轮、行走车轮等。

4）飞模施工必需的量具，如钢卷尺、水平尺等。

5）吊装所用的钢丝绳、安全卡环等。

6）其他手工用具，如扳手、锤子、螺钉旋具等。

2. 施工工艺流程

飞模组装→飞模的吊装就位→飞模脱模→飞模的转移。

3.4.4　飞模施工质量要求

1. 质量要求

（1）采用飞模施工，除应遵照现行的《混凝土结构工程施工质量验收规范》GB 50204等国家标准外，尚需对飞模的部位进行设计计算，并进行试压试验，以保证飞模各部件有足够的强度和刚度。

（2）飞模组装应严密，几何尺寸要准确，防止跑模和漏浆，其允许偏差如下：

1）面板标高与设计标高偏差±5mm；

2）面板方正≤3mm（量对角线）；

3）面板平整≤5mm（用2m直尺检查）；

4）相邻面板高差≤2mm。

2. 质量保证措施

(1) 组装时要对照图纸设计检查零部件是否合格，安装位置是否正确，各部位的紧固件是否拧紧。

(2) 竹铝桁架式飞模组装时应注意：

1）组成上下弦时，中间的连接板不得超出上下弦的翼缘，以保证上弦与工字铝梁的安装和下弦与地滚轮接触的平稳。

2）要注意可调支腿安装时位置的准确，以保证支腿收入弦架时，可以用销钉销牢。

3）工字铝梁上开口嵌入的木方，不得高出梁面，以防止飞模面板安装不平。

4）面板的拼接接头要放在工字铝梁上。工字铝梁位置应避开吊装盒和可调支腿的上方，以避免吊装时碰动铝梁和降模时支腿收不到底。

5）飞模的钢制零部件应镀锌或涂防锈漆及银粉。

6）要保证桁架不得扭转。桁架的竖直偏差应≤6mm，侧向弯曲应≤5mm，两榀桁架之间要相互平行，并垂直于楼面。工字铝梁的间距应≤500mm。剪力撑必须安装牢固。

(3) 各类飞模面板要求拼接严密。竹木类面板的边缘和孔洞的边缘，要涂刷模板的封边剂。

(4) 立柱式飞模组装前，要逐件检查门式架、构架和钢管是否完整无缺陷，所用紧固件、扣件等是否工作正常，必要时要作荷载试验。

(5) 所用木材应无劈裂、糟朽等缺陷。

(6) 面板使用多层板类材料时，要及时检查有无破损，必要时要翻面使用。使用组合钢模板作面板时，要按有关标准进行检查。

(7) 飞模模板之间、模板与柱及墙之间的缝隙一定要堵严，并要注意防止堵缝物嵌入混凝土中，造成脱模时卡住模板。

(8) 各类面板在绑钢筋之前，都要涂刷有效的脱模剂。

(9) 浇筑混凝土前要对模板进行整体验收，质量符合要求后方能使用。

(10) 飞模上的弹线，要用两种颜色隔层使用，以免两层线混淆不清。

3.4.5 飞模施工安全要求

采用飞模施工时，除应遵照现行的《建筑安装工程安全技术规程》等规定外，尚需采取以下一些安全措施：

(1) 组装好的飞模，在使用前最好进行一次试压试吊，以检验各部件有无隐患。

(2) 飞模就位后，飞模外侧应立即设置护身栏，高度可根据需要确定，但不得小于1.2m，其外侧须加设安全网。同时设置好楼层的护身栏。

(3) 施工上料前，所有支撑都应支设好(包括临时支撑或支腿)，同时要严格控制施工荷载。上料不得太多或过于集中，必要时应进行核算。

(4) 升降飞模时，应统一指挥，步调一致，信号明确，最好采用步话机联络。所有操作人员需经专门培训持证上岗操作。

(5) 上下信号工应分工明确。如下面的信号工可负责飞模推出、控制地滚轮、挂安全绳和挂钩、拆除安全绳和起吊；上面的信号工可负责平衡吊具的调整，指挥飞模就位和摘钩。

(6) 飞模采用地滚轮推出时，前面的滚轮应高于后面的滚轮 1～2cm，防止飞模向外滑移。可采取将飞模的重心标画于飞模旁边的办法。严禁外侧吊点未挂钩前将飞模向外倾斜。

(7) 飞模外推时，必需挂好安全绳，由专人掌握。安全绳要慢慢松放，其一端要固定在建筑物的可靠部位上。

(8) 挂钩工人在飞模上操作时，必须系好安全带，并挂在上层的预埋铁环上。挂钩工人操作时，不得穿塑料鞋或硬底鞋，以防滑倒摔伤。

(9) 飞模起吊时，任何人不准站在飞模上，操作电动平衡吊具的人员应站在楼面上操作。要等飞模完全平衡后再起吊，塔吊转臂要慢，不允许斜吊飞模。

(10) 五级以上的大风或大雨时，应停止飞模吊装工作。

(11) 飞模吊装时，必须使用安全卡环，不得使用吊钩。起吊时，所有飞模的附件应事先固定好，不准在飞模上存放自由物料，以防高空物体坠落伤人。

(12) 飞模出模时，下层需设安全网。尤其使用滚杠出模时，更应注意防止滚杠坠落。

(13) 在竹木板面上使用电气焊时，要在焊点四周放置石棉布，焊后消灭火种。

(14) 飞模在施工一定阶段后，应仔细检查各部件有无损坏现象，同时对所有的紧固件进行一次加固。

3.5　密肋楼板模壳

钢筋混凝土现浇密肋楼板是由薄板和间距较小的双向或单向密肋组成的，其薄板厚度一般为 60～100mm，小肋高一般为 300～500mm，从而加大了楼板的截面有效高度，减少了混凝土的用量，这样在相同跨度的条件下，可节省混凝土 30%～50%，钢筋 40%，使楼板的自重减轻，抗震性能好，造型新颖美观，密肋楼板能取得很好的技术经济效益，关键因素决定于模壳，其次是支撑系统。双向密肋楼板如图 7-40 所示，单向密肋楼板如图 7-41 所示。

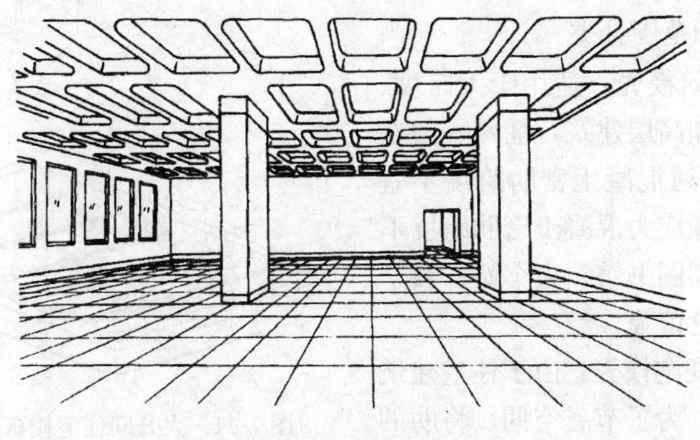

图 7-40　双向密肋楼板

3.5.1 模壳的类型

(1) 按材料分类

1) 塑料模壳：塑料模壳是以改性聚丙烯为基材，采用模压注塑成型工艺制成。由于受注塑机容量的限制，采用四块组装成钢塑结合的整体大型模壳(见图 7-42)。

2) 玻璃钢模壳：玻璃钢模壳是以中碱方格玻璃丝布做增强材料，不饱和聚酯树脂做粘结材料，手糊阴模成形，采用薄壁加肋的构造形式，先成型模体，后加工内肋，可按设计要求制成不同规格尺寸的整体大模壳如图 7-43 所示。

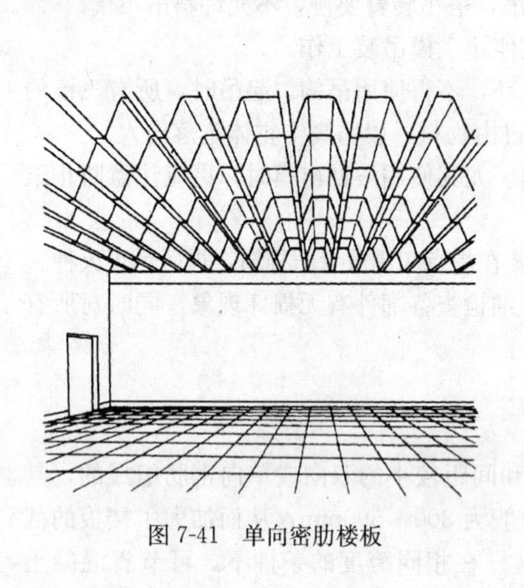

图 7-41 单向密肋楼板

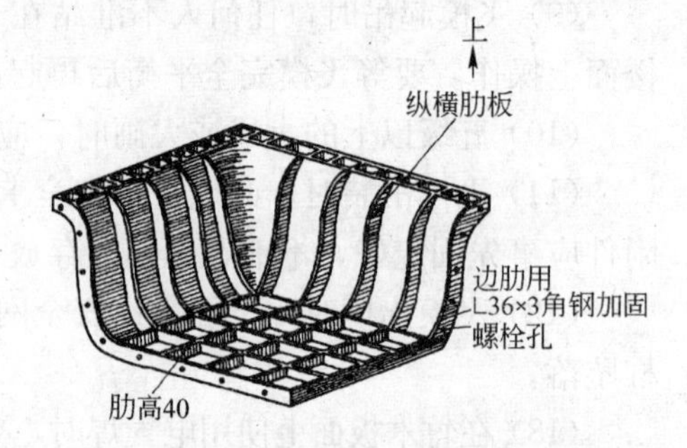

图 7-42 1/4 聚丙烯塑料模壳

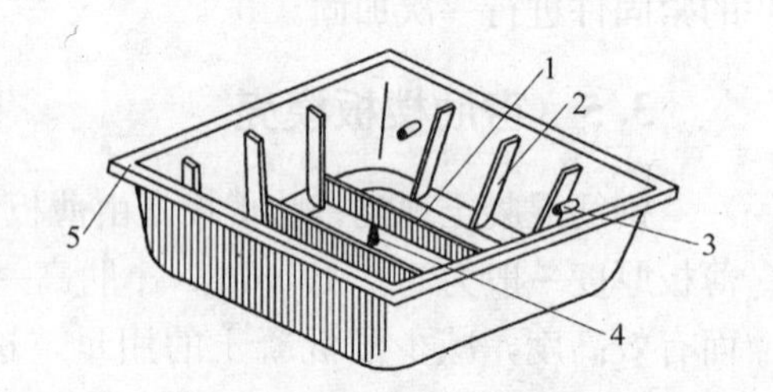

图 7-43 玻璃钢模壳

1—底肋；2—侧肋；3—手动拆模装置；4—气动拆模装置；5—边肋

(2) 按适用范围分类

1) 公共建筑模壳：适用于大跨度、大空间的多层和高层建筑，柱网一般在 6m 以上，对普通混凝土密肋跨度不宜大于 10m；对预应力混凝土密肋跨度不宜大于 12m，如图书馆、火车站、教学楼、商厦、展览馆等。

2) 大开间住宅模壳：由于住宅建筑楼层层高较低，为了节省空间，将肋的高度降低到 100～150mm，见图 7-44所示。

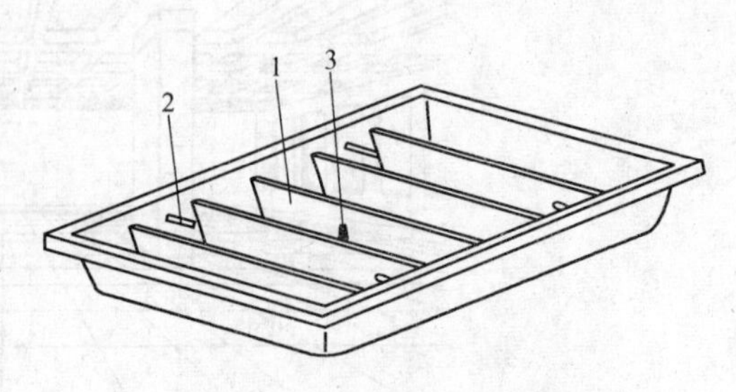

图 7-44 大开间住宅楼板玻璃钢模壳

1—底肋；2—手动拆模装置；3—气动拆模装置

(3) 按构造分类

1)“M”形模壳:“M”形模壳为方形模壳,边部也有长方形的模壳,适用于双向密肋楼板,如图 7-45 所示。

2)“T”形模壳:“T”形模壳为长形模壳,适用于单向密肋楼板,如图 7-46 所示。

图 7-45　“M”形模壳

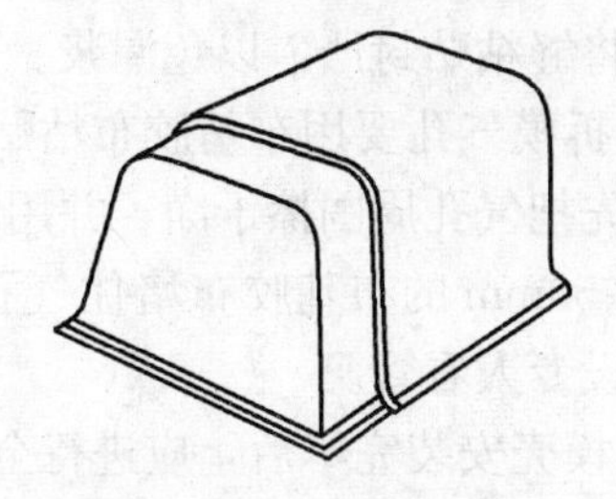

图 7-46　“T”形模壳

3.5.2　模壳加工质量要求

(1) 塑料模壳

1) 模壳表面要求光滑平整,不得有气泡、空鼓。

2) 如果模壳是用多块拼成的整体,要求拼缝处严密、平整,模壳的顶部和底边不得产生翘曲变形,并应平整,其几何尺寸要满足施工要求。

(2) 玻璃钢模壳

1) 模壳表面光滑平整,不得有气泡、空鼓、分层、裂纹、斑点条纹、皱纹、纤维外露、掉角、破皮等现象。

2) 模壳的内部要求平整光滑,任何部位不得有毛刺。

3) 拆模装置的部位,要按图纸的要求制作牢固,气动拆模装置周围要密实,不得有透气现象,气孔本身要畅通。

4) 模壳底边要平整,不得有凹凸现象。

5) 入库前将模壳内外用水冲洗一遍。

3.5.3　模壳的支撑系统

密肋楼板模壳的支撑系统,共有以下几种:

(1) 钢支柱支撑系统。

(2) 早拆柱头支撑系统。

3.5.4　模壳施工的施工工艺

(1) 工艺流程

弹线→立支柱、安装纵横拉杆→安装主次龙骨→安装支撑角钢→安放模壳→堵拆模气孔→刷脱模剂→用胶带堵缝→绑扎钢筋(先绑扎肋梁钢筋、后绑扎板钢筋)→安装电气管线及预埋件→隐蔽工程验收→浇筑混凝土→养护→拆角钢支撑→卸模壳→清理模壳→刷脱模剂备用→用时再刷一次脱模剂。

(2) 模壳支设方法

1) 施工前,根据图纸设计尺寸,结合模壳的规格,按施工流水段做好工具、材料的准备。

2）模壳进厂堆放，要套叠成垛，轻拿轻放。

3）模壳排列原则，均由轴线中间向两边排列，以免出现两边的边肋不等的现象，凡不能用模壳的地方可用木模代替。

4）安装主龙骨时要拉通线，间距要准确，做到横平竖直。

5）模壳加工时只允许有负差，因此模壳铺好后均有一定缝隙，需用布基胶带或胶带将缝粘贴封严，以免漏浆。

6）拆模气孔要用布基胶布粘贴，防止浇筑混凝土时灰浆流入气孔。在涂刷脱模剂前先把气孔周围擦干净，并用细钢丝疏通气孔，使其畅通，然后粘贴不小于50mm×50mm的布基胶布堵住气孔。这项工作要作为预检项目检查。浇筑混凝土时应设专人看管。

7）模壳安装完毕后，应进行全面质量检查，并办理预检手续。要求模壳支撑系统安装牢固。

(3) 绑扎钢筋及混凝土施工注意事项

1）钢筋绑扎应按图纸设计要求及《混凝土结构工程施工质量验收规范》(GB 50204—2002)施工。但双向密肋楼板的钢筋应由设计单位根据具体工程对象，明确纵向和横向底筋上下位置，以免因底筋互相编织而无法施工。

2）混凝土根据设计要求配制，骨料选用粒径为5～20mm的石子和中砂，并根据季节温度差别选用不同类型的减水剂。混凝土搅拌严格控制用水量，坍落度控制在60～80mm。密肋部位采用$\phi30$或$\phi50$插入式振捣器振捣，以保证楼板混凝土质量。

3）模壳的施工荷载应控制在不大于2～2.5kN/m^2。

4）混凝土养护。密肋楼板板面较薄，因此要防止混凝土水分过早蒸发，早期宜采用塑料薄膜覆盖的养护方法，这样有利于混凝土早期强度的提高和防止裂缝的产生。

(4) 脱模

由于模壳与混凝土的接触面呈碗形，人工拆模难度较大，模壳损坏较多，尤其是塑料模壳。采用气动拆模，效果显著。

气动拆模是在混凝土成型后，根据现场同条件试块强度达到9.8MPa后，用气泵作能源，通过高压皮管和气枪，将气送进模壳的进气孔，由于气压作用和模壳富有弹性的特点，使模壳能完好地与混凝土脱离。

(5) 安全注意事项

1）模壳支柱应安装在平整、坚实的底面上，一般支柱下垫通长脚手板，用楔子夹紧，用钉子与垫板钉牢。

2）当支柱使用高度超过3～5m时，每隔2m高度用直角扣件和钢管将支柱互相连接牢固。

3）当楼层承受荷载大于计算荷载时，必须经过核验后，加设临时支撑。

4）支拆模壳时，竖直运送模壳、配件应上下有人接应，严禁抛扔，防止伤人。

3.6　永久性模板

永久性模板，亦称一次性消耗模板，是在结构构件混凝土浇筑后模板不拆除，并构成构件受力或非受力的组成部分。

目前，我国用在现浇楼板工程中作永久性模板的材料，一般有压型钢板模板和钢筋混凝土薄板模板两种，后者又分为预应力和非预应力混凝土薄板模板。永久性模板的采用，要结合工程任务情况、结构特点和施工条件合理选用。

3.6.1　压型钢板模板

压型钢板模板，是采用镀锌或经防腐处理的薄钢板，经成型机冷轧成具有梯波形截面的槽型钢板或开口式方盒状钢壳的一种工程模板材料。

1. 压型钢板模板的特点

压型钢板一般应用在现浇密肋楼板工程。压型钢板安装后，在肋底内面铺设受拉钢筋，在肋的顶面焊接横向钢筋或在其上部受压区铺设网状钢筋，楼板混凝土浇筑后，压型钢板不再拆除，并成为密肋楼板结构的组成部分。如无吊顶顶棚设置要求时，压型钢板下表面便可直接喷、刷装饰涂层，可获得具有较好装饰效果的密肋式顶棚。压型钢板组合楼板系统如图7-47所示。压型钢板可做成开敞式和封闭式截面(图7-48、图7-49)。

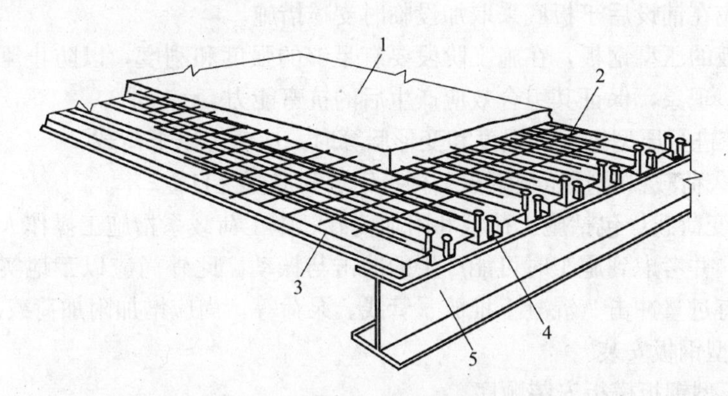

图7-47　压型钢板组合楼板系统图

1—现浇混凝土层；2—楼板配筋；3—压型钢板；4—锚固栓钉；5—钢梁

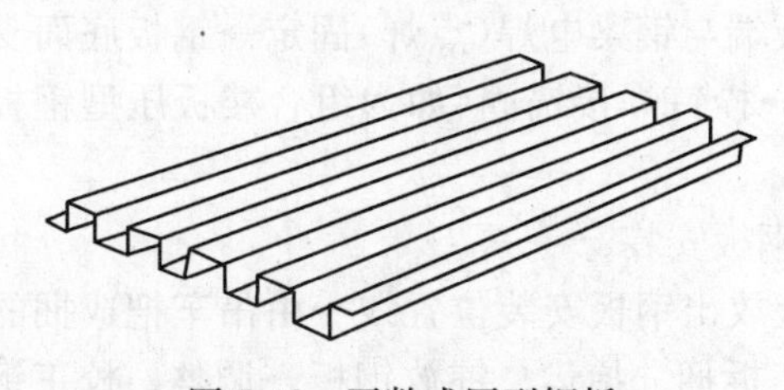

图7-48　开敞式压型钢板

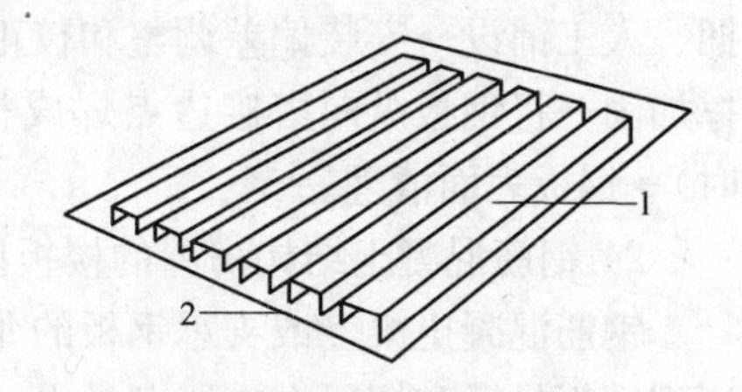

图7-49　封闭式压型钢板

1—开敞式压型钢板；2—附加钢板

封闭式压型钢板，是在开敞式压型钢板下表面连接一层附加钢板。这样可提高模板的刚度，提供平整的顶棚面，空格内可用以布置电器设备线路。

压型钢板模板具有加工容易，重量轻，安装速度快，操作简便和取消支、拆模板的繁琐工序等优点。

2. 压型钢板模板的种类及适用范围

压型钢板模板，主要从其结构功能分为组合板的压型钢板和非组合板的压型钢板。

（1）组合板的压型钢板

既是模板又是用作现浇楼板底面受拉钢筋。压型钢板不但在施工阶段承受施工荷载和现浇层钢筋和混凝土的自重，而且在楼板使用阶段还承受使用荷载，从而构成楼板结构受力的组成部分。主要用在钢结构房屋的现浇钢筋混凝土有梁式密肋楼板工程。

（2）非组合板的压型钢板

只作模板使用。即压型钢板在施工阶段，只承受施工荷载和现浇层的钢筋混凝土自重，而在楼板使用阶段不承受使用荷载，只构成楼板结构非受力的组成部分。一般用在钢结构或钢筋混凝土结构房屋的有梁式或无梁式的现浇密肋楼板工程。

3. 压型钢板模板的应用

（1）组合板或非组合板的压型钢板，在施工阶段均须进行强度和变形验算。

压型钢板跨中变形应控制在 $\delta=L/200\leqslant 20$mm（L—板的跨度），如超出变形控制量，应在铺设后于板底采取加设临时支撑措施。

组合板的压型钢板，在施工阶段要有足够的强度和刚度，以防止压型钢板产生“蓄聚”现象，保证其组合效应产生后的抗弯能力。

（2）在进行压型钢板的强度和变形验算时，应考虑以下荷载。

1）永久荷载：包括压型钢板、楼板钢筋和混凝土自重；

2）可变荷载：包括施工荷载和附加荷载。施工荷载系指施工操作人员和施工机具设备，并考虑到施工时可能产生的冲击与振动。此外尚应以工地实际荷载为依据，若有过量冲击、混凝土堆放、管线、泵荷等，尚应增加附加荷载。

4. 压型钢板安装

（1）压型钢板模板安装顺序

1）钢结构房屋的楼板压型钢板模板安装顺序

钢梁上分划出钢板安装位置线→压型钢板成捆吊运并搁置在钢梁上→钢板拆捆、人工铺设→安装偏差调整和校正→板端与钢梁电焊（点焊）固定→钢板底面支撑加固→将钢板纵向搭接边点焊成整体→栓钉焊接锚固（如为组合楼板压型钢板时）→钢板表面清理。

2）钢筋混凝土结构房屋的楼板压型钢板安装

钢筋混凝土梁上或支承钢板的龙骨上放出钢板安装位置线→由吊车把成捆的压型钢板吊运和搁置在支承龙骨上→人工拆捆、抬运、铺放钢板→调整、校正钢板位置→将钢板与支承龙骨钉牢→将钢板的顺边搭接用电焊点焊连接→钢板清理。

（2）压型钢板模板安装安全技术要求

1）压型钢板安装后需要开设较大孔洞时，开洞前必须于板底采取相应的支撑加固措施，然后方可进行切割开洞。开洞后板面洞口四周应加设防护措施。

2）遇有降雨、下雪、大雾及六级以上大风等恶劣天气情况，应停止压型钢板高空作业。雨雪停后复工前，要及时清除作业场地和钢板上的冰雪和积水。

3）安装压型钢板用的施工照明、动力设备的电线应采用绝缘线，并用绝缘支撑物使电线与压型钢板分隔开。要经常检查线路的完好，防止绝缘损坏发生漏电。

4）施工用临时照明灯的电压，一般不得超过36V，在潮湿环境不得超过12V。

5）多人协同铺设压型钢板时，要相互呼应，操作要协调一致。钢板应随铺设随调整、校正，其两端随与钢梁焊牢固定或与支承木龙骨钉牢，以防止发生钢板滑落及人身坠落事故。

6）安装工作如遇中途停歇，对已拆捆未安装完的钢板，不得架空搁置，要与结构物或支撑系统临时绑牢。每个开间的钢板，必须待全部连接固定好并经检查后，方可进入下道工序。

7）在已支撑加固好的压型钢板上，堆放的材料、机具及操作人员等施工荷载，如无设计规定时，一般每平方米不得超过2500N。施工中，要避免压型钢板承受冲击荷载。

8）压型钢板吊运，应多块叠置、绑扎成捆后采用扁担式的专用平衡吊具，吊挂压型钢板的吊索与压型钢板应呈90°夹角。

9）压型钢板楼板各层间连续施工时，上、下层钢板的支柱，应安装在一条竖向直线上，或采取措施使上层支柱荷载传递到工程的竖向结构上。

3.6.2 预应力混凝土薄板模板

1. 预应力混凝土薄板模板的特点

预应力混凝土薄板模板，一般是在构件预制工厂的台座上生产，通过施加预应力配筋制作成的一种预应力混凝土薄板构件。这种薄板主要应用于现浇钢筋混凝土楼板工程，薄板本身既是现浇楼板的永久性模板，当与楼板的现浇混凝土叠合后，又是构成楼板的受力结构部分，与楼板组成组合板(图7-50)，或构成楼板的非受力结构部分，而只作永久性模板使用(图7-51)。

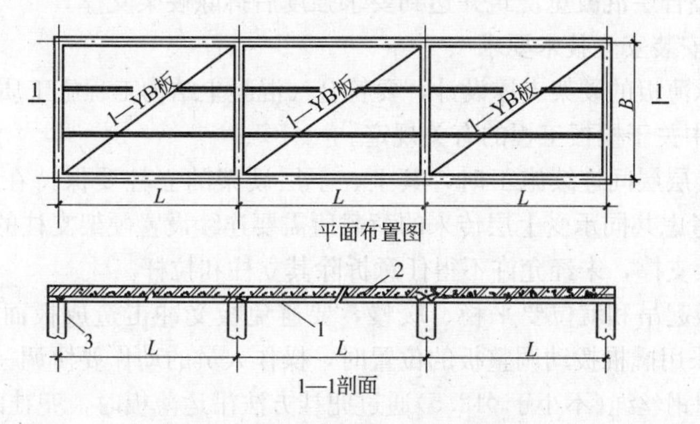

图7-50 预应力混凝土组合板模板

1—预应力混凝土薄板；2—现浇混凝土叠合层；3—墙体

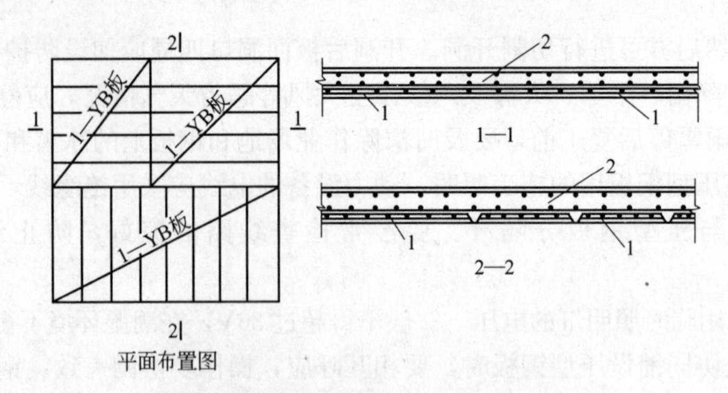

图 7-51 预应力混凝土非组合板模板

1—预应力混凝土薄板；2—现浇钢筋混凝土楼板

2. 预应力混凝土薄板模板的适用范围

预应力混凝土薄板，适用于抗震设防烈度为 7、8、9 度地震区和非地震区，跨度在 8m 以内的多层和高层房屋建筑的现浇楼板或屋面板工程。尤其适合于不设置吊顶的、顶棚为一般装修标准的工程，可以大量减少顶棚抹灰作业。用于房屋的小跨间时，可做成整间式的双向预应力混凝土薄板。对大跨间平面的楼板，目前只能做成一定宽度的单向预应力配筋薄板，与现浇混凝土层叠合后组成单向受力楼板。

作为组合板的薄板，不适用于承受动力荷载；当应用于结构表面温度高于 60℃或工作环境有酸、碱等侵蚀性介质时，应采取有效可靠的措施。

此外，也可以根据结构平面尺寸的特点，制作成小尺寸的预应力薄板，应用于现浇钢筋混凝土无梁楼板工程。这种薄板与现浇混凝土层叠合后，不承受楼板的使用荷载，而只作为楼板的永久性模板使用。

3. 安装工艺

在墙或梁上弹出薄板安装水平线并分别划出安装位置线→薄板硬架支撑安装→检查和调整硬架支承龙骨上口水平标高→薄板吊运、就位→板底平整度检查及偏差纠正处理→整理板端伸出钢筋→板缝模板安装→薄板上表面清理→绑扎叠合层钢筋→叠合层混凝土浇筑并达到要求强度后拆除硬架支撑。

4. 薄板安装安全技术要求

(1) 支承薄板的硬架支撑设计，要符合《混凝土结构工程施工质量验收规范》(GB 50204)中关于模板工程的有关规定。

(2) 当楼层层间连续施工时，其上、下层硬架的立柱要保持在一条竖线上，同时还必须考虑共同承受上层传来的荷载所需要连续设置硬架支柱的层数。

(3) 硬架支撑，未经允许不得任意拆除其立柱和拉杆。

(4) 薄板起吊和就位要平稳、缓慢，要避免板受冲击造成板面开裂或损坏。板就位后，采用撬棍拨动调整板的位置时，操作人员的动作要协调一致。

(5) 采用钢丝绳(不小于 ϕ12.5)通过兜挂方法吊运薄板时，兜挂的钢丝绳必须加设胶皮套管，以防止钢丝绳被板棱磨损、切断而造成坠落事故。吊装单块板时，严禁钩挂在板面上的剪力钢筋或骨架上进行吊装。

训练4　混凝土结构模板工程设计的原则和计算依据

［训练目的与要求］ 通过训练，掌握模板工程设计的原则和计算依据，能进行模板和支撑的设计，能进行模板用量的估算。

4.1　模板结构的设计原则与计算依据

现浇混凝土结构施工用的模板，是保证混凝土结构按设计要求浇筑混凝土成形的一种临时模型结构，它要承受混凝土结构施工过程中混凝土的侧压力(水平荷载)；模板自重、材料和施工荷载(竖向荷载)，必须要有足够的承载能力和刚度。

模板工程的费用约占混凝土结构工程费用中的1/3，支拆用工量约占1/2，因此，模板设计是否经济合理，对节约材料、降低工程造价关系重大。所以模板结构像其他结构设计一样，必须进行设计计算。那种仅凭不成熟的经验来确定模板结构的断面尺寸及结构构造，是不安全的，也是不经济的。

4.1.1　模板结构设计的原则与计算的依据

1. 模板结构的三要素

模板结构均由三部分组成。

(1) 模板面板

是新浇混凝土直接接触的承力板，没有模板面板，新浇混凝土结构就不能浇筑成形。

(2) 支撑结构

是支撑新浇混凝土产生的各种荷载和模板面板荷载以及施工荷载的结构，保证模板结构牢固地组合，达到不变形、不破坏。

(3) 连接件

是将模板面板和支撑结构连接成整体的部件，使模板结构组合成整体。

2. 模板结构设计的原则

(1) 实用性

要保证混凝土结构工程的质量。模板的接缝要严密、不漏浆，保证混凝土结构和构件各部分形状尺寸和相互位置的正确；构造要简单，装拆要方便，并便于钢筋绑扎和安装以及混凝土浇筑和养护工艺要求。

(2) 安全性

模板结构必须具有足够的承载能力和刚度，保证在施工过程中，在各类荷载作用下不破坏，不倒塌，变形在容许范围之内，结构牢固稳定，同时要确保工人操作的安全。

(3) 经济性

要结合工程结构的具体情况和施工单位的具体条件，进行技术经济比较，因地制宜，就地取材，择优选用模板方案。在确保工期、质量的前提下，尽量减少模板一次性投入，加快模板周转，减少模板支拆用工，减轻模板结构自重，并为后续装修施工创造条件，做到既节约模板费用，又实现文明施工。

3. 模板结构设计计算的依据

模板结构设计计算的主要依据是：拟建工程的设计图纸，施工组织设计中主要施工方法与进度计划，施工单位现有的技术物质条件，以及有关的设计、施工规范。

(1) 建筑工程设计图纸

因为混凝土结构构件的位置、形状、尺寸是按照建筑物的使用要求和受力情况确定的，因此，模板工程的设计，必须根据构件各部分的位置、形状、尺寸及其相互的关系，合理地选用模板和支架，同时还要根据建筑装修设计的要求(如有无吊顶，是否抹灰等)，选择清水模板还是一般模板。例如对无吊顶又不抹灰的现浇顶板，就必须选用清水模板，模板面拼缝平整度要求严格；反之，则可以采用对平整度一般要求的模板，如小钢模等。对现浇墙、柱、梁等均要考虑是否抹灰，来选择相应的模板材料，明确组合方法，规定制作及安装要求(包括起拱，收分等)，这样才能保证混凝土构件外形尺寸的准确以及结构的强度、刚度、稳定性和施工的安全。

根据混凝土结构构件的相互关系，考虑绑钢筋、浇筑混凝土的操作条件，确定模板安装的程序和操作平台的设计。例如，对大跨度、高断面、钢筋密的大梁，为了保证钢筋绑扎顺利地进行，大梁模板安装程序就不能一次连续完成，而必须先支底模，再绑扎钢筋，然后再支梁的侧模。

(2) 施工组织设计

施工组织设计，是具体指导施工的技术经济文件，它全面地对拟建工程进行了合理的部署，明确规定了拟采取的施工方法(包括分层分段流水作业)，是模板设计的主要依据。同时，模板设计又是工程施工组织设计的组成部分，必须根据施工总体部署，确定模板的选型、配置数量和周转程序。

(3) 施工单位现有的技术物质条件

在进行模板设计时，要对多种可行性方案进行比较选择，而施工单位现有的技术物质条件，是方案选择的重要依据。只有这样，才能做到尽量发挥现有模板的作用，就地取材制作，减少外加工，节约投资。采用新型模板也要根据资金条件，通过试验论证，由小到大逐步推广。

(4) 有关的设计、施工规范

模板结构设计，属于临时性结构设计，目前我国还没有这类规范，因此只能遵守我国现行的有关设计、施工规范的有关规定执行。其强度、稳定性应符合有关规定的要求，其构造除应遵照执行有关规定外，还要考虑施工的特殊要求。

4.1.2 模板结构设计极限状态

模板结构设计按极限状态设计，极限状态分为两类：

(1) 承载能力极限状态

这种极限状态对应于结构或结构构件达到最大承载能力或不适于继续承载的变形。当结构或结构构件出现下列状态之一时，即认为超过了承载能力极限状态。

1) 整个结构或结构的一部分作为刚体失去平衡(如倾覆等)；

2）结构构件或连接件因材料强度被超过而破坏(包括疲劳破坏)，或因过度的塑性变形而不适于继续承载；

3）结构转变为机动体系；

4）结构或结构构件丧失稳定(如压屈等)。

(2) 正常使用极限状态

这种极限状态对应于结构或结构构件达到正常使用或耐久性能的某项规定限值。当结构或结构构件出现下列状态之一时，则认为超过了正常使用极限状态。

1）影响正常使用或外观的变形；

2）影响正常使用或耐久性能的局部破坏(包括裂缝)；

3）影响正常使用的振动；

4）影响正常使用的其他特定状态。

各类模板、支架结构、连接件的设计应符合现行规范的要求。

4.2 荷载及变形值规定

4.2.1 模板荷载的计算

计算模板及其支架的荷载，分为荷载标准值和荷载设计值，后者应以荷载标准值乘以相应的荷载分项系数。

1. 荷载标准值

计算正常使用极限状态的变形时，应采用荷载标准值。

(1) 模板及支架自重标准值——应根据设计图纸确定。对肋形楼板及无梁楼板模板的自重标准值，见表7-6。

模板及支架自重标准值(kN/m²) **表7-6**

模板构件的名称	木模板	组合钢模板	钢框胶合板模板
平板的模板及小楞	0.30	0.50	0.40
楼板模板(其中包括梁的模板)	0.5	0.75	0.6
楼板模板及其支架(楼层高度为4m以下)	0.75	1.10	0.95

(2) 新浇混凝土自重标准值——对普通混凝土，可采用24kN/m³；对其他混凝土，可根据实际重力密度确定。

(3) 钢筋自重标准值——按设计图纸计算确定。一般可按每立方米混凝土含量计算：

框架梁　　1.5kN/m³；

楼板　　1.1kN/m³。

(4) 施工人员及设备荷载标准值：

1）计算模板及直接支承模板的小楞时，对均布荷载取2.5kN/m²，另应以集中荷载2.5kN再行验算，比较两者所得的弯矩值，按其中较大者采用；

2）计算直接支承小楞结构构件时，均布活荷载取1.5kN/m²；

3）计算支架立柱及其他支承结构构件时，均布活荷载取1.0kN/m²。

取值时，对大型浇筑设备如上料平台、混凝土输送泵等，按实际情况计算；混凝土堆集料高度超过100mm以上者，按实际高度计算；模板单块宽度小于150mm时，集中荷载可分布在相邻的两块板上。

(5) 振捣混凝土时产生的荷载标准值——对水平面模板可采用2.0kN/m²；对竖直面模板可采用4.0kN/m²(作用范围在新浇筑混凝土侧压力的有效压头高度以内)。

(6) 新浇筑混凝土对模板侧面的压力标准值——采用内部振捣器时，可按以下两式计算，并取其较小值：

$$F=0.22\gamma_c t_0 \beta_1 \beta_2 V^{1/2} \tag{7-7}$$

$$F=\gamma_c H \tag{7-8}$$

式中 F——新浇筑混凝土对模板的最大侧压力(kN/m²)；

γ_c——混凝土的重力密度(kN/m³)；

t_0——新浇筑混凝土的初凝时间(h)，可按实测确定。当缺乏试验资料时，可采用$t_0=200/(T+15)$计算(T为混凝土的温度℃)；

V——混凝土的浇筑速度(m/h)；

H——混凝土侧压力计算位置处至新浇筑混凝土顶面的总高度(m)；

β_1——外加剂影响修正系数，不掺外加剂时取1.0；掺具有缓凝作用的外加剂时取1.2；

β_2——混凝土坍落度影响修正系数，当坍落度小于30mm时，取0.85；50～90mm时，取1.0；110～150mm时，取1.15。

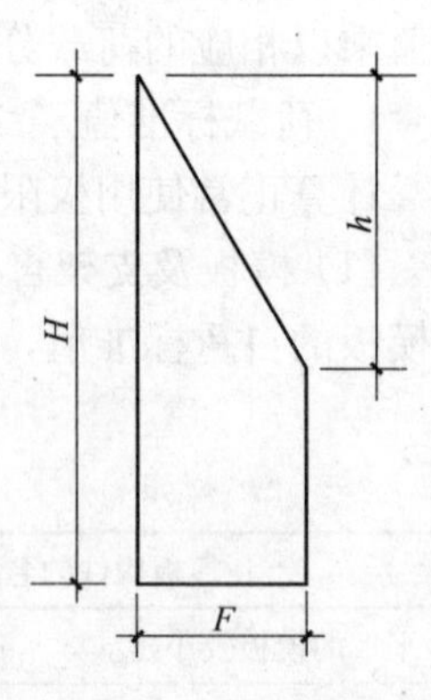

图7-52 侧压力计算分布图

混凝土侧压力的计算分布图形，见图7-52。h为有效压头高度$h=F/\gamma_c$。

(7) 倾倒混凝土时产生的荷载标准值——倾倒混凝土时对竖直面模板产生的水平荷载标准值，可按表7-7采用。

倾倒混凝土时产生的水平荷载标准值(kN/m²) **表7-7**

向模板内供料方法	水平荷载	向模板内供料方法	水平荷载
溜槽、串筒或导管	2	容积为0.2～0.8m³的运输器具	4
容积小于0.2m³的运输器具	2	容积为大于0.8m³的运输器具	6

注：作用范围在有效压头高度以内。

除上述7项荷载外，当水平模板支撑结构的上部继续浇筑混凝土时，还应考虑由上部传递下来的荷载。

(8) 风荷载标准值

风荷载的标准值应按现行国家标准《建筑结构荷载规范》(GB 50009)中的规定采用，其基本风压值应按该规范附表D·4中n=10年采用。

2. 荷载设计值

(1) 计算模板及支架结构或构件的强度、稳定性和连接的强度时，应采用荷载设计值(荷载标准值乘以荷载分项系数)。荷载分项系数应按表 7-8 采用。

荷载分项系数　　表 7-8

荷载类别		分项系数(γ_i)
永久荷载	模板及支架自重(G_{1k})	1. 当其荷载效应对结构不利时： (1) 对由可变荷载效应控制的组合，应取 1.2； (2) 对由永久荷载效应控制的组合，应取 1.35。 2. 当其荷载效应对结构有利时： (1) 一般情况应取 1.0； (2) 对结构的倾覆、滑移验算应取 0.9
	新浇筑混凝土自重(G_{2k})	
	钢筋自重(G_{3k})	
	新浇筑混凝土对模板侧面的压力(G_{4k})	
可变荷载	施工人员及施工设备荷载(Q_{1k})	一般情况下应取 1.4， 对标准值大于 $4kN/m^2$ 的活荷载应取 1.3
	振捣混凝土时产生的荷载(Q_{2k})	
	倾倒混凝土时产生的荷载(Q_{3k})	
风荷载		1.4

(2) 钢模板及其支架的荷载设计值可乘以系数 0.95 予以折减。采用冷弯薄壁型钢，其荷载设计值不应折减。

3. 荷载组合

(1) 对于承载能力极限状态，应按荷载效应的基本组合采用，并应采用下列设计表达式进行模板设计：

$$\gamma_0 S \leqslant R \tag{7-9}$$

式中　γ_0——结构重要性系数，按 0.9 采用；

S——荷载效应组合的设计值；

R——结构构件的抗力设计值，应按各有关建筑结构设计规范的规定确定。

对于基本组合时，荷载效应组合的设计值 S 应从下列组合值中取最不利值确定：

1) 由可变荷载效应控制的组合：

$$S=\gamma_G S_{Gk}+\gamma_{Q1} S_{Q1k} \tag{7-10}$$

$$S=\gamma_G S_{Gk}+0.9\sum_{i=1}^{n}\gamma_{Qi} S_{Qik} \tag{7-11}$$

式中　γ_G——永久荷载的分项系数，按表 7-8 采用；

γ_{Qi}——第 i 个可变荷载的分项系数，其中 γ_{Q1} 为可变荷载 Q_1 的分项系数。按表 7-8 采用；

S_{Gk}——按永久荷载标准值 G_k 计算的荷载效应值；

S_{Qik}——按可变荷载标准值 Q_{ik} 计算的荷载效应值。其中 S_{Q1k} 为诸可变荷载效应中起控制作用者；

n——参与组合的可变荷载数。

2）由永久荷载效应控制的组合：

$$S=\gamma_G S_{Gk}+\sum_{i=1}^{n}\gamma_{Qi}\Psi_{ci}S_{Qik} \quad (7\text{-}12)$$

Ψ_{ci}——可变荷载 Q_i 的组合值系数。模板中规定的各可变荷载的组合值系数为0.7；

(2) 对于正常使用极限状态应采用标准组合，并应按下列设计表达式进行设计：

$$S\leqslant C \quad (7\text{-}13)$$

式中 C——结构或结构构件达到正常使用要求的规定限值。

对于标准组合 $S=S_{Gk}$。

4. 参与模板及其支架荷载效应组合的各项荷载应符合表7-9的规定。

模板及其支架荷载效应组合的各项荷载 **表7-9**

项　目	参与组合的荷载类别	
	计算承载能力	验算挠度
平板和薄壳的模板及支架	$G_{1k}+G_{2k}+G_{3k}+Q_{1k}$	$G_{1k}+G_{2k}+G_{3k}$
梁和拱模板的底板及支架	$G_{1k}+G_{2k}+G_{3k}+Q_{2k}$	$G_{1k}+G_{2k}+G_{3k}$
梁、拱、柱(边长不大于300mm)、墙(厚度不大于100mm)的侧面模板	$G_{4k}+Q_{2k}$	G_{4k}
大体积结构、柱(边长大于300mm)、墙(厚度大于100mm)的侧面模板	$G_{4k}+Q_{3k}$	G_{4k}

注：验算挠度应采用荷载标准值；计算承载能力应采用荷载设计值。

5. 计算大模板时，荷载组合值应按表7-9中第4项的规定采用，其中 G_{4k} 应为 $50kN/m^2$，Q_{3k} 按表7-7采用，当带有施工作业台时，还应增加 $2kN/m^2$ 的施工荷载。

4.2.2 模板结构的挠度要求

模板结构除必须保证足够的承载能力外，还应保证有足够的刚度。当梁板跨度≥4m时，模板应按设计要求起拱；如无设计要求，起拱高度宜为全长跨度的1/1000～3/1000，钢模板取小值(1/1000～2/1000)。

(1) 当验算模板及其支架的挠度时，其最大变形值不得超过下列允许值：

1）对结构表面外露(不做装修)的模板，为模板构件计算跨度的1/400。

2）对结构表面隐蔽(做装修)的模板，为模板构件计算跨度的1/250。

3）支架的压缩变形值或弹性挠度，为相应的结构计算跨度的1/1000。

4）根据《组合钢模板技术规范》(GB 50214—2001)规定，组合钢模板及其构配件的允许挠度按表7-10执行。

模板结构允许挠度　　　　表 7-10

名　称	允许挠度(mm)	名　称	允许挠度(mm)
钢模板的面板	1.5	柱　箍	$B/500$
单块钢模板	1.5	桁　架	$L/1000$
钢　楞	$L/500$	支承系统累计	4.0

注：L 为计算跨度，B 为柱宽。

(2) 当验算模板及支架在自重和风荷载作用下的抗倾覆稳定性时，其抗倾倒系数不小于 1.15。

(3) 根据《钢框胶合板模板技术规程》(JGJ 96)规定：

1) 钢框胶合板模板面板各跨的挠度计算值不宜大于面板相应跨度的 1/300，且不宜大于 1mm。

2) 钢框胶合板钢楞各跨的挠度计算值，不宜大于钢楞相应跨度的 1/1000，且不宜大于 1mm。

4.3　设计计算

4.3.1　一般规定

(1) 模板及其支架的设计应根据工程结构形式、荷载大小、地基土类别、施工设备和材料供应等条件进行。

(2) 模板及其支架的设计应符合下列要求：

1) 应具有足够的承载能力、刚度和稳定性，应能可靠地承受新浇混凝土的自重、侧压力和施工过程中所产生的荷载及风荷载。

2) 构造应简单，装拆方便，便于钢筋的绑扎、安装和混凝土的浇筑、养护等要求。

(3) 模板设计应包括下列内容：

1) 根据混凝土的施工工艺和季节性施工措施，确定其构造和所承受的荷载；

2) 绘制配板设计图、支撑设计布置图、细部构造和异型模板大样图；

3) 按模板承受荷载的最不利组合对模板进行验算；

4) 制定模板安装及拆除的程序和方法；

5) 编制模板及配件的规格、数量汇总表和周转使用计划；

6) 编制模板施工安全、防火技术措施及设计、施工说明书。

(4) 钢模板及其支撑的设计应符合现行国家标准《钢结构设计规范》(GB 50017—2003)的规定，其截面塑性发展系数取 1.0。组合钢模板、大模板、滑升模板等的设计尚应符合国家现行标准《组合钢模板技术规范》、《大模板多层住宅结构设计与施工规程》、《建筑工程大模板技术规程》和《滑动模板工程技术规范》的相应规定。

(5) 木模板及其支架的设计应符合现行国家标准《木结构设计规范》(GBJ 5)的规定，其中受压立杆除满足计算需要外，且其梢径不得小于 60mm。

(6) 模板结构构件的长细比应符合下列规定：

1）受压构件长细比：支架立柱及桁架不应大于 150；拉条、缀条、斜撑等联系构件不应大于 200；

2）受拉构件长细比：钢杆件不应大于 350；木杆件不应大于 250。

（7）用扣件式钢管脚手架作支架立柱时，应符合下列规定：

1）连接扣件和钢管立杆底座应符合现行国家标准《钢管脚手架扣件》（GB 15831）的规定；

2）采用四柱形，并于四面两横杆间设有斜缀条时，可按格构式柱计算，否则应按单立杆计算，其荷载应直接作用于四角立杆上；

3）支架立柱为群柱架时，高度比不应大于 5，否则应架设抛撑或缆风绳，保证该方向的稳定。

（8）用门式钢管脚手架作支架立柱时，应符合下列规定：

1）几种门架混合使用时，必须取支承力最小的门架作为设计依据；

2）荷载宜直接作用在门架两边立杆上，必要时可设横梁将荷载传于两立杆顶端，且应按单榀门架进行承力计算；

3）门架结构使用的剪刀撑线刚度必须满足式(7-14)要求：

$$I_b/L_b \geqslant 0.03I/h_0 \quad (7\text{-}14)$$

式中 I_b——剪刀撑的截面惯性矩；

L_b——剪刀撑的压曲长度；

I——门架的截面惯性矩；

h_0——门架立杆高度。

4）门架使用可调支座时，调节螺杆伸出长度不得大于 200mm；

5）门架支架立柱的高度比大于 5 时，必须使用缆风绳保证该方向的稳定。

（9）用碗扣式钢管脚手架作支撑时，应符合下列规定：

1）支架立柱可根据荷载情况组成双立柱梯形支柱和四立柱格构形支柱，重荷载时应组成群柱架，且荷载应直接作用在立杆上，并应按单立杆进行计算；

2）支柱架的高度比不应大于 5，否则应加设缆风或将下部群柱架扩大，来保证该方向的稳定。

（10）遇有下列情况时，水平支承梁的设计应采取防倾倒措施，不得取消或改动锁紧装置的作用：

1）水平支承梁倾斜或由倾斜的托板支承以及偏心荷载情况存在时；

2）纵梁由多杆件（即两根 20mm×50mm、20mm×80mm 等）组成。

（11）水平支承梁应符合下列要求：

1）当纵梁的高度比大于 2.5 时，水平支承梁严禁支承在 50mm 宽的单托板面上；

2）水平支承梁应避免承受集中荷载。

（12）大模板设计，应符合下列要求：

1）应适应起重机械吊装性能的要求；

2）连接杆件应受力合理、牢固可靠；

3）堆放、组装、拆除时，应能保证自身的稳定，其稳定支撑机构应简便、安全、可靠。

（13）烟囱、水塔和其他高大构筑物的模板工程，应根据其特点进行专项设计并编制专项的施工和安全措施。

（14）当验算模板及其支架在自重和风荷载作用下的抗倾覆稳定性时，应符合有关规定。

4.3.2　现浇混凝土模板计算示例

1. 面板计算

面板应按简支跨计算，并应验算跨中和悬臂端的最不利抗弯强度和挠度。

钢面板抗弯强度应按式(7-15)计算：

$$\sigma = M_{max}/W_n \leqslant f \tag{7-15}$$

式中　M_{max}——最不利弯矩设计值，取均布荷载与集中荷载分别作用计算结果的大值；

W_n——净截面模量，按表7-11或表7-12查取；

f——钢材的抗弯强度设计值，应按《钢结构设计规范》（GB 50017）的规定和《冷弯薄壁型钢结构技术规范》（GB 50018）的规定采用。

2.3mm厚面板力学性能表　　　　**表7-11**

模板宽度（mm）	截面积 $A(mm^2)$	中性轴位置 $y_0(mm)$	x轴截面惯性矩 $I_x(cm^4)$	截面最小模量 $W_x(cm^3)$	截面简图
300	1080(978)	11.1(10.0)	27.91(26.39)	6.36(5.86)	300 (250)；δ=2.8；δ=2.3
250	965(863)	12.3(11.1)	26.62(25.38)	6.23(5.78)	
200	702(639)	10.6(9.5)	17.63(16.62)	3.97(3.65)	200 (150,100)；δ=2.3
150	587(524)	12.5(11.3)	16.40(15.64)	3.86(3.58)	
100	472(409)	15.3(14.2)	14.54(14.11)	3.66(3.46)	

注：1. 表中无括号数字为毛截面，有括号数字为净截面。

2. 表中各种宽度的模板，其长度规格有：1.5m、1.2m、0.9m、0.75m、0.6m和0.45m，高度全为55mm。

2.5mm厚面板力学性能表　　　　**表7-12**

模板宽度（mm）	截面积 $A(mm^2)$	中性轴位置 $y_0(mm)$	x轴截面惯性矩 $I_x(cm^4)$	截面最小模量 $W_x(cm^3)$	截面简图
300	114.4(104.0)	10.7(9.6)	28.59(26.97)	6.45(5.94)	300 (250)；δ=2.5；δ=2.5
250	101.9(91.5)	11.9(10.7)	27.33(25.98)	6.34(5.86)	
200	76.3(69.4)	10.7(9.6)	19.06(17.98)	4.3(3.96)	200 (150,100)；δ=2.5
150	63.8(56.9)	12.6(11.4)	17.71(16.91)	4.18(3.88)	
100	51.3(44.4)	15.3(14.3)	15.72(15.25)	3.96(3.75)	

注：同表7-11注。

【例 7-1】 组合钢模板 $P2512$，宽 300mm，长 1200mm，钢板厚 2.5mm，钢模板两端支承在钢楞上，用作浇筑 200mm 厚的钢筋混凝土楼板，试验算钢模板的强度与挠度。

【解】 (1) 强度验算

1) 计算时两端按简支考虑，其计算跨度 C 取 1.2m；

2) 荷载计算：按 4.2 节规定应按均布线荷载及集中荷载两种作用效应考虑，并按两种计算结果取其大值：

钢模板自重标准值 340N/m^2；

200mm 厚新浇混凝土自重标准值 $24000\times0.2=4800\text{N/m}^2$；

钢筋自重标准值 $1100\times0.2=220\text{N/m}^2$；

施工活荷载标准值 2500N/m^2 及跨中集中荷载 2500N，两种情况考虑。

A. 均布线荷载设计值计算：由式(7-10)，式(7-12)有

$$q_1=0.9[1.2\times(340+4800+220)+1.4\times2500]\times0.25=2235\text{N/m}$$

$$q_1=0.9[1.35\times(340+4800+220)+1.4\times0.7\times2500]\times0.25=2179\text{N/m}$$

根据以上两者比较应取大值，即 $q_1=2235\text{N/m}$ 作为设计依据。

B. 集中荷载设计值：

模板自重线荷载设计值：$q_2=0.9\times0.25\times1.2\times340=92\text{N/m}$

跨中集中荷载设计值：$P=0.9\times1.4\times2500=3150\text{N}$

3) 强度验算

施工荷载为均布线荷载：

$$M_1=q_1l^2/8=2235\times1.2^2/8=402\text{N}\cdot\text{m}$$

施工荷载为集中荷载：

$$M_2=q_2l^2/8+Pl/4=92\times1.2^2/8+3150\times1.2/4=962\text{N}\cdot\text{m}$$

由于 $M_2>M_1$ 故应采用 M_2 验算强度。并查表 7-12 板宽 250mm 得净截面模量 $W_n=5860\text{mm}^3$，则：

$$\sigma=M_2/W_n=962000/5860=164\text{N/mm}^2<f=205\text{N/mm}^2$$

强度满足要求。

(2) 挠度验算

验算挠度时不考虑可变荷载值，仅考虑永久荷载标准值，故其作用效应的线荷载设计值如下：

$$q=0.25\times(340+4800+220)=1340\text{N/m}=1.34\text{N/mm}$$

故实际设计挠度值为：

$$\delta=5ql^4/384EI_x=5\times1.34\times1200^4/384\times2.06\times10^5\times259800=0.86\text{mm}$$

钢材的弹性模量 $E=2.06\times10^5$；查表 7-12 得板宽 250mm 的净截面惯性矩 $I_x=259800\text{mm}^4$；

查表 7-10 得：容许挠度为 1.5mm，

故挠度满足要求。

2. 支承楞梁计算

次楞一般为两跨以上连续楞梁，当跨度不等时，应按不等跨连续楞梁或悬臂楞梁设计；主楞可根据实际情况按连续梁、简支梁或悬臂梁设计；同时主次楞梁均应进行最不利抗弯强度与挠度验算。

(1) 次、主楞梁抗弯强度计算

1) 次、主钢楞梁抗弯强度应按式(7-16)计算：

$$\sigma = M_{max}/W \leqslant f \tag{7-16}$$

式中 M_{max}——最不利弯矩设计值。应从均布荷载产生的弯矩设计值 M_1、均布荷载与集中荷载产生的弯矩设计值 M_2 和悬臂端产生的弯矩设计值 M_3 三者中，选取计算结果较大者；

W——截面模量，按表 7-13 查用；

f——钢材抗弯强度设计值。

各种型钢钢楞和木楞力学性能表　　**表 7-13**

规　格 (mm)		截面积 $A(mm^2)$	重　量 (N/m)	截面惯性矩 $I_x(cm^4)$	截面最小模量 $W_x(cm^3)$
扁钢	—70×5	350	27.5	14.2	4.08
角钢	∟75×50×5.0	612		34.86	6.83
	∟80×35×3.0	330	25.9	22.49	4.17
钢管	ϕ48×3.5	489	38.4	12.19	5.08
	ϕ51×3.5	522	41.0	14.81	5.81
矩形钢管	□60×40×2.5	457	35.9	21.88	7.29
	□80×40×2.0	452	35.5	37.13	9.28
	□100×50×3.0	864	67.8	112.12	22.42
薄壁冷弯槽钢	[80×40×3.0	450	35.3	43.92	10.98
	[100×50×3.0	570	44.7	88.52	12.2
内卷边槽钢	[80×40×15×3.0	508	39.9	48.92	12.23
	[100×50×20×3.0	658	51.6	100.28	20.06
槽钢	[80×43×5.0	1024	80.4	101.30	25.30
矩形木楞	50×100	5000	30.0	416.67	83.33
	60×90	5400	32.4	364.50	81.00
	80×80	6400	38.4	341.33	85.33
	100×100	10000	60.0	833.33	166.67

2) 次、主铝合金楞梁抗弯强度应按式(7-17)计算：

$$\sigma = M_{max}/W \leqslant f_{lm} \tag{7-17}$$

式中 M_{max}——最不利弯矩设计值。要求与公式(7-16)同；

W——铝合金楞梁截面模量；

f_{lm}——铝合金抗弯强度设计值。

3）次、主木楞梁抗弯强度应按式(7-18)计算：

$$\sigma=M_{max}/W\leqslant f_m \tag{7-18}$$

式中 M_{max}——最不利弯矩设计值。要求与公式(7-16)同；

W——木楞截面抵抗矩；

f_m——木材抗弯强度设计值。

【例2】 按例1的条件，于组合钢模板的两端各用一根矩形钢管支承，其规格为□100×50×3.1，长为2000mm，试验算其强度与挠度。

【解】(1) 强度验算

1）按简支考虑，其计算跨度为l=2000mm；

2）荷载计算按例1采用即：

钢模板自重标准值 340N/m^2；

新浇混凝土自重标准值 4800N/m^2；

钢筋自重标准值 220N/m^2；

钢楞梁自重标准值 113N/m^2；

施工活荷载标准值 2500N/m^2 及跨中集中荷载2500N两种情况分别作用考虑。

3）均布线荷载设计值计算

均布线荷载设计值为：

$$q_1=0.9\times[1.2\times(340+4800+220+113)+1.4\times2500]\times0.6=5436.5\text{N/m}$$

$$q_1=0.9\times[1.35\times(340+4800+220+113)+1.4\times0.7\times2500]\times0.6=5313\text{N/m}$$

根据以上两者比较应取大值：取q_1=5436.5N/m作为小楞的设计依据。

4）集中荷载设计值计算

集中荷载设计值为：

A. 小楞自重线荷载设计值：$q_2=0.9\times0.6\times1.2\times113=73.22\text{N/m}$

B. 跨中集中荷载设计值：$P=0.9\times1.4\times2500=3150\text{N}$

5）强度验算

施工荷载为均布线荷载：

$$M_1=q_1l^2/8=5436.5\times2.0^2/8=2718\text{N}\cdot\text{m}$$

施工荷载为集中荷载：

$$M_2=q_2l^2/8+Pl/4=73.22\times2.0^2/8+3150\times2.0/4=1611.61\text{N}\cdot\text{m}$$

由于$M_1>M_2$故应采用M_1验算强度，并查表7-13，按小楞规格查得W_x=22420mm^3；I_x=1121200mm^4。

则：$\sigma=M_1/W_x=2718000/22420=121.2\text{N/mm}^2<f=205\text{N/mm}^2$

强度满足要求。

(2) 挠度验算

验算挠度时不考虑可变荷载值，仅考虑永久荷载标准值，故其作用效应的荷载标准线荷载值如下：

$$q=0.6\times(340+4800+220+113)=3283\text{N/m}=3.284\text{N/mm}$$

故实际设计挠度值为：

$$\delta=5ql^4/384EI_x=5\times3.284\times2000^4/384\times2.06\times10^5\times1121200=2.97\text{mm}$$

根据表7-10查得钢楞容许值 $[\delta]=l/500=4.2$mm 符合要求。

1）次、主钢桁架梁计算应按下列步骤进行：

A. 钢桁架应优先选用角钢、扁钢和圆钢筋制成；

B. 正确确定计算简图；

C. 分析和准确求出集中荷载 P 值；

D. 求解桁架各杆件的内力；

E. 选择截面并应按式(7-19)及式(7-20)核验杆件内力：

拉杆 $$\sigma=N/A\leqslant f \tag{7-19}$$

压杆 $$\sigma=N/\varphi A\leqslant f \tag{7-20}$$

式中　N——轴向拉力或轴心压力；

A——杆件截面面积；

φ——轴心受压杆件稳定系数。根据长细比($\lambda=l/i$)值查《钢结构设计规范》(GB 50017—2003)附录C，b 类截面的附表C-2，其中 l 为杆件计算跨度，i 为杆件回转半径；

f——钢材抗拉、抗压强度设计值。

2）次、主楞梁抗剪强度计算

A. 在主平面内受弯的实腹构件，其抗剪强度应按下式计算：

$$\tau=VS/It_w\leqslant f_v \tag{7-21}$$

式中　V——计算截面沿腹板平面作用的剪力设计值；

S——计算剪应力处以上毛截面对中和轴的面积矩；

I——毛截面惯性矩；

t_w——腹板厚度；

f_v——钢材的抗剪强度设计值。

B. 在主平面内受弯的实截面构件，其抗剪强度应按下式计算：

$$\tau=VS/Ib\leqslant f_v \tag{7-22}$$

式中　b——构件的截面宽度；

f_v——木材顺纹抗剪强度设计值。

其余符号同式(7-21)。

3）挠度计算

A. 简支楞梁应按式(7-14)或式(7-15)验算。

B. 连续楞梁应按常用结构静力计算资料中的公式计算挠度。

C. 桁架应近似地按 n 个集中荷载作用下的简支梁验算，并按下式计算：

$$\delta=(5n^4+2n^2+1)PL^3/384n^3EI\leqslant[\delta]=L/1000 \tag{7-23}$$

式中　n——节点跨中集中荷载 P 的个数；

P——节点集中荷载设计值；

L——桁架计算跨度值；

E——钢材的弹性模量；

I——跨中上、下弦及腹杆的毛截面惯性矩。

3. 对拉螺栓计算

对拉螺栓用于连接内外侧模和保持两者之间的间距，承受混凝土的侧压力和其他荷载，并确保内、外侧模能满足设计要求的强度、刚度和整体性。

对拉螺栓应按下列公式计算：

$$N=abF_a \tag{7-24}$$

$$N_t^b=A_n f_t^b \tag{7-25}$$

$$N_t^b>N \tag{7-26}$$

式中 N——对拉螺栓最大轴力设计值；

N_t^b——对拉螺栓轴向拉力设计值，按表7-14采用；

a——对拉螺栓横向间距；

b——对拉螺栓纵向间距；

F_a——新浇混凝土和倾倒混凝土时作用于模板上的侧压力设计值；

$$F_a=\gamma_G F+\gamma_Q Q_{3k} \text{或} F_a=\gamma_G G_{4k}+\gamma_Q Q_{3k}$$

A_n——对拉螺栓净截面面积，按表7-14采用；

f_t^b——螺栓的抗拉强度设计值，查《钢结构设计规范》。

对拉螺栓轴向拉力设计值(N_t^b) **表7-14**

螺栓直径(mm)	螺栓内径(mm)	净截面面积(mm^2)	单位长质量(N/m)	轴向拉力设计值 N_t^b(kN)
M12	10.11	76	8.9	12.9
M14	11.84	105	12.1	17.8
M16	13.84	144	15.8	24.5

4. 柱箍计算

柱箍用于直接支承和夹紧柱模板，应用扁钢、角钢、槽钢和木楞制成，其受力状态为拉弯杆件，图7-53为柱箍的示意图及计算简图。

(1) 柱箍间距(l_1)应按下列各式的计算结果取其小值

1) 柱模为钢面板时的柱箍间距应按下式计算：

钢面板的挠度$=5Fbl_1^4/384EI\leqslant 1.5$(查表7-10)

则 $$l_1\leqslant 3.276(EI/Fb)^{1/4} \tag{7-27a}$$

式中 l_1——柱箍纵向间距(mm)；

E——钢材弹性模量(N/mm^2)；

I——柱模板一块板的惯性矩(mm^4)，按表7-11或表7-12采用；

F——新浇混凝土作用于柱模板的侧压力设计值(N/mm^2)；

b——柱模板一块板的宽度(mm)。

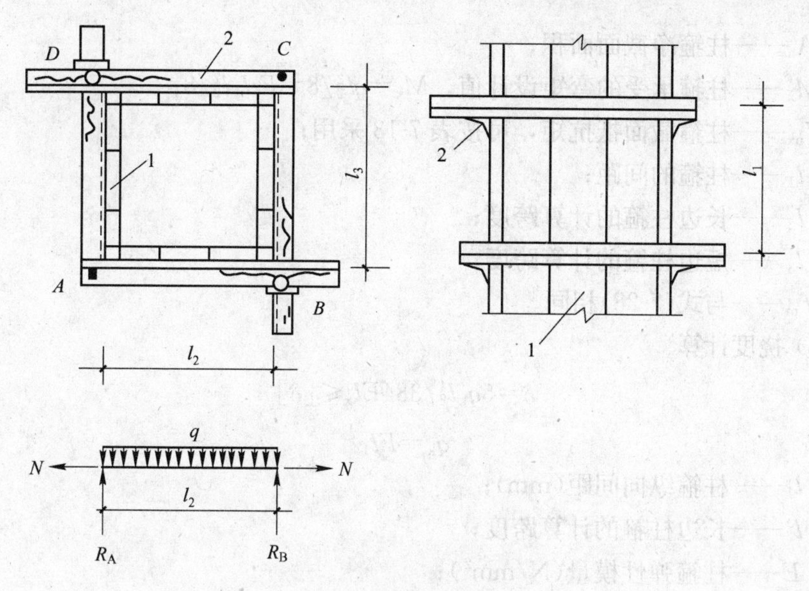

图 7-53　柱箍计算简图

1—钢模板；2—夹板

2）柱模为木面板时的柱箍间距应按下式计算：

木面板的挠度$=5Fbl_1^4/384EI \leqslant l_1/250$

则 $$l_1 \leqslant 0.675(EI/Fb)^{1/4} \tag{7-27b}$$

式中　E——柱木面板的弹性模量(N/mm^2)；

I——柱木面板的惯性矩(mm^4)；

b——柱木面板一块的宽度(mm)；

其余符号与式(7-27a)同。

3）柱箍间距还应按下式计算：

柱模面板的强度$=M/W=[(1/8) \cdot F_s b \cdot l_1^2]/W \leqslant f$(或 f_m)

$$l_1 \leqslant [8Wf(\text{或 } f_s)/Fb]^{1/2} \tag{7-28}$$

式中　W——钢或木面板的抵抗矩；

f——钢材抗弯强度设计值；

f_m——木材抗弯强度设计值；

F_s——新浇混凝土和倾倒混凝土时作用于模板上的侧压力设计值。

(2) 柱箍强度计算

强度应按下式计算：

$$N/A_n + M_x/W_{nx} \leqslant f \text{ 或 } f_m \tag{7-29}$$

若计算结果不满足本式要求时，应减小 l_1 或加大柱箍截面尺寸来满足本式要求。

式中　N——柱箍轴向拉力设计值；

$$N=ql_3/2 \tag{7-30}$$

$$q=F_s l_1$$

q——沿柱箍跨向垂直线荷载设计值；

A_n——柱箍净截面面积；

M_x——柱箍承受的弯矩设计值，$M_x=ql_2^2/8=F_s l_1 l_2^2/8$；

W_{nx}——柱箍截面抵抗矩，可按表7-13采用；

l_1——柱箍的间距；

l_2——长边柱箍的计算跨度；

l_3——短边柱箍的计算跨度；

f 或 f_m——与式(7-28)相同。

(3) 挠度计算

$$\delta=5q_k l_2^4/384EI_x\leqslant[\delta] \tag{7-31}$$

$$q_k=Fl_1$$

式中 l_1——柱箍纵向间距(mm)；

l_2——长边柱箍的计算跨度；

E——柱箍弹性模量(N/mm²)；

I——柱箍的惯性矩(mm⁴)，查表7-13采用；

F——新浇混凝土作用于柱模板的侧压力值(N/mm²)。

【例3】 框架柱截面为 $a\times b=600\text{mm}\times900\text{mm}$，柱高 $H=3.0\text{m}$，混凝土拌合出料温度 $T=15℃$，未掺外加剂，混凝土坍落度为150mm，混凝土浇筑速度3m/h，倾倒混凝土时产生的水平荷载标准值为2.0kN/m²，采用组合钢模板，宽 $b=300\text{mm}$，厚2.5mm，并选用［80×43×5槽钢做柱箍，试验算其强度与挠度。

【解】 (1) 求柱箍间距 l_1

柱箍计算简图如图7-53所示。

$$l_1\leqslant3.276(EI/Fb)^{1/4}$$

采用的组合钢模板宽 $b=300\text{mm}$；$E=2.06\times10^6\text{N/mm}^2$；2.5mm厚的钢面板，查表7-12得 $I_x=269700\text{mm}^4$；其 F_s 计算如下：

根据式(7-7)及式(7-8)计算取其小值：

$$\begin{aligned}F&=0.22\gamma_c t_0\beta_1\beta_2V^{1/2}\\&=0.22\times24\times[200\div(15+15)]\}\times1\times1.15\times3^{1/2}\\&=70.15\text{kN/m}^2\end{aligned}$$

$$F=\gamma_c H=24\times3=72.0\text{kN/m}^2$$

根据上两式比较应取：$F=70.15\text{kN/m}^2$，则设计值为：

$$F_s=0.9\times(1.2\times70.15+1.4\times2)=78.28\text{kN/m}^2=78280\text{N/m}^2$$

将上述各值代入公式内得：

$$l_1=3.276[2.06\times10^5\times269700/(70150\times300/1000000)]^{1/4}=742.58\text{mm}$$

又根据柱箍所选钢材规格求 l_1 值如下：

$$l_1\leqslant[8Wf/F_s b]^{1/2}$$

$F_s=78280\text{N/m}^2$，$b=300\text{mm}$；根据表7-12查宽300mm的组合钢模板 $W=5940\text{mm}^3$；$f=205\text{N/mm}^2$；并将上述各值代入公式内得：

$$l_1=[8\times5940\times205/(0.07828\times300)]^{1/2}=644.06\text{mm}$$

根据上述柱箍计算结果比较应不允许 $l_1>644.06$mm，故采用柱箍间距 $l_1=600$mm。

(2) 强度验算

按计算简图 7-53 有：

$$N/A_n+M_x/W_{nx}\leqslant f$$

$l_2=b=900$mm；$l_1=600$mm；$l_3=a=600$mm。

另由于采用型钢其荷载设计值应乘以 0.95 的折减系数。故柱箍承受的均布线荷载设计值为：

$$q=F_s l_1=78280\times0.6=46968\text{N/m}=46.968\text{N/mm}$$

柱箍轴向拉力设计值为：

$$N=ql_3/2=46.968\times600/2=14090\text{N}$$

另查表 7-13 槽钢 [80×43×5 的截面抵抗矩 $W_x=25300\text{mm}^3$；$A_n=1024\text{mm}^2$；$\gamma_x=1$；

$$M_x=46.968\times900^2/8=4755510\text{N/mm}$$

则：$0.95\times14090/1024+0.95\times4755510/1\times25300=13.07+178.57=191.64\text{N/mm}^2$

∵　　$191.64\text{N/mm}^2<f=215\text{N/mm}^2$ 满足要求。

(3) 挠度验算

$$q_k=Fl_1=70150\times0.6=42090\text{N/m}=42.090\text{N/mm}$$

查表 7-13 柱箍的截面惯性矩 $I_x=1013000\text{mm}^4$；另 $E=2.06\times10^5\text{N/mm}^2$；$l_2=900$mm。

$$\delta=5q_k l_2^4/384EI_x=5\times42.09\times900^4/384\times2.06\times10^5\times1013000=1.7\text{mm}$$

$$\delta<[\delta]=900/500=1.8\text{mm}\text{(查表 7-10)，满足要求。}$$

5. 钢、木支柱计算

钢、木支柱应承受模板结构的竖直荷载。当支柱上下端之间不设纵横向水平拉条或设有构造拉条时，按两端铰接的轴心受压杆件计算，其计算长度 $L_0=L$(支柱长度)；当支柱上下端之间设有多层不小于 40mm×50mm 的方木或脚手架钢管的纵横向水平拉条时，仍按两端铰接轴心受压杆件计算，其计算长度 L 应取支柱上多层纵横向水平拉条之间最大的长度。当多层纵横向水平拉条之间的间距相等时，应取底层。

(1) 木支柱计算

1) 强度计算：

$$\sigma_c=N/A_n\leqslant f_c \tag{7-32}$$

2) 稳定性计算：

$$N/\varphi A_0\leqslant f_c \tag{7-33}$$

式中　N——轴心压力设计值(N)；

A_n——木立柱受压杆件的净截面面积(mm^2)；

f_c——木材顺纹抗压强度设计值(N/mm^2)；

A_0——木立柱跨中毛截面面积(mm^2)，当无缺口时，$A_0=A$；

φ——轴心受压杆件稳定系数。

(2) 工具式钢管支柱(图 7-54 和图 7-55)计算

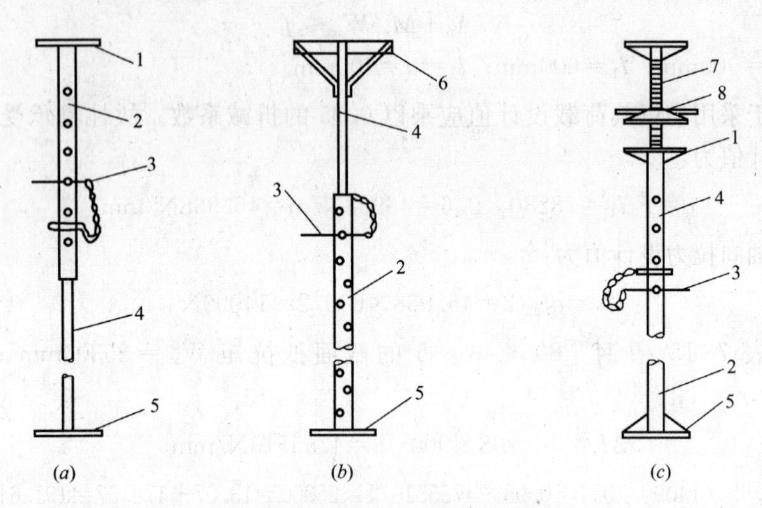

图 7-54　钢管支柱类型(CH 型)

1—顶板；2—套管；3—插销；4—插管；5—底板；

6—琵琶撑；7—螺栓；8—转盘

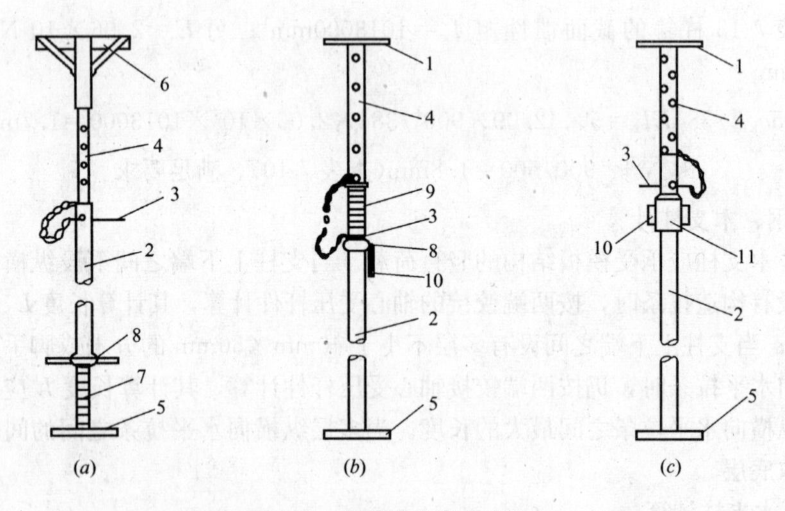

图 7-55　钢管支柱类型(YJ 型)

1—顶板；2—套管；3—插销；4—插管；5—底板；6—琵琶撑；

7—螺栓；8—转盘；9—螺管；10—手柄；11—螺旋套

1) CH 型和 YJ 型工具式钢管支柱的规格和力学性能表分别见表 7-15 及表7-16。

CH、YJ型钢管支柱规格表　　表7-15

项目＼型号		CH			YJ		
		CH-65	CH-75	CH-90	YJ-18	YJ-22	YJ-27
最小使用长度(mm)		1812	2212	2712	1820	2220	2720
最大使用长度(mm)		3062	3462	3962	3090	3490	3990
调节范围(mm)		1250	1250	1250	1270	1270	1270
螺旋调节范围(mm)		170	170	170	70	70	70
容许荷载	最小长度时(kN)	20	20	20	20	20	20
	最大长度时(kN)	15	15	12	15	15	12
重量(kN)		0.124	0.132	0.148	0.1387	0.1499	0.1639

注：下套管长度应大于钢管总长的1/2以上。

CH 、YJ型钢管支柱力学性能表　　表7-16

项目		直径(mm) 外径	内径	壁厚(mm)	截面面积(mm^2)	惯性矩I(mm^4)	回转半径i(mm)
CH	插管	48.0	43.0	2.5	357	92800	16.1
	套管	68.0	55.0	2.5	452	187000	20.3
YJ	插管	48	41	3.5	489	121900	15.8
	套管	60	53.0	3.5	621	248800	20.0

注：下套管长度应大于钢管总长的1/2以上。

2）工具式钢管支柱受压稳定性计算：

A. 支柱上、下端之间无水平纵横向拉条或设有构造拉条时，应考虑插管与套管之间因松动而产生的偏心（按偏半个钢管直径计算），故应按式(7-33)的压弯杆件计算：

$$N/A_n+M_x/\gamma_x W_{nx}\leqslant f \quad \text{(强度计算)} \qquad (7\text{-}33a)$$

$$N/\varphi_x A+\beta_{mx}M_x/\gamma_x W_{1x}[1-0.8(N/N_{Ex})]\leqslant f \quad \text{(稳定性计算)} \qquad (7\text{-}33b)$$

式中　N——所计算杆件的轴心压力设计值；

φ_x——弯矩作用平面内的轴心受压构件稳定系数，根据 $\lambda_x=\mu L_0/i_2$ 按《钢结构设计规范》(GB 50017—2003)附录C，b类截面的附表C-2采用，其中 $\mu=[(1+n)/2]^{1/2}$，$n=I_{x2}/I_{x1}$。I_{x2}为上插管惯性矩，I_{x1}为下套管惯性矩；

A——钢管毛截面面积；

A_n——钢管净截面面积；

β_{mx}——等效弯矩系数，此处为 $\beta_{mx}=1.0$；

M_x——弯矩作用平面内偏心弯矩值，$M_x=N\times d/2$，d为钢管支柱外径；

W_{1x}——弯矩作用平面内较大受压纤维的毛截面模量；

W_{nx}——净截面模量；

N_{Ex}——欧拉临界力，$N_{Ex}=\pi^2 EA/\lambda_x^2$。$E$为钢管弹性模量；

γ_x——与截面模量相应的截面塑性发展系数，查《钢结构设计规范》。

B. 支柱上、下端有水平纵横向拉条，应取多层水平拉条间最大步距按两端铰接的轴心受压杆件计算和取多层水平拉杆间有插管与套管接头的步距按压弯杆件计算，并按两者中最不利者考虑。

轴心受压杆件应按下式计算：

$$N/\varphi A \leqslant f \tag{7-34}$$

式中 N——轴心压力设计值；

φ——轴心受压杆件稳定系数。根据长细比($\lambda=l/i$)值查《钢结构设计规范》(GB 50017)附录C，b类截面的附表C-2，其中l为杆件计算跨度，i为杆件回转半径；

A——轴心受压杆件毛截面面积；

f——钢材抗压强度设计值。

3) 插销抗剪计算：插销抗剪按下式计算。

$$N \leqslant 2A_n f_v \tag{7-35}$$

式中 f_v——钢材抗剪强度设计值，查《钢结构设计规范》；

A_n——钢插销的净截面面积。

4) 插销处钢管壁端面承压计算：插销处钢管壁端面承压按下式计算。

$$N \leqslant f_{ce} A_{ce} \tag{7-36}$$

式中 f_{ce}——插销孔处管壁端承压强度设计值，查《钢结构设计规范》；

A_{ce}——两个插销孔处管壁承压面积，$A_{ce}=2dt$，d为插销直径，t为管壁厚度。

(3) 扣件式钢管支柱计算

1) 单杆计算

A. 用对接扣件连接的钢管支柱应按轴心受压构件计算，其计算公式与式(7-34)同，公式中计算跨度采用纵横向水平拉条的最大步距；

B. 用回转扣件搭接连接的钢管支柱应按弯压杆件计算，其计算公式与式(7-33)同，公式中计算跨度为纵横拉条最大步距，偏心距e=53mm。

2) 四角用脚手架钢管作立杆，四周按一定步距(步距应控制在1.0～1.5m之间)设置水平横杆拉结，各边所有水平横杆之间设有斜杆连接，且斜杆与横杆之间的夹角≤45°时，应按格构式组合柱的轴心受压构件计算，其计算公式与式(7-34)同，计算高度为格构柱全高，其轴向力应直接作用于四角立杆顶端，同时虚轴的长细比应采取换算长细比，并应按下列公式计算：

$$\lambda_{0x}=[\lambda_x^2+40(A/A_{1x})]^{1/2} \tag{7-37}$$

$$\lambda_{0y}=[\lambda_y^2+40(A/A_{1y})]^{1/2} \tag{7-38}$$

式中 λ_x、λ_y——整个构件对x、y轴的长细比；

A_{1x}、A_{1y}——构件截面中垂直于x、y轴的各斜缀条截面积之和。

【例4】 CH-75型钢支撑，其最大使用长度为3.46m，钢支撑中间无水平拉杆，插销直径d=12mm，插销孔ϕ15mm，管径与壁厚及力学性能表见表7-16。求钢支撑的容许设计荷载值。

【解】 应按上述四种可能出现的破坏状态，计算其容许设计荷载，选其中最小值为钢支撑的容许荷载。

(1) 钢管支撑强度计算容许荷载，按式(7-33a)计算

$$A_N=452-15\times2.5\times2=377，M_x=34N$$

$$N/377+34N/(1.15\times18.7\times10^4/34)\leqslant f$$

$$N\leqslant26.781kN$$

(2) 钢管支撑受压稳定计算容许荷载

插管与套管之间松动，使支撑成折线状，形成初偏心，按中点最大初偏心为25mm 计算。

1) 先求 φ_x

$$n=I_{x2}/I_{x1}=18.7\times10^4/9.28\times10^4=2.015$$

$$\mu=[(1+n)/2]^{1/2}=[(1+2.015)/2]^{1/2}=1.228$$

$\lambda_x=\mu l_0/i_2=1.228\times3460/20.3=209.3$ 查《钢结构设计规范》得 $\varphi_x=0.172$

式中 I_2、I_1——分别为套管与插管的惯性矩，可查表 7-16；

L——最大使用长度查表 7-15；

i_2——套管的回转半径查表 7-16 。

2) 求 N_{Ex}

$$N_{Ex}=\pi^2EA/\lambda_x^2=3.14^2\times2.06\times10^5\times452/209.3^2=20957N=20.957kN$$

3) 求 N

$$N/\varphi_xA+\beta_{mx}M_x/[\gamma_xW_{1x}(1-0.8(N/N_{Ex})]\leqslant f$$

将各值代入，有：$\dfrac{N}{0.24\times438}+\dfrac{1\times25\times N}{1.15\times\dfrac{18.51\times10^4}{30.25}\times\left(1-0.8\times\dfrac{N}{26954.7}\right)}\leqslant215$

$$N/77.744+34N/[6325(1-0.000038173N)]\leqslant215$$

解得 $N=438940N=43.89kN$

(3) 插销抗剪强度计算容许荷载

$$N=2f_vA_n=125\times2\times113=28250N=28.25kN$$

(4) 插销处钢管壁承压强度计算容许荷载

$$N=f_{ce}\cdot A_{ce}=325\times2\times2.5\times12=19500N=19.5kN$$

根据上述四项计算，取最小值即 19.5kN 为 CH-75 钢支撑在最大使用长度时的容许荷载设计值。

6. 碗扣式钢管脚手架支柱计算

碗扣支柱于纵横方向应按一定步距设置水平横杆拉结，所有水平横杆之间应设置工具式剪刀撑，当轴力作用于支柱钢管顶端时，应按单钢管支柱轴心受压构件计算，其计算公式与式(7-34)同，公式中的计算跨度采用纵横向水平拉杆的最大步距及底层步距。

7. 模板系统稳定性验算

框架和剪力墙的模板、钢筋全部安装完毕，应验算在本地区规定的风压作用下，整个模板系统的稳定性。其验算方法是将要求的风力与模板系统、钢筋的自重

乘以相应荷载分项系数后，求其合力作用线不得超过背风面的柱脚或墙底脚的外边。

4.4　大模板计算

大模板一般采用钢板面和钢支撑结构制作，钢大模板应按《大模板多层住宅结构设计与施工规程》（JGJ 20—84）、《钢结构设计规范》（GB 50017—2003）与《混凝土结构工程施工质量验收规范》（GB 50204）的要求进行设计与计算。

4.4.1　大模板的荷载、计算项目和构造与计算简图

1. 荷载

1）新浇混凝土的侧压力标准值。当模板高度为2.5～3m时，新浇混凝土墙体对模板的侧压力标准值，可按图7-56确定。

2）倾倒混凝土时产生的荷载标准值按表7-7采用。

3）验算大模板稳定时所采用的风荷载标准值，应按基本风压值乘以临时结构调整系数0.8。

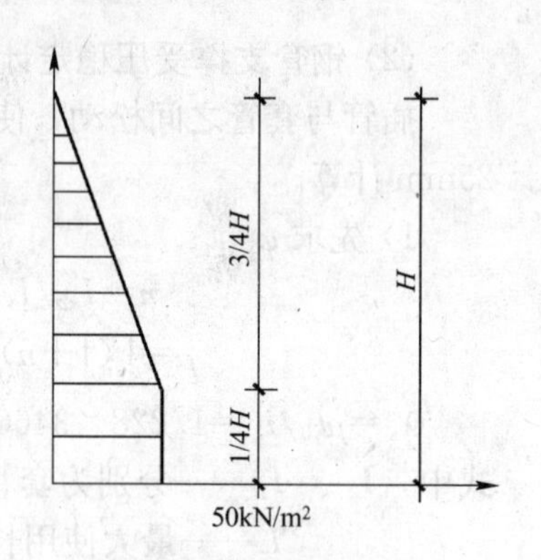

图7-56　新浇混凝土对模板的侧压力标准值

2. 构造与计算简图

构造与计算简图，如图7-57所示。

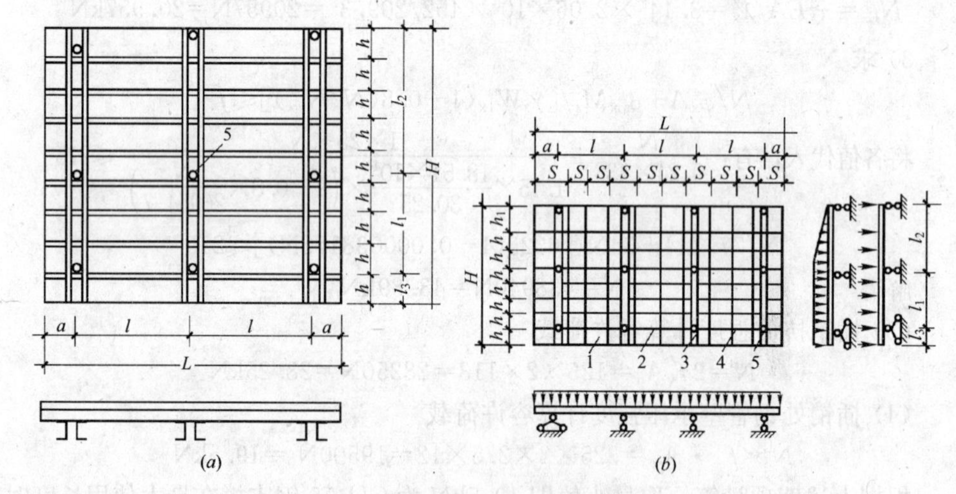

图7-57　大模板构造

1—面板；2—横肋；3—竖向主梁；4—小纵肋；5—穿墙螺栓

4.4.2　大模板钢面板计算

钢面板与纵横肋采用断续焊焊接成整体，钢面板被分成若干矩形方格，根据矩形方格长宽尺寸的比例，可把钢面板当作单向板或双向板计算。当长宽比大于2时，单向板可按三跨或四跨连续梁计算；当长宽比小于2时，按四边支承在纵横肋上的双向板计算。计算简图根据周边的嵌固程度有所不同。合理的设计应将板面分成双向板，这样应力与变形都会大大减小，为此在横肋之间再加焊一些扁钢加劲肋，将钢板面由单向变成双向板。在这种情况下，一般最不利的情况是最

下端边沿的板，但最下端的实际侧压力是很小的，实际上最不利的板是由下端数第二或第三行侧面方格，为三面嵌固、一面简支，选用最大侧压力值。

1. 强度验算

钢面板强度按下式验算。

$$\sigma_{max}=M_{max}/\gamma_x W_x \leqslant f \quad (7\text{-}39)$$

式中 M_{max}——板面最大计算弯矩设计值(N·m)；

γ_x——截面塑性发展系数 $\gamma_x=1$；

W_x——弯矩平面内净截面模量(mm^3)；

σ_{max}——板面最大正应力。

M_{max}可查相应的静力计算图表求得。

2. 挠度计算

钢面板挠度按下式计算。

$$V_{max}=K_f \cdot Fl^4/B_0 \leqslant [\nu]=h/500 \quad (7\text{-}40)$$

式中 F——新浇混凝土侧压力的标准值(N/mm^2)；

h——计算面板的短边长(mm)；

B_0——板的刚度，$B_0=Eh_2^3/12(1-\nu^2)$；

E——钢材的弹性模量取 $E=2.06\times10^5$(N/mm^2)；

h_2——钢板厚度(mm)；

ν——钢板的泊松系数，$\nu=0.3$；

K_f——挠度计算系数，根据板面不同的支承情况，查相应的静力计算图表；

V_{max}——板的计算最大挠度。

4.4.3 大模板横肋计算

1. 计算简图

横肋是支承在竖向主梁上的连续梁，其计算简图如图7-58所示。

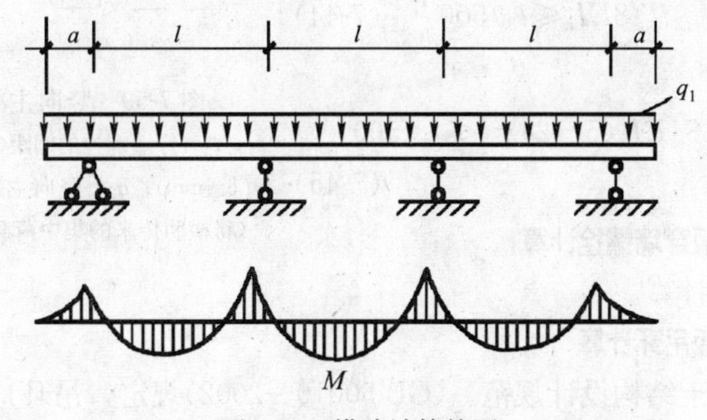

图7-58 横肋计算简图

l—竖向主梁的间距(mm)；q_1—横肋上的均布荷载

2. 强度验算

$$\sigma_{max}=M_{max}/\gamma_x W_x \leqslant f \quad (7\text{-}41)$$

式中 M_{max}——横肋最大计算弯矩设计值(N·mm)；

γ_x——截面塑性发展系数，$\gamma_x=1.0$；

W_x——横肋在弯矩平面内净截面模量(mm^3)。

3. 挠度验算

1）悬臂部分挠度

$$V_{max} = q_1 a^4/8EI_x \leqslant [v] = a/500 \quad (7\text{-}42)$$

2）跨中部分挠度

$$V_{max} = q_1 l^4/384EI_x(5-24\lambda^2) \leqslant l/500 \quad (7\text{-}43)$$

式中 q_1——横肋上的均布荷载标准值，$q_1=F\cdot h$(N/mm)；

a——悬臂部分的长度(mm)；

E——钢材的弹性模量($2.06\times10^5 N/mm^2$)；

I_x——弯矩平面内横肋的惯性矩(mm^4)；

l——竖向主梁间距(mm)；

λ——悬臂部分长度与跨中部分长度之比，即 $\lambda=a/l$。

4.4.4 大模板竖向主梁计算

1. 计算简图

竖向主梁是以穿墙螺栓为支座的连续梁，其计算简图如图 7-59 所示。

图中 $q_2=F\cdot l$

式中 l——竖向主梁的间距(mm)；

F——模板板面的侧压力(N/mm^2)。

2. 强度验算

竖向主梁强度验算见公式(7-41)。

3. 挠度验算

1）悬臂部分

$$V_{max}=q_2 l_3^4/8EI_x \leqslant l_3/500 \quad (7\text{-}44)$$

2）跨中部分

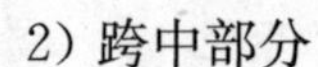

$$V_{max}=q_2 l_1^4/384EI_x(5-24\lambda^2) \leqslant l_1/500 \quad (7\text{-}45)$$

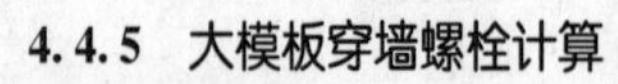

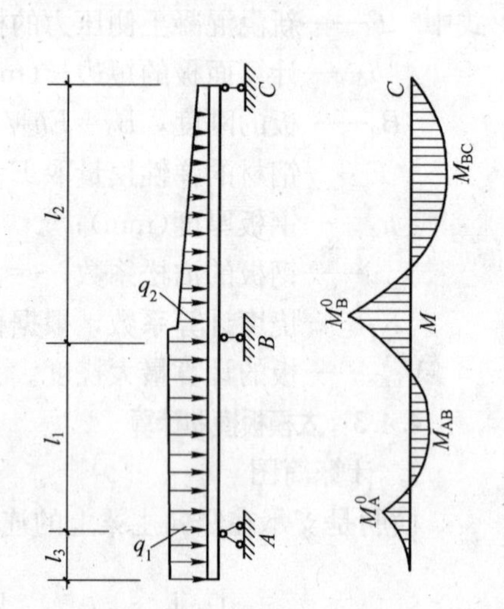

图 7-59 竖向主梁计算简图

l_1，l_2—穿墙螺栓的间距(mm)；l_3—下端悬臂长(mm)；q_2—竖向主梁侧压力均布荷载(将横肋传来的集中荷载化为均布荷载)

4.4.5 大模板穿墙螺栓计算

见对拉螺栓计算。

4.4.6 大模板吊环计算

根据《混凝土结构设计规范》(GB 50010—2002)规定，吊环应采用Ⅰ级钢筋制作，严禁使用冷加工钢筋，吊环计算拉应力不应大于 $50N/mm^2$。所以吊环截面积计算见式(7-46)。

$$A_n=P_x/2\times50=P_x/100 \quad (7\text{-}46)$$

式中 A_n——吊环净截面面积(mm^2)；

P_x——吊装时吊环所承受的大模板自重荷载设计值，并乘以动载系数 1.3。

4.4.7 大模板停放时风载作用下自稳角计算

大模板面积较大，停放在现场时，在风载的作用下可能被吹倒。因此停放时大模板的倾斜角度是保证不被刮倒的关键。大模板的稳定性以自稳角 a 来衡量，即对一定自重的大模板，在某一高度一定的风荷载作用下，能保持其不被吹倒的 a 角最小值(图 7-60)。设大模板宽度为 B，其自稳角计算公式如下：

$$\sin\alpha=\left[-G\pm(G^2-5.76\omega^2)^{1/2}\right]/2.4\omega \quad (7\text{-}47)$$

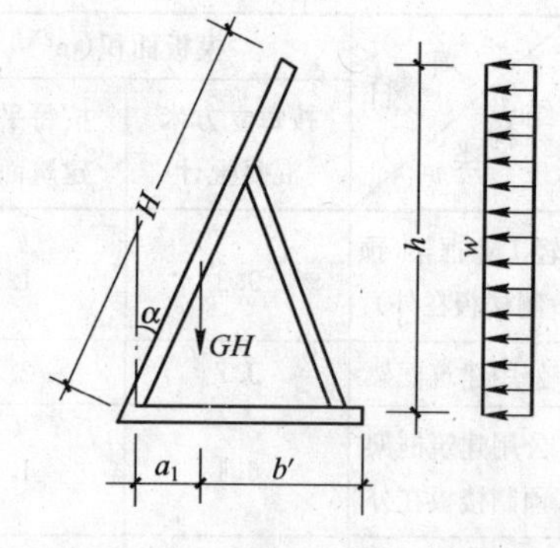

图 7-60　大模板的自稳角验算简图

式中　G——大模板自重(kN/m²)；

ω——基本风压(kN/m²)；

K——稳定安全系数，$K=1.5$。

在大模板实际支设时，α 夹角大于公式(7-47)计算的自稳角时，模板是稳定的。

4.5 模板用量估算

现浇钢筋混凝土结构施工中的模板施工方案，是编制施工组织设计的重要组成部分之一。必须根据拟建工程的工程量、结构形式、工期要求和施工方法，择优选用模板施工方案，并按照分层分段流水施工的原则，确定模板的周转顺序和模板的投入量。模板工程量，通常是指模板与混凝土相接触的面积，因此，应该按照工程施工图的构件尺寸，详细进行计算，但一般在编制施工组织设计时，往往只能按照扩大初步设计或技术设计的内容估算模板工程量。

模板投入量，是指施工单位应配置的模板实际工程量，它与模板工程量的关系可用下式表示：

模板投入量＝模板工程量/周转次数

所以，在保证工程质量和工期要求的前提下，应尽量加大模板的周转次数，以减少模板投入量，这对降低工程成本是非常重要的。

4.5.1 模板估算参考资料

(1) 按建筑类型和面积估算模板工程量，见表 7-17。

(2) 按工程概、预算提供的各类构件混凝土工程量估算模板工程量，见表 7-18。

组合钢模板估算表　　表 7-17

项目 / 结构类型	模板面积(m²)		各部位模板面积(%)				
	按每立方米混凝土计	按每平方米建筑面积计	柱	梁	墙	板	其他
工业框架结构	8.4	2.5	14	38	—	29	19
框架式基础	4.0	3.7	45	10	—	36	9
轻工业框架	9.8	2.0	12	44	—	40	4

续表

项目 / 结构类型	模板面积(m^2)		各部位模板面积(%)				
	按每立方米混凝土计	按每平方米建筑面积计	柱	梁	墙	板	其他
轻工业框架(预制楼板在外)	9.3	1.2	20	73	—	—	7
公用建筑框架	9.7	2.2	17	40	—	33	10
公用建筑框架(预制楼板在外)	6.1	1.7	28	52	—	—	20
无梁楼板结构	6.8	1.5	14	柱帽 15	25	43	3
多层民用框架	9.0	2.5	18	26	13	38	5
多层民用框架(预制楼板在外)	7.8	1.5	30	43	21	—	6
多层剪力墙住宅	14.6	3.0	—	—	95	—	5
多层剪力墙住宅(带楼板)	12.1	4.7	—	—	72	20	8

注：1. 本表数值为±0.00以上现浇钢筋混凝土结构模板面积表。

2. 本表不含预制构件模板面积。

各类构件每立方米混凝土所需模板面积表　　表7-18

构件名称	规格尺寸	模板面积(m^2)	构件名称	规格尺寸	模板面积(m^2)
带形基础		2.16	梁	宽0.35m以内	8.89
独立基础		1.76	梁	宽0.45m以内	6.67
满堂基础	无　梁	0.26	墙	厚10cm以内	25.60
满堂基础	有　梁	1.52	墙	厚20cm以内	13.60
设备基础	5m以内	2.91	墙	厚20cm以外	8.20
设备基础	20m以内	2.23	电梯井壁		14.80
设备基础	100m以内	1.50	挡土墙		6.80
设备基础	100m以外	0.80	有梁板	厚10cm以内	10.70
柱	周长1.2m以内	14.70	有梁板	厚10cm以外	8.07
柱	周长1.8m以内	9.30	无梁板		4.20
柱	周长1.8m以外	6.80	平　板	厚10cm以内	12.00
梁	宽0.25m以内	12.00	平　板	厚10cm以外	8.00

4.5.2 模板面积计算公式及参考表

1. 计算公式

为了正确估算模板工程量，必须先计算每立方米混凝土结构的展开面积，然后乘以各种构件的工程量(m^3)，即可求得模板工程量。每立方米混凝土的模板面积计算式如下：

$$U=A/V \tag{7-48}$$

式中　A——模板的展开面积(m^2)；

V——混凝土的体积(m^3)。

钢筋混凝土结构各主要类型构件每立方米混凝土的模板面积 U 值计算方法如下：

(1) 柱模板面积计算

1) 边长为 $a\times a$ 的正方形截面柱

$$U=4/a \tag{7-49}$$

2) 直径为 d 的圆形截面柱

$$U=4/d \tag{7-50}$$

3) 边长为 $a\times b$ 的矩形截面柱

$$U=2(a+b)/ab \tag{7-51}$$

(2) 矩形梁模板面积计算

钢筋混凝土矩形梁，每立方米混凝土的计算式为：

$$U=(2h+b)/bh \tag{7-52}$$

式中　b——梁宽(mm)；

h——梁高(mm)。

(3) 楼板模板面积计算

楼板的模板用量计算式为：

$$U=1/d \tag{7-53}$$

式中　d——楼板厚度(mm)。

(4) 墙模板面积计算

混凝土或钢筋混凝土墙的模板用量计算式为：

$$U=2/d \tag{7-54}$$

式中　d——墙厚(mm)。

2. 各类构件每立方米混凝土模板工程量参考表

(1) 混凝土柱：混凝土柱每立方米混凝土模板参考工程量见表7-19、表7-20。

(2) 矩形梁：混凝土矩形梁每立方米混凝土模板参考工程量见表7-21。

(3) 楼板：混凝土楼板每立方米混凝土模板参考工程量见表7-22。

(4) 墙体：混凝土墙体每立方米混凝土模板参考工程量见表7-23。

正方形或圆形柱每立方米混凝土模板面积(m^2)　　表7-19

柱横截面尺寸 $a\times a$(m×m)	模板面积 $U=4/a$(m^2)	柱横截面尺寸 $a\times a$(m×m)	模板面积 $U=4/a$(m^2)
0.3×0.3	13.33	0.9×0.9	4.44
0.4×0.4	10.00	1.0×1.0	4.00
0.5×0.5	8.00	1.1×1.0	3.64
0.6×0.6	6.67	1.3×1.3	3.08
0.7×0.7	5.71	1.5×1.5	2.67
0.8×0.8	5.00	2.0×2.0	2.00

注：a 为正方形柱的边长，或圆形柱的直径(m)。

矩形柱每立方米混凝土模板面积(m^2) **表 7-20**

柱横截面尺寸 $a\times a$(m×m)	模板面积 $U=2(a+b)/ab(m^2)$	柱横截面尺寸 $a\times b$(m×m)	模板面积 $U=2(a+b)/ab(m^2)$
0.4×0.3	11.67	0.8×0.8	5.83
0.5×0.3	10.57	0.9×0.45	6.67
0.6×0.3	10.00	0.9×0.60	6.56
0.7×0.35	8.57	1.0×0.60	6.00
0.8×0.40	7.50	1.0×0.70	4.86

矩形梁每立方米混凝土模板面积(m^2) **表 7-21**

梁截面尺寸 $h\times b$(m×m)	模板面积 $U=(2h+b)/hb(m^2)$	梁截面尺寸 $h\times b$(m×m)	模板面积 $U=(2h+b)/hb(m^2)$
0.3×0.20	13.33	0.80×0.40	6.25
0.40×0.20	12.50	1.00×0.50	5.00
0.50×0.25	10.00	1.20×0.60	4.17
0.60×0.30	8.33	1.40×0.70	3.57

楼板每立方米混凝土模板面积(m^2) **表 7-22**

板厚(m)	模板面积 $U=1/d(m^2)$	板厚(m)	模板面积 $U=1/d(m^2)$
0.06	16.67	0.14	7.14
0.08	12.50	0.17	5.88
0.10	10.00	0.19	5.26
0.12	8.33	0.22	4.55

墙体每立方米混凝土模板面积(m^2) **表 7-23**

墙厚(m)	模板面积 $U=2/d(m^2)$	墙厚(m)	模板面积 $U=2/d(m^2)$
0.06	33.33	0.18	11.11
0.08	25.00	0.20	10.00
0.10	20.00	0.25	8.00
0.12	16.67	0.30	6.67
0.14	14.29	0.35	5.71
0.16	12.50	0.40	5.00

4.5.3 模板材料用量参考资料

(1) 每 $100m^2$ 木模板木材需用量，可参照表 7-24 估算。

(2) 每 $100m^2$ 木模板木料用料比例，可参照表 7-25 估算。

(3) 每 $100m^2$ 组合钢模板所需配套部件，可参照表 7-26 估算。

每 100m² 木模板木材需用量 **表 7-24**

序 号	结构名称	木材消耗量(m²)	
		使用一次	周转五次
1	基础及大块体结构	4.2	1.2
2	柱	6.6	1.9
3	梁	10.66	1.5
4	墙	6.4	1.8
5	平板及圆顶	9.15	1.3

每 100m² 木模板木料用料比例 **表 7-25**

结构类别	木材规格					
	薄板	中板	厚板	小方	中方	大方
框架结构	54.8%	5.8%	—	33.8%	4.25%	1.5%
混合结构	38%	21%	4%	31.1%	5.5%	—
砖木结构	54.5%	6%	—	35.5%	2%	—

每平方米组合钢模板所需各部件配套表 **表 7-26**

名 称	规 格 (mm)	每件		件 数	面积比例 (%)	总 重 (kg)
		面积(m²)	重量(kg)			
平面模板	300×1500×55	0.45	14.90	145	60～70	2166
平面模板	300×900×55	0.27	9.21	45	12	415
平面模板	300×600×55	0.18	6.36	23	4	146
其他模板	(100～200)×(600～1500)	—	—	—	14～24	700
连接角模	50×50×1500	—	3.47	24	—	83
连接角模	50×50×900	—	2.10	12	—	25
连接角模	50×50×600	—	1.42	12	—	17
U形卡	ϕ12	—	0.20	1450	—	290
L形插销	ϕ12×345	—	0.35	290	—	101
钓头螺栓	M12×176	—	0.21	120	—	25
紧固螺栓	M12×164	—	0.20	120	—	24
3形扣件	25×120×22	—	0.12	360	—	43
圆钢管	ϕ48×3.5		3.84		—	4500
管扣件	—		1.25	800	—	1000
共 计						9535

注：木材拼补面积约为配板面积的5%，支承件全部采用钢管。

项目8　混凝土工程施工

训练1　混凝土施工机械的选择

[训练目的与要求]　通过训练，掌握混凝土施工机械的类型及适用范围，具有正确选择混凝土施工机械的能力。

1.1　混凝土搅拌机械

混凝土搅拌是将各种组成材料拌制成质地均匀、颜色一致、具备一定流动性的混凝土拌合物。混凝土搅拌不均匀，就不容易获得密实的混凝土，影响混凝土的质量，因此，搅拌是混凝土施工工艺中很重要的一道工序。由于人工搅拌混凝土质量差，消耗水泥多，而且劳动强度大，所以只有在工程量很小时才用人工搅拌，一般均采用机械搅拌。

1.1.1　混凝土搅拌机械的类型

1. 混凝土搅拌机的分类及特点

混凝土搅拌机按其搅拌原理分为自落式和强制式两类；按卸料方式分倾翻式和不倾翻式；按移动方式分固定式和移动式。

自落式搅拌机的搅拌筒内壁焊有弧形叶片，当搅拌筒绕水平轴旋转时，叶片不断将物料提升到一定高度，利用重力的作用，自由落下。由于各物料颗粒下落的时间、速度、落点和滚动距离不同，从而使物料颗粒达到混合的目的。

JZ锥形反转出料搅拌机(图8-1*a*)是自落式搅拌机中较好的一种，由于它的主副叶片分别与拌筒轴线成45°和40°夹角，故搅拌时叶片使物料作轴向窜动，所以搅拌运动较强烈。它正转搅拌，反转出料。这种搅拌机构造简单，重量轻，搅拌效率高，出料干净，维修保养方便，但功率消耗大。

强制式搅拌机(图8-1*b*)利用转动着的叶片强迫物料颗粒朝环向、径向和竖向各个方面产生运动，使各物料均匀混合。强制式搅拌机所搅拌的混凝土质量好，搅拌时间短，搅拌效率明显优于鼓筒形搅拌机，但也存在一些缺点，如动力消耗大、叶片和衬板磨损大、混凝土骨料尺寸大时易把叶片卡住而损坏机器等。

2. 混凝土搅拌机的型号及性能

我国规定混凝土搅拌机以其出料容量(m^3)×1000标定规格，现行混凝土搅拌机的系列为：50、150、250、350、500、750、1000、1500和3000。

部分搅拌机的基本参数见表8-1、表8-2、表8-3、表8-4。

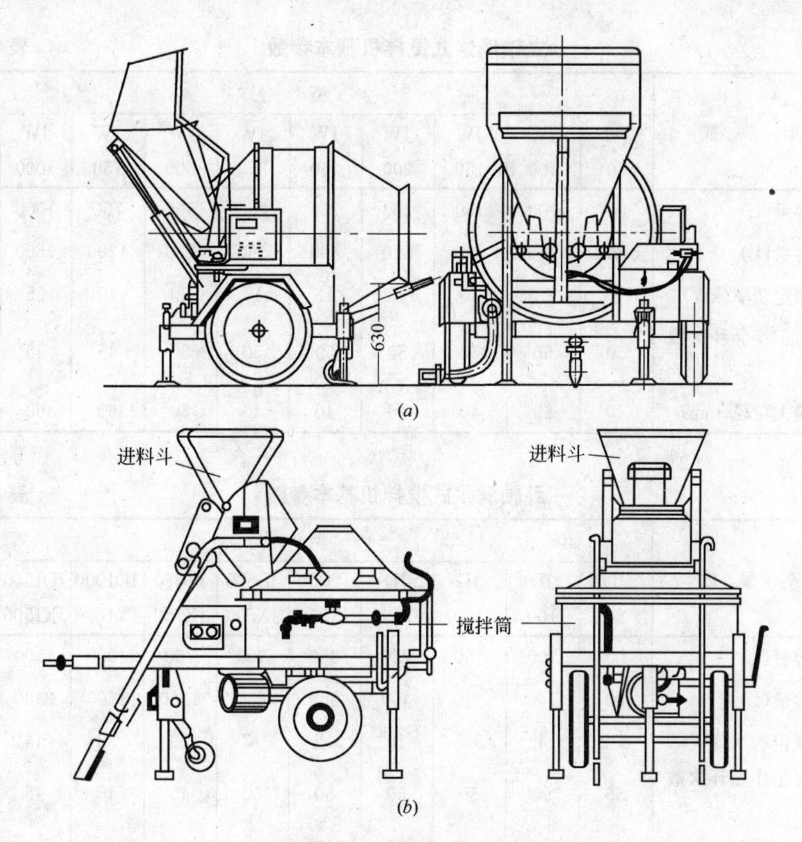

图 8-1　混凝土搅拌机
(a)锥形自落式搅拌；(b)强制式搅拌

锥形反转出料搅拌机基本参数　　　表 8-1

基本参数	型号					
	JZ150	JZ200	JZ250	JZ350	JZ500	JZ750
出料容量(L)	150	200	250	350	500	750
进料容量(L)	240	320	400	560	800	1200
搅拌额定功率(kW)	3	4	4	5.5	10	15
每小时工作循环次数(不少于)	30	30	30	30	30	30
骨料最大粒径(mm)	60	60	60	60	60	80

锥形倾翻出料搅拌机基本参数　　　表 8-2

基本参数	型号									
	JF 50	JF 100	JF 150	JF 250	JF 350	JF 500	JF 750	JF 1000	JF 1500	JF 3000
出料容量(L)	50	100	150	250	350	500	750	1000	1500	3000
进料容量(L)	80	160	240	400	560	800	1200	1600	2400	4800
搅拌额定功率(kW)	1.5	2.2	3	4	5.5	7.5	11	15	20	40
每小时工作循环次数(不少于)	30	30	30	30	30	30	30	25	25	20
骨料最大粒径(mm)	40	60	60	60	80	80	120	120	150	250

立轴涡浆式搅拌机基本参数 表 8-3

基本参数	型号									
	JW 50	JW 100	JW 150	JW 200	JW 250	JW 350	JW 500	JW 750	JW 1000	JW 1500
出料容量(L)	50	100	150	200	250	350	500	750	1000	1500
进料容量(L)	80	160	240	320	400	560	800	1200	1600	2400
搅拌额定功率(kW)	4	7.5	10	13	15	17	30	40	55	80
每小时工作循环次数(不少于)	50	50	50	50	50	50	50	45	45	45
骨料最大粒径(mm)	40	40	40	40	40	40	60	60	60	80

卧轴涡浆式搅拌机基本参数 表 8-4

基本参数	型号									
	JD 50	JD 100	JD 150	JD 250	JD350 JX350	JD500 JX500	JD750 JX750	JD1000 JX1000	JD1500 JX1500	JD3000 JX3000
出料容量(L)	50	100	150	250	350	500	750	1000	1500	3000
进料容量(L)	80	160	240	400	560	800	1200	1600	2400	4800
搅拌额定功率(kW)	2.2	4	5.5	10	15	17	22	33	44	95
每小时工作循环次数(不少于)	50	50	50	50	50	50	45	45	45	40
骨料最大粒径(mm)	40	40	40	40	40	60	60	60	80	120

1.1.2 混凝土搅拌机械的选择

1. 混凝土搅拌机的生产率计算

混凝土搅拌机生产率的高低，取决于每拌制一罐混凝土所需要的时间和每罐混凝土的出料体积，其计算公式如下：

$$Q=3600K_1\left(\frac{V}{t_1+t_2+t_3}\right) \tag{8-1}$$

式中 Q——生产率(m^3/h)；

V——搅拌机的额定出料容量(m^3)；

t_1——每次上料时间(s)。使用上料斗进料时，一般为8～15s；通过漏斗或链斗提升机上料时，可取15～26s；

t_2——每次搅拌时间(s)。随混凝土坍落度和搅拌机容量大小而异，可根据实测确定，也可参考《建筑施工技术》表4-16选用；

t_3——每次出料时间(s)。倾翻出料时间一般为10～15s；非倾翻出料时间约为40～50s；

K_1——时间利用系数，根据施工组织而定，一般为0.9。

2. 混凝土搅拌机的选择

选择搅拌机时，要根据工程量大小、混凝土的坍落度、骨料尺寸等确定，既要满足技术上的要求，亦要考虑经济效果和节约能源。选择混凝土搅拌机时应考虑下列因素：

(1) 按工程量和工期要求选择：混凝土工程量大且工期长时，宜选用中型或大型固定式混凝土搅拌机群或搅拌站。如混凝土工程量小且工期短时，宜选用中小型移动式搅拌机。

(2) 按混凝土种类选择：搅拌混凝土为塑性或半塑性时，宜选用自落式搅拌机。如搅拌混凝土为高强度、干硬性或轻质混凝土时，宜选用强制式搅拌机。

(3) 按混凝土的组成特性和稠度选择：如搅拌混凝土稠度小且骨料粒径大时，宜选用容量较大的自落式搅拌机。如搅拌稠度大而骨料粒径大的混凝土时，宜选用搅拌筒转速较快的自落式搅拌机。如稠度大而骨料粒径小时，宜选用强制式搅拌机或中、小容量的锥形反转出料的搅拌机。

不同容量搅拌机的适用范围见表8-5，自落式搅拌机容量和骨料最大粒径的关系见表8-6。

不同容量搅拌机的适用范围　　**表8-5**

出料容量(L)	进料容量(L)	适用范围
60	100	实验室制作混凝土试块
150 200	240 320	修缮工程或小型工地拌制混凝土及砂浆
250 350 500	400 560 800	一般工地、小型移动式搅拌站和小型混凝土制品厂的主机
750 1000	1200 1600	大型工地、拆装式搅拌站和大型混凝土制品厂搅拌楼主机
1500 3000	2400 4800	大型堤坝和水工工程的搅拌楼主机

自落式搅拌机容量和骨料最大粒径的关系　　**表8-6**

搅拌机容量(L)	＜0.35	0.75	1.00
骨料最大粒径(mm)	60	80	120

1.1.3 混凝土搅拌机械的使用

1. 混凝土搅拌机的安装

(1) 搅拌机安装位置的选择

1) 搅拌机安装位置应尽量靠近现场浇筑地点，并应有能保证进料、出料的通道。

2) 安装处应地质坚实，地面平整，有足够的面积，周围有良好的排水沟管。

3) 供电、供水方便。

(2) 搅拌机就位后，放下支腿将机架顶起，使轮胎离地，并将搅拌机调至水平，用插销固定，以增强作业的稳定性。如需较长时间使用时，应用垫木将机架垫实后卸下轮胎及牵引杆另行保存。

(3) 大容量的固定式搅拌机，应按使用说明书要求，进行基础设计并按规范进行安装。安装时，主机和辅机都应用水平尺校正水平。

(4) 自落式搅拌机由于重心偏于进料口一侧，安装时，进料口侧可稍高一点，以利于出料。

(5) 采用导轨升降上料斗的搅拌机，应挖料斗地坑，接长导轨，地坑深度应使料斗放到坑底时，料斗上口应高于地面150～200mm。料斗停放在地面上的搅拌机，应架设上料台，其高度应和料斗放下时的平面平齐。在料斗和地面之间，应加设一层缓冲垫木。

2. 混凝土搅拌机的技术试验

新购、大修或重新装配的搅拌机，在投入使用前应进行技术试验，以考核整机基本性能和安全可靠性。试验内容主要有：

(1) 试验前检查

1) 各部零件、部件、供水系统、行走机构、防护罩板等应配备齐全，安装牢固。

2) 自落式搅拌筒叶片平整，搅拌筒轮箍(滑道)磨损量不应超过原厚度的30%。强制式搅拌机叶片和滚筒的间隙应在20～30mm范围内。

3) 各机件安装牢固，操纵杆转动灵活，不松动。传动V型皮带松紧度适宜。

4) 传动齿轮和齿圈啮合正确，侧向间隙为1.5～3mm，径向间隙4～6mm。

5) 各铆、焊接处不应有裂缝和松动现象，螺栓、垫片齐全紧固。

6) 装有胶轮的移动式搅拌机轮轴不松动，牵引杆安装牢固，行走轮安装符合规定。

7) 电动机和电气系统接线牢固，接地良好。

(2) 空载试验

1) 机械架设平稳后，检查运转方向是否符合要求，并进行不少于15min空载运转。

2) 传动系统运转灵活可靠，减速箱轴端应无甩油、漏油现象。

3) 搅拌筒轮箍和托轮的接触应均匀无跳动、跑偏现象，传动齿轮运转平稳无异响。

4) 上料斗进行不少于3～4次的提升、下降，应无偏摆和位移现象，料斗限位杆工作正常，离合器、制动器灵敏可靠。

5) 移动式搅拌机应进行牵引试验。按20km/h的速度，在三级或二级路面上牵引，行驶时机身平稳。

(3) 额定载荷试验

1) 作2～3次额定容量的拌合。

2) 搅拌筒不得漏浆，运转时不跳动、跑偏或摆动。

3) 上料斗应能保证在任意位置可靠地制动。

4) 出料机构操纵灵活、可靠；出料后，搅拌筒内残留拌合料应低于额定出料容量的5%。

5) 传动部分应无异常响声，各部轴承温度正常。

6）供水装置的水泵、水箱、管路、闸阀 、压力表等应工作正常，无漏水现象。

3. 混凝土搅拌机的使用操作要点

（1）使用前的检查

1）接线前检查电源电压，电压升降幅度不得超过搅拌机电气设备规定的5%。

2）作业前应先进行空载试验，观察搅拌筒或搅拌叶片旋转方向是否和箭头所示方向一致。如方向相反，则应改变电动机接线。反转出料的搅拌机，应使搅拌筒正反运转片刻，察看有无冲击抖动现象，如有异常噪声应停机检查。

3）搅拌筒或搅拌叶片运转正常，进行料斗提升试验，观察离合器、制动器应灵活可靠。

4）检查和校正供水系统的指示水量和实际水量应一致，如误差超过2%，应检查管路是否漏水，必要时调整节流阀。

（2）起动和加料

1）搅拌机必须空载起动，并在运转中加料，否则会因起动力矩过大造成电动机损坏。

2）必须按规定的配料和水灰比计算进料量，应先测定粗细骨料的湿度，并将理论配合比换算成施工配合比，然后按施工配合比及搅拌机出料容量计算出每次需加的各组成物料的质量。加料量按计算确定后必须严格执行，其质量偏差：水泥不得超过±2%；粗、细骨料不得超过± 5%；水或氯化钙水溶液不得超过±2%；最大骨料的粒径应符合规定，强制式搅拌机对最大骨料的要求应更为严格。

3）为减少粘罐，加料的顺序可采用粗骨料→水泥→砂→水泥→粗骨料。并应在15s内将材料全部加入搅拌筒内。

4）加料容量应符合搅拌机额定容量。

5）在上一次拌合物未完全卸出时，不应装入新的物料。

（3）安全操作要点

1）电动机外壳、机架及电气控制箱等均应接地，其接地电阻不应大于4Ω。

2）搅拌运转过程不宜停机，如因故必须停机，应放出全部拌合料，并清洗搅拌筒内部，不可带负荷起动。

3）料斗提升时，严禁任何人在料斗下停留或通过。如必须在料斗下检修时，应将料斗提升后用铁链锁住。

4）搅拌机运转过程中，不可进行检修、调整和加注润滑油。

5）操作过程中，切勿使砂石等物料落入搅拌机传动机构内。

6）料斗底部粘住的物料应及时清理，以免影响斗门启闭。

7）搅拌机转移场地时，应将料斗提升到上止点，插上固定销，并用保险铁链锁住。

1.2　混凝土运输机械

施工场地内短距离混凝土的运输在《建筑施工技术》教材已做了讲述。

随着建筑施工技术的发展，更多地方采用了商品混凝土或集中搅拌混凝土，使混凝土运输距离增大，原有的小容量运输机械已不能满足需要；场内混凝土的短距离运输也更多地采用了混凝土泵或泵车，而这一类运输机械大多由专业人员操作，本书主要介绍其类型及选用。

1.2.1　混凝土搅拌运输车的类型

（1）混凝土搅拌运输车的分类：混凝土搅拌运输车按底盘结构形式不同分为普通载重汽车底盘和专用半拖挂式底盘；按搅拌装置传动方式分为机械传动和液压传动；按搅拌筒的动力供给方式分为共用运载底盘发动机和增加搅拌筒专用发动机两种。

（2）部分混凝土搅拌运输车的技术性能见表 8-7。

混凝土搅拌运输车的技术性能　　表 8-7

型号 技术性能	6m³ 三菱 FV415JMCLDUA	7m³ 斯太尔 1491H280/B32	8m³ 斯太尔 1491H310/B38
发动机定额功率(kW)	220	206	228
输送车外形尺寸(mm×mm×mm)	7910×2490×3790	8413×2490×3768	9317×2490×3797
空车质量(kg)	10280	11960	12070
重车总质量(kg)	25130	29140	31090
搅拌筒容量(m³)	8.9	10.2	13.6
搅拌容量(m³)	5	6	7
搅动容量(m³)	6	7	8
搅拌筒进料(r/min)	1～17	1～17	1～17
搅拌筒搅拌(r/min)	8～12	8～12	8～12
搅拌筒搅动(r/min)	1～5	1～5	1～5
搅拌筒出料(r/min)	1～17	1～17	1～17
液压泵	PV22	PV22	PV22
液压马达	MF22	MF22	MF22
液压油箱容量(L)	80	80	80
水箱容量(L)	250	250	250

1.2.2　混凝土泵及泵车的类型

1. 混凝土泵的类型

（1）混凝土泵的分类：混凝土泵按移动方式不同分为拖式、固定式、臂架式和车载式四类；按驱动方式分为活塞式、挤压式和风动式三类，挤压式混凝土泵由于压力小，输送距离短，主要用来泵送轻质混凝土。目前使用较多的是拖式液压活塞式混凝土泵。

（2）部分混凝土泵的技术性能见表 8-8。

2. 混凝土泵车的类型

（1）混凝土泵车的分类：混凝土泵车按底盘结构分为整体式、半挂式和全挂式，使用较多的是整体式。

（2）部分混凝土泵车的技术性能见表 8-9。

混凝土泵主要技术性能 表8-8

型号		HBT50	HBT60				HBT70	HBT80	HBT100	HBT125	HBT150
理论输送量(m^3/h)		50	60				70	80	100	125	150
动力形式		电动机	电动机	发动机	发动机	发动机	发动机	发动机	发动机	发动机	发动机
泵送混凝土最大理论出口压力(MPa)		7/10.5	7/10.5	7/10.5	7/10.5	7/10.5	8.6/17.6	7/10.5	5.5/8.2	11.8/17.6	9/13.4
分配阀形式		"s"阀									
最大理论水平输送距离(m)		1100	1100	1100	1100	1100	1600	1100	800	1600	1300
混凝土骨料最大粒径(mm)	100	30	30	30	30	30	30	30	30	30	30
	125	40	40	40	40	40	40	40	40	40	40
	150	50	50	50	50	50	50	50	50	50	50
上料高度(mm)		1210	1210	1210	1210	1210	1210	1210	1210	1230	1230
动力功率(kW)		75	90	191	113	113	191	191	191	246	246
混凝土坍落度(mm)		50～230									
混凝土缸体内径(mm)		200									
料斗容积(L)		800									
混凝土出口管径(mm)		150									
可配输送管径(mm)		100 125 150									
质量(不含液压油)(kg)		3650	3700	4020	4020	4020	4020	4030	4100	6000	6000

混凝土泵车的技术性能 表8-9

项目			技术性能
混凝土泵	类型		水平单动双列液压活塞式
	理论混凝土输送量		10～85m^3/h
	输送距离	150A	水平750m，竖直125m
		125A	水平520m，竖直110m
		100A	水平310m，竖直80m
	管径(mm)	150	50
		125	40
		100	30
	混凝土坍落度(mm)		50～230
	混凝土缸径×行程		ϕ195×1400mm
	混凝土缸筒数		2
	料斗容积×出料高度		0.45m^3×1280mm

续表

项目		技术性能
混凝土管道	方式	水洗式
	类型	往复式活塞水泵
	排出压力(Pa)×排出量(L/min)	$(5.2\times10^6\sim3.0\times10^6)\times200$
	水箱容量(m^3)	4950
布料杆	类型	三段液压折叠式
	长度×竖直高度	17.4×20.7m
	动作角度上臂×中臂×下臂	0°～270°×0°～180°×0°～90°
	旋转角度	360°
	混凝土输送管内径	125mm
	支腿操作方式	水平：前部手动式，后部液压式；竖直：液压式
发动机	型号	ISUZU 6QA(直接喷射式)
	最大输出功率	138.2kW/230r/min
外部尺寸	总长×总宽×总高(mm×mm×mm)	9000×2485×3280
质量	车辆总质量(kg)	15330

1.2.3 混凝土泵及泵车的选择

(1) 泵机类型的选择：混凝土泵车具有机动性强、布料灵活等特点；但使用费高、结构复杂、维修费用高、能耗大、泵送距离短，适用于大体积混凝土基础、零星分散工程和泵送距离较短的混凝土浇筑施工。

拖式泵结构较简单、价格较低、能耗散少、使用费低、输送距离长，适用于在固定地点长时间作业、远距离泵送和浇筑混凝土。

(2) 泵机规格型号的选择：泵机规格型号主要取决于单位时间内混凝土浇筑量和输送距离。生产厂提供的性能参数往往是理论计算值或在理想条件下得出的，即最大理论排量 Q_{max}，选用时应按平均排量 Q_m 进行修正：

$$Q_m=\alpha E_t Q_{max} \tag{8-2}$$

式中 E_t——泵的作业系数，一般取0.4～0.8；

α——泵送距离影响系数，见表8-10。

泵送距离影响系数 α **表8-10**

换算的泵送距离(m)	0～49	50～99	100～149	150～179	180～200	200～250
影响系数 α 值	1.0	0.9～0.8	0.8～0.7	0.7～0.6	0.6～0.5	0.5～0.4

表中 α 值适用于 30～40m^3/h 的泵，对于 60～90m^3/h 的泵，换算水平泵送距离超过150m时，α 值增大0.10。

(3) 液压系统的选择：液压回路有开式和闭式两类。开式回路系统结构较简单，控制部件少，价格低，维修方便，储油量大，油温不易升高，不需配备冷却器，但泵送时压力波动较大，油耗较大。

闭式回路系统结构复杂，控制和驱动元件多，必须配备油冷却系统，价格较高，但泵送时压力平稳，油耗较少。

(4) 混凝土泵缸缸径的选择：混凝土泵缸缸径的大小，主要取决于对输送压力和输送量的要求，用于大输送量短距离或低扬程输送时应选用较大缸径；用于小输送量远距离或高扬程输送时应选用较小缸径。但缸径也受到混凝土中粗骨料最大粒径的限制，一般不能小于骨料最大粒径的 3.5～4 倍(碎石)或 2.5～3 倍(卵石)。

(5) 混凝土泵料斗高度和容量的选择：混凝土泵料斗离地高度必须低于搅拌输送车卸料槽的高度，以便受料。料斗容量一般为 400～600L 左右。

1.3 混凝土振动密实机械

1.3.1 混凝土振动密实机械的类型

(1) 混凝土振动器的分类：按混凝土振动器对混凝土的作用方式，可分为插入式内部振动器、表面振动器、附着式振动器和振动台等四种；按照振动器的动力源可分为电动式、气动式、内燃式和液压式等；按照振动器的振动频率可分为高频式(133～350Hz 或 8000～20000 次/min)，中频式(83～133Hz 或 5000～8000 次/min)，低频式(33～83Hz 或 2000～5000 次/min)三种。各类混凝土振动器的特点及应用范围见表 8-11。

混凝土振动器的分类及特点　　表 8-11

分　类	型　式	特　点	应用范围
插入式振动器	行星式、偏心式、软轴式、直联式	利用振动棒产生的震动波捣实混凝土，由于振动棒直接插入混凝土内振捣，效率高，质量好	适用于大面积、大体积的混凝土基础和构件，如柱、梁、墙、板以及预制构件的捣实
表面振动器	振动器安装在钢平板或模板上为表面	振动器的振动力通过平板传递给混凝土，振动作用的深度较小	适用于面积大而平整的混凝土结构物，如平板、地面、屋面等构件
附着式振动器	用螺栓紧固在模板上为附着式	振动器固定在模板外侧，借助模板将振动力传递到混凝土中，其振动作用深度为 250mm	适用于振动钢筋较密、厚度较小及不宜使用插入式振动器的混凝土结构或构件
振动台	固定式	动力大、体积大，需要有牢固的基础	适用于混凝土制品厂振实批量生产的预制构件

(2) 混凝土振动器的技术性质：插入式振动器主要技术性能见表 8-12，表面振动器主要技术性能见表 8-13，附着式振动器主要技术性能见表 8-14，振动台主要技术性能见表 8-15。

插入式振动器主要技术性能 表8-12

型式	型号	振动棒(器)					软轴软管		电动机	
		直径(mm)	长度(mm)	频率(次/min)	振动力(kN)	振幅(mm)	软轴直径(mm)	软管直径(mm)	功率(kW)	转速(r/min)
电动软轴行星式	ZN25	26	370	15500	2.2	0.75	8	24	0.8	2850
	ZN35	36	422	13000～14000	2.5	0.8	10	30	0.8	2850
	ZN45	45	460	12000	3～4	1.2	10	30	1.1	2850
	ZN50	51	451	12000	5～6	1.15	13	36	1.1	2850
	ZN60	60	450	12000	7～8	1.2	13	36	1.5	2850
	ZN70	68	460	11000～12000	9～10	1.2	13	36	1.5	2850
电动软轴偏心式	ZPN18	18	250	17000		0.4			0.2	11000
	ZPN25	26	260	15000		0.5	8	30	0.8	15000
	ZPN35	36	240	14000		0.8	10	30	0.8	15000
	ZPN50	48	220	13000		1.1	10	30	0.8	15000
	ZPN70	71	400	62000		2.25	13	36	2.2	2850
电动直联式	ZDN53	80	436	11500	6.6	0.8			0.8	11500
	ZDN100	100	520	8500	13	1.6			1.5	8500
	ZDN130	130	520	8400	20	2.0			2.5	8400
风动偏心式	ZQ50	53	350	15000～18000	6	0.44				
	ZQ100	102	600	5500～6200	2	2.58				
	ZQ150	150	800	5000～6000		2.85				
内燃行星式	ZR35	36	425	14000	2.28	0.78	10	30	2.9	3000
	ZR50	51	452	12000	5.6	1.2	13	36	2.9	3000
	ZR70	68	480	12000～14000	9～10	1.8	13	36	2.9	3000

表面振动器主要技术性能 表8-13

型号	振动平板尺寸 长×宽 (mm×mm)	空载最大激振力(kN)	空载振动频率(Hz)	偏心力矩(N·cm)	电动机功率(kW)
ZB55-50	780×468	5.5	47.5	55	0.55
ZB75-50	500×400	3.1	47.5	50	0.75
ZB110-50	700×400	4.3	48.0	65	1.1
ZB150-50	400×600	9.5	50	85	1.5
ZB220-50	800×500	9.8	47	100	2.2
ZB300-50	800×600	13.2	47.5	146	3.0

附着式振动器主要技术性能　　表 8-14

型号	附着	空载最大激振力 (kN)	空载振动频率 (Hz)	偏心力矩 (N·cm)	电动机功率 (kW)
ZF18-50	215×175	1.0	47.5	10	0.18
ZF55-50	600×400	5	50	—	0.55
ZF80-50	336×195	6.3	47.5	70	0.8
ZF100-50	700×500	—	50	—	1.1
ZF150-50	600×400	5～10	50	50～100	1.5
ZF180-50	560×360	8～10	48.2	170	1.8
ZF220-50	400×700	10～18	47.3	100～200	2.2
ZF300-50	650×410	10～20	46.5	220	3

振动台主要技术性能　　表 8-15

型号	载重量 (t)	振动台面尺寸 长×宽 (mm×mm)	空载最大激振力 (kN)	空载振动频率 (Hz)	电动机功率 (kW)
ZT0.3	0.3	600×1000	9	49	1.5
ZT1.0	1	1000×2000	14.3×30.1	49	7.5
ZT2	2.0	1000×4000	22.34～48.4	49	7.5
ZT2.5	2.5	1500×4000	62.48～56.1	49	18.5
ZT3	3	1500×6000	83.3～127.4	49	22
ZT5	3.5	2400×6200	147～225	49	55

1.3.2　混凝土振动密实机械的选择

由于混凝土振动器的类型较多，施工中应根据混凝土的骨料粒径、级配、水灰比、稠度及混凝土构筑物的形状、断面尺寸、钢筋的疏密程度以及现场动力等具体情况进行选用。同时要考虑振动器的结构特点，使用、维修及能耗等技术经济指标合理选用。

(1) 按动力供应条件选择：由于电动式结构简单、使用方便、成本低，建筑施工普遍采用电动式振动器。如工地附近只有单相电源时，应选用单相串励电动机的振动器；有三相电源时，则可选用各种电动振动器；如有瓦斯气体的工作环境，应选用风动式振动器；如在无电源的临时性工程施工，可选用内燃式振动器。

(2) 按混凝土结构形式选择：浇筑混凝土基础、柱、梁、墙、厚度较大的板以及预制构件的振实，可选用插入式振动器；钢筋稠密或混凝土较薄的结构，以及不直接使用插入式振动器的地方，可选用附着式振动器；面积大而平整的结构物，如地面、屋面、厚度不大的路面、混凝土构件预制厂的空心板等，通常选用表面振动器；而壁板及厚度不大的梁、柱构件等，选用振动台可取得快速而有效的振实效果。

(3) 按振动频率选择：一般情况下，高频率的振动器适用于干硬性混凝土和塑性混凝土的振捣，其结构形式多为行星滚锥插入式振动器；中频式振动器多为偏心振子振动器，一般用作外部振动器；低频振动器用于固定式振动台。在实际施工中，振动器使用频率在 50～350Hz(3000～20000 次/min)范围内。对于普通混凝土振捣，可选用频率为 120～200Hz(7800～12000 次/min)的振动器；对于大体积混凝土，振动频率可选 100～200Hz(6000～12000 次/min)，振动器的平均振幅不应小于 0.5～1mm；对于一般建筑物，混凝土坍落度在 30～60mm 左右，可选用振动频率为 100～120Hz(6000～7200 次/min)，振幅为 1～1.5mm 的振动器；对于小骨料低塑性的混凝土，可选用频率为 120～150Hz(7200～9000 次/min)以上的振动器；对于干硬性混凝土由于振波传递困难，应选用插入式振动器。

(4) 混凝土振动器数量的确定

混凝土振动器数量主要按混凝土的浇筑强度与混凝土振动器的生产率确定，混凝土的浇筑强度是由工程量和工期确定，下面主要介绍施工中常用的混凝土振动器的生产率计算方法。

1) 内部振动器的生产率计算：

$$P_{n}=2R^{2}K\delta\frac{3600}{t+t_{1}} \tag{8-3}$$

式中 P_n——混凝土内部振动器的生产率(m^3/h)；

R——混凝土内部振动器的作用半径(m)；

K——时间利用系数，一般取用 0.85；

δ——每层混凝土厚度(m)；

t——每一位置振动的延续时间(s)；

t_1——振动器从一点移到另一点所需时间(s)。

2) 表面振动器的生产率计算：

$$P_{b}=KS\delta\frac{3600}{t+t_{1}} \tag{8-4}$$

式中 P_b——混凝土表面振动器的生产率(m^3/h)；

S——混凝土表面振动器振动平板的面积(m^2)。

其他符号意义与前同。

1.3.3 混凝土振动密实机械的使用

1. 混凝土振动器的施工操作要点

(1) 插入式振动器施工作业要点

1) 插入式振动器在使用前，应检查各部件是否完好，各连接处是否紧固，电动机绝缘是否良好，电源电压和频率是否符合铭牌规定，检查合格后，方可接通电源进行试运转。

2) 振动器的电动机旋转时，若软轴不转，振动棒不起振，系电动机旋转方向不对，可调换任意两相电源线即可；若软轴转动，振动棒不起振，可摇晃棒头或将棒头磕地面，即可起振。当试运转正常后，方可投入作业。

3）作业时，要使振动棒自然沉入混凝土，不可用力猛往下推。一般应竖直插入，并插到下层尚未初凝混凝土层中50～100mm，以促使上下层相互结合可靠。

4）振捣时，要做到“快插慢拔”。“快插”是为了防止将表层混凝土先振实而阻止下层混凝土中的空气逸出，影响下层混凝土的振实；“慢拔”是为了使混凝土能来得及填满振动棒抽出时所形成的空间。

5）振动棒插入混凝土的位置应均匀排列，一般可采用“行列式”或“交叉式”移动，以防漏振。振动棒每次移动距离不应大于其作用半径的1.5倍。

6）振动棒在混凝土内振捣的时间，一般在每个插点振捣20～30s，混凝土不显著下沉，不出现气泡，表面泛出水泥浆和外观均匀为止。如振密时间过长，有效作用半径虽然能适当增加，但总的生产率反而降低，而且还可能使振动棒附近混凝土产生分层离析。

7）作业中要避免将振动棒触及钢筋、芯管及预埋件等，更不可采用通过振动棒振动钢筋的方法来促使混凝土振密，否则就会因振动而使钢筋位置变动，还会降低钢筋和混凝土之间的粘结力，甚至会发生相互脱离。

8）作业时，振动棒插入混凝土的深度不应超过棒长的2/3～3/4。否则振动棒将不易拔出而导致软管损坏。

9）振动器在使用中如温度过高，应立即停机冷却检查，如机件故障，要及时进行修理。冬期低温下，振动器作业前，要采取缓慢加温，使棒体内的润滑油解冻后，方可作业。

(2) 附着式、表面振动器施工操作要点

1）外部振动器设计时不考虑轴承受轴向力，在使用时，电动机轴应呈水平状态。

2）振动器作业前应进行检查和试运转，试运转时不可在硬地面或硬物体上运转，以免振动器振跳过甚而受损。安装在搅拌站(楼)料仓上的振动器应安置橡胶垫。

3）附着式振动器作业时，一般安装在混凝土模板上，每次振动时间不超过1min；当混凝土在模内泛浆流动成水平状，即可停振。不可在混凝土开始初凝时振动，以保证质量。

4）在一个模板上同时用多台附着式振动器振动，各振动器的频率必须保持一致，相对的振动器交叉安放。

5）附着式振动器安装在模板上的连接必须牢固，作业过程中应防止由于振动而松动，应经常检查和紧固连接螺栓。

6）在水平混凝土表面进行振捣时，表面振动器是利用电动机振动所产生的惯性水平分力自行移动，操作者只要控制移动的方向即可，移动速度以能保证振密出浆为难。

振动中移动的速度和次数，应根据混凝土的干硬程度及其浇筑厚度而定；振动的混凝土厚度不超过200mm时，振动两遍即可满足质量要求。第一遍横向振动使混凝土振实，第二遍纵向振捣使表面平整。对于干硬性混凝土可视实际情况，必要时可酌情增加振捣遍数。

7）表面振动器进行大面积作业时，应分层分段进行振动，移动时应有列有序，前排振捣一段后可原排返回进行第二次振动或振动第二排，两排搭接以50mm为宜。

2. 混凝土振动器的安全操作要点

（1）插入式振动器的安全操作要点

1）插入式振动器电动机上，应安装漏电保护装置，熔断器选配应符合要求，接地应安全可靠。

2）振动器操作人员应掌握一般安全用电知识，作业时应穿戴绝缘胶鞋和手套。

3）作业中移动振动器时，应先停止电动机转动；搬动振动器时，应先切断电源；不可用软管或电缆线拖拉、扯动电动机。

4）作业时，振动棒软管弯曲半径不可小于规定值；软管不可有破损或断裂；若软管使用过久，长度变长时，应及时进行修复或更换。

5）严禁用振动棒撬拔钢筋和模板，或将振动棒当锤使用。操作时勿使振动棒头夹到钢筋里或其他硬物中而造成损坏。

6）振动器起振时，不可将起振的振动棒平放在钢板或水泥板等坚硬物上，以免振坏。

7）作业完毕，应将电动机、软管、振动棒等擦刷干净，按规定要求进行维护作业；振动器存放时，不可堆压软管，应将软管及振动棒平直放好，以防变形，并应防止电动机受潮。

（2）附着式、表面振动器安全操作要点

1）表面振动器大部分是在露天潮湿的场地上作业，电气部分容易发生故障或漏电伤人，故必须严格遵守用电安全操作守则。

2）操作中振动器移位时，电动机的导线应有足够的长度和强度，勿使其张拉过紧而拉断。

3）作业中应经常检查电动机脚座、机壳及振板是否完好，连接是否牢固，如有松动应及时紧固。带有缓冲弹簧的平板振动器，弹簧应保持良好的减振性能。

4）表面振动器电动机两端的轴承端盖不可发生松动，应注意保持螺栓的紧固。

5）振动器必须装有漏电保护器和接地或接零装置。

3. 振动器提高生产率的措施

1）振动棒的插入位置和移动应有规律，移动距离应为作用半径的1.5倍，过大会漏振，影响捣实质量，过小会重振，降低生产率。

2）浇筑混凝土层厚度应和振动器的插入深度和有效振捣深度相配合。

3）合理控制振捣时间，在保证捣实质量的前提下，严格控制超时振捣。

4）浇筑混凝土强度和施工振动器的总生产率应一致，以保证振动器能连续、均匀地工作。

训练2 混凝土施工

［训练目的与要求］ 通过训练，掌握混凝土运输、浇捣、养护与拆模的工艺要求，具有进行混凝土施工配合比及施工配料的计算和组织混凝土施工的能力。

2.1 混凝土施工配合比及施工配料计算

2.1.1 混凝土施工配合比计算

混凝土的配合比是在实验室根据混凝土的配制强度经过试配和调整确定的，称为实验室配合比。实验室配合比所用砂、石都不含水分，而施工现场砂、石都有一定的含水率，且含水率大小随气温等条件不断变化。为保证混凝土的质量，施工中应按砂、石实际含水率对原配合比进行修正。根据现场砂、石含水率调整后的配合比称为施工配合比。

设实验室配合比为：水泥∶砂∶石＝1∶x∶y，水灰比W/C，现场砂、石含水率分别为W_x、W_y，则施工配合比为：

水泥∶砂∶石＝1∶$x(1+W_x)$∶$y(1+W_y)$，水灰比W/C不变，但加水量应扣除砂、石中的含水量。

2.1.2 混凝土施工配料计算

施工配料计算是确定每拌制一盘混凝土需用的各种原材料的数量。它根据施工配合比和搅拌机的出料容量计算。

在使用袋装水泥时，同时应考虑在搅拌一罐混凝土时，水泥投入量尽可能以整袋水泥计，省去水泥的配零工作量，或按每5kg进级取整数。混凝土搅拌机的出料容量，按铭牌上的说明取用。

【例8-1】 某工程C20混凝土实验室配合比为1∶2.3∶4.27，水灰比W/C＝0.6，每立方米混凝土水泥用量为300kg，现场砂石含水率分别为3%及1%，求施工配合比。如采用JZ250搅拌机，求每拌一盘的材料用量；若采用JZ350搅拌机，求每拌一盘的材料用量(工地使用袋装水泥)。

【解】 (1) 求施工配合比

按施工现场的砂石含水率计算施工配合比为：

水泥∶砂∶石＝1∶$x(1+W_x)$∶$y(1+W_y)$

＝1∶2.3(1＋0.03)∶4.27(1＋0.01)＝1∶2.37∶4.31

(2) 施工配料计算

1) 用JZ250搅拌机，出料容量为250L(0.25m^3)，每拌一次各种原材料的用量(施工配料)为：

水泥：300×0.25＝75kg

砂：75×2.37＝177.8kg

石：75×4.31＝323.3kg

水：75×0.6－75×2.3×0.03－75×4.27×0.01＝36.6kg

2) 用JZ350搅拌机，出料容量为350L(0.35m^3)，每拌一次各种原材料的用量(施工配料)为：

水泥：300×0.35=105kg

因工地使用袋装水泥，为了省去水泥的配零工作量，水泥用量取100kg(两袋)，其他材料按100kg水泥配料。

砂：100×2.37=237kg

石：100×4.31=431kg

水：100×0.6−100×2.3×0.03−100×4.27×0.01=48.8kg

2.1.3 混凝土掺外加剂投料量计算

混凝土掺外加剂用量计算的步骤是：先按外加剂掺量求纯外加剂用量，再根据已知浓度外加剂，求实际外加剂用量；然后计算配成水溶液后的每袋水泥的溶液掺量及扣除水溶液含水量后的加水量。

【例8-2】 C25中砂卵石混凝土，用42.5号水泥配制，每立方米混凝土水泥用量为350kg，水用量为180kg，设计掺入水泥用量0.3%的木钙减水剂(纯度95%)，工地使用的木钙纯度为70%，试计算每袋(50kg)水泥掺木钙及水的用量。

【解】 (1) 每立方米混凝土中纯木钙用量为：

$$350\times0.3\%=1.05\text{kg}$$

(2) 70%浓度木钙需用量为：$\dfrac{1.05\times0.95}{0.7}=1.43\text{kg}$

(3) 将1.43kg木钙先加入20kg清水中，调成木钙溶液，计算每袋(50kg)水泥木钙溶液的掺量为：

$$\frac{21.43\times50}{350}=3.06\text{kg}$$

(4) 计算每袋(50kg)水泥的掺水量

每袋(50kg)水泥的掺水量为：$\dfrac{50}{350}(180-20)=22.86\text{kg}$

2.2 泵送混凝土施工计算

2.2.1 混凝土泵(或泵车)输送能力的计算

混凝土泵(或泵车)的输送能力是以单位时间内最大输送距离和平均输出量来表示。

1. 混凝土输送管的水平换算长度计算

在规划泵送混凝土时，应根据工程平面和场地条件确定泵(或泵车)的停放位置，并做出配管设计，使配管长度不超过泵车的最大输送距离。单位时间内的最大排出量与配管的换算长度密切相关，见表8-16。但配管是由水平管、竖直管、斜向管、弯管、异形管以及软管等各种管组成。在选择混凝土泵车和计算泵送能力时，应将混凝土配管的各种工作状态换算成水平长度，配管的水平换算长度一般可按下式计算：

$$L=(l_1+l_2+l_3\cdots)+k(h_1+h_2+h_3\cdots)+fm+bn_1+tn_2 \quad (8\text{-}5)$$

式中 L——配管的水平换算长度(m)；

l_1、l_2、l_3…——水平配管长度(m)；

h_1、h_2、h_3…——竖直配管长度(m)；

m——软管根数(根)；

n_1——弯管个数(个)；

n_2——变径管个数(个)；

k、f、b、t——分别为每米竖直管及每根软管、弯管、变径管的换算长度，可按表8-17取用。

配管换算长度与最大排出量的关系　　表8-16

水平换算长度(m)	最大排出量与设计最大排出量对比(%)	水平换算长度(m)	最大排出量与设计最大排出量对比(%)
0～49	100	150～179	70～60
55～90	90～80	180～199	60～50
100～149	80～70	200～249	50～40

注：1. 本表条件为：混凝土坍落度120mm，水泥用量300kg/m³。
2. 坍落度降低时，排出量对比还应相应减少。

各种配管与水平管换算表　　表8-17

项　目	管型规格		换算成水平管长度(m)
向上竖直管 k (每1m)	管径100mm		3
	管径125mm		4
	管径150mm		5
软管 f	每根(5～8m)		20
弯管 b (每1个)	曲率半径 R=0.5m	90°	12
		45°	6
		30°	4
		15°	2
	曲率半径 R=1.0m	90°	9
		45°	4.5
		30°	3
		15°	1.5
变径管(锥形管)t (每1根) l=1～2m	管径175→50mm		4
	管径150→125mm		8
	管径125→100mm		16

注：1. 本表的条件是：输送混凝土中的水泥用量300kg/m³以上，坍落度210mm；当坍落度低于210mm时换算率应适当增大。
2. 向下竖直管，其水平换算长度等于其自身长度。
3. 斜向配管时，根据其水平及竖直投影长度，分别按水平、竖直配管计算。

在进行泵送作业设计时，应使泵送配管的换算长度小于泵车的最大输送距离。竖直换算长度应小于0.8倍泵车的最大输送距离。

2. 混凝土泵(或泵车)的最大水平输送距离计算

混凝土泵(或泵车)的最大水平输送距离可由试验确定，也可查泵(或泵车)的技术性能表(曲线)确定，或根据混凝土泵出口的最大压力、配管情况、混凝土性能指标和输出量按下式计算：

$$L_{\max}=\frac{P_{\max}}{\Delta P_{\mathrm{H}}} \tag{8-6}$$

$$\Delta P_{\mathrm{H}}=\frac{2}{r_0}\left[K_1+K_2\left(1+\frac{t_2}{t_1}\right)V_0\right]\alpha_0 \tag{8-7}$$

$$K_1=(300-0.1S) \tag{8-8}$$

$$K_2=(400-0.1S) \tag{8-9}$$

式中　$L_{\max}$——混凝土泵车的最大水平输送距离(m)；

$P_{\max}$——混凝土泵车的最大出口压力(从泵车的技术性能表8-9查得)；

ΔP_{H}——混凝土在水平输送管内流动每米产生的压力损失(Pa/m)；

r_0——混凝土输送管半径(m)；

K_1——黏着系数(Pa)；

K_2——速度系数(Pa/m/s)；

S——混凝土坍落度(mm)；

t_2/t_1——混凝土泵分配切换时间与活塞推压混凝土时间之比，一般取0.3；

V_0——混凝土拌合物在输送管内的平均流速(m/s)；

α_0——径向压力与轴向压力之比，普通混凝土取0.90。

当配管有水平管、向上竖直或弯管等情况时，应先按表8-17进行换算，然后再按公式计算。

3. 泵送混凝土阻力计算

泵送混凝土阻力按以下经验公式计算：

$$P=\Sigma\Delta P_{\mathrm{r}}L_{\mathrm{r}}+\rho_{\mathrm{d}}H+3\Sigma\Delta P_{\mathrm{r}}m_{\mathrm{r}}+2\Sigma\Delta P_{\mathrm{r}}N_{\mathrm{r}} \tag{8-10}$$

式中　P——泵送阻力(MPa)；

ΔP_{r}——半径等于r的水平管道压力损失(MPa/m)，可从图8-2查得；

L_{r}——半径等于r的管道总长度(m)；

ρ_{d}——混凝土的重力密度(kN/m³)；

H——泵送混凝土竖直距离(m)；

m_{r}——半径等于r的弯管个数(个)；

N_{r}——软管长度(m)。

一般经过弯管的压力损失，约为1m长的水平管的三倍；经过软管的压力损失，最多为经过相同长度的水平管的两倍。

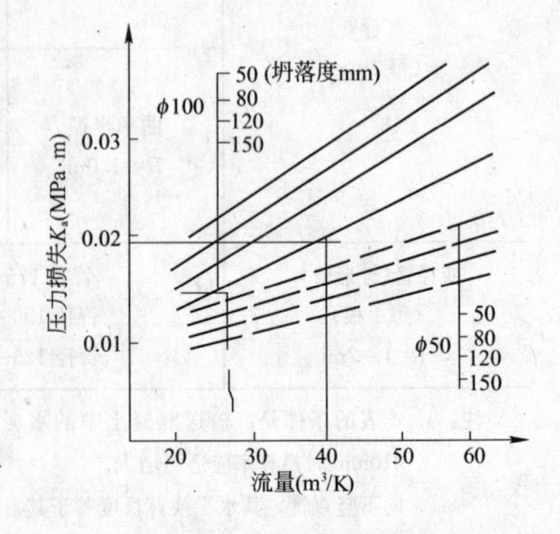

图8-2　水平弯管压力损失(ΔP_{r})图

4. 混凝土泵(或泵车)的平均输出量计算

混凝土泵(或泵车)的平均输出量，可根据泵(或泵车)的最大排出量，结合配管条件系数按下式计算：

$$Q_0 = q_{max} \cdot \eta \cdot \alpha$$

式中 Q_0——泵车的平均输出量(m^3/h)；

q_{max}——泵车最大排出量，可从泵车技术性能表8-9查得；

η——泵车作业效率系数，根据混凝土搅拌运输车给混凝土泵车供料的间歇时间、拆装混凝土输送管和布料杆停歇等情况，可取0.5～0.7；一台搅拌运输车供料时取0.5，二台搅拌运输车同时供料取0.7；

α——配管条件系数，可取0.8～0.9。

5. 混凝土泵(或泵车)的泵送能力验算

混凝土泵(或泵车)的泵送能力除按施工情况和有关计算确定外尚应符合以下要求：

(1) 混凝土输送管道的配管整体水平换算长度，应不超过计算所得的最大水平泵送距离。

(2) 按表8-18和表8-19换算的总压力损失，应小于混凝土泵正常工作的最大出口压力。

附属泵体的换算压力损失表　　表8-18

部位名称	换算量	换算压力损失(MPa)
Y形管175～125mm	每只	0.05
分配阀	每个	0.08
混凝土泵起动内耗	每台	2.80

混凝土泵(或泵车)泵送换算压力损失表　　表8-19

管件名称	换算量	换算压力损失(MPa)
水平管	每20m	0.10
竖直管	每5m	0.10
45°弯管	每只	0.05
90°弯管	每只	0.10
管路截止阀	每个	0.80
3～5m橡皮软管	每根	0.20

【例8-3】 某高层建筑箱型基础底板，采用混凝土输送泵车浇筑，泵车的最大出口泵压 $P_{max}=4.71\times10^6$Pa，输送管直径为125mm，每台泵车水平配管长度为130m，装有一根软管，二个90°弯管($R=0.5$m)和三根125→100mm变径管，输送管路上装设有Y形管一只，分配阀一个；混凝土坍落度 $S=180$mm，混凝土在输送管内的流速 $V_0=0.60$m/s，试计算混凝土输送泵的输送距离，并验算泵送能力能否满足要求。

【解】 (1) 计算水平换算长度：按已知条件查表8-17得：$f=20m$，$b=12m$，$t=16m$，由式(8-5)配管的水平换算长度为：$L=l+fm+bn_1+tn_2=130+20\times1+12\times2+16\times3=222(m)$

(2) 计算混凝土泵车的最大输送距离：取 $t_2/t_1=0.3$，$\alpha_0=0.9$，由式(8-9)、式(8-8)、式(8-7)有：

$$K_1=(300-0.1S)=(300-0.1\times180)=282 \quad (Pa)$$

$$K_2=(400-0.1S)=(400-0.1\times180)=382 \quad (Pa)$$

$$\Delta P_H=\frac{2}{r_0}\left[K_1+K_2\left(1+\frac{t_2}{t_1}\right)V_0\right]\alpha_0=\frac{2\times2}{0.125}[282+382(1+0.3)\times0.60]\times0.9=16703 \quad (Pa/m)$$

由式(8-6)，混凝土泵车的最大输送距离为：

$$L_{max}=\frac{P_{max}}{\Delta P_H}=\frac{4.71\times10^6}{16703}=282(m)>222m$$

混凝土泵车的最大配管输送距离故能满足要求。

(3) 混凝土泵车的泵送能力验算：根据配管由表8-18和表8-19查得换算压力损失值，计算换算总压力损失为：

$$P=\frac{130}{20}\times0.1+1\times0.2+2\times0.1+1\times0.05+1\times0.08+2.8=3.98MPa<4.71MPa$$

混凝土泵车的泵送能力满足要求。

2.2.2 混凝土泵(或泵车)生产率及需用数量计算

1. 混凝土泵(或泵车)小时生产率计算

混凝土泵(或泵车)小时生产率按下式计算：

$$P_h=60q\cdot Z\cdot n\cdot K_c\cdot\alpha \tag{8-11}$$

式中 P_h——混凝土泵(或泵车)小时生产率(m^3/h)；

Z——混凝土泵缸数量；

n——混凝土泵缸活塞冲程每分钟次数；

K_c——混凝土泵缸内充盈系数；普通混凝土：当坍落度为180～210mm时，$K_c=0.8$～0.9；坍落度为120～170mm时，$K_c=0.7$～0.9；对人工轻骨料混凝土：当坍落度为200mm时，$K_c=0.60$～0.85；

α——影响系数，按表8-10取用；

q——混凝土泵缸的容积(m^3)，$q=\frac{1}{4}\pi D^2 l$；

D——混凝土泵缸直径(m)；

l——混凝土泵缸活塞的冲程(m)。

2. 台班生产率计算

混凝土泵(或泵车)台班生产率按下式计算

$$P=8P_h\cdot K_B \tag{8-12}$$

式中 P——混凝土泵(或泵车)台班生产率(m^3/台班)；

P_h——混凝土泵（或泵车）小时生产率（m^3/h）；

K_B——台班工作时间利用系数，一般取0.4～0.8。

3. 混凝土输送泵车的需用数量计算

混凝土输送泵车的需用数量根据混凝土浇筑数量和泵车的最大排量可按下式计算：

$$N_1=\frac{q_n}{q_{max}\cdot\eta} \tag{8-13}$$

式中 N_1——混凝土泵车需用数量（台）；

q_n——计划每小时混凝土的需要量（m^3/h）；

q_{max}——混凝土输送泵车最大排量（m^3/h）；

η——泵车作业效率，一般取0.5～0.7。

4. 混凝土输送泵的需用数量计算

混凝土泵的需用数量可按下式计算：

$$N_2=\frac{q_n}{q_m\cdot T} \tag{8-14}$$

式中 N_2——混凝土泵需用数量（台）；

q_n——混凝土浇筑数量（m^3）；

q_m——每台混凝土泵的实际平均输出量（m^3/h）；

T——混凝土泵送施工作业时间（h）。

5. 混凝土搅拌运输车需用数量计算

当混凝土泵连续作业时，每台混凝土泵所需配备的混凝土搅拌运输车台数可按下式计算：

$$N_3=\frac{Q_A}{60V}\left(\frac{60L_1}{S_c}+T_1\right) \tag{8-15}$$

$$Q_A=q_{max}\cdot\eta\cdot\alpha$$

式中 N_3——每台混凝土泵（泵车）需配备混凝土搅拌运输车台数（台）；

Q_A——每台混凝土泵（泵车）的实际平均输出量（m^3/h）；

V——每台混凝土搅拌运输车容量（m^3）；

L_1——混凝土搅拌运输车往返一次的距离（km）；

S_c——混凝土搅拌运输车平均行车速度（km/h），一般取30km/h；

T_1——每台混凝土搅拌运输车一个运输周期总停歇时间（min），包括装料、卸料停歇、冲洗等。

其他符号意义同前。

【例8-4】 用混凝土固定泵泵送混凝土，泵送距离（水平换算距离）为240m，普通混凝土坍落度为180mm，试计算该泵的小时生产率和台班生产率，混凝土泵的性能参数为：$D=0.2$m，$l=1.4$m，$Z=2$，$n=31.6$次/min。

【解】 (1) 小时生产率计算

混凝土泵缸容积为：$q=\frac{1}{4}\pi D^2 l=0.785\times0.2^2\times1.4=0.044(m^3)$

取 $K_c=0.8$，查表 8-10 得：$\alpha=0.4$，代入式(8-11)

$$P_h=60q\cdot Z\cdot n\cdot K_c\cdot \alpha=60\times 0.044\times 2\times 31.6\times 0.8\times 0.4=53.4\quad (m^3/h)$$

(2) 台班生产率计算

取台班工作时间利用系数 $K_B=0.5$，代入式(8-12)：

$$P=8P_h\cdot K_B=8\times 53.4\times 0.5=213.6\quad (m^3/台班)$$

【例 8-5】 某高层建筑箱型基础底板厚 2.0m，混凝土浇筑量为 1390m³，采取分层浇筑，每层厚 300mm，混凝土浇筑强度为 62.5m³/h，拟采用 IPE85B 型混凝土输送泵车浇筑，其最大输送能力(排量)$q_{max}=28m^3/h$，作业效率 $\eta=0.6$，试求需用混凝土输送泵车的数量。

如采用 JC6 型混凝土搅拌运输车运输，装料容量 $V=6m^3$，行车平均速度 $S_c=30km/h$，往返运输距离 $L_1=10km$，所需时间 $T_1=40min$，试求每台混凝土泵车需配备混凝土搅拌运输车台数及工程需配备混凝土搅拌运输车的总台数。

【解】 (1) 计算混凝土输送泵车的数量：由式(8-13)，需用混凝土输送泵车台数为：

$$N_1=\frac{q_n}{q_{max}\cdot \eta}=\frac{62.5}{28\times 0.6}=3.72\ 台\quad (采用\ 4\ 台)$$

故需用混凝土输送泵车 4 台

(2) 每台混凝土泵车需配备混凝土搅拌运输车台数计算：

将 $Q_A=q_{max}\cdot\eta\cdot\alpha$ 代入式(8-15)有：

$$N_3=\frac{Q_A}{60V}\left(\frac{60L_1}{S_c}+T_1\right)=\frac{28\times 0.6\times 0.8}{60\times 6}\left(\frac{60\times 10}{30}+40\right)$$

$$=2.24\ 台$$

(3) 工程需配备混凝土搅拌运输车的总台数计算：

工程需用混凝土输送泵车 4 台，故需配备混凝土搅拌运输车为：4×2.24=8.96 台，用 9 台。

2.3 混凝土的浇筑

2.3.1 混凝土浇筑计算

1. 混凝土浇筑强度计算

为保证结构新浇混凝土在水泥初凝时间内接缝，必须配备足够的搅拌设备，而混凝土搅拌能力的配备，应根据结构浇筑强度(即每小时浇筑混凝土量)而定。即在浇筑混凝土前需要先计算混凝土的浇筑强度。混凝土的最大浇筑强度(Q)可按下式计算：

$$Q=\frac{Fh}{t}\tag{8-16}$$

式中 Q——混凝土的最大浇筑强度(m³/h)；

F——混凝土最大水平浇筑截面积(m²)；

h——混凝土分层浇筑厚度，随浇筑方式而定，一般 0.2～0.5m；

t——每层混凝土浇筑时间(h)，$t=t_1-t_2$；

t_1——水泥的初凝时间(h)；

t_2——混凝土的运输时间(h)。

按式(8-16)求得混凝土的最大浇筑强度，即可根据现场混凝土搅拌机实际台班产量，求得需设置的混凝土搅拌机数量，以及需用的运输汽车、振捣工具数量。当混凝土的搅拌、运输设备能力不能满足混凝土浇筑强度要求时，可考虑增设临时搅拌设备，或将基础按结构分段、分块浇筑，以减少一次浇筑面积，或在混凝土中掺加外加剂或缓凝型减水剂，以延缓水泥的初凝时间，降低浇筑速度等措施。

2. 混凝土的浇筑时间计算

混凝土的浇筑时间一般按下式计算：

$$T=\frac{V}{Q} \tag{8-17}$$

式中 T——混凝土浇筑完毕需要的时间(h)；

V——混凝土浇筑量(m^3)；

Q——混凝土的最大浇筑强度(m^3/h)。

【例 8-6】 某高层建筑箱型基础底板长 40m，宽 30m，厚 2.5m，混凝土强度等级为 C30，混凝土由搅拌站用混凝土搅拌运输车运送到现场，运输时间为 0.5h (包括装、运、卸)，混凝土初凝时间为 4.5h，采用插入式振捣器振捣，混凝土每层浇筑厚 300mm，要求连续一次浇筑完成不留施工缝，试求混凝土的浇筑强度和混凝土浇完所需时间。

【解】 1) 求混凝土的浇筑强度

由已知条件得：基础面积$F=40\times30=1200m^2$。

$$t=t_1-t_2=4.5-0.5=4h$$

每层浇筑厚度为 0.3m，代入式(8-16)，混凝土浇筑强度为：

$$Q=\frac{Fh}{t}=\frac{1200\times0.3}{4}=90\quad(m^3/h)$$

故该箱型基础底板混凝土浇筑强度为 $90m^3/h$。

2) 求混凝土浇完所需时间

由已知条件得：基础混凝土体积 $V=1200\times2.5=3000m^3$，$Q=90(m^3/h)$，

由式(8-17)浇完该箱型基础底板混凝土所需时间为：

$$T=\frac{V}{Q}=\frac{3000}{90}=33.3h$$

故浇筑完该箱型基础底板混凝土需要 33.3h。

3. 混凝土搅拌设备需用量计算

混凝土搅拌机需用数量可按下式计算：

$$N=\frac{V}{\left(\frac{60}{t_1+t_2}\right)\cdot q\cdot K\cdot K_B\cdot T} \tag{8-18}$$

式中 N——混凝土搅拌机需用台数(台)；

V——每班混凝土需要总量(m^3/台班)；

q——混凝土搅拌机容量(m^3)；

t_1——搅拌机每罐混凝土的搅拌时间(min)；

t_2——搅拌机每罐混凝土的进、出料时间(min)；

K——搅拌机容量利用系数，取 $K=0.9$；

K_B——工作时间利用系数，取 $K_B=0.9$；

T——每班工作时间，一般取 7～8h。

【例 8-7】 某基础浇筑每班需要混凝土量 $V=58m^3$，选用 JZ-250 型混凝土搅拌机，出料容量 $q=0.25m^3$，每罐混凝土搅拌时间 $t_1=2min$，进、出料时间为 $t_2=3.5min$，每班工作时间取 7h，试求混凝土搅拌机需用数量。

【解】 取 $K=0.9$，$K_B=0.9$，$T=7h$；将已知条件代入式(8-18)，混凝土搅拌机需用数量为：

$$N=\frac{V}{\left(\frac{60}{t_1+t_2}\right)\cdot q\cdot K\cdot K_B\cdot T}=\frac{58}{\left(\frac{60}{2+3.5}\right)\times 0.25\times 0.9\times 0.9\times 7}=3.75\quad(台)，取4台$$

故需用 JZ-250 型混凝土搅拌机 4 台。

4. 混凝土搅拌机生产率计算

1) 混凝土搅拌机小时生产率计算

混凝土搅拌机小时生产率按下式计算：

$$P_h=\frac{60}{t}\cdot q\cdot K \tag{8-19}$$

式中 P_h——混凝土搅拌机小时生产率(m^3/h)；

q——混凝土搅拌机出料容量(m^3)；

K——混凝土搅拌机利用系数，一般取 $K=0.9$；

t——混凝土从装料、搅拌到出料一个循环的延续时间，一般为5～5.5min。

2) 混凝土搅拌机台班生产率计算

混凝土搅拌机台班生产率按下式计算：

$$P=8P_h\cdot K_B \tag{8-20}$$

式中 P——混凝土搅拌机台班生产率(m^3/台班)；

P_h——混凝土搅拌机小时生产率(m^3/h)；

K_B——工作时间利用系数，取 $K_B=0.9$。

【例 8-8】 混凝土搅拌机出料容量为 $0.5m^3$，每罐混凝土自开始搅拌到出料完毕时间为 5.5min，试计算混凝土搅拌机的小时生产率和台班生产率。

【解】 由题意知 $q=0.5m^3$，取 $K=0.9$ $K_B=0.9$ $t=5.5min$

(1) 小时生产率计算

将已知条件代入式(8-19)得：

$$P_h=\frac{60}{t}\cdot q\cdot K=\frac{60}{5.5}\times 0.5\times 0.9=4.9\quad(m^3/h)$$

该混凝土搅拌机的小时生产率为4.9m^3/h。

(2) 台班生产率计算

将已知条件代入式(8-20)得：

$$P=8\cdot P_h\cdot K_B=8\times4.9\times0.9=35.28\quad(m^3/台班)$$

该混凝土搅拌机的台班生产率为35.28m^3/台班

2.3.2 混凝土振捣成型

混凝土和钢筋混凝土制品与结构成型密实方法较多，其基本方法及适用范围见表8-20。下面对振捣成型中的主要问题进行介绍。

混凝土密实成型基本方法 表8-20

成型方法	使用设备	优缺点	适用范围
振动密实成型	振动台，插入式振动器，附着式振动器，振动抽芯机等	设备简单，密实效果好，但噪声大	广泛用于施工现场、预制构件厂结构与制品密实成型
压制(力)密实成型	模压、挤压和压轧设备等	噪声小，密实效果好，但设备复杂	适用于制品厂定型的板类制品生产
离心脱水密实成型	车床式、托轮摩擦式离心机等	噪声较小，密实效果好，但对钢模要求较高	适用于生产管类制品及电杆等
真空脱水密实成型	真空泵、软管和吸垫等组成	噪声小，混凝土抗渗及耐磨性能好，但成型时一般要辅以振动	适用于楼板、路面及飞机场地坪等混凝土密实成型
复合密实成型	以上几种设备复合使用，如振动加压、振动模压、振动真空、离心振动等	密实效果好，但设备复杂	适用于制品厂生产定型产品

1. 混凝土振动成型

振动成型是混凝土拌合物在振动设备的脉冲振动力作用下，颗粒间的摩擦力及粘结力急剧减少。试验表明，拌合物在振动时的内摩擦力仅为不振时的5%。混凝土拌合物受振后呈现出较高的流动性，粗集料在本身重力作用下互相滑动，空隙被水泥砂浆填满，在振动过程中拌合物中的空气大部分形成气泡被排除。因此在振动力作用下，拌合物能流动到模板中各个角落，从而获得较高密实度和所需的外形尺寸。

振动密实成型的方式主要有内部振动和外部振动，国内广泛采用的是以电为动力的振动设备。

内部振动通常采用插入式振动器，生产空心板类制品可采用振动抽芯机。外部振动可分为表面、侧面及底部振动等三种型式，使用的设备主要有表面振动器、附着式振动器和振动台等。振动成型的施工工艺在《建筑施工技术》已作介绍。

2. 混凝土压力成型

压力成型法是混凝土制品预制工艺的新发展，它不仅可以减少振动噪声，而且又可提高生产效率和产品质量。但由于某些压力成型设备复杂，适应性较差，只适用于某些单一产品生产，目前还没被普遍采用。

压力成型法的原理是混凝土拌合物在强大的压力作用下，克服颗粒之间的摩擦力和粘结力产生相互滑动，把空气和多余水份挤压出来，使混凝土得以密实。

(1) 辊压法：辊压成型法，是使浇筑入模的混凝土拌合物在直径900mm的压辊在混凝土面上来回滚压，使混凝土密实成型。

(2) 压轧法：压轧法成型，是利用轧辊连续压轧混凝土拌合物，使其密实并达到预定的形状与尺寸。压轧法成型时，摊铺的混凝土与钢筋网片在传送带带动下连续通过设有几对上下压辊的成型区段，对混凝土压轧成型。压轧法生产效率高，其不足之处为：适应性差，而且只能用细集料混凝土，水泥用量较大。

(3) 挤压法：挤压成型法可分为单纯挤压和振动挤压两种型式。单纯挤压法主要用于管状制品的成型，成型时利用胶囊打进高压空气或高压水，使胶囊膨胀挤压混凝土拌合物成型。

振动挤压主要用于长线法生产预应力混凝土空心板，其设备为挤压成型机。目前我国使用的挤压成型机主要适用于生产厚120～180mm，宽500～900mm空心板，个别的挤压机一次可成型两排900mm宽的空心板。

3. 真空脱水密实成型

真空脱水成型法主要用于现浇混凝土楼板、道路、地面及机场地坪等工程的施工，亦可用于预制混凝土楼板、墙板等的生产。在实际生产中，真空脱水与振动密实成型工艺常常配合使用，亦称振动真空密实成型法。

混凝土密实真空脱水成型工艺见图8-3。混凝土真空脱水前，应根据成型的制品或结构情况，先支设模板，铺放钢筋，浇筑并摊平混凝土，然后用平板振动器或振动横梁将混凝土初步振动成型，再铺放真空吸垫，并用软管与真空泵相联，开动真空泵进行脱水。

采用真空脱水成型的混凝土，振动时间要适宜，一般以振平出浆为准。

真空脱水时，足够的真空度是建立压力差，克服拌合物内部阻力，排除多余水分及空气的关键。一般真空度越高，脱水量就越大；真空延续时间越长，混凝土越密实。在实际生产中，一般选用的真空度为500～600mm水银柱。

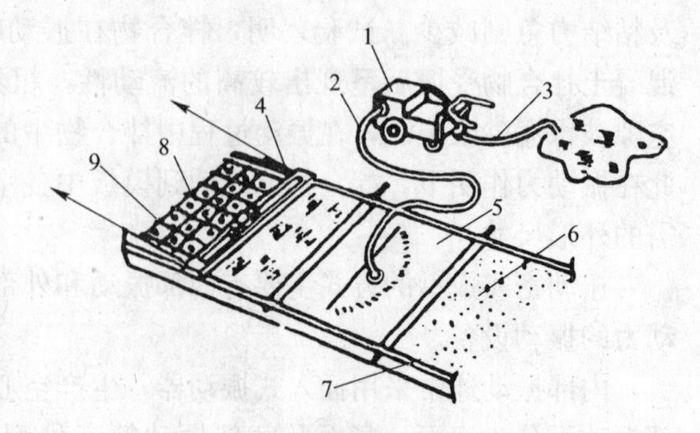

图8-3 混凝土真空脱水作业示意图

1—真空泵；2—吸水管；3—排水管；4—振动梁；5—吸垫；6—成型后的混凝土；7—侧模板；8—钢筋；9—混凝土拌合物

真空脱水延续时间、真空度、水泥品种及用量、混凝土制品厚度、混凝土拌合物的坍落度及作业时温度等参数应通过试验确定。一般厚度的制品可按10mm厚混凝土需1min计算，超过200mm厚时应适当增加作业时间。真空脱水的混凝土层不宜太厚，一般以150～200mm为宜，太厚时应分层脱水或真空度从小到大慢慢增加，否则将会造成上密下疏密实不均匀的混凝土，真空脱水混凝土水泥用量不宜太多，砂率应大些，水灰比一般为0.5～0.6。

经真空脱水的混凝土强度可提高20%～30%，表面强度提高更多。由于真空脱水的混凝土的密实度增加因而降低了表面吸水性能，减少了收缩，提高了混凝土的抗渗性、抗冻性和耐磨性。此外，真空脱水工艺能减少振动噪声，提高混凝土的初始结构强度，可立即抹面，缩短了施工工期等优点。

2.3.3 混凝土强度的换算和推算

1. 混凝土强度的换算

混凝土强度的换算是施工中常遇到的问题，如已知混凝土的n天强度，需要推算出相当28d标准龄期的强度，或某一个龄期的强度；或已知标准养护28d龄期的强度，需要推算n天龄期的强度。由大量的试验知，混凝土强度增长情况大致与龄期的对数成正比例关系，其关系式如下：

$$f_n = f_{28} \cdot \frac{\lg n}{\lg 28} \tag{8-21}$$

或

$$f_{28} = f_n \frac{\lg 28}{\lg n} \tag{8-22}$$

式中 f_n——nd龄期的混凝土抗压强度(MPa)，要求$n \geqslant 3$；

f_{28}——28d龄期的混凝土抗压强度(MPa)；

$\lg n$、$\lg 28$——分别为第$n(n \geqslant 3)$和28的常用对数。

根据上式可由一个已知龄期的混凝土强度推算另一个龄期强度。上式只适用于在标准养护条件下，混凝土龄期大于(或等于)3d的情况，采用普通水泥拌制的中等强度等级的混凝土。由于水泥品种、养护条件、施工方法等常有差异，混凝土强度发展与龄期的关系也不尽相同，故此只能作为大致参考用。

【例8-9】 已知一组普通水泥混凝土试块的36d的平均抗压强度为32.5MPa，换算该组试块在标准养护条件下28d和60d达到的强度。

【解】 1）混凝土28d强度换算：由式(8-22)得

$$f_{28} = f_n \frac{\lg 28}{\lg n} = 32.5 \times \frac{\lg 28}{\lg 36} = 30.2\text{MPa}$$

2）混凝土60d强度换算：由式(8-21)得

$$f_n = f_{28} \cdot \frac{\lg n}{\lg 28} = 30.2 \times \frac{\lg 60}{\lg 28} = 37.1\text{MPa}$$

又换算得，该组混凝土强度28d大致为30.2MPa，60d大致为37.1MPa。

2. 混凝土强度的推算

(1) 利用7d抗压强度推算28d抗压强度：可按以下经验公式推算：

$$f_{28}=f_7+r\sqrt{f_7} \tag{8-23}$$

式中 f_{28}——28d龄期的混凝土抗压强度(MPa)；

f_7——7d龄期的混凝土抗压强度(MPa)；

r——常数，由试验统计资料确定，一般取 $r=1.5\sim3.0$。

上式适合于中等水泥标号的普通水泥标准养护条件下混凝土强度的推算。

【例8-10】 已知一组普通硅酸盐水泥混凝土的7d的平均抗压强度为14.4MPa，试推算该组试块在标准养护条件下28d达到的大致强度。

【解】 取 $r=2.25$，由式(8-23)得28d的混凝土抗压强度为：

$$f_{28}=f_7+r\sqrt{f_7}=14.4+2.25\times14.4^{1/2}=22.9\quad(\text{MPa})$$

故推算得该组混凝土试块在标准养护条件下28d的抗压强度大致为22.9MPa。

(2) 利用已知两个相邻早期抗压强度推算任意一个后期强度：可按以下经验公式计算

$$f_n=f_a+m(f_b-f_a) \tag{8-24}$$

式中 f_n——任意一个后期龄期 nd(n 取14、28、60、90d等)混凝土的抗压强度(MPa)；

f_a——前一个早龄期 ad(a 取3、4、5、7d等)的混凝土抗压强度(MPa)；

f_b——后一个早龄期 bd(b 取7、8、10、14d等)的混凝土抗压强度(MPa)；

m——常数值，当已知 a、b 值，推算28d混凝土强度的 m 值可直接查表8-21取用。

推算28d强度的 m 值表 **表8-21**

a \ b (m)	4	6	7	8	10	12	14	16	18	20
2	3.04	2.02	1.81	1.66	1.47	1.35	1.26	1.20	1.15	1.09
3		2.73	2.28	2.00	1.67	1.48	1.35	1.26	1.19	1.12
4			3.00	2.46	1.91	1.63	1.45	1.33	1.24	1.14
5				3.22	2.24	1.81	1.56	1.40	1.29	1.17
6					2.72	2.04	1.70	1.49	1.34	1.20
7						2.37	1.87	1.59	1.41	1.23
8							2.10	1.72	1.48	1.27
9								1.87	1.57	1.31
10									1.68	1.35

【例8-11】 已知同批二组试块3d和7d的平均抗压强度分别为8.2MPa和13.7MPa，试推算该两组试块在标准养护条件下28d达到的抗压强度。

【解】 已知 $a=3$，$b=7$，查表8-21得 $m=2.28$；代入式(8-24)得28d的混凝土抗压强度为：

$$f_n=f_a+m(f_b-f_a)=8.2+2.28(13.7-8.2)=20.7 \quad (\text{MPa})$$

故推算得该混凝土试块在标准养护条件下28d的抗压强度大致为20.7MPa。

(3) 利用已知28d的混凝土抗拉强度$f_t(28)$推算不同龄期的混凝土抗拉强度：可按以下经验公式计算

$$f_t(t)=0.8f_t(\lg t)^{2/3} \tag{8-25}$$

式中 $f_t(t)$——不同龄期的混凝土抗拉强度(MPa)；

f_t——龄期为28d的混凝土抗拉强度(MPa)。

在计算中遇有弯拉、偏拉受力状态，考虑低拉应力区对高拉应力区的“模箍作用”，不同龄期的混凝土抗拉强度应乘以系数1.7，借以表达抗拉能力的提高。

【例8-12】 已知一组普通硅酸盐水泥混凝土的28d的平均抗拉强度为1.7MPa，试推算该组试块在标准养护条件下14d达到的抗拉强度。

【解】 由式(8-25)得14d的混凝土抗拉强度为：

$$f_t(t)=0.8f_t(\lg t)^{2/3}=0.8\times1.7\times(\lg14)^{2/3}=1.04 \quad (\text{MPa})$$

故推算得该组混凝土试块在标准养护条件下14d的抗拉强度大致为1.04MPa。

(4) 混凝土抗拉与抗压强度的关系

由大量试验证明，混凝土抗拉与抗压强度的关系可采用以下指数经验公式表示：

$$f_t=af_c^b \tag{8-26}$$

或

$$\lg f_t=\lg a+b\cdot\lg f_c \tag{8-27}$$

式中 f_t——龄期为28d的混凝土抗拉强度(MPa)；

f_c——混凝土立方体抗压强度(MPa)；

a、b——常数值，a大约在0.3～0.4之间，b大约在0.7左右。

【例8-13】 已知一组普通硅酸盐水泥混凝土的28d的平均抗压强度为26.5MPa，试推算该组试块在标准养护条件下28d的大致抗拉强度。

【解】 取$a=0.35$，$b=0.7$，由式(8-26)得28d的混凝土抗拉强度为：

$$f_t=af_c^b=0.35\times26.5^{0.7}=3.5 \quad (\text{MPa})$$

故推算得该组混凝土试块在标准养护条件下28d的抗拉强度大致为3.5MPa。

训练3 混凝土结构施工方案

［训练目的与要求］ 通过训练，掌握混凝土结构施工机械的选择方法，混凝土结构施工方法的确定，混凝土结构施工的主要技术措施、质量措施、安全措施制定。能编制混凝土结构施工方案。

3.1 混凝土结构的主要施工机械的选择

混凝土结构施工机械选择是制定施工方案的主要任务之一，主要包括钢筋加工机械、混凝土施工机械及运输机械的选择。

各分项工程可采用各种不同施工机械进行施工，而每一种施工机械又有其优缺点。因此，我们必须从先进、经济、合理的角度出发，选择适宜的施工机械，以达到提高工程质量、降低工程成本、提高劳动生产率和加快工程进度的预期效果。

3.1.1 影响施工机械选择的因素

在单位工程施工中，施工机械的选择主要根据工程建筑结构特点、工程量大小、工期长短、资源供应条件、现场施工条件、施工单位的技术装备水平和管理水平等因素综合考虑。

(1) 考虑施工组织总设计的要求

如本工程是整个建设项目中的一个项目，在选择施工机械时应兼顾其他项目的需要，并符合施工组织总设计中的相关要求。

(2) 工程建筑结构特点及工程量大小

在单位工程施工中，混凝土结构施工机械的选择应从单位工程施工全局出发，着重考虑影响整个工程施工的主要分部分项工程的建筑结构特点及工程量大小来选择施工机械。

(3) 应满足工程进度的要求

混凝土结构施工选择施工机械时必须考虑工程进度要求。

(4) 应考虑符合施工机械化的要求

单位工程施工，原则上应尽可能提高施工机械化的程度。这是建筑施工发展的需要，也是提高工程质量、降低工程成本、提高劳动生产率、加快工程进度的需要。选择施工机械时，还要充分发挥机械设备的效率，减轻繁重的体力劳动。

(5) 应符合先进、合理、可行、经济的要求

选择施工方法和施工机械，除要求先进、合理之外，还要考虑对施工单位是可行的、经济的。必要时，要进行分析比较，从施工技术水平和实际情况出发，选择先进、合理、可行、经济的施工方法和施工机械。

3.1.2 混凝土结构施工机械的选择

1. 钢筋加工机械的选择

钢筋机械主要包括钢筋焊接机械、钢筋下料机械和钢筋弯曲成型机械。

(1) 钢筋焊接机械选择：一般情况下，焊接少量、零星钢筋时，可选用电弧焊。当钢筋加工数量较大，在下料前进行连接时，一般选用对焊机，框架结构进行竖向连接时，可选用气压焊或电渣压力焊。各种焊接的特点见本书项目 6 有关章节。进行大直径钢筋现场连接时，可采用钢筋挤压连接或螺纹套管连接，这两种连接方法，适用于竖向、横向及其他方向的较大直径变形钢筋的连接。与焊接相比，它具有节省电能、不受钢筋可焊性能的影响、不受气候影响、无明火、施工简便和接头可靠度高等特点，是钢筋连接的发展方向。钢筋机械连接特点见本书项目 6 有关章节。

(2) 钢筋下料机械和钢筋弯曲成型机械选择：当加工少量、小直径钢筋时，可采用人工下料和弯曲成型。当钢筋加工数量较大时，应选择钢筋下料机和钢筋成型机进行钢筋下料成型。

2. 混凝土施工机械的选择

混凝土施工机械主要包括混凝土搅拌机械、混凝土运输机械和混凝土振捣机械。

(1) 混凝土搅拌机械的选择：混凝土搅拌机械主要根据混凝土的坍落度大小选择搅拌机的类型，按工程量的大小及工期的要求选择混凝土搅拌机的型号。干硬性混凝土宜选用强制式搅拌机，塑性混凝土宜选用自落式搅拌机；工程量较大、工期紧的工程宜选用大容量的混凝土搅拌机或选用多台搅拌机；当工程量较小时可选用小容量的混凝土搅拌机。搅拌机的性能见本项目训练1。

(2) 混凝土运输机械的选择

混凝土运输机械应根据工程量的大小，施工条件及施工单位设备条件选择混凝土运输机械的类型、型号、数量。当主体结构施工竖直运输机械选择塔吊且工作场地均在塔吊的覆盖范围时，可采用混凝土罐与塔吊配合进行竖直和水平运输；当塔吊不能覆盖全部工作场地时，应在楼面配斗车作水平运输。竖直运输机械选择井架或龙门架作竖直运输时，应配斗车作混凝土的水平运输。当采用集中搅拌混凝土时，可采用机动自卸汽车作水平运输；如采用商品混凝土时，可采用混凝土搅拌运输车作水平运输；竖直运输可选用混凝土罐与塔吊运输，或选用混凝土泵。运输机具的型号、数量按工程量的大小或运输距离选择。

(3) 混凝土振捣机械的选择

混凝土振捣机械类型主要根据建筑结构选择，薄型平面结构可选用平板振捣器，现浇混凝土墙可采用外部振捣器，混凝土梁、柱、基础及其他混凝土结构可选用插入式振捣器。振捣器的型号、数量按工程量的大小或工期要求选择。

3.2　现浇混凝土结构的施工方案

现浇混凝土结构的施工方案主要内容包括：施工顺序、施工方法的确定及技术措施的拟订。

混凝土结构的类型、施工部位不同，其施工方案也有所差异。

3.2.1　现浇混凝土基础施工

现浇混凝土基础的施工顺序为：基坑(槽)挖土→浇混凝土垫层→弹线→绑扎钢筋→支模板→浇混凝土基础→养护→拆模→回填土。

基坑(槽)土方开挖方法有人工开挖和机械开挖。当工程量不大时可采用人工开挖。工程量较大，工期较紧时应选用机械开挖和人工清理相结合，机械挖至基底设计标高上300mm，余下300mm由人工进行清理。机械开挖主要应选定开挖机械和运输机械的类型、型号和数量，确定开挖顺序。

在基坑(槽)土方开挖完成经验槽合格并办好验槽资料后应立即浇筑混凝土垫层，防止雨水浸泡基坑(槽)及基坑(槽)土方长期暴露在空气中产生风化。

混凝土垫层浇完后按建筑轴线引桩放出基础轴线，并弹出基础边线，在验线合格后才能按设计图绑扎钢筋。基础模板可采用木模板或组合钢模板，不管采用哪种模板，必须保证模板水平位置及标高准确，尺寸误差在允许误差范围内，模板拼缝应严密不漏浆，支撑方法正确、牢固、不位移变形。在完成钢筋隐蔽检查验收及模板检查验收并办完检验资料后方可进行基础混凝土浇筑。基础混凝土浇筑前，应选择并安装好混凝土搅拌机械，选择混凝土的运输方法及运输机械的类型及数量，选择混凝土的振捣机械的类型及数量，确定混凝土基础的浇筑顺序及入模方法。基础混凝土的浇筑应连续浇筑，不允许留置施工缝。浇筑完后应对混凝土基础表面进行修整，无模板处的台阶混凝土应在混凝土浇筑完毕后应及时拍打出浆，原浆压光；局部因砂浆不足，无法抹光的，应随时补浆收光；斜坡面应从高处向低处进行修整。对拆除模板后的混凝土部分，对其外观出现的蜂窝、麻面、孔洞、露筋和露石等缺陷，应按修补方案及时进行修补压光。混凝土基础一般采用自然养护，在基础混凝土的表面覆盖草帘、草袋后洒水湿润，养护时间应不少于7昼夜。浇水要适当，不能让基础浸泡在水中。在混凝土基础隐蔽验收并办理检验资料后即可进行土方回填。

3.2.2 现浇混凝土主体构件的施工

现浇混凝土主体结构构件主要有柱子、墙体、梁、楼板、楼梯及悬挑构件等。

现浇混凝土主体结构构件的施工顺序为：浇筑前的准备工作→弹线→绑扎钢筋、支模板→浇筑混凝土→混凝土的养护→模板拆除。

现浇混凝土主体结构构件类型不同，构件位置不同，其施工方法也有所差异。

1. 现浇混凝土柱的施工

底层混凝土柱施工在基础回填土完成后进行，楼层混凝土柱在下层楼板施工完成后进行。

先放出建筑轴线并弹出柱的模板安装边线，在验线合格后按设计图绑扎柱的钢筋。柱模板可采用木模板或组合钢模板，不管采用哪种模板，必须保证模板水平位置及标高准确，尺寸误差在允许误差范围内，拼缝严密不漏浆，保证钢筋保护层的厚度，柱模板支撑系统的支撑方法应正确、牢固、不位移变形。支模完成后，应打开清扫口，对残留在柱底的泥、浮砂、浮石、木屑、废弃绑扎丝等杂物清理干净，并用清水冲洗干净。模板应浇水润湿。在完成柱的钢筋隐蔽检查验收、模板检查验收、预埋管线的检查验收并办理检验资料后，方可进行柱混凝土浇筑。柱混凝土浇筑前应确定柱的混凝土浇筑顺序及入模方法。一排柱子的浇筑顺序应从两端开始同时向中间推进；柱混凝土浇筑入模方法，柱高不超过3m，柱断面大于400mm×400mm、且无交叉箍筋时，混凝土可由柱模顶部直接入模；柱高超过3m必须分段浇筑，但每段的浇筑高度不得超过3m；断面在400mm×400mm以内或有交叉箍筋的混凝土柱，应在柱模侧面的门子洞口上装置斜溜槽，分段浇筑混凝土，每段的高度不得大于2m。如果柱子的箍筋妨碍斜溜槽的装置，可将该处箍筋解开向上提起，待混凝土浇筑后、门子板封闭前将箍筋重新按原位置绑扎，并将门子板封上，用柱箍夹紧。柱混凝土应连续浇筑，必须留置施工缝时，应按规定留置。柱混凝土应采用插入式振捣器振捣；混凝土养护一般采用浇水养护。

2. 现浇混凝土墙的施工

底层混凝土墙施工在基础回填土完成后进行，楼层混凝土墙在下层楼板施工完成后进行。

施工时先放出建筑轴线并弹出墙的模板安装边线，在验线合格后按设计图绑扎墙的钢筋。墙模板可采用组合钢模板或大模板，墙体的厚度较小，而长度、高度较大，支模时必须保证模板水平位置及标高准确，尺寸误差在允许误差范围内，拼缝严密不漏浆，保证钢筋保护层的厚度，保证模板支撑系统的支撑方法应正确、牢固，不产生位移变形。

在完成柱的钢筋、预埋铁件的隐蔽检查验收、模板检查验收及预埋管线的检查验收并办理检验资料后，方可进行墙混凝土浇筑。墙混凝土浇筑前应确定浇筑顺序及入模方法。墙体混凝土浇筑时应遵循先边角后中部，先外部后内部的顺序，以保证外部墙体的垂直度。高度在3m以内，且截面尺寸较大的外墙与隔墙，可从墙顶向模板内卸料。卸料时须安装料斗缓冲，以防混凝土离析。对于截面尺寸狭小且钢筋较密集的墙体，以及高度大于3m的墙体混凝土的浇筑，应沿墙高度每2m开设门子洞口、装上斜溜槽卸料。浇筑截面较狭且深的墙体混凝土时，为避免混凝土浇筑至一定高度后，由于积聚大量的浆水，而可能造成混凝土强度不匀的现象，在浇至适当高度时，应适量减少混凝土用水量。墙上有门、窗及工艺孔洞时，宜在门、窗及工艺孔洞两侧同时对称下料，以防将孔洞模板挤扁。墙体混凝土应分层浇筑，分层振捣。上层混凝土的振捣需在下层混凝土初凝前进行，同一层段的混凝土应连续浇筑，不宜停歇。

对于截面尺寸厚大的混凝土墙，可使用插入式振动器振捣。而一般钢筋较密集的墙体，可采用附着式振动器振捣，其振捣深度约为250mm左右。当墙体截面尺寸较厚时，也可在两侧悬挂附着式振动器振捣。使用插入式振动器，如遇门、窗洞口时、应两边同时对称振捣、避免将门、窗洞口挤偏。同时不得用振动器的棒头猛击预留孔洞、预埋件和闸盒等。对于设计有方形孔洞的整体，为防止孔洞底模下出现空隙，通常浇至孔洞底标高后，再安装模板，继续向上浇筑混凝土。

墙体混凝土在常温下宜采用浇水养护。墙体混凝土的强度达到1MPa以上时(以等条件养护试件强度为准)，方可拆模。

3. 现浇混凝土肋梁楼盖的施工

肋梁楼板是由主梁、次梁和楼板组成的典型的梁板结构。其主梁设置在柱(或墙)之间，断面尺寸较大，次梁设置在主梁之间，断面尺寸较小，楼板设置在主梁和次梁上。

现浇混凝土肋梁楼盖的施工程序为：支梁底模→绑扎梁钢筋→支梁的侧模、楼板底模→绑扎楼板钢筋→浇混凝土→养护→拆模。

施工时先放出梁的轴线并测量抄平，确定模板类型及支模方法，进行模板支撑设计；模板宜采用组合钢模板，支撑可采用工具式支撑或立杆式钢管扣件式脚手架。模板支撑系统应进行设计计算。对跨度不小于4m的现浇钢筋混凝土梁、板，其模板应按设计要求起拱；当设计无具体要求时，起拱高度宜为跨度的1/1000～3/1000。支模时必须保证模板水平位置及标高准确，尺寸误差在允许误差范围内，拼缝严密不漏浆，保证钢筋保护层的厚度，保证模板支撑系统的支撑方法应正确、牢固，不产生位移变形。

在完成现浇混凝土肋梁楼盖的钢筋、预埋铁件的隐蔽检查验收，模板检查验收及预埋管线的检查验收并办理检验资料后，方可进行混凝土浇筑。混凝土浇筑前应确定肋梁楼盖的混凝土浇筑顺序及方法。有主次梁的肋形楼板，混凝土的浇筑方向应顺次梁方向，主次梁同时浇筑。在保证主梁浇筑的前提下，将施工缝留置在次梁跨中1/3梁跨的范围内。采用小车或料斗运料时，宜将混凝土料先卸在铁拌盘上，再用铁锹往梁内下料。下料高度应符合分层厚度要求。浇筑楼板混凝土时，可直接将混凝土料卸在楼板上。但须注意，不可集中卸在楼板边角或有上层构造钢筋的楼板处。当梁高度大于1m时，可先浇筑主、次梁混凝土，后浇筑楼板混凝土，水平施工缝留置在板底以下20～30mm处。当梁高度大于0.4m小于1m时，应先分层浇筑梁混凝土，待梁混凝土浇筑至楼板底时，梁与板再同时浇筑。梁捣实一般采用插入式振动器，对于主次梁与柱结合部位，由于梁上部钢筋特别密集振动棒无法插入时，可将振动棒从上部钢筋较稀疏的部位斜插入梁端进行振捣，或采用刀片插入式振动器振捣时，由于插入式振动器振捣效率较低，其刀片不宜过长。浇筑楼板混凝土可采用平板振动器振捣。

肋形楼盖养护在常温下可用草帘、草袋覆盖后浇水养护，浇水次数以保证覆盖物经常湿润为准。养护时间：用硅酸盐水泥、普通水泥、矿渣水泥拌制的混凝土，在常温下不少于7d，其他水泥拌制的混凝土，其养护时间视水泥特性而定。

肋形楼盖模板拆除时混凝土强度应符合设计或相关规范的要求。

4. 现浇混凝土框架结构的施工

现浇混凝土框架结构是多层和高层建筑的主要结构形式。现浇框架施工时，由模板工、钢筋工、混凝土工等多个工种相互配合完成。因此，施工前要做好充分的准备工作，施工中要合理组织，加强管理，使各工种密切协作，以保证混凝土结构工程施工的顺利进行。

现浇框架结构在一个施工段内混凝土的浇筑，木模板应尽量采用从两端向中间推进；竖向浇筑顺序：先浇柱、墙竖向构件，后浇梁、板等水平构件。

现浇混凝土框架结构施工是柱、梁施工的组合，对相同部分的施工方法，就不在赘述，对不同点叙述如下。框架梁、柱节点处混凝土的浇筑是框架施工的一个难点，由于其受力的特殊性，在框架梁、柱节点处钢筋连接接头和钢筋的加强，箍筋的加密，使该处钢筋密集，采用一般的浇筑施工方法，混凝土难以保证其密实度。在该处应采用强度等级相同或高一级的细石混凝土浇筑；为了防止混凝土初凝阶段在自重作用下以及模板横向变形等因素在高度方向的收缩，柱子浇捣至箍筋加密区后，可以停1～1.5h(不能超过2h)，再浇筑节点混凝土。节点混凝土必须一次性浇捣完成，不得留设施工缝。节点混凝土的振捣应用小直径的插入式振动器进行振捣，必要时可以人工振捣辅助，以保证其密实性。浇筑框架梁、板混凝土时，为了避免捣实后的混凝土受到扰动，浇筑时应从最远端开始，先低后高，即先将梁混凝土浇至梁上口，在浇捣梁、板，浇筑过程中尽量使混凝土面保持水平状态。对截面高于1m的梁，可先浇梁至板下50～100mm时，梁的上部混凝土再与板的混凝土一起浇捣。

施工缝一般留设在结构受剪力较小且便于施工的部位。框架结构的施工缝通常留在以下几个部位：

(1) 柱：柱的施工缝宜留设在梁底标高以下20～30mm或梁、板面标高处。

(2) 梁：框架肋形楼盖混凝土的浇筑方向大多与框架主梁垂直，与次梁平行，施工缝宜留在次梁中间部位跨度的1/3范围内；主梁不宜留设施工缝；悬臂梁应与其相连接的结构整体浇筑，一般不宜留施工缝，必须留施工缝时，应取得设计单位同意，并采取有效措施。

(3) 板：单向板施工缝可留设在与主筋平行的任何位置或受力主筋垂直方向的中部跨度的1/3的范围内；双向板施工缝位置应按设计要求留设。

(4) 大截面梁、厚板和高度超过6m的柱，应按设计要求留设施工缝。

在施工缝处继续浇混凝土时，已浇筑的混凝土的抗压强度应大于1.2N/mm²；对已硬化的混凝土表面，要清除混凝土浮渣和松散石子、软弱混凝土层，并洒水湿润；浇筑前接头处要先用同混凝土配合比的水泥砂浆铺垫；该处振捣要细致、密实，使结合牢固。

浇筑框架梁、板混凝土的养护，在常温下宜采用洒水养护，养护时间在7d以上。

框架梁、板模板拆除时间，梁、柱侧模，应待混凝土强度达到1N/mm²以上时(以同条件养护试块强度确定)方可拆除，底模拆除时混凝土强度应符合设计或相关规范的要求。

3.3 混凝土结构的质量、安全保证措施

3.3.1 混凝土结构施工的质量保证措施

1. 混凝土基础施工的质量保证措施

(1) 混凝土基础垫层施工的质量保证措施

1) 浇筑混凝土垫层前，应在地基土上洒水润湿表层土，以防混凝土拌合物被土层吸水影响混凝土强度。

2) 浇筑大面积混凝土垫层时，应纵横每隔6～10m设中间水平桩，控制混凝土垫层厚度的准确性。

3) 当垫层面积较大时，浇筑混凝土宜采用分仓浇筑的方法进行。要根据变形缝位置、不同材料面层连接部位或设备基础位置等情况进行分仓，分仓距离一般为3～6m。

4) 分仓接缝的构造形式和方法有平口分仓缝、企口分仓缝。

(2) 基础混凝土施工的质量保证措施

1) 基坑(槽)周围应做好排水沟，防止施工用水、雨水流入基坑或冲刷新浇混凝土。

2) 基础混凝土浇筑前应清除模板内的各种杂物；混凝土垫层表面要清洗干净，不留积水；对木模板还应浇水充分润湿以防吸水膨胀变形。

3) 混凝土进入模板的自由倾落高度应控制在2m内，对于深度大于2m的基坑，应采用串筒或溜槽下料，以避免混凝土拌合物因入模自由倾落高度过高产生

离析。混凝土拌合物入模时应从基础的中心进入模板，使模板均匀受力，同时可以防止和减少混凝土翻出模板。

4）混凝土基础的台阶高度超过了混凝土振捣的允许作用深度时，应按规定分层浇筑。

5）基础混凝土的振捣一般采用插入式振动器，插点应按梅花形或方格形布置，点距应控制在两振动点中间能出浆。振动时间应控制在气泡出完，刚好泛浆为好。振动中振动棒不得碰钢筋、模板和漏振。在浇筑振捣完成每一阶混凝土后，浇筑上一阶混凝土时，应用木板在下一台阶面上封钉并加砖压稳后，方可浇筑上一层混凝土。

6）混凝土基础的台阶面和台体面应在混凝土浇筑完成后即时进行修整，基础的侧壁修整在模板拆除之后进行，使其符合设计尺寸。

7）原槽浇筑条形混凝土基础时，要在槽壁上钉水平控制桩，保证基础混凝土浇筑的厚度和水平度。水平控制桩用100mm长的竹片（或小木桩）制成，统一抄平，在槽壁上每隔3m左右（转角处必须设）设一根水平控制桩，水平控制桩露出基槽壁20～30mm。

2. 混凝土主体结构构件施工的质量保证措施

（1）现浇混凝土柱、墙施工的质量保证措施

1）混凝土搅拌前，应检查水泥、砂、石、外加剂等原材料的品种、规格是否符合要求。混凝土配合比计量应准确，应根据施工现场砂、石含水量变化及时调整施工配合比。

2）柱（墙）混凝土浇筑前，柱（墙）基表面应先填以50～100mm厚与混凝土成分相同的水泥砂浆，然后再浇筑混凝土。

3）柱（墙）应分层浇筑，柱子（墙）混凝土一般用插入式振动器振捣；振捣时振动器插入下一层混凝土中的深度不少于50mm，以保证上下混凝土结合处的密实性；当振动器的软轴短于柱（墙）高时，应从柱（墙）模侧面的门子洞进行振捣。

4）柱（墙）高小于3m时，混凝土可用斗车由柱（墙）模顶直接倒入柱（墙）模。当柱（墙）高大于3m时，必须用串筒送料，或在柱（墙）每隔2m开门子洞，装斜溜槽投料。

（2）现浇混凝土梁、板施工的质量保证措施

1）在浇筑混凝土梁、板时，应先在施工缝结合处铺一层厚度约50mm的与混凝土成分相同的水泥砂浆，再分层浇筑混凝土，分层的厚度应符合有关规定的要求。

2）混凝土应采用反铲下料入模，这样可以避免混凝土产生离析。当梁内混凝土下料有300～400mm厚时，即应进行振捣，振捣时应保证混凝土的密实性。

3.3.2 混凝土结构施工的安全保证措施

1. 建立健全施工现场的安全生产管理机构及制度

（1）安全生产管理机构：施工现场应成立以项目经理为组长、项目技术负责人、安检员为副组长，专业施工工长和班组长为成员的项目安全生产领导小组。

（2）建立健全施工现场的安全生产管理制度：在工程施工过程中项目应建立

三级交底的安全生产管理制度，即公司向项目技术负责人交底，项目负责人向施工工长交底，施工工长向施工班组交底。

(3) 建立落实安全生产教育制度和检查制度

1) 新工人进场前必须接受三级安全生产教育和现场防火安全教育，即：公司组织的安全生产基本知识、法规、法制教育；项目进行的现场规章制度尊章守纪教育；班组进行的本工种岗位安全操作规程及班组安全制度、纪律教育；施工现场防火救火的基本知识。

2) 安全检查：各工种、各班组每天进行班前安全检查；项目经理每月应组织安全生产大检查；分公司每月、公司每季度对项目进行一次的安全大检查。公司各部门随时到项目进行生产抽查，发现的问题，由项目经理监督落实整改。

2. 混凝土结构施工的安全措施

(1)“四口”、“五临边”安全防护措施

“四口”、“五临边”安全防护严格按照《施工现场安全防护管理办法》执行。

1) 楼板孔洞，1.5m×1.5m以下的孔洞加固定盖板。1.5m×1.5m以上的孔洞，四周必须设两道防护栏杆，中间设水平安全网。

2) 楼梯口必须设两道牢固防护栏杆，施工期内不使用的楼梯应封闭处理。

3) 楼层周边：临边四周如无围护结构时，必须设两道防护栏杆，防护栏杆上挂安全标示和挡脚板。

(2) 机械设备施工安全管理措施

1) 所有机械操作人员必须持证上岗，坚持班前班后检查机械设备，并经常进行维修保养。

2) 工程设置专职机械管理员，对机械设备坚持三定制度，定期维护保养，安全装置齐全有效，杜绝安全事故的发生，一经发现机械故障，及时更换零配件，保持机械使用的正常运转，机操工必须持证上岗，按时准确填写台班记录、维修保养记录、交接班记录，掌握机械磨损规律。

3) 塔吊和龙门架(井架)必须有安装、拆卸方案，验收合格证书。不准机械设备带病作业。

4) 塔吊基础必须牢固，架体必须按设备说明预埋拉接件，设防雷装置。设备应配件齐全，型号相符，其防冲、防坠联锁装置要灵敏可靠，钢丝绳、制动设备要完整无缺，设备安装完后要进行试运行，必须待指标达到要求后才能进行验收签证，挂合格牌使用。

5) 钢筋加工机械、移动式机械，除机械本身护罩完好、电机无病外，还要求机械有接零和重复接地装置，接地电阻值不大于10Ω。

6) 施工现场各种机械要挂安全技术操作规程牌。

7) 振动器应安放在牢靠的脚手板上，移动时应关好电门，发生故障时应立即切断电源。

8) 泵送混凝土输送管道接头、安全阀必须完好，管道的架子必须牢固，输送前必须试送，检修时必须卸压。

(3) 现场用电安全措施

施工临时用电必须严格遵照建设环保部颁发的JGJ 46—2005《施工现场临时用电安全技术规范》和《现场临时用电管理办法》(Q/CJL/O—ZY04)的规定执行。

1) 现场各用电安装及维修必须由专业电气人员操作，非专业人员不得擅自从事有关操作。

2) 现场用电应按各用电器实行分级配电，各种电气设备必须实行“一机一闸一漏电”，配电箱应设门上锁，注明责任人。

3) 所有接至各用电设备的支线由各施工单位自理，但必须受现场经理部的用电负荷量调配及用电安全检查，所有手持电动工具的电源必须加装漏电保护开关。漏电开关必须定期检查，试验其动作可靠性。

4) 在总配电箱、分配电箱及塔吊处均作重复接地，且接地电阻小于10Ω。采用焊接或压接的方式连接；在所有电路末端均采用重复接地。

5) 施工期间值班电工不得离开岗位，应经常巡视各处的线路及设施，发现问题及时解决。

6) 电箱内所配置的电闸漏电熔丝荷载必须与设备额定电流相等。不使用大于或小于额定电流的电熔丝，严禁使用金属丝代替电熔丝。

7) 配电房、重要电气设备及库房等均应配备灭火器及砂箱等，配电房房门向外开启，户外箱要设置有防雨措施。

(4) 施工中的安全防护措施

1) 电焊机的闪光区域严禁其他人员停留，预防火花烧伤，火道的上面应设防护罩。室内进行手工电弧焊时焊工操作地点相互之间设置挡板，以防弧光伤害眼睛。

2) 起吊钢筋时下方严禁站人，必须待骨架降到离地1m以内始准靠近，待就位支撑后方可摘钩。

3) 模板在支撑系统未固定牢固前不得上人，在未安装好的梁底模板不得放重物，在安装好的模板上不得堆放超载的材料和设备。

4) 模板拆除的顺序应采取先支的后拆、后支的先拆，先拆除非承重模后再拆除承重模，先拆侧模后拆底模和自上而下的顺序进行。当现浇构件同时有横向和竖向相连接的模板时应先拆除竖向结构的模板，再拆除横向结构的模板。

5) 拆除楼层板的底模时，应设临时支撑，防止大片模板坠落，尤其是拆支柱时，操作人员应站在门窗洞口外拉拆，更应严防模板突然全部掉落伤人。在拆除模板的过程中如发现混凝土有影响结构安全的质量问题时不得继续拆除，应经研究处理后方可再拆。

(5) 施工人员安全防护

1) 进场的施工人员，必须经过安全培训教育，考核合格，持证上岗。

2) 施工现场应悬挂安全标语，无关人员不准进入施工现场，进场人员要遵守“十不准规定”。施工人员必须戴安全帽，管理人员、安全员要佩戴标志，其佩带方法要正确。

3) 施工人员高空作业禁止打赤脚，穿拖鞋、硬底鞋施工。进入2m以上架体或施工层作业必须佩挂安全带。

4）施工人员不得随意拆除现场一切安全防护设施，如机械护壳、安全网、安全围栏、外架拉接点、警示信号等，不得动用不属于本职工作范围内的机电设备。

5）施工人员工作前不许饮酒，进入施工现场不准嬉笑打闹。

6）夜间施工时应有足够的照明灯具，确保夜间施工和施工人员上下安全。

3.4 混凝土结构施工方案案例：

《××高层公寓楼》现浇混凝土剪力墙施工方案

一、工程概况

《××高层公寓楼》为现浇混凝土剪力墙结构；墙体厚180mm，采用C35混凝土，现浇楼板厚120mm。地下一层，地上十九层，建筑总高度57.7m。设2部电梯、1座疏散楼梯，每层共六户，户型为三室一厅二卫一厨，每户建筑面积135m^2，总建筑面积20852m^2。

公寓楼基础为人工挖孔灌注桩，桩径为800mm和1200mm两种，桩持力层为中等风化细砂岩，桩嵌入持力层的深度不小于1m，地基承载力标准值为500kPa，桩上设箱形基础。整个基础设800mm宽后浇带并由底到顶层。

二、施工部署

（一）施工段的划分及任务安排

1. 施工段划分：根据总平面图和结构形式，在施工水平方向上不宜划分施工段，在竖直方向上以楼层划分施工段。

2. 施工任务安排：基础工程80天完成，主体180天完成，装饰装修130天完成。

（二）施工总体部署

1. 主要机械选择：主体施工时设1台臂长为40m的TQZ4012塔吊用于竖直运输。设2台搅拌机用于混凝土和砂浆搅拌。

2. 主体结构模板体系选择：有地下室的人工挖孔桩护壁采用组合钢模板，人工挖孔桩承台梁、板采用组合钢模拼装成吊模，地下室墙板模板、剪力墙模板均采用由钢模板拼装成大模板，现浇板采用高强复合胶合板，支撑采用钢管脚手架支撑。

3. 主体施工安全围护体系：主体施工时外围护采用全封闭式施工，即沿结构外围搭设悬挑钢管架，悬挑臂采用工字钢。钢管架上设2000目的安全密网，外围护架随主体上升而上升。

三、主体分部分项工程施工方法

（一）脚手架工程

1. 脚手架选择

（1）现浇剪力墙、梁板及楼梯采用满堂脚手架。

（2）主体施工时的外防护架采用每三层悬挑一道的整体封闭式外架。

（3）室内抹灰采用内脚手架，外墙装饰采用吊篮。

2. 脚手架材料

整体封闭式外架的悬挑臂，采用14号工字钢，工字钢上设钢管架底座。

脚手架管采用$\phi48\times3.5$钢管，架板采用300mm×50mm的木脚手板，安全网采用平网，外防护网采用2000目的尼龙网。

3. 满堂脚手架的搭拆

(1) 脚手架搭设必须坚固、稳定、安全，严格按施工操作要求的立杆、横杆距离搭设，立杆底部设置50mm厚垫木，并按规定设扫地杆、剪刀撑或斜撑。

(2) 在搭设过程中，各种材料、机具不能集中堆放在脚手架上。

(3) 脚手架搭设完后必须验收合格后方可使用。

(4) 脚手架在使用过程中要进行检查、维护、发现问题及时整改。

(5) 拆除时必须待混凝土强度达到规范要求时，才可拆除架子。拆除架子应先搭的后拆、后搭的先拆，拆下的管件、跳板等物体要逐层下传，并清理归类堆放。

4. 外悬挑封闭防护架

(1) 悬挑外防护架用$\phi48\times3.5$钢管和扣件搭设，由悬挑臂和脚手架组成。

(2) 悬挑臂采用14号工字钢，固定在楼板施工时预埋的$\phi20$的钢筋内，悬挑臂上设钢管架底座。悬挑防护架搭设宽度600mm，悬挑臂和立杆间距1000mm，悬挑架步距1.8m，搭设高度供三层防护。防护架拉连杆水平间距3m，竖向间距3.6m。防护架底部满铺脚手板和挡脚板并用安全密网封底。

(3) 悬挑外防护架沿建筑物四周通长搭设，剪刀撑净距不大于15m，并设拉连杆，将主体结构的满堂脚手架与防护架连接。

(4) 悬挑外防护架不承受施工荷载，仅作为安全防护，承受自重和封氏跳板的重量，但仍考虑0.6kN/m^{2}的荷载。

(5) 每段防护架高度为三个层高，二个楼层一转升，确保防护架与主体结构满堂架的拉结，使防护架整体稳定。防护架拆除需待上段防护架搭设好后，才能拆除下段防护架，按搭设的相反顺序将防护架拆除。

(二) 基础工程施工(略)

(三) 剪力墙结构施工

1. 剪力墙结构施工顺序

测量定位放线→一层剪力墙钢筋绑扎→一层剪力墙钢筋验收→剪力墙模板安装→一层剪力墙混凝土浇筑→二层现浇板模板安装→二层测量定位放线。

2. 钢筋工程

钢筋工程是结构工程质量的关键，进场材料必须有产品合格证和出厂检验报告，并经复检合格后方可使用。

(1) 钢筋加工

1) 本工程钢筋进场后应检查是否有出厂合格证，并经复试合格后才能进行加工。

2) 所有钢筋堆放及加工均在现场进行。

3) 钢筋加工严格按照钢筋翻样单进行加工，加工的钢筋半成品堆放在指定的范围内，并按公司程序文件规定挂单，防止使用时发生混乱。

4）钢筋工长应对加工的钢筋验收后才能绑扎。

5）钢筋加工的形状，尺寸必须符合设计要求，钢筋的表面确保洁净、无损伤、无麻孔斑点，不得使用带有颗粒状或片状老锈的钢筋；钢筋的弯钩应按施工图纸中的规定执行，同时也应满足有关规范的规定。

（2）钢筋连接

1）除剪力墙中的暗柱钢筋采用电渣压力焊连接，暗梁钢筋采用闪光对焊连接外，其他钢筋均采用搭接连接。

2）钢筋焊接的接头形式，焊接工艺和质量验收，应符合国家现行标准《钢筋焊接及验收规程》的有关规定。

3）钢筋焊接接头的试验应符合国家现行标准《钢筋焊接接头试验方法》的有关规定。

4）钢筋焊接前，必须根据施工条件进行试焊合格后方可焊接。

5）钢筋搭接接头在同一构件时应相互错开，同一断面钢筋搭接接头的百分率符合设计和规范要求。

（3）剪力墙钢筋绑扎

1）工艺流程

弹墙体位置线→修整预留搭接筋→绑竖筋→绑横筋→绑墙体拉接筋→保护层→垫块→检验并办理隐检手续。

2）施工要点

A. 墙板钢筋采用搭接接长，搭接长度不少于 $42d$。

B. 采用梅花式绑扎牢固(中部)，四周两排钢筋交叉均须绑扎牢固。

C. 墙板双层钢筋外侧绑设 25mm 厚的水泥砂浆垫块，间距 1m×1m。

D. 墙板钢筋绑扎重点在于控制好内外层钢筋之间的净尺寸。

E. 墙板双层筋之间设 ϕ8@600×600 的拉筋，拉筋呈梅花点式布设。

F. 墙板钢筋绑扎时，先绑扎纵筋，下部与预插钢筋相连，上部与水平定位筋绑扎，使钢筋顺直，水平钢筋绑扎时，两端与暗柱筋绑扎使水平筋间距一致。

G. 墙板钢筋绑扎时，预埋好各种套管及埋件，安装好各种预留洞口的模板。

（4）现浇板钢筋绑扎

1）工艺流程

板筋布设→绑扎→安装垫块→隐检验收合格→下一道工序。

2）施工要点

A. 根据设计要求，对板筋的大小、规格、间距进行摆放。

B. 按先绑扎底层筋和底层分布筋、绑扎上层筋和上层分布筋顺序进行施工。

C. 板筋绑扎时，四周周边的钢筋交叉点必须每点绑扎，中间部位的钢筋交叉点可呈梅花点进行绑扎。

D. 板内下筋在支座搭接，且伸入支座的远边，板内上筋不能在支座搭接。

E. 板双层筋之间设 ϕ10@1000×1000 的铁马立筋，以保证板上层筋位置准确，特别是保证板的上部负弯矩筋位置准确。

3. 模板工程

(1) 模板材料选用

剪力墙模板采用钢模板拼装成大模板，现浇板采用12mm厚高强复合胶合板配50mm×10mm木方。

(2) 模板安拆基本要求

1) 模板及支架必须安装牢固，保证工程结构和构件各部分尺寸及相互位置正确。

2) 模板及支架应有足够的承载能力，刚度和稳定性能可靠地承受新浇混凝土的自重和侧压力，以及在施工过程中所产生的荷载。

3) 构造简单，装拆方便，并便于钢筋绑扎和混凝土浇筑等。

4) 模板的接缝应严密，不漏浆。

5) 模板与混凝土的接触面刷成品脱模剂。

6) 模板拆除时要轻轻撬动，使模板脱离混凝土表面，禁止猛砸狠敲，碰坏混凝土。

(3) 剪力墙模板安拆

1) 剪力墙模板采用钢模板拼装成定型大模板。根据内墙、外墙、窗间墙等尺寸，拼装成定型大模板。模板用同样材料进行配制以保证模板拼接处严密。

2) 模板竖肋采用ϕ48钢管，每组两根，成对设置，间距控制在900mm以内；横向水平背楞仍用ϕ48钢管，设置在大模板的上、中、下三处，支模时，位于墙板底部的模板在下部设∟60×6角钢封底。

3) 模板与纵横ϕ48钢管背楞，均用ϕ12钩头螺栓和3字型扣件配合使用，成为整体大模板。

4) 模板支撑采用多排钢管脚手架及扣件支撑，以保证模板不移位。

5) 封模前应仔细检查外墙钢筋、预埋件、预埋套管等是否符合设计要求等。

6) 大模板拆除时，先用塔吊钢丝绳吊住大模板，再拆除钢管支撑，然后将大模板吊到地面堆放处。

(4) 现浇楼板模板安拆

1) 工艺流程

搭设满堂脚手架(支模架)→板底模安装→板侧模安装→混凝土浇筑→模板拆除。

2) 施工要点

A. 按房间尺寸，搭设满堂脚手架，脚手架立杆间距纵向800mm，横向600mm，水平杆步距1500mm。

B. 楼板底模设50mm×100mm木方上配12mm厚高强复合板。

C. 现浇楼板跨中按3/1000跨长起拱支模。

D. 现浇楼板混凝土强度达到设计强度的75%时即可拆除楼板的模板。

E. 现浇板模板拆除时，先拆除板底模，再拆满堂脚手架，顺序是从上至下逐根拆除。

4. 混凝土工程

(1) 混凝土原材料要求

1）水泥：采用32.5普通硅酸盐水泥。

2）细骨料：中砂或中粗砂，含泥量小于3%。

3）粗骨料：5～40mm卵石，含泥量小于1%。

4）混凝土拌合用水采用自来水。

（2）混凝土施工缝留设与处理

1）现浇板不留设施工缝，按设计仅留后浇带800mm宽。

2）剪力墙的施工缝设在板下口150～300mm高的位置。

3）施工缝接缝处采用高压水龙头冲洗。

（3）混凝土浇筑

1）基本要求

A. 混凝土浇筑前应对模板、钢筋、预埋件、预留洞的位置、标高、轴线等进行细致的检查，并做好检查记录。

B. 清除模板、钢筋上的垃圾、泥土等杂物，并提前湿润模板。

C. 混凝土浇筑过程中，设专人对模板、钢筋进行看护，发现模板、钢筋有松动、移位现象应立即停止浇筑，并在已浇筑的混凝土凝结前修整完好，才能继续浇筑。

D. 施工缝处浇筑混凝土前应严格按规范要求进行清理。

2）现浇剪力墙混凝土浇筑

A. 剪力墙采用现场搅拌混凝土，由塔吊运送到位，下料用串筒或漏斗。

B. 浇筑墙体混凝土时先铺50～100mm厚的减石子的同配合比的砂浆结合层，混凝土必须分层振捣，每层浇筑高度不超过500mm，混凝土振捣棒点位间距400mm，快插慢拔，待混凝土表面泛浆无气泡且混凝土不再下沉时，将振捣棒缓慢拔出，振捣上一层时插入下一层混凝土50mm，墙体上口标高一致，混凝土上表面用木抹子搓平、压实。

C. 剪力墙混凝土振捣时，振动棒不得碰动钢筋。

D. 剪力墙混凝土一次浇筑完毕。

3）现浇板混凝土浇筑

A. 现浇板采用现场搅拌混凝土，塔吊运输到位进行施工。

B. 板混凝土浇筑时按从一端到另一端的顺序进行浇筑。

C. 板混凝土浇筑时用平板振动器进行振捣，振捣时根据水平标高控制线，控制好现浇板的表面平整度。

D. 板混凝土浇筑完毕后，用木抹子进行首次表面抹压，在混凝土初凝前用木抹子进行再次表面抹压，为施工楼地面做好准备。

E. 混凝土浇筑完应在12小时内进行养护，采用浇水或浇水覆盖的方法进行养护。

项目9 防水工程施工

通过训练，掌握屋面防水、地下防水、卫生间与厕所防水施工工艺和方法，具有组织防水工程施工的能力。

训练1 屋面防水施工

[训练目的与要求] 通过训练掌握屋面防水施工工艺和方法，具有组织屋面防水工程施工的能力。

1.1 卷材防水屋面施工

1.1.1 找平层施工

找平层分水泥砂浆找平层，沥青砂浆找平层，细石混凝土找平层。

1. 水泥砂浆找平层施工

(1) 砂浆配合比要称量准确，搅拌均匀。砂浆铺设应按由远到近、由高到低的程序进行，每一分格内最好一次连续抹成，并用2m左右的直尺找平，严格掌握坡度。

(2) 待砂浆稍收水后，用抹子抹平压实压光。终凝前，轻轻取出嵌缝木条。

(3) 铺设找平层12小时后，需洒水养护或喷冷底子油养护。

(4) 找平层硬化后，应用密封材料嵌填分格缝。

施工注意事项：

(1) 注意气候变化，如气温在0℃以下或终凝前可能下雨时，不宜施工。

(2) 底层为塑料薄膜隔离层、防水层或不吸水保温层时，宜在砂浆中加减水剂并严格控制稠度。

(3) 完工后表面少踩踏。砂浆表面不允许撒干水泥或水泥浆压光。

(4) 屋面结构为装配式钢筋混凝土屋面板时，应用细石混凝土嵌缝，嵌缝的细石混凝土宜掺微膨胀剂，强度等级不应小于C20。当板缝宽度大于40mm或上窄下宽时，板缝内应设置构造钢筋。灌缝高度应与板平齐，板端应用密封材料嵌缝。

2. 沥青砂浆找平层施工

(1) 基层必须干燥，然后满涂冷底子油1～2道，涂刷要薄而均匀，不得有气泡和空白，涂刷后表面保持清洁。

(2) 待冷底子油干燥后可铺设沥青砂浆，其虚铺厚度约为压实后厚度的1.30～1.40倍。

(3) 待砂浆刮平后。即用火滚进行滚压(夏天温度较高时，筒内可不生火)。

滚压至平整、密实、表面没有蜂窝、不出现压痕为止。滚筒应保持清洁，表面可涂刷柴油。滚压不到之处可用烙铁烫压平整，施工完毕后避免在上面踩踏。

(4) 施工缝应留成斜槎，继续施工时接槎处应清理干净并刷热沥青一遍，然后铺沥青砂浆，用火滚或烙铁烫平。

施工注意事项：

(1) 检查屋面板等基层安装牢固程度。不得有松动之处。屋面应平整、找好坡度并清扫干净。

(2) 雾、雨、雪天不得施工。一般不宜在气温0℃以下施工。如在严寒地区必须在气温0℃以下施工时应采取相应的技术措施(如分层分段流水施工及采取保温措施等)。

3. 细石混凝土找平层施工

(1) 细石混凝土宜采用机械搅拌和机械振捣。浇筑时混凝土的坍落度应控制在10mm，浇捣密实。灌缝高度应低于板面10～20mm，表面不宜压光。

(2) 浇筑完板缝混凝土后，应及时覆盖并浇水养护7d，待混凝土强度等级达到C15时，方可继续施工。

1.1.2 卷材防水层施工

1. 卷材铺贴的一般要求

(1) 卷材防水层适用于防水等级为Ⅰ～Ⅳ级的屋面防水。屋面防水层多道设防时，可采用同种卷材叠层或不同卷材复合，也可采用卷材和涂膜复合及刚性防水和卷材复合等。

(2) 找平层的排水坡度应符合设计要求；水泥砂浆、细石混凝土找平层应平整、压光，不得有酥松、起砂、起皮现象；沥青砂浆找平层不得有拌合不匀和蜂窝现象。最后应做好工序交接。

(3) 基层(找平层)必须干净、干燥。检验干燥程度的简易方法是将$1m^2$卷材平坦地干铺在找平层上，静置3～4h后掀开检查，找平层覆盖部位与卷材上未见水印即可铺设。

2. 卷材铺贴方向

(1) 屋面坡度小于3%时，卷材宜平行于屋脊铺贴。

(2) 屋面坡度在3%～15%时，卷材可平行或垂直于屋脊铺贴。

(3) 屋面坡度大于15%或屋面受震动时，沥青防水卷材应垂直于屋脊铺贴，高聚物改性沥青防水卷材和合成高分子防水卷材可平行或垂直于屋脊铺贴。

(4) 上下层卷材不得相互垂直铺贴。

(5) 在坡度大于25%的屋面上采用卷材作防水层时，应采取固定措施，固定点应密封严密。防止卷材下滑时可采用满粘法及钉压固定等方法。

3. 卷材热风焊接施工

卷材热风焊接是采用热空气焊枪进行防水卷材搭接粘合的施工方法，常用于热塑性卷材(如DVC卷材等)的搭接粘合。施工要点为：

(1) 焊接前，卷材铺设应平整顺直，搭接尺寸准确，不得扭曲或有皱折。

(2) 卷材的焊接面应清扫干净，无水滴、油污及附着物。

(3) 焊接时应先焊长边搭接缝，后焊短边搭接缝。

(4) 控制热风加热温度和时间，焊接处不得有漏焊、跳焊、焊焦或焊接不牢现象。

(5) 焊接时不得损害非焊接部位的卷材。

1.1.3 卷材保护层施工

在卷材铺贴经检验合格，卷材表面清扫干净后，即可进行保护层施工。

(1) 绿豆砂保护层施工：绿豆砂保护层宜用于采用热沥青胶粘结的防水卷材屋面。绿豆砂是粒径为3～5mm、呈圆形(无棱角)的均匀颗粒，色浅，耐风化，含泥量和杂质含量少，经过筛洗和清洁。

绿豆砂铺撒前应在锅内或钢板上炒干，并预热至100℃左右。铺撒时在卷材表面涂刷2～3mm厚的热沥青胶，趁热将预热的绿豆砂用簸箕或铁铲等均匀地撒在沥青胶上，边撒边用竹扫把或木推耙推铺绿豆砂，使其粒径的一半左右嵌入沥青胶中(铺撒时应临时堵塞下水口)，然后扫除多余的绿豆砂，不均匀处应补撒。要求铺撒均匀，与沥青胶粘结牢固，不得残留未粘结的绿豆砂。最后可用重量不大的小铁辊滚压一遍。

在竖直面上铺撒绿豆砂时，一定要边浇热沥青胶边撒绿豆砂必要时可用小木板轻轻地由下而上摊铺，并轻轻拍压，使绿豆砂嵌固在竖直的沥青胶上，要求铺设均匀。

(2) 云母或蛭石保护层施工：云母或蛭石保护层宜用于采用冷沥青胶粘结的防水卷材屋面。云母或蛭石在使用前应过筛，不得有粉料，铺设时应边刮涂冷沥青胶(厚度为1～1.5mm)边撒铺云母或蛭石。撒铺应均匀，不得露底，待溶剂基本发挥后，将多余的云母或蛭石扫除。适用于不上人屋面。

(3) 浅色涂料保护层施工：浅色涂料保护层可采用与卷材材性相容、粘结力强、耐老化的浅色涂料涂刷，常用于合成高分子防水卷材屋面和高聚物改性沥青防水卷材屋面等。涂刷时用长把滚刷按一定顺序均匀涂刷，要求浅色涂料保护层与卷材粘结牢固，厚薄均匀，不得漏涂。

(4) 块体材料保护层施工：块体材料保护层可采用细石混凝土或水泥砂浆预制块，常用于上人屋面的保护层。铺设块体材料保护层时，在预制块下铺10～20mm厚的干砂，块与块之间的缝隙约10mm，用砂浆灌实，拉通线控制块面平整和坡度，要求表面不得有凹洼或鼓凸，缝隙整齐，坡度一致。块体材料保护层应留设分格缝，分格面积不宜大于100m²，分格缝宽度不宜小于20mm，可用嵌缝膏封闭；在与女儿墙、山墙之间应预留宽度为30mm的伸缩缝，并用嵌缝膏嵌填严密。

(5) 水泥砂浆和细石混凝土保护层施工：水泥砂浆和细石混凝土保护层的厚度和强度等级应符合设计要求，宜用于上人屋面。细石混凝土中应配置直径为$\phi4$～$\phi6$mm，间距为100～200mm的双向钢筋网片。水泥砂浆和细石混凝土保护层表面应留设分格缝，水泥砂浆保护层分格面积宜为1m²；细石混凝土保护层分格面积应不大于36m²。在与女儿墙、山墙之间应预留宽度为30mm的缝隙，并用密封材料嵌填严密。水泥砂浆和细石混凝土保护层应密实，表面抹平压光，其施工方法与传统施工方法相同，但保护层与防水层之间应设置可靠的隔离层。

1.1.4 质量要求

1. 找平层质量验收

(1) 主控项目

1) 找平层的材料质量及配合比，必须符合设计要求。

检验方法：检查出厂合格证、质量检验报告和计量措施。

2) 屋面(含天沟、檐沟)找平层的排水坡度，必须符合设计要求。

检验方法：用水平仪(水平尺)、拉线和尺量检查。

(2) 一般项目

1) 基层与突出屋面结构的交接处和基层的转角处，均应做成圆弧形，且整齐平顺。

检验方法：观察和尺量检查。

2) 水泥砂浆、细石混凝土找平层应平整、压光，不得有酥松、起砂、起皮现象；沥青砂浆找平层不得有拌合不匀、蜂窝现象。

检验方法：观察检查。

3) 找平层分格缝的位置和间距应符合设计要求。

检验方法：观察和尺量检查。

4) 找平层表面平整度的允许偏差为5mm。

检验方法：用2m靠尺和楔形塞尺检查。

2. 防水层质量验收

(1) 主控项目

1) 卷材防水层所用卷材及其配套材料，必须符合设计要求。

检验方法：检查出厂合格证、质量检验报告和现场抽样复验报告。

2) 卷材防水层不得有渗漏或积水现象。

检验方法：雨后或淋水、蓄水检验。

3) 卷材防水层在天沟、檐沟、檐口、水落口、泛水、变形缝和伸出屋面管道的防水构造，必须符合设计要求。

检验方法：观察检查和检查隐蔽工程验收记录。

(2) 一般项目

1) 卷材防水层的搭接缝应粘(焊)结牢固，密封严密，不得有皱折、翘边和鼓泡等缺陷；防水层的收头应与基层粘结并固定紧固，缝口封严，不得翘边。

检验方法：观察检查。

2) 卷材防水层上的撒布材料和浅色涂料保护层应铺撒或涂刷均匀，粘结牢固；水泥砂浆、块材或细石混凝土保护层与卷材防水层间应设置隔离层；刚性保护层的分格缝留置应符合设计要求。

检验方法：观察检查。

3) 排汽屋面的排汽道应纵横贯通，不得堵塞。排汽管应安装牢固，位置正确，封闭严密。

检验方法：观察检查。

4）卷材的铺贴方向应正确，卷材搭接宽度的允许偏差为－10mm。

检验方法：观察和尺量检查

1.2 涂膜防水屋面施工

1.2.1 找平层施工

（1）找平层的种类、质量要求及其施工参见1.1.1找平层施工的内容。

（2）涂膜防水层的找平层宜采用掺膨胀剂的细石混凝土，强度等级不低于C20，厚度不少于30mm，宜为40mm。这是因为涂膜防水层是满粘于找平层的，按剥离区理论，找平层开裂(强度不足)易引起防水层的开裂，因此涂膜防水层的找平层应有足够的强度，尽可能避免裂缝的产生，出现裂缝应进行修补。

（3）找平层宜设宽20mm的分格缝，并嵌填密封材料。其纵横缝的最大间距：水泥砂浆或细石混凝土找平层，不宜大于6m；沥青砂浆找平层，不宜大于4m。基层转角处应抹成圆弧形，其半径不小于50mm。分格缝处应铺设带胎体增强材料的空铺附加层，其宽度为200～300mm。

分格缝要与板端缝或板的搁置部位对齐。

（4）涂膜防水层的厚度：沥青基防水涂膜在Ⅲ级防水屋面上单独使用时不应小于3mm，在Ⅳ级防水屋面上或复合使用时不宜小于4mm；高聚物改性沥青防水涂膜不应小于3mm，在Ⅲ级防水屋面上复合使用时，不宜小于1.5mm；合成高分子防水涂膜不应小于2mm，在Ⅲ级防水屋面上复合使用时，不宜小于1mm。

1.2.2 涂膜防水层施工

涂膜防水层施工工艺为：基层表面清理、修整→涂刷基层处理剂(底涂料)→特殊部位附加增强处理→涂布防水涂料及铺贴胎体增强材料→清理与检查修整→保护层施工。

1. 涂刷基层处理剂

基层处理剂涂刷时应用刷子用力刷涂，使涂料尽量刷进基层表面的毛细孔。并将基层可能留下来的少量灰尘等无机杂质，像填充料一样混入基层处理剂中，使之与基层牢固结合。这样即使屋面上灰尘不能完全清扫干净，也不会影响涂层与基层的牢固粘结。特别在较为干燥的屋面上进行溶剂型防水涂料施工时，使用基层处理剂打底后再进行防水涂料涂刷，效果相当明显。

2. 涂布防水涂料

厚质涂料宜采用铁抹子或胶皮板刮涂施工；薄质涂料可采用棕刷、长柄刷、圆滚刷等进行人工涂布，也可采用机械喷涂。

涂料涂布应分条或按顺序进行，分条进行时，每条宽度应与胎体增强材料宽度相一致，以避免操作人员踩踏刚涂好的涂层。流平性差的涂料，为便于抹压，加快施工进度，可以采用分条间隔施工的方法，条带宽800～1000mm。

3. 铺设胎体增强材料

在涂刷第2遍涂料时，或第3遍涂料涂刷前，即可加铺胎体增强材料。

胎体增强材料可采用湿铺法或干铺法铺贴。

（1）湿铺法：是在第2遍涂料涂刷时，边倒料、边涂布、边铺贴的操作方法。

(2) 干铺法：是在上道涂层干燥后，边干铺胎体增强材料，边在已展平的表面上用刮板均匀满刮一道涂料。也可将胎体增强材料按要求在已干燥的涂层上展平后，用涂料将边缘部位点粘固定，然后再在上面满刮一道涂料，使涂料浸入网眼渗透到已固化的涂膜上。

(3) 胎体增强材料可以是单一品种的，也可以采用玻璃纤维布和聚酯纤维布混合使用。混合使用时，一般下层采用聚酯纤维布，上层采用玻璃纤维布。

4. 收头处理

为了防止收头部位出现翘边现象，所有收头均应用密封材料压边，压边宽度不得小于10mm，收头处的胎体增强材料应裁剪整齐，如有凹槽时应压入凹槽内，不得出现翘边、皱折、露白等现象，否则应进行处理后再涂封密封材料。

5. 施工注意事项

(1) 防水涂料严禁在雨天、雪天和五级风及其以上时施工，以免影响涂料的成膜质量。溶剂型防水涂料施工时的环境气温宜为－5～35℃，水乳型防水涂料施工时的环境气温宜为5～35℃。

(2) 在涂膜防水屋面上如使用两种或两种以上不同防水材料时，应考虑不同材料之间的相容性(即亲合性大小、是否会发生侵蚀)，如相容则可使用。

涂料和卷材同时使用时，卷材和涂膜的接缝应顺水流方向，搭接宽度不得小于100mm。

(3) 坡屋面防水涂料涂刷时，如不小心踩踏尚未固化的涂层。很容易滑倒，甚至引起坠落事故。因此，在坡屋面涂刷防水涂料时，必须采取安全措施，如系安全带等。

(4) 涂膜防水层厚度：沥青基防水涂膜在Ⅲ级防水屋面上单独使用时不得小于8mm，在Ⅳ级防水屋面或复合使用时不宜小于4mm；高聚物改性沥青防水涂膜不得小于3mm，在Ⅲ级防水屋面上复合使用时，不宜小于1.5mm；合成高分子防水涂膜在Ⅰ、Ⅱ级防水屋面上使用时不得小于1.5mm，在Ⅲ级防水屋面上单独使用时不得小于2mm，复合使用时不宜小于1mm。

(5) 在涂膜防水层实干前，不得在其上进行其他施工作业。涂膜防水层上不得直接堆放物品。

(6) 涂膜防水层的施工：也应按“先高后低，先远后近”的原则进行。遇高低跨屋面时，一般先涂布高跨屋面，后涂布低跨屋面；相同高度屋面，要合理安排施工段，先涂布距上料点远的部位，后涂布近处；同一屋面上，先涂布排水较集中的水落口、天沟、檐沟、檐口等节点部位，再进行大面积涂布。

(7) 涂膜防水层施工前，应先对水落口、天沟、檐沟、泛水、伸出屋面管道根部等节点部位进行增强处理，一般涂刷加铺胎体增强材料的涂料进行增强处理。

(8) 需铺设胎体增强材料时，如坡度小于15%可平行屋脊铺设；坡度大于15%应垂直屋脊铺设，并由屋面最低标高处开始向上铺设。胎体增强材料长边搭接宽度不得小于50mm，短边搭接宽度不得小于70mm。采用二层胎体增强材料时，上下层不得互相垂直铺设，搭接缝应错开，其间距不应小于幅宽的1/3。

1.2.3 涂膜保护层施工

涂膜保护层施工前应对防水层质量进行严格检查，并做蓄水试验，合格后方可铺设保护层。为避免损坏防水层，保护层施工时应作好防水层的防护工作。如：施工人员应穿软底鞋，运输材料时必须在通道上铺设垫板或防护毡。

1. 浅色反射涂料保护层施工

浅色反射涂料目前常用的有铝基沥青悬浊液、丙烯酸浅色涂料或在涂料中掺入铝粉的反射涂料。反射涂料可在现场就地配制。

涂刷浅色反射涂料应待防水层养护完毕后进行，一般涂膜防水层应养护一周以上。涂刷前，应清除防水层表面的浮灰，浮灰用柔软、干净的棉布擦干净。材料用量应根据材料说明书的规定使用，涂刷工具、操作方法及要求与防水涂料施工相同。涂刷应均匀，避免漏涂。两遍涂刷时，第2遍涂刷的方向应与第1遍垂直。由于浅色反射涂料具有良好的阳光反射性，施工人员在阳光下操作时，应配戴墨镜，以免强烈的反射光线刺伤眼睛。

2. 粒料保护层施工

细砂、云母或蛭石主要用于非上人屋面的涂膜防水屋面的保护层，使用前应先筛去粉料。用砂作保护层时，应采用天然水成砂，砂粒粒径不得大于涂层厚度1/4。使用云母或蛭石时不受此限制，因为这些材料呈片状，且质地较软。

当涂刷最后一道涂料时，边涂刷边撒布细砂(或云母、蛭石)，同时用软质的胶辊在保护层上反复轻轻滚压，使保护层牢固地粘结在涂层上。涂层干燥后，应及时扫除未粘结的材料以回收利用。如不清扫，日后雨水冲刷就会堵塞水落口，造成排水不畅。

3. 水泥砂浆保护层施工

水泥砂浆保护层与防水层之间也应设置隔离层。保护层用的水泥砂浆的配合比一般为水泥∶砂=1∶2.5～3(体积比)。保护层施工前。应根据结构情况每隔4～6m用木模设置纵横分格缝。铺设水泥砂浆时，应随铺随拍实，并用刮尺找平，随即用直径为8～10mm的钢筋或麻绳压出表面分格缝，间距为1～1.5m。终凝前用铁抹子压光保护层。保护层应表面平整，不能出现抹子压的痕迹和凹凸不平的现象。排水坡度应符合设计要求。

为保证立面水泥砂浆保护层粘结牢固、不空鼓，在立面防水层涂刷最后一遍涂料时，边涂布边撒细砂，同时用软质胶辊轻轻滚压使砂粒牢固地粘结在涂层上。

4. 板块保护层施工

预制板块保护层的结合层可采用砂或水泥砂浆。板块铺砌前应根据排水坡度挂线，以满足排水要求，保证铺砌的块体横平竖直。在砂结合层上铺砌块体时，砂结合层应洒水压实，并用刮尺刮平，以满足块体铺设的平整度要求。块体应对接铺砌，缝隙宽度一般为10mm左右。块体铺砌完成后，应适当洒水并轻轻拍平压实，以免产生翘角现象。板缝先用砂填至一半的高度，然后用1∶2水泥砂浆勾成凹缝。为防止砂子流失，在保护层四周500mm范围内，应改用低强度等级水泥砂浆做结合层。

5．细石混凝土保护层施工

细石混凝土整浇保护层施工前，也应在防水层上铺设一层隔离层，并按设计要求支设好分格缝的木模或聚苯泡沫条。设计无要求时，每格面积不大于36m²，分格缝宽度为20mm。一个分格内的混凝土应尽可能连续浇筑，不留施工缝。振捣宜采用铁辊滚压或人工拍实，不宜采用机械振捣，以免破坏防水层。振实后随即用刮尺按排水坡度刮平，并在初凝前用木抹子提浆抹平，初凝后及时取出分格缝木模(泡沫条可不取出)，终凝前用铁抹子压光。抹平压光时不宜在表面掺加水泥浆或干灰。否则表层砂浆易产生裂缝与剥落现象。若采用配筋细石混凝土保护层时，钢筋网片的位置设置在保护层中间偏上部位，在铺设钢筋网片时用砂浆垫块支垫。

细石混凝土保护层浇筑完后应及时进行养护，养护时间不应少于7d。养护完后，将分格缝清理干净(割去泡沫条上部10mm)，嵌填密封材料。

1.2.4 质量检验

1．主控项目

(1) 防水涂料和胎体增强材料必须符合设计要求。

检验方法：检查出厂合格证、质量检验报告和现场抽样复验报告。

(2) 涂膜防水层不得有渗漏或积水现象。

检验方法：雨后或淋水、蓄水检验。

(3) 涂膜防水层在天沟、檐沟、檐口、水落口、泛水、变形缝和伸出屋面管道的防水构造，必须符合设计要求。

检验方法：观察检查和检查隐蔽工程验收记录。

2．一般项目

(1) 涂膜防水层的平均厚度应符合设计要求，最小厚度不应小于设计厚度的80％。

检验方法：针测法或取样量测。

(2) 涂膜防水层与基层应粘结牢固，表面平整，涂刷均匀，无流淌、皱折、鼓泡、露胎体和翘边等缺陷。

1.3 刚性防水屋面施工

刚性防水屋面是指利用刚性防水材料作防水层的屋面。主要有普通细石混凝土防水屋面、补偿收缩混凝土防水屋面、纤维混凝土防水屋面、预应力混凝土防水屋面等。尤以前两者应用最为广泛。刚性防水屋面主要适用于防水等级为Ⅲ级的屋面防水，也可用作Ⅰ、Ⅱ级屋面多道防水设防中的一道防水层；不适用于设有松散保温层的屋面、大跨度和轻型屋盖的屋面，以及受振动或冲击的建筑屋面。而且刚性防水层的节点部位应与柔性材料复合使用，才能保证防水的可靠性。

1.3.1 材料要求

(1) 水泥

宜采用普通硅酸盐水泥或硅酸盐水泥；当采用矿渣硅酸盐水泥时应采取减少

泌水性的措施；水泥强度等级不宜低于32.5。不得使用火山灰质水泥。

(2) 砂(细骨料)

应符合《普通混凝土用砂质量标准及检验方法》(JGJ 52—92)的规定，宜采用中砂或粗砂，含泥量不大于2%，否则应冲洗干净。如用特细砂、山砂时，应符合《特细砂混凝土配制及应用技术规程》(DBS 1/5002—92)的规定。

(3) 石(粗骨料)

应符合《普通混凝土用碎石或卵石质量标准及检验方法》(JGJ 53—92)的规定。宜采用质地坚硬，最大粒径不超过15mm，级配良好，含泥量不超过1%的碎石或砾石，否则应冲洗干净。

(4) 水

水中不得含有影响水泥正常凝结硬化的糖类、油类及有机物等有害物质，硫酸盐及硫化物较多的水不能使用，pH不得小于4。一般自来水和饮用水均可使用。

(5) 混凝土及砂浆

混凝土水灰比不应大于0.55；每立方米混凝土水泥最小用量不应小于330kg；含砂率宜为35%～40%；灰砂比应为1∶2～1∶2.5。混凝土强度等级不应低于C20；并宜掺入外加剂。普通细石混凝土、补偿收缩混凝土的自由膨胀率应为0.05%～0.1%。

(6) 外加剂

刚性防水层中使用的膨胀剂、减水剂、防水剂、引气剂等外加剂应根据不同品种的适用范围、技术要求来选择。

(7) 配筋

配置直径为4～6mm、间距为100～200mm的双向钢筋网片，宜采用冷拔低碳钢丝。

(8) 聚丙烯抗裂纤维

聚丙烯抗裂纤维为短切聚丙烯纤维，纤维直径0.48μm，长度10～19mm，抗拉强度2.76MPa，掺入细石混凝土中，抵抗混凝土的收缩应力，减少细石混凝土的开裂。掺量一般为每m^3细石混凝土中掺入0.7～1.2kg。

1.3.2 一般规定

(1) 结构层宜为整体现浇的钢筋混凝土。当屋面结构层为装配式钢筋混凝土屋面板时，应用细石混凝土嵌缝。嵌缝的细石混凝土宜掺膨胀剂，其强度等级应不小于C20。当屋面板缝宽度大于40mm或上窄下宽时，板缝内应设置构造钢筋。灌缝高度与板面平齐。板端应用密封材料嵌缝密封处理。

(2) 由室内伸出屋面的水管、通风管等须在防水层施工前安装。并在周围留凹槽以便嵌填密封材料。

(3) 刚性防水层和结构层之间应脱离，即在结构层与刚性防水层之间增加一层低强度等级砂浆、卷材、塑料薄膜等材料，起隔离作用，使结构层和刚性防水层变形互不受约束，以减少因结构变形使防水混凝土产生的拉应力，减少刚性防水层的开裂。

因为隔离层材料强度低，在隔离层继续施工时，要注意对隔离层加强保护，混凝土运输不能直接在隔离层表面进行，应采取垫板等措施，绑扎钢筋时不得扎破表面，浇捣混凝土时更不能振酥隔离层。

(4) 分格缝应设置在结构层屋面板的支承端、屋面转折处(如屋脊)、防水层与突出屋面结构的交接处，并应与板缝对齐。纵横分格缝间距一般不大于6m，或“一间一分格”，分格面积不超过36m² 为宜。分格缝宽宜为10～20mm。分格缝可采用木板，在混凝土浇筑前支设，混凝土浇筑完毕，收水初凝后取出分格缝模板。或采用聚苯乙烯泡沫板支设，待混凝土养护完成、嵌填密封材料前按设计要求的高度用电烙铁熔去表面的泡沫板。

(5) 钢筋网配置应按设计要求，一般设置直径为4～6mm，间距为100～200mm双向钢筋网片。网片采用绑扎和焊接均可，其位置以居中偏上为宜，保护层不小于10mm。钢筋要调直，不得有弯曲、锈蚀、沾油污；分格缝处钢筋网片要断开。为保证钢筋网片位置留置准确，可采用先在隔离层上满铺钢丝绑扎成型后，再按分格缝位置剪断的方法施工。

(6) 刚性防水层严禁在雨天施工。因为雨水进入刚性防水材料中，会增加水灰比，同时使刚性防水层表面的水泥浆被雨水冲走，造成防水层疏松、麻面、起砂等现象，丧失防水能力。施工环境温度宜在5～35℃，不得在负温和烈日暴晒下施工，也不宜在雪天或大风天气施工，以避免混凝土、砂浆受冻或失水。

1.3.3 细石混凝土防水层施工

(1) 浇捣混凝土前，应将隔离层表面浮渣、杂物清除干净；检查隔离层质量及平整度、排水坡度和完整性；支好分格缝模板，标出混凝土浇捣厚度，厚度不宜小于40mm。

(2) 材料及混凝土质量要严格保证，经常检查是否按配合比准确计量，每工作班进行不少于两次的坍落度检查，并按规定制作检验的试块。加入外加剂时，应准确计量，投料顺序得当，搅拌均匀。

(3) 混凝土搅拌应采用机械搅拌，搅拌时间不少于2min。混凝土运输过程中应防止漏浆和离析。

(4) 采用掺加抗裂纤维的细石混凝土时，应先加入纤维干拌均匀后再加水，干拌时间不少于2min。

(5) 混凝土的浇捣按“先远后近、先高后低”的原则进行。

(6) 一个分格缝范围内的混凝土必须一次浇捣完成，不得留施工缝。

(7) 混凝土宜采用小型机械振捣，如无振捣器，可先用木棍等插捣，再用小滚(重30～40kg、长600mnn左右)来回滚压，边插捣边滚压，直至密实和表面泛浆，泛浆后用铁抹子压实抹平，并要确保防水层的设计厚度和排水坡度。

(8) 铺设、振动、滚压混凝土时必须严格保证钢筋间距及位置的准确。

(9) 混凝土收水初凝后，及时取出分格缝隔板，用铁抹子第二次压实抹光，并及时修补分格缝的缺损部分，做到平直整齐；待混凝土终凝前进行第三次压实抹光，要求做到表面平光，不起砂、不起皮、无抹板压痕为止，抹压时，不得洒干水泥或水泥砂浆。

(10) 待混凝土终凝后，必须立即进行养护，应优先采用表面喷洒养护剂养护，也可蓄水养护或用稻草、麦草、锯末、草袋等覆盖后浇水养护，养护时间不少于14d，养护期间保证覆盖材料的湿润，并禁止闲人上屋面踩踏或在上继续施工。

1.3.4 质量检查

细石混凝土防水层质量检查次目如下。

(1) 主控项目

1) 细石混凝土的原材料及配合比必须符合设计要求。

检验方法：检查出厂合格证、质量检验报告、计量措施和现场抽样复验报告。

2) 细石混凝土防水层不得有渗漏或积水现象。

检验方法：雨后或淋水、蓄水检验。

3) 细石混凝土防水层在天沟、檐沟、檐口、水落口、泛水、变形缝和伸出屋面管道的防水构造，必须符合设计要求。

检验方法：观察检查和检查隐蔽工程验收记录。

(2) 一般项目

1) 细石混凝土防水层应表面平整、压实抹光，不得有裂缝、起壳、起砂等缺陷。

检验方法：观察检查。

2) 细石混凝土防水层的厚度和钢筋位置应符合设计要求。

检验方法：观察和尺量检查。

3) 细石混凝土分格缝的位置和间距应符合设计要求。

检验方法：观察和尺量检查。

4) 细石混凝土防水层表面平整度的允许偏差为5mm。

检验方法：用2m靠尺和楔形塞尺检查。

训练2 地下防水工程施工

[训练目的与要求] 通过训练，掌握地下防水施工工艺和方法，具有组织地下防水工程施工的能力。

地下工程防水关键是混凝土结构自防水，要采用防水混凝土并加强施工过程中的管理和控制以减少裂缝的形成，做好特殊部位(穿墙管，预埋件，施工缝，变形逢，止水带，后浇带)的构造处理。同时，内外防水层的处理也是很重要的。

2.1 防水混凝土施工要求

(1) 防水混凝土的施工配合比应通过试验确定，抗渗等级不低于S6。

(2) 防水混凝土结构底板的混凝土垫层，强度等级不应小于C15，厚度不应小于100mm，在软弱土层中不应小于150mm。

(3) 结构厚度不应小于250mm。

(4) 裂缝宽度不得大于0.2mm，并不得贯通。

(5) 迎水面钢筋保护层厚度不应小于50mm。

(6) 防水混凝土应连续浇筑，宜少留施工缝。

(7) 防水混凝土终凝后应立即进行养护，养护时间不得少于14d。

2.2 卷材防水层施工

2.2.1 适用范围及施工条件

1. 适用范围

卷材防水层适用于受侵蚀性介质作用，或受振动作用的地下工程需防水的结构。

2. 施工条件

(1) 卷材防水层应铺设在混凝土结构主体的迎水面上。

(2) 卷材防水层用于建筑物地下室时，应注意下列要求：

1) 施工期间必须采取有效措施，使基坑内地下水位稳定降低在底板垫层以下不少于500mm处，直至施工完毕。

2) 卷材防水层应铺在底板垫层上表面，以便形成结构底板、侧墙以至墙体顶端以上外围的外包封闭防水层。

(3) 铺贴卷材的基层应洁净、平整、坚实、牢固，阴阳角呈圆弧形。

(4) 卷材防水层严禁在雨天、雪天以及五级风以上的条件下施工。

(5) 卷材防水层正常施工温度范围为5～35℃；冷粘法施工温度不宜低于5℃；热熔法施工温度不宜低于－10℃。

(6) 卷材防水层所用基层处理剂、胶粘剂、密封材料等配套材料，均应与铺贴的卷材材性相容。

(7) 卷材防水层所用原材料必须有出厂合格证，复验其主要物理性能必须符合规范规定。

(8) 施工人员必须持有防水专业上岗证书。

2.2.2 卷材防水层的施工做法

地下工程的卷材防水层应采用高聚物改性沥青防水卷材或合成高分子防水卷材，并应选用与它们材性相容的基层处理剂、胶粘剂、密封材料等配套材料。卷材防水层为一或两层。铺设卷材防水层时，两幅卷材短边或长边的搭接宽度均不应小于100mm。铺设多层卷材时，上下两层和相邻两幅卷材的接缝应错开1/3～1/2幅宽；上下两层卷材不得相互垂直铺贴；阴阳角应做成圆弧或45°(135°)折角，并增铺1～2层相同品种的卷材，宽度不宜小于500mm。具体做法可参照训练1。

2.2.3 保护层施工

卷材防水层经检查质量合格后，即可做保护层。

(1) 细石混凝土保护层，适宜顶板和底板使用。先以氯丁系胶粘剂(如404胶等)花粘虚铺一层石油沥青纸胎油毡作保护隔离层，再在油毡隔离层上浇筑细石混凝土，用于顶板保护层时厚度不应小于70mm。用于底板时厚度不应小于

50mm。浇筑混凝土时不得损坏油毡隔离层和卷材防水层，如有损坏应及时用卷材接缝胶粘剂补粘一块卷材修补牢固，再继续浇筑细石混凝土。

(2) 水泥砂浆保护层，适宜立面使用。在三元乙丙等高分子卷材防水层表面涂刷胶粘剂，以胶粘剂撒粘一层细砂，并用压辊轻轻滚压使细砂粘牢在防水层表面，然后再抹水泥砂浆保护层。使之与防水层能粘结牢固，起到保护立面卷材防水层的作用。

(3) 泡沫塑料保护层，适用于立面。在立面卷材防水层外侧用氯丁系胶粘剂直接粘贴 5～6mm 厚的聚乙烯泡沫塑料板做保护层。也可以用聚醋酸乙烯乳液粘贴 40mm 厚的聚苯泡沫塑料做保护层。

由于这种保护层为轻质材料，故在施工及使用过程中不会损坏卷材防水层。

(4) 砖墙保护层，适用于立面。在卷材防水层外侧砌筑永久保护墙，并在转角处及每隔 5～6m 处断开，断开的缝中填以卷材条或沥青麻丝；保护墙与卷材防水层之间的空隙应随时以砌筑砂浆填实。要注意在砌砖保护墙时，切勿损坏已完工的卷材防水层。

2.2.4 质量验收

(1) 主控项目

1) 卷材防水层所用卷材及主要配套材料必须符合设计要求。

2) 卷材防水层及其转角处、变形缝、穿墙管道等细部做法均须符合设计要求。

(2) 一般项目

1) 卷材防水层的基层应牢固，基层表面应洁净平整，不得有空鼓、松动、起砂和脱皮现象；基层阴阳角处应做成圆弧形。

2) 卷材防水层的搭接缝应粘(焊)结牢固，密封严密，不得有皱折、翘边和鼓泡等缺陷。

3) 侧墙卷材防水层的保护层与防水层应粘结牢固，结合紧密、厚度均匀一致。

4) 卷材搭接宽度的允须偏差为－10mm。

2.3 砂浆防水层施工

砂浆防水一般称其为抹面防水，它是一种刚性防水层。水泥砂浆防水层包括普通水泥砂浆、聚合物水泥防水砂浆、掺外加剂或掺合料防水砂浆等，宜采用多层抹压法施工。

水泥砂浆抹面属刚性防水层，它质脆、韧性差，在湿度和温度变化的情况下易产生空鼓开裂现象。为了克服这一缺陷。往往在水泥砂浆中引入了聚合物材料进行改性，改性后的砂浆，一则大大地提高了水密性，二则提高了抗拉、抗折和粘结强度，降低了砂浆的干缩率，增强了抗裂性能。

2.3.1 水泥防水砂浆的种类及适用范围

(1) 小分子防水剂砂浆：适用于结构稳定，埋入深度不大，不会因温度、湿度变化、振动等产生有害裂缝的地上及地下防水工程。

（2）掺塑化膨胀剂防水砂浆：用途同上，分格面积可比小分子防水剂砂浆加大。

（3）专用胶乳改性水泥类聚合物水泥砂浆：用途同上，还可用于受冲击和有振动的防水工程。

（4）专用胶乳加改性水泥面胶粉改性水泥胶粘剂配制的聚合物水泥砂浆：用途同上，还可用于受冲击和有振动的防水工程，可用于大面积的防水抹面工程。

2.3.2　施工前的准备工作

（1）当工程在地下水位以下施工时，施工前应将水位降到抹面层以下，地表积水应排除。

（2）旧工程维修防水层，应将渗漏水处堵好或堵漏、抹面交叉施工，以保证防水层施工顺利进行。

（3）基层的处理

基层处理十分重要，是保证防水层与基层表面结合牢固，不空鼓和密实不透水的关键。基层处理包括清理、浇水、刷洗、补平等工序。使基层表面保持潮湿、清洁、平整、坚实、粗糙。基层表面的孔洞、缝隙，应用与防水层相同的砂浆堵塞抹平。施工前应将预埋件、穿墙管预留凹槽内嵌填密封材料后再施工防水砂浆层。

2.3.3　砂浆抹面施工操作要点

（1）水泥砂浆防水层应分层铺抹或喷射，铺抹时应压实、抹平，最后一层表面应提浆压光。

（2）聚合物水泥砂浆拌合后应在 1h 内用完，且施工中不得任意加水。

（3）水泥砂浆防水层各层应紧密贴合，每层宜连续施工；如必须留槎时，采用阶梯坡形槎，但离阴阳角处不得小于 200mm；接槎应依层次顺序操作，层层搭接紧密。

（4）水泥砂浆防水层不宜在雨天及 5 级以上大风中施工。冬期施工时，气温不应低于 5℃，且基层表面温度应保持 0℃以上。夏期施工时，不应在 35℃以上或烈日照射下施工。

（5）普通水泥砂浆防水层终凝后，应及时进行养护，养护温度不宜低于 5℃，养护时间不得少于 14d，养护期间应保持湿润。

聚合物水泥砂浆防水层未达到硬化状态时，不得浇水养护或直接受雨水冲刷，硬化后应采用干湿交替的养护方法。在潮湿环境中，可在自然条件下养护。

使用特种水泥、外加剂、掺合料的防水砂浆，养护应按产品有关规定执行。

2.4　柔性涂膜防水层的施工

涂料防水层包括无机防水涂料和有机防水涂料。无机防水涂料可选用水泥基防水涂料、水泥基渗透结晶型涂料。有机涂料可选用反应型、水乳型、聚合物水泥防水涂料。

无机防水涂料宜用于结构主体的背水面，有机防水涂料宜用于结构主体的迎水面。用于背水面的有机防水涂料应具有较高的抗渗性，且与基层有较强的粘结性。

2.4.1 柔性涂膜防水层的施工要求

(1) 涂膜防水层的施工顺序应遵循“先远后近、先高后低、先细部后大面、先立面后平面”的原则，以利涂膜质量及涂膜保护。

(2) 水乳型涂料和水化反应型的涂料的成膜温度不能低于5℃，霜、雪天气不宜进行涂膜施工。露、雨天气不宜进行涂膜施工，因大气层湿度较大，影响成膜速度；露天作业时，涂层直接遭受露雨淋冲，会使涂层受损，甚至会被溶解冲毁。施工时，如突遇雷阵雨袭来，应立即迅速采取遮盖措施。将已施工的涂层遮盖好，对已被冲蚀的涂层应在天气转好以后进行重涂，予以补救。

大风(5级及以上)天气不宜进行涂膜施工，因气候条件恶劣会影响施工操作质量，尤其是大风易将尘土、灰砂或污染物刮落在涂层上，会影响涂膜施工及涂膜质量。已施工的涂层若遇大风应及时采取遮盖防护措施。

(3) 基层要求及处理

1) 基层应坚实具有一定强度，清洁干净，表面无浮土、砂粒等污物；

2) 基层表面应平整、光滑、无松动，对于残留的砂浆块或突起物应以铲刀削平，不允许有凹凸不平及起砂现象；

3) 阴阳角处基层应抹成圆弧形；管道、地漏等细部基层也应抹平压光，但注意管道应高出基层至少20mm，而排水口或地漏应低于防水基层；

4) 基层应干燥，含水率以小于9%为宜。可用厚为1.5～2.0mm的$1m^2$橡胶板材覆盖基层表面，放置2～3h，若覆盖的基层表面无水印，且紧贴基层的橡胶板一侧也无凝结水痕，则基层的含水率即不大于9%；也可用高频水分测定计测定；

5) 对于不同种基层衔接部位、施工缝处，以及基层因变形可能开裂或已开裂的部位，均应嵌补缝隙。铺贴绝缘胶条补强或用伸缩性很强的硫化橡胶条进行补强，若再增加涂膜的涂布遍数，则补强更佳。

2.4.2 涂料防水层的施工

(1) 防水涂料可采用外防外涂、外防内涂两种做法。

(2) 涂料的配制及施工，必须严格按涂料的技术要求进行。

(3) 涂料防水层的总厚度应符合设计要求，涂刷或喷涂应待前一道涂层实干后进行；涂层必须均匀，不得漏刷漏涂。施工缝接缝宽度不应小于100mm。

(4) 铺贴胎体材料时，应使胎体层充分浸透防水涂料不得有白槎及褶皱。

(5) 有机防水涂料施工完后应及时做好保护层。

2.4.3 水乳型氯丁橡胶沥青防水涂料的施工

水乳型氯丁橡胶沥青防水涂料又名氯丁胶乳沥青防水涂料，成本低，且具有无毒、无燃爆和施工时无环境污染等特点。

(1) 其适用范围

1) 地下混凝土工程防潮抗渗，沼气池防漏气；

2) 厕所厨房及室内地面防水；

3) 防腐蚀地坪的防水隔离层。

(2) 施工工艺

阳离子水乳型氯丁橡胶沥青防水涂层，以二布六涂涂层为主。

1) 底涂层施工

将稀释防水涂料均匀涂布于基层找平层上。涂刷时最好选择在无阳光的早晚时间进行，以使涂料有充分的时间向基层毛细孔内渗透，增强涂层对底层的粘结力。干后再涂刷防水涂料 2～3 遍，涂刷涂料时应做到厚度适宜，涂布均匀，不得有流淌、堆积现象，以利于水分蒸发，避免起泡。以下各涂层均按此要求进行施工。

2) 中涂层施工

中涂层为加筋涂层，要铺贴玻璃纤维网格布，施工时可采用干铺法或湿铺法。

3) 面层保护层施工

平面部位可做细石混凝土和水泥砂浆。立面可采用砌砖或粘贴 4～5mm 厚泡沫片材。

4) 施工中严禁踩踏未干防水层，不准穿带钉鞋操作。

2.4.4 质量验收

(1) 质量要求

1) 防水涂料和胎体增强材料等的品种、批号和配合比必须符合设计要求，每批产品进场要有产品合格证，使用前要复验，检验合格后才能使用。

2) 涂膜防水层的平均厚度应符合设计要求，最小厚度不应小于设计厚度的 80%。

3) 涂膜防水层与基层应粘结牢固，表面平整，涂刷均匀，无流淌、皱折、鼓泡、露胎体和翘边等缺陷。

4) 地漏、管根、排水口等细部应粘贴牢固，封盖严密，加强层及立面收头要符合工艺要求。

5) 防水层应符合排水要求，无明显积水现象。

6) 要做蓄水试验，灌水高度应超过找平层最高点 20mm 以上，蓄水时间不少于 24h，试验结果应无渗漏现象。

(2) 主控项目

1) 涂料防水层所用材料及配合比必须符合设计要求。

2) 涂料防水层及其转角处、变形缝、穿墙管道等细部做法均须符合设计要求。

(3) 一般项目

1) 涂料防水层的基层应牢固，基面应洁净、平整，不得有空鼓、松动、起砂和脱皮现象；基层阴阳角处应做成圆弧形。

2) 涂料防水层应与基层粘接牢固，表面平整、涂刷均匀。不得有流淌、皱折、鼓泡、露胎体和翘边等缺陷。

3) 涂料防水层的平均厚度应符合设计要求，最小厚度不得小于设计厚度的 80%。

4) 侧墙涂料防水层的保护层与防水层粘接牢固，结合紧密，厚度均匀一致。

2.5 塑料防水板防水层

(1) 塑料防水板可选用乙烯—醋酸乙烯共聚物(EVA)、乙烯—共聚物沥青(ECB)、聚氯乙烯(PVC)、高密度聚乙烯(HDPE)、低密度聚乙烯(LDPE)类或其他性能相近的材料。

(2) 塑料防水板应符合下列规定：

幅宽宜为2～4m，厚度宜为1～2mm，耐刺穿性好，耐久性、耐水性、耐腐蚀性、耐菌性好。

(3) 防水板应在初期支护基本稳定并经验收合格后进行铺设。

(4) 铺设防水板的基层宜平整、无尖锐物，基层平整度应符合 $D/L=1/6\sim1/10$的要求。(D——初期支护基层相邻两凸面凹进去的深度；L——初期支护基层相邻两凸面间的距离)

(5) 铺设防水板前应先铺缓冲层，缓冲层应用暗钉圈固定在基层上，见图9-1。

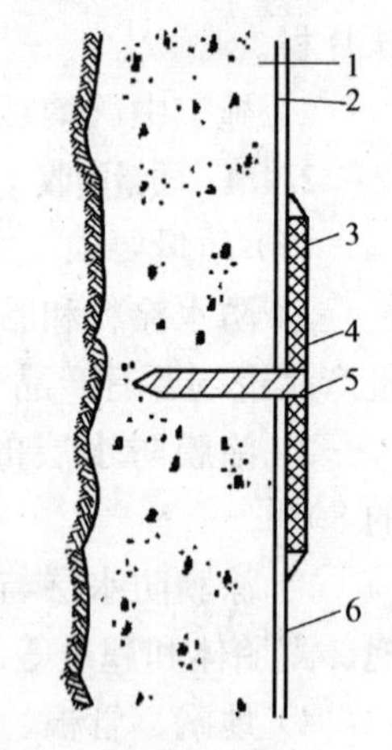

图9-1 暗钉圈固定缓冲层示意图

1—初期支护；2—缓冲层；3—热塑性圆垫圈；4—金属热圈；5—射钉；6—防水板

(6) 铺设防水板时，边铺边将其与暗钉圈焊接牢固。两幅防水板的搭接宽度应为100mm，搭接缝应为双焊缝，单条焊缝的有效焊接宽度不应小于10mm，焊接严密，不得焊焦焊穿。环向铺设时，先拱后墙，下部防水板应压住上部防水板。

(7) 防水板的铺设应超前内衬混凝土的施工，其距离宜为5～20m，并设临时挡板防止机械损伤和电火花灼伤防水板。

(8) 内衬混凝土施工时应符合下列规定：

1) 振捣棒不得直接接触防水板；

2) 浇筑拱顶时应防止防水板绷紧。

(9) 局部设置防水板防水层时，其两侧应采取封闭措施。

2.6 金属防水层

(1) 金属防水层所用的金属板和焊条的规格及材料性能应符合设计要求。金属板的拼接应采用焊接，拼接焊缝应严密。竖向金属板的竖直接缝，应相互错开。

(2) 结构施工前在其内侧设置金属防水层时，金属防水层应与围护结构内的钢筋焊牢，或在金属防水层上焊接一定数量的锚固件，见图9-2。

金属板防水层应用临时支撑加固。金属板防水层底板上应预留浇捣孔，并应保证混凝土浇筑密实，待底板混凝土浇筑完后再补焊严密。

(3) 在结构外设置金属防水层时，金属板应焊在混凝土或砌体的预埋件上。金属防水层经焊缝检查合格后，应将其与结构间的空隙用水泥砂浆灌实。见图9-3。

(4) 金属板防水层如先焊成箱体，再整体吊装就位，应在其内部加设临时支撑，防止箱体变形。

(5) 金属板防水层应采取防锈措施。

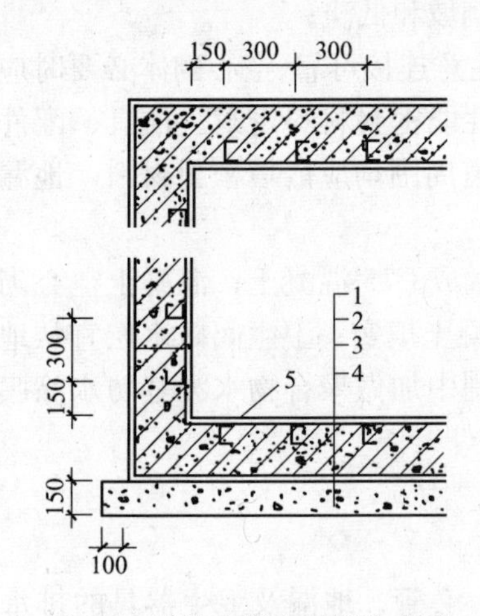

图 9-2　结构内设金属板防水层

1—金属防水层；2—结构；3—砂浆防水层；4—垫层；5—锚固筋

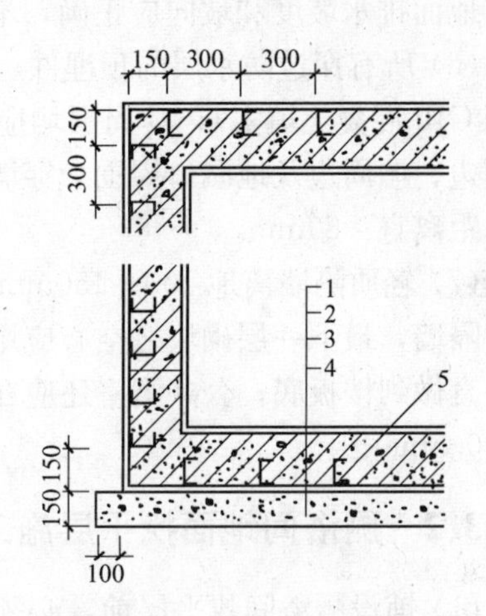

图 9-3　结构外设金属板防水层

1—砂浆防水层；2—结构；3—金属防水层；4—垫层；5—锚固筋

训练3　卫生间、厕所防水施工

［训练目的与要求］　通过训练，掌握卫生间、厕所防水施工工艺和方法，具有组织卫生间、厕所防水工程施工的能力。

厕所、浴室间用水频繁，防水处理不好就会出现渗漏水现象，影响建筑质量及使用，所以厕浴间和有防水要求的建筑地面必须设置防水隔离层。防水隔离层施工应符合现行国家标准《建筑地面工程施工质量验收规范》(GB 50209—2002)、《屋面工程质量验收规范》(GB 50207—2002)的规定，以及其他相关的国家、行业、地方标准与规范的规定。

3.1　厕浴间防水的一般要求

(1) 厕浴间地面防水可采用在水泥类找平层上铺设沥青类防水卷材、防水涂料或水泥类材料防水层，以涂膜防水最佳。

(2) 水泥类找平层表面应坚固、洁净、干燥。铺设防水卷材或涂刷涂料前应涂刷基层处理剂，基层处理剂应采用与卷材性能配套(相容)的材料，或采用同类涂料的底子油。

(3) 当采用掺有防水剂的水泥类找平层作为防水隔离层时，防水剂的掺入量和水泥强度等级(或配合比)应符合设计要求。

(4) 地面防水层应做在面层以下，四周卷起，高出地面不小于100mm。

(5) 地面向地漏处的排水坡度一般为2%～3%，地漏周围50mm范围内的排水坡度为3%～5%。地漏标高应根据门口至地漏的坡度确定，地漏上口标高应低于周围20mm以上，以利排水畅通。

地面排水坡度和坡向应正确，不可出现倒坡和低洼。

(6) 所有穿过防水层的预埋件、紧固件注意连接可靠(空心砌体必要时应将局部用C10混凝土填实)，其周围均应采用高性能密封材料密封。洁具、配件等设备周边、墙周边及地漏口周围、穿墙、地管道周围均应嵌填密封材料，地漏离墙面净距离宜≥80mm。

(7) 轻质隔墙离地100～150mm以下应做成C15混凝土；混凝土空心砌块砌筑的隔墙，最下一层砌块之空心应用C10混凝土填实；卫生间防水层宜从地面向上一直做到楼板底；公共浴室还应在平顶粉刷中加做聚合物水泥基防水涂膜，厚度≥0.5mm。

3.2 厕浴间地面找平层施工

(1) 铺设厕浴间找平层前，必须对立管、套管、地漏及卫生器具的排水与楼板节点之间进行密封处理。

(2) 向地漏处找坡的坡度和坡向应正确，不得出现向墙角、墙边及门口等处的倒泛水，也不得出现积水现象。

(3) 当找平层厚度小于30mm时，应用1∶(2.5～3)(水泥∶砂，体积比)的水泥砂浆做找平层，水泥强度等级不低于32.5；当找平层厚度大于30mm时，采用细石混凝土做找平层，混凝土强度等级不低于C20。

(4) 找平层与立墙转角均应做成半径为10mm的均匀一致的平滑小圆角。

(5) 找平层表面应坚固、平整、压光，不得有酥松、起砂和起皮现象。

3.3 厕浴间地面涂料防水

3.3.1 材料要求

厕浴间地面涂料防水应采用高聚物改性沥青防水涂料和合成高分子防水涂料，胎体增强材料常采用玻纤布或无纺布，基层处理剂采用同类涂料稀释的底子油。

防水涂料、胎体增强材料及辅助材料，应有产品合格证和性能检测报告，材料的品种、规格、性能等应符合现行国家产品标准和设计要求，其质量指标参见屋面涂膜防水部分。

3.3.2 厕浴间地面涂料防水施工的要求

(1) 基层(找平层)应符合设计要求。水泥类找平层表面应坚固、洁净、干燥(干燥程度视涂料特性确定)，并验收合格，办理完交接手续。

(2) 与找平层相连接的管道、地漏、排水口等安装完毕，并已做好密封处理，才能进行防水层施工。

(3) 涂膜应根据防水涂料的品种分层分遍涂布，不得一次涂成；每遍涂布应均匀，不得有露底、漏涂和堆积现象。多遍涂布时，应待先涂的涂层干固后再涂布后一遍涂料；两涂层施工的间隔时间不宜过长，以免形成分层。

(4) 胎体增强材料铺设采用搭接接头，搭接长度不小于50mm，搭接宜顺排水方向；两层胎体铺设方向应一致，不得相互垂直铺设，且上下层搭接缝应错开。

涂膜层干燥固化后，用2号涂料做第二、三遍涂膜层，涂刷方法相同，且应在前一遍涂膜固化后进行后一遍涂膜施工。待第三遍涂膜固化后，用1号涂料进行第四遍涂膜施工。

3.3.3 厕浴间地面涂料防水施工的质量要求

(1) 防水涂料和胎体增强材料等的品种、批号和配合比必须符合设计要求，每批产品进场要有产品合格证，使用前要复验，检验合格后才能使用。

(2) 涂膜防水层的平均厚度应符合设计要求，最小厚度不应小于设计厚度的80%且不少于1.5mm。

(3) 涂膜防水层与基层应粘结牢固，表面平整，涂刷均匀，无流淌、皱折、鼓泡、露胎体和翘边等缺陷。

(4) 涂膜防水层与管件、洁具地脚螺丝、地漏、排水口接缝严密，收头圆滑，不得有渗漏现象。加强层及立面收头要符合工艺要求。

(5) 防水层应符合排水要求，无明显积水现象。

(6) 要做蓄水试验，灌水高度应超过找平层最高点20mm以上，蓄水时间不少于24h，试验结果应无渗漏现象。

3.4 厕浴间地面卷材防水

3.4.1 材料要求

厕浴间地面卷材防水应采用沥青防水卷材或高聚物改性沥青防水卷材，所选用的基层处理剂、胶粘剂应与卷材配套。

防水卷材及配套材料应有产品合格证书和性能检测报告，材料的品种、规格、性能等应符合现行国家产品标准和设计要求，其质量指标参见屋面卷材防水部分。

3.4.2 厕浴间地面卷材防水的施工要求

(1) 基层(找平层)应符合设计要求，水泥类找平层表面应坚固、洁净、干燥，并应验收合格，办理完工序交接。

(2) 与地面找平层相连接的管道、地漏和排水口等安装完毕，并做好密封处理后进行防水层施工。

(3) 铺贴卷材采用搭接接头，搭接宜顺排水方向；搭接宽度：沥青防水卷材短边搭接为100mm，长边搭接为70mm；高聚物改性沥青防水卷材搭接为80mm。上下层卷材铺贴方向应一致，不得相互垂直，上下层及相邻两幅卷材的搭接缝应错开。

(4) 铺贴卷材

厕浴间地面铺贴卷材采用满粘法，即卷材与基层(找平层)全部粘结的施工方法。沥青防水卷材可采用热沥青胶粘贴，也可采用冷沥青胶粘贴；高聚物改性沥青防水卷材常采用冷粘法。

3.4.3 卷材铺设的注意事项

(1) 卷材铺设前应认真清理基层，使其干净、干燥，并将地漏、排水口临时封堵严密，以免玛琋脂及杂物等落入而堵塞排水管道。

(2) 卷材铺贴前应在基层上涂刷沥青冷底子油，涂刷要均匀，不得有空白、麻点和气泡。在四周墙面涂刷的冷底子油应高出地面 100mm；在管根、地漏口、排水口等部位涂刷冷底子油时应仔细，不得漏刷。基层冷底子油干燥后方可铺贴卷材。

(3) 因为厕浴间面积小，设备和管道多，排水坡向地漏，所以卷材铺贴前应做好铺贴规划，铺贴时应认真仔细。在管根、地漏口、排水口等处，卷材要套裁整齐，粘贴紧密、封严。

(4) 卷材铺贴应粘结牢固、紧密，铺贴平整、顺直，不得有皱折、翘边和鼓泡现象。地面与墙面交接的阴角处应粘结牢固，不得有空鼓。墙面卷材收头应粘贴紧密，封闭严密，与墙面防水层的搭接要封严。

(5) 热沥青胶粘贴沥青防水卷材时，热沥青胶的温度不应低于 190℃；面层涂刷热沥青胶的温度不应低于 160℃；绿豆砂撒铺的预热温度至 50～60℃，并应炒干。

3.4.4 质量要求

(1) 卷材防水层所用卷材及其配套材料必须符合设计要求。

(2) 卷材防水层严禁渗漏，坡度、坡向正确，排水通畅，不得有积水。

(3) 卷材防水层与基层、卷材防水层之间应粘结牢固，密封严密，不得有皱折、翘边和鼓泡等缺陷。

(4) 卷材的铺贴方向应正确，卷材搭接宽度的允许偏差为－10mm。

3.5 厕浴间防水砂浆防水

3.5.1 一般要求

(1) 防水砂浆的防水剂掺入量和强度等级(配合比)应符合设计要求。

(2) 地面坡度和坡向应符合设计要求，一般地面向地漏处排水坡度为 1%

(3) 地面防水层厚度一般为 10mm，分两遍做成；找平层最小厚度一般为 10mm。

(4) 防水砂浆宜采用机械搅拌，搅拌时间不小于 2min；拌制量以工程需用量和防水砂浆凝结时间确定；防水砂浆使用时间应不超过 60min。

3.5.2 基层处理

将楼板及墙表面的杂物、灰尘、浮砂清扫干净，用水冲洗使其充分湿润，将地漏、排水口等严密封闭。

3.5.3 防水砂浆层施工

(1) 地面防水砂浆层施工

1) 根据排水坡度要求确定防水砂浆层铺设厚度(最厚厚度)，用墨斗在四周墙面标出铺设位置标准线。

2）在干净湿润的基层上，均匀刷抹一道稀糊状的水泥防水剂素浆作结合层，以提高防水砂浆与基层的粘结力，厚度宜为 2mm。要求用力刷涂 3～4 次，以达到均匀压实填孔的目的。

3）在结合层未干之前，及时铺抹第一层防水砂浆(找平层)，铺抹厚度应保证第二层防水砂浆厚度为 10mm。铺抹方法是：用铁铲将砂浆铺在基层上，初步整平拍实，全部地面一次铺完不留施工缝，然后用刮尺拢平，用塑料抹子压实抹平，搓出毛面。

4）在第一层防水砂浆初凝前，均匀刷抹一道水泥防水剂素浆结合层，厚 2mm，随后铺抹第二层防水砂浆，厚 8mm。要求压实、抹平、搓毛，以利地面面层的铺设。

5）保湿养护，并不得随意上人踩踏。

厕浴间地面防水砂浆层的铺设还可以先铺抹 1：3 水泥砂浆找平层，在其上做厚 2mm 结合层，水泥防水砂浆层厚为 8mm。

(2) 墙面防水砂浆层施工

墙面防水砂浆层厚度为 6～8mm，先抹 2mm 厚的水泥防水剂素浆，后抹 4～6mm 厚防水砂浆。要求压实、抹平，与基层粘结牢固；表面要搓毛，以利于面层水泥砂浆或面砖的施工。

(3) 细部构造处理

1）阴阳角处应抹成均匀一致的平滑小圆角，阴角半径不小于 10mm(或防水层厚度两倍的 45°斜角)，阳角半径不小于 25mm。地面与墙面之间的转角处，应与地面同时铺抹，施工缝留在墙面上，高出地面 200mm。

2）地漏、排水口、穿楼板管道的处理方法与厕浴间防水第一节所述相同。地面水泥防水砂浆防水层与地漏、排水口、穿楼板管道的周边应封闭严密，不得渗漏水。

3.5.4 质量要求

(1) 防水砂浆所用材料必须符合设计要求和国家产品标准的规定。

(2) 防水砂浆的防水性能和强度等级(或配合比)必须符合设计要求。

(3) 防水层厚度应符合设计要求，坡向坡度正确，不得有倒泛水和积水，严禁渗漏。

(4) 防水层与底层应粘结牢固，不得有空鼓；表面平整，不得有裂纹、脱皮和起砂等缺陷。

(5) 防水层表面平整度允许偏差为 3mm。

项目10 装饰工程施工

通过训练，掌握楼(地)面工程、饰面工程、吊顶与隔墙工程、门窗工程施工工艺与方法，具有组织装饰工程施工的能力。

训练1 楼(地)面工程施工

［训练目的与要求］ 通过训练，掌握楼(地)面工程施工工艺与方法，具有组织楼(地)面工程施工的能力。

1.1 基层施工

基层是指面层以下的各构造层，包括填充层、隔离层、找平层、垫层和基土层等。基层铺设的材料质量、密实度和强度等级应符合设计要求和规范的规定，基层的标高、坡度、厚度等符合设计要求。

1.1.1 对基土层的要求

在淤泥、淤泥质土及杂填土、冲填土等软弱土层上施工时，应按设计要求对基土更换或加固。

填土的质量应符合现行的国家标准《建筑地基基础工程施工质量验收规范》的有关规定。淤泥、腐植土和有机物含量大于8%的土，均不得用作填土。膨胀土作为填土时，应进行技术处理。回填土的质量尚应符合《民用建筑工程室内环境污染控制规范》(GB 50325—2001)第3.2.6条文规定；当内照射指数(I_{Ra})大于1.0或外照射指数(I_r)大于1.3时，工程地点土不得作为工程回填土使用。

1.1.2 基土层的施工要求

填土的施工应采用机械或人工方法分层压(夯)实，土块的粒径不应大于50mm。填土施工时的分层厚度及压实遍数应符合表10-1规定。每层压(夯)实的压实系数应符合设计要求，但不应小于0.9，压实系数通过土工试验确定。填土前宜取土样用击实试验确定最优含水量与相应的最大干密度。

填土施工时的分层厚度及压实遍数 表10-1

压实机具	分层厚度	每层压实遍数	压实机具	分层厚度	每层压实遍数
平　碾	250～300	6～8	柴油打夯机	200～250	3～4
振动压实机	250～350	3～4	人工打夯	<200	3～4

填土宜控制在最优含水量的情况下施工，过干的土在压实前应加以湿润，过湿的土应予晾干。

采用碎石、卵石等作基土表层加强时，应均匀铺成一层。粒径宜为40mm，并应压(夯)实入湿润的土层中。

在冻胀性土上铺设地面时，应按设计要求作防冻胀处理后方可施工，不得在冻土上进行填土施工。

1.2 垫层施工

1.2.1 灰土垫层

灰土垫层用熟化石灰与黏土(或粉质黏土、粉土)的拌合料铺设，其厚度不应小于100mm，并应铺设在不受地下水浸湿的基土上。

灰土拌合料的体积比：设计无要求时宜为3∶7(熟化石灰∶黏土)。熟化石灰应在生石灰(石灰中的块灰不应小于70%)使用前3～4d洒水粉化，并加以过筛，其粒径不得大于5mm；熟化石灰亦可采用磨细生石灰，并按体积比与黏土拌合洒水堆放8h后使用。采用的黏土不得含有有机杂质，使用前应予以过筛，其粒径不得大于15mm。

灰土拌合料应拌合均匀，颜色一致，并保持一定湿度。加水量宜为拌合料总重量的16%。铺设灰土拌合料应分层随铺随夯实，不得隔日夯实，亦不得受雨淋。每层虚铺厚度宜为150～250mm。夯实的干密度最低值应符合设计要求。夯实后的表面平整度应符合要求，经晾干后方可进行下道工序的施工。

在施工间歇后继续铺设前，接槎处应清扫干净，铺设后接槎处应重叠夯实。

1.2.2 砂垫层和砂石垫层

砂垫层铺平后，应洒水湿润，宜采用机具振实。当基土为非湿陷性的土层时，砂垫层施工可随浇水随压(夯)实。每层虚铺厚度不应大于200mm。振实后的密实度应符合设计要求，其检验方法可采取环刀法测定其干密度值，或采用小型锤击贯入度测定。砂垫层的厚度不应小于60mm。

砂石垫层的砂石宜选用级配良好的材料。砂石垫层应摊铺均匀，不得有粗细颗粒分离现象。压实前应洒水使砂石表面保持湿润；采用机械碾压或人工夯实时，均不应小于三遍，并压(夯)至不松动为止。砂石垫层的厚度不应小于100mm。

1.2.3 碎石垫层和碎砖垫层

碎石垫层应摊铺均匀，表面空隙应以粒径为5～25mm的细石子填补，其施工应符合砂石垫层的要求。

碎砖垫层应分层摊铺均匀，洒水湿润后，采用机具夯实，表面平整度应符合有关规定。夯实后的厚度不应大于虚铺厚度的3/4。在已铺设的垫层上，不得用锤击的方法进行砖料加工。

碎石垫层、碎砖垫层的厚度不应小于100mm。

1.2.4 三合土垫层

三合土垫层应采用有石灰、砂(可掺入少量黏土)与碎砖的拌合料铺设，其厚度不应小于100mm。三合土垫层在硬化期间应避免受水浸湿。

三合土垫层采用的材料要求：石灰应采用熟化石灰、碎砖应符合规范、砂应采用中砂，不得含有草根等有机杂质。铺设方法及要求为：采用石灰、砂和碎砖拌合料的体积比宜为1∶3∶6(熟化石灰∶砂∶碎砖)，加水搅拌均匀后，每层虚铺厚度为150mm，铺平后夯实后每层的厚度宜为120mm。

1.2.5 炉渣垫层

炉渣垫层采用炉渣，或水泥与炉渣，或水泥、石灰与炉渣的拌合料铺设，其厚度不应小于80mm。

炉渣或水泥与炉渣垫层所用炉渣，使用前应浇水闷透；水泥石灰炉渣垫层所用炉渣，使用前应用石灰浆或熟化石灰浇水拌合和闷透，闷透时间不得小于5d。

炉渣垫层拌合料应拌合均匀，并控制加水量，铺设后应压实拍平。垫层厚度大于120mm时，应分层铺设，每层压实后的厚度不应大于虚铺厚度的3/4。

当炉渣垫层内埋设管道时，管道周围宜用细石混凝土予以稳固。炉渣垫层施工完毕应养护，待其凝固后方可进入下一道工序施工。

1.2.6 水泥混凝土垫层

水泥混凝土垫层的厚度不应小于60mm，混凝土施工前，应进行配合比设计，通过试配确定混凝土强度及和易性。垫层铺设前，其下一层表面应湿润。水泥混凝土垫层直接铺设在基土上时，当施工气温长期处于0℃以下，在设计无要求时，垫层应设置伸缩缝。室内地面的水泥混凝土垫层，应设置纵向伸缩缝和横向伸缩缝；纵向伸缩缝间距不得大于6m，横向伸缩缝间距不得大于12m。

1.3 整体面层施工

1.3.1 水泥砂浆面层

施工前应按设计测定地面标高，在四周墙上弹出水平基线，并按要求设置排水坡度，同时将楼板板缝用细石混凝土填实，清理板面并洒水湿润，刷一道素水泥浆之后，立即铺上水泥砂浆，用木刮杠刮平，再用木抹子搓平、压实，水泥砂浆面层用铁抹子分三遍压光，逐遍加大压力，一定要掌握好每遍压光的时间，第三遍压光必须在砂浆终凝前完成。砂浆终凝后应浇水或覆盖养护，养护时间不小于7d。

水泥砂浆面层厚度应符合设计要求且不应小于20mm，水泥砂浆面层的体积比应符合设计要求，强度等级不应小于M15，当水泥砂浆面层内埋设管线等导致垫层局部厚度减薄时，应采取防止面层开裂措施并进行处理后方可继续施工，施工过程中应控制好配合比(水泥用量)并及时进行养护，同时应加强施工过程控制；避免出现裂纹、脱皮、磨面、起砂等缺陷。

1.3.2 水泥混凝土面层

施工之前，在地坪四周的墙上弹出水平线，以控制其厚度，浇筑水泥混凝土面层时，其坍落度不宜大于30mm，并应振捣密实，为了使混凝土铺筑后表面平整，不露石子。操作时应采用小滚子来回交叉滚压3～5遍，直至表面泛浆，然后用木抹子压实，在混凝土初凝后终凝前，再用铁抹子反复抹压收光，抹光时不得撒干水泥。施工后一昼夜内要覆盖，浇水养护不少于7d。

水泥混凝土面层不应留置施工缝。当施工间隙超过允许规定时间，再继续浇筑混凝土时，应在已凝结的混凝土接槎处刷一层水泥浆(水灰比宜为0.4～0.5)，再继续浇筑混凝土，并应捣实压平，不显接头槎。

浇筑钢筋混凝土楼板或水泥混凝土垫层兼面层时，应采用随捣随抹的方法。当面层表面出现泌水时，可将水泥与砂(体积比宜为1∶2～1∶2.5)干拌均匀后撒在面层表面，并应及时进行抹平和压光。

1.4　块料面层施工

1.4.1　大理石、花岗石面层施工

1. 施工准备

(1) 大理石和花岗石面层施工应在墙顶装饰抹灰后进行。其切割和磨平处理可在现场进行，以保证尺寸准确。板材应提前浸润并阴干待用。

(2) 板材在铺砌前，应先对色、拼花和编号。

(3) 大理石不得用于室外地面面层。

(4) 弹线：在房间内四周墙上弹出水平基准线，地面上弹出十字中心线，相邻房间的分格线应连接，分格线按板的尺寸加预留缝确定。地面面层标高由墙面500基准线返下找出。

2. 铺贴板材

(1) 安装标准块：弹线后，应先铺标准块，作为整个房间的水平标准(起标筋作用)和接缝的依据。试铺合适后将板揭起，在结合层上均匀撒一层干水泥并淋水少量，铺贴时要四角同时落地。凡有柱子的大厅，宜先铺砌柱子之间部分，再由此展开。

(2) 铺贴：结合层与阴干的板材应分段同时铺砌。正式铺砌后应用木锤或橡皮锤敲击平实，即要找平直，相邻板材应平齐，纵横间隙缝应对齐，缝宽应≤1mm。

(3) 灌缝及养护：板材铺贴后次日用素水泥浆灌2/3缝深，其余用同色水泥浆擦缝，然后用干锯末擦亮。并用干锯末或草席覆盖养护，7d内不准上人。要待结合层的水泥砂浆达到设计强度后，方可进行打蜡。

1.4.2　地面砖面层施工

在水泥砂浆结合层上铺贴缸砖、陶瓷地砖和水泥类地砖时，应按以下几点要求施工：

(1) 基层应达到1.2MPa的抗压强度以上，其表面平整、洁净、粗糙和湿润，并刷一道水泥浆。

(2) 铺贴前，砖要按要求进行预选，使用前应湿润后晾干。

(3) 铺贴应采用干硬性的水泥砂浆，铺贴砂浆要饱满，面层要平整。砖的缝隙随铺贴方法而异。留缝铺砌时，要求缝宽一致，一般为5～10mm；碰缝铺砌时，缝宽应小于1mm。铺贴时应分段弹线，用水泥砂浆结合层作找平层时应先做灰饼和冲筋，然后在找平层上弹线。铺砖时结合砂浆应拍实搓平。

(4) 面层铺贴1d后，根据各类砖面层的要求分别进行擦缝、勾缝或压缝工作。缝深宜为砖厚的1/3，擦缝和勾缝应采用同品种、同标号、同颜色的水泥。擦缝完后应随即清理面层的水泥。

1.5 其他面层施工

1.5.1 塑料地板铺贴

1. 施工程序

弹线分格 → 裁切试铺 → 刮胶 → 铺贴 → 清理、养护。

2. 施工要点

(1) 弹线分格

弹线时先找出房间的中心位置，然后弹出两条互相垂直的定位线，若平行于墙面，则为直角定位法；若与墙面成45°夹角，则为对角定位法；如房间成扇形，那么定位线应是半径和圆弧的关系。

弹分格线时，要先计算，以免出现小于1/2板宽的窄条，且相邻房间面层的交界线或分色线应设置在门的裁口线处，而不是在门框边缘，否则关门后必定在某一房间出现两种图案或色彩形式。

(2) 裁切试铺

试铺前将塑料板放入75℃热水中浸泡15min左右，取出晾干后用棉纱蘸丙酮汽油(1：8)溶剂进行涂刷，以达到脱脂除蜡的目的。

对于靠墙和在分界线处的非整块，以及图案设计所需的非整块要预先裁切，试铺合格后，应按顺序编号待用。

(3) 刮胶

塑料板铺贴前，先在洁净干燥的基层上涂刷一道由非水溶性胶粘剂加其质量10%左右的汽油和同质量的醋酸乙酯的底胶。

在底胶干燥后方可正式涂胶铺贴，并注意施工环境温度宜控制在10～35℃之间。

不同的胶粘剂有不同的施工方法。乳胶型胶粘剂同时在基层和塑料板背刮胶；溶剂型胶粘剂只在地上刮胶，且涂布后应晾干到胶刚不沾手时才铺贴；聚醋酸乙烯溶剂型胶要边涂边铺，且涂刮面不能太大，因其中甲醇挥发迅速。

(4) 铺贴

铺贴时以弹线为依据，从房间的一侧开始，可采用十字形、丁字形或对角形。如图10-1所示。

铺贴时应先将板的一边对齐，待四周对齐后用橡胶滚筒轻压粘合，或用橡皮锤敲实。如图10-2所示。

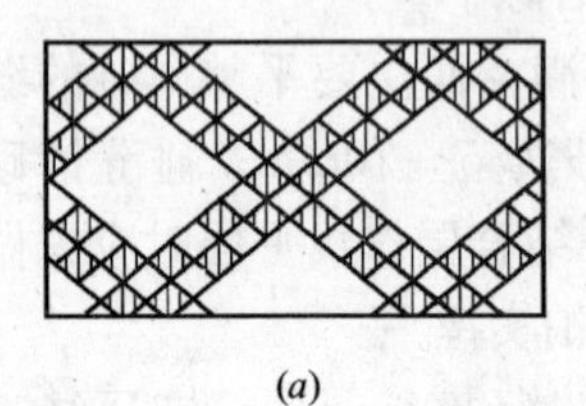
(a)

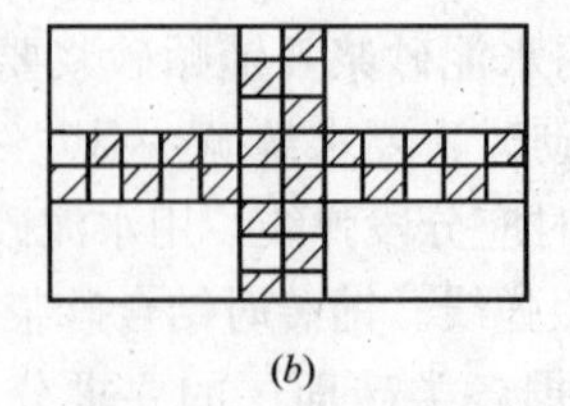
(b)

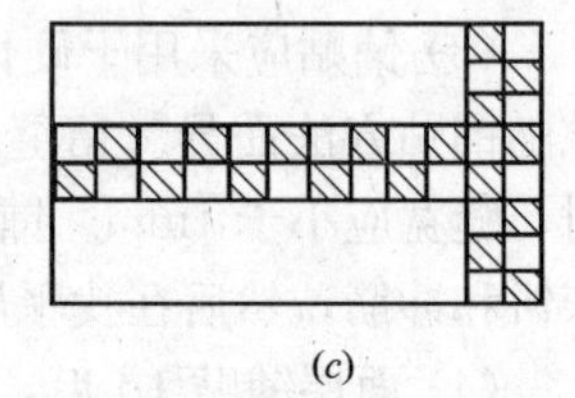
(c)

图10-1 铺贴示意图

(a)对角形；(b)十字形；(c)丁字形

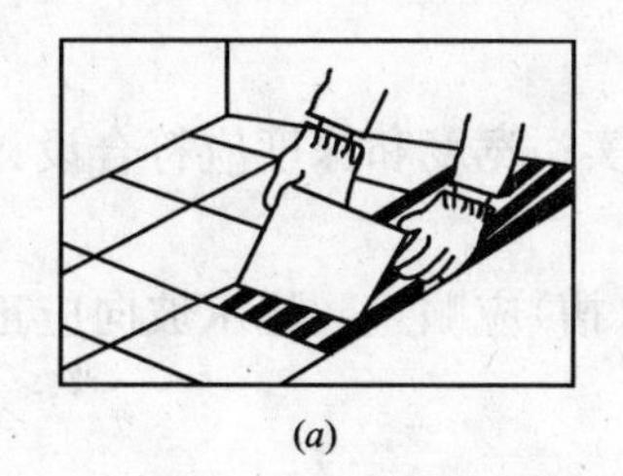
(a)

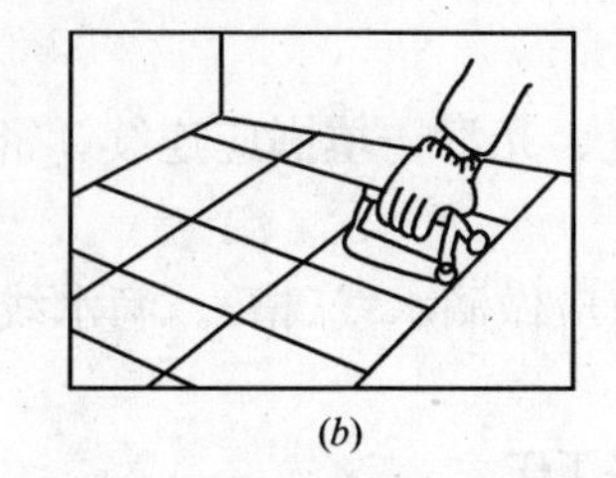
(b)

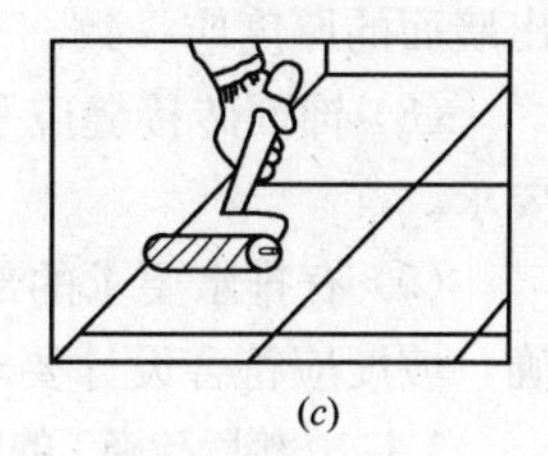
(c)

图 10-2 铺贴及压实示意图
(a)地板一端对齐粘合；(b)用橡胶滚筒赶走气泡；(c)压实

1.5.2 氯化聚乙烯卷材地面铺贴

1. 施工程序

氯化聚乙烯卷材地面铺贴施工程序为：基层处理→弹线→刷胶铺贴→接缝处理。

2. 施工要点

(1) 弹线：由于是卷材地板，弹线按走道或光照方向进行，线距为卷材的宽度减去搭接尺寸(约 20mm)。

(2) 刷胶铺贴：先对基层和卷材背面涂胶，要均匀薄涂，待晾干后将卷材提起，对准弹好的搭接线，由一端先铺贴，再全长对线铺贴。铺正后，用手提式滚筒从中间往两边赶压铺平，若有未赶出的气泡，应将前端掀起赶出，重新对线铺贴。

(3) 接缝处理：铺好第一幅卷材后，接着铺第二幅卷材时，在接缝处搭接 20～40mm，在两幅卷材搭接处居中弹线。然后用钢板尺压在线上切割两层叠和卷材，撕去边条，补涂胶液，压实贴牢。

训练 2 饰面工程施工

[训练目的与要求] 通过训练，掌握饰面工程施工工艺与方法，具有组织饰面工程施工的能力。

2.1 饰面砖镶贴

2.1.1 饰面砖镶贴施工的质量要求

(1) 饰面砖的品种、规格、图案颜色和性能应符合设计要求。

(2) 饰面砖粘贴工程的找平、防水、粘结和勾缝材料及施工方法应符合设计要求及国家现行产品标准和工程技术标准的规定。

(3) 饰面砖粘贴必须牢固。

(4) 满粘法施工的饰面砖工程应无空鼓、裂缝。

(5) 饰面砖表面应平整、洁净、色泽一致，无裂痕和缺损。

(6) 阴阳角处搭接方式、非整砖使用部位应符合设计要求。

(7) 墙面突出物周围的饰面砖应整砖套割吻合，边缘应整齐。墙裙、贴脸突出墙面的厚度应一致。

(8) 饰面砖接缝应平直、光滑，填嵌应连续、密实；宽度和深度应符合设计要求。

(9) 有排水要求的部位应做滴水线(槽)。滴水线(槽)应顺直，流水坡向应正确，坡度应符合设计要求。

2.1.2 饰面砖施工的准备工作

(1) 饰面砖应镶贴在湿润、干净、平整的找平层(基层)上，为了保证找平层与基体粘结牢固，根据不同的基体，应进行如下处理：

1) 对砖墙基体：先用水将砖墙基体湿透后，用1∶3水泥砂浆做找平层，要用木抹子搓平，隔天浇水养护。

2) 对混凝土基体：可选用下述三种方法中的一种进行处理。

A. 将混凝土表面凿毛后，用水湿润，刷一道聚合物水泥浆结合层后，随即抹1∶3水泥砂浆找平层，要用木抹子搓平，隔天浇水养护。

B. 将混凝土表面清扫干净后，用水湿润，用1∶1水泥细砂浆(内掺20%801胶)喷到混凝土基体上作“毛化处理”，称喷毛，待其凝固后，在抹上1∶3水泥砂浆找平层，要用木抹子搓平，隔天浇水养护。

C. 清除混凝土表面浮灰、油污后，用水湿润，将混凝土界面处理剂涂抹在混凝土基体上，厚度约2～3mm，待10～20min后(即表干后)，抹1∶3水泥砂浆找平层，要用木抹子搓平，隔天浇水养护。

实际工程中采用喷毛方法处理，虽然用工较多，但粘结力强，效果较好。

(2) 镶贴饰面砖前应预排，弹线，立标志，以使接缝均匀，符合图案要求。

(3) 饰面砖的接缝宽度，应符合设计要求。如镶贴釉面砖时，接缝宽度为1～1.5mm。

(4) 镶贴前，应将饰面砖清扫干净，并浸水两小时以上，待表面晾干后方可使用。

2.1.3 内墙釉面砖的镶贴

(1) 基层处理：先将基层浇水湿润，用1∶3水泥浆打底，厚7～10mm，找平划毛，养护1～2d。

(2) 弹线排砖：镶贴面砖前在基层上弹线分格，在同一墙面上的横、竖排列中，不宜有一行以上的非整砖，非整砖应安排在次要部位或阴角处。

(3) 找平直：在镶贴釉面砖的基层上用废面砖按镶贴厚度上下左右做灰饼，并上下用托线板校正垂直，横向用线绳拉平，阳角处要两面挂直如图10-3所示。

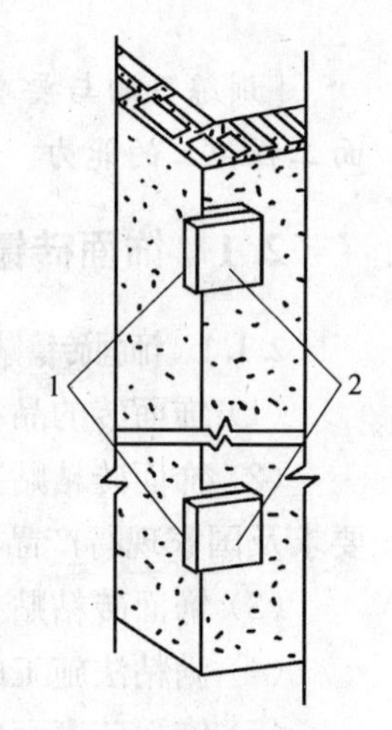

图10-3 两面挂直
1—小面挂直靠平；
2—大面挂直靠平

(4) 贴砖：镶贴时先浇水湿润底层，贴时一般从阳角开始，由下向上逐层粘贴。如墙面有突出的管线、灯具、卫生器具，应用整砖套割吻合，不得用非整砖拼凑镶贴，镶贴砂浆宜采用1∶2水泥砂浆，砂浆厚度6～10mm，用铲刀木柄轻击砖表面，使其落实贴牢，并随即将挤出的砂浆刮净，在镶贴过程中随时用靠尺以灰饼为准检查平整度和垂直度。如发现高于标准砖面，应立即挤面砖；如低于标准砖面，应揭下重贴，严禁从砖侧边挤密砂浆。接缝宽度控制在1～1.5mm范围内，并保持宽窄一致。

镶贴完毕后，应用棉纱及时擦净表面余浆，并用薄皮刮缝，然后用同色水泥嵌缝。

2.1.4 外墙面砖的镶贴

外墙底、中层灰抹完后，养护1～2天即可镶贴施工。镶贴前应在基层上弹基准线，方法是：在外墙阳角处用线锤吊垂线并用经纬仪校核，用花篮螺丝将钢丝绷紧作为基准线。以基准线为准，按预排大样先弹出顶面水平线，然后每隔约1000mm弹一垂线。在层高范围内按预排尺寸和面砖块数弹出水平分缝、分层皮数线。一般要求外墙面砖的水平缝与窗台面上在同一水平线上，阳角到窗口都是整砖。外墙面砖一般都为离缝镶贴，可通过调整分格缝的尺寸(一个墙面分格缝尺寸应统一)来保证不出现非整砖。

在镶贴面砖前应作标志块灰饼并洒水润湿墙面。

镶贴外墙面砖的顺序是整体自上而下分层分段进行，每段仍应自上而下镶贴，先贴墙柱、腰线等墙面突出物，然后再贴大片外墙面。

镶贴时先在面砖的上沿垫平分缝条，用1∶2的水泥砂浆抹在面砖背面，厚度约6～10mm，自墙面阳角起顺着所弹水平线将面砖连续地镶贴在墙面找平层上。镶贴时应“平上不平下”，保证上口一线齐。竖缝的宽度和垂直度除按弹出的垂线校正外，应经常用靠尺检查或目测控制，并随时吊垂直线检查。一行贴完后，将砖面挤出的灰浆刮净并将第二根分缝条靠在第一行的下口作为第二行面砖的镶贴基准，然后依次镶贴。分缝条同时还起着防止上行面砖下滑的作用。分缝条可于当日或次日起出，起出后可刮净重复使用。一面墙贴完并检查合格后，即可用1∶1的水泥细砂浆勾缝，随即用砂头擦净砖面，必要时可用稀盐酸擦洗，然后用水冲洗干净。

2.2 大理石板、花岗岩板、青石板等饰面的安装

2.2.1 饰面板施工的质量要求

(1) 饰面板的品种、规格、颜色和性能应符合设计要求，木龙骨、木饰面板和塑料饰面板的燃烧性能等级应符合设计要求。

(2) 饰面板孔、槽的数量、位置和尺寸应符合设计要求。

(3) 饰面板安装工程的预埋件(或后置埋件)和连接件的数量、规格、位置、连接方法及防腐处理必须符合设计要求。后置埋件的现场拉拔强度必须符合设计要求。饰面板安装必须牢固。

(4) 饰面板表面应平整、洁净、色泽一致，无裂痕和缺损。石材表面应无泛碱等污染。

(5) 饰面板嵌缝应密实、平直，宽度和深度应符合设计要求，嵌填材料色泽应一致。

(6) 采用湿作业法施工的饰面板工程，石材应进行防碱背涂处理。饰面板与

基体之间的灌注材料应饱满、密实。

(7) 饰面板上的孔洞应套割吻合，边缘应整齐。

2.2.2 传统的湿挂安装

(1) 安装饰面板的墙面、柱面抄平后，分块弹线尺寸并按照花纹图案在平地上进行预拼并编号，以便安装时对号入座。

(2) 先在墙面或柱面内预埋锚固件，绑扎或焊接作为固定饰面面板用的钢筋网，并将钢筋网与预埋的锚固件连接牢固。

(3) 将已选定的饰面板侧面和背面清扫干净后，进行修边砖孔，每块饰面板的上下边砖孔数量一般均不少于2个，孔位宜在板宽的两端1/4处，中心距板材背面约8mm，孔径为5mm，深度为15mm，然后孔眼穿出板材背面。板材钻孔并穿入防锈金属丝(铜丝或镀锌钢丝)备用。

(4) 饰面板安装时从最下一层的中间或一端开始，按部位编号将饰面板就位，用防锈金属丝将饰面板与墙(或柱)表面的预埋钢筋网绑扎固定(如图10-4所示)。对较大的饰面板在找正吊直后还应采取临时固定措施，防止灌注水泥砂浆时板位置移动。在安装固定过程中，要随时用托线板靠直靠平，接缝宽度可垫木楔调整，并应确保板材表面平整、竖直及上沿平顺，板与板交角处四角平整。

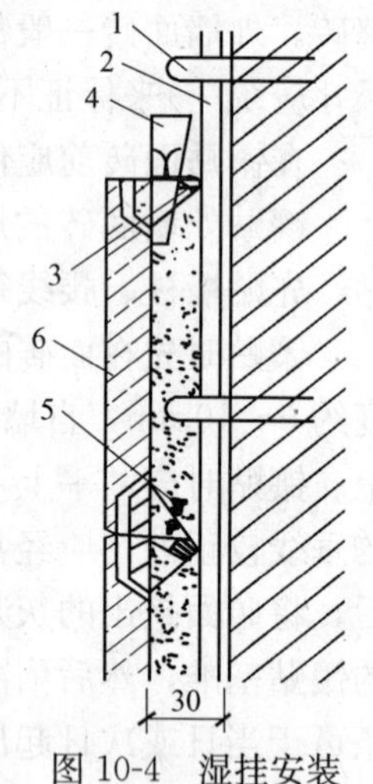

图10-4 湿挂安装固定示意图

1—预埋件；2—竖筋；3—横筋；4—定位木楔；5—铜丝；6—石材面板

(5) 饰面板与基层间的间隙一般为20～50mm，灌注水泥砂浆前应用石膏板将饰面板之间的缝隙封严，并浇水将板材背面和基层表面湿润，再分层灌注1：2.5水泥砂浆，每层灌注高度为150～200mm，插捣密实。待初凝后，经检查板面位置无移动时，再灌注砂浆，直至距板上口50～100mm为止。砂浆初凝后，将饰面板上口清理干净，按同样方法依次自下而上进行饰面板安装。

(6) 饰面板安装完毕后，表面应清洗干净，接缝处宜用与板材相同颜色的水泥浆填抹，边抹边擦，使接缝嵌浆密实，颜色一致。光面和镜面的饰面板，经清洗晾干后，方可打蜡擦亮。

2.2.3 直接粘贴法

直接粘贴法适用于厚度在10～12mm以下的石材薄板和碎大理石板的铺设。粘接剂可采用不低于32.5级的普通硅酸盐水泥砂浆或白水泥白石屑浆，也可采用专用的石材粘接剂(如AH-03型大理石专用粘结胶)。对于薄型石材的水泥砂浆粘贴施工，主要应注意在粘贴第一皮时应延水平基准线放一长板作为托底板，防止石板粘贴后下滑。粘贴顺序为由下至上逐层粘贴。粘贴初步定位后，应用橡皮锤轻敲表面，以取得板面的平整和与水泥砂浆接合的牢固。每层用水平尺靠平，每贴三层竖直方向用靠尺靠平。使用粘接剂粘贴饰面板时，特别要注意检查板材的厚度是否一致，如厚度不一致，应在施工前分类，粘贴时分不同墙面分贴不同厚度的板材。

2.2.4 干挂法

干挂安装法是利用高强度和耐腐蚀的连接固定件，将饰面板挂在建筑物结构的外表面上，饰面板与基层之间留有40～50mm空腔。如图10-5所示。

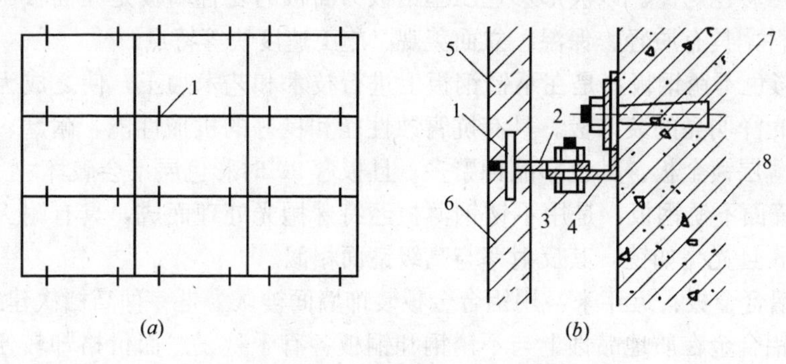

图10-5 干挂安装固定示意图
(a)立面示意图；(b)安装节点构造图
1—钢针；2—舌板；3—连接螺栓；4—托板；5—上饰面板；
6—下饰面板；7—膨胀螺栓；8—混凝土基体

干挂安装饰面板多采用上下边支承方式，其所用的连接固定件由托板、舌板和钢针组成，如图10-6所示，并均用不锈钢制成。托板与舌板厚度为6mm，两者通过椭圆孔用螺栓连接，钢针直径为4mm，长度为50mm。按所用钢针规格要求，在每块饰面板上下边各钻2个垂直孔，孔径取6mm，孔深取30mm。饰面板安装时，托板竖向边紧贴混凝土基体表面，通过不锈钢膨胀螺栓将托板固定在混凝土基体上。钢针穿过舌板，两端插入上下两块饰面板的直孔内，并用1∶1.5白水泥环氧树脂胶(或975结构胶)灌孔加以固定。由于托板和舌板上所开孔洞均为椭圆形，故连接件位置可作三向移动，以调整饰面板的位置。

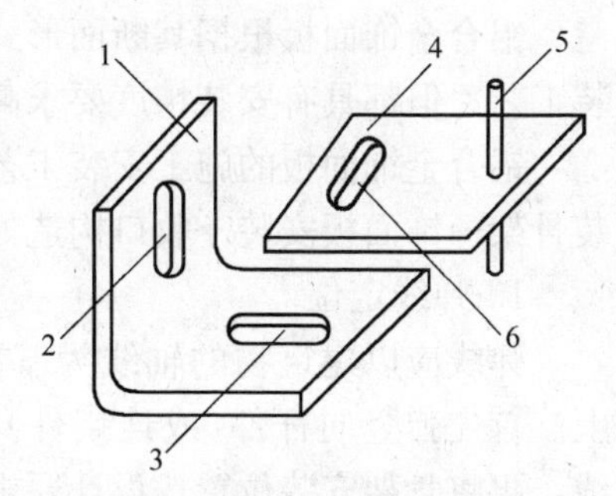

图10-6 组合连接件三向调节
1—托板；2—竖向椭圆孔；3—纵向椭圆孔；4—舌板；5—钢针；6—横向椭圆孔

干挂安装法的优点是：安装精度高，墙面平整。由于取消了砂浆粘接层，因此，除饰面板不受砂浆析碱污染影响外，还可减轻结构自重，提高施工效率。同时，因饰面板与基层之间留有空腔，还具有保温隔热和节能效果。此法多用于钢筋混凝土结构，不适宜用于砖墙结构。

2.3 金属饰面板施工

2.3.1 金属类装饰板的种类

金属饰面板作为建筑物的装饰，具有典雅庄重、质感丰富、线条挺拔及牢固、质轻、耐久等特点，主要由以下几种类型。

(1) 彩色涂层钢板：也叫塑料复合钢板。通常以热轧钢板和镀锌板为基板，表面涂有聚氯乙烯等其他有机、无机或复合涂料。具有绝缘、耐磨、耐酸碱等特点，且有易加工(可切割、弯曲、卷边等)的优点。

(2) 彩色压型钢板复合墙板：同彩色涂层钢板一样的基板，表面涂各种防腐耐蚀涂层与彩色烤漆。以波形彩色压型钢板为面板的复合墙板是在面板内加入轻质保温材料，具有质轻、保温、立面美观、施工速度快等特点。

(3) 彩色不锈钢板：是在不锈钢板上进行技术和艺术加工，使之成为各种色彩绚丽、光泽明亮的装饰板。具有抗腐蚀性能和良好的机械性能，耐磨、耐刻划性相当于薄层镀金板。其色彩品种繁多，且板弯 90°时彩色层不会破坏。

(4) 镜面不锈钢板：是用不锈钢薄板经特殊抛光处理而成，具有耐火、耐腐蚀等特点，且光亮如镜，其反射率与高级镜面相似。

(5) 铝合金板：近年来，用铝合金板装饰墙面被认为是一种高档次建筑装饰。这是因为铝合金在质地品性上与不锈钢和铜板各有千秋，然而价格却较便宜，再者其装饰效果独特，施工方便，重量仅为钢的 1/3，强度高、刚度好、经久耐用。

(6) 铝塑料板(复合铝板)、曲面装饰板和蜂窝铝板等均为铝合金制品，因它们具有良好的装饰效果而被广泛使用。

2.3.2 铝合金饰面板的安装工艺

铝合金饰面板根据其断面形式和结构特点，一般由生产厂家设计有配套的安装工艺，但都具有安装精度要求高，施工难度大的特点。

铝合金饰面板的施工安装工艺流程一般为：弹线定位→安装固定连接件→安装骨架→饰面板安装→收口构造处理→板缝处理。

1. 弹线定位

弹线应以建筑物的轴线为基准，根据设计要求将骨架的位置弹到结构主体上。首先弹竖向杆件(或连接件)的位置，然后再弹水平线，向上、下反弹水平线，再将骨架安装位置按设计要求标定出来，为骨架安装提供依据。

2. 固定连接件

通常连接件以型钢制作并与结构预埋铁件焊接。也可不做预埋件，直接将连接件用金属膨胀螺栓固定在弹线确定的固定位置上。为确保连接件的牢固性，安装固定后应对施工情况作隐蔽工程检查纪录(焊缝长度、位置、膨胀螺栓的打孔深度、数量等)，必要时应做抗拉、拉拔测试，以达到设计要求。

3. 安装固定骨架

骨架的横、竖杆件可采用铝合金型材或型钢。若采用型钢，安装前必须做防锈处理，避免产生电化学腐蚀。骨架要严格按定位线安装。安装顺序一般是先安装竖向杆件再安装横档，因横档一般不与主体连接，只与竖向杆件连接。杆件与连接件间一般采用螺栓连接，便于进行位置调整。安装过程中应及时校正垂直度和平整度，特别是对于较高处外墙面饰面的竖杆，应用经纬仪校正，较低的可用线锤校正。

4. 铝合金饰面板的安装

铝合金饰面板根据板材构造和建筑物立面造型的不同，有不同的固定方法，操作顺序也不尽相同。一般安装有如下两种方法：一是直接将板材用螺栓固定在骨架型材上，二是利用板材预先压制好的各种异形边口压卡在特制的带有卡口的金属龙骨上。

(1) 铝合金饰面板的安装

铝合金扣板的截面形状见图 10-7，一般宽度≤150mm，每块标准长度为 6m。安装时采用后条扣压前条的方法，使前块板条安装固定的螺丝被后块板条扣压遮盖，从而达到螺钉全部暗装的效果。该种饰面板的骨架间距一般为：主龙骨 900mm，次龙骨≤500mm。安装时要随时校正水平度、垂直度及板面的整体平整度。对板材的四周收口，可用角铝或不锈钢角板进行封口处理。安装示意图见10-7。

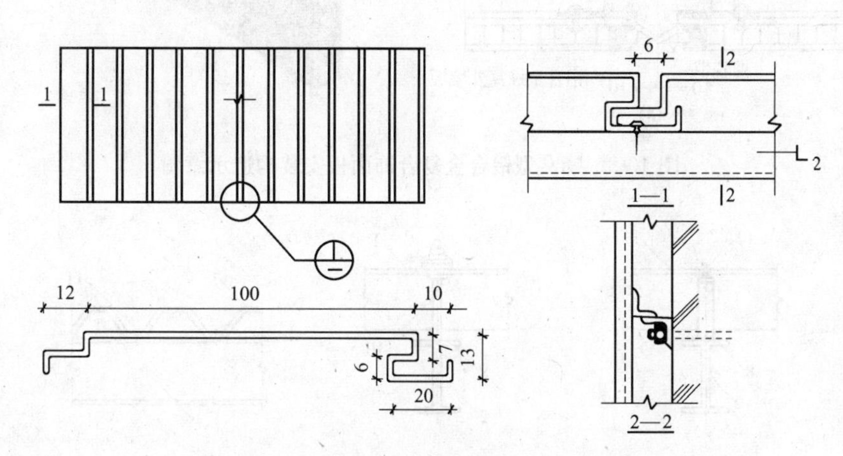

图 10-7　铝合金扣板的截面形状及安装示意图

(2) 铝合金饰面板的压卡法施工

是将饰面板的边缘弯折成异型边口，然后将由镀锌钢板冲压成型的带有嵌插卡口的专用龙骨固定后，将铝合金饰面板压卡在龙骨上，形成平整、顺直的板面。

(3) 蜂窝型铝合金复合饰面板的施工

图 10-8 为蜂窝型铝合金复合饰面板的安装构造示意图。图示的复合板在生产时将边框与固定连接件一次压制成型，边框与蜂窝板连接并嵌固密封。安装方法是将角钢龙骨与墙体连接，U 型吊挂件嵌固在角钢内用螺栓连接。U 型吊挂件与边框间留有一定空隙，用发泡聚氯乙烯填充料填充，两块板间留 20mm 左右的缝，用成型橡胶带压死，以便防水。图所示的是内蜂窝结构由玻纤布或纤维成型制作的铝合金复合饰面板，板边缘压制有边口，与铝合金龙骨用铝拉铆钉固定，铆钉间距为 100～150mm，板缝间用发泡塑料填充，然后用防水密封封严。

2.3.3 彩色压型钢板的施工

图 10-9 为彩色压型钢板的安装构造详图。

采用压型钢板的安装顺序为：预埋连接件→安装龙骨→安装压型钢板→板缝处理。

连接件的施工，在砖基体中可埋入带有螺栓的预制混凝土块或木砖；在混凝

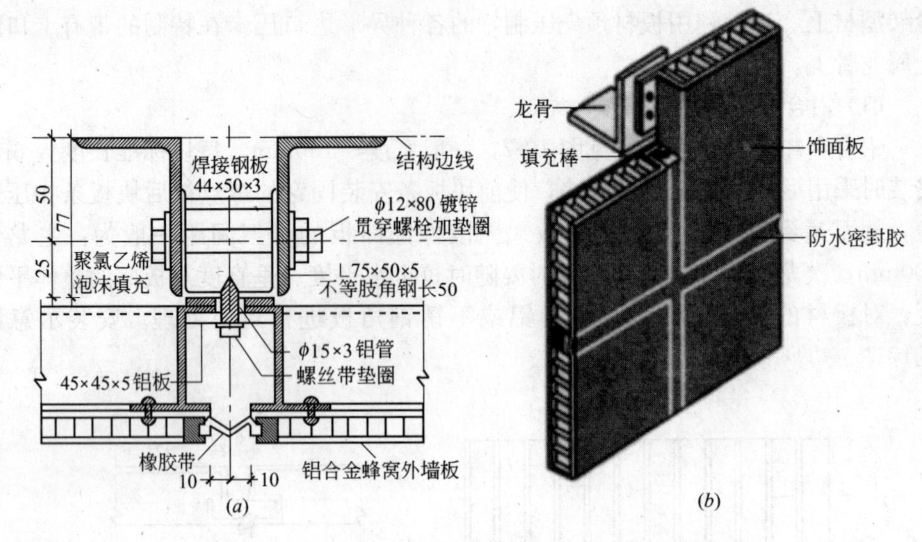

图 10-8 蜂窝型铝合金复合饰面板安装构造示意图

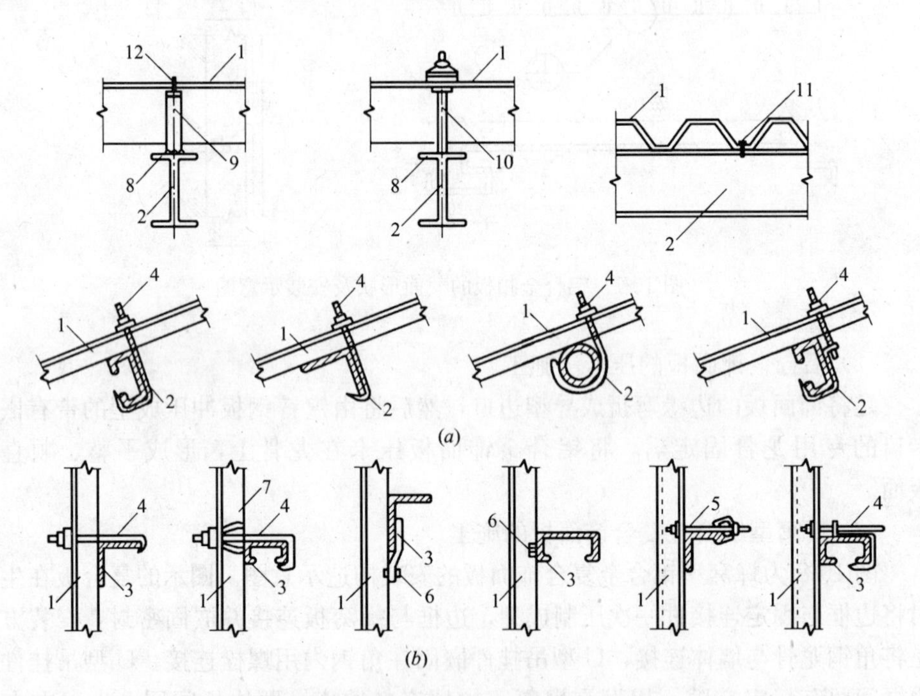

图 10-9 彩色压型钢板的安装构造详图

(a)与檩条连接；(b)与墙梁连接

1—压型钢板；2—檩条；3—墙梁；4—钩头螺栓；5—直杆螺栓；6—铝质拉铆钉；7—内垫架；8—焊缝；9—固定支架；10—固定长螺栓；11—自攻螺丝(带防水垫)；12—固定螺栓

土基体中可埋入ϕ8～10的钢筋套扣螺栓，也可埋入带锚筋的铁板。如没有将连接件预埋在结构基体中也用金属膨胀螺栓将连接件钉固于基体上。

龙骨一般采用角钢(∟30×30×3)或槽钢(［25×12×4)，连接预埋铁件应先做防腐或防火处理。龙骨固定前要拉水平线和竖直线，并确定连接件的位置，龙骨与连接件间可采用螺栓连接或焊接。竖向龙骨的间距一般为900mm，横向龙骨间距一般为500mm。根据排板的方向也可只设横向或竖向龙骨，但间距都应为500mm。

安装压型钢板要按构造详图进行。安装前要检查龙骨位置，计算好板材及缝隙宽度，同时检查墙板尺寸、规格是否齐全，颜色是否一致。最好进行预排、划线定位。墙板与龙骨间可用螺钉或卡条连接，安装顺序可按节点的连接接口方式确定，顺一个方向连接。

彩色压型钢板的板缝要根据设计要求处理好，一般可压入填充物，再填防水材料。特别是边角部位要处理好，否则会使板材防水功能受到影响。

2.3.4 金属饰面板柱面安装

1. 工艺流程(以不锈钢为例)

柱体成型→柱体基层处理→不锈钢板的滚圆→不锈钢板安装和定位→焊接→打磨修光。

2. 施工要点

(1) 混凝土柱的成型

其工艺要点是要在混凝土浇柱的同时，预埋固定铜质或钢质垫板。一般当所用的不锈钢板的厚度≤0.75mm时，可在柱的一侧埋设垫板。当其厚度>0.75mm时，宜在柱的两侧埋设垫板。垫板可采用中部有浅沟槽专用垫板，也可采用中部不开沟槽的平垫板。平垫板的尺寸因不锈钢的厚度而异。

(2) 柱面的修整

必须加强对柱体的垂直度、平整度和圆度的检查与修整。

(3) 不锈钢板的滚圆

将不锈钢板加工成所需要的圆柱，是不锈钢包柱制作中的关键环节。常用的两种方法是手工滚圆和卷板机滚圆。对于厚度不同的钢板可采用不同的加工方法。一般当板厚≤0.75mm时，可用手工滚圆法，即可用木榔头、钢管和支撑架来制圆，当然用卷板机质量更好。当板厚>0.75mm时，宜用三轴式卷板机，一般不宜滚成一完整的柱面，而是先滚成二个标准半圆，再焊接成一个圆柱面。

(4) 不锈钢板的安装和定位

安装时应注意以下三点：一是钢板的接缝位置应与柱子基体上预埋的垫板的位置相对应；二是在焊缝两侧的不锈钢板不应有高低差；三是焊缝间隙尺寸的大小应符合焊接规范要求，也应尽可能矫正板面的水平，并调整焊缝间距，保证焊缝处有良好的接触。最后可以用点焊的方式或其他方法将板固定。

(5) 接缝的准备

对于厚度在2mm以下的不锈钢板的焊接，考虑到钢板筒体并不承受太大的荷载，故一般均不开坡口，而采用平坡口对接焊接。如要开坡口，应在安装前做好坡口。无论对平口还是坡口焊缝都应做彻底的脱脂和清洗。

(6) 焊接

从国内的实际应用情况及焊接技术水平来看，选择手工电弧焊和氧气乙炔气焊为多，但气焊适宜于焊1mm以下厚度的不锈钢板，尤其是奥氏体系的。手工电弧焊用于不锈钢薄板时，应用较细(<ϕ3.2mm)的焊条及较小的焊接电流。

(7) 打磨修光

当焊缝表面没有太大的凹痕及粗大的焊珠时，可直接抛光。否则应先来磨平修整，再用抛光机处理。

2.4 裱糊工程施工

2.4.1 基层处理的基本要求

裱糊前，基层处理质量应达到下列要求：

(1) 新建筑物的混凝土或抹灰基层墙面在刮腻子前应涂刷抗碱封闭底漆。

(2) 旧墙面在裱糊前应清除疏松的旧装修层，并涂刷界面剂。

(3) 混凝土或抹灰基层含水率不得大于8%；木材基层的含水率不得大于12%。

(4) 基层腻子应平整、坚实、牢固，无粉化、起皮和裂缝；腻子的粘结强度应符合《建筑室内用腻子》(JG/T 3049)N型的规定。

(5) 基层表面平整度、立面垂直度及阴阳角方正应达到规范高级抹灰的要求。

(6) 基层表面颜色应一致。

(7) 裱糊前应用封闭底胶涂刷基层。

2.4.2 壁纸裱糊工艺

工程流程：基层处理→弹线→ 裁纸→润纸→刷胶粘剂→裱糊→修整。

1. 基层处理

(1) 砂浆抹灰及混凝土基层：应先清除表面的灰尘及污垢，对泛碱部位宜用9%的稀醋酸中和、清洗，其后满刮一遍腻子，并用砂纸磨平。腻子应用乳液滑石粉、乳液石膏等强度较高的腻子。腻子干燥后，应喷(刷)一遍108胶水溶液。

(2) 木质、石膏板等基层：先将基层的接缝、钉眼等用腻子填平。木质基层用石膏腻子满刮一遍，再用砂纸磨平，纸面石膏板基层用油性石膏腻子局部刮平，也可满刮并磨平，无纸石膏板基层应刮一遍乳液石膏腻子并磨平。

2. 弹线、预拼试贴

(1) 弹垂线一般从阴角开始，在距阴角线比壁纸宽短50mm处弹垂线。对于有窗户的墙，可在窗口处弹出中垂线，再往两边分格弹线。

(2) 弹垂线时，先在墙顶钉一钉子，系一铅垂线下吊到踢脚板上缘处。待垂线稳定后在垂线下部钉一钉，或画一短垂线，通过两点弹出垂线。

(3) 壁纸上部也应弹出水平线，或以挂镜线控制水平。

(4) 全面裱糊前应先预拼试贴，根据接缝及对花效果，确定裁纸尺寸及花饰拼贴。

3. 裁纸

根据弹线找规矩的实际尺寸统一规划裁纸并编号以便按顺序粘贴。

裁纸时以上口为准，下口可比规定尺寸略长1～3mm左右。如果是带花饰的壁纸，应先将上口的花饰全部对好，并小心裁割以防错位。

4. 润纸

(1) 塑料壁纸遇水膨胀，约10min可胀足，干后又自行收缩。因此对塑料壁纸须先浸泡闷水2～3min，即取出抖出余水，静置20min。

(2) 复合壁纸由于其强度较差，故不能闷水处理，而直接在其背面均匀刷胶粘剂，让胶面对胶面叠放6min左右，即可上墙。

(3) 纺织物壁纸不能在水中浸泡，只须用湿布在其背面揩一遍后即可粘贴。

(4) 无纺贴墙布对湿胀干缩不明显，可不润纸。

5. 刷胶粘剂

(1) 对调配好的胶粘剂，应当日用完，涂刷时要薄而匀，严防漏刷。

(2) 一般情况下，基层表面与壁纸背面应同时涂胶，但PVC壁纸只在基层涂刷。刷胶时，基层表面涂胶宽度要比壁纸宽约3cm。塑料壁纸背面刷胶后，胶面对胶面反复对叠，可避免胶干得太快，也便于上墙。

(3) 带背胶壁纸的背面与墙面都不需刷胶，只需将壁纸浸泡在水中，1min后即可上墙。

6. 裱糊

裱糊的顺序应遵循先竖直面后水平面；先细部后大面；竖直面应先上后下，先长墙面后短墙面；水平面应先高后低。

7. 修整

裱糊后，若发现局部不合格应及时补救。如纸面出现皱纹死褶，应在壁纸未干时用毛巾抹试纸面，用手慢慢舒平。如出现气泡，可将气泡切开，挤出气体，压实即可。

2.4.3 墙布裱糊工艺

墙布裱糊工艺与墙纸裱糊基本相同，只有在以下几方面有所区别。

(1) 对于玻璃纤维墙布和无纺墙布，因其遮盖力较弱，如基层颜色较深时，应满刮石膏腻子或在胶粘剂中掺入适量白色涂料。对于锦缎裱糊时基层应十分干燥。

(2) 墙布因其无吸水膨胀的特性，不需预先用水湿润。

(3) 除纯棉墙布应在其背面和基层同时刷胶粘剂外，玻璃纤维墙布和无纺墙布只需在基层刷胶粘剂。

(4) 锦缎柔软易变形，裱糊时可先在其背面衬糊一层宣纸，使其挺括。胶粘剂宜用108胶。完工后应开窗通风，勿使墙面渗水返潮。

2.4.4 裱糊工程质量要求

(1) 壁纸、墙布的种类、规格、图案、颜色和燃烧性能等级必须符合设计要求及国家现行标准的有关规定。

(2) 裱糊后各幅拼接应横平竖直，拼接处花纹、图案应吻合，不离缝，不搭接，不显拼缝。

(3) 壁纸、墙布应粘贴牢固，不得有漏贴、补贴、脱层、空鼓和翘边。

(4) 裱糊后的壁纸、墙布表面应平整，色泽一致，不得有波纹起伏、气泡、裂缝、皱折及斑污，斜视时应无胶痕。

(5) 复合压花壁纸的压痕及发泡壁纸的发泡层应无损坏。

(6) 壁纸、墙布与各种装饰线、设备线盒应交接严密。

(7) 壁纸、墙布边缘应平直整齐，不得有纸毛、飞刺。

(8) 壁纸、墙布阴角处搭接应顺光，阳角处应无接缝。

训练3 吊顶与隔墙工程施工

[训练目的与要求] 通过训练，掌握吊顶与隔墙工程施工工艺与方法，具有组织吊顶与隔墙工程施工的能力。

3.1 吊顶工程施工

3.1.1 吊顶工程施工的基本要求

(1) 吊顶工程应对下列项目进行隐蔽验收：

1) 吊顶内管道、设备的安装及水管试压。

2) 木龙骨防火、防腐处理。

3) 预埋件或拉结筋。

4) 吊杆安装。

5) 龙骨安装。

6) 填充材料的设置。

(2) 吊顶工程的木吊杆、木龙骨和木饰面板必须进行防火处理，并应符合有关设计防火规范的规定。

(3) 吊顶工程中的预埋件、钢筋吊杆和型钢吊杆应进行防锈处理。

(4) 主龙骨端部距离不得大于300mm，当大于300mm时，应增加吊杆。当吊杆长度大于1.5m时，应设置反支撑。当吊杆与设备相遇时，应调整并增设吊杆。

(5) 重型灯具、电扇及其他重型设备严禁安装在吊顶工程的龙骨上。

3.1.2 轻钢龙骨吊顶安装施工

轻钢龙骨分为主龙骨、次龙骨(中、小龙骨)及连接件三部分。龙骨有U、C、L型，T、L型，H、T、L型。

1. 施工程序

先在墙上弹出标高线→固定吊杆→安装大龙骨→按水平标高线调整大龙骨→大龙骨底部弹线→固定中、小龙骨→固定边龙骨→安装横撑龙骨。

2. 施工要点

(1) 放线：在墙面或柱面上弹吊杆水平标高线；在楼板下底面上弹龙骨布置线和吊杆位置线。

(2) 固定吊杆：吊杆选择时应考虑强度和悬吊方便，可用钢筋，也可用型钢。

1) 吊杆与结构的固定：可先把预埋件埋在现浇混凝土楼板上或梁中，把吊杆直接焊在预埋件或与预埋件用螺栓连接；也可以采用在吊点的位置用膨胀螺栓与吊杆焊接的办法；或者用射钉连接吊杆。如图10-10所示。

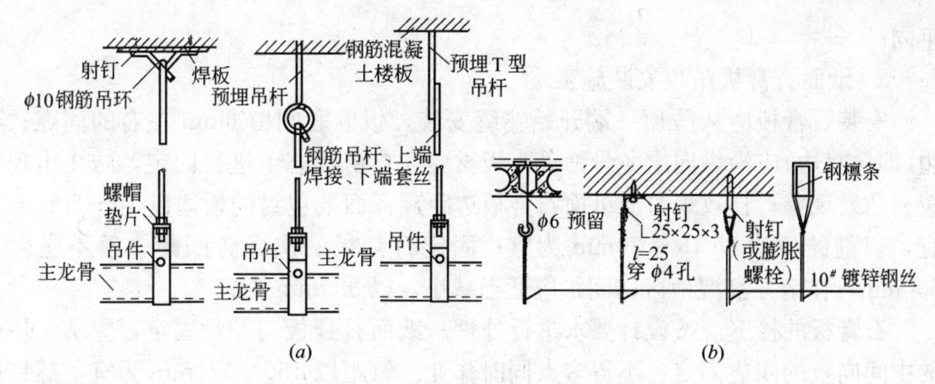

图 10-10　吊杆与结构的固定示意图

2) 吊杆与龙骨的连接可以采用焊接，或采用吊挂件。

(3) 龙骨的安装与调平

1) 先将大(主)龙骨与吊杆连接固定，固定时应用双螺帽在螺杆部位上下固定。然后按标高线调整大龙骨的标高，使之水平。如图 10-11 所示。

2) 中小龙骨的位置一般应按装饰板的尺寸在大龙骨底部弹线，用挂件固定牢固。

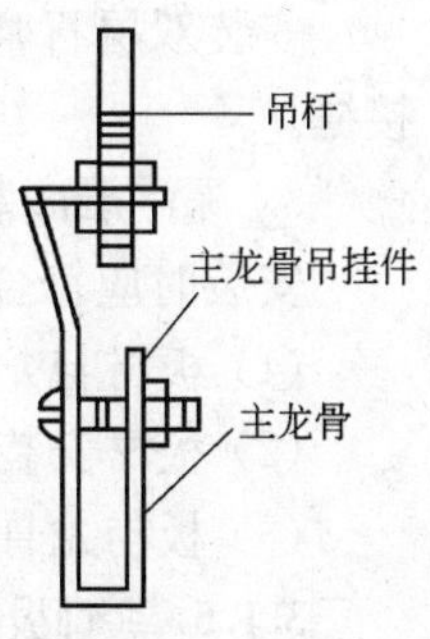

图 10-11　大(主)龙骨连接图

3.1.3　木龙骨吊顶施工

木龙骨应做好防火、防腐处理，一般主龙骨格栅中距为 1.2～1.5m，龙骨断面尺寸为 50mm×(60～80)mm，大断面尺寸为 80mm×100mm。主龙骨与吊杆的连接可采用绑扎、螺栓固定、钢钉连接等方式。次龙骨中距为 0.4～0.6m，断面尺寸为 40mm×40mm 或 50mm×50mm。主次龙骨间用 30mm 见方的小方木和铁钉连接，其施工方法见《建筑施工技术》第八章。

3.1.4　石膏板吊顶安装施工

1. 装饰石膏板吊顶安装施工

装饰石膏板主要包括各种石膏平板，穿孔石膏板以及半穿孔吸声石膏板等。施工方法主要有以下三种：

(1) 搁置平放法：当采用 T 型铝合金龙骨或轻钢龙骨时，可将装饰石膏板搁置在由 T 型龙骨组成的格栅上，即完成吊顶安装。

(2) 螺钉固定法：当采用 U 型轻钢龙骨时，装饰石膏板可用镀锌自攻螺钉固定在 U 型龙骨上，孔眼用腻子补平，再用与板面颜色相同的色浆涂刷。

如果用木龙骨时，装饰石膏板可用镀锌圆钉或木螺钉与木龙骨钉牢。钉子与板边距离应不小于 15mm，钉子间距为 150mm 左右，宜均匀布置。钉帽嵌入石膏板深度以 0.5～1mm 为宜，应涂刷防锈漆，钉眼用腻子补平，再用与板面颜色相同的色浆涂刷。

(3) 粘接安装法：采用轻钢龙骨(U、C 型)组成的隐蔽式装配吊顶时，可采用胶粘剂将装饰石膏板直接粘贴在龙骨上。胶粘剂应涂刷均匀，不得漏涂，粘贴牢固。

2. 纸面石膏板吊顶安装施工

安装石膏板应从吊顶一端开始错缝安装，板墙之间留 6mm 左右的间隙；长边(即包封边)应沿纵向次龙骨铺设，板材应在自由状态下进行固定，防止出现弯棱、凸鼓现象；自攻螺钉与纸面石膏板边距离：面纸包封的板边以 10～20mm 为宜，切割的板边以 15～20mm 为宜；固定石膏板的次龙骨间距一般不应大于 600mm，在南方潮湿地区，间距应适当减小，以 300mm 为宜。

石膏板的接缝应按设计要求进行处理。纸面石膏板与龙骨固定，应从一块板的中间向板的四边固定，不得多点同时作业。钉距以 150～170mm 为宜，螺钉应与板面垂直。弯曲、变形的螺钉应剔除，并在相隔 50mm 的部位另安螺钉；螺钉头宜略埋入板面，并不使纸面破损；钉眼应作除锈处理并用石膏腻子抹平。拌制石膏腻子，必须用清洁水和清洁容器。

安装双层石膏板时，面层板与基层板的接缝应错开，不得在同一根龙骨上接缝。

3. 深浮雕嵌装式装饰石膏板

安装时应符合以下规定：

(1) 板材与龙骨应系列配套；

(2) 板材安装应确保企口的相互咬接及图案花纹的吻合；

(3) 板与龙骨嵌装时，应防止相互挤压过紧或脱挂。

3.1.5 装饰板吊顶

1. 金属微孔吸声板吊顶安装施工

施工之前应复核龙骨的平面布置和标高，确保龙骨平直，间距及高程符合设计要求。

在龙骨调平的基础上，从房间的一侧向另一侧依次施工。用自攻螺钉逐块或逐条将方板或板条固定在龙骨上，或者将板嵌卡在龙骨上。方板或板条安装好后，铺放吸声材料。材料应贴板满铺满放，并注意防止吸声材料从孔眼穿出。

2. 铝合金装饰条板安装施工

安装前复核龙骨的中心线或平面布置的弹线以及龙骨标高线。

安装方法应根据龙骨及条板形式的不同而不同。对于板厚在 0.8mm 以下，板宽在 100mm 以下的条板多采用卡固的方法，即将条板托起后，用力使其一侧压入到卡具龙骨的卡脚上，再顺着板的弹力将另一侧压入。对于板厚大于 1mm 的板材，或板宽大于 100mm，一般采用螺钉固定。

在板条接长部位，为避免接缝过于明显，应在条板切割时，应切割整齐，同时应对切口部位用锉刀修平，然后再用相同颜色的胶粘剂将接缝处粘合。

3. 铝合金方板安装要点

在确定吊顶骨架的结构尺寸及龙骨位置时，要根据吊顶的长宽边尺寸及方板的规格尺寸(常用的为 500mm 和 600mm 见方)进行设计。四周留边时，留边尺寸要对称和匀称。

板块按弹线从一个方向开始依次安装。当四周靠墙边缘部分不符合方格的模数时，可改用同色彩的条板或石膏板。

3.2 玻璃隔墙工程施工

3.2.1 施工的一般要求

玻璃隔墙工程所用材料的品种、规格、性能、图案和颜色应符合设计要求。玻璃板隔墙应使用安全玻璃。玻璃砖隔墙的砌筑或玻璃板隔墙的安装方法应符合设计要求。玻璃砖隔墙砌筑中埋设的拉结筋必须与基体结构连接牢固，并应位置正确。玻璃砖砌筑隔墙中应埋设拉结筋，拉结筋要与建筑主体结构或受力杆件有可靠的连接；玻璃板隔墙的受力边也要与建筑主体结构或受力杆件有可靠的连接，以充分保证其整体稳定性，保证墙体的安全。

3.2.2 玻璃隔墙安装施工

玻璃隔墙的下部做法有半砖墙抹灰、板条墙抹灰及罩面板(胶合板、纤维板、木拼板等)。施工时，先按图纸尺寸在墙上弹出垂线，并在地面及顶棚上弹出隔墙的位置线。然后根据已弹出的位置线，按照设计规定的下部做法(砌砖、板条、罩面板)完成下半部，并与两端的砖墙锚固。最后做上部玻璃隔墙时，先检查木砖是否已按规定埋设。然后按弹线先立靠墙立筋，并用钉子与墙上木砖钉牢，再钉上、下楹及中间楞木。

3.2.3 玻璃砖墙安装施工

施工程序：选砖 → 排砖 → 挂线 → 砌砖。

(1) 选砖：玻璃砖应挑选棱角整齐，规格相同，砖的对角线尺寸一致，表面无裂痕、无磕碰的砖。

(2) 排砖：根据弹好的玻璃砖墙位置线，认真核对玻璃墙长度尺寸是否符合排砖模数。如砖墙长度尺寸不符合排砖模数，可调整砖墙两端的槽钢或木框的厚度及砖缝的厚度。砖墙两端调整的宽度要保持一致，同时砖墙两端调整后的槽钢或木框的宽度应与砖墙上部槽钢调整后的宽度尽量保持一致。

(3) 挂线：砌筑之前，应双面挂线。如果玻璃砖墙较长，则应在中间多设几个支线点，并用标尺找好线的高度，使线尽可能保持在一个高度上。每皮玻璃砖墙砌筑时需挂平线，并穿线看平，使水平灰缝均匀一致，平直通顺。

(4) 砌砖：砌玻璃砖采用整跨度分皮砌。

1) 摺底玻璃砖要按弹好的墙线砌筑。

2) 在砌筑墙两端的第一块玻璃砖时，将玻璃纤维毡或聚苯乙烯放入两端的边框内。玻璃纤维毡或聚苯乙烯随砌筑高度的增加而放置，一直到顶对接。

3) 在每砌筑完一皮后，用透明塑料胶带将玻璃砖墙立缝贴封，然后往立缝内灌入砂浆并捣实。

4) 玻璃砖墙皮与皮之间应放置 $\phi6$ 双排钢筋网，钢筋搭接位置选在玻璃砖墙中央。

5) 最上一皮玻璃砖墙砌筑在墙中间收头，顶部槽钢内放置玻璃纤维毡或聚苯乙烯。

6) 水平灰缝和竖向灰缝厚度一般为 8～10mm。划缝紧接立缝灌好砂浆后进行，划缝深度为8～10mm，须深浅一致，清扫干净。划缝2～3h后，即可勾缝，勾缝砂浆内掺入水泥质量2%的石膏粉。

7）砌筑砂浆应根据砌筑量，随时拌合，且其存放时间不得超过3h。

训练4 门窗工程施工

［训练目的与要求］ 通过训练，掌握门窗工程施工工艺与方法，具有组织门窗工程施工的能力。

4.1 普通钢门窗安装施工

钢门窗安装前，应熟悉施工图纸，查对产品的编号、规格、数量，应与施工图纸一致。钢窗一般安装于墙体中线位置，与墙体的连接方法常用3mm×(12～18)mm×(100～150)mm的开脚扁钢，逐段固定窗框四周，并用水泥砂浆填满孔洞。第一个铁脚离边框180mm，其余的等间距分布，但中距不宜大于500mm。开始安装时，沿窗洞竖直方向自顶层从上至下(如多层建筑房屋)用铅锤吊线，并做出标记，这样才会使上下窗框保持在一条竖直线上。水平方向同样应先拉一条通长水平线，以此确定窗框下槛的统一高度；同时利用此线量出每樘窗框进深距离，并弹出钢窗边皮线，使得一排窗前后距离准确。把窗框安装好后，先用木楔作临时固定，上下、左右、前后六个方向调整准确，用1∶2水泥砂浆填满孔洞。框边与洞壁结构的间隙应保持适当，一般不应小于2cm，以免造成缝隙难以填嵌密实。如图10-12所示。

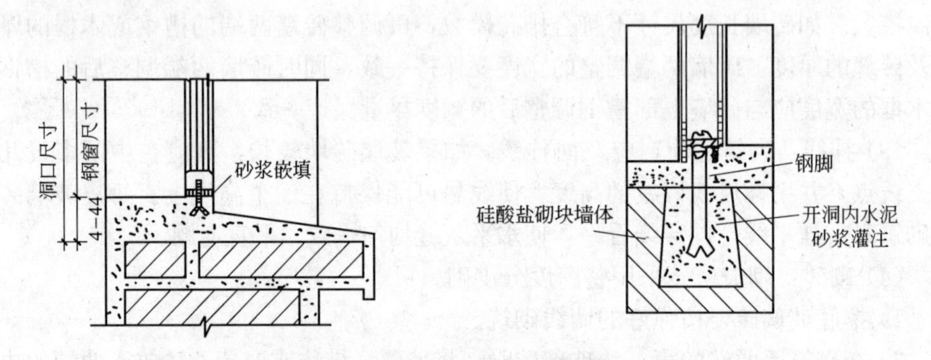

图10-12 普通钢门窗安装固定示意图

钢门窗除用燕尾钢脚与墙体联结外，还要对框与墙体间的缝隙填嵌密实，以增加其稳固和防止门窗边渗水，框与墙体间缝隙的填嵌材料，应符合设计要求。窗框与墙体之间填嵌后应用密封胶密封。

钢门窗的配件包括铰链、执手、支撑、门锁、地弹簧、闭门器、密封条、石棉条等。钢门窗配件的安装，必须在墙面、平顶粉刷完毕后并在安装玻璃前进行。钢门窗进行校正达到关闭严密，开启灵活、无倒翘后方可安装配件，以防止配件安装后再行校正。

钢门窗配件安装配件时，应检查钢门窗开启是否灵活，关闭后是否严密，否则应予以调整后才能安装；安装配件宜在墙面装饰后进行，安装时，应按生产厂方的说明进行；密封条应在门窗涂料干燥后，按型号进行安装和压实。

4.2 铝合金门窗安装施工

铝合金门窗是通过连接在外框上的铁件与墙体等进行固定的，在框的墙体填塞前必须检查预埋件的数量、位置、埋设方式与框的连接方式等是否符合要求，在砌体上安装门、窗时，严禁用射钉固定。

铝合金门窗的配件的安装，必须在墙面、平顶粉刷完毕后进行。铝合金门窗校正后应达到关闭严密，开启灵活、无倒翘。

铝合金门窗除用铁件(应进行镀锌处理)与墙体联结外，还要对框与墙体间的缝隙填嵌密实，以增加其稳固和防止门窗边渗水，框与墙体间缝隙的填嵌材料，应符合设计要求。窗框与墙体之间填嵌后应用密封胶密封。

铝合金门窗装入洞口应横平竖直，外框与洞口应弹性连接牢固，不得将门窗外框直接埋入墙体。

横向及竖向组合时，应采取套插，搭接形式曲面组合，搭接长度宜为10mm，并用密封胶密封。

安装密封条时应留有伸缩余量，一般与门窗的装配边长20～30mm，在转角处应斜面断开，并用胶粘牢固，以免产生收缩缝。

若门窗为明螺钉连接时，应用与门窗颜色相同的密封材料将其掩埋密封。安装后的门窗必须有可靠的刚性，必要时可增设加固件，并应作防腐处理。

门框外框与墙体的缝隙填塞，应按设计要求处理。若设计无要求时，应采用闭孔弹性材料填塞，缝隙外表留5～8mm深的槽口，填嵌密封材料。

注意选用较合适的型材系列，减轻质量、减少花费，满足强度、耐腐蚀及密封性要求。

制作框扇的型材表面不能有沾污、碰伤的痕迹，不能使用扭曲变形的型材。

施工前应检查门窗附件是否齐全，如尼龙密封条、滑轮等，以及工具是否齐全。

铝合金门窗的尺寸一定要准确。

铝合金门窗安装在饰面前进行，注意其表面保护，除靠外墙处，一般都贴有保护胶纸，窗扇安装要在其他工程完工后进行。安装时要考虑窗头衔(贴脸)及滴水线与框的连接，这些连接部位应在内部和外部装饰前或同时做上。

铝合金门窗安装后要平整、方正，安装门框时一定要吊锤线和对角线卡方，塞缝前要检查平整度和垂直度，待塞灰有强度后再拔去木楔，注意不要使灰浆溅在铝合金表面，溅上应及时擦除。

4.3 塑料门窗安装施工

(1) 安装程序为：抄平放线→安装定位→取扇固定→塞缝抹口→安装玻璃。

(2) 门窗不得有焊角、型材断裂等损坏现象，框和扇的平整度、直角度和翘曲度以及装配间隙应符合国家标准《PVC塑料门》(JG/T 3017)、《PVC塑料窗》(JG/T 3018)的有关规定，并不得有下垂和翘曲变形，以免妨碍开关功能，内衬增强型钢的壁厚和设置应符合产品标准的要求。

(3) 窗的构造尺寸应包括预留洞口与待安装窗框的间隙及墙体饰面材料的厚度。其间隙应符合表10-2的规定。

洞口与窗框间隙　　表10-2

墙体饰面层材料	洞口与窗框间隙(mm)	墙体饰面层材料	洞口与窗框间隙(mm)
清水墙	10	墙体外饰面贴釉面瓷砖	20～25
墙体外饰面抹水泥砂浆或贴陶瓷锦砖	0～15	墙体外饰面贴大理石或花岗石板	40～50

注：窗下框与洞口的间隙可根据设计要求选定。

(4) 门的构造尺寸应符合下列要求：

门边框与洞口间隙应符合表10-2的规定；

无下框平开门门框的高度应比洞口大10～15mm；带下框平开门门框的高度应比洞口小5～10mm。

(5) 塑料门窗采用的紧固件、五金件、增强型钢等，应符合下列要求。

紧固件、五金件、增强型钢及金属衬板等，应进行表面防腐处理。

组合窗及连窗门的拼樘料应采用与其内腔紧密吻合的增强型钢作为内衬，型钢两端应比拼樘料长出10～15mm。外窗的拼樘料截面尺寸及型钢形状、壁厚，应能使组合窗承受该地区的瞬时风压值。

塑料门窗装入洞口应横平竖直，外框与洞口应弹性连接牢固，不得将门窗外框直接埋入墙体。

横向及竖向组合时，应采取套插、搭接形成曲面组合，搭接长度宜为10mm，并用密封膏密封。

安装密封条时应留有伸缩余量，一般比门窗的装配边长20～30mm，在转角处应斜面断开，并用胶粘牢固，以免产生收缩缝。

若门窗为明螺钉连接时，应用与门窗颜色相同的密封材料将其掩埋密封。安装后的门窗必须有可靠的刚性，必要时可增设加固件，并应作防腐处理。在使用闭孔泡沫塑料、发泡聚苯乙烯等弹性材料时应分层填塞，填塞不宜过紧。对于保温、隔声等级要求较高的工程，应采用相应的隔热、隔声材料填塞。填塞后，撤掉临时固定用木楔或垫块，其空隙也应采用闭孔弹性材料填塞。

4.4 金属转门安装

1. 特点

门扇一般逆时针旋转，门扇旋转主轴下部设有可调节阻尼装置，以控制门扇因惯性产生偏快的转速，以保持旋转体平稳状态，四只调节螺栓逆时针旋转阻尼最大。

转门壁：双层铝合金装饰板和单层弧形玻璃。

2. 安装施工技术

开箱后，检查各类零部件是否正常，门樘外形尺寸是否符合门洞尺寸，以及转壁位置要求，预埋件位置和数量。

木架按洞口左右、前后位置尺寸与预埋件固定，并保证水平，一般转门与弹簧门、铰链门或其他固定扇组合，就可安装其他组合部分。

装转轴，固定底座，底座下要垫实，不允许下沉，临时点焊上轴承座，使转轴垂直于地面。

装圆转门顶与转壁，转壁不允许预先固定，便于调整与活扇之间隙；装门扇，保持90°夹角，旋转转门，保证上下间隙。

调整转壁位置，以保证门扇与转壁之间隙。

先焊上轴承座铰，混凝土固定底座，埋插销下壳，固定转壁。

安装玻璃。

钢转门喷涂油漆。

4.5 玻璃安装

1. 钢木框、扇玻璃安装

(1) 安装玻璃前，应将裁口内的污垢清除干净，并沿裁口的全长均匀抹1～3mm厚的底油灰。

(2) 安装长边大于1.5m或短边大于1m的玻璃，应用橡胶垫并用压条和螺钉镶嵌固定。

(3) 安装木框、扇玻璃，应用钉子固定，钉距不得大于300mm，且每边不少于两个，并用油灰填实抹光；用木压条固定时，应先涂干性油，并不应将玻璃压得过紧。

(4) 安装钢框、扇玻璃，应用钢丝卡固定，间距不得大于300mm，且每边不少于两个，并用油灰填实抹光；用橡胶垫时，应先将橡胶垫嵌入裁口内，并用压条和螺钉固定。

2. 铝合金、塑料框、扇玻璃安装

(1) 安装于竖框中的玻璃，应搁置在两块相同的定位垫快上，搁置点离玻璃垂直边缘的距离宜为玻璃宽度的1/4，且不宜小于150mm。

(2) 安装于扇中的玻璃，应按开启方向确定其定位垫块的位置。定位垫块的宽度应大于所支撑的玻璃件的厚度，长度不宜小于25mm，并应符合设计要求。

玻璃安装就位后，其边缘不得和框、扇及其连接件相接触，所留间隙应为2～3mm。玻璃安装时所使用的各种材料均不得影响泄水系统的通畅。密封膏封贴缝口时，封贴的宽度和深度应符合设计要求，充填必须密实，外表应平整光洁。

安装玻璃前，应将裁口内的污垢清除干净，并沿裁口的全长均匀抹1～3mm厚的底油灰，腻子应与玻璃挤紧、无缝隙。面腻子应刮成斜面，四角呈“八”字形，表面不得有流淌、裂缝和麻面。从斜面看不到裁口，从裁口面看不到灰边。

项目11 钢结构施工

训练1 钢结构构件的加工制作

[训练目的与要求] 通过训练，使学生熟悉钢结构构件加工制作的程序和方法，熟悉钢结构构件安装前的准备工作，达到施工前准备充分、构件齐备、质量合格并为下一道工序施工做好充分准备的目的。

1.1 加工前的准备工作

1.1.1 一般准备

1. 审查图纸

审查图纸的目的，是为了检查图纸设计的深度能否满足施工的要求，核对图纸上构件的数量和安装尺寸，检查构件之间有无矛盾等；同时需对图纸进行工艺审核，审查在技术上是否合理，构造是否便于施工，图纸的技术要求能否实现等。如果是加工单位自己设计施工详图，在制图期间已经经过审查，则可相应简化审图程序。

审查图纸的主要内容包括：

(1) 设计文件是否齐全；

(2) 构件的几何尺寸是否标注齐全；

(3) 相关构件的几何尺寸是否正确；

(4) 节点是否清楚；

(5) 构件之间的连接形式是否合理；

(6) 标题栏内构件的数量是否符合工程的总数量；

(7) 加工符号、焊接符号是否齐全；

(8) 标注方法是否符合国家的相关标准和规定；

(9) 本单位的设备和技术条件能否满足图纸上的技术要求等。

审查图纸过程中发现的问题应报原设计单位处理，需要修改设计时，应取得原设计单位同意，并签署书面设计变更文件。

2. 备料和核对

根据图纸材料表计算出各种材质、规格的材料净用量，再加上一定数量的损耗，提出材料预算计划。提料时应根据使用尺寸合理订货，以减少拼接和损耗。工程预算一般可按实际用量所需数值再增加10%进行备料。如技术要求不允许拼接，则还要增加实际损耗。

核对来料的规格、尺寸和重量，并仔细核对材质。如需进行材料代用，则必须经设计部门同意，并将图纸上的相应规格和有关尺寸进行全部修改。

3. 相关试验与工艺规程的编制

(1) 相关试验

相关试验包括钢材复验、连接材料的复验、工艺试验等。

当钢材属于下列情况之一时，加工下料前应按国家有关标准进行抽样复验：

1) 国外进口钢材，钢材的混批；

2) 对质量有疑义的钢材；

3) 板厚大于等于40mm，并承受沿板厚方向拉力作用，且设计有性能要求的厚板；

4) 建筑结构安全等级为一级，大跨度钢结构、钢网架结构和钢桁架结构中主要受力构件所采用的钢材；

5) 现行国家标准中未含的钢材品种及设计有复验要求的钢材，且钢材的化学成分、力学性能及设计要求的其他指标应符合国家现行有关标准的规定，进口钢材应符合供货国相应标准的规定。

连接材料的复验有：

1) 焊接材料：在大型、重型及特种钢结构上采用的焊接材料，应按国家现行有关标准进行抽样检验，其结果应符合设计要求和国家现行有关标准的规定；

2) 预拉力复验：扭剪型高强度螺栓连接副应按有关规定进行预拉力复验；

3) 扭矩系数复验：高强度大六角头螺栓连接副应按有关规定进行扭矩系数复验。

工艺试验包括：

1) 焊接试验：钢材可焊性试验、焊接工艺性试验、焊接工艺评定试验等。未经焊接工艺评定的焊接方法、技术系数不能用于工程施工；

2) 摩擦面的抗滑移系数试验：当钢结构构件的连接采用高强度摩擦型螺栓连接时，应对连接面进行喷砂、喷丸、酸洗、砂轮打磨等方法进行技术处理，使其连接面的抗滑移系数能达到设计规定的数值；

3) 工艺性试验：对构造复杂的构件，必要时可在正式投产前进行工艺性试验。工艺性试验获得的资料和数据应收入工艺文件，用以指导工程施工。

(2) 工艺规程的编制

钢结构工程施工前，制作单位应按施工图纸和技术文件的要求编制出完全、正确的施工工艺规程，用于指导、控制整个施工过程。其内容包括：

1) 根据执行的标准编写成品技术要求；

2) 为保证成品达到规定的标准而制定的措施：关键零件的精度要求，检查方法和检查工具；主要构件的工艺流程、工序质量标准、工艺措施；采用的加工设备和工艺装备。

工艺规程是钢结构制造中主要的和根本性的指导性文件，也是生产制作中最可靠的质量保证措施。因此，工艺规程必须经过一定的审批手续，一经制定就应严格执行，不得随意更改。

4. 其他工艺准备

其他工艺准备包括：

(1) 根据产品特点、工程量的大小和安装施工速度，将整个工程划分成若干个生产工号(生产单元)，以便分批投料，配套加工，配套出成品；

(2) 编制工艺流程表，其内容一般包括零件名称、件号、材料编号、规格、件数、工序顺序号、工序名称和内容、所用设备和工艺装备名称及编号、工时定额等。对关键零件要标注加工尺寸和公差，重要工序还需要画出工序图等；

(3) 根据材料尺寸和用料要求，合理配料，确定材料拼接位置；

(4) 原材料加工过程中所需的工艺装备和拼装焊接所需的工艺装备的准备(胎、夹、模具等)；

(5) 确定各工序的精度要求和质量要求，绘制工艺卡和零件流水卡；

(6) 确定焊接收缩量和加工余量；

(7) 根据产品加工需要来确定加工设备和操作工具，有时还需要调拨或添置必要的设备和工具，这些都应提前做好准备工作。

5. 生产场地布置

根据产品的品种、特点和批量、工艺流程、产品的进度要求、每班的工作量、要求的生产面积、现有生产设备和起重运输能力等考虑生产场地布置。

生产场地布置的原则：

(1) 根据流水顺序安排生产场地，尽量减少运输量，避免倒流水；

(2) 根据生产需要合理安排操作面积，以保证操作安全并要保证材料和零件的堆放场地；

(3) 保证成品能顺利运出，有利供电、供气、照明线路的布置。

加工设备的布置应考虑留有一定间距，作为工作平台和堆放材料、工具用。如图 11-1 所示。

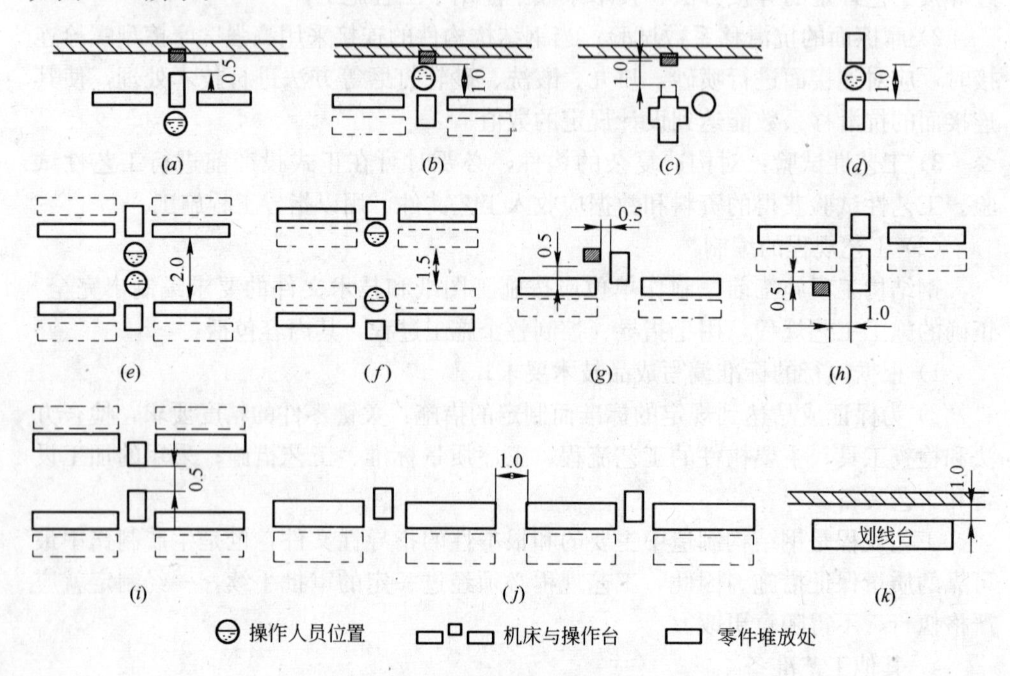

图 11-1 设备之间的最小间距(m)

1.1.2　放样

放样的内容包括：

(1) 核对图纸的安装尺寸和孔距，以1∶1放出节点的大样；

(2) 核对各部分的尺寸；

(3) 制作样板和样杆作为下料、弯制、铣、刨、制孔等加工的依据。

放样号料所用工具及设备有：划针、冲子、手锤、粉线、弯尺、直尺、钢卷尺、大钢卷尺、剪子、小型剪板机、折弯机等。用作计量长度的钢盘尺，必须经授权的计量单位计量，且附有偏差卡片，使用时按偏差卡片的记录数值校对其误差数。

放样时按照1∶1的比例在样台上利用几何作图方法弹出大样。放样经检查无误后，用铁皮或塑料板制作样板，用木杆、铁皮或扁钢制作样杆。样板、样杆上应注明工号、图号、零件号、数量及加工边、坡口部位、弯折线和弯折方向、孔径和滚圆半径等。然后用样板、样杆进行号料，见图11-2。样板、样杆应妥善保存，直至工程结束以后。

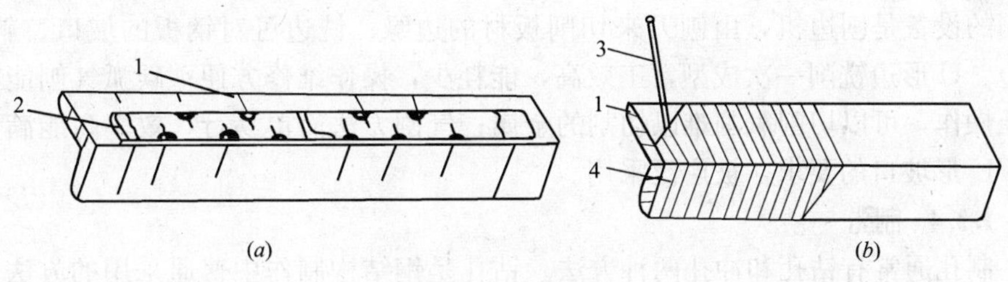

图11-2　样板号料

(a)样杆号孔；(b)样板号料

1—角钢；2—样杆；3—划针；4—样板

1.1.3　号料

号料的工作内容包括：

(1) 检查核对材料；

(2) 在材料上划出切割、铣、刨、弯曲、钻孔等加工位置；

(3) 打冲孔，标出零件编号等。

号料时要根据材料厚度和切割方法留出适当的切割余量。

1.2　加工工艺

1.2.1　切割

钢材下料切割方法有氧割、机切、锯切、冲模落料等。施工中采用哪种切割方法可根据设备能力、切割精度、切割表面质量情况、经济性等选用。

切割后钢材不得有分层，断面上不得有裂纹，应清除切口处的毛刺或溶渣和飞溅物；钢材切割面应无裂纹、夹渣、分层和大于1mm的缺棱；切割面质量应符合有关规定。

1.2.2 矫正和成型

1. 矫正

型钢的矫正分机械矫正、手工矫正和火焰矫正等。当碳素结构钢在环境温度低于－16℃，低合金结构钢在环境温度低于－12℃时，不得进行冷矫正和冷弯曲；矫正后的钢材表面不应有明显的凹痕和损伤，表面划痕深度不得大于0.5mm；采用火焰矫正时，加热温度应根据钢材性能选定，但不得超过900℃，低合金钢在加热矫正后应逐渐冷却。

2. 成型

型钢冷弯曲的工艺方法有滚圆机滚弯、压力机压弯、顶弯、拉弯等。各种工艺方法均按型材的截面形状、材质规格及弯曲半径制作相应的胎模，经试弯符合要求后方准加工。

1.2.3 边缘加工

常用的边缘加工方法有：铲边、刨边、铣边、碳弧气刨、气割和坡口机加工等。

对加工质量要求不高且工作量不大的边缘加工可采用手工或机械铲边；刨边使用的设备是刨边机，由刨刀来切削板材的边缘；铣边可对钢板的坡口、斜边、直边、U形边铣削一次成型，工效高，能耗少，操作维修方便；碳弧气刨能在狭窄处操作，可以切割氧割难以切割的金属；气割方法简单易行，效率高能满足V形、U形坡口的要求，被广泛采用。

1.2.4 制孔

制孔通常有钻孔和冲孔两种方法。钻孔是钢结构制作中普通采用的方法，可用于多数规格钢板、型钢的制孔；冲孔一般只用于较薄钢板和非圆孔的加工，孔壁质量差，已较少采用。

钻孔有人工钻孔和机床钻孔。人工钻孔多用于钻直径较小、板料较薄的孔；机床钻孔施钻方便快捷，精度高。

制孔还包括锪孔、扩孔、铰孔等。锪孔是用锪钻或改制的钻头将已钻好的孔上表面加工成一定形状的孔；扩孔是用麻花钻或扩孔钻将已有孔眼扩大到需要的直径；铰孔是用铰刀将已经粗加工的孔进行精加工，以提高孔的光洁度和精度。

1.2.5 组装

组装，也称拼装、装配、组立。组装是把制备成的半成品和零件按图纸规定的运输单元，装配成构件或部件，然后连接成整体的过程。

钢结构构件组装的方法有：

(1) 地样法。用1∶1的比例在装配平台上放出构件实样，然后根据零件在实样上的位置组装成构件。此方法适用于桁架、构架等小批量结构的组装。

(2) 仿形复制装配法。先用地样法组装成单面(单片)的结构，然后定位、点焊、翻身，作为复制胎模，在其上面装配另一单面的结构。此方法适用于横断面互为对称的桁架结构。

(3) 立装。根据构件的特点及其零件的稳定位置，选择自上而下或自下而上的方法组装。此方法用于放置平稳，高度不大的结构或大直径圆筒。

(4) 卧装。将构件放在平卧的位置进行组装。此方法适用于断面不大但长度较长的细长构件。

(5) 胎模装配法。将构件的零件用胎模定位在其装配位置上进行组装。此方法适用于构件批量大、精度高的产品。

1.2.6 表面处理及油漆

1. 高强螺栓摩擦面的处理

摩擦面处理一般有喷砂、喷丸、酸洗、砂轮打磨等方法。一般情况下按设计提出的处理方法施工，如设计无具体要求时，可根据实际条件进行选择，以达到设计规定的抗滑移系数值为准。

处理好的摩擦面严禁有飞边、毛刺、焊疤和污损等，不得涂油漆，在运输过程中防止摩擦面受损。构件出厂前应按批做试件，检验抗滑移系数，试件的处理方法与构件相同，检验的最小值应符合设计要求，并附三组试件供安装时复验抗滑移系数。

2. 钢构件的表面处理

钢构件在涂层之前应进行除锈处理，除锈干净程度影响底漆的附着力，关系到涂层质量的好坏。

钢构件表面的除锈有喷射、抛射和手工或动力工具除锈等方法。除锈方法与除锈等级应与设计文件采用的涂料相适应。

训练2 钢结构连接

[训练目的与要求] 通过训练，掌握钢结构焊接连接、紧固件连接的施工工艺及要求，具有组织钢结构连接施工的能力。

钢结构的连接是采用一定方式将各杆件连接成整体的过程。钢结构的连接方法有焊接、普通螺栓连接、高强螺栓连接、铆接等。目前应用较多的是焊接和高强螺栓连接。

2.1 焊接连接

2.1.1 焊接方法

金属的焊接方法多种多样，主要的类型有熔焊、压焊和钎焊。建筑钢结构制造和安装焊接方法多采用熔焊。

由于成本、应用条件等原因，在钢结构制作和安装中，广泛使用的是电弧焊。在电弧焊中又以药皮焊条手工电弧焊、自动埋弧焊、半自动与自动 CO_2 气体保护焊和自保护焊为主。在某些特殊应用场合，则必须使用电渣焊和栓焊。

1. 药皮焊条手工电弧焊

药皮焊条手工电弧焊是当涂有药皮的金属与焊件之间施加一定电压时，电极强烈放电，气体电离产生焊接电弧，使焊条和工件局部熔化，形成气体、熔渣和金属熔池，气体和熔渣起保护作用，熔渣在与熔池金属起反应后凝固成为焊渣，熔池凝固后成为焊缝，固态焊渣覆盖于焊缝金属表面。它是依靠人工移动焊条实现电弧前移并完成连续的焊接过程。

焊接工艺参数有：

(1) 电源极性。采用交流电源时，焊条与工件的极性随电源频率而变换，电弧稳定性较差，碱性低氢型焊条药皮中需要增加低电离电势的物质作为稳弧剂才能稳定施焊。采用直流电源时，工件接正极称为正极性(或正接)，工件接负极称为反极性(或反接)，一般药皮焊条直流反接可以获得稳定的焊接电弧，焊接时飞溅较小。

(2) 弧长与焊接电压。弧长增大时，电压升高，使焊缝的宽度增大，熔深减小。弧长减小则得到相反的效果。一般低氢型焊条要求短弧、低电压操作才能得到预期的焊缝性能要求。

(3) 焊接电流。焊接电流大则焊缝熔深大，易得到凸起的表面堆高，反之则熔深浅。电流太小时不易起弧，焊接时电弧不稳定、易熄弧；电流太大时则飞溅很大。

焊接电流的选择还应与焊条直径相配合，一般按焊条直径的 4 倍值选择焊接电流，但立、仰焊位置时宜减少 20%。焊条药皮的类型对选择焊接电流值也有影响，如铁粉型焊条药皮导电性强，使用电流较大。

(4) 焊接速度。一般焊接速度的选择应与电流相配合。

(5) 运条方式。由焊工具体掌握以控制焊道的宽度。但要求焊缝晶粒细密、冲击韧性较高时，宜指定采用多道、多层焊接。

(6) 焊接层次。无论是角接还是坡口对接，均要根据板厚和焊道厚度、宽度安排焊接层次以完成整个焊缝。

2. 埋弧焊

埋弧焊是利用电弧热作为熔化金属的热源，当焊丝与母材之间施加电压并互相接触引燃电弧后，电弧热将焊丝及电弧区周围的焊剂及母材熔化，形成金属熔滴、熔池及熔渣。金属熔池受到浮于表面的熔渣和焊剂蒸汽的保护而不与空气接触，随着焊丝移动，熔池冷却凝固后形成焊缝，熔渣冷却后成渣壳。

埋弧焊焊接工艺参数有：

影响埋弧焊焊缝成形和质量的因素有焊接电流、焊接电压、焊接速度、焊丝直径、焊丝倾斜角度、焊丝数目和排列方式、焊剂粒度和堆放高度。前五项影响趋势与其他电弧焊接方法相似，仅影响程度不同，后三项因素的影响是埋弧焊所特有的。

(1) 焊剂堆放高度。焊剂堆放高度一般为 25～50mm。根据使用电流的大小适当选择焊剂堆放高度，电流及弧压大时弧柱长度及范围大，应适当增大焊剂堆放高度和宽度。

(2) 焊剂粒度。焊剂粒度的大小是根据电流值选择，电流大时应选用细粒度焊剂。电流小时，应选用粗粒度焊剂。一般粒度为 8～40 目，细粒度时为 14～80 目。

(3) 焊剂回收次数。焊剂回收反复使用时要清除飞溅颗粒、渣壳、杂物等，反复使用次数过多时应与新焊剂混合使用，否则影响焊缝质量。

(4) 焊丝直径。在同样焊接电流时，细焊丝比粗焊丝可提高焊接速度及生产率。同时由于利用了焊丝的电阻热而可以节约电能。

(5) 焊丝数目。双焊丝并列焊接时，可以增加熔宽并提高生产率。双焊丝串列焊接分双焊丝共熔池和不共熔池两种形式，前者可提高生产率、调节焊缝成形系数，后者除了可提高生产率以外，前丝电弧形成的温度场还能对后丝的焊缝起预热作用，后丝电弧则对前丝焊缝起后热作用，降低了熔池冷却速度，可改善焊缝的组织性能，减小冷裂纹倾向。

在实际生产中根据各工艺参数对焊缝成形和质量的影响，结合施工生产的实际情况，如接头形式、板厚、坡口形式、焊接设备条件等，通过焊接工艺评定试验仔细选择焊丝直径、电流、电压、焊接速度、焊接层数等参数值，对于获得优良的焊缝质量是很重要的。

3. 电渣焊

电渣焊是利用电流通过熔渣所产生的电阻热作为热源，将填充金属和母材熔化，凝固后形成金属原子间牢固连接。它是一种用于立焊位置的焊接方法。在建筑钢结构中应用较多的是管状熔嘴和非熔嘴电渣焊，它是箱型梁、柱隔板与面板全焊透连接的必要手段。

熔嘴电渣焊主要焊接工艺参数有：

(1) 电压。电压与熔缝的熔宽成正比关系，在起弧阶段所需电压稍高，一般为50～55V。正常焊接阶段时(电渣过程)，所需电压稍低，一般为45～50V。

(2) 电流。一般等速送丝的焊机，其送丝速度快时电流大。电流应根据熔嘴直径和板厚选择。

(3) 渣池深度。渣池深度与产生的电阻热成正比。渣池深度一般为30～60mm。

非熔嘴电渣焊与熔嘴电渣焊的区别是焊丝导管外表不涂药皮，焊接时导管不断上升并不熔化不消耗。其焊接原理与熔嘴电渣焊是相同的。该方法使用细直径焊丝配用直流平特性电源，电流密度高，焊速大。由于焊接热输入减小，焊缝和母材热影响区的性能比熔嘴电渣焊有所提高，因此在近年来得到重视和应用。

4. 栓焊

栓焊是在栓钉与母材之间通以电流，局部加热熔化栓钉端头和局部母材，并同时施加压力挤出液态金属，使栓钉整个截面与母材形成牢固结合的焊接方法。

栓焊工艺参数主要有电流、通电时间、栓钉伸出长度及提升高度。根据栓钉的直径不同以及被焊钢材表面状况、镀层材料选定相应的工艺参数。一般栓钉的直径增大或母材上有镀锌层时，所需的电流、时间等各项工艺参数相应增大。

2.1.2 焊接工艺要求

1. 焊接设备及机具

焊接设备及机具应达到产品合格证各项规定，根据焊接方法选择配套设备及机具。

2. 焊接材料的保管

焊条、焊剂应用专用设备烘干并设专人负责。烘干温度、时间符合使用说明书规定。焊条、焊剂烘干后放在100～200℃保温箱中保存。焊接材料发放、回收应有记录。焊条重复烘干次数不得超过2次，已经受潮或生锈的焊条不得使用。

3. 对接头区钢材的要求

(1) 表面处理要求

应用钢丝刷、砂轮等工具彻底清除待焊处表面的氧化皮、锈、油污。

(2) 母材坡口边缘夹层处理

焊接坡口边缘上钢材的夹层缺陷长度超过25mm时，应探查其深度，如深度不大于6mm，应铲或刨除缺陷；如深度大于6mm，应刨除后焊接填满；缺陷深度大于25mm时，应用超声测定其尺寸，当其面积($a \times d$)或聚集缺陷的总面积不超过被切割钢材总面积($B \times L$)的4%时为合格，见图11-3。否则该板不宜使用。

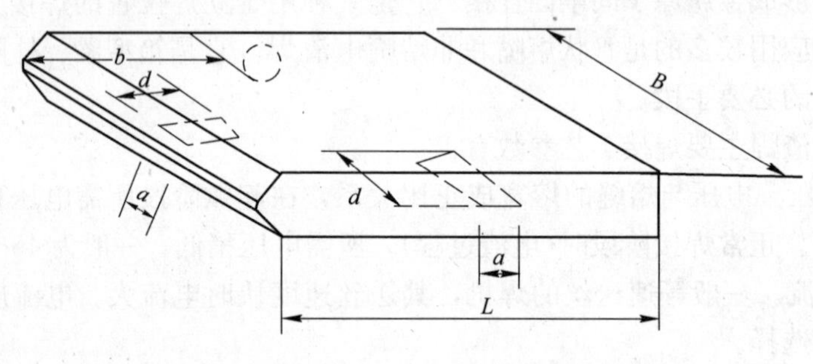

图11-3 分层缺陷示意

如板材内部的夹层缺陷尺寸不超过上述之规定，位置离母材坡口表面距离b不小于25mm时不需要修理；如该距离小于25mm时，则应进行修补。

4. 焊接坡口的加工要求

焊接坡口可用火焰切割或机械加工。火焰切割时，切面上不得有裂纹，并不宜有大于1.0mm的缺棱。当缺棱为1～3mm时，应修磨平整；当缺棱超过3mm时则应用直径不超过3.2mm的低氢型焊条补焊，并修磨平整；用机械加工坡口时，加工表面不应有台阶。

5. 焊接接头组装精度要求

施焊前，焊工应检查焊接部位的组装质量，如不符合要求，应修磨补焊修整合格后方能施焊。坡口间隙超过公差规定时，可在坡口单侧或两侧堆焊、修磨后使其符合要求，但如坡口间隙超过较薄板厚度2倍，或大于20mm时，不应用堆焊方法增加构件长度和减小间隙。

搭接及角接接头间隙超出允许值时，在施焊时应比设计要求增加焊脚尺寸。但角接接头间隙超过5mm时应事先在板端堆焊或在间隙内堆焊填补并修磨平整后施焊。禁止用在过大的间隙中堵塞焊条头、铁块等物，仅在表面覆盖焊缝的做法。

6. 引弧板和引出板的规定

T形、十字形接头、角接接头和对接接头主焊缝两端，必须配置引弧板和引出板，而不应在焊缝以外的母材上打火、引弧。引弧、引出板材质和坡口形式应与被焊工件相同，禁止随意用其他钢板充当引弧、引出板。

药皮焊条手工电弧焊和半自动气体保护焊焊缝引出长度应大于25mm。其引弧板和引出板厚度应不小于6mm，宽度应大于50mm，长度应大于30mm，宜为构件板厚的1.5倍。

自动焊焊缝引出长度应大于80mm。其他引弧板和引出板厚度应不小于10mm，宽度应大于80mm，长度应大于100mm，宜为构件板厚的2倍。

焊接完成后，应用气割切除引弧和引出板并修磨平整，不得用锤击落。

7. 最小和最大焊缝尺寸

(1) 为避免焊接热输入过小而使接头热影响区硬、脆的最小焊缝尺寸

角焊缝的最小计算长度应为其焊脚尺寸的8倍，且不小于40mm；角焊缝的最小焊脚尺寸应不小于$1.5\sqrt{\delta}$，采用埋弧自动焊时，该值可减小1mm；角焊缝较薄板厚(腹板)≥25mm时，宜采用局部开坡口的角对接焊缝，并不宜将厚板焊接到较薄板上；断续角焊缝焊段的最小长度应不小于最小计算长度。

(2) 为避免接头母材热影响区过热脆化的最大焊缝尺寸

角焊缝的焊脚尺寸不宜大于较薄焊件厚度的1.2倍；搭接角焊缝为防止板边缘熔蹋，焊脚尺寸应比板厚小1～2mm；单道角焊缝和多道角焊缝的根部焊道的最大焊脚尺寸：平焊位置为10mm；横焊或仰焊位置为8mm；立焊位置为12mm；坡口对接焊缝中根部焊道的最大厚度为6mm。坡口对接焊缝和角焊缝的后续焊层的最大厚度：平焊位置为4mm；立焊、横焊或仰焊位置为5mm。

8. 全焊透时清根要求

要求全熔透的焊缝不加垫板时，不论单面坡口还是双面坡口，均应在第一道焊缝的反面清根。用碳弧气刨方法清根后，刨槽表面不应残留夹碳或夹渣，必要时，宜用角向砂轮打磨干净，方可继续施焊。

9. 厚板多层焊

厚板多层焊应连续施焊，每一层焊道焊完后应及时清理焊渣及表面飞溅物，在检查时如发现影响焊接质量的缺陷，应清除后再焊。在连续焊接过程中应检测焊接区母材温度，使层间最低温度与预热温度保持一致，层间最高温度符合工艺指导书要求。遇有不测情况而不得不中断施焊时，应采取适当的后热、保温措施，再焊时应重新预热并根据节点及板厚情况适当提高预热温度。

10. 焊接预热和后热

(1) 焊前预热：

1) 对于不同的钢材、板厚、节点形式、拘束度、扩散氢含量、焊接热输入条件下焊前预热温度的最低温度要求，见表11-1。对于屈服强度等级超过345MPa的钢材，其预热、层间温度应按钢厂提供的指导参数，或由施工企业通过焊接性试验和焊接工艺评定加以确定。

结构钢材焊前最低预热温度要求 表 11-1

钢材牌号	接头部位最厚构件的厚度(mm)				
	<25	≥25～≤40	>40～≤60	>60～≤80	>80
Q235	—	—	60℃	80℃	100℃
Q295、Q345	—	60℃	80℃	100℃	140℃

注：适用条件：1. 接头形式为坡口对接。2. 热输入为15～25kJ/cm。3. 采用低氢焊条，熔敷金属扩散氢含量(甘油法)：E4315、E4316不大于8ml/100g；E5015、E5016、E5515、E5516不大于6ml/100g；E6016不大于4ml/100g。4. 一般拘束度。5. 施工作业环境温度为常温。

2）对焊前预热及层间温度的检测和控制，工厂焊接时宜用电加热板、大号气焊、割枪或专用喷枪加热；工地安装焊接宜用火焰加热器加热。测温器具宜采用表面测温仪。

3）预热时的加热区域应在焊接坡口两侧，宽度各为焊件施焊处厚度的2倍以上，且不小于100mm。测温时间应在火焰加热器移开以后，测温点应在离电弧经过前的焊接点处各方向至少75mm处，必要时应在焊件反面测温。

(2) 焊后消氢处理：

1）焊后消氢处理应在焊缝完成后立即进行。

2）消氢热处理加热温度应达到200～250℃，在此温度下保温时间依据构件板厚而定，应为每25mm板厚0.5h，且不小于1h，然后使之缓慢冷却至常温。

3）消氢热处理的加热方法及测温方法与预热相同。

4）调质钢的预热温度、层间温度控制范围应按钢厂提供的指导性参数进行，并应优先采用控制扩散氢含量的方法来防止延迟裂纹产生。

5）对于屈服强度等级高于345MPa的钢材，应通过焊接性试验确定焊后消氢处理的要求和相应的加热条件。

11. 定位焊

定位焊必须由持焊工合格证的工人施焊。使用焊材应与正式施焊用的材料相当。定位焊缝厚度不宜超过设计焊缝厚度的2/3，定位焊缝长度宜大于40mm，间距宜为500～600mm，并应填满弧坑。定位焊预热温度应高于正式施焊温度。如发现定位焊缝上有气孔或裂纹，必须清除干净后重焊。

12. 焊接作业区环境要求

(1) 作业区环境温度在0℃以上时：

1）焊接作业区风速超过下列规定时，应设防风棚或采取其他防风措施：手工电弧焊8m/s；气体保护及自保护焊2m/s。制作车间内焊接作业区有穿堂风或鼓风机时，也应设挡风设施。

2）焊接作业区的相对湿度不得大于90%。

3）当焊件表面潮湿或有冰雪覆盖时，应采取加热去潮措施。

(2) 低温作业时：

焊接作业区环境温度低于0℃时，常温时不须预热的构件也应对焊接区各方向两倍板厚且不小于100mm范围内加热到20℃以上后方可施焊。常温时须预热的构件则应根据构件焊接节点类型、板厚、拘束度、钢材的碳当量、强度级别、冲击韧性等级、焊接方法和焊接材料熔敷金属扩散氢含量及焊接热输入等各种因素，综合考虑后由焊接责任工程师制定出比常温下焊接预热温度更高和加热范围更宽的作业方案，并经认可后方可实施。作业方案并应考虑焊工操作技能的发挥不受环境低温的影响，同时对构件采取适当和充分的保温措施。

2.2 紧固件连接

2.2.1 铆接施工

1. 铆接的种类和形式

利用铆钉将两个以上的零构件(一般是金属板或型钢)连接为一个整体的连接方法称为铆接。随着科学技术的发展和安装制作水平的不断提高，焊接及螺栓连接的应用范围在不断的扩大。因此，铆接在钢结构制品中逐步地被焊接所代替。

铆接有强固铆接、密固铆接和紧固铆接三种。

铆接的基本形式有搭接、对接和角接三种。搭接是将板件边缘对搭在一起，用铆钉加以固定连接的结构形式，见图 11-4；对接是将两条要连接的板条置于同一平面，利用盖板把板件铆接在一起，见图 11-5；角接是两块板件互相垂直或按一定角度用铆钉固定连接，见图 11-6。

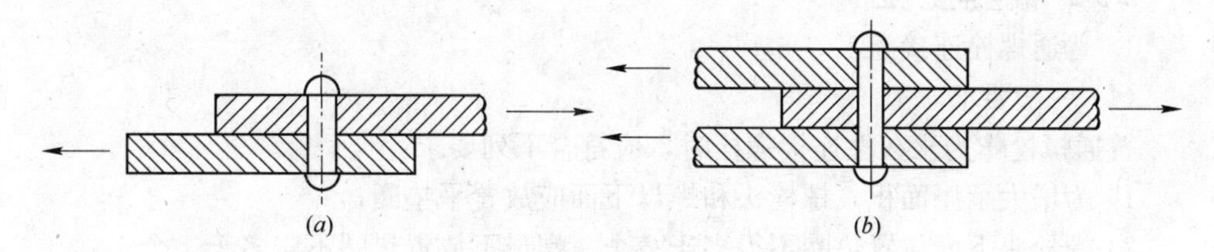

图 11-4 搭接形式
(*a*)单剪切铆接法；(*b*)双剪切铆接法

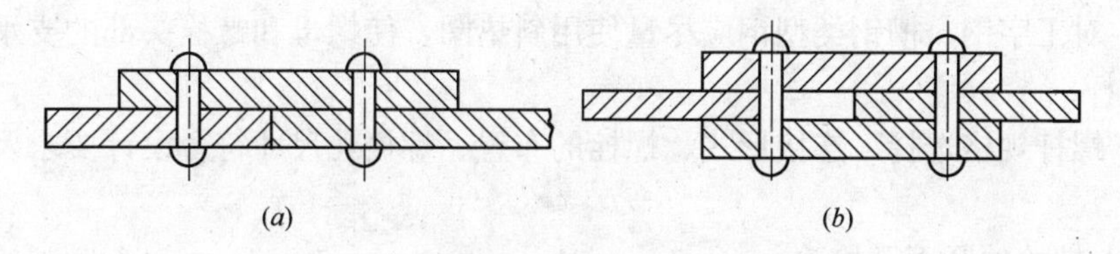

图 11-5 对接形式
(*a*)单盖板式；(*b*)双盖板式

2. 铆接操作要点

冷铆是铆钉在常温状态下进行的铆接。手工冷铆时，先将铆钉穿入铆件孔中，然后用顶把顶住铆钉头，压紧被铆件接头处，用手锤锤击伸出钉孔部分的铆钉杆端头，形成钉头，最后将窝头绕铆钉轴线倾斜转动，直至得到要求的铆钉头。

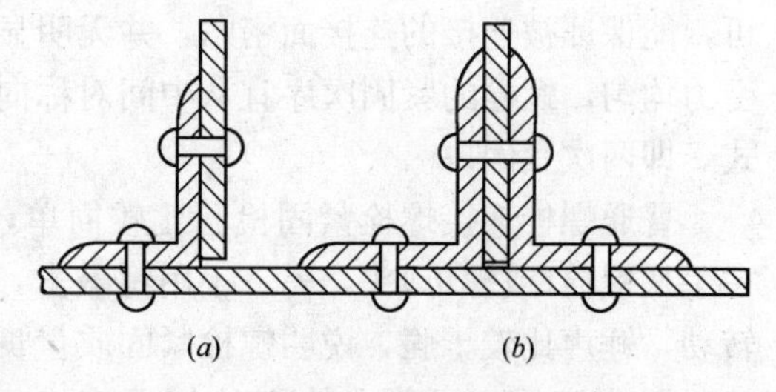

图 11-6 角接形式
(*a*)一侧角钢连接；(*b*)两侧角钢连接

热铆是将铆钉加热后的铆接，称为热铆。一般在铆钉材质的塑性较差或直径较大、铆接力不足的情况下，通常采用热铆。

铆钉加热可用电炉或焦炭炉，加热炉位置应尽可能接近铆接现场。铆钉的加热温度取决于铆钉的材质和施铆方法。用铆钉枪铆接时，铆钉需加热到1000～1100℃；用铆接机铆接时，加热温度为650～670℃。铆钉的终铆温度应在450～600℃之间。采用铆枪热铆时，一般需4人一组，分作四道工序的操作。其中一人负责加热铆钉与传递，另一个人负责接钉与穿钉，其余二人一人顶钉、一人掌握铆钉枪，完成铆接任务。铆接前应用数量不少于铆钉孔数的1/4螺栓临时固定铆件，并用矫正冲或铰刀修整钉孔至符合要求。铆钉穿入钉孔后，不论用手顶把还是用气顶把，顶把上的窝头形状、规格都应与预制的铆接头相符。用手顶把顶钉时，应使顶把与顶头中心成一条直线。热铆开始时，铆钉枪风量要小些，待钉杆镦粗后，加大风量，逐渐将钉杆外伸端打成钉头形状。压缩空气的压力不应低于0.5MPa。

铆接时，铆钉枪的开关应灵活可靠，禁止碰撞。经常检查铆钉枪与风管接头的螺纹连接是否松动，如发现松动，应及时紧固，以免发生事故。每天铆接结束时，应将窝头和活塞卸掉，妥善保管，以备再用。

2.2.2 螺栓连接施工

1. 普通螺栓连接施工

(1) 一般要求

普通螺栓作为永久性连接螺栓时，应符合下列要求：

1) 为增大承压面积，螺栓头和螺母下面应放置平垫圈；

2) 螺栓头下面放置垫圈不得多于2个，螺母下放置垫圈不应多于1个；

3) 对设计要求防松动的螺栓，应采用有防松装置的螺母或弹簧垫圈或用人工方法采取防松措施；

4) 对工字钢、槽钢类型钢应尽量使用斜垫圈，使螺母和螺栓头部的支承面垂直于螺杆；

5) 螺杆规格选择、连接形式、螺栓的布置、螺栓孔尺寸符合设计要求及有关规定。

(2) 螺栓的紧固及检验

普通螺栓连接对螺栓紧固力没有具体要求。以施工人员紧固螺栓时的手感及连接接头的外形控制为准，即施工人员使用普通板手靠自己的力量拧紧螺母即可，能保证被连接的连接面密贴，并无明显的间隙。为了保证连接接头中各螺栓受力均匀，螺栓的紧固次序宜从中间对称向两侧进行；对大型接头宜采用复拧方式，即两次紧固。

普通螺栓连接螺栓紧固检验比较简单，一般采用锤击法，即用3公斤小锤，一手扶螺栓(或螺母)头，另一手用锤敲击，如螺栓头(螺母)不偏移、不颤动、不转动，锤声比较干脆，说明螺栓紧固质量良好。否则需重新紧固。永久性普通螺栓紧固应牢固、可靠、外露丝扣不应少于2扣。检查数量，按连接点数抽查10%，且不应少于3个。

2. 高强度螺栓连接施工

高强度螺栓从外形上可分为大六角头高强度螺栓和抗剪型高强度螺栓两种类型。按性能等级分为 8.8 级、10.9 级和 12.9 级，目前我国使用的大六角头高强度螺栓有 8.8 级和 10.9 级两种，扭剪型高强度螺栓只有 10.9 级一种。

(1) 一般规定

高强度螺栓连接施工时，应符合下列要求：

1) 高强度螺栓连接副应有质量保证书，由制造厂按批配套供货；

2) 高强度螺栓连接施工前，应对连接副和连接件进行检查和复验，合格后再进行施工；

3) 高强度螺栓连接安装时，在每个节点上应穿入的临时螺栓和冲钉数量，由安装时可能承担的荷载计算确定，并应符合下列规定：①不得少于安装总数的1/3；②不得少于两个临时螺栓；③冲钉穿入数量不宜多于临时螺栓的 30%；

4) 不得用高强度螺栓兼做临时螺栓，以防损伤螺纹；

5) 高强度螺栓的安装应能自由穿入，严禁强行穿入。如不能自由穿入时，应用铰刀进行修整，修整后的孔径应小于 1.2 倍螺栓直径；

6) 高强度螺栓的安装应在结构构件中心位置调整后进行。其穿入方向应以施工方便为准，并力求一致。安装时注意垫圈的正反面；

7) 高强度螺栓孔应采取钻孔成形的方法。孔边应无飞边和毛刺。螺栓孔径应符合设计要求。孔径允许偏差见表 11-2；

8) 高强度螺栓连接构件螺栓孔的孔距及边距应符合表 11-3 要求。还应考虑专用施工机具的可操作空间；

9) 高强度螺栓连接构件的孔距允许偏差符合表 11-4 的规定。

高强度螺栓连接构件制孔允许偏差　　　　表 11-2

名称		直径及允许偏差(mm)						
螺栓	直径	12	16	20	22	24	27	30
	允许偏差	±0.43		±0.52			±0.84	
螺栓孔	直径	13.5	17.5	22	(24)	26	(30)	33
	允许偏差	+0.43 0		+0.52 0		+0.84 0		
圆度(最大和最小直径之差)		1.00		1.50				
中心线倾斜度		应不大于板厚的 3%，且单层板不得大于 2.0mm，多层板叠合不得大于 3.0mm						

高强度螺栓的孔距和边距值表 **表 11-3**

名称	位置和方向		最大值(取两者的较小值)	最小值
中心间距	外排		$8d_0$ 或 $12t$	$3d_0$
	中间排	构件受压力	$12d_0$ 或 $18t$	
		构件受拉力	$16d_0$ 或 $24t$	
中心至构件边缘的距离	顺内力方向		$4d_0$ 或 $8t$	$2d_0$
	垂直内力方向	切割边		$1.5d_0$
		轧制边		$1.5d_0$

注：1. d_0 为高强度螺栓的孔径；t 为外层较薄板件的厚度。

2. 钢板边缘与刚性构件(如角钢、槽钢等)相连的高强度螺栓的最大间距，可按中间排数值采用。

高强度螺栓连接构件的孔距允许偏差 **表 11-4**

项次	项目		螺栓孔距(mm)			
			<500	500～1200	1200～3000	>3000
(1)	同一组内任意两孔间	允许偏差	±1.0	±1.2	—	—
(2)	相邻两组的端孔间		±1.2	±1.5	＋2.0	±3.0

注：孔的分组规定：

1. 在节点中连接板与一根杆件相连的所有连接孔划为一组。
2. 接头处的孔：通用接头——半个拼接板上的孔为一组；阶梯接头——两接头之间的孔为一组。
3. 在两相邻节点或接头间的连接孔为一组，但不包括(1)、(2)所指的孔。
4. 受弯构件翼缘上，每 1m 长度内的孔为一组。

(2) 大六角头高强度螺栓连接施工

大六角头高强度螺栓连接施工一般采用的紧固方法有扭矩法和转角法。

扭矩法施工时，一般先用普通扳手进行初拧，初拧扭矩可取为施工扭矩的50%左右。目的是使连接件密贴。在实际操作中，可以让一个操作工使用普通扳手拧紧即可。然后使用扭矩扳手，按施工扭矩值进行终拧。对于较大的连接接点，可以按初拧、复拧及终拧的次序进行，复拧扭矩等于初拧扭矩。一般拧紧的顺序从中间向两边或四周进行。初拧和终拧的螺栓均应做不同的标记，避免漏拧、超拧发生，且便于检查。此法在我国应用广泛。

转角法是用控制螺栓应变即控制螺母的转角来获得规定的预拉力，因不需专用扳手，故简单有效。终拧角度可预先测定。高强度螺栓转角法施工分初拧和终拧两步(必要时可增加复拧)，初拧的目的是为消除板缝影响，给终拧创造一个大体一致的基础。初拧扭矩一般取终拧扭矩的50%为宜。原则是以板缝密贴为准。见图 11-7。

(3) 扭剪型高强度螺栓连接施工

扭剪型高强度螺栓施工相对于大六角头高强度螺栓连接施工简单的多。它是采用专用的电动扳手进行终拧，梅花头拧掉则终拧结束。

扭剪型高强度螺栓的拧紧可分为初拧、终拧，对于大型节点分为初拧、复拧、终拧。初拧采用手动扳手或专用定矩电动扳手，初拧值为预拉力标准值的50%左右。复拧扭矩等于初拧扭矩值。初拧或复拧后的高强度螺栓应用颜色在螺母上涂上标记。然后用专用电动扳手进行终拧，直至拧掉螺栓尾部梅花头，读出预拉力值。见图11-8。

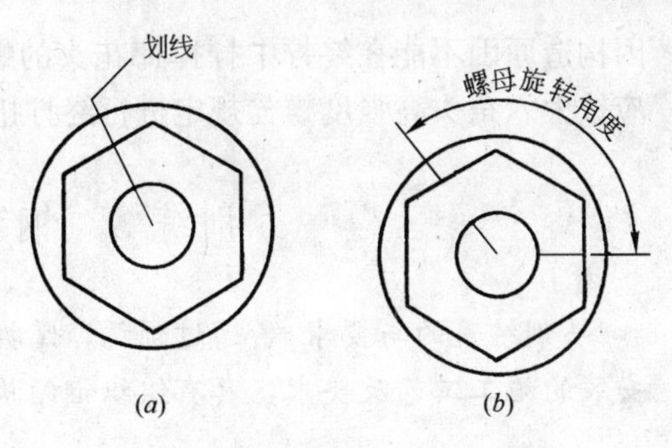

图 11-7 转角施工方法

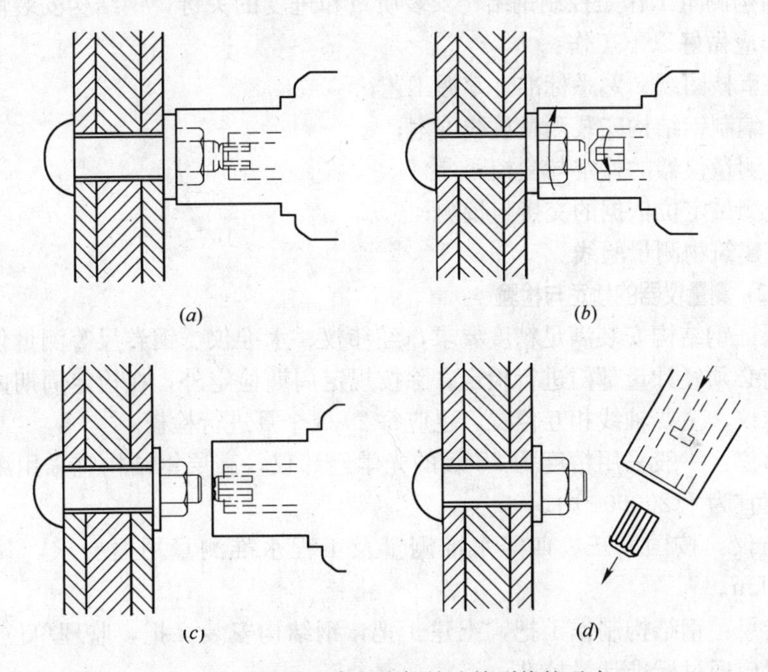

图 11-8 扭剪型高强度螺栓连接副终拧示意

（4）高强度螺栓连接副的施工质量检查与验收

高强度螺栓施工质量应有下列原始检查验收记录：高强度螺栓连接副复验数据、抗滑移系数试验数据、初拧扭矩、终拧扭矩、扭矩扳手检查数据和施工质量检查验收记录等。

对大六角头高强度螺栓应进行如下检查：

1）用小锤(0.3kg)敲击法对高强度螺栓进行检查，以防漏拧。

2）终拧完成1h后、48h内应进行终拧扭矩检查。按节点数抽查10%，且不应少于10个；每个被抽查节点按螺栓数抽查10%，且不应少于2个。检查时在螺尾端头和螺母相对位置划线，然后将螺母退回60°左右，再用扭矩扳手重新拧紧，使两线重合，测得此时的扭矩值与施工扭矩值的偏差在10%以内为合格。

对扭剪型高强度螺栓连接副终拧后检查以目测尾部梅花头拧掉为合格。对于因构造原因不能在终拧中拧掉梅花头的螺栓数不应大于该节点螺栓数的5%。并应按大六角头高强度螺栓规定进行终拧扭矩检查。

训练3 钢结构安装

[训练目的与要求] 通过训练，掌握钢结构施工的测量验线、钢结构拼装与安装的施工工艺及要求，具有组织钢结构安装施工的能力。

3.1 测量验线

3.1.1 钢结构安装前的测量准备工作

钢结构测量工作是控制钢结构安装质量和进度的关键，钢结构安装前的测量准备工作应做好以下工作：

(1) 审核图纸、熟悉标准、掌握工艺；

(2) 编制钢结构安装测量放线方案；

(3) 测量仪器的检定与检校；

(4) 测量定位依据的交接与校测；

(5) 建筑物测量验线。

3.1.2 测量仪器的检定与检验

为保证钢结构安装满足精度要求，经纬仪、水准仪、钢卷尺等测量仪器在施工测量前必须经计量部门进行检定。除按规定周期检定外，在检定周期内的经纬仪、水准仪、主要轴线相互位置，也应每2～3个月进行检校。

经纬仪：一般采用精度为2S级的光学经纬仪，高层钢结构宜采用激光经纬仪，精度宜为1/200000内。

水准仪：按国家三、四等水准测量及工程水准测量用途要求，其精度为±3mm/km。

钢卷尺：钢结构制作1把，土建1把，钢结构安装2把，监理单位1把，5把钢卷尺应通过标准计量校准。

3.1.3 建筑物测量验线

基础完工后，钢结构安装前，为确保钢结构安装质量，进场后对所提供建筑物轴线、标高及建筑物定位桩、水准标高点进行轴线和标高复测。

轴线复测：复测方法据建筑物平面不同采取不同的方法。矩形建筑物的验线宜选用直角坐标法；任意形状建筑物的验线宜选用极坐标法；平面控制点距测点距离较远，量测困难或不便量测时，宜选用角度(方向)交汇法；平面控制点距测点距离不超过整尺长，且场地量测条件较好时，宜选用距离交汇法；采用光电测距仪验线时，宜选用极坐标法。

验线部位：定位依据桩位和定位条件。建筑物平面控制网、主轴线及其控制桩；建筑物高程控制网和±0.000高程线。

3.1.4 高层钢结构安装阶段的测量放线

1. 建立基准控制点

根据施工现场条件，建筑物测量基准点有两种测设方法。

一种为外控法，即将测量基准点设在建筑物外部。此方法适用于场地开阔的现场。根据建筑物平面形状，在轴线延长线上设立控制点，控制点一般距建筑物(0.8～1.5)倍建筑物高度处。引出交线形成控制网，并设立控制桩。

另一种为内控法，即将测量基准点设在建筑物内部。此方法适用于现场较小，无法采用外控法的现场。控制点的位置、多少根据建筑物平面形状而定。当从地面或底层将基准线引测至高处楼层时，楼板需要预留孔洞，最后封堵。

外控法和内控法也可混合使用，无论采用何种施测方法，均应注意以下几点：

(1) 使用统一的测量仪器。从构件加工、基础放线、构件安装均应使用统一型号并经过统一校核的钢尺。

(2) 建立复测制度。各基准控制点、轴线、标高等均要进行两次以上的复测，以误差最小为准。

(3) 各控制桩应有防止碰损的保护措施，并设立控制网，提高测量精度。

2. 平面轴线控制点的竖向传递

地下部分：高层钢结构工程，通常有一定层数的地下部分，对地下部分可采用外控法，建立十字型或井字型控制点，组成一个平面控制网。

地上部分：控制点的竖向传递采用内控法时，投递仪器可采用全站仪或天顶准直仪。在控制点架设仪器对中调平。在传递控制点的楼面上预留孔(如300mm×300mm)，孔上设置光靶。传递时仪器从0°、90°、180°、270°四个方向，向光靶投点，定出4点，找出4点对角线的交点做为传递上来的控制点。

3. 柱顶平面放线

利用传递上来的控制点，用全站仪或经纬仪进行平面控制网放线，把轴线放到柱顶上。

4. 悬吊钢尺传递高程

利用高程控制点，采用水准仪和钢尺测量的方法引测，如图11-9所示。

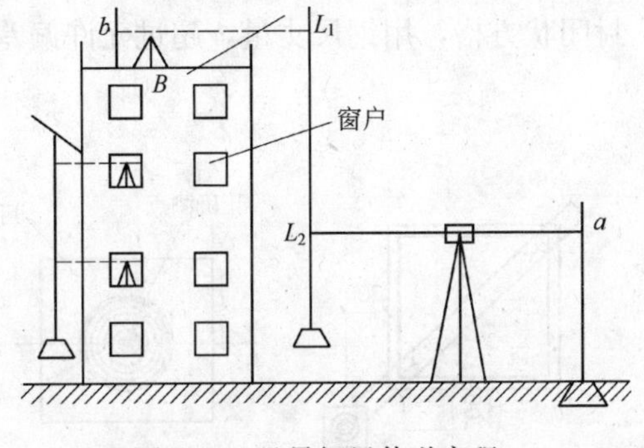

图11-9 悬吊钢尺传递高程

$$H_m = H_h + \alpha + [(l_1 - l_2) + \Delta t + \Delta k] - b$$

式中 H_m——设置在建(构)筑物上的水准点高程；

H_h——地面上水准点高程；

α——地面上A点置镜时水准尺的读数；

b——建(构)筑物上B点置镜时水准尺的读数；

l_1——建(构)筑物上B点置镜时钢尺的读数；

l_2——地面上A点置镜时钢尺的读数；

Δt——钢尺的温度改正值；

Δk——钢尺的尺长改正值。

当超过钢尺长度时，可分段向上传递标高。

5. 钢柱垂直度测量

钢柱竖直度的测量可采用以下几种方法：

(1) 激光准直仪法。将准直仪架设在控制点上，通过观测接受靶上接收到的激光束，来判断柱子是否竖直。

(2) 铅垂法。是一种较为原始的方法，指用锤球吊校柱子，如图 11-10 所示。为避免锤线摆动，可加套塑料管，并将锤球放在黏度较大的油中。

(3) 经纬仪法。用两台经纬仪架设在轴线上，对柱子进行校正，是施工中常用的方法。

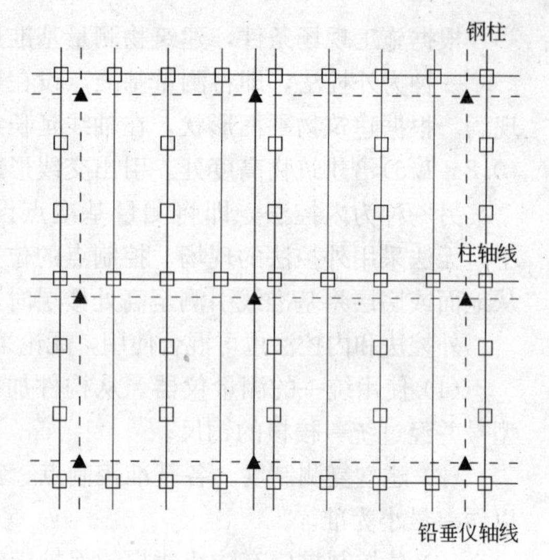

图 11-10　钢柱安装铅垂仪布置

□—钢柱位置；▲—铅垂仪位置；

—— —钢柱控制格图；---- —铅垂仪控制格图

(4) 建立标准柱法。根据建筑物的平面形状选择标准柱，如正方形框架选 4 根转角柱。根据测设好的基准点，用激光经纬仪对标准柱的垂直度进行观测，在柱顶设测量目标，激光仪每测一次转动 90°，测得 4 个点，取该 4 点相交点为准量测安装误差。(图 11-11)。除标准柱外，其他柱子的误差量测采用丈量法，即以标准柱为依据，沿外侧拉钢丝绳组成平面封闭状方格，用钢尺丈量，超过允许偏差则进行调整。(图 11-12)。

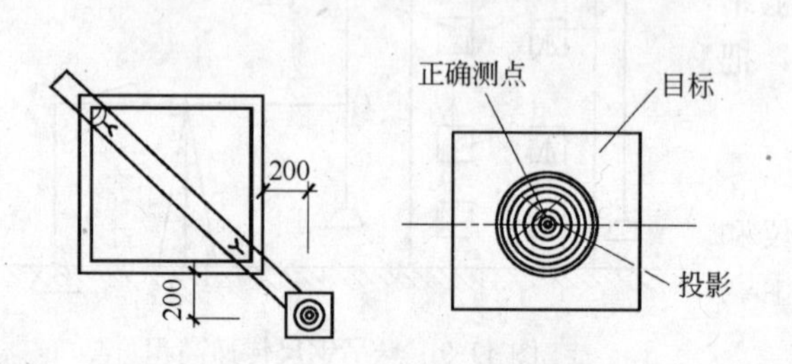

图 11-11　钢柱顶的激光测量目标

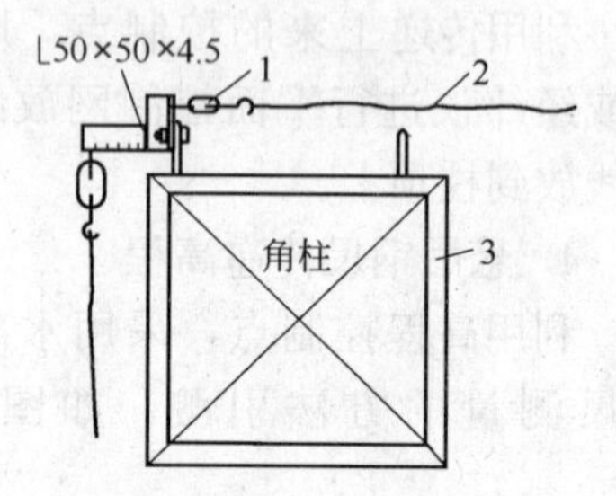

图 11-12　钢柱校正用钢丝绳

1—花篮螺丝；2—钢丝绳；3—角柱

3.2　钢结构拼装

3.2.1　钢屋架拼装

钢屋架多数用底样采用仿效方法进行拼装，其过程如下：按设计尺寸，并按长、高尺寸，以 1/1000 预留焊接的收缩量，在拼装平台上放出拼装底样，见图 11-13。在底样上应按图画好角钢面宽度、立面厚度，作为拼装时的依据。拼装尺寸大小应考虑运输和安装的方便。除按设计规定的技术说明外，还应结合屋架的跨度(长度)，可整体或按节点分段进行拼装。屋架拼装还要注意平台的水平度，以免拼装成的屋架在上下弦及中间位置产生侧向弯曲，如果平台不平，可在拼装前用仪器或拉粉线调整垫平。

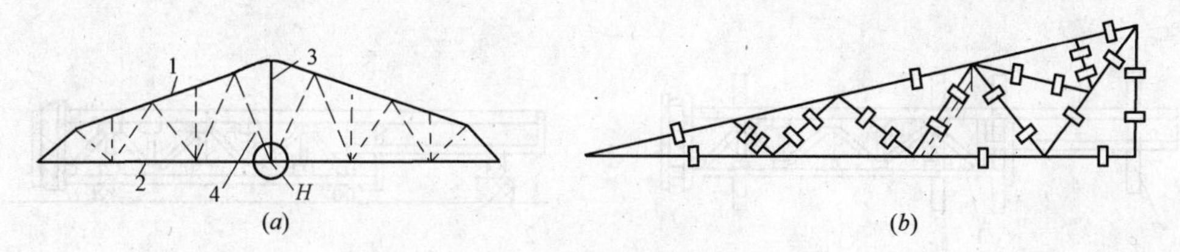

图 11-13　屋架拼装示意图

(a)拼装底样；(b)屋架拼装

H—起拱抬高位置；

1—上弦；2—下弦；3—立撑；4—斜撑

放好底样后，将底样上各位置上的连接板用电焊点牢，并用挡铁定位，作为第一次单片屋架拼装基准的底模。接着就可将大小连接板按位置放在底模上。屋架的上下弦及所有的立、斜撑，限位板放到连接板上面，进行找正对齐，用卡具夹紧点焊。待全部点焊牢固，可用吊车作 180°翻身，这样就可用该扇单片屋架为基准仿效组合拼装，见图 11-14。

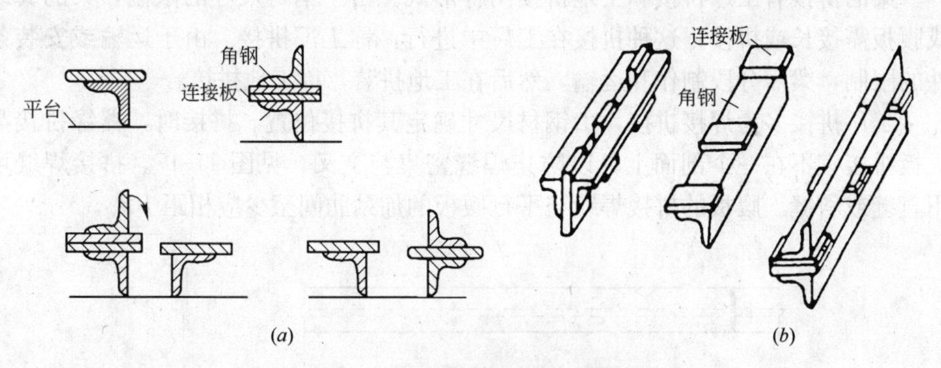

图 11-14　屋架仿效拼装示意图

(a)仿形过程；(b)复制的实物

对特殊动力厂房屋架，为适应生产性质的要求强度，一般不采用焊接而用铆接，见图 11-15 中的(b)所示。

以上的仿效复制拼装法具有效率高、质量好、便于组织流水作业等优点。因此，对于截面对称的梁、柱和框架等钢结构，也均可采用。

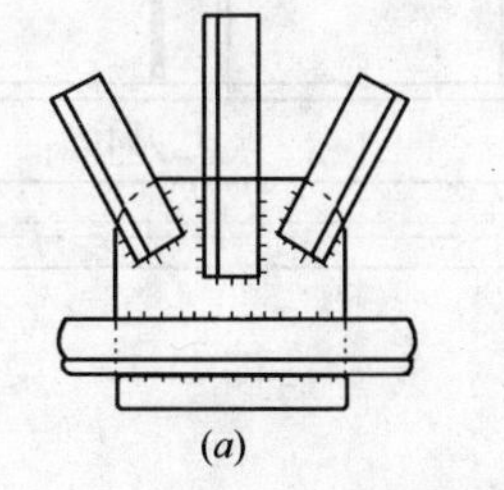
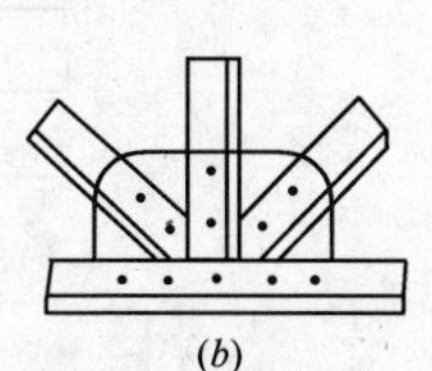

图 11-15　屋架连接示意

(a)焊接；(b)铆接

3.2.2　钢柱拼装

钢柱拼装的拼装可采用平拼拼装或立拼拼装。

平拼拼装先在柱的适当位置用枕木搭设 3～4 个支点，见图 11-16(a)。各支承点高度应拉通线，使柱轴线中心线成一水平线，先吊下节柱找平，再吊上节柱，使两端头对准，然后找中心线，并把安装螺栓或夹具上紧，然后进行接头焊接，焊接时采取对称施焊，焊完一面再翻身焊另一面。

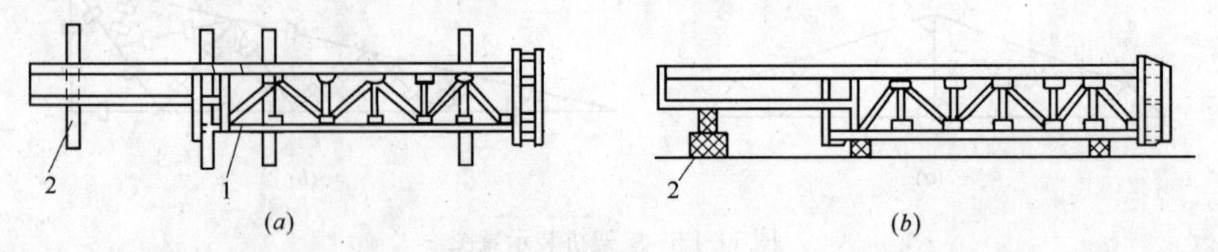

图 11-16　钢柱的拼装

(a)平拼拼装法；(b)立拼拼装法

1—拼接点；2—枕木

立拼拼装是在下节柱适当位置设 2～3 个支点，上节柱设 1～2 个支点，见图 11-16(b)，各支点用水平仪测平垫平。拼装时先吊下节，使牛腿向下，并找平中心，再吊上节，使两节的接头端相对准，然后找正中心线，并将安装螺栓拧紧，最后进行接头焊接。

3.2.3　钢梁拼装

梁的拼接有工厂拼接和工地拼接两种形式。由于钢材尺寸的限制，梁的翼缘或腹板需接长或拼接，这种拼接在工厂中进行，称工厂拼接。由于运输或安装条件的限制，梁需分段制作和运输，然后在工地拼装，称工地拼接。

工厂拼接多为焊接拼接，由钢材尺寸确定其拼接位置。拼接时，翼缘拼接与腹板拼接宜不在一个剖面上，以防止焊缝密集与交叉，见图 11-17。拼接焊缝可用直缝或斜缝。腹板的拼接焊缝与平行腹板的加劲肋间至少应相距 $10t_w$。

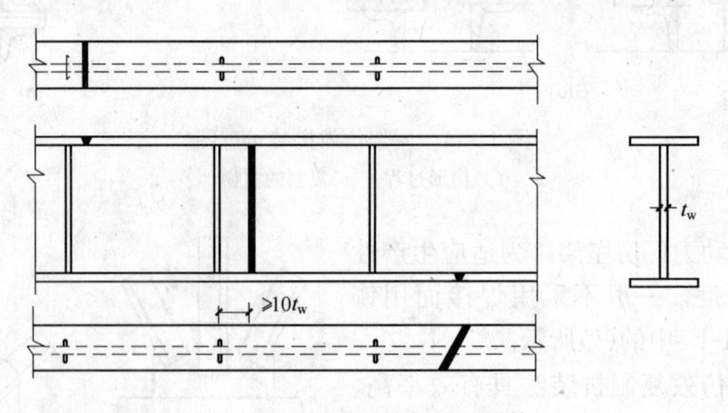

图 11-17　梁用对接焊缝的拼接

腹板和翼缘通常都采用对接焊缝拼接，见图 11-18 所示。用直焊缝拼接比较省料，但如焊缝的抗拉强度低于钢板的强度，则可将拼接位置布置在应力较小的区域，或采用斜焊缝。斜焊缝可布置在任何区域，但较费料，尤其是在腹板中。此外也可以用拼接板拼接，见图 11-18 所示。这种拼接与对接焊缝拼接相比，虽

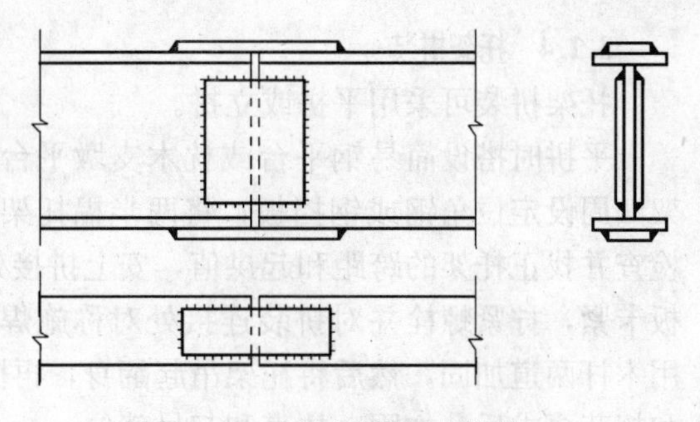
图 11-18 梁用拼接板的拼接

然具有加工精度要求较低的优点，但用料较多，焊接工作量增加，而且会产生较大的应力集中。

为了使拼接处的应力分布接近于梁截面中的应力分布，防止拼接处的翼缘受超额应力，腹板拼接板的高度应尽量接近腹板的高度。

工地拼接的位置主要由运输和安装条件确定，一般布置在弯曲应力较低处。翼缘和腹板应基本上在同一截面处断开，以便于分段运输。拼接构造端部平齐，见图 11-19(*a*)，防止运输时碰损，但其缺点是上、下翼缘及腹板在同一截面拼接会形成薄弱部位。翼缘和腹板的拼接位置略为错开一些，见图 11-19(*b*)，受力情况较好，但运输时端部突出部分应加以保护，以免碰损。

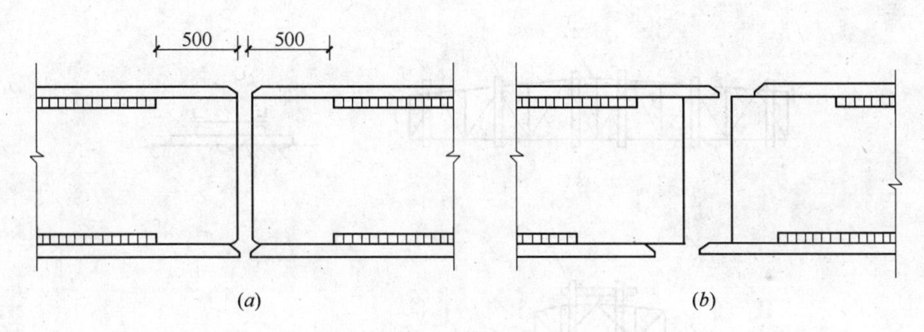

图 11-19 焊接梁的工地拼接

(*a*)拼接端部平齐；(*b*)拼接端部错开

焊接梁的工地对接缝拼接处，上、下翼缘的拼接边缘均宜做成向上的 V 形坡口，以便融焊。为了使焊缝收缩比较自由，减小焊接残余应力，应留一段(长度 500mm 左右)翼缘焊缝在工地焊接，并采用合适的施焊程序。

对于较重要的或受动力荷载作用的大型组合梁，考虑到现场施焊条件较差，焊缝质量难以保证，其工地拼接宜用高强度摩擦型螺栓连接，见图 11-20。

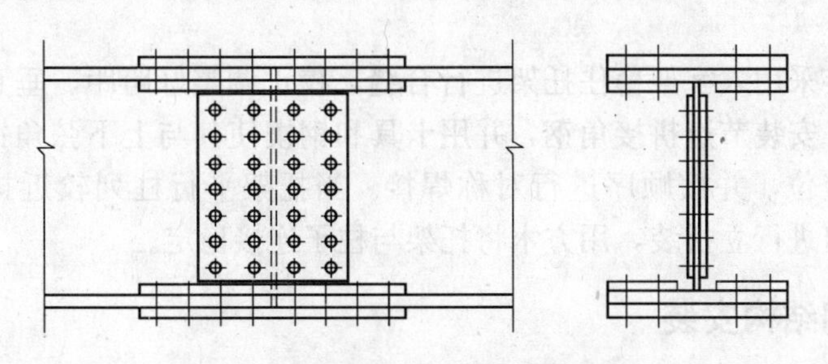
图 11-20 采用拼接板的螺栓连接

3.2.4 托架拼装

托架拼装可采用平拼或立拼。

平拼时搭设简易钢平台或枕木支墩平台，见图 11-21，进行找平放线，在托架四周设定位角钢或钢挡板，将两半榀托架吊到平台上，拼缝处装上安装螺栓，检查并找正托架的跨距和起拱值，安上拼接处连接角钢，用卡具将托架和定位钢板卡紧，拧紧螺栓并对拼装连接处对称施焊，焊完一面焊缝，检查并纠正变形，用木杆两道加固，然后将托架吊起翻身，再同法焊接另一面焊缝。检查符合设计和规范要求后，加固、扶直和起吊就位。

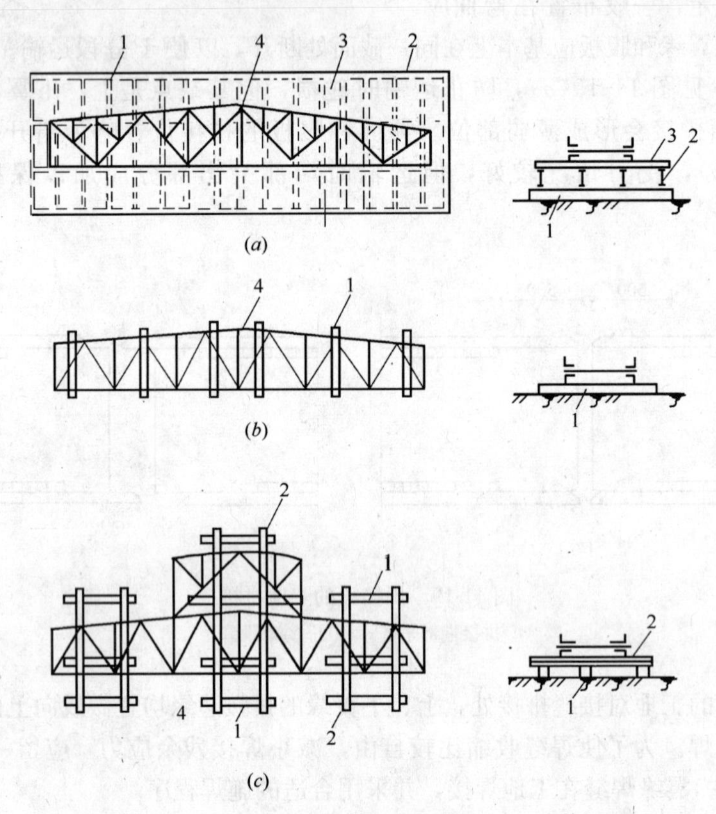

图 11-21 天窗架平拼装

(*a*)简易钢平台拼装；(*b*)枕木平台拼装；(*c*)钢木混合平台拼装

1—枕木；2—工字钢；3—钢板；4—拼接点

立拼拼装采用人字架稳住托架进行合缝，校正调整好跨距、垂直度、侧向弯曲和拱度后，安装节点拼接角钢，并用卡具和钢楔使其与上下弦角钢卡紧，复查后，用电焊定位，并按顺序进行对称焊接。当托架平行柱列较近排放时，可以3～4榀为一组进行立拼装，用方木将托架与柱子连接稳定。

3.3 钢结构安装

3.3.1 钢柱安装

1. 吊点选择

吊点位置及吊点数量，根据钢柱形状、断面、长度、起重机性能等具体情况确定。通常钢柱弹性和刚性都很好，可采用一点正吊，吊点设在柱顶处。这样，柱身易于竖直，易于对位校正。当受到起重机械臂杆长度限制时，吊点也可设在柱长 1/3 处，此时，吊点斜吊，对位校正较难。对细长钢柱，为防止钢柱变形，也可采用两点或三点吊装。

为了保证吊装时索具安全及便于安装校正，在吊装钢柱时在吊点部位预先安有吊耳(图 11-22)，吊装完毕再割去。如不采用在吊点部位焊接吊耳，也可采用直接用钢丝绳绑扎钢柱，此时，钢柱(□、工)绑扎点处钢柱四角应用割缝钢管或方形木条做包角保护，以防钢丝绳割断。工字型钢柱为防止局部受挤压破坏，可加一加强肋板在绑扎点处使支撑杆加强。

2. 起吊方法

起吊方法，应根据钢柱类型、起重设备和现场条件确定。起重机械可采用单机、双机、三机等，见图 11-23。起吊方法可采用旋转法、滑行法、递送法。

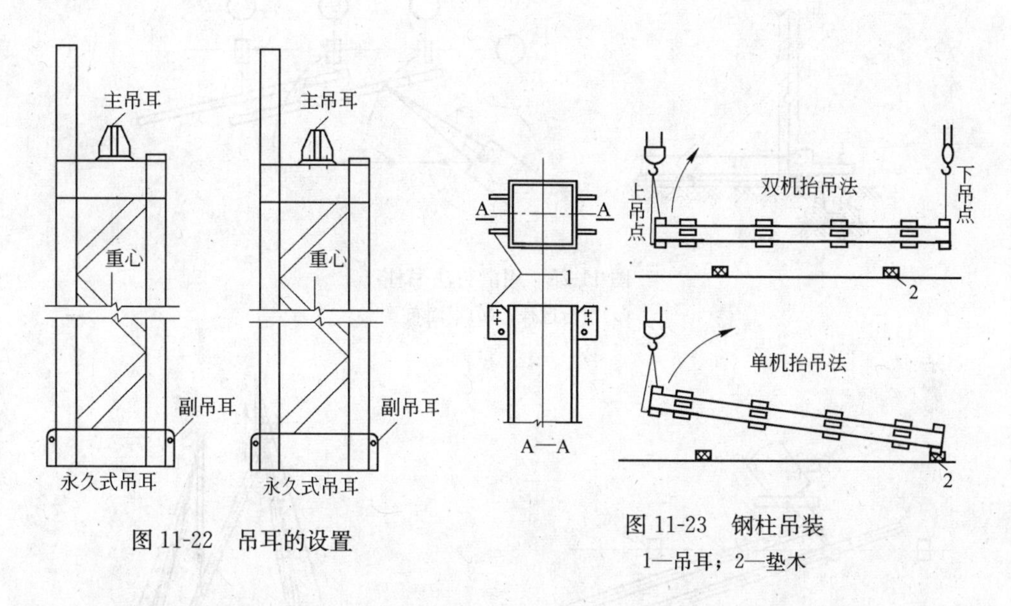

图 11-22　吊耳的设置

图 11-23　钢柱吊装
1—吊耳；2—垫木

旋转法是起重机边起钩边回转使钢柱绕柱脚旋转而将钢柱吊起(图11-24)。

滑行法是采用单机或双机抬吊钢柱，起重机只起钩，使钢柱滑行而将钢柱吊起。为减少钢柱与地面摩阻力，需在柱脚下铺设滑道(图 11-25)。

递送法采用双机或三机抬吊钢柱。其中一台为副机吊点选在钢柱下面，起吊时配合主机起钩，随着主机的起吊，副机行走或回转。在递送过程中副机承担了一部分荷载，将钢柱脚递送到柱基础顶面，副机脱钩卸去荷载，此时主机满荷，将柱就位(图 11-26)。

3. 钢柱临时固定

对于采用杯口基础钢柱，柱子插入杯口就位，初步校正后即可用钢(或硬木)楔临时固定。即当柱插入杯口使柱身中心线对准杯口(或杯底)中心线后刹车，用

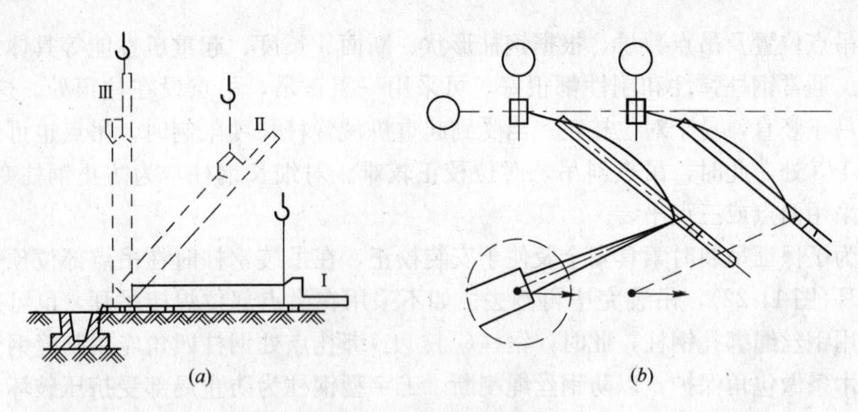

图 11-24 用旋转法吊柱

(a)旋转过程；(b)平面布置

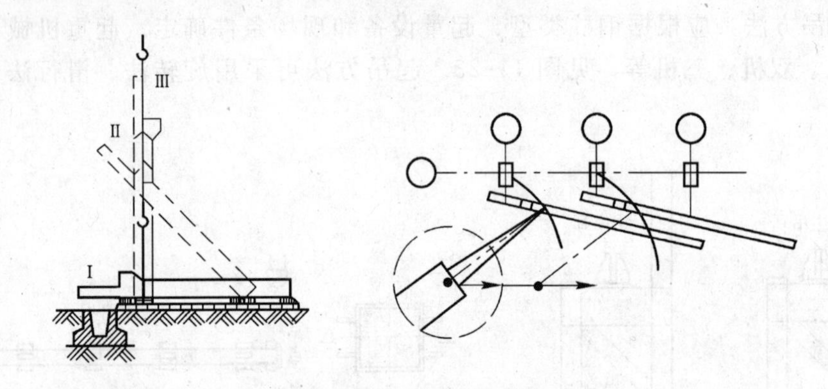

图 11-25 用滑行法吊柱

(a)滑行过程；(b)平面布置

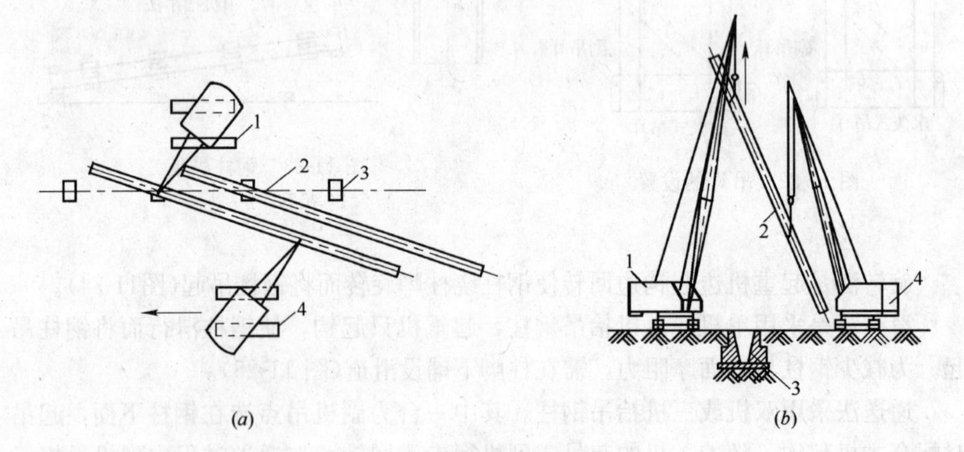

图 11-26 双机抬吊递送法

(a)平面布置；(b)递送过程

1—主机；2—柱子；3—基础；4—副机

撬杠拔正初校，在柱子杯口壁之间的四周空隙，每边塞入 2 个钢(或硬木)楔，再将钢柱下落到杯底后复查对位，同时打紧两侧的楔子，起重机脱钩完成一个钢柱吊装，见图 11-27。对于采用地脚螺栓方式连接的钢柱，钢柱吊装就位并初步调整柱底与基础基准线达到准确位置后，拧紧全部螺栓螺母，进行临时固定，达到安全后摘除吊钩。

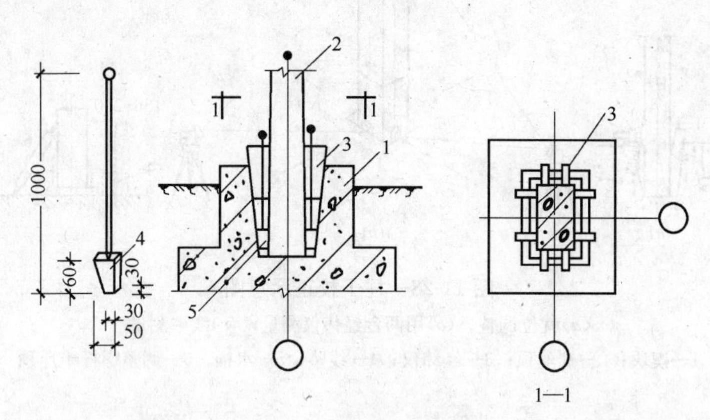

图 11-27　柱临时固定方法

1—杯形基础；2—柱；3—钢或木楔；4—钢塞；5—嵌小钢塞或卵石

对于重型或高 10m 以上细长柱及杯口较浅的钢柱，或遇到刮风天气，有时还在钢柱大面两侧加设缆风绳或支撑来临时固定。

4. 钢柱的校正及最后固定

(1) 钢柱的校正

钢柱的校正工作一般包括平面位置、标高及垂直度三个内容。钢柱的校正工作主要是校正垂直度和复查标高，钢柱的平面位置在钢柱吊装时已基本校正完毕。

钢柱标高校正。根据钢柱实际长度、柱底平整度、钢牛腿顶部距柱底部距离确定。对于采用杯口基础钢柱可采用抹水泥砂浆或设钢垫板来校正标高；对于采用地脚螺栓连接方式钢柱，首层钢柱安装时，可在柱子底板下的地脚螺栓上加一个调整螺母，螺母上表面标高调整到与柱底板标高相同，安装柱子后，通过调整螺母来控制柱子的标高。柱子底板下预留的空隙，用无收缩砂浆填实。基础标高调整数值主要保证钢牛腿顶面标高偏差在允许范围内。如安装后还有超差，则在安装吊车梁时予以纠正。如偏差过大，则将柱拔出重新安装。

垂直度校正。钢柱垂直度校正可以采用两台经纬仪或吊线坠测量的方式进行观测。见图 11-28。校正方法，可以采用松紧钢楔，千斤顶顶推柱身，使柱子绕柱脚转动来校正垂直度。见图 11-29。或采用不断调整柱底板下的螺母进行校正，直至校正完毕，将底板下的螺母拧紧。

钢柱校正的其他方法还有松紧楔子和千斤顶校正法、撑杆校正法、缆风绳校正法。松紧楔子和千斤顶校正法可以对钢柱平面位置、标高及垂直度进行校正。该法工具简单、工效高，适用于大中型各种型式柱的校正，被广泛采用；撑杆校正法可以对钢柱垂直度进行校正。该法工具较简单，适用于 10m 以下的矩形或工

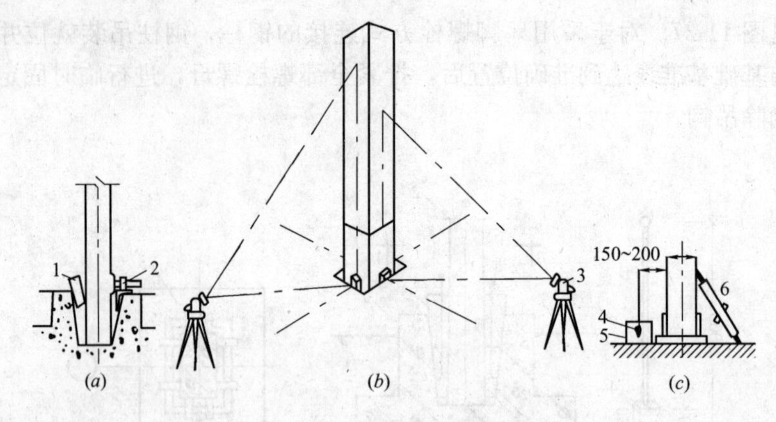

图 11-28 柱子校正示意图

(a)就位调整；(b)用两台经伟仪测量；(c)线坠测量

1—楔块；2—螺丝顶；3—经纬仪；4—线坠；5—水桶；6—调整螺杆千斤顶

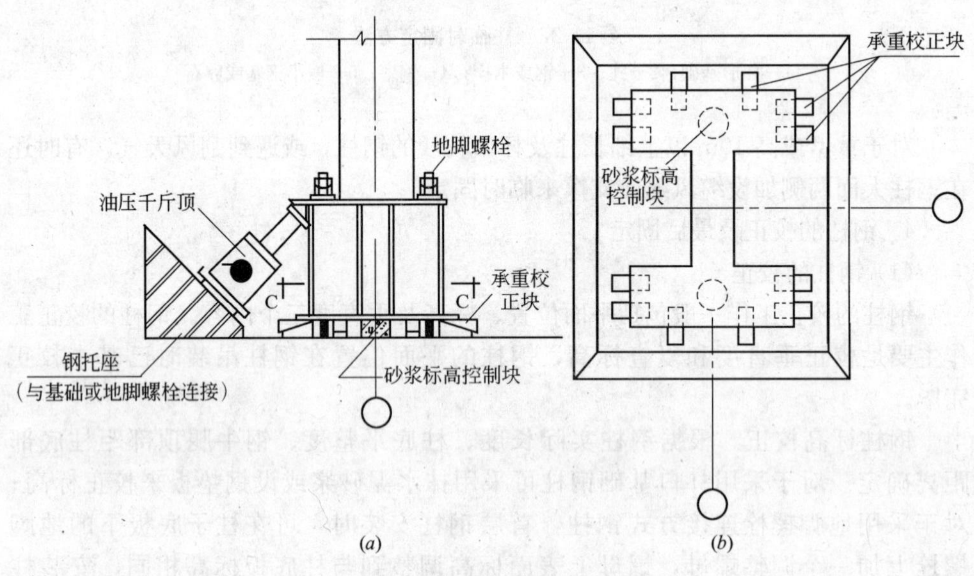

图 11-29 用千斤顶校正垂直度

(a)千斤顶校正垂直度；(b)平面示意图

字形中小型柱的校正。见图 11-30。缆风绳校正法可以对钢柱垂直度进行校正。该法需要较多缆风绳，操作麻烦，占用场地大，常影响其他作业进行，同时校正后回弹影响精度，仅适用于校正长度不大、稳定性差的中、小型柱子。见图 11-31。

(2) 最后固定

钢柱校正完毕后，应立即进行最后固定。

对无垫板安装钢柱的固定方法是在柱子与杯口的空隙内灌注细石混凝土。灌注前，先清理并湿润杯口，灌注分两次进行，第一次灌注至楔子底面，待混凝土强度等级达到 25%后，拔出楔子，第二次灌注混凝土至杯口。对采用缆风绳校正法校正的柱子，需待第二次灌注混凝土达到 70%时，方可拆除缆风绳。

对有垫板安装钢柱的二次灌注方法，通常采用赶浆法或压浆法。赶浆法是在

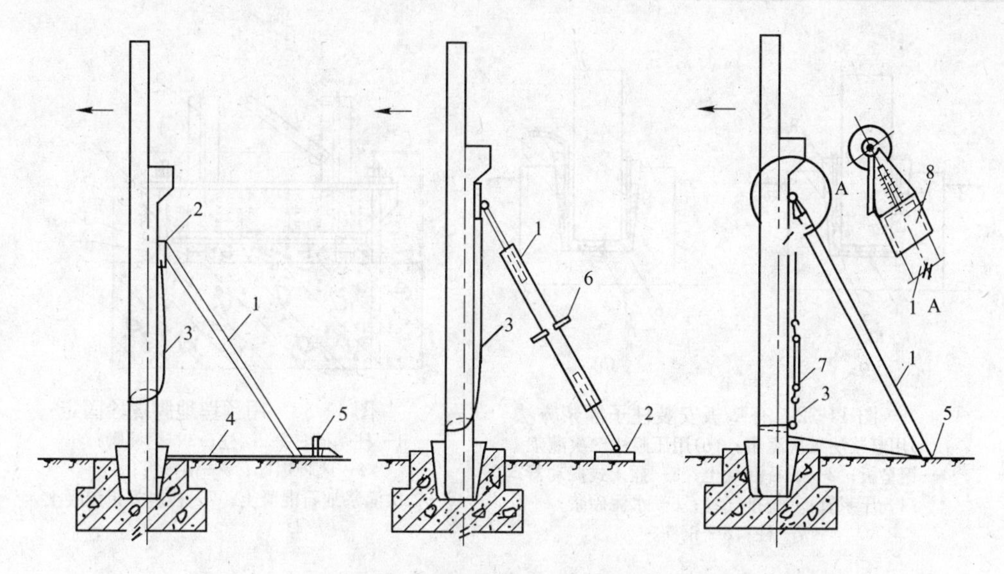

图 11-30　木杆或钢管撑杆校正柱垂直度

1—木杆或钢管撑杆；2—摩擦板；3—钢线绳；4—槽钢撑头；
5—木楔或撬杠；6—转动手柄；7—倒链；8—钢套

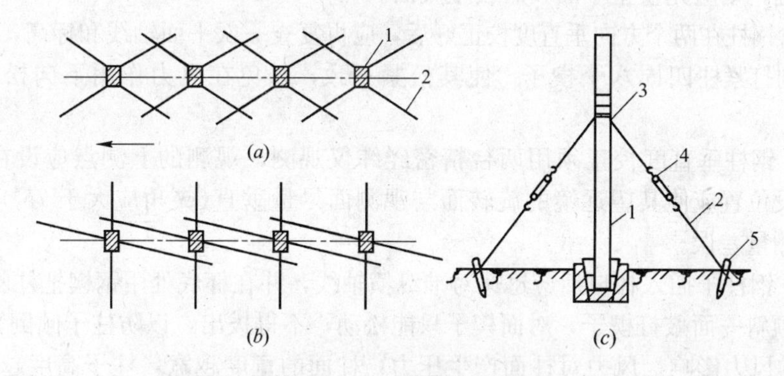

图 11-31　缆风绳校正法

(a)、(b)缆风绳平面布置；(c)缆风绳校正方法

1—柱；2—缆风绳（3ϕ9～12mm 钢丝绳或 ϕ6mm 钢筋）；
3—钢箍；4—花篮螺栓或 5kN 倒链；5—木桩或固定在建筑物上

杯口一侧灌强度等级高一级无收缩砂浆（掺水泥用量 0.03‰～0.05‰的铝粉）或细豆石混凝土，用细振动棒震捣使砂浆从柱底另一侧挤出，待填满柱底周围约100mm 高，接着在杯口四周均匀地灌细石混凝土与杯口齐平，见图 11-32(a)；压浆法是于杯口空隙内插入压浆管与排气管，先灌 200mm 高混凝土，并插捣密实，然后开始压浆，待混凝土被挤压上拱，停止顶压；再灌 200mm 高混凝土顶压一次即可拔出压浆管和排气管，继续灌筑混凝土与杯口齐平，见图 11-32(b)。本法适于截面很大、垫板高度较薄的杯底灌浆。

对采用地脚螺栓方式连接的钢柱，当钢柱安装最后校正后拧紧螺母进行最后固定。见图 11-33。

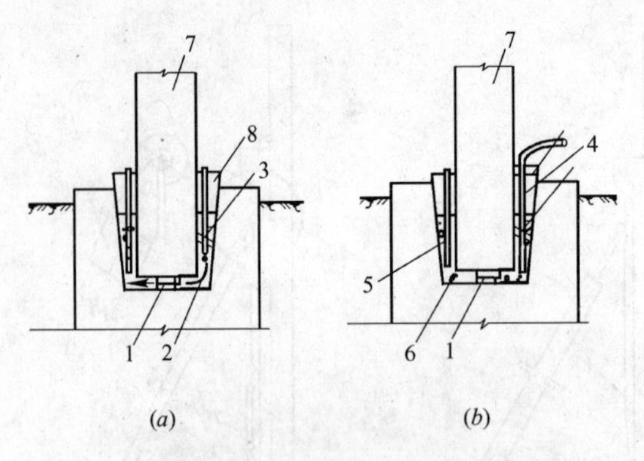

图 11-32　有垫板安装柱子灌浆方法

(a)用赶浆法二次灌浆；(b)用压浆法二次灌浆
1—钢垫板；2—细石混凝土；3—插入式振动器；
4—压浆管；5—排气管；6—水泥砂浆；
7—柱；8—钢楔

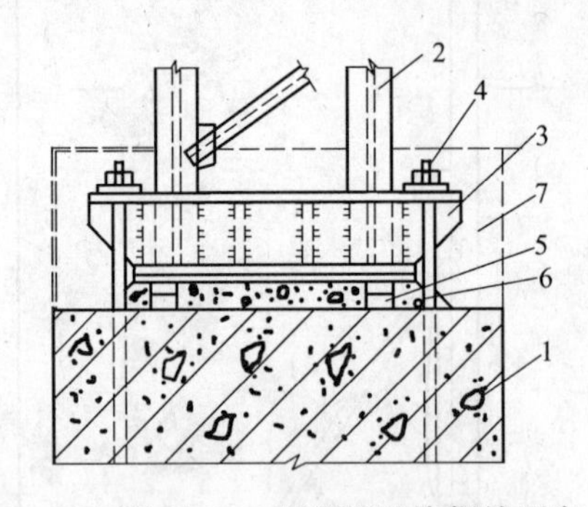

图 11-33　用预埋地脚螺栓固定

1—柱基础；2—钢柱；3—钢柱脚；
4—地脚螺栓；5—钢垫板；
6—二次灌浆细石混凝土；7—柱脚外包混凝土

5. 钢柱安装的注意事项

(1) 钢柱校正应先校正偏差大的一面，后校正偏差小的一面，如两个面偏差数字相近，则应先校正小面，后校正大面。

(2) 钢柱在两个方向垂直度校正好后，应再复查一次平面轴线和标高，如符合要求，则打紧柱四周八个楔子，使其松紧一致，以免在风力作用下向松的一面倾斜。

(3) 钢柱垂直度校正须用两台精密经纬仪观测，观测的上测点应设在柱顶，仪器架设位置应使其望远镜的旋转面与观测面尽量垂直(夹角应大于 75°)，以避免产生测量差误。

(4) 钢柱子插入杯口后应迅速对准纵横轴线，并在杯底处用钢楔把柱脚卡牢，在柱子倾斜一面敲打楔子，对面楔子只能松动，不得拔出，以防柱子倾倒。

(5) 风力影响。风力对柱面产生压力，柱面的宽度越宽，柱子高度越高，受风力影响也就越大，影响柱子的侧向弯曲也就越大。因此，柱子校正操作时，当柱子高度在 8m 以上，风力超过 5 级时不能进行。

3.3.2　钢吊车梁安装

1. 吊点选择

钢吊车梁一般采用两点绑扎，对称起吊，吊钩应对称梁的重心，以便使梁起吊后保持水平，梁的两端用油绳控制，以防吊升就位时左右摆动，碰撞柱子。

对梁上设有预埋吊环的钢吊车梁，可采用带钢钩的吊索直接钩住吊环起吊；对梁自重较大的钢吊车梁，应用卡环与吊环吊索相互连接起吊；梁上未设置吊环的钢吊车梁可在梁端靠近支点处用轻便吊索配合卡环绕钢吊车梁下部左右对称绑扎吊装，见图 11-34；或用工具式吊耳吊装，见图 11-35；当起重能力允许时，也可采用将吊车梁与制动梁(或桁架)及支撑等组成一个大部件进行整体吊装，见图 11-36。

2. 吊升就位和临时固定

在屋盖吊装之前安装钢吊车梁时，可采用各种起重机进行；在屋盖吊装完毕之后安装钢吊车梁时，可采用短臂履带式起重机或独脚桅杆起吊，如无起重机

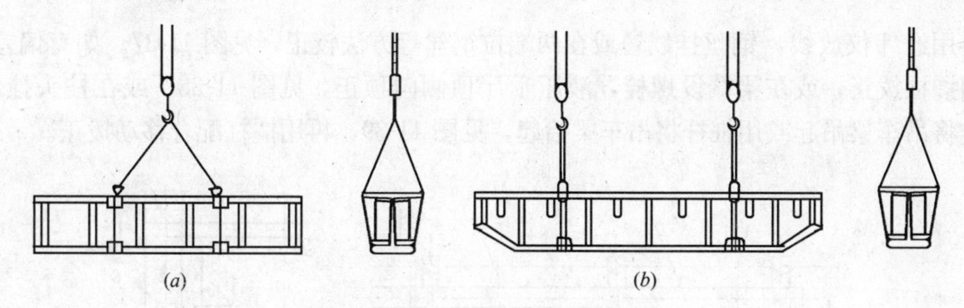

图 11-34 钢吊车梁的吊装绑扎

(a)单机起吊绑扎；(b)双机抬吊绑扎

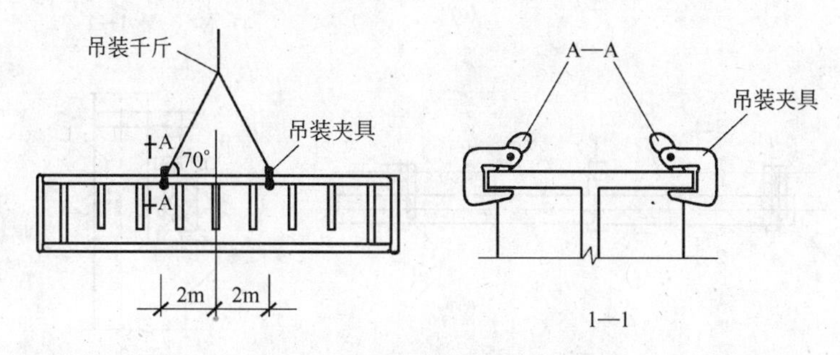

图 11-35 利用工具式吊耳吊装

械，也可在屋架端头或柱顶拴滑轮组来安装钢吊车梁，采用此法时对屋架绑扎位置或柱顶应通过验算确定。

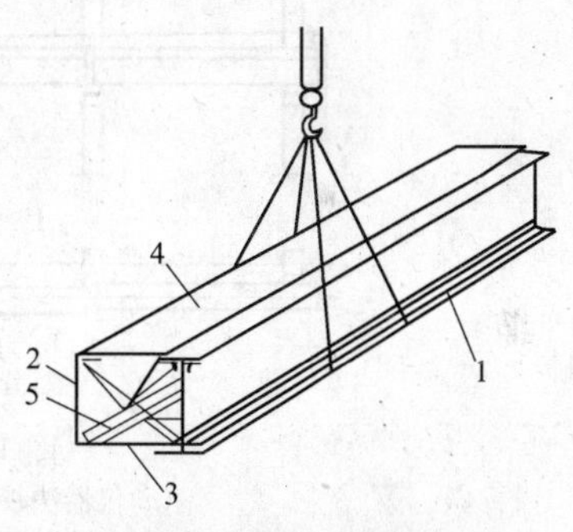

图 11-36 钢吊车梁的组合吊装

1—钢吊车梁；2—侧面桁架；3—底面桁架；4—上平面桁架及走台；5—斜撑

钢吊车梁布置宜接近安装位置，使梁重心对准安装中心。安装顺序可由一端向另一端，或从中间向两端顺序进行。当梁吊升至设计位置离支座顶面约 20cm 时，用人力扶正，使梁中心线与支承面中心线(或已安装相邻梁中心线)对准，使两端搁置长度相等，缓缓下落，如有偏差，稍稍起吊用撬杠撬正，如支座不平，可用斜铁片垫平。

吊车梁就位后，因梁本身稳定性较好，仅用垫铁垫平即可，不需采取临时固定措施。当梁高度与宽度之比大于 4 时，或遇五级以上大风时，脱钩前宜用钢丝将钢吊车梁临时捆绑在柱子上临时固定，以防倾倒。

3. 校正

钢吊车梁校正一般在梁全部安装完毕，屋面构件校正并最后固定后进行。但对重量较大的钢吊车梁，因脱钩后撬动比较困难，宜采取边吊边校正的方法。校正内容包括中心线(位移)、轴线间距(跨距)、标高、垂直度等。纵向位移，在就位时已基本校正，故校正主要为横向位移。

吊车梁中心线与轴线间距校正。校正吊车梁中心线与轴线间距时，先在吊车轨道两端的地面上，根据柱轴线放出吊车轨道轴线，用钢尺校正两轴线的距离，再用经纬仪放线，钢丝挂线锤或在两端拉钢丝等方法较正，见图 11-37。如有偏差，用撬杠拨正，或在梁端设螺栓，液压千斤顶侧向顶正，见图 11-38。或在柱头挂倒链将吊车梁吊起或用杠杆将吊车梁抬起，见图 11-39，再用撬杠配合移动拨正。

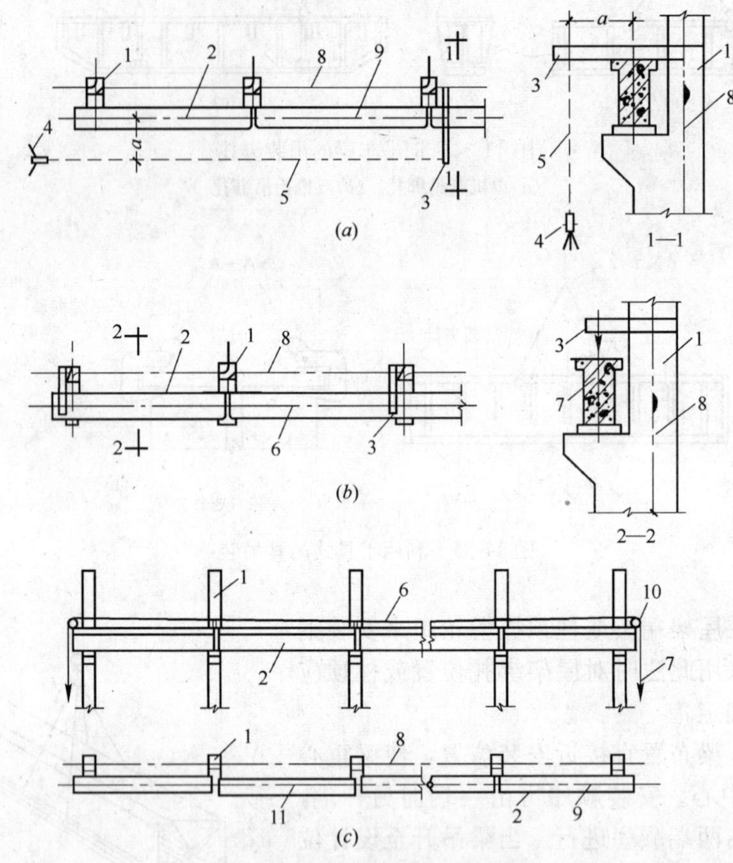

图 11-37　吊车梁轴线的校正

(a)仪器法校正；(b)线锤法校正；(c)通线法校正

1—柱；2—吊车梁；3—短木尺；4—经纬仪；5—经纬仪与梁轴线平行视线；6—钢丝；7—线锤；8—柱轴线；9—吊车梁轴线；10—钢管或圆钢；11—偏离中心线的吊车梁

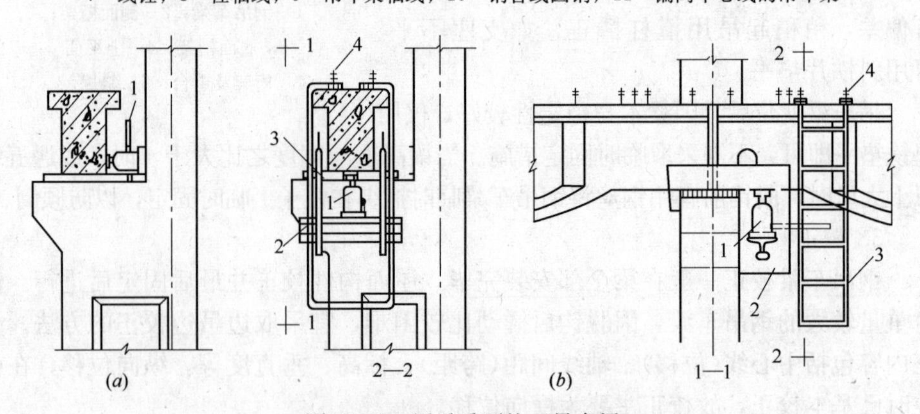

图 11-38　用千斤顶校正吊车梁

(a)千斤顶校正侧向位移；(b)千斤顶校正垂直度

1—液压(或螺栓)千斤顶；2—钢托架；3—钢爬梯；4—螺栓

吊车梁标高的校正。当一跨即两排吊车梁全部吊装完毕后，将一台水准仪架设在某一钢吊车梁上或专门搭设的平台上，进行每梁两端的高程测量，计算各点所需垫板厚度，或在柱上测出一定高度的水准点，再用钢尺或样杆量出水准点至梁面铺轨需要的高度，根据测定标高进行校正。校正时用撬杠撬起或在柱头屋架上弦端头节点上挂导链将吊车梁需垫垫板的一端吊起。重型柱可在梁一端下部用千斤顶顶起填塞铁片。见图11-38(*b*)。

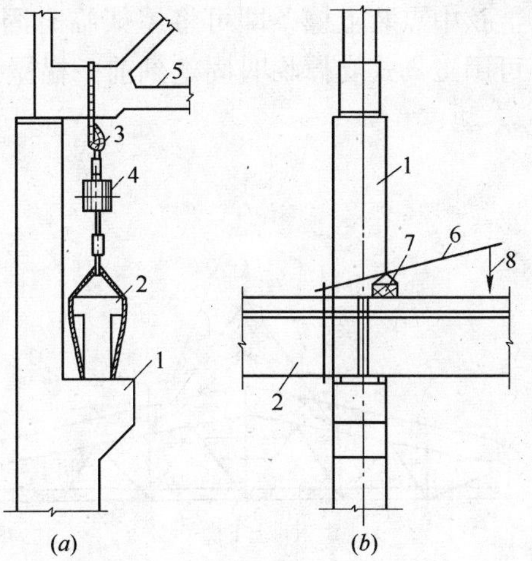

图 11-39 用悬挂法和杠杆法校正吊车梁

(*a*)悬挂法校正；(*b*)杠杆法校正

1—柱；2—吊车梁；3—吊索；4—导链；5—屋架；6—杠杆；7—支点；8—着力点

吊车梁垂直度的校正。在校正标高的同时，用靠尺或线锤在吊车梁的两端测垂直度(图11-40)，用楔形钢板在一侧填塞校正。

4. 最后固定

钢吊车梁校正完毕后应立即将钢吊车梁与柱牛腿上的预埋件焊接牢固，并在梁柱接头处、吊车梁与柱的空隙处支模浇筑细石混凝土并养护。或将螺母拧紧，将支座与牛腿上垫板焊接进行最后固定。

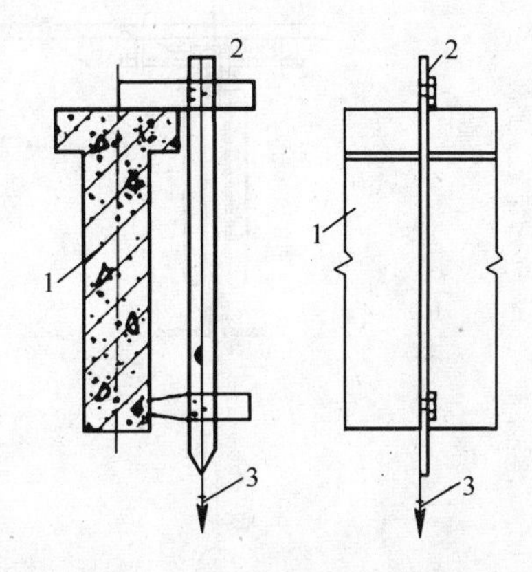

图 11-40 吊车梁竖直度的校正

1—吊车梁；2—靠尺；3—线锤

3.3.3 钢屋架安装

1. 吊点选择

钢屋架的绑扎点应选在屋架节点上。左右对称于钢屋架的重心，否则应采取防止屋架倾斜的措施。由于钢屋架的侧向刚度较差，吊装前应验算钢屋架平面外刚度，如刚度不足时，可采取增加吊点的位置或采用加铁扁担的施工方法。

为减少高空作业，提高生产率，可在地面上将天窗架预先拼装在屋架上，并将吊索两面绑扎，把天窗架夹在中间，以保证整体安装的稳定。见图11-41虚线所示。

2. 吊升就位

当屋架起吊离地50cm时检查无误后再继续起吊，对准屋架基座中心线与定位轴线就位，并做初步校正，然后进行临时固定。

3. 临时固定

第一榀屋架吊升就位后，可在屋架两侧设缆风绳固定，然后再使起重机脱钩。如果端部有抗风柱校正后可与抗风柱固定，见图11-42。第二榀屋架同样吊升就位后，可用绳索临时与第一榀屋架固定。从第三榀屋架开始，在屋架脊点及上弦中点装上檩条即可将屋架临时固定，见图 11-43。第二榀及以后各榀屋架也可用工具式支撑临时固定到前一榀屋架上，见图 11-44。

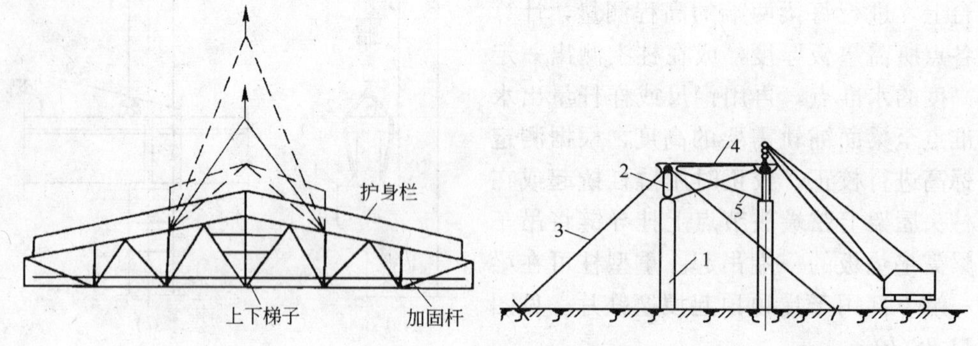

图 11-41 钢屋架吊装示意

图 11-42 屋架的临时固定

1—柱子；2—屋架；3—缆风绳；4—工具式支撑；5—屋架竖直支撑

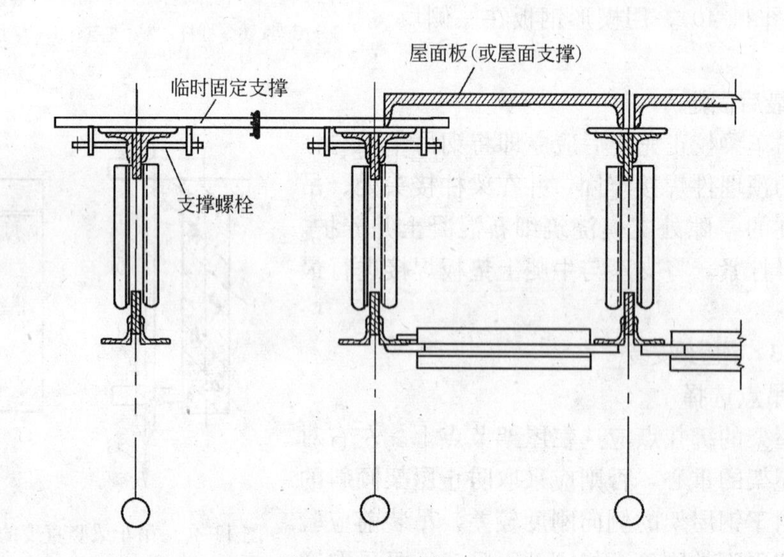

图 11-43 屋架临时固定

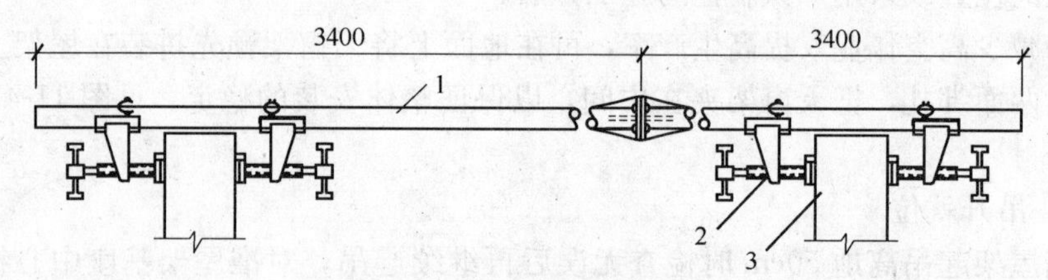

图 11-44 工具式支撑的构造

1—钢管；2—撑脚；3—屋架上弦

4. 校正及最后固定

钢屋架校正主要是垂直度的校正。可以采用在屋架下弦一侧拉一根通长钢丝，同时在屋架上弦中心线反出一个同样距离的标尺。然后用线锤校正。见

图 11-45。也可用一台经纬仪架设在柱顶一侧，与轴线平移距离 a 处，在对面柱子上同样有一距离为 a 的点，从屋架中线处用标尺挑出距离 a，当三点在一条线上时，则说明屋架竖直。如有误差通过调整工具式支撑或绳索，并在屋架端部支承面垫入薄铁片进行调整。

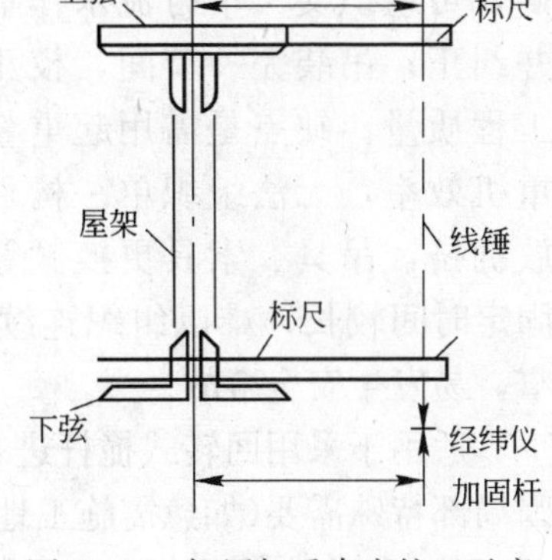

图 11-45 钢屋架垂直度校正示意

钢屋架校正完毕后，拧紧连接螺栓或电焊焊牢作为最后固定。

3.3.4 钢结构工程安装方案

钢结构工程安装方案着重解决钢结构工程安装方法，安装工艺顺序及流水段划分，安装机械的选择和钢构件的运输和摆放等问题。

1. 钢结构工程安装方法选择

钢结构工程安装方法有分件安装法、节间安装法和综合安装法。

(1) 分件安装法

分件安装法是指起重机在节间内每开行一次仅安装一种或两种构件。如起重机第一次开行中先吊装全部柱子，并进行校正和最后固定。然后依次吊装地梁、柱间支撑、墙梁、吊车梁、托架(托梁)、屋架、天窗架、屋面支撑和墙板等构件，直至整个建筑物吊装完成。有时屋面板的吊装也可在屋面上单独用桅杆或层面小吊车来进行。

分件吊装法的优点是起重机在每次开行中仅吊装一类构件，吊装内容单一，准备工作简单，校正方便，吊装效率高；有充分时间进行校正；构件可分类在现场顺序预制、排放、场外构件可按先后顺序组织供应；构件预制吊装、运输、排放条件好，易于布置；可选用起重量较小起重机械，可利用改变起重臂杆长度的方法，分别满足各类构件吊装起重量和起升高度的要求。缺点是起重机开行频繁，机械台班费用增加；起重机开行路线长；起重臂长度改变需一定的时间；不能按节间吊装，不能为后续工程及早提供工作面，阻碍了工序的穿插；相对的吊装工期较长；屋面板吊装有时需要有辅助机械设备。

分件吊装法适用于一般中、小型厂房的吊装。

(2) 节间安装法

节间安装法是指起重机在厂房内一次开行中，分节间依次安装所有各类型构件。即先吊装一个节间柱子，并立即加以校正和最后固定，然后接着吊装地梁、柱间支撑、墙梁(连续梁)、吊车梁、走道板、柱头系统、托架(托梁)、屋架、天窗架、屋面支撑系统、屋面板和墙板等构件。一个(或几个)节间的全部构件吊装完毕后，起重机行进至下一个(或几个)节间，再进行下一个(或几个)节间全部构件吊装，直至吊装完成。

节间安装法的优点是起重机开行路线短，起重机停机点少，停机一次可以完成一个(或几个)节间全部构件安装工作，可为后期工程及早提供工作面，可组织交叉平行流水作业，缩短工期；构件制作和吊装误差能及时发现并纠正；吊装完一节间，校正固定一节间，结构整体稳定性好，有利于保证工程质量。缺点是需用起重量大的起重机同时吊各类构件，不能充分发挥起重机效率，无法组织单一构件连续作业；各类构件需交叉配合，场地构件堆放拥挤，吊具、索具更换频繁，准备工作复杂；校正工作零碎，困难；柱子固定时间较长，难以组织连续作业，使吊装时间延长，降低吊装效率；操作面窄，易发生安全事故。

适用于采用回转式桅杆进行吊装，或特殊要求的结构(如门式框架)或某种原因局部特殊需要(如急需施工地下设施)时采用。

(3) 综合安装法

综合安装法是将全部或一个区段的柱头以下部分的构件用分件吊装法吊装，即柱子吊装完毕并校正固定，再按顺序吊装地梁、柱间支撑、吊车梁、走道板、墙梁、托架(托梁)，接着按节间综合吊装屋架、天窗架、屋面支撑系统和屋面板等屋面结构构件。整个吊装过程可按三次流水进行，根据结构特性有时也可采用两次流水，即先吊装柱子，然后分节间吊装其他构件。吊装时通常采用2台起重机，一台起重量大的起重机用来吊装柱子、吊车梁、托架和屋面结构系统等，另一台用来吊装柱间支撑、走道板、地梁、墙梁等构件并承担构件卸车和就位排放工作。

综合安装法结合了分件安装法和节间安装法的优点，能最大限度地发挥起重机的能力和效率。缩短工期，是广泛采用的一种安装方法。

2. 安装工艺顺序及流水段划分

吊装顺序是先吊装竖向构件，后吊装平面构件。竖向构件吊装顺序为：柱→连系梁→柱间支撑→吊车梁→托架等；单种构件吊装流水作业，即保证体系纵列形成排架，稳定性好，又能提高生产效率；平面构件吊装顺序主要以形成空间结构稳定体系为原则。

平面流水段的划分应考虑钢结构在安装过程中的对称性和稳定性；立面流水以一节钢柱为单元。每个单元以主梁或钢支撑安装成框架为原则，其次是其他构件的安装。可以采用由一端向一端进行的吊装顺序，即有利于安装期间结构的稳定，又有利于设备安装单位的进场施工。

图11-46是采用履带式起重机跨内开行以综合吊装法吊装两层装配式框架结构的顺序。起重机Ⅰ先安装 *CD* 跨间第1～2节间柱1～4、梁5～8形成框架后，再吊装楼板9，接着吊装第二层梁10～13和楼板14，完成后起重机后退，依次同次吊装第2～3，第3～4节间各层构件；起重机Ⅱ安装 *AB*、*BC* 跨柱、梁和楼板，顺序与起重机Ⅰ相同。

图11-47为采用一台塔式起重机跨外开行采用分层分段流水吊装四层框架顺序，划分为四个吊装段进行。起重机先吊装第一吊装段的第一层柱1～12，再吊装梁13～28，形成框架。接着吊装第二吊装段的柱、梁。接着吊装一、二段的楼板。接着进行第三、四段吊装，顺序同前。第一施工层全部吊装完成后，接着进行上层吊装。

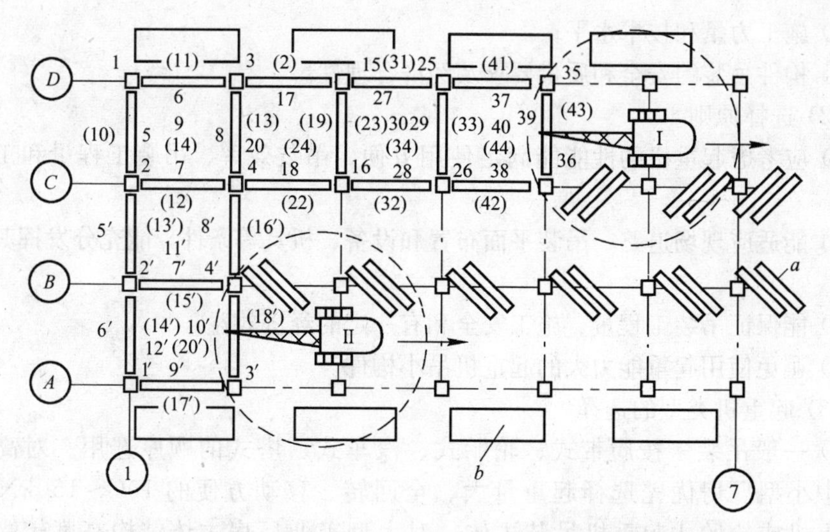

图 11-46 履带式起重机跨内综合吊装法（吊装二层梁板结构顺序图）

a—柱预制、堆放场地；*b*—梁板堆放场地；1、2、3……为起重机Ⅰ的吊装顺序；1′、2′、3′、……为起重机Ⅱ的吊装顺序；带（ ）的为第二层梁板吊装顺序

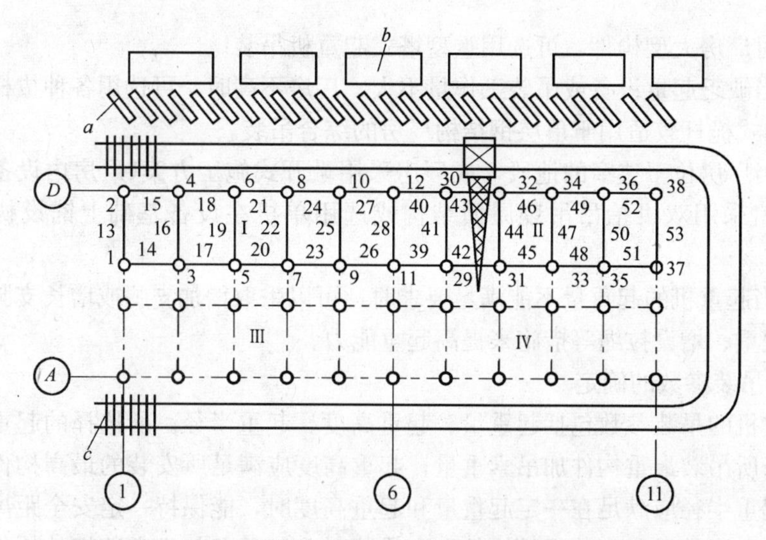

图 11-47 塔式起重机跨外分件吊装法（吊装一个楼层的顺序）

a—柱预制堆放场地；*b*—梁、板堆放场；*c*—塔式起重机轨道；Ⅰ、Ⅱ、Ⅲ……为吊装段编号；1、2、3……为构件吊装顺序

3. 安装机械的选择

(1) 选择依据

1) 构件最大重量、数量、外形尺寸、结构特点、安装高度、吊装方法等；

2) 各类型构件的吊装要求，施工现场条件；

3) 吊装机械的技术性能；

4) 吊装工程量的大小、工程进度等；

5) 现有或租赁起重设备的情况；

6) 施工力量和技术水平；

7) 构件吊装的安全和质量要求及经济合理性。

(2) 选择原则

1) 应考虑起重机的性能能满足使用方便、吊装效率、吊装工程量和工期等要求。

2) 能适应现场道路、吊装平面布置和设备、机具等条件，能充分发挥其技术性能。

3) 能保证吊装工程量、施工安全和有一定的经济效益。

4) 避免使用起重能力大的起重机吊小构件。

(3) 起重机类型的选择

1) 一般吊装多按履带式、轮胎式、汽车式、塔式的顺序选用。对高度不大的中小型厂房优先选择起重量大、全回转、移动方便的100～150kN履带式起重机或轮胎式起重机吊装主体；对大型工业厂房主体结构高度较高、跨度较大、构件较重宜选用500～750kN履带式起重机或350～1000kN汽车式起重机；对重型工业厂房，主体结构高度高、跨度大，宜选用塔式起重机吊装。

2) 对厂房大型构件，可选用重型塔式起重机吊装。

3) 当缺乏起重设备或吊装工作量不大、厂房不高时，可选用各种拔杆进行吊装。回转式桅杆较适用于单层钢结构厂房的综合吊装。

4) 当厂房位于狭窄的地段，或厂房采用敞开式施工方案(厂房内设备基础先施工)，宜采用双机抬吊吊装屋面结构或选用单机在设备基础上铺设枕木垫道吊装。

5) 当起重机的起重量不能满足要求时，可以采取增加支腿或增长支腿、后移或增加配重、增设拉绳等措施来提高起重能力。

(4) 吊装参数的确定

起重机的吊装参数包括起重量、起重高度、起重半径。所选择的起重机起重量应大于所吊装最重构件加吊索重量；起重高度应满足所安装的最高构件的吊装要求；起重半径应满足在一定起重量和起重高度时，能保持一定安全距离吊装构件的要求。当伸过已安装好的构件上空吊装时，起重臂与已安装好的构件应有不小于0.3m的距离。起重机的起重臂长度可采用图解法。

4. 钢构件的运输和摆放

(1) 钢构件的运输可采用公路、铁路或海路运输。运输构件时，应根据构件的长度、重量、断面形状、运输形式的要求选用合理运输方式；

(2) 大型或重型构件的运输宜编制运输方案；

(3) 构件的运输顺序应满足构件吊装进度计划要求；

(4) 钢构件的包装应满足构件不失散、不变形和装运稳定牢固的要求；

(5) 构件装卸时，应按设计吊点起吊，并应有防止构件损伤的措施；

(6) 钢构件中转堆放场，应根据构件尺寸、外形、重量、运输与装卸机械、场地条件，绘制平面布置图，并尽量减少搬运次数；

(7) 构件堆放场地应平整、坚实、排水良好;
(8) 构件应按种类、型号、安装顺序分区堆放;
(9) 构件堆放应确保不变形、不损坏、有足够稳定性;
(10) 构件叠放时,其支点应在同一直线上,叠放层数不宜过高。

训练4　钢结构涂装工程

[训练目的与要求] 通过训练,掌握防腐涂装、防火涂装施工工艺及要求,具有组织钢结构涂装施工的能力。

4.1 防腐涂装

钢结构在建筑工程中应用日益增多。钢结构具有强度高、韧性好、制作方便、施工速度快、建设周期短等一系列优点,但是钢结构也存在容易腐蚀缺点,钢结构的腐蚀不仅造成经济损失,还直接影响到安全生产,因此做好钢结构的防腐工作具有重要经济和社会意义。

为了减轻或防止钢结构的腐蚀,目前国内外基本采用涂装方法进行保护。涂装防护是利用涂料的涂层使钢结构与环境隔离,从而达到防腐的目的,延长钢结构的使用寿命。涂层的质量是影响涂装防护效果的关键,涂层的质量除了与涂料的质量有关外,还与涂装之前钢构件表面的除锈质量、涂膜厚度、涂装的施工工艺条件和其他等因素有关。

4.1.1 钢结构防腐涂料

1. 防腐涂料的组成和作用

防腐涂料一般由不挥发组分和挥发组分(稀释剂)两部分组成。防腐涂料涂刷在钢材表面后,挥发组分逐渐挥发逸出,留下不挥发组分干结成膜。不挥发组分的成膜物质分为主要、次要和辅助成膜物质三种,主要成膜物质可以单独成膜,也可以粘结颜料等物质共同成膜。它是涂料的基础,也常称基料、添料或漆基,它包括油料和树脂。次要成膜物质包含颜料和体质颜料。

涂料中组成中没有颜料和体质颜料的透明体称为清漆,加有颜料和体质颜料的不透明体称色漆(磁漆、调和漆或底漆),加有大量体质颜料的稠原浆状体称为腻子。

涂料经涂敷施工形成漆膜后,具有保护作用、装饰作用、标志作用和特殊作用。涂料在建筑防腐蚀工程中的功能则以保护作用为主,兼考虑其他作用。

2. 防腐涂料的分类

我国涂料产品的分类是按《涂料产品分类、命名和型号》(GB 2075—92)的规定,涂料产品分类是以涂料基料中主要成膜物质为基础。根据成膜物质的分类,涂料品种分为17类,见表11-5。辅助材料按其不同用途分5类,分类代号见表11-6。涂料基本名称和代号见表11-7。

涂料的分类和代号　　表 11-5

序号	代号	分类名称	序号	代号	分类名称
1	Y	油脂漆类	10	X	乙烯基树脂漆类
2	T	天然树脂漆类	11	B	丙烯酸漆类
3	F	酚醛树脂漆类	12	Z	聚酯漆类
4	L	沥青漆类	13	H	环氧树脂漆类
5	C	醇酸树脂漆类	14	S	聚氨酯漆类
6	A	氨基树脂漆类	15	W	元素有机漆类
7	Q	硝基漆类	16	J	橡胶漆类
8	M	纤维素漆类	17	E	其他漆类
9	G	过氯乙烯树脂漆类			

辅助材料代号　　表 11-6

序号	代号	分类名称	序号	代号	分类名称
1	X	稀释剂	4	T	脱漆剂
2	F	防潮剂	5	H	固化剂
3	G	催干剂			

建筑常用涂料的基本名称和代号　　表 11-7

序号	基本名称	序号	基本名称	序号	基本名称
00	清油	09	大漆	52	防腐漆
01	清漆	12	乳胶漆	53	防锈漆
02	厚漆(浸渍)	13	其他水溶性漆	54	耐油漆
03	调和漆	14	透明漆	55	耐水漆
04	磁漆	40	防污漆	60	耐火漆
06	底漆	41	水线漆	61	耐热漆
07	腻子	50	耐酸漆	80	地板漆
08	水溶漆、乳胶漆	51	耐碱漆	83	烟囱漆

涂料名称由三部分组成，即颜色或颜料的名称，成膜物质的名称，基本名称。可用公式表达：

涂料全名＝颜色或颜料名称＋成膜物质名称＋基本名称

例如：红醇酸磁漆、锌黄酚醛防锈漆等。

为了区别同一类型的涂料名称，在名称之前必须有型号，涂料型号以一个汉语拼音字母和几个阿拉伯数字组成。字母表示涂料类别(参见表 11-5)，第一、二位数字表示涂料产品基本名称(参见表 11-7)；第三、四位数字表示同类涂料产品的品种序号。涂料产品序号用来区分同一类别的不同品种，表示油在树脂中所占的比例。

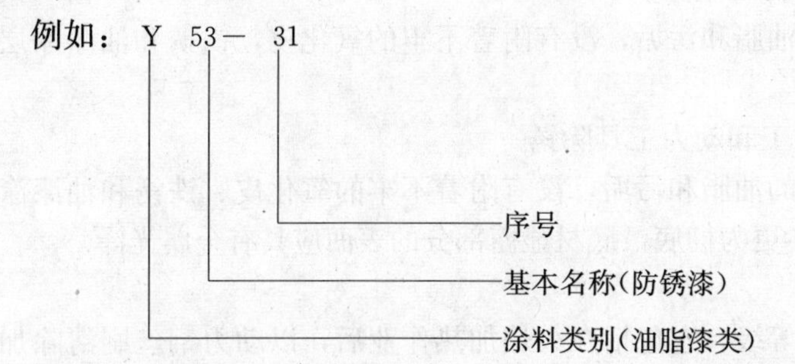

辅助材料型号由一个汉语拼音字母和 1～2 位阿拉伯数字组成。字母表示辅助材料类别，数字为序号。

涂料的种类和品种繁多，其性能和用途也各异。在涂装设计时，必须根据不同的品种，合理的选择适当的涂料品种。

4.1.2　涂装前钢材表面的处理

涂装前钢材表面的处理是保证涂料防腐效果和钢构件使用寿命的关键。因此，涂装前不但要除去钢材表面的污垢、油脂、铁锈、氧化皮、焊渣和已失效的旧漆膜还要使钢材表面形成一定的粗糙度。

1. 涂装前钢材表面锈蚀等级和除锈等级标准

(1) 锈蚀等级

钢材表面分 *A*、*B*、*C*、*D* 四个锈蚀等级：

A 级全面地覆盖着氧化皮而几乎没有铁锈；

B 级已发生锈蚀，并且有部分氧化皮剥落；

C 级氧化皮因锈蚀而剥落，或者可以刮除，并有少量点蚀；

D 级氧化皮因锈蚀而全面剥落，并普遍发生点蚀。

(2) 喷射或抛射除锈等级

喷射或抛射除锈分四个等级：

S_{a1}—轻度的喷射或抛射除锈。

钢材表面应无可见的油脂或污垢，没有附着不牢的氧化皮、铁锈和油漆涂层等附着物。

S_{a2}—彻底的喷射或抛射除锈。

钢材表面无可见的油脂和污垢，氧化皮、铁锈等附着物已基本清除，其残留物应是牢固附着的。

$S_{a2.5}$—非常彻底地喷射或抛射除锈。

钢材表面无可见的油脂、污垢、氧化皮、铁锈和油漆涂层等附着物，任何残留的痕迹应仅是点状或条状的轻微色斑。

S_{a3}—使钢材表观洁净的喷射或抛射除锈。

钢材表面无可见的油脂、污垢、氧化皮、铁锈和油漆涂层等附着物，该表面应显示均匀的金属光泽。

(3) 手工和动力工具除锈等级

手工和动力工具除锈分两个等级：

S_{t2}—彻底手工和动力工具除锈。

钢材表面无可见的油脂和污垢，没有附着不牢的氧化皮，铁锈和油漆涂层等附着物。

S_{t3}—非常彻底地手工和动力工具除锈。

钢材表面应无可见的油脂和污垢，没有附着不牢的氧化皮、铁锈和油漆涂层等附着物。除锈应比 S_{t2} 更为彻底，底材显露部分的表面应具有金属光泽。

(4) 火焰除锈等级

火焰除锈只有一个等级，它包括在火焰加热作业后，以动力钢丝刷清除加热后附着在钢材表面的产物：

F_1—火焰除锈。

钢材表面应无氧化皮、铁锈和油漆涂层等附着物，任何残留的痕迹应仅为表面变色(不同颜色的暗影)。

2. 钢材表面的粗糙度

钢材表面合适的粗糙度有利于漆膜保护性能的提高。对于普通涂料合适的粗糙度范围以 30~70μm 为宜，最大粗糙度值不宜超过 100μm。

3. 钢材表面处理方法

钢材表面除锈方法有：手工除锈、动力工具除锈、喷射或抛射除锈、酸洗除锈等。

(1) 手工除锈

金属表面的铁锈采用钢丝刷、钢丝布或粗砂布擦试，直到露出金属本色，再用棉纱擦净。该方法施工简单，较经济，但效率低，除锈质量差，只有在其他方法不宜使用时才采用。可以在小构件和复杂外形构件上进行处理。

(2) 动力工具除锈

利用压缩空气或电能为动力，使除锈工具产生圆周式或往复式运动，产生摩擦或冲击来清除铁锈或氧化铁皮等。该方法除锈效率和质量均高于手工除锈，是目前一般常用的除锈方法。常用工具有气动砂磨机、电动砂磨机、风动打锈锤、风动钢丝刷、风动气铲等。

(3) 喷射除锈

利用经过油、水分离处理过的压缩空气将磨料带入并通过喷嘴以高速喷向钢材表面，靠磨料的冲击和摩擦力将氧化铁皮、铁锈、污物等除掉，同时使表面获得一定的粗糙度。该方法效率高、质量好，但费用较高。目前工业发达国家广泛采用该法。喷射除锈分干喷射法和湿喷射法两种，湿法比干法工作条件好，粉尘少，但易出现返锈现象。

(4) 抛射除锈

利用抛射机叶轮中心吸入磨料和叶尖抛射磨料的作用，使磨料以高速的冲击和摩擦除去钢材表面的铁锈及氧化铁皮等污物。该方法劳动强度比喷射方法低，对环境污染程度轻，且费用也比喷射方法低，但扰动性差，磨料选择不当，易使被抛件变形。

(5) 酸洗除锈

酸洗除锈亦称化学除锈，是把金属构件浸入酸洗液中一定时间后，通过化学反应，使金属氧化物溶解从而除去钢材表面的氧化物及铁锈。该方法除锈质量好，与喷射除锈质量相当，但没有喷射除锈的粗糙度，在施工过程中酸雾对人和建筑物有害。

4.1.3　涂装施工

1. 涂装准备

(1) 作业条件

施工环境应通风良好、清洁和干燥，施工环境温度宜为 15～30℃。但因很多涂料性能提高，对施工环境温度只作一般规定，具体应按涂料产品说明书的规定执行；施工环境相对湿度宜不大于 85%；钢材表面的温度应高于空气露点温度 3℃以上；钢结构制作、安装、校正已完成并验收合格。

(2) 涂料选用

涂料品种繁多，对品种的选择直接决定涂装工程质量，一般在选择时可考虑以下几方面因素：

1) 是打底还是罩面用；

2) 使用场合和环境。如是否为潮湿环境、是否有腐蚀气体作用等；

3) 施工过程中涂料的稳定性、毒性和所需的温度条件；

4) 工程质量要求、技术条件、耐久性等因素；

5) 经济性要求。

(3) 涂料准备和预处理

1) 涂料及辅助材料进厂后，应检查产品合格证和质量检验报告单是否符合要求；

2) 开桶前应清除桶外杂物，同时检查涂料名称、型号和颜色等，是否符合设计规定或选用要求。检查生产日期是否超过储存期；

3) 开桶前将桶内涂料充分摇匀。开桶后，涂料不应存在结皮、结块、凝胶等现象。清除漆皮，搅拌均匀后方可使用；

4) 双组分涂料应按规定的比例混合并搅拌均匀，经一定熟化时间后才能使用，以保证漆膜质量；

5) 由于涂料储存条件、施工方法、作业环境等因素对涂料的黏度影响，施工前涂料的黏度应调整到一定范围内，黏度调整必须用专用稀释剂来调整。

(4) 涂层结构与涂层厚度的确定

1) 涂层结构

涂层结构的形式有：底漆—中漆—面漆；底漆—面漆；底漆和面漆是同一种漆。

底漆主要起附着和防锈的作用；面漆主要起防腐蚀作用；中间漆作用介于两者之间，并能增加漆膜总厚度。它们必须配套使用。

2) 涂层厚度的确定

涂层厚度可根据钢材表面原始状况、钢材除锈后的表面粗糙度、选用的涂料品种、钢结构使用环境对涂层的腐蚀程度、涂层维护的周期等确定。

涂层厚度要适当。可参考表11-8。

钢结构涂装涂层厚度(μm) **表11-8**

涂料种类	基本涂层和保护涂层					附加涂层
	城镇大气	工业大气	化工大气	海洋大气	高温大气	
醇酸漆	100～150	125～175				25～50
沥青漆			150～210	180～240		30～60
环氧漆			150～200	175～225	150～200	25～50
过氯乙烯漆			160～200			20～40
丙烯酸漆		100～140	120～160	140～180		20～40
聚氨酯漆		100～140	120～160	140～180		20～40
氯化橡胶漆		120～160	140～180	160～200		20～40
氯磺化聚乙烯漆		120～160	140～180	160～200	120～160	20～40
有机硅漆					100～140	20～40

2. 涂装施工

钢结构涂装工序为刷防锈漆、局部刮腻子、涂装施工、漆膜质量检查。

涂装施工方法有刷涂法、滚涂法、浸涂法、空气喷涂法、无气喷涂法、粉末涂装法。

(1) 刷涂法

刷涂法是一种传统施工方法，它具有工具简单、施工方法简单、施工费用少，易于掌握、适应性强、节约涂料和溶剂等优点。但劳动强度大、生产效率低、施工质量取决于操作者的技能等。

刷涂法操作基本要点为：

1) 一般采用直握漆刷方法涂刷；

2) 涂刷时应蘸少量涂料，宜为毛长的1/3至1/2；

3) 对干燥较慢涂料应多道涂刷。对干燥较快涂料应按一定顺序快速连续涂刷，不易反复涂刷；

4) 刷涂顺序一般采用自上而下，从左到右，先里后外，先斜后直、先难后易的原则；

5) 最后一道涂料刷涂走向，刷竖直表面时应自上而下进行，刷水平表面时应按光线照射方向进行。

(2) 滚涂法

滚涂法是用多孔吸附材料制成的滚子进行涂料施工的方法。该方法施工用具简单，操作方便，施工效率高，但劳动强度大，生产效率较低。只适合用于较大面积的构件。

滚涂法操作基本要点：

1）涂料宜倒入装有滚涂板的容器内，将滚子一半浸入涂料中，然后在滚涂板上滚涂几次，使滚子浸料均匀，压掉多余涂料；

2）把滚子按W形轻轻地滚动，将涂料大致涂布在构件上，然后滚子上下密集滚动，将涂料均匀分布开，最后使滚子按一定的方向滚平表面并修饰；

3）滚动时初始用力要轻以防流淌，随后逐渐用力使涂层均匀。

（3）浸涂法

浸涂法是将被涂物放入漆槽内浸渍，经过一段时间后取出，滴净多余涂料再晾干或烘干。其优点是效率高，操作简单，涂料损失少。适用于形状复杂构件及烘烤型涂料。

浸涂法操作时应注意：

1）为防止溶剂挥发和灰尘落入漆槽内，不作业时漆槽应加盖；

2）作业过程中应严格控制好涂料黏度；

3）浸涂槽厂房内应安装排风设备并做好防火工作。

（4）空气喷涂法

空气喷涂法是利用压缩空气的气流将涂料带入喷枪，经喷嘴吹散成雾状，并喷涂到物体表面上的涂装方法。其优点是可获得均匀、光滑的漆膜，施工效率高，缺点是消耗溶剂量大，污染现场，对施工人员有毒害。

空气喷涂法操作时应注意：

1）在进行喷涂时，将喷枪调整到适当程度，以保证喷涂质量；

2）喷涂过程中控制喷涂距离；

3）喷枪注意维护保证正常使用。

（5）无气喷涂法

无气喷涂法是利用特殊的液压泵，将涂料增至高压，当涂料经喷嘴喷出时，高速分散在被涂物表面上形成漆膜。其优点是喷涂效率高，对涂料适应性强，能获得厚涂层。缺点是如要改变喷雾幅度和喷出量必须更换喷嘴，也会损失涂料，对环境有一定污染。

无气喷涂法操作时应注意：

1）使用前检查高压系统各固定螺母和管路接头；

2）涂料应过滤后才能使用；

3）喷涂过程中注意补充涂料，吸入管不得移出液面；

4）喷涂过程中防止发生意外事故。

4.2 防火涂装

4.2.1 钢结构防火概述

钢材虽然是不燃烧体，但钢材易导热，耐火性差，在火灾长期作用下，易扭曲变形，最终破坏而倒塌。实例表明，不加保护的钢构件的耐火极限仅为1020min。温度在200℃以下时，钢材性能基本不变；当温度超过300℃时，钢材力学性能迅速下降；达到600℃时钢材失去承载能力，强度几乎为零，造成结构变形，最终导致垮塌。

国家规范对各类建筑构件的燃烧性能和耐火极限均有要求，当采用钢材制作构件时，钢构件的耐火极限不应低于表11-9的规定。

钢构件的耐火极限要求　　表11-9

构件名称 范围 / 耐火极限(h) / 耐火等级	高层民用建筑			一般工业与民用建筑				
	柱	梁	楼板屋顶承重构件	支承多层的柱	支承平层的柱	梁	楼板	屋顶承重构件
一　级	3.00	2.00	1.50	3.00	2.50	2.00	1.50	1.50
二　级	2.50	1.50	1.00	2.50	2.00	1.50	1.00	0.50
三　级				2.50	2.00	1.00	0.50	

未保护的钢柱、钢梁等构件的耐火极限仅为0.25h，未达到规范的1～3 h的耐火极限要求，必须采取防火保护。

4.2.2 钢结构防火涂料

钢结构防火涂料按所用粘结剂的不同分为有机类、无机类；钢结构防火涂料按涂层的厚度分为薄涂型(厚度一般2～7mm)、厚涂型(厚度一般8～50mm)两类；按施工环境不同分为室内、露天两类；按涂层受热后的状态分为膨胀型和非膨胀型两类。

选用的防火涂料应符合国家有关标准的规定，对于室内裸露钢结构、轻型屋盖钢结构及有装饰要求的钢结构，当规定其耐火极限在1.5h以下时，宜选用薄涂型钢结构防火涂料；对于室内隐蔽钢结构、高层全钢结构及多层厂房钢结构，当规定其耐火极限在2.0h以上时，应选用厚涂型钢结构防火涂料；露天钢结构应选用室外钢结构防火涂料产品规定的钢结构防火涂料。室内钢结构防火涂料与露天钢结构防火涂料不宜互换使用。对耐久性和防火性要求较高的钢结构，宜选用厚涂型防火涂料

4.2.3 涂装施工与管理

钢结构防火涂料的生产厂家、检验机构、涂装施工单位均应具有相应的资质，并通过公安消防部门的认证。钢结构涂装时，钢构件宜安装就位完毕并经验收合格。如提前涂装，然后吊装，安装后应进行补喷。钢结构涂装前表面杂物应清理干净并应除锈，其连接处的缝隙应用防火涂料或其他防火材料填补堵平。喷涂前应检查防火涂料，防火涂料品名、质量是否满足要求，是否有厂方的合格证，检测机构的耐火性能检测报告和理化性能检测报告。防火涂料中的底层和面层涂料应相互配套，且底层涂料不得腐蚀钢材。涂料施工及涂层干燥前，环境温度宜在5～38℃之间，相对湿度不宜大于90%。当风速大于5m/s、雨天和构件表面有结露时，不宜施工。

钢结构防火涂料施工前应适当搅拌均匀，方可施工。双组分涂料应按说明书规定的配比配制，随用随配。配制的涂料应在规定的时间内用完。

(1) 薄涂型钢结构防火涂料施工

底层涂料宜喷涂，面层涂料可采用刷涂、喷涂或滚涂；局部修补及小面积施

工可采用抹灰刀等工具手工抹涂。

底层涂料一般喷2～3遍，头遍盖住底面70%即可，每遍间隔4～24h，待前遍干燥后再喷后一遍，二、三遍每遍喷涂厚度不宜超过2.5mm；底层涂料厚度应符合设计规定，基本干燥后施工面层，面层涂料一般涂饰1～2遍，头遍从左至右，二遍则从右至左，保证全部覆盖底涂层。喷涂时，喷枪要稳，喷嘴与构件宜垂直或成70°，喷口距构件宜为40～60cm，厚薄均匀，不漏喷、不流淌，接槎平整，颜色均匀一致。喷涂过程中宜随时检测涂层厚度，保证达到实际规定要求。

(2) 厚涂型钢结构防火涂料施工

厚涂型钢结构防火涂料一般采用喷涂施工。

喷涂应分几遍完成，第一遍以基本盖住钢结构表面即可，以后每遍喷涂为5～10mm厚度。必须在前遍次基本干燥或固化后进行下一遍施工。喷涂保护方式，喷涂遍数与涂层厚度应根据设计要求确定。施工过程中应随时检测涂层厚度，直至符合设计厚度方可停止施工。

主 要 参 考 文 献

1 姚谨英主编．建筑施工技术（第二版）．北京：中国建筑工业出版社，2003

2 姚谨英主编．混凝土结构工程施工．北京：中国建筑工业出版社，2005

3 姚谨英主编．砌体结构工程施工．北京：中国建筑工业出版社，2005

4 建筑施工手册编写组编．建筑施工手册（第四版）．北京：中国建筑工业出版社，2003

5 汪正容编著．建筑施工计算手册．北京：中国建筑工业出版社，2001

6 中国钢结构协会编著．建筑钢结构施工手册．北京：中国计划出版社，2004

7 钢结构工程施工与质量验收实用手册编委会编．钢结构工程施工与质量验收实用手册．北京：中国建材出版社，2003

8 梁新焰主编．建筑防水工程手册．山西：山西科学技术出版社

9 杨嗣信主编．建筑工程模板施工手册．北京：中国建筑工业出版社，2004

10 刘文众编著．建筑材料检验见证取样手册．北京：中国建筑工业出版社，2005

11 陈雁、蔡学礼编．材料员．北京：机械工业出版社，2004

12 建设部人事教育司编写．试验工．北京：中国建筑工业出版社，2003

13 潘全祥编．试验员．北京：中国建筑工业出版社，2005